ŒUVRES

DE LAVOISIER

ŒUVRES
DE LAVOISIER

PUBLIÉES PAR LES SOINS

DU MINISTRE DE L'INSTRUCTION PUBLIQUE

TOME VI

RAPPORTS À L'ACADÉMIE, NOTES ET RAPPORTS DIVERS
ÉCONOMIE POLITIQUE, AGRICULTURE ET FINANCES
COMMISSION DES POIDS ET MESURES

PARIS
IMPRIMERIE NATIONALE

M DCCC XCIII

AVERTISSEMENT DE L'ÉDITEUR.

Ce sixième et dernier volume des *Œuvres de Lavoisier* est partagé en trois grandes divisions :

La première comprend, outre quelques notes sur des sujets divers, plusieurs rapports présentés à l'Académie des sciences, des pièces relatives à son organisation, à ses travaux, aux programmes des prix qu'elle avait à décerner.

L'examen des manuscrits a permis de constater que la plupart des programmes de prix touchant à la chimie ont été rédigés par Lavoisier. C'est à lui, par exemple, que l'on doit le programme du prix *pour l'alcalisation du sel marin* et le programme du prix pour 1794, qui constitue un exposé magistral de la statique chimique des êtres organisés.

La deuxième partie, la plus considérable et la plus importante, renferme les travaux d'économie politique, de finance et d'agriculture.

Un grand mémoire sur la Ferme générale, la *Réponse aux inculpations* qui firent tomber la tête des fermiers généraux, fournissent des renseignements inconnus sur le fonctionnement de la Ferme.

Les rapports présentés au Comité d'agriculture, dont Lavoisier fut un des membres les plus actifs, témoignent de l'intérêt qu'il portait à l'étude des questions agricoles; mais c'est surtout dans la part qu'il prit aux travaux de l'Assemblée provinciale de l'Orléanais, où il joua un rôle prépondérant, qu'apparaissent la générosité de son cœur, sa philanthropie large et éclairée, sa compréhension supérieure de toutes choses. Ce sont ces qualités dominantes qui apparaissent encore dans les *Réflexions sur l'instruction publique*, dans l'*Instruction donnée à ses députés par la noblesse du bailliage de Blois*. Quant à sa profonde connaissance des questions de finance et d'économie politique, elle se montre surtout dans ses *Réflexions sur la liquidation de la dette*, sa brochure sur l'*État des finances au 1er janvier 1792*, et enfin dans son travail *Sur la richesse territoriale de la France*, qui est ici réimprimé avec des parties inédites jusqu'à ce jour.

La dernière partie de ce volume comprend quelques pièces relatives à la Commission des poids et mesures, sur laquelle on ne possède que peu de documents.

En publiant l'ensemble de ces pièces, j'ai été sobre de notes; il aurait été peut-être utile de faire connaître dans quelles circonstances Lavoisier fut amené à prendre part à tant de travaux divers et à rédiger les mémoires inédits ou déjà publiés de son vivant que renferme ce volume; les lecteurs qui désireraient être renseignés à ce sujet trouveront les indications nécessaires dans la biographie détaillée de Lavoisier que j'ai publiée en 1888.

M. Dumas disait, en 1835, dans ses remarquables *Leçons de philosophie chimique* :

« Si l'on vous demande quel est le monument que la cendre de Lavoisier réclame, répondez sans crainte : C'est une édition complète de ses œuvres... Permettez-moi d'ajouter, et ce n'est pas là une vaine promesse arrachée à l'émotion dont je suis accablé, permettez-moi d'ajouter que je publierai cette édition des œuvres de Lavoisier, que je doterai les chimistes de leur évangile. »

Onze ans après, M. Dumas put espérer la réalisation de son projet; une commission, formée de membres de l'Académie des sciences, et dont il était rapporteur, jugea qu'il appartenait à l'État de publier les œuvres de Lavoisier sous les auspices de l'Académie. Ce fut seulement en 1861 que M. Dumas put entreprendre ce travail, et de 1863 à 1868 il fit paraître quatre volumes comprenant les recherches scientifiques les plus importantes. Avec le cinquième volume, paru en janvier 1892, et ce sixième et dernier volume, se termine enfin la publication des *Œuvres de Lavoisier;* mais pour la compléter il serait nécessaire de faire connaître aussi sa correspondance, si pleine de documents pour l'histoire des hommes et des sciences au siècle dernier; c'est le travail dont je m'occupe actuellement, et j'espère pouvoir le donner bientôt au public. Alors seulement sera achevé le monument que M. Dumas avait rêvé d'élever à la gloire de Lavoisier, *le plus grand homme de science qu'ait possédé la France.*

Décembre 1892.

ÉDOUARD GRIMAUX.

MÉMOIRES
DE LAVOISIER.

RAPPORTS À L'ACADÉMIE.

NOTES ET RAPPORTS DIVERS.

RAPPORT
SUR
LA RECONSTRUCTION DES MAGASINS À POUDRE
DE L'ARSENAL[1].

L'Académie ayant été consultée l'année dernière sur la reconstruction du magasin à poudre de l'arsenal de Paris et sur les moyens les plus propres à prévenir les accidents auxquels ces sortes de magasins peuvent être exposés, elle a jugé, sur le rapport qui lui a été fait par MM. Francklin, Le Roy, Perronnet et Lavoisier, que les meilleurs moyens qu'on pût prendre pour remplir l'objet de sûreté qu'on avait en vue consistaient à déterminer vers le haut l'effet de l'explosion en couvrant le magasin d'un toit très léger formé de pièces de rapport et prêt à céder à toute puissance venant de l'intérieur de l'édifice, et à donner au contraire aux murailles une épaisseur et une forme

[1] Manuscrit autographe. — Ce mémoire est de 1780.

IMPRIMERIE NATIONALE.

telles qu'elles puissent résister entièrement à l'effort de l'explosion ou au moins qu'elle n'y occasionne qu'un déplacement très léger. Un tel objet une fois rempli, si la chose est praticable, on n'aurait presque plus rien à craindre dans le voisinage des magasins à poudre et leur inflammation, au lieu de répandre une grêle de pierres et d'autres matériaux, ne présenterait désormais que l'explosion d'un immense mortier chargé seulement d'une bourre légère. Nous allâmes même dans notre rapport jusqu'à donner à l'Académie les dimensions qui nous paraissaient les plus propres à remplir cet objet et à opposer à la poudre une résistance convenable; nous conseillâmes, au lieu de le faire arrondi et en forme de tour (figure la moins propre de toutes à résister à un effort dont le foyer est dans l'intérieur), de le former de portion d'arc de cercle dont la convexité se présenterait en dedans et s'appuierait sur quatre culées très solides établies aux quatre angles; mais en donnant ces différents détails nous convînmes que, quelque force que nous eussions donnée aux différentes parties du magasin, quelque attention que nous eussions apportée pour lier ensemble toutes les parties de l'édifice et pour leur donner une résistance commune égale à la pesanteur de toute la masse, les effets de la poudre employée en grand n'étaient point assez connus pour que nous pussions assurer affirmativement que le projet de magasin que nous donnions serait capable de résister aux effets de l'explosion; nous terminâmes en conséquence notre rapport et conclûmes qu'il serait très intéressant pour la théorie de la construction des magasins à poudre que quelque savant voulût bien s'occuper de cet objet, et faire une suite d'expériences sur les effets de la poudre employée en grande quantité. Peu de temps après que ce rapport fut fait à l'Académie, M. Meunier, officier au corps royal du génie, lut un mémoire intitulé : *Exposition d'une méthode propre à faire connaître à peu de chose près les épaisseurs qu'il convient de donner aux murailles d'un magasin destiné à résister à l'explosion d'une quantité donnée de poudre*, et l'Académie a nommé les mêmes commissaires, c'est-à-dire : MM. Francklin, Le Roy, Perronnet et Lavoisier, pour lui en rendre compte.

M. Meunier, en adoptant entièrement nos idées sur la construction des magasins à poudre, observe qu'avant de pouvoir les mettre en pratique il est nécessaire d'avoir la solution complète de deux questions : de déterminer d'abord l'effort de la poudre et la force qu'il faudrait employer pour la détruire; secondement, de connaître en général la résistance dont la maçonnerie est capable, suivant la nature et la forme des matériaux qu'on y emploie et des masses qui en résultent; sans cette double connaissance, ignorant à la fois l'énergie de l'agent qu'il s'agit de contenir et la force des obstacles qu'on veut lui opposer, on ne peut agir qu'au hasard et l'on risque, en multipliant les matériaux, de fournir de nouvelles armes à l'explosion, bien loin d'en prévenir les dangers.

De ces deux questions également importantes, l'une paraît à M. Meunier plus susceptible que l'autre d'être traitée avec succès dans l'état actuel des connaissances. C'est celle qui tient à l'architecture. Les considérations relatives à la solidité de la maçonnerie ayant pour objet un système de corps pesants, liés entre eux d'une manière quelconque et qui opposent à leur déplacement une résistance proportionnée à leur pesanteur et à leur adhérence mutuelle, les questions qu'on peut faire sur cet objet ne présentent à proprement parler que des problèmes de pure statique toujours en prise à la théorie, surtout d'après les expériences nombreuses qui ont été faites sur les constructions; mais il n'en est pas de même de la question qui a pour objet la force de la poudre en explosion.

M. Meunier ne s'arrête qu'un instant à montrer combien la théorie pure est insuffisante dans une matière de cette espèce. Le dégagement d'un fluide très élastique qui se forme avec une immense rapidité au moment où la poudre s'enflamme est la cause mécanique de ces effets, mais la production de ce fluide tient elle-même à des affections de la matière dont les principes nous sont inconnus; c'est en un mot un phénomène chimique et c'en est assez pour faire voir combien les circonstances en sont incalculables.

L'expérience est donc la seule voie qui se présente pour établir des résultats sur la force de la poudre; et, comme il s'agit ici de la poudre brûlée en grande quantité, M. Meunier observe combien la recherche qu'il propose est neuve à cet égard; quelques expériences entreprises dans la vue de perfectionner la théorie de l'artillerie sont les seules qui paraissent avoir quelque rapport avec l'objet actuel; mais la petitesse des masses de poudres qui ont été consacrées à ces épreuves, la grande différence qui se trouve entre la forme des armes où elle a été employée et celle de l'édifice dont il s'agit, l'objet principal enfin, qui était d'observer l'effet de la poudre sur des mobiles lancés au loin, tandis qu'il faut ici déterminer son action sur tous les points d'une surface immobile, ou presque immobile, toutes ces disparités lui font bientôt conclure que ces expériences sont absolument inutiles à son objet. M. Meunier a donc été obligé d'imaginer de nouveaux appareils; il propose de former une suite de petits vaisseaux, de figure à peu près semblable au magasin qu'on se propose de construire, d'y enflammer différentes charges de poudre en augmentant la grandeur des vases et la force de l'effet jusqu'à ce qu'on soit arrêté par la crainte des risques, et de mesurer dans chaque expérience le choc exercé contre les parois des vases par le moyen que nous décrirons ci-après. Il est clair que, par cette manière d'opérer, on obtiendra une suite d'effets qu'on pourra prolonger, par la pensée, depuis la grandeur des vases sur lesquels on aura opéré jusqu'à celle du magasin à poudre même qu'on pourra considérer comme le dernier terme d'une suite, et que lorsque la loi des termes de cette suite aura été bien déterminée par des expériences, on pourra en conclure le dernier terme de tous, qu'on suppose être l'effort opéré contre les parois du magasin même. M. Meunier réduit ainsi la question à mesurer dans un vase donné l'effort d'une certaine quantité de poudre en explosion contre les parois de ce vase ou, ce qui est la même chose, contre un point quelconque des parois. Voici le moyen qu'il imagine pour remplir cet objet; il suppose le vase percé latéralement d'un trou rond à l'endroit contre lequel on veut mesurer l'impulsion de la poudre et cette ouverture revêtue intérieurement d'un tube cylindrique de métal bien poli en dedans. Un tampon de même matière remplit exactement le tube, de manière cependant à pouvoir sans peine y glisser suivant sa longueur; on conçoit que la base de ce tampon, tournée vers l'intérieur du vase, fait réellement partie de ses parois et qu'elle reçoit de la part de l'explosion le même effort qu'une égale portion de leur surface dont cette base tient la place. Enfin une espèce de tête placée à l'autre extrémité du tampon l'empêche d'entrer dans le tube plus qu'il ne faut pour que sa base affleure la surface intérieure du vase, et ne lui permet que de reculer vers le dehors.

M. Meunier se suppose ensuite muni d'une espèce de peson à ressort semblable à ceux que le sieur Hanin a présentés à l'Académie, et qui indiquent les différents poids dont ils sont chargés par le moyen d'une aiguille et d'un limbe gradué de livre en livre; il y fait seulement un léger changement, tel qu'au lieu de faire marcher l'aiguille quand les extrémités du ressort s'écartent en vertu du poids suspendu au peson, comme dans ceux que nous venons de décrire, ce soit au contraire leur rapprochement, occasionné par une pression quelconque, qui fasse parcourir à l'aiguille la graduation gravée sur le cadran; il substitue encore à l'anneau, par lequel les pesons ordinaires sont suspendus à un point fixe, une vis dirigée au centre du peson et faisant corps avec lui.

Le peson ainsi construit doit être appliqué contre la tête du tampon de façon que la vis dont nous venons de parler y soit diamétralement opposée; un support solide le soutient ainsi couché horizontalement et la vis est contenue par un écrou engagé lui-même dans un pieu de bois fixe où il n'est susceptible que d'un mouvement de rotation.

Il est clair qu'en tournant l'écrou convenablement, on fera avancer la vis et le peson qu'elle porte contre la tête du tampon auquel il est appliqué; le ressort se pliera d'autant plus et exercera contre le tampon une pression d'autant plus grande qu'on aura fait faire plus de tours à l'écrou et le nombre marqué par l'aiguille sur le limbe du peson sera la mesure de cette pression.

Si maintenant, l'on brûle dans un tel appareil une certaine quantité de poudre, le tampon, reculant par l'effort qu'il en recevra, fera marcher l'aiguille le long de la graduation, et lorsque la résistance du ressort aura détruit tout le mouvement imprimé, le tampon et l'aiguille reviendront à leur première place; mais on connaîtra la quantité de leur déplacement en imitant le moyen qui sert à mesurer le recul dans l'éprouvette de feu M. le comte d'Arcy et fixant à l'aiguille une pointe de stylet qui laisse sur une couche très légère de vernis gras la trace de son mouvement. La vis appliquée au peson fournit en outre un procédé très simple et très précis pour mesurer ce mouvement du tampon, quelque petit qu'il ait été; il suffit pour cela de tourner l'écrou jusqu'à ce que le stylet porté par l'aiguille revienne à l'extrémité de la trace qu'il aura laissée; le nombre de tours qu'il aura fallu faire de la grandeur du pas de la vis donnera très exactement le recul du tampon.

Tel est l'appareil que propose M. Meunier pour déterminer l'action d'une quantité donnée de poudre contre les parois d'un vaisseau donné; en répétant plusieurs fois l'expérience, toujours avec la même charge de poudre dont il est question d'apprécier l'effet, mais en opposant successivement différentes résistances au recul du tampon, jusqu'à ce qu'il devienne imperceptible, on aura par l'observation et la mesure de ses déplacements les données nécessaires pour déterminer les véritables lois de l'explosion; on pourra juger si l'inflammation de la poudre est instantanée et occasionne un choc réel, ou si, employant à brûler un intervalle assignable, son effort est le résultat d'une suite de pressions; on saura enfin quelle est la loi de ces pressions et la durée totale de l'explosion. Mais il faut suivre M. Meunier lui-même dans ces considérations qui tiennent absolument à la mécanique rationnelle et que les bornes de ce rapport ne nous permettent pas de détailler.

Nous nous dispenserons aussi de nous étendre sur la suite d'expériences de toute espèce que cet appareil donnera lieu de faire en examinant séparément l'influence de chacun des éléments qui modifient l'action de la poudre, comme la grandeur des issues par lesquelles le fluide élastique peut s'échapper, les poids dont on peut les charger, et par conséquent la pesanteur du toit dont un magasin est couvert; la réunion de toute la poudre en une seule masse, ou la division en parties d'un volume déterminé, renfermées dans des vaisseaux capables d'une certaine résistance, comme les barils qu'on emploie communément; enfin mille autres circonstances qui apportent sans doute aux effets de l'explosion des différences considérables; nous nous contentons de rappeler ici ce qui a été établi plus haut, que ces expériences faites en grand nombre, et dans les plus grandes dimensions possibles, conduiront nécessairement à des résultats très approchés sur la force de l'explosion d'un magasin entier.

Cette connaissance acquise une fois, ce sera aux principes de l'architecture à faire le reste et M. Meunier finit par conjecturer que les épaisseurs à donner aux murailles pour qu'elles résistent à la force de l'explosion ne sont pas très éloignées des usages ordinaires de la pratique; les réflexions de M. Meunier à cet égard nous confirment de plus en plus dans l'opinion que le projet de magasin que nous avons proposé à l'Académie, pour l'arsenal de Paris, aurait rempli son objet, et qu'il aurait préservé tous les environs du danger de l'explosion. Au reste, comme ce n'est que d'après l'expérience, ainsi que nous nous en sommes déjà expliqué, qu'on peut tirer des conséquences certaines sur ces sortes de construction, l'Académie ne peut que savoir beaucoup de gré à M. Meunier de s'être occupé de cet objet; son plan d'expériences nous paraît très bien entendu et très propre à remplir son objet, et nous pensons qu'il serait bien à désirer que le Gouvernement procurât à M. Meunier les moyens et l'emplacement nécessaires pour l'exécuter. Nous terminerons en faisant observer qu'il n'est point d'objet plus intéressant pour la sûreté et la tranquillité des citoyens que la construction des magasins à poudre; qu'il est question de préserver des villes entières du danger d'une subversion totale et qu'en supposant que les expériences que propose M. Meunier entraînassent quelques dépenses, elles seront toujours bien médiocres en faveur des pertes qu'elles préviendront, et de la vie des hommes qu'elles mettront en sûreté; ces dernières réflexions nous portent à croire que l'Académie ne doit pas se borner à une approbation pure et simple du plan d'expériences de M. Meunier; qu'elle doit faire connaître au Ministre combien il serait important de l'exécuter, combien il serait à désirer qu'on pût, une fois pour toutes, établir des principes certains sur la construction des magasins à poudre; ce serait certainement un service important que M. Meunier aurait rendu à l'humanité.

RAPPORT

SUR

LES RÉVERBÈRES DES PHARES[1].

Nous avons été chargés par l'Académie, M. de Borda et moi, de lui rendre compte d'un mémoire de M. Pouget sur l'application des réverbères aux phares des ports de mer, en général, et à celui de Cette en particulier.

Un réverbère n'est autre chose qu'un miroir quelconque disposé de manière à recevoir une partie de rayons émanés du corps lumineux qui sans lui auraient été perdus, et à les réfléchir sur un objet, sur un plan ou sur une étendue quelconque qu'on se propose d'éclairer.

Le plus parfait des réverbères serait donc premièrement celui dans lequel tous les rayons qui partiraient du corps éclairant tourneraient au profit de l'espace à éclairer, ou, ce qui revient au même, dont la disposition serait telle qu'une ligne droite étant tirée du corps éclairant dans telle direction qu'on voudrait, elle parvînt toujours à l'objet ou à la surface qu'on se propose d'éclairer, soit directement, soit après la réflexion; secondement, celui dans lequel les rayons ainsi réfléchis seraient distribués dans la proportion la plus avantageuse dans tout l'espace à éclairer.

C'est à peu près sur ces principes qu'a procédé M. Pouget dans l'application des réverbères aux phares des ports de mer; il observe d'abord à cet égard que la quantité totale de lumière répandue par le

[1] Manuscrit autographe.

IMPRIMERIE NATIONALE.

corps lumineux peut être exprimée par la surface d'une sphère dont il occupe le centre.

Il n'est pas difficile d'après cela de déterminer, dans tous les cas où l'on peut employer le réverbère, le rapport de la lumière directe à la lumière réfléchie. Il ne s'agit en effet pour y parvenir que de calculer la portion de surface de la sphère lumineuse interceptée, soit par l'espace à éclairer, soit par le réverbère. M. Pouget entre à cet égard dans des détails intéressants dont il serait trop long de rendre compte.

Après ces réflexions préliminaires, l'auteur examine quelles seraient les courbes les plus propres à résoudre le problème qu'il s'est proposé. Il discute les avantages et les inconvénients de quelques-unes et fait voir que la plupart donneraient bien une solution du problème, mais qu'elles ne rempliraient pas un des principaux objets qu'on se propose, celui de répartir la lumière dans la proportion la plus avantageuse; la plupart d'ailleurs donneraient une grandeur très considérable au réverbère et entraîneraient un grand nombre d'inconvénients dans l'exécution.

D'après ces réflexions et plusieurs autres, M. Pouget se décide en faveur des calottes sphériques et place le corps lumineux au centre même de la sphère. Il est évident par cette disposition que tous les rayons qui partiront du corps lumineux se croiseront au centre de la sphère après la réflexion, et qu'ils se répandront dans tout l'espace à éclairer en décroissant en raison du quart de la distance, précisément de la même manière que si la lumière était libre et directe.

Quoique le réverbère ait déjà quelque avantage, puisqu'il doublera à peu de chose près l'intensité de la lumière directe, nous ne doutons pas cependant qu'on ne puisse encore augmenter beaucoup son effet. Le réverbère tel que l'auteur le propose jettera beaucoup de lumière dans les environs du phare et à peu de distance du port, mais la quantité de rayons qui sera portée au loin sera peu considérable. Nous penserions, au contraire, qu'il serait préférable de rendre les rayons réfléchis presque horizontaux et de porter la plus grande partie de la lumière réfléchie à l'extrémité de l'espace à éclairer.

C'est à peu près ce qui a été observé dans les lanternes qui servent maintenant à éclairer les rues de Paris. Les réverbères ne portent point la lumière réfléchie dans les environs de la lanterne parce que cette portion de terrain est suffisamment éclairée par la lumière directe; ils la portent au contraire dans les extrémités de l'espace à éclairer.

C'est sur ce principe qu'il nous paraît qu'on doit procéder à l'application des réverbères aux phares des ports. Nous pensons qu'on peut y employer avec avantage des portions de sphère, disposées comme celles des lanternes de Paris, et on placerait alors le corps lumineux entre le centre et la surface de la sphère à une distance plus ou moins grande, suivant qu'on voudrait rendre les rayons plus ou moins divergents; on pourrait peut-être parvenir à des solutions plus exactes du problème par l'application de quelques courbes mécaniques.

Nous convenons que des portions de sphère appliquées comme on vient de le dire n'éclaireront pas une grande portion de l'horizon, mais comme M. Pouget se propose de composer les phares des ports d'un aussi grand nombre de lampions garnis chacun de leur réverbère, on pourrait les diriger de manière qu'ils éclairassent chacun une portion de l'horizon.

On objectera peut-être qu'un réverbère construit sur les principes qu'on vient d'exposer pourrait occasionner des illusions optiques dangereuses pour les navigateurs, mais nous répondrons que l'effet de ces réverbères étant de porter au loin la lumière, l'illusion sera toujours détruite aux approches du port, c'est-à-dire avant qu'elle puisse devenir funeste aux navigateurs.

Quoique nous ne soyons pas entièrement de l'avis de M. Pouget sur la figure ou au moins sur la situation des réverbères, nous pensons que l'Académie ne peut que l'exhorter à s'occuper essentiellement de cet important objet. Nous ne doutons point que sa théorie, lorsqu'elle aura été rectifiée sur les principes que nous venons d'exposer, ne le conduise à une solution complète du problème proposé par les États de Languedoc et que son mémoire ne soit alors reçu très favorablement du public et de l'Académie.

RAPPORT

SUR

LE PRIX PROPOSÉ PAR L'ACADÉMIE

RELATIF À L'ART DU CHAPELIER[1].

L'Académie avait proposé pour sujet d'un prix qui devait être proclamé à la séance publique de Pâques 1784, etc. . . . .

. . . .

Parmi les mémoires qui ont concouru, les uns sont entrés dans des détails très intéressants sur la partie historique de l'art et sur l'origine de ce qu'on nomme le *secrétage*. D'autres paraissent avoir prouvé que la dissolution de mercure par l'acide nitreux, en quoi consiste le *secret*, n'agissait que comme caustique; que la dissolution d'argent et plusieurs autres dissolutions métalliques pouvaient produire le même effet. Enfin on a proposé de supprimer le secrétage actuel et de prévenir les dangers de la dissolution du mercure en y substituant un autre caustique. L'Académie ne peut pas s'expliquer d'une manière plus précise sur les moyens proposés par les concurrents, mais elle a observé que la plupart de leurs expériences n'étaient pas suffisamment rigoureuses. La découverte du secrétage ne remonte pas au delà de 1751, et on faisait des chapeaux feutrés avant cette époque. Le secrétage n'est donc pas d'une nécessité indispensable à l'égard de poils du plus

[1] Manuscrit autographe.

grand nombre des animaux et il paraît même ne l'être que pour ceux du lièvre. Il n'est donc point étonnant qu'on puisse feutrer avec tous les caustiques, puisqu'on peut feutrer même sans eux. Les expériences ne seront donc concluantes qu'autant qu'on opérera sur des poils qui ne se feutrent pas ou qui se feutrent mal sans secrétage, et, de plus, qu'autant qu'on fera toujours marcher des expériences de comparaison pour déterminer d'une manière sûre l'effet des différents poils sans secrétage, secréter avec la dissolution de mercure, et secréter avec différents caustiques.

Les premières expériences en exigent encore d'une autre classe. En substituant d'autres caustiques à la dissolution de mercure, il serait possible qu'on ne fît que remplacer une composition dangereuse par une plus dangereuse encore. D'après ces vues, que l'Académie a puisées en partie dans les mémoires des concurrents, elle n'a pu s'empêcher de reconnaître que le vœu du programme n'était pas suffisamment rempli; elle a jugé qu'elle rendrait le concours plus utile en différant la proclamation des prix.

Du 3 octobre 1785.

Dans le nombre des mémoires qui ont concouru pour l'art du chapelier, trois paraissaient mériter de fixer l'attention des commissaires de l'Académie. Le premier, sous le n° 3, avait pour devise : *L'amour des hommes, dérivé de l'amour de soi, est le principe de la justice humaine.*

Ce mémoire contient un grand nombre d'observations et d'expériences. Il en résulte que la dissolution du mercure par l'acide nitreux qu'on a continué d'employer pour donner au poil de lièvre la qualité de se feutrer n'est pas la seule liqueur qu'on puisse employer. Pour cet effet, l'auteur assure que l'acide marin seul ou esprit de sel fumant peut la remplacer sans inconvénient; dès lors il prévient toutes les maladies auxquelles l'emploi de la dissolution de mercure donne lieu : resterait à examiner si l'inspiration continuelle de la vapeur de l'esprit de sel mêlée avec l'air n'aurait pas aussi quelque inconvénient.

On aurait désiré dans ce mémoire plus de rigueur dans la manière de faire les expériences, que l'auteur y ait toujours fait marcher de front des expériences de comparaison sur le feutrage sans secret, sur le feutrage avec la dissolution d'argent, sur le feutrage avec différents caustiques, que dans toutes les expériences il eût opéré sur des poils absolument de même nature, qu'il ait mieux observé le *cæteris partibus*. On peut encore reprocher avec M. Tenon à l'auteur de ce mémoire une trop grande prolixité dans la manière de détailler les maladies des chapeliers et d'en avoir donné un tableau qui paraît exagéré.

Malgré ces défauts, il paraît difficile de ne pas adjuger le prix à ce mémoire.

Le mémoire n° 4 ayant pour devise : *Aurum alios capiat, merces mihi gratia vestra est*, est fait par un fabricant de Paris qui paraît versé dans son art. Il y donne un historique très intéressant de l'art du feutrage et du secrétage. Ce mémoire contient de très bonnes vues de pratique. L'auteur y a ajouté le 14 août 1784 un supplément qui paraît contenir une découverte importante dans l'art du chapelier. Au lieu de faire dissoudre une petite portion de mercure dans l'acide nitreux, il y fait dissoudre du camphre, et il a obtenu un succès tout aussi complet qu'avec la dissolution du mercure. Les expériences qu'il rapporte paraissent mériter d'autant plus de confiance que l'auteur étant à la tête d'une fabrique de chapeaux, on ne peut pas supposer qu'il s'en soit imposé à lui-même sur les succès qu'il a obtenus. Cette découverte, tout aussi importante que celle contenue dans le mémoire n° 3, pourrait mériter à l'auteur de partager le prix avec le n° 3.

L'auteur du mémoire n° 2 a aussi quelques droits à la reconnaissance du public. Il a essayé de feutrer le poil de lièvre avec de la dissolution d'argent dans l'acide nitreux; et il y a réussi. Il a réussi également avec différentes solutions métalliques.

Ses expériences, rapprochées de celles des mémoires 3 et 4, paraissent prouver que l'addition des métaux à l'acide nitreux ne produit d'autre effet que de phlogistiquer cet acide ou plutôt de lui donner un excès d'air nitreux. D'après ce principe, tout ce qui tend à phlogistiquer l'acide nitreux doit le mettre en état de communiquer au poil de lièvre la propriété de se feutrer, et c'est ce qui fait sans doute que le camphre produit cet effet.

Peut-être conviendrait-il de faire une mention honorable de ce mémoire.

PRIX À DÉCERNER POUR L'ALCALISATION DU SEL MARIN.

PRIX EXTRAORDINAIRE PROPOSÉ PAR ORDRE DU ROI POUR L'ANNÉE 1783[1].

Les cendres, les salins, la potasse, la soude et en général tous les alcalis ont éprouvé depuis quelques années en France une augmentation considérable de prix. On ne peut douter qu'on ne doive principalement l'attribuer aux circonstances de la guerre qui ont rendu plus difficiles et plus chers le transport par mer des potasses du Nord, et qui ont intercepté presque toute communication entre l'Europe et l'Amérique septentrionale.

L'influence de cette cause a encore été augmentée par la disette des soudes d'Espagne, et surtout par l'emploi considérable que la Régie des poudres a fait d'alcali végétal dans la fabrication du salpêtre, et aux achats qu'elle a été obligée de faire, tant dans les provinces du royaume qu'à l'étranger. En sorte qu'à la diminution de la quantité de cette marchandise s'est jointe la plus grande multiplicité des demandes, et il n'en fallait pas davantage pour en nécessiter le renchérissement.

[1] Manuscrit autographe. — A la suite de ce rapport, un programme fut rédigé par Lavoisier et distribué au public. L'Académie, en 1783, jugeant qu'aucun concurrent n'avait satisfait aux conditions du programme, remit la question au concours d'abord pour 1786, puis pour 1788. A cette époque, le prix ne fut pas encore décerné, et quand Nicolas Leblanc donna la solution du problème, l'Académie avait cessé d'exister.

(*Note de l'Éditeur.*)

Les représentations qui ont été faites à cet égard par les entrepreneurs des faïenceries, verreries et autres manufactures où les alcalis sont employés à grandes doses; celles des régisseurs des poudres qui ont exposé qu'une partie des succès qu'ils avaient obtenus, et l'augmentation de plus d'un tiers à laquelle était déjà parvenue depuis 1776 la récolte du salpêtre dans le royaume, tenaient principalement à l'usage de la potasse qu'ils avaient introduit dans le travail du salpêtre, dans le raffinage du salpêtre et dans le traitement des eaux mères, ont fixé l'attention du Gouvernement; et il a été convaincu de la nécessité de favoriser dans le royaume, par tous les moyens possibles, la production et la fabrication des alcalis de toute espèce.

C'est dans cette vue que les régisseurs des poudres ont d'abord été autorisés à publier une instruction sur la manière de fabriquer la potasse et les salins. Cette instruction a été soumise au jugement de l'Académie, revêtue de son approbation et répandue dans les provinces en 1779.

Pour diminuer en même temps la trop grande multiplicité des demandes et écarter la concurrence des manufactures étrangères, Sa Majesté a jugé à propos de défendre, par arrêt de son Conseil du 10 février 1780, la sortie hors du royaume des cendres, salins et potasses des provinces de Lorraine, Trois-Évêchés, Alsace et Franche-Comté, et elle a étendu la même prohibition aux autres provinces du royaume par un second arrêt de son Conseil du 26 avril 1781.

Quoique ces dispositions aient produit une partie de l'effet qu'on avait lieu d'en attendre et qu'il en soit résulté quelque diminution dans le prix des salins et potasse, on n'a pas tardé cependant à s'apercevoir que les prohibitions n'étaient que des moyens forcés que l'intérêt particulier parvenait aisément à éluder toutes les fois que l'appât du bénéfice était considérable, et le Ministre des finances a jugé qu'au moins il ne pourrait qu'être utile de faire concourir avec ces moyens ceux qui résultent de l'instruction, de l'encouragement et de l'émulation.

Les verriers, les savonniers et les blanchisseurs peuvent employer

IMPRIMERIE NATIONALE

indifféremment dans leurs travaux l'alcali minéral ou l'alcali végétal. L'un et l'autre combinés avec le sable lui servent de fondant et forment du verre; l'un et l'autre combinés avec les huiles forment du savon et servent à dégraisser le linge et les étoffes. C'est la facilité plus ou moins grande que l'on trouve à se procurer l'un et l'autre de ces deux alcalis qui en détermine le choix : à Marseille, les fabricants de savon n'emploient que la soude qu'ils font venir d'Espagne ou d'Égypte; à Lille, ils préfèrent la potasse qu'ils tirent de Suède; à Paris, on emploie principalement la soude pour les lessives; dans les blanchisseries de la Flandre, on ne se sert que de potasse de Suède.

On n'a pas le même choix dans la fabrication du salpêtre; l'alcali minéral formant avec l'acide du nitre un sel qui s'humecte à l'air et qui ne peut être employé à la fabrication de la poudre, on est obligé d'user, dans tous les travaux du salpêtre, d'alcali végétal exclusivement à tout autre; mais le Gouvernement, même sous ce point de vue, n'en a pas moins d'intérêt de favoriser la fabrication de l'alcali minéral parce que le grand nombre de concurrents que trouve la Régie des poudres dans les achats de salins et de potasse, et qui font renchérir considérablement les prix, seraient naturellement écartés si l'alcali minéral était plus abondant, de meilleure qualité et à plus bas prix.

L'alcalisation du sel marin offre à cet égard des ressources de la plus grande importance; un quintal de sel, qui ne vaut dans la province d'Aunis et de Saintonge que....., contient environ 40 livres d'alcali minéral; le quintal de soude au contraire, qui vaut 10, 15 et 25 livres, contient à peine 15 livres d'alcali. Il ne s'agirait donc pour procurer au commerce et principalement aux verreries, aux savonneries et aux blanchisseries toute la quantité d'alcali dont elles peuvent avoir besoin, que de trouver le moyen de décomposer le sel marin et d'obtenir séparément et à nu l'alcali qui entre dans sa composition. La chimie connaît déjà plusieurs procédés pour opérer cette décomposition, mais ils ne sont ni assez simples ni assez économiques pour être employés dans des travaux en grand; ils prouvent seulement la possibilité du succès, et peuvent mettre sur la voie de la solution du problème.

En conséquence de ces considérations et d'après les intentions du Roi qui ont été communiquées à l'Académie par M. Joly de Fleury, ministre des finances, elle propose pour la Saint-Martin 178 . un prix de 2,400 livres, en faveur de celui qui aura donné le moyen le plus simple et le plus économique pour extraire en grand l'alcali du sel marin et pour l'obtenir dans son état de pureté et dégagé de toute combinaison acide ou autre; elle exige des auteurs de détailler leurs procédés avec assez de clarté pour qu'ils puissent être vérifiés par les commissaires qu'elle nommera à cet effet, et elle prévient que le prix ne sera adjugé qu'autant que l'alcali obtenu, dépouillé de son eau de cristallisation, ne reviendra pas, toutes dépenses calculées, à plus de 20 livres par quintal.

PRIX EXTRAORDINAIRE

PROPOSÉ PAR ORDRE DU ROI

PAR L'ACADÉMIE DES SCIENCES

POUR L'ANNÉE 1788[1].

PRÉCIS DE CE QUI A ÉTÉ FAIT POUR PERFECTIONNER LE FLINT-GLASS ET LE VERRE EN GÉNÉRAL.

Avant de rédiger un programme pour le prix du flint-glass conformément aux intentions du Roi, il est une question préalable qu'il est indispensable d'agiter : c'est celle de savoir si on y énoncera purement et simplement le sujet du prix, ou bien si on y joindra des détails instructifs, et si on indiquera aux concurrents la route qu'on croit la plus simple et la plus directe pour arriver au but désiré.

Pour mettre l'Académie à portée de se décider pour l'un ou pour l'autre de ces deux partis, il a paru nécessaire de lui rappeler en peu de mots ce qui a été fait jusqu'ici sur le flint-glass et en général sur la perfection du verre, et de mettre sous ses yeux l'état actuel de nos connaissances à cet égard.

Les défauts qu'on remarque en général dans les verres destinés à être employés pour les instruments d'optique sont : 1° les bulles; 2° les fils; 3° le gras; 4° la couleur; enfin le stras ou flint-glass a un

[1] Manuscrit autographe. — Le prix du flint-glass, proposé d'abord pour 1788, ne fut pas décerné, et la question fut remise au concours pour 1791. (*Note de l'Éditeur.*)

défaut qui lui est particulier, c'est le coup d'œil gélatineux; on a une idée de ce défaut du verre quand on mêle ensemble deux liqueurs de différente densité, de l'eau et de l'esprit-de-vin, de l'eau et de l'huile de vitriol; dans le premier moment du mélange, il se forme des espèces de stries, et on voit clairement que ces stries résultent de la différence de densité et de réfrangibilité des deux liqueurs dont le mélange est incomplet. Nous allons dire un mot sur chacun de ces défauts du verre, et sur les moyens qu'on a tentés pour y remédier.

DES BULLES.

Il n'est pas rare de voir, même dans les verres les plus beaux, tels que dans les glaces de Saint-Gobain, une assez grande quantité de bulles de différente grosseur. Ces bulles sont en général à peu près sphériques dans les glaces coulées; mais, dans tous les cas où le verre a été soufflé et travaillé, ces bulles sont déformées et allongées, etc. M. Dantic, qui était en 1765 directeur de la verrerie de Saint-Gobain, s'est attaché à rechercher quelle était l'origine des bulles, et il en a donné une cause très probable.

D'abord il est constant qu'au moment où le verre se forme, où le sable et l'alcali fixe se combinent, il y a une effervescence considérable; elle est due au dégagement de l'air fixe qui était contenu dans l'alcali et peut-être à un gaz particulier que fournit la terre siliceuse; mais comme le verre est dans un état pâteux, ces bulles ont peine à se faire jour, en sorte que, si l'on laisse refroidir le verre peu de temps après qu'il a été fondu et avant que toute cette première effervescence soit passée, il est tout rempli de grosses bulles ou bouillons.

Mais cette première effervescence passée, il lui en succède une autre plus lente, il est vrai, moins tumultueuse, mais qui forme encore des bulles longtemps après que l'air fixe est dégagé. Les alcalis sont rarement purs; ils contiennent presque toujours du sel marin ou des sels neutres. M. Dantic a très bien observé que ces sels n'entraient point dans la vitrification, qu'ils étaient jetés au dehors, et qu'ils étaient dans un état d'évaporation continuelle pendant que le verre était en fusion et qu'il s'affinait. Il résulte de cette évaporation ou plutôt de cette vaporisation des sels un bouillonnement lent; il y a en conséquence pendant tout le temps que dure cette vaporisation de petites bulles qui se succèdent et qui sont disséminées dans toute la masse du verre; si on le laisse refroidir dans cet état, elles y demeurent emprisonnées. Ces bulles, comme l'on voit, ne sont point dues à de l'air comme on l'a quelquefois soupçonné; il n'y existe pas non plus un vide absolu; mais elles sont remplies de sel dans l'état gazeux.

Un premier moyen de débarrasser le verre de ces bulles consiste à le tenir longtemps au feu, ou mieux encore, comme le conseille M. Dantic et comme M. Libaude paraît l'avoir pratiqué avec beaucoup de succès, à le tirer à l'eau; cette opération consiste à puiser du verre dans le creuset avec une cuiller de cuivre, et à le jeter dans un baquet d'eau; on pile le verre, on le refond et on le tire à l'eau de nouveau et ainsi jusqu'à six et huit fois. La quantité de bulles diminue à chacune de ces opérations et on parvient à obtenir du verre qui en est absolument exempt. Si l'on en croit M. Dantic, l'eau, dans cette opération, dissout les portions de sels neutres qui étaient engagées dans le verre sans faire partie de la vitrification; ainsi, dans cette opinion, la méthode de tirer le verre à l'eau aurait deux avantages : 1° de détruire les bulles existantes par l'opération mécanique de la pulvérisation; 2° de détruire la cause qui en aurait formé de nouvelles.

Il y aurait un moyen de détruire cette cause d'imperfection du verre qui n'a point encore été tenté : ce serait de n'employer pour sa fabrication que de l'alcali caustique bien pur et bien débarrassé de tous sels étrangers; mais il est d'une extrême difficulté d'avoir de l'alcali parfaitement caustique, et il est presque aussi difficile d'en séparer exactement les sels neutres qui y sont presque toujours mêlés.

Quoi qu'il en soit, il paraît qu'à l'égard des bulles et des fils, le problème est à peu près résolu et qu'avec du soin et du travail on peut les éviter aisément.

DU GRAS ET DE LA COULEUR.

On distingue dans le verre différentes espèces de gras, et on peut consulter à cet égard le mémoire de M. Dantic imprimé dans le tome IX des *Savants étrangers;* on donne principalement le nom de *gras* au verre qui devient laiteux et qui acquiert dans le four une sorte d'opacité; il acquiert ce défaut quand on le pousse à un trop grand feu, ou qu'on l'y tient trop longtemps exposé; alors une partie de l'alcali s'évapore, et dès que la terre siliceuse se trouve en excès, qu'il n'y a plus une quantité de fondant suffisante pour la tenir toute en dissolution, la combinaison devient opaque. Il existe à l'égard des verres dans lesquels il entre du plomb une autre cause qui les rend gras: pour peu que ces verres aient le contact de matières combustibles, il se revivifie une portion de plomb et, comme dans son état métallique il ne peut entrer dans la vitrification, il demeure suspendu dans le verre et le rend opaque ou laiteux; mais, on le répète, ce défaut du verre n'est qu'accidentel, et il est aisé de le prévenir ou même de le corriger; il en est de même de la couleur: avec de l'alcali et du sable bien pur, en y ajoutant un peu de manganèse et de verre de cobolt, on fait toujours du verre suffisamment blanc pour les instruments d'optique.

DU COUP D'ŒIL GÉLATINEUX.

Le verre composé de sable et d'alcali, quand il a été tenu au feu quelques heures et qu'il a été dépuré par une suffisante ébullition, est communément dans un état de combinaison parfaite et il est homogène dans toute sa masse; il n'en est pas de même du verre dans lequel on introduit des chaux de plomb. Ce verre, soit qu'on le laisse refroidir, soit qu'on le souffle, a toujours un coup d'œil ondé ou gélatineux; on a défini plus haut ce qu'on entendait par ces expressions. C'est à corriger ce défaut, le plus grand que puisse avoir du verre destiné à faire des objectifs de lunette, que se sont appliqués les plus grands efforts des chimistes; mais ils ont été sans succès, et il paraît que M. Libaude, qui avait remédié parfaitement à l'inconvénient des bulles, a échoué relativement au gélatineux.

M. Macquer a publié en 1773 des recherches intéressantes sur cet objet; il a pensé que la perfection du flint-glass dépendait de l'état de la chaux de plomb et qu'il était d'autant plus parfait qu'elle était plus déphlogistiquée; il a donc tenté de déphlogistiquer les chaux de plomb par l'acide nitreux, mais il ne lui a pas été possible d'y parvenir; il a essayé ensuite de faire du verre avec du vitriol de plomb préalablement bien calciné; cette chaux de plomb s'est trouvée très réfractaire, il ne lui a pas été possible de la fondre avec du sable seul et d'en faire du verre; mais, en y ajoutant du borax et du nitre, il a eu un verre très beau et très blanc. Il se dégage du sel de verre dans cette opération et il vient nager à la surface; il est à craindre qu'il n'en résulte des bulles dans le verre. M. Macquer, d'après le succès qu'il a obtenu dans cette expérience qu'il n'a faite cependant que très en petit, pense que le vitriol de plomb est de toutes les chaux de ce métal celle qui convient le mieux à la fabrication du flint-glass; mais il n'a pas poussé plus loin ses recherches, et personne n'a rien publié depuis lui sur cet objet.

RÉSUMÉ.

Le flint-glass, pour réunir toutes les qualités requises et être propre à entrer dans la composition des lunettes achromatiques, doit : 1° être blanc ou au moins très peu coloré; 2° être exempt de bulles et de fils; 3° être homogène et également réfrangible dans toute sa substance et, par conséquent, être exempt de coup d'œil ondé et gélatineux; 4° peser au moins 1,400 grains le pouce cube.

Actuellement que l'Académie connaît l'état de la question, et qu'on a mis sous ses yeux le résumé des connaissances acquises sur la fabrication du flint-glass, il reste à délibérer sur la forme que doit avoir le programme, et à décider s'il doit être plus ou moins détaillé, plus ou moins instructif, etc.

PROGRAMME DU PRIX.

Depuis la découverte des lunettes achromatiques, les artistes et les amateurs instruits se sont attachés à faire de grands objectifs et ils sont parvenus à en obtenir de 3, 4, et même jusqu'à 6 pouces de diamètre; mais ils ont tous été arrêtés par la difficulté de se procurer, pour d'aussi grandes dimensions, des matières pures et qui fussent exemptes des défauts auxquels est sujette même la glace ordinaire.

Ces défauts se rencontrent bien plus communément et en plus grand nombre dans l'espèce de cristal connu en Allemagne sous le nom de *stras* et, en Angleterre, sous celui de *flint-glass*. Les verreries dans lesquelles on le fabrique trouvent plus d'avantage dans le débit des différents ustensiles de cristal, qui sont actuellement très recherchés dans le commerce, que dans la fabrication des plaques destinées pour les opticiens; en effet, il suffit, pour remplir l'objet que l'on se propose dans les verreries, que la matière soit blanche et que son éclat ressemble à celui du cristal de roche, et c'est ce qu'il est aisé d'obtenir par les procédés ordinaires de la verrerie et par le choix du sable, des fondants et des autres matériaux qui entrent dans sa composition. Mais les verres destinés aux instruments d'optique exigent bien d'autres qualités et, par conséquent, des soins et des procédés de fabrication différents. Aussi, quoiqu'il y ait en Angleterre un grand nombre de verreries où l'on ne fabrique réellement que du flint-glass, elles en fournissent rarement des morceaux qui réunissent les qualités convenables pour faire des verres de lunettes; il n'existe point de procédé connu pour en faire constamment de beaux et ce n'est que par hasard qu'on y réussit.

L'importance de cet objet, dont dépend la perfection de l'astronomie, et la difficulté extrême de se procurer du flint-glass propre à faire des lunettes, avaient déterminé le Gouvernement à proposer, au mois de juillet 1766, un prix de 1,200 livres, sur ce sujet, au jugement de l'Académie. Ce prix a été remis successivement jusqu'en 1773, et, quoique à cette époque il ait été donné à l'auteur de la pièce qui con-

IMPRIMERIE NATIONALE.

tenait le plus d'expériences, il a été reconnu néanmoins et annoncé par l'Académie que l'objet du prix n'avait été qu'incomplètement rempli. Et en effet, depuis cette époque, le flint-glass de bonne qualité n'est pas devenu plus commun qu'il ne l'était auparavant.

Tel était l'état des choses lorsque le Roi s'étant fait rendre compte de l'état des arts et des encouragements dont ils peuvent avoir besoin, voulant prévenir leurs besoins et hâter leurs progrès, Sa Majesté a reconnu que la somme de 1,200 livres ci-devant, qui avait été proposée pour récompense, n'avait pas été proportionnée à la dépense et aux frais qu'exigeaient les expériences sur un pareil travail : le flint-glass. En conséquence, elle a bien voulu faire un fonds de 12,000 livres pour un nouveau prix, et a autorisé l'Académie royale des sciences à le proposer. L'Académie s'empresse de publier cette nouvelle marque de la protection que le Roi accorde aux arts et aux sciences, et de l'attention éclairée qui dirige les vues de son Ministre. Mais comme elle s'est aperçue par les pièces envoyées au premier concours que les auteurs n'avaient pas bien connu la difficulté du problème qui leur avait été proposé, et qu'ils n'avaient pas bien saisi l'état de la question, elle a jugé nécessaire de l'établir d'une manière plus précise dans le programme qu'elle publie aujourd'hui.

On sait que les rayons de lumière se réfractent en passant d'un milieu dans un autre et se détournent de leur première route ; on sait de plus que les rayons diversement colorés sont différemment réfrangibles, en sorte qu'après avoir changé de milieu ils cessent de se mouvoir parallèlement entre eux et s'écartent les uns des autres en formant un angle qu'on a nommé *angle de dispersion*. L'image du soleil ainsi allongée et colorée des couleurs de l'arc-en-ciel, reçue sur une feuille de carton, se nomme *spectre solaire ;* ce spectre, toutes choses d'ailleurs égales, est d'autant plus grand que l'écartement des rayons est plus grand, en sorte qu'il est la mesure de l'angle de dispersion.

Un objectif est nommé *achromatique*, lorsqu'il a la propriété de réfracter la lumière, sans qu'il y ait dispersion ; il est le plus communément composé de deux verres appliqués l'un sur l'autre et qui ont chacun un pouvoir différent de réfringence et de dispersion. L'un d ces deux verres est de la nature des glaces de Saint-Gobain, et c'est celui qu'on a nommé *crown-glass* en Angleterre. L'autre, qui a été nommé *stras* ou *flint-glass*, est beaucoup plus pesant; il doit cette qualité à une grande quantité de chaux de plomb ou de tout autre métal qui entre dans sa composition, et il a un pouvoir beaucoup plus considérable de réfringence et de dispersion. Dans les objectifs composés de trois verres, deux sont de crown et un de flint-glass.

C'est à la perfection de cette dernière espèce de verre que doivent tendre les recherches et les efforts des concurrents, et l'Académie exige que les échantillons qui lui seront envoyés soient exempts des défauts ci-après :

Le premier et le plus essentiel consiste dans une transparence gélatineuse qui indique ou que la pâte n'a pas acquis dans les fours cet état de fusion nécessaire pour lui procurer la limpidité convenable, ou que la différence de fluidité des matières hétérogènes dont il est composé les a empêchées de se mêler et de se combiner assez parfaitement ensemble, pour qu'il en résulte un tout parfaitement diaphane : les cristaux qui ont ce défaut ne peuvent être d'aucune utilité pour les ouvrages d'optique.

2° Un autre défaut aussi ordinaire et qui provient vraisemblablement de la même cause consiste dans une multitude de fils qui sont de deux sortes : les uns, très sensibles à la vue dans les plaques de cristal quand elles ont été polies, forment des stries et ont beaucoup d'analogie avec ceux qu'on rencontre souvent, même dans les belles glaces de Saint-Gobain; les autres sont beaucoup moins apparents, et on ne les découvre que par le moyen d'une loupe disposée comme on l'expliquera ci-après.

Cette dernière espèce de fils est souvent plus nuisible encore que la première. Ils sont moins . . . . . et plus sujets à altérer la pureté de la matière qui les avoisine.

Un troisième défaut non moins commun et qui fait encore rebuter, comme tout à fait inutiles, les plaques de flint-glass destinées à faire des objectifs achromatiques, consiste dans les tables ou couches qu'on y rencontre très communément; il est même bien rare d'en trouver qui en soient absolument exemptes. Ce défaut est cependant très essentiel; souvent ces tables ne sont pas sensibles en regardant simplement à travers des plaques, même quand elles ont leurs surfaces polies; mais si, après les avoir coupées net avec un bon diamant, on les examine en les regardant par la tranche, alors un œil un peu exercé les aperçoit aisément. Ce défaut paraît provenir de ce que la matière a été cueillie à plusieurs reprises dans le pot ou creuset, et de ce que les différentes couches se sont superposées l'une sur l'autre, de manière à laisser apercevoir leur jonction; peut-être une attention suffisante de l'ouvrier qui travaille le cristal, ou une manipulation différente pour le former en plaques, pourrait-elle remédier à cet inconvénient.

Quoique les bulles rondes et un peu allongées, comme il s'en rencontre plus souvent dans les glaces soufflées que dans les glaces coulées, ne soient pas un défaut aussi essentiel et qui influe autant sur la qualité de la substance même du cristal; quoiqu'on doive dire même que de bons artistes opticiens préfèrent souvent des morceaux où il se trouve de ces sortes de bulles; enfin quoiqu'elles se rencontrent plutôt dans les verres bien cuits et plus durs que dans les autres, ce n'en est pas moins un défaut et l'Académie donnera la préférence, toutes choses égales d'ailleurs, au cristal qui en sera exempt; et comme l'objet du prix proposé est de perfectionner l'art de faire le flint-glass, elle invite ceux qui concourront à employer des procédés qui remédient à cet inconvénient.

Il est d'autres bulles beaucoup plus petites et beaucoup plus nombreuses que les précédentes, et qui forment une espèce de mousse ou de neige dans la matière. Ce défaut est beaucoup plus essentiel que le précédent. Le cristal qui aurait cette neige, ainsi que tous les verres qui n'ont pas été assez longtemps au feu pour être tout à fait purgés de l'air ou gaz qui la forme en se dégageant, ne serait point admissible.

Ces défauts ne s'aperçoivent pas toujours au premier coup d'œil, et ils existent quelquefois dans une table de verre d'une belle transparence; mais on peut les rendre sensibles par le procédé qui suit : on prend une loupe ou un objectif de lunette de 12 à 15 pouces de rayon; on applique dessus les morceaux de flint-glass polis qu'on veut éprouver; on regarde ensuite à travers cette loupe une lumière placée à quelque distance en avant et on éloigne l'œil jusqu'à ce qu'étant à peu près au foyer, la loupe paraisse, pour ainsi dire, toute en feu. De cette manière, les plus petits défauts de la matière deviennent sensibles et on en découvre une infinité qui auraient échappé sans cette précaution.

En conséquence de ces éclaircissements préliminaires, l'Académie demande des plaques de flint-glass de 12 à 15 pouces de diamètre et de 5 lignes d'épaisseur, d'un verre pesant, semblable à celui qui est nommé *flint-glass* ou *stras*, plaques qui doivent être exemptes de points, autant qu'il sera possible, mais surtout de fils, de tables et du coup d'œil gélatineux.

Elle demande qu'en comparant ce flint-glass avec les glaces de Saint-Gobain, de Cherbourg ou de toute autre manufacture, le rapport des différentes dispersions de ces verres soit au moins celui de 3 à 2. On n'a obtenu jusqu'à présent cet effet qu'avec des verres dans lesquels entrait la chaux de plomb, et qui pesaient environ 1,200 grains le pouce cube. On ne regarde cependant pas comme impossible de composer, avec d'autres substances que la chaux de plomb, des verres qui rempliraient le même objet, quoique moins pesants. L'Académie ne se propose point de limiter ni le choix des matières, ni la pesanteur du pouce cube; mais elle exige le rapport de dispersion indiqué ci-dessus, de 3 à 2, et elle déclare, en même temps, qu'elle n'admettra au concours aucune plaque de verre qui ne soit accompagnée d'un mémoire où les expériences soient détaillées, et qui contienne un procédé sûr pour la composition de ce verre, afin que les commissaires de l'Académie nommés pour examiner et juger les pièces qui concourront au prix puissent répéter les expériences et recomposer, eux-mêmes, un verre semblable à celui qui aura été envoyé au concours.

Le prix sera de 12,000 livres, et il sera proclamé à la séance publique de l'Académie, d'après Pâques 1788. Mais les mémoires ne seront reçus que jusqu'au................................

Tous les savants et les artistes sont invités à travailler sur ce sujet, même les associés étrangers de l'Académie. Les seuls académiciens regnicoles en sont exclus.

Les auteurs ne mettront point leur nom à leurs pièces, mais seulement une sentence ou devise. Ils pourront, s'ils veulent, attacher à leur écrit un billet séparé et cacheté par eux où seront, avec la devise de leur pièce, leur nom, leurs qualités et leur adresse; et ce billet ne sera ouvert par l'Académie que dans le cas où la pièce aura remporté le prix.

Ceux qui composeront sont invités à écrire en latin ou en français, mais sans obligation. Ils adresseront leurs ouvrages, joints à leurs essais, francs de port, à Paris, au secrétaire perpétuel de l'Académie, ou les lui feront remettre. Dans ce second cas, le secrétaire en donnera, en même temps, à celui qui les lui aura remis, un récépissé où seront marqués la devise de l'ouvrage et son numéro, suivant l'ordre ou le temps dans lequel il aura été reçu.

S'il y a un récépissé du secrétaire pour la pièce couronnée, le trésorier délivrera la somme du prix à celui qui lui rapportera ce récépissé. Il n'y aura à cela nulle autre formalité.

S'il n'y a pas de récépissé du secrétaire, le trésorier ne délivrera le prix qu'à l'auteur même, qui se fera connaître, ou au porteur d'une procuration de sa part.

PRIX D'HISTOIRE NATURELLE
ADJUGÉ
PAR L'ACADÉMIE DES SCIENCES
POUR L'ANNÉE 1793[1].

L'Académie avait proposé en 1791, pour sujet d'un prix sur l'histoire naturelle, qui devait être distribué cette année 1793, *de faire connaître quelle est la nature et la disposition des différentes substances qui, non seulement servent denveloppe aux couches de charbon de terre, suivant leurs qualités, mais encore forment les bancs de roches interposés entre ces couches; d'indiquer ces substances, de manière à guider tous ceux qui peuvent faire des recherches de ce combustible. On devait traiter en même temps des dérangements des veines de charbon, des crans, des failles et barrements qui occasionnent les interruptions de ces veines; de la nature et du gisement des matières qui donnent lieu à ces accidents; des différentes inflexions ou plis de couches de charbon dans leurs inclinaisons et directions; enfin on devait joindre à tous ces détails les indices extérieurs qui peuvent annoncer l'existence de ce combustible.*

L'Académie n'a reçu, sur ce sujet important, depuis la remise du prix, qu'un mémoire ayant pour devise : *Carbones fossiles immeritò culparos jam vides.*

Cette pièce contient une masse de faits, dont une partie, à la vérité, étaient connus, mais qui n'avaient point été liés, ni présentés d'une manière aussi méthodique : on y trouve aussi une suite d'observations

[1] Manuscrit autographe. — Placard in-4° de 2 pages.

instructives, très propres à diriger les exploitations en grand de ce précieux combustible, et qui annoncent dans l'auteur la connaissance de la pratique de ces travaux.

A ce mémoire, écrit avec beaucoup de netteté et de précision, l'auteur a joint une carte qui présente les veines de charbon, ainsi que les bancs de roches qui les enveloppent, ou sont interposés entre elles dans toutes leurs positions respectives : ce qui ne peut manquer d'être d'un grand secours dans la recherche et l'exploitation de ce combustible. En outre, l'auteur y a joint un tableau où sont rapprochées quarante-deux mines de charbon, qui sont en exploitation dans différents pays, et dans lequel on trouve bien exprimées les directions et les inclinaisons de ces veines.

D'après ces considérations, et celles qui résultent de la disette non seulement du bois, mais même de ce combustible minéral, que les circonstances de la guerre rendent encore plus difficiles à nous procurer, l'Académie a jugé à propos de décerner le prix à ce mémoire, dont l'auteur est le C. Duhamel fils, ingénieur des mines; elle s'y est déterminée d'autant plus volontiers que de tous ceux qu'elle a reçus depuis plusieurs années pour le même concours, il n'en est aucun qui ait rempli aussi bien son objet.

Cependant l'Académie aurait désiré que l'auteur eût donné encore plus de développement à ce qu'il dit et à ce qu'elle avait demandé sur la position de certaines mines de charbon de terre, et particulièrement sur les systèmes des couches qui environnent ces mines, jusqu'à une certaine distance, afin de guider sûrement tous ceux qui s'occupent de la recherche de ce précieux combustible; et c'est particulièrement dans cet objet qu'elle aurait souhaité que l'auteur se fût attaché davantage à déterminer les limites des masses qui peuvent servir à les indiquer et à les faire connaître.

PRIX PROPOSÉ PAR L'ACADÉMIE DES SCIENCES

POUR L'ANNÉE 1794[1].

Les végétaux puisent dans l'air qui les environne, dans l'eau et en général dans le règne minéral, les matériaux nécessaires à leur organisation.

Les animaux se nourrissent ou de végétaux, ou d'autres animaux, qui ont été eux-mêmes nourris de végétaux; en sorte que les matériaux dont ils sont formés sont toujours, en dernier résultat, tirés de l'air ou du règne minéral.

Enfin la fermentation, la putréfaction et la combustion rendent continuellement à l'air de l'atmosphère et au règne minéral les principes que les végétaux et les animaux en ont empruntés.

Par quels procédés la nature opère-t-elle cette circulation entre les trois règnes? Comment parvient-elle à former des substances fermentescibles, combustibles[2] et putrescibles, avec des matériaux qui n'avaient aucune de ces propriétés?

[1] *Mémoires de l'Académie* pour 1792, et placard de 4 pages in-4°, publié par Dupont, en 1792.

Lavoisier a laissé en manuscrits autographes plusieurs rédactions différentes de ce programme. M. Dumas, qui n'avait eu entre les mains qu'une première rédaction beaucoup moins développée, l'a publiée dans le volume, paru en 1861, des *Leçons professées à la Société chimique en 1860*, p. 291. (*Note de l'Éditeur.*)

[2] Il est très remarquable que les substances minérales combustibles se trouvent le plus souvent brûlées, ou au moins engagées dans des combinaisons où elles sont peu combustibles, et que les végétaux les séparent et se les approprient pour en former leurs matières inflammables.

IMPRIMERIE NATIONALE.

La cause et le mode de ces phénomènes ont été jusqu'à présent enveloppés d'un voile presque impénétrable. On entrevoit cependant que puisque la putréfaction et la combustion sont les moyens que la nature emploie pour rendre au règne minéral les matériaux qu'elle en a tirés pour former des végétaux et des animaux, la végétation et l'animalisation doivent être des opérations inverses de la combustion et de la putréfaction.

L'Académie a pensé qu'il était temps de fixer l'attention des savants sur la solution de ce grand problème. Tandis qu'une commission qu'elle a nommée à cet effet s'occupera sans relâche, dans un local déjà disposé pour cet effet, des phénomènes de la végétation, elle a cru devoir s'aider du concours des savants de toute l'Europe, pour ce qui concerne la nutrition des animaux.

C'est dans toute l'étendue du canal intestinal que s'opère le premier degré de l'animalisation, ou la conversion des matières végétales en matières animales. Les aliments reçoivent une première altération dans la bouche par le mélange avec la salive; ils en reçoivent une seconde dans l'estomac par leur mélange avec le suc gastrique; ils en reçoivent une troisième par le mélange avec la bile et le sucre pancréatique. Convertis ensuite en chyle, une partie passe dans le sang, pour réparer les pertes qui s'opèrent continuellement par la respiration et la transpiration; enfin la nature rejette, sous la forme d'excréments, tous les matériaux dont elle n'a pu faire emploi. Une circonstance remarquable, c'est que les animaux qui sont dans l'état de santé, et qui ont pris toute leur croissance, reviennent constamment chaque jour, à la fin de la digestion, au même poids qu'ils avaient la veille, dans des circonstances semblables; en sorte qu'une somme de matière égale à ce qui est reçu dans le canal intestinal se consume et se dépense, soit par la transpiration, soit par la respiration, soit enfin par les différentes excrétions.

L'Académie ne croit pas devoir présenter aux concurrents tout ce plan de travail sur l'animalisation, pour le sujet d'un seul prix; elle sait qu'il exige une suite immense de recherches, qui ne sont peut-être pas susceptibles d'être faites par un seul homme, et surtout dans le temps qu'elle peut fixer pour ce concours; elle a donc cru qu'elle devait choisir un des principaux traits de l'animalisation, et dans l'intention de les parcourir les uns après les autres, elle a d'abord fixé son attention sur l'influence du foie et de la bile.

On sait que le foie occupe une grande place dans le corps des animaux; qu'une partie du système vasculaire abdominal est destinée à ce viscère; que le sang y est disposé d'une manière particulière, pour la sécrétion de la bile; que l'écoulement de cette humeur doit se faire avec constance et régularité, pour l'intégrité de toutes les fonctions; que le foie existe dans tous les ordres d'animaux, jusqu'aux insectes et aux vers; qu'il est ou accompagné ou destitué de vésicule du fiel, suivant la nature de ces êtres; qu'il y a des rapports essentiels entre la rate, le pancréas et le foie : voilà les premières données que l'anatomie offre depuis longtemps aux spéculations des physiologistes; mais elles ont été jusqu'à présent presque stériles en applications : on s'est presque uniquement borné à considérer les usages de la bile dans la digestion. Cependant des découvertes récentes sur la nature de cette humeur et de sa partie colorante, sur les concrétions biliaires, sur le parenchyme du foie, sur la composition huileuse de ce viscère, appellent toute l'attention des physiciens. Il est facile de prévoir que, outre la sécrétion de la bile, ou plutôt qu'avec la sécrétion de la bile, un appareil organique aussi important par sa masse, par ses connexions, par sa disposition vasculaire, que l'est celui du foie, remplit un système de fonctions dont la science n'a point encore embrassé l'ensemble.

L'Académie, en proposant ce sujet, en pressent toutes les difficultés; elle sait qu'il demande des connaissances anatomiques étendues, et surtout une comparaison soignée de la structure du foie, considérée dans les divers animaux; elle sait qu'il exige des recherches chimiques, puisées surtout dans les nouveaux moyens d'analyse que possède aujourd'hui la chimie; elle sent et elle espère que ce travail obligera ceux qui s'y livreront à déterminer la nature du sang de la veine porte, à la comparer à celle du sang artériel et veineux des autres régions, à suivre cette importante comparaison dans le fœtus qui n'a point, ou qui n'a que peu respiré, dans les animaux à sang froid, chez lesquels le foie, très volumineux, paraît être d'autant plus huileux qu'ils respirent moins; à comparer le poids et la pesanteur spécifique de ce viscère dans les mêmes individus; à faire l'analyse de son parenchyme, ainsi que celle de la bile, dans quelques espèces principales de chaque ordre d'animaux; en un mot, elle apprécie l'étendue de ce sujet; mais elle connaît en même temps le succès des sciences modernes; elle connaît le zèle de ceux qui les cultivent et qui sont destinés à en agrandir le domaine; elle est persuadée qu'il est temps d'aborder les questions compliquées que présentent les phénomènes de l'économie animale, et que c'est de la réunion des efforts de la physique, de l'anatomie et de la chimie, qu'on peut se promettre maintenant la solution de ces grandes questions.

Elle attend donc des concurrents pour ce prix :

1° Un exposé comparé et succinct de la forme, du volume, du poids et des connexions du foie et de la vésicule du fiel dans les diverses classes des animaux, depuis l'homme jusqu'aux insectes [1];

2° L'analyse comparée de la bile dans ces différents animaux, en

[1] On ne demande point une description anatomique détaillée, mais une simple comparaison générale de la structure, de l'étendue, de la connexion du foie. Il ne sera pas non plus nécessaire de suivre ce travail anatomique, non plus que l'analyse chimique dans un grand nombre d'espèces d'animaux.

L'Académie, en suivant à cet égard le même plan que pour son programme sur le nerf intercostal, propose aux concurrents de choisir dans les diverses classes d'animaux quelques-unes des espèces suivantes, considérées par rapport à leurs différences anatomiques :

L'homme, le fœtus, l'adulte, le vieillard.

Parmi les quadrupèdes, le singe, le rat, le lapin, le chien, le cochon.

Parmi les oiseaux, le coq d'Inde ou le coq, l'aigle ou la buse, le corbeau, la cigogne ou le héron, l'oie ou le cygne.

Parmi les quadrupèdes ovipares, la salamandre, la tortue, la grenouille.

Parmi les serpents, la couleuvre, l'orvet, la vipère.

Parmi les poissons, la raie ou l'ange, l'anguille, le flet, le brochet, la carpe, etc.

Quelques grosses espèces d'insectes ou de vers.

déterminant surtout la proportion et la nature des diverses substances qui la forment;

3° Un examen également comparatif de la nature chimique du parenchyme du foie dans les mêmes espèces;

4° Ce travail anatomique et chimique suivi dans quelques principales espèces d'animaux pris à différentes époques de leur vie, et surtout dans celle du fœtus et de l'adulte;

5° Le résultat de toutes ces recherches relativement aux fonctions du foie et aux usages de la bile, leurs rapports avec les autres fonctions de l'économie animale; unique but que se propose d'atteindre l'Académie;

6° Sans rien exiger de positif et de suivi sur l'état pathologique du foie et de la bile, les auteurs pourront étayer leurs idées des principales altérations que les maladies présentent dans le système hépatique et biliaire, chez l'homme, les quadrupèdes et les oiseaux.

Quoique l'Académie ait cru devoir fixer particulièrement l'attention des concurrents sur les fonctions du foie, elle avertit les auteurs que, dans le cas où elle n'aurait pas reçu de mémoire qui remplît le but qu'elle se propose, elle accordera le prix à celui des concurrents qui, sans embrasser le problème dans toute son étendue, lui offrira un travail intéressant, ou des découvertes importantes sur quelques-unes des humeurs principales qui concourent à la digestion et à la nutrition, telles que la salive, le suc gastrique ou le suc pancréatique, ou même sur une humeur animale, dont la connaissance approfondie pourrait répandre un grand jour sur la physique des animaux.

Le prix sera de 5,000 livres.

Les savants de toutes les nations sont invités à travailler sur ce sujet, et même les associés étrangers de l'Académie. Elle s'est fait une loi d'exclure les académiciens regnicoles de prétendre à ce prix.

Ceux qui composeront sont invités à écrire en français ou en latin, mais sans aucune obligation : ils pourront écrire en telle langue qu'ils voudront; l'Académie fera traduire leurs mémoires.

On les prie que leurs écrits soient très lisibles.

Ils ne mettront pas leur nom à leurs ouvrages, mais seulement une sentence ou devise; ils pourront, s'ils veulent, attacher à leur écrit un billet séparé et cacheté par eux, où seront, avec cette même sentence, leur nom, leurs qualités et leur adresse: et ce billet ne sera ouvert par l'Académie qu'au cas où la pièce aurait remporté le prix.

Ceux qui travailleront pour le prix adresseront leurs ouvrages, francs de port, à Paris, au secrétaire perpétuel de l'Académie, ou les lui feront remettre entre les mains. Dans ce second cas, le secrétaire en donnera en même temps son récépissé, où seront marqués la sentence de l'ouvrage et son numéro, selon l'ordre ou le temps dans lequel il aura été reçu.

Les ouvrages ne seront reçus que jusqu'au 1er janvier 1794, exclusivement; ce terme est de rigueur.

L'Académie, à son assemblée publique d'après Pâques de la même année, proclamera la pièce qui aura remporté le prix : le trésorier délivrera les 5,000 livres à celui qui lui rapportera ce récépissé.

S'il n'y a pas de récépissé du secrétaire, le trésorier ne délivrera la somme qu'à l'auteur même qui se sera fait connaître, ou au porteur d'une procuration de sa part.

RAPPORT À L'ACADÉMIE

SUR

LES PRIX QU'ELLE PEUT DÉCERNER[1].

(1792.)

J'ai promis de mettre incessamment sous les yeux de l'Académie le tableau historique des différentes fondations de prix faites depuis l'institution de l'Académie jusqu'à ce jour, des dispositions qui ont été faites pour les remplir, et d'y joindre un compte des recettes et dépenses faites pour chacun des prix en particulier jusqu'à l'époque du 1er janvier dernier.

J'ai été obligé, pour remplir cet objet, de feuilleter le recueil des pièces couronnées qui ont été imprimées, les volumes des *Mémoires de l'Académie*, de les rapprocher des anciens programmes des prix que j'ai pu me procurer et des comptes de M. Tillet. L'Académie verra, par le détail dans lequel je vais entrer sur chaque prix, quelles sont les difficultés que j'ai eu à vaincre à l'égard de celui fondé par M. de Meslay et l'incertitude qui reste sur l'emploi d'une partie des deniers affectés à ce prix.

Le résultat de mon travail est qu'il reste une somme de 32,320 livres de fonds en réserve sur les prix en général; ce résultat est justifié par les états ci-joints. J'ai lieu de le croire d'autant plus exact qu'il cadre avec l'état des sommes qui m'ont été remises par la succession de M. Tillet et qu'il n'existe de déficit que sur celui de M. de Meslay.

[1] Manuscrit autographe. — La pièce originale n'a pas de titre.

Indépendamment de cette somme, l'Académie a touché, depuis le 1er janvier 1792, l'année 1791 des rentes affectées aux différentes fondations de prix; mais cette somme étant destinée à faire face au payement des prix proposés l'année dernière et cette année, qui ne sont point encore jugés, on ne doit pas la regarder comme disponible.

On voit donc qu'indépendamment des 30,000 livres qui pourraient être affectées à la construction du grand télescope sous l'autorisation de l'Assemblée nationale, l'Académie pourrait encore proposer dès ce moment quelques prix et prévenir ainsi les reproches et peut-être les répétitions que pourraient faire les fondateurs sur ce qu'on a négligé de remplir les obligations par eux imposées aux époques des fondations.

Je proposerais donc à l'Académie, après avoir entendu le compte détaillé que je vais lui rendre, de charger son comité de trésorerie, ou telle autre commission qu'elle jugera à propos de nommer, de lui faire, dans un court délai, un rapport sur les prix qu'il serait convenable de proposer dès ce moment, soit pour remplir les intentions des fondateurs, soit pour concourir aux progrès des sciences et au perfectionnement des arts.

RAPPORT.

La Commission que l'Académie a nommée pour lui rendre un compte général de tout ce qui concerne les prix divisera son travail en trois parties. Elle examinera dans la première quelles sont les sommes dont l'Académie peut disposer;

Elle examinera dans la seconde quels sont les prix qui sont le plus en retard, et qu'il est le plus urgent de proposer;

Enfin elle examinera dans la troisième à quelle époque il convient de publier les programmes.

Sur le premier objet, la Commission a rapproché les comptes rendus par la succession de M. Tillet des registres qui ont été établis depuis, d'après les délibérations arrêtées par le comité de trésorerie, ainsi que du travail qui a été présenté à l'Académie d'après le dépouillement des programmes. Il en résulte que, déduction faite des sommes pour lesquelles il a été pris des engagements avec le public et qu'on ne peut pas conséquemment regarder comme à la disposition de l'Académie, comme aussi déduction faite de quelques parties de rentes affectées au grand prix dont il n'a pas été compté par la succession des précédents trésoriers, sans qu'il soit possible de fixer les époques auxquelles les omissions ont pu être commises, il reste de fonds libres :

	Livres.	Sous.	Deniers.
Sur le grand prix fondé par M. de Meslay...	6,250	0	0
Sur le prix de physique................	8,250	0	0
Sur un prix annuel de 600 livres fondé par un inconnu, en une rente de pareille somme sur le clergé......................	4,055	0	0
Sur le prix de 1,080 livres sur les maladies des artistes, en une rente viagère de pareille somme sur la tête du Roi.............	4,332	19	8
Sur le prix de même somme fondé par le même inconnu pour le perfectionnement des arts mécaniques.......................	2,172	19	1
Sur le prix de 600 livres fondé par M. de Montigny, en une rente de 863 livres 18 sous sur les arts chimiques................	6,059	9	0
Sur le prix de 1,200 livres fondé par M. Raynal.	1,200	0	0
TOTAL..................	32,320	7	9

Sur cette somme, l'Académie a déjà en quelque façon disposé de celle de 30,000 livres qui sera vraisemblablement destinée à commencer les travaux relatifs au grand télescope; ainsi il ne lui reste véritablement de disponible que 2,320 livres, à quoi il faut ajouter trois médailles d'or, dont deux frappées au coin du prix fondé par un inconnu et la troisième au coin de celui de M. de Montigny.

On ne fait point entrer dans ce calcul le montant des rentes de 1791 qui ont été touchées le 10 mai dernier, non plus que les six premiers mois 1792 qui vont échoir, parce que ces sommes sont destinées à faire face aux différents prix que l'Académie a proposés et qu'il est nécessaire que le fonds de chaque prix soit toujours existant en caisse avant l'époque de la proclamation.

L'Académie cependant pourrait entamer cette somme au moins de 3,000 livres sans se mettre à découvert, l'époque de la distribution des prix proposés étant encore éloignée et le montant de ceux annoncés pour 1793 n'étant pas assez considérable pour absorber les rentes de 1791 et 1792.

Ce premier point éclairci, la Commission passe à la seconde partie du travail dont elle a été chargée par l'Académie, c'est-à-dire à l'examen des prix qui sont en retard; elle ne rangera dans cette première classe que le prix de physique pour lequel il a été reçu 9,760 livres dont il n'a été employé que 1,500 livres; cependant ce prix a été mis quatre fois à la disposition de la classe d'anatomie, savoir : en 1779 et 1781, sur l'exposition des vaisseaux lymphatiques, en 1784, sur le nerf intercostal dans l'homme et les animaux; mais aucun de ces prix n'a été remporté faute de mémoires qui aient satisfait la Commission.

La classe d'histoire naturelle a eu pareillement quatre fois ce prix à sa disposition :

En 1779, sur l'histoire naturelle du coton et des cotonniers;

En 1785, sur la meilleure manière d'étudier l'histoire naturelle et de décrire la minéralogie;

En 1787 et 1789, sur la description des mines de charbon de terre; ces deux prix n'ont point été remportés.

Enfin la classe de chimie a proposé en 1782, sur le borax et le sel sédatif, un prix qui n'a point été remporté.

La classe de physique expérimentale n'ayant point encore proposé de prix et la classe de chimie n'en ayant proposé qu'un à une époque éloignée, et le prix même n'ayant point été remporté, la Commission propose à l'Académie d'engager les deux classes à se réunir pour proposer en commun un prix qu'on pourrait porter à 5,000 livres, à moins qu'elles ne préférassent de diviser cette somme en deux, et de proposer deux prix, l'un sur un objet concernant la physique, l'autre sur un objet relatif à la chimie; chacun de ces prix ne serait alors que de 2,500 livres.

Les autres prix ne peuvent pas être considérés comme en retard, le grand prix de la fondation de M. de Meslay a été remporté cette année par M. Delambre, et l'Académie a proposé deux nouveaux sujets de prix pour 1793 et 1794 : le premier sur la résistance des fluides, le second sur l'orbite de la première comète de 1770. Les fonds de 1791 et de 1792 serviront à acquitter les prix, et il restera encore une année d'avance entre les mains de l'Académie.

Le prix sur les maladies des artistes fondé par un inconnu ne peut pas non plus être regardé comme étant en retard, puisque l'Académie l'a proposé avec une somme double pour 1793 en faveur de la meilleure méthode de vider les fosses d'aisances; l'Académie aura, pour faire face à ce prix, la rente qui y est affectée pour 1791 et 1792.

La Commission n'a rien à proposer pour le prix de 1,200 livres fondé par M. Raynal; ce prix est au courant d'après le doublement de celui proposé pour 1793, sur la manière de déterminer la latitude à la mer par des méthodes à la portée du commun des navigateurs.

Il n'en est pas de même du prix fondé par le même inconnu pour la simplification des procédés des arts mécaniques; l'Académie, à sa séance publique de Pâques dernier, a proposé pour sujet de ce prix la théorie générale des machines à feu avec l'examen et la discussion des nouveaux moyens qu'on a trouvés dans ces derniers temps pour perfectionner ces machines; la Commission croit devoir faire deux propositions à l'Académie sur le prix : premièrement, l'époque de la distribution de ce prix fixée en 1793 lui paraît trop rapprochée; secondement, la somme de 1,080 livres lui paraît peu proportionnée à l'importance et à la difficulté du sujet. La Commission pense donc qu'il conviendrait de le tripler sur les fonds en réserve de ce prix et de remettre à 1794.

La somme de 600 livres accordée pour le prix de la fondation de M. de Montigny sur le tannage paraît également à la Commission excessivement médiocre pour un sujet aussi important et qui exige une longue suite de recherches et d'expériences; elle propose de le remettre à 1794 et de le porter à 1,800 livres.

Si l'Académie adopte ces propositions, elle aura :

1° A faire un fonds pour le prix de physique expérimentale et de chimie de....................	5,000 livres.
2° Pour le triplement du prix sur la machine à feu....	2,160
3° Pour le triplement de celui sur l'art du tannage.....	1,200
Total..............................	8,360

Quoique cette somme soit supérieure à celle dont l'Académie semble pouvoir disposer, on croit qu'elle peut, sans se mettre à découvert, consentir à cette dépense : d'abord on remettra à 1794 des prix qu'elle avait proposés pour 1793; elle ajoute une année des fonds de ces prix à ceux qu'elle pouvait regarder comme disponibles.

1° Ce premier objet s'élève à une somme de.........	1,680
2° Elle a en réserve trois médailles d'or dont la valeur intrinsèque, en se reportant à l'époque à laquelle elles ont été acquises, est de..................	2,600
3° Enfin, qu'indépendamment des 30,000 livres dont l'emploi paraît arrêté, l'Académie avait encore un restant en caisse sur les prix de......................	2,520
Ces trois sommes s'élèvent à..............	6,800

Ainsi l'Académie, en adoptant les propositions qui lui sont faites, n'anticiperait, sur les fonds des rentes de 1791, qu'elle a touchées le 10 mai et qui sont en réserve dans sa caisse, que d'une somme de 2,560 livres, et la Commission lui assure avec confiance qu'elle le peut sans inconvénient.

Il ne peut donc rester d'incertitude que sur l'époque à laquelle doit être proposé le prix de physique et de chimie; mais la Commission pense que l'Académie se trouvant obligée de publier très incessamment des programmes pour le triplement des deux prix, elle doit profiter de cette circonstance pour annoncer dans les papiers publics le prix de physique et de chimie, sans préjudice de la distribution des programmes qui se ferait à la rentrée publique de la Saint-Martin dans la forme ordinaire.

Il ne reste plus, pour remplir les intentions de l'Académie, qu'à déterminer l'époque à laquelle ces différentes dispositions devraient être annoncées. L'opinion de l'Académie est que le public ne saurait en être trop tôt instruit, car les deux prix, qu'il est question de tripler, sont annoncés pour 1793, et l'époque fatale pour la remise des mémoires est le 1er février. Il n'y a donc pas un moment à perdre pour prévenir les concurrents du délai qui leur est accordé.

L'Académie a donc à délibérer sur les trois propositions suivantes qui lui sont faites par les commissaires qu'elle a nommés :

1° De mettre à la disposition des classes de physique et de chimie une somme de 5,000 livres pour former le sujet d'un ou de deux prix dont elles soumettront un projet de programme à l'Académie;

2° De tripler le prix relatif aux pompes à feu et d'en reculer le terme à l'année 1794;

3° De tripler également le prix qu'elle a proposé sur le tannage des cuirs et d'en reculer le terme à l'année 1794.

Fait à l'Académie, le.....

ACADÉMIE DES SCIENCES.

MÉMOIRE[1].

(5 février 1793.)

M. de Monthyon, maître des requêtes, a fondé en 1781 et 1782 deux prix au jugement de l'Académie des sciences : le premier, sur les moyens de rendre moins malsaines et moins dangereuses les opérations des arts mécaniques; le second, en faveur d'un mémoire soutenu d'expériences sur les moyens de simplifier les procédés de quelque art mécanique.

Le fonds donné à l'Académie par M. de Monthyon pour chacun de ces prix était de 12,000 livres. Il fut placé dans le temps en rente viagère sur la tête du premier dauphin qui est décédé et sur la tête du ci-devant roi qui n'est plus.

Ainsi l'Académie perd deux rentes de 1,080 livres chacune; les sciences, les arts et l'humanité perdent le fonds des deux prix les plus utiles peut-être de tous ceux que l'Académie était dans le cas de proposer, ceux sûrement qui étaient le plus directement dirigés vers le soulagement de l'humanité, ceux enfin qui intéressaient le plus sensiblement la classe la plus industrieuse et la plus souffrante des citoyens de la capitale.

Il semble qu'il est du devoir de l'Académie de rendre compte au Comité d'instruction publique et à la Convention nationale de ces circonstances, et de l'avertir que l'intention du fondateur de ce prix se trouve

[1] Manuscrit autographe.

trompée. Il est sensible que l'Académie, en plaçant le patrimoine des sciences et des moyens de soulagement de l'humanité souffrante sur la tête du roi et du dauphin, et le fondateur en consentant à ce placement, ont eu l'intention de placer en quelque façon sur la tête de la nation, puisque, à cette époque, elle n'avait pas d'autres représentants; il est sensible encore que l'extinction de ces rentes étant du fait de la nation, elle en est, d'après tous les principes de justice et de droit, garante et responsable. L'Académie est donc fondée à faire entendre ses réclamations et à demander que les rentes viagères affectées au prix fondé par M. de Monthyon soient rétablies ou comprises sous une forme quelconque dans l'état des dépenses publiques de 1793 et des années suivantes.

Si l'Académie se trompait sur les motifs qui lui font regarder cette réclamation comme fondée en droit, elle en espérerait au moins le succès de l'esprit de bienfaisance qui caractérise ses décrets et de la protection qu'elle n'a cessé de donner aux arts et principalement à ceux qui sont cultivés par la partie la plus indigente des citoyens.

MÉMOIRE
SUR
LES RAPPORTS ACADÉMIQUES[1].

Les membres de l'Académie qui ont acquis quelque ancienneté dans la Compagnie ont pu s'apercevoir qu'elle n'avait jamais eu de principes bien fixes sur la forme des rapports, des conclusions qui les terminent et des jugements portés en conséquence. Une infinité de circonstances influent sur l'indulgence ou sur la sévérité des jugements, et on a vu plusieurs fois admettre à une séance, à une très grande pluralité, ce qui avait été rejeté à une autre, à une pluralité tout aussi grande.

Plus l'Académie prend de consistance, plus elle est honorée de la confiance publique et de celle du Gouvernement, plus il est important qu'elle se forme des principes et une sorte de jurisprudence, et qu'elle prenne des précautions pour éviter de tomber en contradiction avec elle-même.

Les difficultés qui se sont élevées dernièrement à l'occasion d'un rapport de M. Le Roy et de quelques autres, la proposition qui a été faite par M. l'abbé Rochon de réduire toutes les conclusions des rapports à cette seule formule *Approuvé* ou *Non approuvé*, m'ont fait naître quelques réflexions que je vais soumettre à l'Académie.

Il me semble d'abord que nous n'avons pas défini d'une manière assez rigoureuse ce que c'est qu'un rapport académique. Il doit être composé d'une exposition, d'une discussion; il doit être terminé par des conclusions; il doit être suivi d'un jugement. Ce sont ces deux dernières

[1] Manuscrit autographe.

parties, les conclusions des commissaires et le jugement de l'Académie, qu'on a toujours confondues, si bien qu'il a passé en usage que lorsque les conclusions ne sont point conformes au jugement, on contraint les commissaires à les réformer.

J'observerai d'abord que cette sorte de despotisme que l'Académie exerce sur les opinions de ses membres n'est ni juste, ni raisonnable. L'Académie, sans doute, est maîtresse de ses jugements; mais elle ne l'est pas des conclusions de ses commissaires. Dans tous les tribunaux existants, le rapporteur a son avis, le ministère public donne ses conclusions; mais, quel que soit le jugement, ces opinions particulières ne sont ni changées, ni réformées; c'est de cet usage adopté à l'Académie de confondre, ou plutôt d'identifier le rapport des commissaires avec le jugement de l'Académie, que me paraissent naître toutes nos difficultés. Telles conclusions, qui sont bonnes comme avis particulier des commissaires, sont susceptibles d'inconvénients, en les considérant comme un jugement de l'Académie et réciproquement. Les conclusions des commissaires peuvent être de quelque étendue; elles doivent rappeler ce qu'il y a de bon et d'utile dans une invention; on y peut admettre des encouragements et des éloges. Mais le jugement de l'Académie doit être plus sévère et plus concis; il ne doit point être poli, mais seulement juste; il doit être resserré dans une ou deux phrases et se borner à un petit nombre de formules qui se trouveront toujours suffisamment expliquées quand on les rapprochera des conclusions des commissaires.

Je crois donc qu'il serait nécessaire que l'Académie arrêtât qu'à la suite des conclusions des commissaires, il serait ajouté un prononcé de l'Académie. Ce prononcé serait conçu à peu près en ces termes :

« L'Académie, sur le rapport qui lui a été fait de la machine présentée par M..., a jugé qu'elle ne contenait rien d'assez neuf pour mériter son approbation. »

« L'Académie, sur le rapport qui lui a été fait d'un nouvel alliage métallique propre à être employé pour l'étamage des ustensiles de cuivre, a jugé que cet étamage avait tous les avantages de l'étain, qu'il avait de plus celui d'être moins fusible et qu'en conséquence il méritait son approbation. »

« L'Académie, sur le rapport qui lui a été fait de la préparation d'un nouveau rouge, etc., a jugé que cet objet était d'une importance trop médiocre pour mériter son approbation. »

Ce prononcé de l'Académie serait projeté par les commissaires et remis au Directeur avant la lecture du rapport sur une feuille de papier séparé. Le rapport fait, le Directeur lirait le prononcé; en cas de difficultés, on irait aux voix et le jugement serait adopté ou réformé.

Comme ces prononcés seraient toujours laconiques et simples, il serait toujours facile de poser la question sur laquelle il y aurait à délibérer et l'Académie s'épargnerait le ridicule d'aller aux voix pour savoir si elle changera les conclusions des commissaires qu'elle n'a ni le droit, ni le pouvoir de changer, parce qu'il n'existe, ni à l'Académie, ni ailleurs, aucune autorité sur les opinions.

On ne manquera pas d'objecter que l'Académie a toujours vécu sous ce régime et qu'on ne s'est point aperçu jusqu'ici qu'il en soit résulté d'inconvénient. Je répondrai qu'avec cette phrase on peut justifier tous les abus; que si on n'eût rien innové, on n'aurait rien perfectionné, et que les arts et toutes les institutions seraient encore dans l'enfance. Au reste, c'est une simple proposition que je prends la liberté de faire à l'Académie, sur laquelle je ne demande pas même qu'on délibère dans ce moment et sur laquelle il faut que chacun ait le temps de réfléchir.

MÊME SUJET.

Lorsque, dans une compagnie composée de personnes éclairées et qui sont accoutumées à discuter des questions abstraites, les opinions se partagent sur un objet mis en délibération, on est en droit d'en conclure que la question n'a pas été suffisamment éclaircie par la discussion, que l'objet a été envisagé sous des points de vue différents et qu'au moins une partie des opinions n'a point embrassé tout l'ensemble de la question.

Ces réflexions me paraissent applicables à ce qui s'est passé dans plusieurs de nos séances relativement aux secrets. Dans les avis qui se sont formés, les uns ont pensé qu'on devait continuer de nommer, comme par le passé, des commissaires pour examiner les secrets; quelques autres sont partis de ce principe qu'on ne pouvait juger d'un objet sans le connaître et qu'il était par conséquent impossible de porter un jugement sur un secret.

Qu'il me soit permis d'observer que l'embarras de la dernière délibération n'a dépendu que d'un seul point, c'est que le mot de *secret* n'a pas été suffisamment défini et que chaque membre de l'Académie l'a pris dans une acception différente, en sorte que ce n'est pas identiquement la même chose qu'on a eu intention d'adopter ou de proscrire.

Sans doute si un particulier venait annoncer à l'Académie qu'il a trouvé un secret important pour les arts et que, sans rien ajouter à cet énoncé, il demandât des commissaires, on aurait droit de lui répondre : Nous ne pouvons juger que de ce que nous connaissons et nous ne pouvons accueillir vos propositions qu'autant que vous vous serez expliqué d'une manière moins vague et que vous nous aurez fait connaître au moins quel est votre objet et jusqu'à quel point vous l'avez rempli. Mais ce cas extrême ne s'est peut-être jamais rencontré; ce n'est jamais avec cette généralité absolue qu'on présente des secrets à l'Académie; on en spécifie toujours l'objet, et si l'on cache les moyens, on en met toujours le résultat en évidence. Éclaircissons cet énoncé par quelques exemples :

Supposons qu'un particulier ait découvert un moyen de décomposer le sel marin et d'obtenir séparément l'acide muriatique et la soude qui entrent dans sa composition. Les commissaires nommés par l'Académie prennent connaissance du procédé, l'exécutent par eux-mêmes, et, dans une séance suivante, ils présentent l'acide et la soude qu'ils ont obtenus par le procédé de l'auteur; ils concluent, dans leur rapport, que ce procédé peut être utile aux arts qui emploient les alcalis, qu'il peut procurer de l'acide muriatique ou marin à bon marché, pour le blanchiment des toiles et de la soie; en adoptant les conclusions de ses commissaires, l'Académie, sans doute, approuve un secret, mais il est évident que si elle n'a pas connu les moyens, elle a du moins connu l'effet; que ce n'est pas sur le secret qu'elle a prononcé, mais sur le résultat qui est sensible et sur lequel elle n'a pas pu se tromper. Ainsi on ne peut pas dire, dans ce cas, qu'elle ait jugé sans connaître.

Posons encore un exemple du même genre : un particulier a découvert un moyen de fixer sur la laine la couleur du bois de Pernambouc et de faire, avec cette substance végétale, une teinture du même degré de beauté et de solidité que celle qu'on obtient avec la cochenille dans le procédé de l'écarlate. Les commissaires nommés par l'Académie prennent connaissance du procédé, ils l'exécutent et obtiennent un résultat analogue à ce que l'auteur avait annoncé; ils mettent sous les yeux de l'Académie les échantillons qu'ils ont obtenus et, sur leur rapport, elle juge que le moyen proposé peut être utile aux arts et apporter une grande économie dans la teinture en écarlate. Quoique, dans cet exemple, comme dans le précédent, l'Académie ait réellement donné son approbation à un secret, il est évident que ce n'est pas sur le secret qu'elle a prononcé, mais sur le résultat qui est visible et palpable et sur lequel elle n'a pu se tromper.

Je n'ajouterai plus qu'un dernier exemple, peut-être encore plus frappant que les précédents et dont les applications sont peut-être encore plus fréquentes : un artiste apporte à l'Académie un quart de cercle qu'il annonce avoir été divisé par une méthode nouvelle beaucoup plus expéditive et beaucoup plus exacte que celles qui ont été employées jusqu'alors; il ajoute qu'au moyen de son procédé il est en état de vendre ses instruments à un prix moitié moindre que les autres artistes. La classe d'astronomie est nommée par l'Académie, les faits annoncés se trouvent confirmés par les commissaires, et le quart de cercle surtout se trouve très bien divisé. Ils concluent à l'approbation, et leur jugement est adopté par l'Académie. Certainement il serait injuste de refuser, dans ce cas, une approbation à l'artiste sous prétexte qu'il n'aurait pas exécuté son instrument sous les yeux de l'Académie. On peut appliquer les mêmes réflexions à une montre, à une lunette; l'artiste, en se réservant le secret du procédé, abandonne l'effet au jugement de l'Académie. Il n'est jamais venu en idée d'exiger de celui qui présente une machine quelconque d'y joindre tous les détails de l'art qu'il s'est formé pour ainsi dire à lui-même pour parvenir à son but.

Mon objet, en rapportant ces exemples, est de faire sentir que dans tout procédé relatif aux arts et aux sciences il y a trois choses à distinguer : le but, les moyens et le résultat. J'appellerai *secret absolu* celui dans lequel ces trois choses seraient inconnues, et il est évident que quand il sera présenté à l'Académie un secret de cette espèce, il lui sera impossible de prononcer sur son mérite. Mais lorsque le but du procédé est connu, que le résultat en est matériel et palpable, il est évident qu'elle peut prononcer, quoique les moyens d'exécution lui soient inconnus.

Le procédé particulier qu'un artiste a imaginé pour produire un effet est, entre ses mains, une propriété que nous devons respecter. C'est bien assez, et c'est peut-être déjà trop, que d'exiger qu'il confie à des commissaires de l'Académie un secret dont peuvent dépendre sa subsistance et celle de sa famille; gardons-nous d'exiger encore qu'il le rende public. Continuons d'accueillir les artistes comme nous l'avons toujours fait et comme nos prédécesseurs nous en ont donné l'exemple.

Continuons d'applaudir à leurs inventions et à leurs découvertes et à leur accorder la seule récompense qui soit à notre disposition : une place honorable dans l'opinion publique.

Je sais qu'on a proposé de laisser sur le compte des commissaires l'approbation des secrets; leur rapport, dans cette hypothèse, ne serait point regardé comme un jugement adopté par la Compagnie, mais simplement l'avis de ses commissaires. Mais cette forme nouvelle, qui paraît au premier coup d'œil propre à concilier les opinions, serait la plus dangereuse de toutes. Premièrement, on aurait beaucoup de peine à faire comprendre au public la différence qu'il y a entre un rapport-jugement et un rapport qui n'est pas un jugement, et, de quelque manière que fût rédigée la formule, on confondra fréquemment l'approbation de l'Académie et celle de ses commissaires. On attribuerait à l'Académie des jugements qui ne seraient pas les siens, ou bien on rendrait les commissaires responsables de jugements qui ne seraient pas de leur fait et chacun serait compromis. Secondement, ce serait un moyen de soustraire les membres à la police du corps, ce serait leur transférer un droit qui n'appartient qu'à l'Académie. Bientôt il se formerait dans son sein des sociétés particulières qui se croiraient indépendantes, bientôt il se formerait un département des secrets; le Ministre et les tribunaux ne s'adresseraient plus à l'Académie, mais à ses membres, et en peu de temps l'Académie perdrait, avec sa constitution, la considération qui y est attachée.

Nul inconvénient sans doute à prendre une forme plus régulière pour le choix des commissaires. Rien de plus raisonnable que de les nommer au scrutin toutes les fois qu'il sera question de secrets, et surtout de se rendre sévère sur les approbations. Mais rejeter, comme on le propose, tous les secrets en général, sans distinction et sans examen, ce serait alors qu'on pourrait reprocher à bon droit à l'Académie de juger avant d'avoir connu.

Quel que soit le parti que prenne l'Académie sur cette question importante, elle ne doit pas perdre de vue qu'elle ne peut déroger aux délibérations relatives à ses règlements qu'avec la pluralité des deux tiers des voix. Cette forme lui a été prescrite par une lettre du Ministre, écrite au nom du Roi, qui a été reçue dans le temps avec acclamation. Si cette loi n'existait pas, il faudrait en solliciter l'établissement; à plus forte raison est-il important de ne pas l'enfreindre puisqu'elle existe.

La nécessité des deux tiers des voix dans les délibérations importantes ne peut être susceptible d'aucun inconvénient. Si l'objet proposé est évidemment bon, on ne peut pas supposer qu'il ne réunisse pas la plus grande pluralité des suffrages; s'il ne les obtient pas, c'est que les avantages sont problématiques et alors c'est l'application du principe du sage : « Dans le doute abstiens-toi ».

RAPPORT À L'ACADÉMIE
SUR LES TRAVAUX
DE GUYTON DE MORVEAU[1].

(1789.)

M. de Morveau se trouve dans l'impossibilité de solliciter personnellement vos suffrages; sa santé le retient à Dijon et ne lui laisse pas même, dans ce moment, la liberté de sortir de chez lui. Qu'il nous soit permis de développer, en son absence, ce que sa modestie même se serait efforcée de vous dissimuler et de vous rappeler ce qu'il a fait pour les sciences et pour la chimie; nous le devons à la science que nous cultivons; nous le devons à l'Académie dont la gloire nous est chère; nous le devons à la reconnaissance et à l'amitié. Émules de M. de Morveau, divisés d'opinions pendant un grand nombre d'années, nous espérons que notre témoignage ne sera pas suspect. Ce sont, au surplus, des faits que nous allons vous retracer.

Pendant une longue suite d'années, M. de Morveau a su allier les fonctions pénibles d'une place importante dans la magistrature, celle d'avocat général du Parlement de Dijon, avec l'étude des sciences. Plusieurs volumes de plaidoyers et de discours, dans lesquels il a soutenu les droits de la justice et de l'humanité, attestent les succès qu'il a obtenus dans la première de ces carrières.

L'enthousiasme des sciences est susceptible, comme tous les autres, de se communiquer. Celui de M. de Morveau a passé dans tous les

[1] Manuscrit autographe.

ordres de citoyens de Dijon et jusqu'aux États mêmes de la province. L'utilité des sciences a été connue; une académie, jusqu'alors purement littéraire, a été transformée en une académie des sciences et des arts. Un laboratoire de chimie a été monté, des frais d'expériences ont été accordés; la botanique, l'astronomie ont été cultivées; un cours public de chimie a été fondé. M. de Morveau a été l'âme de tous ces établissements; il en a conçu le projet, il a fait plus, il les a exécutés.

Ce n'était point assez d'avoir fondé la chaire, il fallait quelqu'un pour la remplir et M. de Morveau s'en chargea avec quelques-uns de ses confrères. Le magistrat, supérieur aux préjugés de son siècle, de sa province et de son État, ne trouva pas sa dignité compromise par le titre et par les fonctions de professeur. Il n'en concevait pas de plus honorables et de plus dignes d'un philosophe que de veiller d'une part au maintien de l'ordre public et concourir de l'autre à répandre l'instruction et les lumières.

Ses concitoyens ne conçurent pas d'abord comment on pouvait concilier ces deux genres de gloire, mais bientôt ils aperçurent des rapports qu'ils n'avaient pas soupçonnés entre l'homme public et le savant, lorsqu'ils le virent réunir l'autorité du magistrat et les ressources de la chimie pour désinfecter les églises, les prisons, et pour arracher de malheureuses victimes à la mort. Vous vous rappelez en ce moment les moyens ingénieux employés pour l'église de Sainte-Benigne.

Pendant douze années, M. de Morveau a rempli cette double tâche avec un zèle infatigable et il serait difficile de décider laquelle de ces deux fonctions il a rempli avec le plus de distinction, de celle de professeur ou de celle d'avocat général. Des chimistes de toutes les parties de l'Europe, surtout pendant les dernières années, se rassemblaient pour l'entendre. Après avoir étudié sous Black, sous Bergmann et sous les professeurs célèbres de cette Académie, ils ne croyaient pas leur instruction complète s'ils n'avaient pas suivi le cours de Dijon. On désira des leçons imprimées et M. de Morveau les publia. Il y joignit bientôt après la traduction des ouvrages de Bergmann avec des notes très détaillées.

Ces travaux importants en préparèrent de plus importants encore.

Sollicité de se charger de la partie chimique de la nouvelle *Encyclopédie méthodique*, M. de Morveau sentit que cette triple tâche serait au-dessus de ses forces. Il ne balança pas longtemps, il quitta la magistrature, et sa vie, depuis cet instant, a été consacrée entièrement aux sciences. Un premier volume de l'*Encyclopédie* a paru; le second paraîtra dans le mois prochain. Ils contiennent l'historique complet de tout ce qui a été fait sur chacun des objets que l'auteur y traite. L'éloignement des lieux, la différence des langues, il a surmonté tous les obstacles. Il a su se rendre familières, en peu de temps, presque toutes les langues du Nord; sans rien ôter à la vérité, il a su rendre justice à tous les savants, principalement aux membres de cette Académie. Il s'oublie seulement lui-même presque toujours dans cet ouvrage, et s'il lui arrive de se citer, c'est toujours sous le titre collectif des Académiciens de Dijon.

Cependant, au milieu de ses succès, M. de Morveau sentait qu'il avait besoin de vivre dans la capitale, d'y consulter les savants qui l'habitent et de suivre les séances de l'Académie. Il vint en 1787 passer huit mois à Paris et il s'y serait fixé peut-être à cette époque si une mère infirme et octogénaire ne l'eût rappelé à Dijon. Il l'a perdue à la fin de l'année dernière, en sorte que nul lien ne le retient plus.

C'est dans cette circonstance qu'une place d'associé libre est devenue vacante à l'Académie; que M. de Morveau vous l'a demandée, ainsi que vous venez de l'entendre; que l'opinion publique de l'Europe savante la réclame en sa faveur[1].

Notre devoir et notre attachement pour la gloire de l'Académie nous obligent d'ajouter à ce que nous venons de dire une notice des ouvrages imprimés de M. de Morveau.

[1] L'élection eut lieu le 31 janvier 1789; c'est Bougainville qui fut choisi par l'Académie. (*Note de l'Éditeur.*)

RAPPORT
AU COMITÉ D'INSTRUCTION PUBLIQUE
SUR L'ACADÉMIE DES SCIENCES[1].

(Avril 1793.)

L'Académie des sciences ne suffit qu'à peine aux travaux dont elle est chargée.

L'opération des poids et mesures occupe cinq commissions différentes, savoir :

1° Une commission centrale qui dirige toutes les opérations;

2° Une commission chargée des observations astronomiques qui doivent être faites aux deux extrémités de l'arc du méridien et de la mesure des triangles dans une étendue de plus de 200 lieues;

3° Une commission pour la mesure de la longueur du pendule, à Paris et à Bordeaux;

4° Une commission pour la mesure des bases;

5° Une commission pour déterminer la pesanteur du pied cube d'eau distillée à une température constante, telle que celle de la congélation, et établir ainsi la relation et le passage entre les mesures linéaires et les mesures de poids et de capacité;

6° Une commission pour établir le rapport des différentes mesures usitées en France avec celles qui seront définitivement adoptées.

[1] Manuscrit autographe. — Cette note doit être celle dont parle Lavoisier dans une lettre qu'il adressa à Lakanal à la fin d'avril 1793 et où il disait : «... Jamais l'Académie des sciences n'a été chargée de travaux plus nombreux et plus importants pour la chose publique. Vous en jugerez par l'exposé ci-joint.» (*Note de l'Éditeur.*)

L'Académie est en outre chargée de l'examen des projets proposés pour la refonte des assignats, et, sur la demande de la Convention, elle a nommé trois commissaires pour cet objet.

Elle est chargée d'un travail important sur le meilleur moyen de déterminer le titre du salpêtre, de l'examen et de l'essai de l'argenterie des églises et des communautés, d'une foule d'objets relatifs à l'art militaire; elle partage avec différentes sociétés savantes l'examen des voitures proposées pour le transport des blessés; enfin elle fournit 15 de ses membres au bureau de consultation des arts et métiers qui s'assemble une et deux fois par semaine, et qui exige des membres qui la composent un travail très pénible.

Cependant, tandis que le travail se multiplie de manière à absorber tout le temps des membres de l'Académie, leur nombre se trouve diminué par une suite de circonstances, et surtout d'après le décret qui défend à l'Académie de nommer aux places vacantes : déjà deux places ne sont point remplies dans la classe d'astronomie, une dans la chimie, cinq dans les associés libres. Plusieurs des membres auxquels leur revenu ne permet plus de vivre à Paris ont quitté cette ville.

Il est nécessaire que le Comité d'instruction publique soit instruit de ces faits, qu'il sache que les académiciens qui restent suffisent à peine au travail courant de l'Académie, qu'il ne leur reste aucun moment qu'ils puissent employer à l'avancement des sciences.

Le Comité jugera dans sa sagesse si, d'après cet exposé, il ne serait pas nécessaire de proposer à la Convention de déroger, pour l'Académie des sciences seulement, au décret qui défend de nommer aux places vacantes dans les académies. C'est le seul moyen de prévenir l'état de stagnation où les sciences sont menacées de tomber, si les académiciens ne sont secourus et rendus en partie à leurs véritables fonctions. Si le Comité de l'instruction publique jugeait à propos d'adopter cette mesure, le concours pour les places vacantes s'ouvrirait à compter du jour de la date du décret, mais il serait important que la nomination aux places vacantes n'eût lieu que trois mois au plus tôt après l'ouverture du concours.

EXTRAIT DES TRAVAUX
DE L'ACADÉMIE DES SCIENCES
PENDANT LES MOIS DE MAI ET DE JUIN[1].

(1793.)

Les principaux objets qui ont occupé l'Académie des sciences pendant les mois de mai et juin sont :

1° La lecture de plusieurs lettres des citoyens Méchain et Delambre sur le détail de leurs opérations pour la mesure du degré du méridien. L'Académie a appris avec douleur que le citoyen Méchain avait éprouvé un accident grave qui a interrompu le cours de ses travaux; elle attend avec inquiétude et impatience de ses nouvelles.

2° La communication donnée à l'Académie par le Ministre de l'intérieur de la proclamation adressée aux directoires de départements pour les inviter à recommander aux corps administratifs et aux municipalités les commissaires envoyés par l'Académie et leurs coopérateurs pour la mesure du méridien.

3° La communication des ordres donnés dans le même esprit par le Ministre de la guerre aux généraux de l'armée des Pyrénées.

4° Un mémoire du citoyen Hauy sur les propriétés géométriques du spath calcaire connu sous le nom de spath d'Islande.

5° Un rapport des citoyens Le Roy, Bory et Coulomb sur un nouveau canon de l'invention du citoyen Levayer, sur lequel l'Académie a été consultée par le Ministre de la guerre. Les commissaires ont pensé que,

[1] Manuscrit autographe.

malgré ses inconvénients, ce canon présente des avantages précieux. Ils ont surtout applaudi aux moyens ingénieux que l'auteur a imaginés pour l'exécuter.

6° Un mémoire du citoyen Deyeux contenant une analyse chimique très complète sur la noix de galle, des expériences et des observations sur son usage dans la teinture, sur l'acide gallique, sur les acides végétaux.

7° Un rapport fait par la classe de botanique, d'un manuscrit du Père Plumier, qui est déposé depuis près d'un siècle dans la bibliothèque de l'Académie. Le célèbre botaniste, dans un voyage qu'il a fait aux Antilles, a dessiné et décrit 970 plantes qui toutes étaient nouvelles pour les botanistes à l'époque de son retour. 273 de ces descriptions ont été publiées par l'auteur au commencement de ce siècle. Burmann, professeur à Leyde, en a fait graver depuis 417, qu'il a publiées sans descriptions. Il reste encore dans le portefeuille de l'Académie 100 dessins qui n'ont point été gravés, dont 50 au moins représentent des plantes qui n'ont point encore été découvertes.

L'Académie a arrêté d'employer à la gravure de ces dessins et à la publication de ce qui reste inconnu des manuscrits du Père Plumier une partie des fonds qu'elle tient annuellement de la munificence nationale et qui sont destinés à des dépenses de ce genre.

8° Une lettre du citoyen Dangos au citoyen Lalande, dans laquelle il annonce la découverte d'une nouvelle comète reconnue le 17 mai sur l'aile du Corbeau.

9° Une lettre de M. Piazzy, astronome de Palerme, au même, sur un point lumineux observé dans la partie obscure de la lune avec un télescope d'Herschell qui grossit 500 fois les objets. Ce point lumineux occupe la partie nommée Aristarque. Quelques académiciens pensent que c'est une montagne enflammée, une espèce de volcan qui existe dans cette partie de la lune.

10° Un rapport des citoyens Berthollet, Bory et Borda sur un moyen d'empêcher les vaisseaux de s'arquer, et sur un enduit propre à préserver les vaisseaux de la piqûre des insectes par le citoyen Pinelli.

Les commissaires ont pensé que les moyens que les constructeurs sont dans l'usage d'employer pour remplir le même objet, c'est-à-dire pour empêcher les vaisseaux de s'arquer, sont préférables à ceux proposés par le citoyen Pinelli, et à l'égard de l'enduit ils ont observé qu'il était plus cher que le goudron, qu'il ne pénétrait pas assez avant dans le bois, qu'il ne s'attachait qu'à la surface et qu'il serait sujet à s'écailler et à se détacher.

RAPPORT

SUR

LES PUBLICATIONS DE L'ACADÉMIE DES SCIENCES.

DESCRIPTION DES ARTS ET MÉTIERS ET AUTRES TRAVAUX ENTREPRIS PAR L'ACADÉMIE POUR LE PROGRÈS DES ARTS[1].

Avoir entrepris de léguer à la postérité le tableau complet de l'industrie humaine, de décrire environ 250 arts différents, d'en représenter les instruments et les procédés par des figures et des gravures, d'entrer dans des détails assez étendus pour que tout homme d'une intelligence médiocre puisse apprendre lui-même l'art qu'il se propose de professer, pour que l'art au moins puisse se retrouver dans tous les temps; avoir exécuté près de la moitié de ce vaste plan dans l'espace d'un demi-siècle sans encouragement de la part du Gouvernement, sans espoir de récompense et par les seules vues de bienfaisance universelle, c'est avoir acquis des droits éternels à la reconnaissance des hommes de tous les temps, de tous les lieux, de toutes les nations.

C'est par les premiers académiciens qu'a été conçu le vaste plan de décrire tous les arts connus; les séances de l'Académie, dans les premiers temps, ne se trouvant pas complètement remplies par la lecture

[1] Manuscrit autographe. — Ce rapport paraît avoir été présenté au Bureau de consultation. Il est de septembre ou octobre 1793. (*Note de l'Éditeur.*)

des mémoires relatifs aux sciences, on consacrait une partie du temps à lire les descriptions d'arts que quelques académiciens s'étaient chargés de rédiger; c'est ainsi que, depuis 1697 à 1709, Desbillettes lut l'art de l'épinglier et celui de fabriquer le papier; Jaugeon, la description des presses imprimeuses, l'histoire des alphabets, l'art de frapper les poinçons, l'art du relieur, du doreur, l'histoire naturelle du ver à soie, tout ce qui regarde le travail de la soie; Lahire, l'art de la peinture; Carré, l'art de fabriquer les clavecins; Réaumur, l'art de l'ardoisier, celui du miroitier, celui de fabriquer les perles fausses; Saulmon, la description de l'art d'essayer les métaux. Ce travail des premiers académiciens a été depuis suivi avec un zèle infatigable par Duhamel, Lalande, Nollet, Fougeroux, Malouin, Courtivron, Morand et par quelques citoyens qui n'étaient pas membres de l'Académie, tels que Bouchu, dom Bedos, Garsault, Roubo, Machy, Perret, Romme, Rolland de la Plâtrière, Lacotte, etc.

Les séances de l'Académie depuis 1710 s'étant trouvées plus que remplies par les inventions dont le jugement lui était déféré, par les mémoires des académiciens et par ceux que désiraient y lire des étrangers, on cessa de faire la lecture des écrits en entier; on se contenta de nommer deux ou trois commissaires pour en faire l'examen et pour en rendre un compte détaillé d'après lequel l'Académie jugeait s'ils étaient dignes de paraître avec son approbation.

Les arts que ces travailleurs infatigables ont publiés depuis 1699 sont au nombre de 70. C'est environ le quart de tous les arts existants. Si donc on ne s'en rapportait qu'au nombre, ce grand travail ne serait encore qu'au quart, mais on doit observer à cet égard : 1° qu'il en est de la description des arts comme de la confection d'un dictionnaire : les derniers mots sont toujours incomparablement moins chargés que les premiers; 2° que la plupart des procédés des arts sont communs à plusieurs; ainsi, par exemple, tous les arts qui travaillent les métaux ont une partie qui leur est commune, presque tous emploient la forge, le marteau, la lime, la fonte, etc.; 3° que les principaux arts sont décrits; que ceux qui restent exigent peu de détails, et qu'un grand nombre, tels, par exemple, que le nattier, le pinceautier, le brossier, le carrier, le carreleur, etc., et beaucoup d'autres peuvent être considérés comme faisant partie d'autres arts et comme susceptibles d'être réunis dans une description commune.

Enfin, indépendamment des arts qui ont été publiés par l'Académie, on en trouve quelques-uns qui ont été décrits avec un grand soin dans l'*Encyclopédie* et qui pourront être adoptés avec de très légers changements. On estime, d'après toutes ces considérations, que la description des arts et métiers entreprise par l'Académie des sciences est au moins à moitié et peut-être aux deux tiers.

On a reproché à l'Académie d'avoir mis trop de luxe dans l'édition qu'elle a publiée, mais ce luxe même qu'on lui reproche n'était pas sans objet ni sans utilité : il fallait que les ateliers des arts que l'on décrivait fussent présentés sur une échelle assez grande pour qu'on pût facilement saisir tous les détails et dès lors le format in-folio est devenu nécessaire. Quelques arts, sans doute, n'auraient pas exigé des planches aussi grandes, mais il fallait bien que l'édition fût uniforme et le petit nombre a fait la *loi* pour tout le reste. S'il est vrai, au surplus, que ce luxe typographique ait nui au débit de l'ouvrage, si le défaut de débit a découragé les libraires chargés de l'entreprise, si la publication du dictionnaire encyclopédique, si celle d'une édition in-4° des arts publiée en Suisse a rendu presque impossible la continuation de ce grand travail, le tort n'en est pas à l'Académie; il en est au Gouvernement qui n'a point aidé cet ouvrage, qui n'en a point senti l'importance, qui n'a pas vu que c'était un des plus beaux monuments élevés à la gloire de la nation française, qui n'a pas même souscrit pour un certain nombre d'exemplaires, tandis qu'on faisait d'énormes dépenses pour des futilités.

On a reproché avec plus de raison à l'Académie la prolixité de quelques-uns des arts qu'elle a publiés et les détails minutieux dans lesquels sont entrés les rédacteurs. Il est certain que les arts n'étant pas tous d'une même main, que quelques-uns même ayant été rédigés par des artistes peu accoutumés à rendre leurs idées par écrit, quelques-uns des arts ont besoin d'indulgence; ce sont des défauts qu'il était peut-être impossible d'éviter dans une aussi grande entreprise. Quelques-uns des arts décrits par les premiers académiciens ont été recommencés, soit parce qu'ils étaient incomplets, soit parce qu'ils n'étaient pas assez clairement décrits, etc. Le même sort attend probablement quelques-uns des arts publiés par les modernes, c'est une raison pour chercher à mieux faire, mais ce n'en est pas une pour ne rien faire. Quoi qu'il en soit, il y a environ vingt ans que les difficultés élevées par les imprimeurs et les libraires ont ralenti et presque suspendu la publication des arts de l'Académie.

Au commencement de 1787, une société composée de quelques académiciens zélés pour le progrès des sciences et des arts et de quelques jeunes savants se formait dans l'intention de reprendre la suite de ce travail; le Gouvernement d'alors parut prendre quelque intérêt à cette société naissante et témoigna même quelque intention de ménager à cette société de puissants encouragements; mais les espérances qu'on avait données ne se réalisant pas, cet établissement éphémère fut bientôt anéanti; l'intention de cette société était de soumettre les arts qu'elle devait rédiger au jugement de l'Académie des sciences, en sorte que c'était, à proprement parler, une société auxiliaire de l'Académie des sciences qui se formait.

Cette société était composée de Lavoisier, Vandermonde, Monge, Berthollet, Hassenfratz, Gengembre, Adet, Subrin, et quelques autres jeunes gens devaient s'y joindre.

Le registre des séances qui furent tenues pendant le mois de janvier 1787 existe encore; on les a dans ce moment sous les yeux, on y voit que son premier soin fut de faire un catalogue complet des arts existants ou du moins de tous ceux dont les membres de la société avaient connaissance, d'examiner ce qui avait été fait par l'Académie et d'examiner ce qui restait à faire, de se répartir le travail. On va en présenter le résultat dans un tableau et l'on jugera facilement que cette société avait adopté un bon plan, mais qu'elle a manqué de moyens pour l'exécuter.

MODÈLE DU TABLEAU POUR L'ÉTAT DES ARTS.

DESCRIPTION DES ARTS.	PUBLIÉS.	NOMS de ceux qui les ont publiés.	NON PUBLIÉS.	NOMS de ceux qui se chargent de rédiger les arts non publiés.

A l'égard des travaux entrepris par l'Académie sur l'anatomie, la chimie et la botanique, on en pourrait renvoyer l'examen et la continuation au Muséum d'histoire naturelle qui s'assemblerait une fois par semaine spécialement pour la suite de ces objets. On pourrait adjoindre à cette commission quelques membres de la ci-devant Académie, six par exemple, dont deux pour l'anatomie, deux pour la chimie, deux pour la botanique. Ces membres adjoints pourraient jouir d'une indemnité de 5 livres par jour.

OBSERVATIONS

SUR

LA FABRIQUE D'ACIDES MINÉRAUX

ÉTABLIE À MONTPELLIER PAR M. CHAPTAL.

(1786.)

Les États de Languedoc, dans l'article 9 du cahier qu'ils ont présenté au Roi, font connaître toute l'importance dont est, pour les manufactures du royaume, la fabrication de l'huile de vitriol et des acides minéraux; ils rendent compte des efforts faits par M. Chaptal, professeur de chimie des États, pour établir une fabrique de ce genre aux environs de Montpellier, et ils représentent que les effets de son zèle sont arrêtés par le haut prix auquel le droit exclusif que le Roi fait exercer pour son compte maintient le salpêtre en France, et par l'impossibilité dans laquelle ce haut prix le met de soutenir la concurrence de l'étranger, notamment des distillateurs d'eau-forte du Comtat d'Avignon.

Ils proposent, en conséquence, de deux choses l'une : ou de permettre au sieur Chaptal de tirer des salpêtres de l'étranger ou de baisser le prix de celui qui se vend dans les magasins du Roi.

On ne s'attachera pas à discuter ici les motifs qui peuvent justifier le droit exclusif que le Roi s'est réservé de fabriquer et de vendre du salpêtre et de la poudre dans son royaume, ni à examiner si les principes de la justice et de la raison n'exigent pas que, dans une monarchie, les moyens d'attaquer et de défendre soient entre les mains du souverain. Cette discussion conduirait trop loin et serait d'ailleurs inutile; il suffira d'observer que ce privilège existe, qu'il forme un objet de revenu pour l'État, et que tant qu'il existera et que l'intention du Roi sera de le maintenir, on ne peut admettre aucune proposition qui soit contre son essence et qui tendrait à le détruire.

Dans une conférence tenue à l'Arsenal avec MM. les syndics des États généraux de Languedoc, on leur a observé que M. Chaptal n'était pas le seul à Montpellier qui fabriquât des acides minéraux; qu'il existait cinq autres de ces fabriques dans la ville de Montpellier et peut-être plusieurs autres dans le Languedoc; enfin qu'il y avait des fabriques d'eau-forte à Paris et dans tout le royaume. Une faveur quelconque ne peut être accordée à un seul sans légitimer une pareille demande de la part des autres, et le privilège du Roi serait bientôt anéanti.

L'inconvénient de permettre au sieur Chaptal de tirer des salpêtres de l'étranger serait encore plus contraire au système du Gouvernement. Tous ses efforts, depuis douze ans, ont pour objet de créer dans le royaume une récolte de salpêtre qui le rende indépendant de l'étranger, et les régisseurs y sont parvenus. Non seulement la récolte nationale suffit dans ce moment à tous les besoins, mais les magasins du Roi, surtout dans les provinces de l'intérieur du royaume, sont remplis de salpêtre dont on ne peut espérer, de longtemps, de se procurer le débouché. Le Gouvernement ne pourrait, dans une pareille position, permettre l'entrée des salpêtres étrangers pour la consommation des fabriques du royaume sans détruire son propre ouvrage. Ce serait ôter à la Régie les moyens de soutenir la récolte nationale, puisqu'elle ne peut payer les salpêtres du royaume qu'avec le produit de celui qu'elle vend au commerce, soit en nature de salpêtre, soit dans l'état de poudre.

MM. les syndics des États de Languedoc, auxquels les objets d'administration sont familiers, ont paru frappés de ces considérations et ils ont senti qu'on ne pouvait pas sacrifier, même aux vues importantes qu'ils présentaient, un système d'administration adopté et suivi constamment depuis longtemps et qui se trouve lié à l'intérêt des finances et à la défense de l'État. Ils ont paru, en conséquence, déterminés à présenter de nouvelles propositions et sous une autre forme, et voici quel a été, à cet égard, le résultat de la conférence tenue à l'Arsenal.

Il a d'abord été représenté qu'il serait plus avantageux pour l'établissement formé par M. Chaptal de n'employer que du salpêtre raffiné au lieu de salpêtre brut. Ce dernier se vend 70 livres le quintal, mais il déchoit de 30 p. 100; ainsi le quintal de ce salpêtre ne contient réellement que 70 livres de salpêtre, ce qui en porte le prix à 20 francs la livre. Le salpêtre raffiné en deux cuites est fixé, il est vrai, à 85 livres le quintal, mais il ne déchoit, au plus, que de 10 p. 100; il contient donc 90 livres de salpêtre réel, ce qui en porte le prix à un peu moins de 19 francs. Il y a donc au moins un sol par livre ou 5 livres par quintal à gagner en se servant de préférence de cette dernière espèce. Mais, indépendamment du meilleur marché, M. Chaptal trouvera, dans l'emploi du salpêtre de deux cuites, un avantage plus réel : celui d'en tirer un acide plus pur et qui ne sera point régalisé; enfin ce salpêtre sera d'une combustion beaucoup plus facile lorsqu'on le mêlera avec le soufre pour fabriquer de l'huile de vitriol.

Ce premier moyen procurera d'abord un soulagement de plus d'un sol par livre de salpêtre à l'établissement de M. Chaptal, mais il paraît qu'il n'est pas suffisant pour le mettre en état de soutenir la concurrence de l'étranger. Les régisseurs des poudres en ont proposé un second que MM. les députés des États ont paru saisir avec empressement. Ce serait de lui accorder une prime, soit par quintal de salpêtre qu'il emploiera, soit par quintal d'acide qu'il fabriquera, en observant toutefois que cette prime doit être au moins double sur l'acide nitreux ou eau-forte que sur l'huile de vitriol, en raison de la différence de valeur de ces acides. Cette dépense pourrait être partagée entre le Trésor royal et la Recette générale de la province, et elle en deviendrait moins lourde. Elle ne serait pas d'ailleurs en pure perte pour le Roi, puisqu'il en serait à peu près indemnisé par le bénéfice qu'il ferait sur la vente du salpêtre.

La voie des primes a été adoptée dans tous les États. Elle présente l'avantage de ne récompenser qu'en proportion de l'utilité et de l'étendue des services rendus et, dans la circonstance actuelle, elle met à couvert le privilège exclusif de la vente du salpêtre, que le Roi s'est réservé et qu'il fait exploiter pour son compte.

On a dit ci-dessus pourquoi la fabrique du sieur Chaptal paraît mériter une faveur particulière, et dès qu'on objecte l'intérêt des autres fabriques, les députés désireraient qu'à côté de cette objection on insinuât la réponse qui peut y être faite.

On doit s'attendre que les autres fabriques de Montpellier et peut-être de la province réclameront la même faveur, mais on doit convenir en même temps qu'aucune d'elles ne peut lui être comparée : la fabrique de M. Chaptal n'est pas seulement bornée à la fabrication de l'eau-forte, elle embrasse tous les produits chimiques et elle peut, relativement à son importance et à la qualité des objets qu'elle embrasse, nécessiter des exceptions. C'est, au surplus, à MM. les députés des États à peser d'avance l'étendue du sacrifice auquel ils s'engagent. mais au moins ils n'ont pas à craindre que les demandes s'étendent au delà des limites de leur province, puisque les provinces voisines n'ont aucun titre pour réclamer des États de Languedoc des encouragements et des sacrifices.

Un autre moyen, qui paraît devoir assurer à la fabrique de M. Chaptal et à celles du Languedoc en général une vente et des débouchés assurés de leurs acides, consisterait à charger ceux venant de l'étranger d'un droit assez fort pour rétablir l'équilibre et pour compenser le désavantage qui résulte de la différence de prix du salpêtre. Si quelque circonstance qu'on ignore mettait obstacle à cet assujettissement, les États paraîtraient également fondés à solliciter du Roi la prohibition absolue de tous les acides minéraux étrangers à toutes les entrées du royaume, mais il faudrait alors que MM. les députés des États s'assurassent si les fabriques du royaume sont en état de satisfaire à toutes les demandes du commerce.

A l'égard de la Régie des poudres, elle peut assurer que ses dispositions seront faites de manière que les magasins de Montpellier fourniront aux fabriques d'eaux-fortes ou autres acides minéraux de la province tout ce qui sera nécessaire à l'aliment de leur fabrique, soit en salpêtre brut, dont le déchet n'excédera pas 30 p. 100, soit en salpêtre de deux cuites, qui ne déchoira pas de plus de 10. Ils prendront toutes les précautions nécessaires pour que ce service soit fait avec exactitude et fidélité par son commissaire, pourvu que M. Chaptal et en général les fabricants d'acides minéraux qui seront dans le cas de faire une forte consommation le préviennent d'avance à peu près des fournitures dont ils auront besoin.

IMPRIMERIE NATIONALE.

RAPPORT

FAIT À M. LE COMTE DE LA LUZERNE,

MINISTRE DE LA MARINE,

SUR SEPT ÉCHANTILLONS DE GIROFLE

QUI LUI ONT ÉTÉ ENVOYÉS DE CAYENNE[1].

(Juin 1788.)

Il y a plusieurs genres d'épreuves auxquelles on peut soumettre les clous de girofle pour en déterminer le degré de valeur et de bonté :

Premièrement, l'examen des qualités extérieures fait par des pharmaciens, des épiciers droguistes et par les personnes, en général, qui ont l'habitude de ce genre de commerce;

Secondement, la détermination du nombre de clous contenus dans une livre, ce qui donne une mesure de leur grosseur;

Troisièmement, les expériences chimiques dont l'objet est de déterminer la quantité d'huile essentielle et de parties odorantes qu'ils contiennent.

Les deux premières de ces méthodes ne sont susceptibles d'aucune observation particulière; à l'égard des expériences chimiques, elles consistent dans la distillation des clous de girofle pour en séparer l'huile essentielle, dans la confection des parfums et des liqueurs. Enfin la chimie moderne offre un nouveau moyen de déterminer la quantité relative de matière odorante contenue dans les matières végétales et

[1] Manuscrit autographe.

animales, dont on a cru devoir profiter. On sait, d'après les expériences de M. Scheele et de M. Berthollet, que, lorsqu'on distille de l'acide marin ordinaire du commerce sur du manganèse, cet acide prend un caractère particulier; qu'il se charge de l'air déphlogistiqué qui était uni au manganèse, et qu'il forme ce que Scheele et Bergmann appelaient *acide muriatique déphlogistiqué* et ce que l'on a désigné depuis sous le nom d'*acide muriatique oxygéné;* non seulement cet acide a une action marquée sur la partie odorante des végétaux, mais il la détruit, ou au moins il la neutralise entièrement, et il perd lui-même l'odeur vive et pénétrante qui lui est propre.

D'après cette remarque, j'ai pesé une égale quantité des différents échantillons de clous de girofle qui m'avaient été adressés; j'ai ajouté sur chacun une égale quantité d'eau et j'en ai tiré une infusion à une chaleur douce; j'ai ensuite décanté toutes ces infusions pour en séparer les clous; j'ai versé sur chacune de l'acide muriatique oxygéné, jusqu'à ce que l'odeur réciproque de l'acide et du girofle fût entièrement détruite, et j'ai tenu compte, dans chaque expérience, de la quantité d'acide muriatique que j'avais employée. On voit que cette suite d'expériences m'a fourni une manière de mesurer la proportion de matière odorante contenue dans chaque espèce de clous. En effet, il y avait dans chacun d'autant plus de matière odorante qu'il a fallu plus d'acide pour la neutraliser et pour la détruire et réciproquement. Je conviens que ce genre d'expérience prête un peu à l'arbitraire; qu'on ne peut pas déterminer, avec une exactitude rigoureuse, le moment où l'odeur est détruite, et qu'il est possible que, dans chaque expérience particulière, on ajoute un peu plus ou un peu moins d'acide qu'il n'en faut; mais on ne pense pas que l'erreur puisse jamais aller à un vingtième, et c'est déjà beaucoup que d'avoir une méthode qui puisse déterminer, avec cette précision, la quantité de matière odorante contenue dans les matières végétales.

La distillation des clous de girofle et la détermination des quantités d'huile essentielle qu'on en obtient sont encore un des meilleurs moyens qu'on puisse employer pour en connaître la qualité, et c'est encore un de ceux que j'ai employés; mais comme la quantité d'huile qu'on obtient est très petite, il faut apporter une grande exactitude dans l'opération, et les quantités qu'on pourrait perdre occasionneraient des erreurs considérables.

Il me reste, avant de terminer ces observations préliminaires, à dire un mot des expériences chimiques et pharmaceutiques relatives au goût et à l'odorat. Si l'on fait avec deux espèces de girofle deux liqueurs également dosées, celle dans laquelle on aura introduit le girofle de la meilleure qualité sera plus forte en parfum et en goût; mais il sera impossible de décider de combien l'une est plus forte que l'autre, si elle est le double ou le triple, parce que le sens du goût n'est susceptible que d'évaluations grossières et ne peut se prêter à aucun calcul.

D'après cela, j'ai imaginé que le seul moyen d'établir des comparaisons par le goût et par l'odorat consistait à ramener, autant qu'il serait possible, les liqueurs faites avec des quantités égales de différents clous de girofle à égalité de force et de parfum, en y ajoutant successivement des quantités connues d'eau, d'esprit-de-vin et de sucre. Les sens ne se trompent point ou se trompent peu lorsqu'ils n'ont à prononcer que sur l'égalité ou la non-égalité, et il est clair que le girofle qui aura supporté l'addition de la plus grande quantité d'ingrédients pour former une liqueur d'un degré de force égale est lui-même le plus chargé de parties sensibles au goût et à l'odorat. Quoique le raisonnement parût applaudir à ce plan d'expériences, des difficultés se sont présentées dans la pratique, et comme je n'ai pas obtenu des résultats très satisfaisants, je les supprimerai entièrement.

C'est à MM. Baumé, Deslondes, Leguiller et Pluvinet que je dois les éclaircissements relatifs aux qualités extérieures. C'est aussi M. Pluvinet qui a bien voulu se charger de la distillation des clous de girofle. Enfin c'est moi qui ai fait personnellement le surplus des expériences.

Les échantillons adressés au Ministre, quoique au nombre de sept, peuvent se diviser en deux classes : la première comprend les n°s 1, 2, 5 et 7; la seconde comprend les n°s 3, 4 et 6.

Observations sur les clous de girofle envoyés sous les nos 1, 2, 5 et 7.

Quoique ces clous paraissent à l'œil au moins aussi gros que ceux de la Compagnie hollandaise, ils pesaient cependant un peu moins. Il a fallu, pour faire une livre :

5,484 clous n° 1 ;
5,348 clous n° 2 ;
5,772 clous n° 5 ;
5,900 clous n° 7.

Il n'a fallu que 5,248 clous de ceux de la Compagnie hollandaise. Mais il est nécessaire d'observer que les clous de Cayenne m'avaient été adressés simplement enveloppés dans du papier ; qu'il s'est écoulé plusieurs mois entre l'époque à laquelle je les ai reçus et celle à laquelle ils ont été pesés ; ils étaient, en conséquence, fort desséchés, et plus que ne le sont, dans le commerce, ceux de la Compagnie hollandaise. On croit donc qu'à dessiccation égale, ceux de Cayenne seraient au moins aussi pesants.

Les quatre espèces de clous, dont il est question dans cet article, sont tous pourvus de leurs têtes, à la différence des clous de la Compagnie hollandaise qui sont mêlés et qui en sont en partie dépourvus.

Les épiciers droguistes qui ont été consultés se sont accordés à regarder les espèces n° 1, n° 2 et n° 5, comme très propres pour la cuisine et pour l'office. MM. Leguillier pensent que le n° 1 est supérieur au girofle de Hollande. A l'égard de celui n° 7 qui, par sa grosseur et ses autres qualités extérieures, doit être rangé dans la même classe que les échantillons précédents et qui conserve, comme eux, toutes ses têtes, il leur est évidemment inférieur par la couleur qui est beaucoup moins foncée, par son odeur qui est beaucoup moins suave, par la quantité de matière aromatique et d'huile essentielle qui est beaucoup moindre que dans le girofle de la Compagnie hollandaise et que dans les autres échantillons de Cayenne.

Comme on ne peut pas donner une mesure absolue de la quantité de parties odorantes et aromatiques, on s'est contenté d'en exprimer la quantité relative dans le tableau suivant, dans la supposition que celle du clou de girofle de Hollande était égale à 1,000. On a exprimé de la même manière la grosseur des clous, celle des clous de Hollande étant supposée 1,000. A l'égard de l'huile essentielle, les nombres ci-après expriment le nombre de grains, poids de marc, qu'a donné une livre de chaque girofle par la distillation :

	GIROFLES de LA COMPAGNIE HOLLANDAISE.	GIROFLES DE CAYENNE			
		N° 1.	N° 2.	N° 5.	N° 7.
	grains.	grains.	grains.	grains.	grains.
Quantité respective d'huile essentielle......	715	471	480	384	389
Quantité respective de parties aromatiques...	1,000	745	760	750	715
Grosseur des clous....................	1,000	957	981	909	889

On voit, d'après ce tableau, que les clous de girofle de Cayenne n°s 1, 2, 5 et 7, quoique presque aussi gros que ceux de la Compagnie hollandaise, fournissent beaucoup moins d'huile essentielle et de parties odorantes. Cette différence tient principalement, comme on le verra dans l'article suivant, à ce que les clous de Cayenne sont pourvus de toutes leurs têtes, et que ce n'est point dans la tête du clou que réside l'huile essentielle. Ces clous, qui sont très beaux en apparence, et qui, peut-être, d'après leurs qualités extérieures, obtiendront la préférence sur les autres pour l'office et pour la cuisine, sont, par conséquent, moins avantageux pour la pharmacie et pour la parfumerie que ceux de la Compagnie hollandaise et que ceux même de Cayenne, dont il va être question dans l'article suivant.

Observations sur les clous de girofle n°s 3, 4 et 6.

Ces clous sont détêtés, et en les comparant à ceux venus de l'île de France et remis au Ministre par M. Gauthier, on juge que ce sont des clous tombés et non cueillis. Ils sont beaucoup plus petits et plus maigres que les précédents. Il faut, pour faire une livre :

7,064 clous n° 3;
7,344 clous n° 4;
7,132 clous n° 6.

En comparant ces nombres avec ceux trouvés pour les clous dont il a été question dans l'article précédent, on remarquera que les clous n°s 3, 4 et 6 dont il est ici question sont beaucoup plus petits que ceux n°s 1, 2, 5 et 7. Les épiciers droguistes en avaient même mal auguré sur ces apparences, mais les expériences chimiques ont rectifié ce premier jugement, et elles ont fait voir que les clous n° 4, quoique les plus petits de tous, étaient les plus abondants en huile essentielle et que, non seulement ils pouvaient rivaliser à cet égard avec ceux de Hollande, mais même qu'ils les surpassaient. Ces clous seraient donc très avantageusement employés pour la parfumerie. Il est vrai que leur odeur n'est pas aussi suave, ni en général la partie aromatique aussi abondante que dans le girofle de la Compagnie hollandaise, mais la différence n'est pas très considérable. On en jugera par le tableau suivant :

	GIROFLES de LA COMPAGNIE HOLLANDAISE.	GIROFLES DE CAYENNE		
		N° 3.	N° 4.	N° 6.
	grains.	grains.	grains.	grains.
Grosseur des clous	1,000	743	714	736
Quantité respective d'huile essentielle	7[illegible]5	619	784	684
Quantité respective de parties aromatiques	1,000	940	990	96[illegible]

On voit par ce tableau que les girofles de Cayenne n°s 3, 4 et 6, quoique plus petits que ceux de Hollande, rivalisent avec eux pour la qualité; que le n° 4, surtout, contient presque autant de parties aromatiques, et qu'il fournit même sensiblement plus d'huile essentielle. L'avantage de ces clous sur ceux de Hollande dépend, comme on l'a déjà observé, de ce qu'ils sont tous dépourvus de leurs têtes, et que ce n'est pas la tête qui fournit l'huile essentielle.

CONCLUSION.

Pour se résumer sur les observations précédentes, on conclura que les clous de girofle de Cayenne n° 1 sont les plus séduisants au coup d'œil, les plus propres à la cuisine et à l'office, et qu'ils peuvent soutenir, sous ce point de vue, la concurrence de ceux de Hollande, puisque des épiciers droguistes, très instruits dans ce genre de commerce, les ont même jugés préférables; que les clous de Cayenne n° 4, qui sont détêtés, sont plus abondants en huile essentielle et en parties odorantes et aromatiques; qu'ils méritent, sous ce point de vue, d'être préférés pour la pharmacie et pour la parfumerie, et que les expériences chimiques démontrent qu'ils sont au moins égaux en qualité à ceux de Hollande.

On peut donc être assuré que ces deux espèces de girofle auront, dans le commerce, une valeur à peu près égale à celle du girofle de Hollande; mais il ne faut pas perdre de vue que la Compagnie hollandaise ayant eu, jusqu'ici, le privilège exclusif de la fourniture du girofle à toute l'Europe, elle y a mis le prix qu'elle a jugé le plus conforme à son intérêt. On assure que le même clou qu'elle vend 6 livres de notre monnaie, la livre poids de marc, livré à Amsterdam, ne lui revient pas à 20 sols. Ceux qui forment des entreprises de culture de girofle ne doivent donc pas spéculer sur les prix actuels que la Compagnie hollandaise peut baisser, et qu'elle baissera, en effet, à mesure que les succès de notre culture, en ce genre, lui feront naître des inquiétudes et des craintes.

Ces réflexions ne tendent point à rien diminuer de l'importance qu'on doit attacher à la culture du girofle dans nos colonies. Le climat de l'île de Cayenne paraît y être aussi propre que celui des colonies hollandaises, et plus propre même que celui de l'île de

France, à en juger par les échantillons apportés de cette dernière colonie par M. Gauthier. Mais quand il ne résulterait de cette culture que de faire cesser un monopole et de diminuer de moitié, et peut-être de plus, la valeur factice que la Compagnie hollandaise attache au girofle, ce serait avoir rendu un service important à l'humanité.

Observations sur la résine de Courbary.

Il s'est trouvé joint à l'envoi qui m'a été fait des échantillons de girofle quelques morceaux d'une résine claire, transparente, d'un jaune pâle et qui était désignée sous le nom de résine de Courbary.

Les épiciers droguistes auxquels je l'ai montrée ont pensé que cette résine était une véritable copale, telle que celle qui nous vient du commerce de l'Inde; mais les expériences chimiques m'ont fait connaître qu'on ne devait pas les confondre et que la résine envoyée sous le nom de Courbary avait quelques propriétés particulières qui la distinguaient de la copale.

Quoi qu'il en soit, je suis parvenu à faire, avec la résine de Courbary, un des meilleurs et des plus beaux vernis qui existent dans les arts. Mes expériences à cet égard n'étant pas encore entièrement achevées, elles feront l'objet d'un rapport particulier. En attendant, le Ministre peut annoncer aux administrateurs de la colonie que cette résine sera d'une grande utilité dans les arts, et qu'elle y aura une valeur au moins égale à celle de la résine copale. Il est donc à souhaiter qu'on en envoie des quantités considérables, et qu'on la répande dans le commerce.

IMPRIMERIE NATIONALE.

DEUXIÈME RAPPORT

SUR

DES ÉCHANTILLONS DE CLOUS DE GIROFLE.

M. Gauthier m'a remis quatre échantillons de clous de girofle du jardin du Roi, le Montplaisir, à l'île de France. Les premiers, d'après les détails portés sur les étiquettes, étaient tombés d'eux-mêmes en décembre 1785; on les avait fait sécher simplement, soit à l'ombre, soit au soleil indifféremment, mais sans leur donner aucune préparation. Ces clous, lorsqu'ils m'ont été remis, conservaient encore tous ce qu'en terme de commerce on nomme leur tête. Dans cet état, ils sont plus recherchés pour l'office et pour la cuisine; mais, en général, ils sont plus petits que ceux des Moluques, de même que ceux provenant de la plantation faite à Cayenne; ils donnent aussi sensiblement moins d'huile essentielle à la distillation et contiennent moins de parties odorantes.

La seconde espèce était également tombée d'elle-même en décembre 1785, partie avant, partie après l'épanouissement de la fleur. Une partie, en terme de commerce, n'avaient plus leur tête, et en cela ils sont moins propres pour l'office et pour la cuisine. Les distillateurs cependant la préféreraient aux précédentes, parce que la tête du clou contient peu d'huile essentielle et que ceux qui en sont dépourvus en donnent plus que les autres à quantité égale. Cette seconde espèce de clous est au surplus inférieure à celle des Moluques; ils contiennent moins de parties odorantes et ne sont pas aussi onctueux.

La troisième espèce de clous avait été recueillie non seulement après l'épanouissement de la fleur, mais encore au moment où ils commençaient à passer à l'état de fruits. Ces clous donnent à peu près autant d'huile essentielle que l'espèce précédente et par conséquent plus que la première; ils seraient plus propres pour les distillateurs que pour l'office et la cuisine.

Ces trois espèces de clous mêlés ensemble imiteront assez bien les girofles des Moluques qui sont dans le commerce, à la grosseur et à la qualité près qui est sensiblement inférieure.

Enfin M. Gauthier m'a remis un quatrième échantillon sous le nom de clous de girofle royaux et parfaits; ils avaient été cueillis exprès en novembre 1786, quelques heures avant l'instant où la fleur devait s'épanouir. Ils avaient été séchés sans préparation, soit à l'ombre, soit au soleil indifféremment; ils conservent ce qu'on nomme leur tête dans le commerce. Ces clous sont de la plus grande beauté et à peu près de la même grosseur que ceux des Moluques; ils seront très recherchés pour l'office et la cuisine, mais ils ne donnent pas plus d'huile essentielle que les autres; au contraire, ils en donnent moins que ceux de la seconde espèce, et surtout moins que ceux des Moluques, par la raison, comme je l'ai déjà dit, que les têtes en contiennent peu. Cette partie en conséquence augmente le poids du clou, sans augmenter la quantité d'huile essentielle qu'il contient.

Pour conclure sur ces observations : les clous de l'île de France appelés royaux ou parfaits peuvent être regardés comme de première qualité pour les usages de l'office et de la cuisine. On ne pourrait en obtenir de semblables des Moluques qu'en les choisissant sur un grand nombre ou en les cueillant un peu avant l'épanouissement des fleurs. Quant aux trois autres espèces, elles sont sensiblement inférieures aux clous de girofle des Moluques, et même à celles récemment transplantées à Cayenne.

RAPPORT

SUR

DES ÉCHANTILLONS D'INDIGO[1].

M. Gauthier m'a remis de la part de M. le comte de la Luzerne trois échantillons d'indigo pour en faire l'examen et pour en déterminer la qualité.

L'indigo étant destiné à teindre, il est d'autant meilleur qu'à poids égal, il contient plus de parties colorantes, et qu'il est, par conséquent, en état de teindre une plus grande quantité d'étoffe. Il n'était donc question que de trouver un procédé propre à déterminer le rapport des quantités de matière colorante contenues dans les échantillons d'indigo remis par M. Gauthier et dans ceux du commerce.

L'acide marin déphlogistiqué que les chimistes modernes nomment acide muriatique oxygéné, versé peu à peu sur de l'indigo en poudre, a la propriété de le décolorer entièrement, et il en résulte un moyen très simple de mesurer la quantité de matière colorante qu'il contient. En effet, celui dont la matière colorante sera la plus abondante sera celui qui exigera le plus d'acide marin déphlogistiqué pour être décoloré et réciproquement.

D'après ces vues, nous avons, M. Berthollet et moi, mis en poudre des quantités égales des trois échantillons d'indigo qui nous avaient été remis par M. Gauthier et en même temps deux échantillons d'indigo cuivré de Saint-Domingue et deux du plus bel indigo de Guatémala.

[1] Manuscrit autographe.

Nous avons mis ces échantillons d'indigo dans cinq vases différents et nous y avons versé de l'acide muriatique oxygéné jusqu'à décoloration totale.

Il en a été employé pour décolorer l'indigo cuivré de Saint-Domingue	100 parties.
Pour décolorer l'indigo remis par M. Gauthier sous le n° 2	115
Pour décolorer l'indigo remis par le même sous le n° 3	121
Pour décolorer l'indigo remis par le même sous le n° 1	135
Pour décolorer l'indigo léger de Guatémala	162

D'où il résulte que les échantillons d'indigo remis par M. Gauthier sont tous trois de qualité supérieure à l'indigo cuivré de Saint-Domingue, mais qu'ils n'égalent pas en qualité et qu'ils ne contiennent pas autant de matière colorante que l'indigo léger de Guatémala.

Fait à Paris, le 13 septembre 1788.

RAPPORT SUR LE CHARBON ÉPURÉ[1].

(1788.)

M. Barbier, propriétaire du privilège exclusif de la fabrication et de la vente du charbon épuré de Paris, s'est présenté le 13 décembre dernier avec un billet de M. le directeur général qui lui marquait de faire part à M. Lavoisier des propositions qu'il avait faites au Gouvernement pour chauffer d'une manière plus économique les pompes à feu destinées à donner de l'eau à la ville de Paris. Le présent rapport est le résultat de la conférence que M. Lavoisier a eue en conséquence avec M. Barbier; il y présentera son opinion particulière sur le degré de confiance que peuvent mériter ses propositions.

Ce qu'on appelle dans le commerce et dans l'usage habituel de la ville de Paris *charbon de terre épuré* n'est autre chose que du charbon de terre ordinaire auquel on a enlevé toutes ses parties huileuses, bitumineuses, sulfureuses et volatiles par une demi-combustion, exactement de la même manière que lorsque l'on convertit du bois en charbon. Le charbon de terre ainsi épuré est nommé coak en Angleterre et on en fait usage pour un grand nombre de travaux relatifs aux arts. J'adopterai dans ce rapport la dénomination de coak afin d'éviter la confusion que la ressemblance des noms pourrait faire naître dans les idées.

[1] Cette pièce existe aux Archives nationales, H 1443. Elle est de la main d'un copiste; les dernières lignes : *Fait à Paris, par moi,* etc., et la signature sont de la main de Lavoisier.

(*Note de l'Éditeur.*)

Le charbon de terre, par sa réduction en coak, perd une partie considérable de son poids; mais il augmente d'un tiers en volume; en sorte qu'avec deux minots de charbon de terre on en fait trois de coak: mais on ne doit pas s'attendre que ces trois minots puissent produire un effet échauffant égal aux deux minots de charbon de terre, puisqu'une partie de la chaleur que ces derniers contenaient s'est dissipée pendant la première combustion et par la réduction en coak.

C'est de cette chaleur que perd le charbon de terre en passant à l'état de coak dont M. Barbier se propose de faire usage pour les pompes à feu destinées à donner de l'eau à la ville de Paris. Ainsi il ferait venir le charbon de terre brut à Paris, là il le convertirait en coak dans les fourneaux mêmes qui servent à faire marcher la pompe à feu, et ce coak, retiré à temps du fourneau, serait ensuite vendu à Paris pour l'usage des arts et pour la consommation des habitants.

D'après le bénéfice que M. Barbier se promet de cette spéculation, il propose au Gouvernement de chauffer pour 2,000 livres par an chacune des trois pompes à feu déjà établies. Elles consomment, à ce qu'il assure, dans l'état actuel, pour plus de 40,000 livres de charbon de terre et elles consommeront beaucoup plus quand elles seront en pleine activité; il offre même de faire à ses frais toutes les épreuves nécessaires.

Si M. Barbier se présentait avec de solides cautions et appuyé par une compagnie riche, on pourrait sans inconvénient et peut-être même sans examen appuyer ses propositions; mais M. Barbier se présente seul et sans répondant, il est donc indispensable de discuter sa proposition et de l'éclairer lui-même sur les avantages comme sur les risques qu'elle peut présenter.

Toute la spéculation de M. Barbier porte sur une supposition, c'est qu'il trouvera un débit avantageux du coak qu'il aura fabriqué; or jusqu'à présent rien ne justifie cette supposition. Des expériences très concluantes faites en 1780 et dont le résultat a été imprimé dans les *Mémoires de l'Académie* ont établi que ce combustible, au prix auquel il se vendait alors, ne pouvait pas prendre dans le public parce qu'il ne produisait pas un effet proportionné à ce prix: qu'on ne pouvait espérer d'en répandre l'usage qu'autant qu'on en baisserait considérablement la valeur. Les prix n'ont point été baissés, ils ont au contraire été augmentés de quelque chose et l'événement a justifié ce qu'on avait annoncé; la Compagnie du sieur Ling, malgré les encouragements considérables qu'elle a reçus du Gouvernement, a éprouvé des pertes très grandes, elle a fait de grosses avances en charbon qui sont restées dans les magasins.

Sans entrer dans de longs détails de physique et de chimie, on rappellera ce qu'on a déjà observé au commencement de ce rapport, que le charbon de terre augmente de volume en brûlant et qu'avec deux minots de charbon de terre on en fait trois de coak. Il faudrait donc, par cette seule considération, pour qu'il y ait équilibre dans les prix, que le coak se vendît un tiers de moins que le charbon de terre brut, et cependant il se vend à peu près le même prix. Mais il y a plus, en passant de l'état de charbon de terre à celui de coak, ce combustible perd une partie de sa chaleur et de son effet : cette perte est bien considérable de l'aveu même de M. Barbier, puisque c'est avec cette chaleur perdue qu'il propose d'alimenter les pompes à feu; le prix du charbon de terre converti en coak devrait donc encore, d'après cette seconde considération, se vendre à un prix beaucoup moindre que le charbon de terre. En appliquant le calcul à ces considérations et d'après des données recueillies dans les mines de Creusot près de Montcenis, on trouve qu'en portant au prix de 4 livres qui est à peu près la valeur d'un minot de charbon de terre à Paris, une même mesure de coak ne devrait pas, pour qu'il y eût équilibre dans les prix, se vendre plus de 2 livres 10 sols, et cependant il se vend 3 livres 12 sols.

Le résultat des calculs ne serait pas à beaucoup près aussi désavantageux pour le coak si on établissait la comparaison avec le charbon de bois, parce que ce dernier est le plus cher de tous les combustibles qu'on brûle à Paris.

Il résulte de ces réflexions que la spéculation de M. Barbier est très hasardée, pour ne rien dire de plus, puisqu'elle suppose un débit et une consommation qui ne sont rien moins qu'assurés au moins dans les temps ordinaires et surtout d'après les prix actuels.

On pourrait peut-être en conclure que les offres faites par M. Barbier de se charger, moyennant une somme annuelle de 2,000 livres, de fournir tout le combustible nécessaire pour l'entretien de chacune des machines à feu destinées à donner de l'eau à la ville de Paris, ne doivent point être écoutées et qu'elles ne tendraient qu'à l'engager dans des dépenses dont il ne serait point indemnisé. On observera, à l'appui de ces considérations, que l'épreuve paraîtrait sans objet, parce que le succès en est d'avance assuré et qu'on ne peut pas douter qu'on ne puisse par une même opération chauffer une machine à feu et recueillir le coak qui se sera formé. Mais ce qui paraît encore plus certain, c'est que les propositions faites par M. Barbier ne présentent pas pour lui et pour sa Compagnie des résultats aussi avantageux qu'il se les promet et qu'il est à craindre que cette entreprise n'aggrave encore les pertes dont elle est déjà menacée. Si cependant le Ministre n'était point arrêté par ces considérations, comme M. Barbier offre de faire à ses frais l'épreuve qu'il propose, on pourrait engager M. Perier à lui en faciliter les moyens, non pas sur les machines à feu destinées à l'élévation des eaux, mais sur celle, par exemple, établie près des fossés de l'Arsenal pour moudre du grain. Ce ne serait peut-être pas le moment d'interrompre le travail de ce moulin dont le produit en farine est de quelque objet pour la consommation de Paris. Mais on attendrait, pour se livrer à une expérience, que la rivière fût devenue navigable et que l'approvisionnement de Paris en farine fût mieux assuré. M. Perier est un assez bon citoyen pour qu'on puisse être assuré d'avance qu'il se prêtera à tout ce que le Ministre regardera comme utile.

Fait à Paris, par moi, soussigné, membre de l'Académie des sciences, d'après les ordres de M. le directeur général des finances, le 23 décembre 1788.

LAVOISIER.

IMPRIMERIE NATIONALE.

RAPPORT

SUR

L'EMPLOI DE LA BAGUETTE DIVINATOIRE[1].

(1772.)

Le nommé Jean Verneuil, de Saint-Germain-en-Laye, s'étant rendu à Paris avec une lettre de M. le duc d'Ayen qui nous chargeait, M. Macquer et moi, d'examiner s'il était vrai qu'il eût quelque connaissance particulière pour la découverte des eaux, nous nous sommes transportés avec lui au village du Bourget, distant de deux lieues et demie de Paris. Comme nous regardions comme essentiel que le sieur Verneuil ne sût point l'endroit où nous le conduisions et qu'il ne fût point guidé dans son rapport par les connaissances locales qu'il aurait pu acquérir précédemment, nous avons cru devoir ne nous mettre en route que de nuit et nous avons, pour plus de précaution, bandé les yeux du sieur Verneuil.

Nous sommes partis avec ces précautions, le 20 du mois de novembre 1772, à 6 heures du soir; le lieu que nous avions choisi pour servir aux expériences du sieur Verneuil était un petit bois situé dans une maison bourgeoise du Bourget. Ce bois est bordé d'une part par un canal ou pièce d'eau, de l'autre par un ruisseau où l'eau coule toujours.

Ce bois est presque de niveau dans toute son étendue à 2 pieds près environ. Nous avions la certitude qu'en creusant dans la partie la

[1] Manuscrit autographe.

plus élevée, l'eau se trouvait constamment entre 5 pieds et demi et 6 pieds et que, dans la partie basse, on la trouvait constamment à moins de 4 pieds.

Aussitôt que Jean Verneuil a été entré dans le bois, il s'est muni de sa baguette et en se courbant vers la terre il l'a promenée dans différentes directions; elle a tourné à différents endroits et il a prétendu avoir successivement l'indice de plusieurs *coulants* d'eau (ce sont ses termes), mais de peu de conséquence; il s'en est rencontré un cependant qu'il a assuré être plus étendu et avoir jusqu'à 2 pieds, c'est-à-dire, toujours suivant lui, un pouce ou un pouce et demi des fontainiers.

Interrogé sur la direction des courants, il les a indiqués du côté où le bois avait un peu de pente, quoique cette pente fût presque insensible à l'œil.

Nous lui avons demandé s'il ne pouvait pas nous indiquer à peu près la profondeur de ces *coulants* d'eau; il nous a répondu que sa baguette ne pouvait la lui apprendre, que c'était par la nature du terrain, par la situation des plaines et des coteaux qu'il parvenait à la déterminer. Nous lui avons objecté qu'il n'y avait rien de merveilleux à connaître la direction des courants d'eau d'après l'inspection du terrain et qu'il n'y avait personne qui, avec un peu d'habitude et de connaissance des lois de la physique, ne pût en faire autant; il nous a répondu que c'était moins la disposition du terrain qui le déterminait que la nature même et la couleur de la terre; nous lui avons objecté que souvent la matière qui se présentait à la surface n'était pas celle qui se rencontrait à quelques pieds de profondeur, que d'ailleurs il y avait beaucoup d'endroits où le terrain naturel était recouvert de terres rapportées; il nous a répondu que toutes ces circonstances ne l'embarrassaient pas et qu'il apercevait toujours quelques indices même dans les terrains rapportés qui lui annonçaient la profondeur de l'eau.

Nous avons insisté pour qu'il nous donnât à peu près l'idée de la profondeur des *coulants* d'eau qu'il avait prétendu reconnaître dans le bois; il a persisté à prétendre qu'il lui fallait du jour et qu'il ne pouvait assez bien distinguer la nature du terrain à la lumière, qu'il croyait cependant qu'ils ne coulaient pas à plus de 12 ou 15 pieds.

Le sieur Verneuil nous a ensuite dit dans la conversation qu'en voyageant à cheval, en voiture même, il distinguait les *coulants* d'eau dans l'intérieur de la terre, même à une lieue de distance de l'endroit où il était. Sur l'explication que nous lui avons demandée de ce qu'il entendait par le mot distinguer, il nous a répondu qu'il ne les voyait pas, qu'il était même impossible de les voir, mais qu'il les reconnaissait.

Nous lui avons demandé s'il distinguerait de même les *coulants* d'eau à une grande distance, quand même la terre serait couverte de plantes, par exemple dans un pré; il nous a assuré que oui. Nous lui avons objecté que ce qu'il avançait contredisait ce qu'il nous avait annoncé plus haut : que c'était par l'inspection du terrain, par la nature et la couleur de la terre qu'il connaissait les profondeurs de l'eau, puisqu'il était impossible qu'il pût voir le terrain à une lieue de distance dans un endroit couvert d'herbes; il a persisté à répondre que tout ce qu'il avançait était vrai.

Nous lui avons encore demandé s'il pourrait parvenir à suivre les conduites d'eau dans les rues de Paris et s'il en indiquerait la force et la profondeur; il nous a assuré qu'il le ferait sans difficulté et il a offert d'en faire l'épreuve; nous lui avons observé que les pavés qui recouvrent le terrain dans les rues d'une ville ne lui fourniraient pas les indices dont il prétendait avoir besoin pour reconnaître la profondeur des eaux, que le terrain de Paris était d'ailleurs entièrement rapporté; il a persisté à assurer qu'il n'avançait rien que de vrai.

Quoique, à la rigueur, l'opération faite en notre présence par Jean Verneuil ne prouve rien ni pour ni contre lui, parce qu'elle a été faite de nuit et que cette circonstance lui a fourni un prétexte pour refuser de s'expliquer d'une manière précise sur la profondeur de l'eau, nous n'avons pas cru cependant que l'objet valût la peine de pousser plus loin nos recherches et nous croyons pouvoir conclure dès à présent et d'après ce que nous venons d'exposer :

1° Que Jean Verneuil s'est trompé dans l'épreuve que nous lui avons vu faire sur la situation des courants d'eau et même sur leur profondeur, puisqu'il a annoncé des courants dans des endroits plutôt que dans d'autres, quoique nous eussions la preuve qu'on trouvait l'eau partout à 4 ou 5 pieds;

2° Que ses réponses ne sont pas bien cohérentes entre elles, qu'elles se contredisent souvent.

LETTRE

ÉCRITE À L'AUTEUR DU JOURNAL PAR M. L...,

DE L'ACADÉMIE ROYALE DES SCIENCES,

SUR LE JEUNE HOMME DU VIVARAIS

DONT IL A ÉTÉ QUESTION

DANS LA *GAZETTE DE FRANCE* DES 5, 12 ET 15 JUIN 1772[1].

La philosophie, Monsieur, ne peut s'empêcher de gémir de voir que, dans un siècle éclairé, des personnes que leur état, leurs connaissances et leur réputation élèvent au-dessus du vulgaire, renouvellent dans le public de vieilles erreurs dont l'absurdité est reconnue depuis longtemps et contre laquelle les vrais savants n'ont jamais cessé de réclamer.

Je n'ai point vu le jeune homme prétendu hydroscope dont les papiers publics annoncent tant de merveilles; je n'ai même rien de nouveau à apprendre au public à cet égard, mais une sorte d'indignation me met la plume à la main, et je crois devoir venger autant qu'il est en moi l'honneur de la nation qu'on attaque, en lui faisant adopter, en quelque façon, une erreur de l'espèce la plus ridicule.

Si les faits rapportés dans les papiers publics ne tombaient pas

[1] Cette lettre, publiée dans le *Journal de physique* de l'abbé Rozier (Introduction, t. II, p. 231), fut écrite à propos des articles consacrés à un jeune homme de Montélimar, Jacques Parangue, qui avait, disait-on, *la faculté de voir l'eau à travers les terres et les roches.*

La minute autographe existe dans les papiers de Lavoisier.

(*Note de l'Éditeur.*)

d'eux-mêmes, si leur impossibilité physique n'était pas palpable, je vous observerais que la qualité essentielle d'un corps opaque est de ne pouvoir transmettre la lumière, d'en intercepter les rayons : or les objets n'étant vus que par la transmission des rayons réfléchis de l'objet à l'œil, il s'ensuit que personne ne peut voir à travers un corps opaque et qu'il n'est ni lunette, ni machine, ni conformation, qui puisse opérer ce prodige. En un mot, voir à travers un corps opaque, ce serait voir sans lumière ce qui implique en physique.

Je pourrais ajouter que les faits qu'on raconte de l'hydroscope ne cadrent pas même avec ce que les physiciens connaissent de la marche des eaux souterraines, mais, comme je l'ai déjà dit, ces faits tombent d'eux-mêmes et toute dissertation serait superflue.

Il n'est point de forme que l'imposture n'ait prise pour abuser de la crédulité des hommes, surtout dans les siècles d'ignorance et de barbarie; celle des hydroscopes n'est pas nouvelle, elle a existé, au contraire, très anciennement en Espagne. Martin del Rio assure qu'on y trouvait des hommes dont la vue était assez pénétrante pour distinguer, sous la terre, les veines d'eaux, les métaux, les trésors et les cadavres. Ils avaient, suivant cet auteur, les yeux fort rouges, et il assure avoir vu à Madrid, en 1575, un jeune homme de cette espèce. Del Rio, après avoir entassé beaucoup de raisonnements physiques ou prétendus tels, pour prouver la possibilité de quelques-uns des prodiges qu'on leur attribuait, est obligé de recourir, pour expliquer les autres, à la puissance du démon; ces prétendus hydroscopes étaient connus en Espagne sous le nom de Zahuris ou Zahories; ils étaient nés, suivant l'opinion populaire, le vendredi saint, et c'était au jour de leur naissance que tenait leur merveilleux privilège.

Gutiérius, médecin espagnol qui a écrit depuis Del Rio, parle des Zahuris sous le nom de Zahories; il se moque, avec juste raison, et de la crédulité du peuple et de la sottise de Del Rio.

Le temps et les lumières ont insensiblement dissipé ces fantômes qui ne subsistaient qu'à la faveur des ténèbres de l'ignorance, et l'on peut voir, dans Bayle, qu'au commencement du siècle dernier, on ne croyait pas plus aux Zahuris qu'à la baguette divinatoire et aux vampires. Nous rapprocherions-nous aujourd'hui des siècles de barbarie et la philosophie aurait-elle reperdu parmi nous une partie du terrain qu'elle avait gagné ? Je ne saurais le croire et je m'efforce même d'écarter cette idée. Sans doute le public reviendra bientôt de ce premier moment d'illusion, et cette circonstance apprendra à ceux qui réfléchissent et surtout ceux qui écrivent à être plus en garde à l'avenir contre les fables de cette espèce.

J'ai l'honneur d'être, etc.

P. S. Depuis cette lettre écrite, j'ai appris que M. Paulard, curé de la paroisse où est né le prétendu hydroscope, homme vrai et éclairé, qui a été à portée de le suivre depuis son enfance, loin de partager l'enthousiasme dans lequel on a donné sur son compte, assure au contraire n'avoir jamais rien reconnu en lui de particulier; des vases pleins d'eau ont été cachés sous terre en présence de M. Paulard et bien recouverts; le jeune homme n'a pu les reconnaître et il a été obligé de convenir qu'il ne pouvait découvrir que les eaux inconnues; que les eaux connues, au contraire, étaient invisibles pour lui; cette réponse indique assez l'imposture et la supercherie.

MÉMOIRE DE M. HUBER
SUR LES ABEILLES[1].

On avait toujours été persuadé qu'on ne pouvait avoir de trop bons yeux pour observer la nature, surtout lorsqu'il est question de la suivre dans les détails presque microscopiques de l'organisation et de la manière de vivre des insectes : on aura de la peine sans doute à renoncer à cette opinion. Cependant c'est de l'ouvrage d'un aveugle dont nous allons rendre compte, d'après le P. Silvestre, membre de la Société philomathique; et c'est cet aveugle qui, surmontant un obstacle qu'on aurait pu regarder comme invincible, a fait un traité plein d'observations neuves, piquantes et ingénieuses sur les mœurs des abeilles. Ce paradoxe s'expliquera, lorsque nous dirons que M. Huber s'est associé, dans son travail, un très bon observateur, doué d'excellents yeux, nommé François Burnens. Cette association de deux hommes, dont l'un possède ce qui manque à l'autre et qui forment une communauté de connaissances et de travaux, est un moyen qui n'a pas été assez souvent employé pour concourir efficacement au progrès des sciences. Celui qui a l'esprit du calcul n'a pas toujours l'aptitude aux expériences; la finesse de l'esprit ne se rencontre pas toujours dans le même individu avec la délicatesse des organes; enfin le génie de Buffon est peut-être incompatible avec la patience de Lionnais ou de Duhamel.

C'est ce qui doit faire sentir le grand avantage des associations savantes qui, composées d'hommes la plupart ordinaires, forment néanmoins par leur réunion un être moral qui possède des lumières, des

[1] Manuscrit autographe.

IMPRIMERIE NATIONALE.

connaissances et des moyens qu'il serait impossible de rencontrer dans des individus isolés. Mais revenons aux insectes qui font l'objet du travail de M. Huber.

C'est une chose bien digne de remarque que cette uniformité qui s'observe dans les mœurs, dans toutes les habitudes des animaux et surtout des insectes qui vivent en société. Cette uniformité s'étend à tous les actes, même les plus indifférents, même à ceux qui paraissent dépendre le plus de la volonté. Ainsi les abeilles d'une même espèce sont soumises, dans toutes les parties du monde, à une même forme de gouvernement; elles obéissent aux mêmes lois. Faut-il en conclure que le gouvernement sous lequel elles vivent est le mieux adapté à leur nature, et qu'elles ne sont point tentées d'en changer? Faut-il en conclure qu'elles ne sont pas libres, qu'il n'est pas en leur pouvoir d'en choisir un autre? Ce sont autant de questions sur lesquelles l'imagination se perd et se confond.

On sait que les abeilles improprement appelées domestiques sont réunies par grandes communes de 30 ou 40,000 individus, et que ces communes portent le nom de ruches. Chacune de ces sociétés particulières est composée de trois espèces d'abeilles : d'une femelle et rarement d'un plus grand nombre, de quelques centaines de mâles, suivant que la ruche est plus ou moins considérable; tout le reste est composé d'individus qui ne sont d'aucun sexe et qui forment la partie incomparablement la plus nombreuse de la société, ce sont les abeilles ouvrières.

La femelle, que les naturalistes ont décorée du nom de reine et que nous nommerons plus justement la mère abeille, suffit, par son étonnante fécondité, non seulement à entretenir la population de la république, à réparer ses pertes, à renouveler la ruche en deux ou trois années, mais encore à fournir des essaims qui vont établir au loin de nombreuses colonies. Aucun naturaliste ne paraît avoir mieux observé que M. Huber tout ce qui concerne le département de la population, dans le gouvernement des abeilles. Il a reconnu quel était l'âge où la mère abeille devient nubile et toutes les circonstances de sa fécondation. Les abeilles, comme presque tous les insectes, ont été dans l'état de larves ou de vers, et ont passé par l'état de nymphes ou de chrysalides, avant de parvenir à l'état d'insectes parfaits. La mère abeille est assujettie à cette loi commune; mais l'espèce d'abeilles qu'elle produit dépend, suivant M. Huber, de l'époque de l'accouplement. Si la fécondation a eu lieu dans les premiers jours de la naissance, c'est-à-dire dans les premiers jours du passage de la mère abeille à l'état d'insecte parfait, elle pond, pendant onze mois, des œufs d'abeilles ouvrières, et donne ensuite les mâles ou faux bourdons nécessaires à la ruche. Si la fécondation est retardée au delà de vingt jours après la naissance, elle ne pond plus d'abeilles ouvrières, tous ses œufs produisent des faux bourdons.

Les abeilles ouvrières sont, comme l'on sait, plus petites que les mâles, et surtout que les femelles; on sait encore que les cellules destinées à loger et à contenir les différentes espèces d'abeilles sont de différentes grandeurs. Mais comment la mère abeille, lorsqu'elle va chaque jour déposer un œuf de cellule en cellule, peut-elle prévoir que tel ou tel œuf produira une espèce d'abeille plutôt qu'une autre, et les distribuer ainsi chacun dans les cellules qui conviendront à l'individu qui doit en naître? Dépendrait-il d'elle de pondre un œuf d'une espèce plutôt que d'une autre? M. Huber semblerait, à quelques égards, avoir débrouillé ce problème si difficile à résoudre pour les naturalistes; il prétend que l'espèce d'abeille que doit produire une larve dépend de l'espèce de nourriture dont elle a été alimentée; qu'il dépend des abeilles ouvrières auxquelles est confiée l'éducation des larves de former une mère abeille ou une abeille ouvrière. Peut-être ne faut-il, pour opérer ce changement, que retarder ou avancer l'époque de la transformation de l'insecte en nymphe; car, d'après les observations de M. Huber, les mères abeilles parviennent à l'état d'insectes parfaits au bout de seize jours, les ouvrières au bout de vingt, les mâles ou faux bourdons au bout de vingt-quatre.

La difficulté reste, au surplus, dans son entier, à l'égard des ouvrières et des faux bourdons; car la mère abeille ne dépose jamais d'œufs d'ouvrières dans les cellules de faux bourdons, et M. Huber s'est assuré que si l'on supprime, dans une ruche, tous les gâteaux à grandes cellules, la mère abeille préfère faire sa ponte au dehors plutôt que de déposer des œufs de faux bourdons dans de petites cellules.

Lorsqu'on a privé une ruche de la mère abeille, les ouvrières continuent leurs travaux, avec la même activité, pendant vingt-quatre ou trente heures; elles paraissent s'apercevoir à peine de cette privation; mais bientôt le découragement les prend, la ruche dépérit et les travaux ne se raniment que quand on leur rend une nouvelle mère. Ne serait-on pas en droit d'en conclure que tout le système de la nature, dans l'organisation des abeilles, tend à la reproduction? Une ruche n'est, à nos yeux, qu'une manufacture de miel : aux yeux de la nature, c'est une manufacture d'abeilles. La mère vient-elle à manquer, l'association n'a plus d'objet, elle se détruit, elle se dissout.

Si deux mères abeilles se trouvent dans la même ruche, surtout lorsqu'elle est petite, elles se livrent des combats à outrance jusqu'à ce que l'une des deux ait péri ou qu'elle ait abandonné la ruche.

Lorsque les abeilles se sont trop multipliées, lorsqu'elles se trouvent trop resserrées dans l'espace qui les a vues naître, elles forment des colonies. C'est toujours, alors, l'ancienne mère qui les conduit; mais jamais elle n'abandonne sa première patrie sans y laisser des nymphes de mère prêtes à se métamorphoser. Nous ne suivrons pas M. Huber, dans le grand nombre d'expériences qu'il a faites, pour découvrir ce qui arrive à la ruche, quand la mère abeille est blessée, quand elle a perdu quelques-uns de ses organes, principalement ses antennes, qui paraissent être, chez elle, l'organe de la sensibilité. Nous ne le suivrons pas non plus dans le détail de tout ce qu'il a imaginé pour engager les abeilles à forcer leur travail et à donner plus de cire; nous n'avons peut-être été déjà que trop long sur cet article, quelque intéressant qu'il soit.

OBSERVATIONS
SUR LES FAMILLES D'INDIENS
AMENÉES EN FRANCE PAR M. DE SUFFREN[1].

M. de Suffren, persuadé sans doute que si on ne filait pas le coton en Europe aussi fin et si on n'y faisait pas d'aussi belles toiles que dans l'Inde, c'était le défaut de connaissance de l'art, a amené à ses frais, de Pondichéry à Malte, cinquante et quelques Indiens dans la vue de former des élèves et d'amener en Europe ce genre d'industrie. On ignore ce qui l'a fait changer de projet, et pourquoi, après deux ans de séjour à Malte, il les a cédés au Roi; mais, d'après les détails dans lesquels on va entrer, il sera facile d'entrevoir que cet établissement était fort à charge à M. de Suffren, et que le Roi seul pouvait soutenir les frais de leur voyage et de leur entretien.

C'est à Marseille que les Indiens ont débarqué; ils ont été ensuite conduits dans des voitures à Beaurepaire, terre de M. de Montharan près d'Essonne, vers le milieu du mois d'octobre; enfin ils ont été conduits à Thieux, château de M. de Montharan entre le Menil-Amelot et Jully, où ils ont été établis.

Nous avons trouvé les Indiens établis dans des souterrains qui servaient de cuisine et de communs; ils sont 52 dont 14 hommes, et le reste femmes et enfants; leur stature est à peu près la même que celle des Européens; les femmes paraîtraient un peu plus petites,

[1] Le premier feuillet du manuscrit est de la main de Lavoisier, les suivants sont de Mme Lavoisier.

mais il est probable que cela tient à ce qu'elles sont nu-pieds, sans bonnet et les cheveux absolument plats; elles sont en général bien faites, les mouvements des bras agréables, les extrémités délicates, même fluettes, le tarse, le métatarse et les doigts plus allongés que dans les Européens, ce qui leur donne de l'adresse et de la facilité dans les mouvements; les jambes sont également fines, les pieds en proportion moins allongés que les mains, les doigts séparés les uns des autres, ce qui leur donne la facilité de se soutenir aisément sur les doigts des pieds lorsqu'elles sont accroupies. Cette circonstance est un reste de l'état sauvage et s'observe dans les animaux qui marchent tantôt à deux pieds, tantôt à quatre; l'écartement des doigts tient à ce qu'elles n'ont jamais porté de chaussure; leur sein paraît placé un peu bas, assez bien formé et les mamelles fortes; leurs cheveux sont très noirs et fort longs, ils sont retroussés; leur peau est d'un noir jaunâtre, fine et douce; les enfants ne m'ont pas paru être aussi noirs; un enfant de trois mois était plutôt d'un noir gris; les hommes sont grands, maigres et fluets; ils ont les extrémités délicates en proportion comme les femmes; ils ont de la barbe et portent des moustaches; c'est du poil et non pas de la laine; ils ont en général une constitution faible qui doit les éloigner des travaux pénibles et les porter plutôt aux choses d'adresse qu'à celles de force.

Les femmes se servent, pour carder le coton, d'un archet de bois tendu par une corde à boyau; elles mettent cette corde en vibration par le moyen d'un morceau de bois fourchu et court qu'elles tiennent de la main droite, tandis qu'elles tiennent l'archet de la main gauche. La corde frémissante présentée au coton en divise les filaments et le réduit en peu de temps en une houette très volumineuse dans laquelle il n'existe aucun bouras. Ce procédé, qui est assez expéditif, a l'avantage de ne point déchirer les filaments du coton, comme toutes les autres méthodes; chaque fileuse carde, le matin, la quantité de coton dont elle aura besoin dans la journée.

Ce coton une fois cardé, on le roule assez serré autour d'un bâton qu'on retire ensuite, ce qui forme des espèces de cylindres creux.

Les rouets sont composés de trois croix de bois plat, posées les unes sur les autres, de manière que leurs branches forment une étoile à douze rayons; au centre est un morceau de bois rond et plat au travers duquel passe l'axe du rouet auquel tient une manivelle. L'extrémité des croix est fixée par des cordes qui passent alternativement de l'une à l'autre et qui donnent de la solidité à cet assemblage. C'est sur ces cordes que passe la corde principale qui fait tourner la bobine; cette dernière n'a pas le peigne qui distribue le fil sur la bobine; cette distribution se fait à la main. Elles n'ont point de quenouilles, elles tiennent ces cylindres creux dans la main et ne lâchent de coton que la quantité nécessaire pour faire le fil de la grosseur convenable.

Pour former les écheveaux, elles ne se servent point de dévidoir, mais elles passent le fil de coton autour de douze chevilles placées sur deux rangs de six chacun; elles promènent le fil de l'un à l'autre alternativement, et lorsqu'elles jugent que leur écheveau est suffisamment gros, elles le soulèvent de dessus les chevilles, et au moyen des sinuosités qu'il a parcourues, il se trouve d'une longueur considérable.

Lorsqu'on veut doubler le fil, on place les écheveaux sur des piquets et un ouvrier ou une ouvrière tourne autour de ces piquets avec une espèce de grosse bobine, emmanchée sur un manche de bois, sur lequel elle dévide le fil.

Si ce fil est destiné à faire de la trame, on le dévide sur de petites bobines destinées à être placées dans l'intérieur de la navette; si au contraire on veut en faire de la chaîne, après que cette dernière est disposée, on la peigne avec un peigne mouillé d'une dissolution de gomme arabique.

Ce métier n'a rien de particulier, il serait d'ailleurs trop difficile à détailler.

Ces Indiens sont de Pondichéry, et l'ouvrage qu'ils font est médiocrement beau et n'approche pas de celui que l'on tire du Bengale.

Ils vivent principalement de riz cuit à l'eau et de quelques légumes, ils mangent à même le plat ou avec leurs doigts et ne connaissent pas l'usage des cuillers et des fourchettes; ils mangent très peu de viande, et de préférence un peu de poisson.

Leur habillement consiste en six aunes d'étoffe nullement façonnée; elle est passée en écharpe de droite à gauche, couvre le sein, le dos transversalement, vient tourner autour des reins, et ce qui tombe par devant et par derrière les enveloppe assez pour former une espèce de jupon court qui tombe à peu près au mollet; leur sein est absolument caché; elles n'ont de nu que les bras, l'omoplate droite, le rein du côté gauche et la moitié des jambes; elles ont la même pudeur que les Européennes et la même crainte de découvrir les parties de leur corps qu'elles ont coutume de cacher.

Les femmes qui n'ont point de maris vivent avec décence et honnêteté, ont des mœurs régulières; cette régularité tient-elle à leur religion ou aux principes de leur éducation ?

Les femmes ne s'asseyent point pour aucun de leurs travaux; elles étaient toutes rangées autour d'une salle sur des nattes et accroupies.

Chacun fait sa cuisine qui est infiniment simple, puisqu'elle consiste en riz et légumes cuits à l'eau.

SUR LA DIGUE DE CHERBOURG[1].

(1788.)

Avant de présenter une opinion sur les travaux ordonnés à Cherbourg et qui se suivent avec beaucoup d'activité, il est nécessaire de poser quelques principes sur l'action qu'exerce la mer sur les obstacles qu'on lui oppose.

Premier principe. — L'action de la mer sur les obstacles qu'elle rencontre n'a lieu, à proprement parler, que dans le voisinage de sa surface, par exemple à 12 ou 15 pieds au-dessous de son niveau. Il y a bien au delà de ce terme un mouvement progressif des eaux, mais ce mouvement n'est pas assez rapide et ne peut pas produire de grands effets.

Second principe. — La surface de la mer ne formant point un plan fixe, mais un plan variable, suivant la hauteur des marées, la couche active de la mer n'agit pas toujours à la même hauteur, mais elle a une limite variable entre la plus grande hauteur que la marée puisse atteindre et 15 pieds au-dessous de la plus basse marée. Cette limite est à Cherbourg de 35 pieds.

Il résulte de cette force ainsi agissante sur les matières qui composent le rivage où les obstacles quelconques lui sont opposés, les effets suivants :

[1] Manuscrit autographe. — Cette note est sans date, mais elle doit être rapportée à 1788, époque à laquelle Lavoisier fit un voyage à Cherbourg. (*Note de l'Éditeur.*)

IMPRIMERIE NATIONALE.

Si c'est une dune de sable qu'on lui oppose et dont la hauteur s'élève depuis la ligne inférieure d'action de la mer jusqu'au niveau de la haute mer, son mouvement parviendra à disperser ce sable en un plan très peu incliné et dont l'angle avec l'horizon sera déterminé par la grosseur et la pesanteur des grains de sable. En effet, les grains seront toujours poussés en avant par la mer jusqu'à ce que leur pesanteur fasse équilibre avec la force de l'eau. Or, comme la pesanteur des molécules est constante, mais que l'action sur ce sable diminue à mesure que le plan approche davantage d'être horizontal, il en résulte qu'il y a nécessairement un point d'équilibre, un terme où l'action de la mer est égale à la résistance des molécules de sable; c'est ce point d'équilibre qui constitue le talus naturel que doit prendre un monceau de sable exposé à l'action de l'eau de la mer.

Il est évident que plus le sable sera fin, plus le talus qui se formera approchera de la ligne horizontale, que plus au contraire les molécules de sable seront grosses et pesantes, plus elles opposeront de résistance et plus par conséquent le talus aura d'inclinaison.

Mais une circonstance remarquable, c'est qu'il est impossible d'élever une butte de sable dans la mer au-dessus du niveau de la basse mer jusqu'à ce que le talus naturel soit établi. Jusqu'à ce qu'on soit parvenu à ce terme, tout le sable qu'on ajoute est coupé par la mer suivant le talus naturel qu'elle tend à former.

Ces principes de la formation des digues sous la mer sont indiqués par le raisonnement et ils sont confirmés par l'expérience. Ils sont tellement constants, tellement donnés par la nature des choses, qu'on peut les soumettre au calcul.

Les pierres sèches qu'on jette à la mer, à Cherbourg, peuvent être considérées comme formées de gros grains de sable dont chacun pèse 30 à 40 livres l'un dans l'autre. La mer doit donc les ronger suivant un certain talus et ce talus est de 1 pied de hauteur sur 10 de projection.

Il est encore à remarquer que l'action de la mer, du côté du dehors, étant beaucoup plus forte qu'elle ne l'est du côté de l'intérieur, le talus naturel n'est pas le même du côté de la mer que du côté du rivage. Aussi les digues qui ont 1 pied sur 10 de talus du côté de la mer sont-elles jusqu'à 45 degrés du côté opposé.

Ces principes posés, on peut calculer aisément le poids de la quantité de pierres nécessaires pour former une digue de pierres sèches, et on voit qu'il est beaucoup plus considérable qu'on ne le croirait au premier coup d'œil. On voit de plus que ce poids n'est pas le même pour toutes natures de matériaux, qu'il serait beaucoup plus considérable, par exemple, pour du sable, qu'il serait beaucoup moins pour de gros quartiers de rocher; mais comme les difficultés de transport et d'exploitation croissent à mesure qu'on emploie des plus gros matériaux, il en résulte qu'il y a un certain milieu à prendre, qu'il y a un maximum de force et un minimum de dépense, et c'est cette double combinaison qui doit déterminer dans le choix des matériaux.

On serait tenté de croire qu'on n'a pas été aussi frappé des avantages des gros matériaux dans les travaux de Cherbourg quand il en aurait résulté une dépense plus forte. C'était peut-être un sacrifice à faire et il est probable qu'on sera obligé d'en revenir à couvrir les digues actuelles de plus gros matériaux. C'est le seul moyen de donner aux digues une consistance telle qu'on puisse regarder comme probable que les travaux ne céderont pas aux efforts plus grands que peut faire la mer.

ÉCONOMIE POLITIQUE,

AGRICULTURE ET FINANCES.

FRAGMENTS D'UN ÉLOGE DE COLBERT.

(1771.)

L'Académie française ayant mis au concours l'*Éloge de Colbert*, pour l'année 1772, Lavoisier eut l'intention de concourir et commença à rédiger un travail qu'il n'eut pas le temps de terminer, et dont nous n'avons que des fragments destinés à être reliés dans un récit continu. Cependant la première partie est assez complète. Il y a lieu de remarquer que le premier fragment n'était pas destiné à faire partie de l'*Éloge de Colbert*, mais que c'est une page où Lavoisier se trace à lui-même le plan de son travail et indique l'esprit dans lequel il voulait le concevoir. (*Note de l'Éditeur.*)

ÉLOGE DE M. DE COLBERT.

Afin d'éviter la marche uniforme et fastidieuse de la plupart des vies et des éloges, je commencerai celui de M. de Colbert par un tableau éloquent du désordre qui régnait dans les finances aux approches de son ministère.

Je reprendrai les choses dès Sully même; je ferai voir les ministres qui ont succédé à ce grand homme, s'écartant de la route qu'il avait suivie et s'efforçant de replonger la France dans l'état dont il l'avait tirée. Je passerai à Colbert; je ferai un tableau raccourci du caractère de ce ministre; je le peindrai comme un homme arrivant au ministère avec des connaissances profondes, acquises de longue main dans le silence du cabinet, un homme qui, dans un âge peu avancé, avait déjà passé par presque tous les grades de la société, qui avait vu les hommes dans tous les états, qui avait été à portée de discuter et de peser, en quelque façon, les intérêts de tous les ordres de la nation, enfin qui s'était formé un plan général d'administration.

Après ce début, qui devra être serré et fortement écrit, j'entrerai en matière; je tâcherai de développer successivement les vices d'administration auxquels Colbert crut devoir remédier de préférence; j'exposerai ses idées sur le commerce, l'agriculture, la marine, etc., et, après avoir bien fait saisir au lecteur l'esprit qui le conduisait, j'exposerai ses opérations qui n'en seront que les conséquences.

Lorsque des hommes nés libres ont voulu se rassembler sous des lois et vivre sous une constitution politique, ils ont fait le sacrifice d'une portion de leur volonté, d'une portion de leur force, enfin d'une portion des fruits destinés à leur subsistance pour pouvoir jouir avec tranquillité de la portion qu'ils se réservaient.

De la masse des volontés réunies s'est formée l'autorité souveraine.

De la masse des forces a résulté la puissance.

Enfin de la masse des subsistances s'est formé le patrimoine ou le revenu de l'État.

C'est ainsi que, dans le premier âge de la société, chacun contribuait en nature, chacun secourait l'État de ses propres bras; chaque citoyen partageait avec lui l'excédent de sa subsistance. On ignorait alors l'art de comparer la force aux denrées et de tout évaluer en argent.

Si les choses eussent pu demeurer dans ce premier état de simplicité, la finance eût cessé d'être un art, et le citoyen financier n'eût été qu'un bon économe; mais sitôt qu'à la chose même on substitua sa représentation, sitôt que la monnaie se fut introduite dans la société, un nouvel ordre de choses fut établi et la constitution politique commença, dès lors, à porter dans son sein le germe d'une altération continuelle. Bientôt, au lieu d'exiger le tribut en nature, on trouva plus commode de le recevoir en argent, c'est-à-dire qu'au lieu d'exiger la denrée même, on se contenta d'une monnaie qui n'était autre chose qu'une soumission de la représenter à volonté.

Lorsque, dans la suite, le souverain voulut forcer la perception, lorsqu'il voulut exiger des citoyens des soumissions plus fortes qu'ils n'étaient en état d'en acquitter, alors, semblables à ces effets qui se négocient sur la place, ces soumissions s'éloignèrent insensiblement de leur valeur originaire et le souverain ne fit qu'augmenter son numéraire, sans augmenter sa richesse.

L'or et l'argent ayant été choisis pour servir dans la société de signes représentatifs de toutes choses, il en résulta une nouvelle cause d'altération dans la monnaie. L'or et l'argent renfermèrent à la fois la double qualité de signe et de marchandise; leur valeur intrinsèque dut donc changer, à ce dernier titre, suivant qu'ils furent plus ou moins multipliés, plus ou moins recherchés dans le commerce.

Des besoins pressants obligèrent le souverain d'anticiper ses revenus, de les aliéner, de les engager, de faire des emprunts; et les reconnaissances de ces avances et de ces emprunts formèrent dans la société une nouvelle monnaie do..t l'effet fut nécessairement d'abaisser la valeur de la première. Les changements arbitraires qu'éprouva la valeur de la livre numéraire servirent encore de nouveau moyen pour avilir la monnaie; mais on ne s'aperçut pas que ce palliatif dangereux, en diminuant les dettes, diminuait les revenus dans la proportion, et que le rapport était le même; l'effet de ces différentes causes d'avilissement de la monnaie diminua de plus en plus le revenu de l'État, de sorte que l'impôt, qui, dans l'origine, avait été allégué sur ses besoins réels, s'écarta toujours de plus en plus des proportions sur lesquelles il avait été calculé.

C'est ainsi que le problème politique, simple dans son origine, se compliqua de plus en plus; depuis l'établissement de la monnaie, le commerce, à mesure qu'il s'étendit, rendit les combinaisons plus difficiles encore; il s'établit une banque, un crédit national; l'État eut un compte ouvert avec toutes les nations. Celui qui avait fait entrer moins de marchandises dans la mise commune fut obligé de solder en argent: de là, la balance du commerce; de là, l'art de la faire pencher à son avantage; dès lors, il n'y eut point d'opération de finance, quelque simple qu'elle fût, qui, en changeant la valeur du numéraire, en changeant celle de la main-d'œuvre, n'influât sur le commerce national, et ces deux objets : commerce et finance, acquirent un tel degré de connexité que la prospérité de l'une fut une suite nécessaire et dépendante de celle de l'autre.

Je perdrais de vue mon objet, si je voulais développer ici le tableau dont je viens de tracer une légère esquisse. Ce n'est point de la théorie de l'administration dont je me propose de m'occuper ici, mais de l'administration mise en action : l'éloge de M. de Colbert m'en fournira le sujet.

Un règne faible, une minorité tumultueuse, des divisions intestines, des guerres multipliées avaient affaibli la France pendant les premières années du règne de Louis XIV; les sages principes de Sully avaient été méconnus, et cette force vigoureuse, que ce vaste génie avait imprimée pendant le temps de son administration à la machine politique, avait été détruite insensiblement par la résistance que lui avaient opposée soixante ans d'une mauvaise administration; les impôts augmentés de 60 p. 100 avaient anéanti la consommation; les tailles portées à un prix excessif avaient dévasté les campagnes; la rigueur même de leur perception, les emprisonnements, les exécutions avaient fait abandonner la culture des terres; des aliénations, des emprunts, des affaires ruineuses avaient engagé tout le revenu de l'État; des offices sans nombre avaient été créés; les exemptions avaient été multipliées, les péages doublés; des impositions accablantes pour le commerce avaient été rétablies; des droits locaux, des douanes, des lignes de bureaux d'employés divisèrent la France en une infinité de royaumes.

Un droit odieux destructif de tout commerce, de toute industrie, source de monopole et de vexation, impossible à régir, se percevait encore : il consistait en une imposition de 1 sol pour livre, ou du vingtième de la valeur de toutes les denrées et marchandises vendues et revendues dans le royaume; les pensions étaient arriérées; les payements de toute espèce étaient suspendus; les dépenses de la maison du Roi augmentaient chaque jour et l'on manquait, en même temps, des choses les plus nécessaires; la comptabilité des trésoriers était dans le plus grand désordre; leurs comptes étaient en retard de quatre ou cinq années; enfin, de toutes parts, régnait une déprédation incroyable dans les finances et dans les affaires. La guerre civile de 1650 mit le comble à ce désordre; elle bouleversa l'État, elle anéantit presque entièrement les droits d'aides et de gabelles, et le royaume, si riche, si puissant, si florissant, ou du moins si fait pour l'être, semblait être au moment de sa ruine et de sa destruction.

Tandis que des troubles de toute espèce agitaient ainsi la France, tandis que des secousses violentes avaient brisé ou relâché les principaux ressorts de la constitution politique, un de ces hommes rares que les siècles s'envient méditait en silence les grandes ressources de la nation. Né dans la médiocrité, élevé au milieu d'une classe d'hommes également éloignée des grandeurs qui font oublier l'état d'hommes et de l'humiliation qui détruit les ressorts de l'âme, Colbert avait parcouru, dans sa première jeunesse, presque toutes les classes de la société; destiné, par sa famille, à embrasser le parti du commerce, il en avait étudié d'abord à Reims, à Paris, à Lyon, les intérêts, les ressources. Son vaste génie s'accoutumait d'avance à en calculer la balance et les effets. On aurait dit qu'il sentait déjà quelle pourrait être son influence sur la prospérité d'un État.

Il est une certaine inquiétude dont une jeune âme, née pour les grandes choses, ne saurait se défendre : on la prendrait pour l'ambition, si une modération dans les désirs, une espèce de simplicité de caractère, une honnêteté dans les mœurs, une délicatesse dans les moyens n'en marquaient la différence. Cette inquiétude se fit sentir à Colbert, et il reconnut qu'il n'était pas né pour le commerce; il se hâta de revenir à Paris, mais il y rapportait un trésor d'observations, de réflexions, un esprit mûri par la réflexion, et surtout le grand avantage d'avoir observé les hommes et les choses dans une des branches les plus essentielles de l'administration. La fortune, lente à se déclarer en sa faveur, le rendit incertain dans sa marche; il changea plus d'une fois le plan qu'il s'était formé et passa successivement de l'étude du notaire dans celle du procureur, entra en qualité de commis chez le receveur des parties casuelles, de là chez M. Le Tellier, secrétaire d'État, d'où il passa secrétaire de M. le cardinal Mazarin. L'histoire, qui ne nous peint les grands hommes que lorsqu'ils commencent à jouer un rôle sur le grand théâtre du monde, ne nous a laissé que peu d'anecdotes sur les premiers temps de la vie du grand Colbert. Si l'on en juge par ce qu'il fit depuis, il est probable qu'il les passa dans de profondes méditations; qu'il observa les hommes dans tous les ordres de la société; qu'il étudia les différents ressorts de l'administration; enfin qu'il se forma, pendant cet intervalle, un certain nombre de principes d'économie politique dont le reste de sa vie ne fut qu'une application.

Ceux qui ont vu de près les ministres, ou ceux qui ont eu le malheur de l'être, n'ont été que trop à portée de remarquer qu'entraînés par le tourbillon des affaires, entourés souvent d'hommes artificieux qui ont l'art de leur présenter, sous les couleurs les plus séduisantes, ce qu'ils s'imaginent être le plus favorable à leur propre intérêt, ils tomberaient nécessairement dans un scepticisme involontaire, si un certain tact que donne la réflexion, si des connaissances et des principes acquis dans le silence du cabinet, avant d'arriver au ministère, ne les avait préparés d'avance à la crise perpétuelle dans laquelle ils doivent passer leurs jours.

Tandis que Colbert, ignoré, balançait dans le silence du cabinet les avantages et les intérêts du commerce, qu'il calculait l'effet des différents contrepoids qui maintiennent l'équilibre de la machine politique; enfin, tandis qu'il combinait l'influence des différentes causes qui concourent à la prospérité d'un État et au bonheur des peuples, un jeune prince, l'espoir de la nation, avide de toute espèce de gloire pour les grandes choses, et pour lequel les grands hommes paraissaient être nés, méditait déjà de porter à son comble la gloire et le bonheur de la nation; il venait d'être affranchi d'un joug que son âme altière ne supportait qu'avec peine; le cardinal Mazarin, ministre souple, dissimulé, mais surtout politique adroit, lorsqu'il était question de son intérêt, venait de mourir, et, malgré les secousses terribles qui avaient agité l'État pendant son ministère, il laissait encore Louis XIV maître du plus beau royaume de l'univers.

La politique du cardinal avait eu soin de tenir le roi dans l'éloignement des affaires; il y avait peu de temps qu'il travaillait par lui-même, et il ne s'était instruit que parce qu'il avait voulu l'être.

Le jeune prince avait de grandes vues, mais il avait peu médité. Son âme l'entraînait vers le grand, vers le beau, mais il fallait suppléer à l'expérience qui lui manquait. Je dirais presque que le génie de Louis XIV n'avait encore acquis que la moitié de son existence; celui de Colbert avait précisément tout ce qui lui manquait; le hasard, qui ne sert que les grands hommes, rassembla ces deux génies, nés pour être unis. Les témoignages avantageux que le cardinal Mazarin avait rendus de Colbert, avant sa mort, avaient prévenu sur son compte; des conférences particulières qu'il eut avec ce dernier le décidèrent...

Mais, avant de développer..............., essayons de donner ici une idée des principes que s'était formés le grand homme; c'est par ses actions, c'est par les motifs mêmes qu'on trouve dans le préambule des lois qu'il a données que je chercherai son esprit.

Il m'est doux de me représenter un jeune monarque jaloux de toute espèce de gloire prenant sous Colbert les premiers principes de l'administration, discutant avec lui la cause de l'humanité et démêlant...

....

Déjà tout rempli de l'esprit de Colbert, je m'imagine qu'introduit dans le cabinet du monarque, je l'entends s'exprimer ainsi :

« Jusqu'ici les politiques ont estimé la richesse des États par la quantité d'argent monnayé qu'ils possédaient; de là tous leurs efforts se sont réunis pour attirer par tous les moyens possibles l'argent de l'étranger. Insensés, ils ressemblaient à des enfants qui s'amusent au bord de la mer, lorsqu'elle se retire, à arrêter quelques portions de son eau par une petite digue de sable; l'ordre physique s'oppose à leurs efforts, l'eau se filtre et passe à travers le sable et va se rejoindre à la masse immense qui baigne l'un et l'autre hémisphère.

«L'argent monnayé est un fluide, non pas, il est vrai, si mobile que l'eau, mais qui avec le temps prend nécessairement son niveau. Si par quelque artifice on parvient à retarder sa marche, à l'accumuler au delà de sa hauteur naturelle dans quelque partie de l'Europe, l'État qui en regorge en est puni lui-même par l'augmentation des mains-d'œuvre de toute espèce. Le renchérissement nécessaire de ses productions, de ses denrées en arrête l'exportation. Son industrie, son commerce languit jusqu'à ce que par des canaux insensibles tout le trop-plein se soit écoulé.

«Vous apercevez, Sire, que le moment de prospérité d'un État est celui où, en possédant une portion d'argent moindre qu'il ne devrait naturellement en posséder dans la masse commune de l'Europe, il en reflue de toute part des États voisins par des canaux invisibles. Le moment de décadence, au contraire, est celui où le niveau de l'argent étant monté plus haut que dans le reste de l'Europe, les mains-d'œuvre de toute espèce sont renchéries, son exportation cesse, ses manufactures et son industrie languissent.

«La prospérité d'un État a donc un terme nécessaire que l'ordre des choses ne permet pas de passer; tout l'art du politique consiste à reculer le terme, à prolonger l'instant du bonheur, et c'est sur quoi je me suis principalement proposé d'entretenir Votre Majesté.

«Puisque tous les efforts humains ne peuvent parvenir à troubler l'équilibre de la balance du commerce, puisqu'un État même ne pourrait la faire pencher que pour quelques instants en sa faveur et qu'il accélérerait même par là le moment de sa décadence, quel sera donc le but auquel doit tendre un profond politique? Il doit avoir deux objets principaux : premièrement, de faire pencher en sa faveur la balance des hommes, c'est-à-dire d'augmenter sa population; secondement, d'entretenir toujours un genre de commerce dont l'effet soit d'anéantir continuellement l'excédent du numéraire, de faire écouler le trop-plein de l'argent qui pourrait s'engorger et qui éteindrait l'industrie.

«Sully, ce profond politique, à qui la France doit son salut et sa gloire, trouva les campagnes en partie désertes; les guerres intestines avaient dépeuplé vos champs; le laboureur manquait à la terre: la charrue ne la sillonnait plus, faute de bras et de chevaux pour la conduire. Tous ses soins se portèrent vers l'agriculture, et il sut en peu de temps la remettre en vigueur. La libre exportation des blés fut le moyen qui lui parut le plus efficace pour parvenir à son but.

«Il en est à peu près du corps politique comme du corps humain, c'est du parfait équilibre de toutes les parties que dépend la santé; le médecin, lorsqu'il est consulté, doit observer quelle est la partie faible, quel est le viscère affecté par la maladie; et c'est à le rétablir dans le degré de force qui lui convient que doit tendre le secours de son art. Telle fut la conduite de Sully. Mais le régime qui convient à l'état malade n'est pas celui qui convient à l'état de santé. Aujourd'hui un équilibre presque parfait règne entre le commerce et l'agriculture, et je crois l'exportation dangereuse. Qu'avons-nous besoin de porter nos denrées à l'étranger pour le nourrir chez lui, tandis que par des moyens sûrs nous pouvons l'obliger de venir les consommer chez nous? Le débouché n'est-il pas le même dans les deux cas, et nous avons les hommes de plus? Le commerce, la navigation, l'établissement des manufactures : voilà le moyen d'attirer les hommes, parce que partout où l'on peut occuper des bras, partout où l'on peut offrir une subsistance assurée, les hommes y viendront toujours en foule.

«Je dirais presque que le commerce (et surtout les manufactures) est l'art de concentrer une grande masse de subsistances, de la réduire sous le volume le plus petit qu'il est possible, afin d'en faciliter l'exportation et de la rendre plus avantageuse. Je me hâte d'expliquer ce que cette définition présente d'abstrait : les productions des manufactures ne sont autre chose que des matières premières dont la main-d'œuvre a changé ou perfectionné la forme, d'où il suit que la valeur de toute marchandise manufacturée consiste : 1° dans la valeur de sa matière première; 2° dans la valeur des denrées de toute espèce consommées par les différents agents qui ont concouru à sa fabrication.

«Exporter une marchandise manufacturée, la vendre à l'étranger, est pour l'État et pour la balance du commerce précisément la même chose que si on eût exporté sa matière première et toutes les denrées consommées pendant sa fabrication; mais la différence essentielle, c'est que, dans le premier cas, nous avons les hommes qui nous restent et le bénéfice de leur main-d'œuvre.

«Il est un avenir éloigné sans doute et qui ne l'est peut-être que trop, sur lequel je ne puis m'empêcher de promener mes regards, et je dois encore en entretenir Votre Majesté : il est un terme à la prospérité des États, le commerce ne peut acquérir qu'une extension limitée et les bornes mêmes en sont beaucoup plus resserrées qu'on ne pense. Toute exportation de marchandises et de denrées, en attirant l'argent de l'étranger, en augmentant la masse du numéraire dans l'État, tend à l'augmentation du prix des mains-d'œuvre et par là même au ralentissement du commerce et de l'industrie. C'est ici que je vais développer à Votre Majesté un secret en administration qu'on ne s'est point encore avisé de soupçonner.

«L'argent attire les denrées et les denrées attirent l'argent, c'est-à-dire par exemple que si nous considérons deux États voisins, isolés comme deux particuliers, dont l'un eût tout l'argent, l'autre toutes les denrées, en peu de temps un niveau nécessaire s'établira entre eux, et chacun aura à peu près la moitié de l'argent et la moitié des denrées.

«Ce niveau, que l'ordre physique des choses ne permet pas de troubler, existe à peu de chose près dans tous les États de l'Europe; ce serait donc en vain que nous formerions le projet d'attirer en France, par le commerce, une partie de l'argent monnayé qui circule dans toute l'Europe; nous parviendrions bien à hausser artificiellement pour quelques instants le niveau, mais nous en serions bientôt punis nous-mêmes par le ralentissement de notre commerce. En effet, dès que nous aurions dans la masse de l'argent monnayé qui circule en Europe une portion plus considérable en proportion que nos voisins, nécessairement notre main-d'œuvre renchérirait et nos manufacturiers languiraient jusqu'à ce que le trop-plein de notre argent se fût écoulé et que nous fussions rentrés dans les bornes.

«Nous sommes loin de ce terme, mais le système de votre administration n'en doit pas moins tendre à le reculer le plus qu'il est possible, et voici les réflexions que j'ai faites à ce sujet : le prince peut, quand il le veut, faire baisser artificiellement le prix des denrées de première nécessité en en défendant l'exportation et il en résultera un meilleur marché dans les mains-d'œuvre. J'avoue que cet expédient deviendrait dangereux à la longue, et que, quoi qu'on pût faire, l'argent qui rentrerait par le commerce forcerait à la longue les denrées de prendre à peu près leur niveau; aussi suis-je persuadé que cette méthode ne doit être employée qu'avec la plus grande réserve : je ne la conseillerais que dans deux cas : le premier, lorsqu'il paraîtrait évidemment que les manufactures languissent et ne peuvent atteindre à la concurrence de l'étranger; le second, lorsqu'on voit les mains-d'œuvre s'accroître trop rapidement, et qu'on prévoit d'avance le tort qui en résultera pour le commerce.

«Il est une autre réflexion qui tend à reculer l'époque de décadence qui est une suite et une conséquence d'une prospérité trop brillante et trop peu ménagée. Lorsque l'argent regorge dans un État, de l'état de signe il passe à celui de marchandise, on le convertit en galons, en dorures, en argenteries, il sort de la circulation et prévient le trop-plein que nous craignons.

«Lorsque Henri IV, par une bonne administration, fut parvenu à économiser 13 millions et à les renfermer en espèces à la Bastille, pensez-vous, Sire, que son opération fut nuisible au commerce et qu'il en eût résulté quelque inconvénient? Au contraire, le trait est peut-être le mieux entendu, quoique le plus critiqué du ministère de Sully.

« Ce vide d'argent qu'occasionnait ce dépôt n'a dû produire d'autre effet que de diminuer le prix des denrées, celui des mains-d'œuvre de toute espèce, et nécessairement en peu d'années l'État a regagné aux dépens de l'étranger le même argent qu'on avait intercepté. Ce n'est pas que peut-être il ne fût possible de produire un effet équivalent en employant le même argent en monuments utiles, en canaux qui auraient augmenté la masse des propriétés foncières de l'État. Ces sortes de travaux auraient rempli sans doute une partie du même objet. Les ouvrages publics en effet attirent des hommes et les rassemblent, mais j'avouerai que l'avantage de ce dernier moyen ne me paraît pas aussi évidemment démontré que le premier.

« Peut-être serait-il encore dans les principes d'une saine politique que l'État eût un commerce étranger toujours établi, dont l'effet serait de lui enlever chaque année l'excédent de son numéraire. J'avoue qu'il serait dangereux qu'un pareil commerce fût établi avec une nation voisine lorsque ce que nous y porterions pourrait la rendre trop puissante : la Chine et l'Inde, par leur éloignement, paraîtraient propres à remplir cet objet, et je me propose de soumettre aux lumières de Votre Majesté quelques projets relatifs à cette idée. . . . . »

NAISSANCE DE COLBERT.

Colbert naquit à Reims au mois de novembre 1626, de Nicolas Colbert, sieur de Vandures, et de Marie Pussort. Son père avait été marchand de vins comme son aïeul, puis marchand de drap et ensuite de soie. Il l'envoya fort jeune à Paris pour apprendre la marchandise; de là il fut à Lyon et, s'étant brouillé avec son maître, il revint à Paris où il se mit clerc chez un notaire, puis chez Biterne, procureur au Châtelet, d'où il passa au service de Sabathier, trésorier des parties casuelles, en qualité de commis.

Jean-Baptiste Colbert, seigneur de Saint-Pouange, son cousin, le fit entrer en 1648 chez Michel Le Tellier, secrétaire d'État, dont il avait épousé la sœur. Le jeune Colbert s'y distingua bientôt par son assiduité et par son exactitude à s'acquitter de toutes les commissions qu'on lui donnait.

PORTRAIT DE COLBERT.

Colbert était d'une taille médiocre, plutôt maigre que gras; ses cheveux étaient noirs et en petite quantité, ce qui lui fit prendre de bonne heure la calotte; sa mine était basse, son air sombre et son regard sévère; il parlait peu et ne répondait jamais sur-le-champ, voulant être informé auparavant par des mémoires. Il était infatigable dans le travail et d'une exactitude surprenante; il avait une netteté d'esprit qui lui donnait moyen d'expédier promptement toutes sortes d'affaires sans confondre les matières; il comprenait avec peine, mais, quand il était instruit, il parlait avec justesse; il aimait les lettres sans avoir étudié; il se piquait de probité, et, quoiqu'il marquât un grand désintéressement et qu'il témoignât ne vouloir s'enrichir que par les bienfaits du Roi, il ne laissait pas de remplir ses coffres par des voies indirectes. Il affecta beaucoup de modération dans le commencement de son ministère, mais, dès qu'il vit sa fortune affermie par ses grandes charges et par ses hautes alliances, il donna un libre cours à ses vastes desseins; il n'épargna rien pour tout ce qui pouvait contribuer à sa gloire; quoiqu'il fût très économe dans le particulier, il sacrifiait tout à son ambition : probité, honneur, reconnaissance. Il était d'une dureté insupportable et ne se souciait point de ruiner une infinité de familles, pourvu qu'il pût faire venir de l'argent à l'épargne. S'il n'a fait du bien à personne, il n'a du moins jamais répandu le sang de ses ennemis; il était souple et dissimulé; son extérieur était modeste et il affectait une grande simplicité; il aimait les beaux-arts et s'y connaissait; il dormait peu et était sobre; quoique son abord fût rebutant, il savait se radoucir auprès des dames qui lui avaient touché le cœur, mais il ne laissait pas de garder sa gravité avec elles en public, afin qu'on le crût incapable de se laisser gouverner par le beau sexe.

IMPRIMERIE NATIONALE.

PORTRAIT DE MAZARIN.

Mazarin, né pour l'intrigue, suppléait au génie qui lui manquait par la ruse, la dissimulation, la perfidie; esprit timide, méfiant, excellent homme d'État sous un ministre habile, mais incapable de tenir lui-même les rênes d'un gouvernement. Sacrifiant tout à ses vues et n'ayant d'autre but que de s'enrichir; toujours occupé des moyens de fouler le peuple et d'économiser à son profit les dépenses de la Cour; vendant tout; vendu lui-même à son insatiable avidité; sacrifiant le peuple et ménageant les grands : tel était Mazarin.

La jeunesse de Louis XIV avait été orageuse. Le royaume qui lui fut transmis était encore ébranlé des secousses violentes qu'il avait reçues; des divisions intestines, des guerres intérieures et extérieures avaient épuisé le royaume.

Le Roi lui-même n'avait que l'ombre de l'autorité; élevé dans une soumission aveugle pour Mazarin, il n'avait point osé secouer le joug : il n'osait point régner.

Les marines anglaise et hollandaise florissaient, tandis qu'il n'en existait pas même en France.

M. de Colbert vit la perception des droits sous un aspect nouveau; il vit que la plupart des revenus du souverain consistaient dans une portion d'intérêt dans l'aisance publique; que le Roi, par la nature des impositions, jouissait d'une portion d'intérêts plus ou moins forte, dans chaque espèce de commerce, sans y faire de fond, d'où il conclut que tout ce qui tendrait à augmenter le commerce tendrait, en même temps, à l'amélioration des finances du Roi.

Au milieu du chaos qui l'environnait, soutenu par son courage et par la profondeur de ses vues, il alla droit au bien, sans passer, comme ses prédécesseurs, par la route oblique des formes inutiles. La saine raison lui apprit qu'autant elles sont respectables lorsqu'il s'agit de décider de la fortune, de la vie ou de l'honneur des citoyens, autant il est dangereux d'y asservir les principes de l'administration politique. Il ne discuta pas si tel ou tel impôt était domanial, s'il était ancien ou nouveau, mais s'il était à charge au peuple; s'il ne nuisait pas à la perception d'autres revenus plus commodes et plus abondants.

Une preuve que la bonne administration fait baisser le prix de la main-d'œuvre, c'est que le blé fut plus bas du temps de M. de Colbert qu'il ne l'avait été précédemment.

Son prix moyen était de 12 à 13 livres pendant le commencement du siècle de M. de Colbert; il tomba constamment à 10 pendant son ministère.

Les soins que s'est donnés M. de Colbert pour protéger le commerce ont porté la France, sous son ministère, au plus haut degré de prospérité. L'exportation des blés qu'il avait permise, contre ses principes, commença à porter une première atteinte à ses établissements; l'argent que le commerce attira de l'étranger prépara la décadence elle-même du commerce, en faisant hausser toutes les mains-d'œuvre.

M. de Colbert le vit, le sentit pendant les dernières années de sa vie; il défendit l'exportation des blés; mais à sa mort ce système fut renversé, et celui qu'on adopta fit perdre à la France tout ce qu'elle avait gagné par la bonne administration.

Dire que Colbert fut le protecteur des arts, que c'est à lui que nous sommes redevables de presque tous les monuments que nous connaissons, que nous avons sous les yeux, dont nous jouissons, c'est le plus bel éloge, peut-être, que nous puissions faire de ses connaissances, de son goût, de son esprit philosophique, et j'entends que vous me reprochez déjà de n'avoir pas commencé par là son éloge.

Il n'est pas donné à tous les hommes de connaître le mérite des sciences et de la philosophie, de connaître l'influence de la littérature sur les mœurs, des sciences sur le commerce et l'industrie. Si la protection de Colbert se fût bornée à une impulsion momentanée...... .... Il rassembla les savants, les artistes de tous genres; il en forma autant de petites républiques, dont la force active se perpétuait d'âge en âge.

Ces établissements, le plus beau présent qu'ait jamais reçu l'humanité, sont autant de monuments élevés contre l'ignorance et la barbarie. Ces corps, doués d'une force active, conserveront non seulement d'âge en âge l'impulsion originaire que leur a donnée un grand ministre, mais leur force active détruira la résistance que pourraient leur opposer l'ignorance, la superstition et la barbarie.

Je comparerais volontiers ces corps à ces masses immenses qui roulent sur nos têtes et auxquelles le créateur de toutes choses a primitivement imprimé une force de projection qu'ils conservent depuis l'origine du monde.

Si Colbert n'eût fait que protéger les sciences, son objet eût été manqué, et ses bienfaits seraient morts avec lui.

CALCULS DES PRODUITS

DE DIFFÉRENTS BAUX

DE LA FERME GÉNÉRALE,

AVEC DES DÉTAILS TRÈS PARTICULIERS

SUR LES FRAIS DE RÉGIE DU BAIL DE LAURENT DAVID[1].

(1774.)

DE LA FERME GÉNÉRALE.

Tout État a des finances et doit avoir nécessairement des agents pour les administrer et des lois pour les régir. L'état des agents doit être certain et les lois invariables.

La perception des droits des fermes depuis leur établissement a éprouvé différentes révolutions. Établis d'abord à titre d'aides ou de secours momentanés, ils étaient perçus ou affermés par des commissaires particuliers dans chaque ville, sous l'inspection des baillis et sénéchaux ou autres officiers commis à cet effet.

Les États généraux convoqués à Paris, au mois de novembre 1355, ayant accordé une aide pour un an, il fut choisi trois notables personnes de chaque état pour avoir l'inspection générale sur tous ceux qui en furent chargés.

[1] Manuscrit autographe. — Ce mémoire paraît avoir été rédigé par Lavoisier, soit pour son instruction personnelle, soit pour être communiqué confidentiellement à ses collègues de la Ferme générale. Il renferme un grand nombre de renseignements précieux et inconnus des historiens; il m'a beaucoup servi pour décrire l'organisation des fermes, dans mon étude biographique sur Lavoisier. C'est un premier brouillon, aussi ne doit-on pas s'étonner des quelques incorrections de style qu'il renferme. (*Note de l'Éditeur.*)

La paix de Brétigny ayant nécessité des secours plus durables, il fut payé jusqu'à l'entier payement de la rançon du roi Jean différents droits qui donnèrent lieu à une nouvelle forme de perception. Il fut établi dans chaque cité, pour la cité et le diocèse, deux personnes notables pour gouverner le fait desdites impositions, les donner à ferme, prendre ou faire prendre des cautions et faire recevoir à la fin de chaque mois les deniers desdites fermes par les receveurs qu'elles établirent.

Ces impositions ayant été continuées pendant tout le règne de Charles V, suspendues et rétablies de nouveau par Charles VI, par lettres patentes du 26 janvier 1382, il fut établi des généraux conseillers pour les aides, avec pouvoir d'établir et destituer, *toutes les fois que le cas le requerrera, les élus, receveurs, greneliers, contrôleurs, commissaires, sergents et autres officiers dans toutes les cités, villes, diocèses et pays du royaume où les aides ont et auront cours.*

L'institution faite par le Roi des généraux des finances, l'autorité qui leur fut confiée, celle qu'ils avaient déjà par leur naissance ou leurs dignités, le désir de s'y maintenir et les nouveaux besoins qu'ils surent faire naître furent autant de circonstances qui concoururent à rendre les impositions fixes et permanentes.

L'autorité des généraux des finances fut bientôt divisée : les lettres du dernier février 1388 distinguaient ceux d'entre eux qui devaient s'occuper du fait de justice et ceux qui devaient être chargés du fait d'administration et distribution des finances. La première classe forma bientôt les tribunaux et cours des aides; la seconde classe, formée des évêques ou des grands du royaume, donna lieu à l'établissement des surintendants et contrôleurs généraux des finances.

Les différents droits des fermes ont été régis sur ces principes pendant trois siècles.

Chaque espèce de droit était régie ou affermée par des baux particuliers dans chaque province sur les ordres et inspection du ministre des finances, et les tribunaux et les cours qui avaient formé une portion de l'attribution des généraux des finances ne connaissaient plus que des contestations relatives à la perception et étaient, comme ils le sont encore, simples tribunaux de justice.

M. de Colbert comprit le premier que des petites fermes particulières isolées ne pouvaient avoir ni consistance, ni principes, ni crédits, ni ensemble; que chaque fermier particulier, cherchant à augmenter ses bénéfices ou diminuer ses pertes, pouvait donner plus d'extension ou de rigidité à la perception des droits et faire sur les fermiers voisins des incursions pour augmenter la vente des objets de consommation, baisser le prix en diminuant le poids, la mesure et la qualité, ou en établissant des crédits qui, en facilitant la consommation, avaient l'inconvénient de préparer la ruine des consommateurs. Enfin ces petites fermes exposées aux révolutions des disettes, des intempéries ou d'autres semblables événements exposaient le Roi chaque année à des indemnités, tandis que les bénéfices des fermes qui avaient les succès les plus heureux n'étaient d'aucun avantage pour compenser ces pertes et que les frais d'exploitation étaient nécessairement plus considérables.

C'est sur ces principes que M. de Colbert passa un premier bail à Jean Martinant, fermier des gabelles de France, le 22 octobre 1664, pour neuf années, des droits d'entrée et de sortie du royaume, des douanes de Lyon et de Valence et autres fermes dont jouissait Jean Bourgoin, du convoi et comptablie de Bordeaux, traite de Charente et autres droits dont jouissait Pierre Gervairot, de la patente de Languedoc et autres y joints que tenait Nicolas Mutel.

Ce premier bail n'était qu'un acheminement à une réunion plus complète; le 1er septembre 1668, il fut passé bail à François Legendre, pour six années, des gabelles de France, droits d'entrée et sortie du royaume, douanes de Lyon et Valence, patentes de Languedoc, convoi et comptablie de Bordeaux, entrées de Paris et de Rouen, aides de France, droits de scel et autres fermes, au prix de 39,100,000 livres pour chacune des cinq années suivantes. Le Roi gagna par cette réunion 2 millions pour la première année et 3 millions pour chacune des suivantes.

Le 28 avril précédent, il avait été passé bail à Legendre des gabelles du Lyonnais, de celles du Dauphiné, Avignon, comté de Venise, principauté d'Orange, Grignan, Montdragon et Alais, de celles de Provence, Arles et greniers en dépendant, de la fourniture des ligues suisses, Valais, duché de Savoie, ville de Genève et toutes autres traites et ventes de sel à l'étranger, qui avaient jusqu'alors presque toujours formé différentes fermes particulières, moyennant le prix de 3,640,000 livres; en sorte qu'au moyen de ces deux baux, François Legendre réunit l'universalité des droits des fermes, à l'exception des domaines, pour le prix, pendant les cinq dernières années, de 43,740,000 livres, somme à laquelle ces différents objets divisés n'auraient jamais monté.

Le bail général passé à Legendre devant expirer le dernier septembre 1674 et la Compagnie qui l'avait formé, à la tête de laquelle était le sieur Berthelot, inspecteur et commissaire général des poudres et salpêtres, s'étant divisée et craignant d'ailleurs les événements de la guerre que nous avions à soutenir contre presque toutes les puissances de l'Europe, fit proposer au ministre de passer un bail particulier pour les grandes gabelles de France, des évêchés, comté de Bourgogne et des cinq grosses fermes, un second bail des entrées de Paris, Rouen, aides de France et autres droits y joints, et un troisième bail des gabelles du Lyonnais, Provence et Dauphiné. Cette division fut adoptée par le ministre et il fut passé bail, le 9 juin 1674, des gabelles de France, évêchés et comté de Bourgogne, des cinq grosses fermes et droits y joints, à Nicolas Saulnier, pour six années, au prix de 25,950,000 livres pendant la guerre et 27,200,000 livres pendant la paix; des entrées de Paris, Rouen, aides de France et droits y joints, à Martin du Frenoy, au prix de 18,700,000 livres pendant la guerre et 18,800,000 livres six mois après la publication de la paix, et le 21 septembre 1676 à Jean de La Planche, des gabelles du Lyonnais, Provence et Dauphiné, moyennant 4,450,000 livres, au moyen de quoi le prix total de ces trois différents baux fut porté à 50,450,000 livres; ce qui donne une augmentation de 7,710,000 livres sur le bail précédent.

Il paraît que M. de Colbert s'était prêté avec peine à la division des droits affermés à Legendre : les baux de Saulnier et de Du Frenoy n'étaient point encore expirés qu'il les réunit en un seul passé à Claude Boutet, le 27 juin 1680. Mais le bail n'eut aucune exécution, parce que ceux passés à Jacques Du Buisson des domaines de France et à Bernard Bustant des domaines de Flandre et autres pays cédés par le traité de Nimègue devant expirer au mois de décembre 1681, M. de Colbert profita de cette circonstance pour résilier le bail fait à Boutet et réunit en un seul tous les droits de gabelles, traites, aides et domaines.

Ce nouveau bail fut passé le 26 juillet 1681 à Jean Fauconnet, pour six années, au prix de 56,670,000 livres pour la première année, à la charge d'augmenter de 100,000 livres pour chacune des quatre premières années, en sorte que le bail des deux dernières années était de 57,070,000 livres pour chacune, et à la charge par le nouveau fermier de faire chaque année, dans les premiers jours d'avril, mai, juin, juillet, août et septembre, l'avance de la somme de 6 millions dont il se rembourserait dans les mêmes mois de l'année suivante, dont l'intérêt serait payé au denier vingt, au moyen de quoi le bail passé à Fauconnet fut encore augmenté de 6,340,000 livres, sur ceux de Saulnier et Martin Du Frenoy. La ferme des gabelles du Lyonnais fut encore réunie à la Ferme générale, moyennant 3,624,000 livres, ce qui formait un prix de bail de 61,324,000 livres. Enfin, en 1685, Fauconnet réunit à sa ferme les droits des domaines d'Occident et Canada au prix de 500,000 livres chaque année, et les gabelles du Languedoc et du Roussillon pour les deux années que devait durer son bail, au prix de 2,300,000 livres. C'est pendant le cours de ce bail que la vente du tabac prit de la consistance dans le royaume par l'attention que les fermiers généraux donnèrent à son exploitation.

A l'expiration du bail de Fauconnet, les droits des fermes furent de nouveau affermés à deux compagnies, par résultat du 18 mars 1687 : les gabelles, traites, tabac et droits du domaine d'Occident, à Pierre Domergue, moyennant 36 millions et une avance de 3 millions; les aides et domaines de France au prix de 27 millions et une avance de 2 millions, à Christophe Charrière, en sorte qu'il y eut entre le prix de ces deux baux et celui passé à Fauconnet une diminution de 1,124,000 livres par année.

A l'expiration de ces baux, M. de Pontchartrain, contrôleur général, convaincu que le seul moyen de rétablir la perception des droits, qui avaient considérablement souffert pendant la guerre, et de s'assurer un crédit permanent, était de réunir les deux compagnies de Domergue et Charrière et de passer un seul bail de tous les droits que ces deux compagnies avaient partagés, en passa bail, le 11 septembre 1691, sous le nom de Pierre Pointeau, pour six années, qui devaient commencer le 1er octobre 1691, au prix de 61 millions par chaque année de paix.

Les cautions du bail de Domergue étaient au nombre de vingt-neuf et celles du bail Charrière au nombre de onze, ce qui forma en tout quarante fermiers généraux, qui firent un fonds de 18 millions de livres, à raison de 450,000 livres chacun, pour subvenir aux avances qu'ils étaient obligés de faire pour subvenir aux frais d'exploitation. Ce bail éprouva des pertes considérables. Les fermiers l'avaient prévu et avaient annoncé à M. de Pontchartrain qu'il leur serait impossible de soutenir le prix, mais le ministre avait exigé leur engagement pour en imposer aux ennemis de la France par un prix de bail avantageux, en les assurant en même temps que le Roi leur ferait compte de toutes les pertes qu'ils pourraient éprouver.

Il fut en effet exact à tenir ses promesses; les intéressés rendirent compte devant MM. Daguesseau, de Caumartin, de Chamillard et d'Armenonville, intendant des finances, des deux premières années de leur bail, et il fut reconnu un déficit de 7,642,674 livres 17 sols 6 deniers, dont il leur fut expédié ordonnance de comptant du Trésor royal. Le déficit de la troisième et quatrième année fut liquidé à 18,515,894 livres 14 sols, dont il fut aussi expédié ordonnance de comptant du Trésor royal; la cinquième donna un déficit de 7,266,787 livres et la sixième de 17,258,141 livres 3 sols 2 deniers, dont il fut également expédié des ordonnances de comptant. En sorte que ce bail, qui fut une véritable régie, donna une diminution sur le prix stipulé des six années de 50,683,497 livres 15 sols dont les cautions de Pointeau furent obligées de se mettre en avance par différents emprunts, et il leur fut accordé par forme de gratification, pour leurs peines et soins, une somme de 800,000 livres.

Malgré le peu de succès de ce bail, on ne peut se dispenser de reconnaître que c'est le premier où les principes de régie établis par le bail de Legendre ont été développés. Il y a eu des bureaux montés, des départements distribués, un ordre de travail fixe, des assemblées régulières, des tournées utiles et des établissements et un ordre de comptabilité auxquels on n'a presque rien ajouté.

Le 30 avril 1697, il fut passé bail aux mêmes intéressés, sous le nom de Thomas Templier, des mêmes droits affermés à Pointeau pour six autres années, au prix de 52 millions en temps de guerre, à condition que si la paix se faisait pendant le bail, les droits de jauge, courtage, l'augmentation sur le papier et parchemin timbrés, établis par déclaration du 18 avril 1690, et les augmentations mises sur le prix du sel dans les gabelles, par déclarations du Roi, des 22 février et 25 novembre 1689, cesseraient d'être perçus six mois après la publication de la paix, sans diminution du prix du bail.

Les intéressés renouvelèrent leurs fonds d'avance de 18 millions à raison de 450,000 livres chacun, pour être employés à l'avance de 7 millions qui devait être faite au Roi et fournir aux frais d'exploitation. Ce bail éprouva plusieurs révolutions; pendant quatre années de paix et deux de guerre, on en retira d'abord, au mois de septembre 1697, la vente du tabac qui fut affermée à Duplantier, moyennant 1,500,000; 2° les intéressés ayant mis en sous-ferme les aides et domaines, le défaut de recettes de 1698 mit les sous-fermiers des aides hors d'état de satisfaire à leurs engagements, et les cautions du bail de Templier furent obligées de les mettre en surséance pour 2,400,000. Les créations d'offices érigés pour les besoins de l'Etat, l'augmentation de plusieurs droits et notamment de 4 livres par minot sur le sel, ordonnée par déclarations du Roi, des 22 février et 25 octobre 1699, opérèrent une diminution considérable dans la consommation.

Les passeports accordés par le Roi, pendant la durée du bail, montèrent à 2,319,186; le droit de fret remis aux Hollandais, par arrêt du Conseil du 19 octobre 1697, à 1,413,182 livres. Ces deux objets ne furent alloués que 1,600,000 livres; les variations dans les espèces coûtèrent au Roi une indemnité de 2,640,480.

Le ministre accorda aux cautions, à titre de gratifications pour leur travail, une somme de 2 millions à répartir entre elles pendant le cours du bail, et il fut convenu entre eux, par une délibération du 11 mars 1707, que ces 2 millions et les autres bénéfices seraient répartis entre toutes les cautions, leurs veuves et héritiers, chacun à proportion de son intérêt et par portion égale sur les six années du bail, et cette forme de partage est encore en usage.

Il serait assez inutile de parcourir les événements des baux de Ferreau, Isambert, depuis 1703 jusqu'en 1709; de Nerville, depuis 1709 jusqu'en 1714; de Manis, Lambert et Pillavoine, depuis 1714 jusqu'en 1720. Tous ces baux n'ont été qu'une régie déguisée. Après la retraite de M. Law, au mois de décembre 1720, tous les droits du Roi affermés à la Compagnie des Indes, sous le nom d'Armand Pillavoine, à l'exception du tabac, dont le privilège lui avait été aliéné, furent retirés et mis en régie sous le nom de Charles Cordier, par résultat du 1er janvier 1721.

Le 23 mars 1722, Martin Girard fut commis pour faire la régie et recouvrement pendant six années, à commencer au 1er avril suivant, des droits rétablis par arrêt du Conseil des 20 et 22 mars de la même année, et le 9 octobre 1722, Jacques Simon fut commis pour faire, à commencer du 1er novembre suivant, la régie et perception des droits de contrôle des actes des notaires, insinuations laïques, contrôle des exploits et 4 sols par livre. En sorte que la régie de Cordier, qui avait d'abord embrassé tous les droits, se trouva partagée en trois divisions ou trois compagnies de régisseurs.

La régie confiée à Simon ne fut pas de longue durée. Le 30 décembre 1722, les droits compris dans cette régie furent affermés à Pierre d'Estabeau, pour en jouir pendant neuf années, à commencer du 1er janvier 1723, et le 23 décembre de la même année le bail fut résilié.

Les domaines, droits de greffe, amortissement, francs fiefs et les droits de formule, dans les pays où les aides n'ont point cours, furent tirés de la régie de Cordier, par arrêt du 24 décembre 1723, et mis en régie avec les droits de contrôle, affermés à d'Estabeau, sous le nom de Nicolas Poirier, auquel Charles Barrel fut encore subrogé par arrêt du 2 mai 1724.

Le 11 janvier 1724, les gabelles des Trois-Évêchés, les gabelles et domaines de Franche-Comté et les domaines d'Alsace furent distraits de la régie de Cordier et affermés pour six ans, à commencer du 1er janvier 1724, à Jean Grilleau; mais cet état ne fut pas plus durable; le 27 novembre 1725, le bail passé à Grilleau fut résilié et les objets qui lui avaient été affermés furent encore réunis à la régie de Cordier.

Le 20 novembre 1725, le bail fait à Claude-Henri Varnesson, le 4 avril 1716, des droits sur les huiles et savons, fut résilié, et la régie de ces droits confiée à Martin Girard, régisseur des droits rétablis. Enfin, le 18 octobre 1725, le bail fait à Martin Girard des droits sur les suifs dans la ville, faubourg et banlieue de Paris fut résilié, et la régie remise à Cordier.

C'est de la réunion de ces différentes régies que fut formé, le 19 août 1726, le bail général passé à Pierre Carlier et ses cautions, pour six années, qui devaient commencer le 1er octobre 1726 et 1er janvier 1727, suivant la nature des différents droits.

Mais comme il était impossible de rendre à la Chambre un compte de ces différentes régies et de prévenir l'embarras occasionné par toutes les variations qui étaient survenues, le ministre prit le parti de convertir en un seul bail toutes les régies des différents droits avec effet rétroactif au 1er octobre 1720 et 1er janvier 1721, jusqu'au 1er octobre 1726, époque de la jouissance de Carlier.

Ce bail fut, en effet, passé le 10 septembre 1726 à Louis Bourgeois, sous le cautionnement des fermiers généraux, cautions de Pierre Carlier, moyennant le prix et somme de 461 millions pour les six années, savoir : pour la première, 70 millions; pour la seconde, 75 millions, et pour chacune des quatre dernières, 73 millions.

Les droits des fermes éprouvèrent des diminutions successives sous ces différents régisseurs, pendant plus de trente années. Les ventes des grandes gabelles, qui avaient passé 8,000 sous Fauconnet et Domergue, furent réduites à 7,000 sous Templier et à 5 ou 6 sous Ferreau et Isambert; à 4 sous Nerville, revinrent à 7 sous Manis, Lambert, Pillavoine et Cordier, et remontèrent à 9 sous Carlier. Ce n'est qu'après trente ans d'attention et de soins que ces pertes ont été réparées, et les ventes portées à 13,000 muids dans le bail d'Alaterre.

Il en est de même de tous les autres droits, malgré la foule des règlements rendus pour le succès de ces régies; il n'y eut d'ailleurs rien de changé dans l'administration intérieure.

Le seul changement vraiment utile est celui qui fut fait par la Compagnie des Indes, par sa délibération du 15 juin 1720, dans l'ordre de la comptabilité des provinces.

Jusqu'alors les comptes de ces receveurs étaient arrêtés par les directeurs, qui rendaient aux fermiers généraux ou régisseurs un compte général pour leur département, et ce compte était appelé «compte d'ordre».

Cet usage donna lieu à beaucoup de retards dans la comptabilité et l'apurement des débets; il pouvait occasionner des abus par le concert entre le receveur et les commis des directeurs, chargés de la formation des comptes, de leur examen et de leur apurement.

Il fut, ensuite de la délibération de la Compagnie des Indes, établi à l'Hôtel des fermes à Paris des bureaux des comptes pour chaque partie de droits, où les receveurs adressent, à la révolution de chaque année, les pièces sur lesquelles doivent être établies les recettes et dépenses qui doivent servir à former les comptes. Ces comptes sont dressés dans ces bureaux et ensuite présentés aux fermiers généraux préposés à leur vérification, et après l'examen qui en est fait, la Compagnie arrête l'état final de chaque compte.

Lorsque tous les comptes des différentes parties ont été arrêtés, il est formé dans chaque bureau une carte ou tableau des recettes et dépenses de chaque année pour établir les produits nets, et c'est sur cette carte générale formée dans un bureau général chaque année, où sont déposés toutes les cartes particulières, que sont déterminés les prix des baux des fermes. Cet ordre aussi utile au fermier qu'aux opérations du ministère des finances s'observe invariablement, depuis l'établissement des bureaux des comptes fait en exécution de la délibération de la Compagnie des Indes du 15 juin 1720.

Je ne dois pas oublier d'observer que le bail de Bourgeois, plus connu sous le nom de *bail des restes*, formé sur les produits réels de la régie, donna aux fermiers du bail de Carlier un bénéfice de plus de 6 millions, indépendamment de celui des sous-fermiers des aides, à qui les cautions de Carlier cédèrent, moyennant un quartier du produit de la régie, ce qui restait à faire des recouvrements, en sorte que les différents bénéfices et le produit de la régie de six années, comparés aux six années du bail de Carlier, qui fut très utile, présentent pour le Roi une perte de plus de 25 millions dans l'espace de six années.

On peut ranger sous deux époques les baux de la Ferme générale, depuis celui du 1er octobre 1726 jusqu'à ce jour.

La première époque, composée des cinq baux de Carlier, Desboves, Forceville, Larue et Boquillon, le premier commencé le 1er octobre 1726 et le dernier fini au mois de septembre 1750, comprend l'espace de trente années.

La seconde époque comprend les baux de Henriet, de Prévost et d'Alaterre, pendant l'espace de dix-huit années. Je terminerai cette notice par les bases sur lesquelles le bail de David a été formé et celles qui peuvent être raisonnablement adoptées pour les baux à venir.

PREMIÈRE ÉPOQUE, COMPOSÉE DE CINQ BAUX, PENDANT TRENTE ANNÉES.

Le premier de ces cinq baux, sous le nom de Carlier, fut fait à la suite de la régie de six ans sous le nom de Cordier.

Cette régie avait été précédée de deux baux qui n'avaient duré qu'une année : l'un, sous le nom de Lambert, pendant l'année 1718, avec des actionnaires; l'autre, sous le nom de Pillavoine, pendant l'année 1719, pour la Compagnie des Indes, et du bail de Bourgeois, qui, comme on l'a déjà vu, n'était qu'une régie.

Ces deux baux avaient été précédés, depuis le commencement du siècle, de plusieurs régies successives parce que la guerre terminée par le traité d'Utrecht n'avait pas permis de faire des baux sur le prix desquels on pût compter.

Le prix du bail fut porté, non compris le tabac, à 80 millions. Ce prix était d'autant plus intéressant que, depuis 1703, les mêmes objets mis en régie n'avaient jamais rendu au delà de 52 millions, et qu'ils étaient réduits à 47 à la mort de Louis XIV. Pendant cette première époque, les fermiers généraux étaient au nombre de quarante; ils sous-affermaient les aides et les domaines et se faisaient un fonds suffisant pour satisfaire au payement des rentes, au service du Trésor royal et aux premiers frais d'exploitation, en attendant la rentrée des premiers fonds.

Le fonds d'avance du bail de Boquillon était de 26 millions, le quartier d'avance fourni par les sous-fermiers des aides et domaines montait à 7,883,000, en sorte que le fonds total mis en caisse était de 33,883,000, sur laquelle somme il devait être porté au Trésor royal, à titre de cautionnement du prix du bail, celle de 8 millions; il restait en caisse, pour les services et les besoins, 25,883,000 livres.

Pour mettre plus d'aisance dans leur caisse, les fermiers généraux ajoutèrent quelquefois à leurs fonds quelques emprunts sur les billets du receveur général des fermes, et ils ont plusieurs fois employé cette ressource pour subvenir de la manière la moins onéreuse aux besoins de l'État.

La progression des droits pendant cette première époque a été très rapide. On en jugera par la comparaison des prix des baux de Carlier et de Henriet :

		Carlier.	Henriet.	Différence en plus.
Gabelles de France....	20,000,000l			
Petites gabelles.......	6,000,000			
Cinq grosses fermes...	9,500,000			
Lyon et droits y joints.	32,000,000			
Tabac.............	8,000,000			
		75,500,000l	92,000,000l	17,500,000l
Domaine, contrôle....	11,500,000			
Domaine d'Occident...	500,000			
		12,000,000	18,000,000	6,000,000
		87,500,000	110,000,000	23,500,000

DEUXIÈME ÉPOQUE, COMPOSÉE DE TROIS BAUX, PENDANT DIX-HUIT ANS.

La dernière guerre commencée en 1755 exigeant du gouvernement qu'il fût pourvu au moyen de la soutenir avec assez de vigueur pour en abréger la durée, M. de Séchelles pensa qu'il était plus avantageux d'augmenter les revenus dont le Roi avait besoin par la voie des emprunts que par celle des impositions. Il porta en conséquence le nombre des fermiers généraux à soixante au lieu de quarante, auquel il avait été fixé depuis 1726; il arrêta que cette Compagnie régirait par elle-même l'universalité des droits compris dans son bail et qu'au lieu de l'avance de 8 millions faite jusqu'alors, il en serait fait une de 60 millions.

Les fermiers généraux versèrent en conséquence au Trésor royal, pendant les neuf premiers mois de 1756, un fonds de 60 millions, auquel ils contribuèrent chacun pour 1 million.

La condition de régir l'universalité des droits, en faisant cesser l'usage des sous-fermes, assurait au Roi un avantage de plus de 3 millions par année, dont le Roi était alors chargé par les intérêts des fonds et honoraires de 215 sous-fermiers, qui composaient 15 compagnies d'aides et 12 de domaines, isolées entre elles, dont plusieurs avaient des bénéfices à partager, tandis que d'autres éprouvaient des pertes, pour lesquelles elles obtenaient des indemnités.

Le fonds entier de 60 millions ayant été porté au Trésor royal, les fermiers généraux n'avaient plus, comme dans les baux précédents, les 26 millions qui leur servaient pour assurer le payement des rentes et des charges assignées sur le prix de leur bail. Ils n'eurent d'autres moyens pour y suppléer que celui des emprunts, qui, dans l'année 1756, furent portés jusqu'à 60 millions.

Ils espéraient pouvoir successivement diminuer la masse de cet emprunt par la rentrée des 36 millions qui leur avaient été assignés en déduction des 60 millions de leur avance, à raison de 6 millions par année qu'ils devaient retenir sur le prix de leur bail; mais le ministre ne pouvant soutenir la continuation de la guerre sans de nouveaux emprunts, le remboursement ne put être effectué et les fermiers généraux restèrent avec la seule ressource des emprunts.

Quoique les recouvrements à faire et les effets existant en sel et en tabac, etc., appartenant à la Ferme générale, fussent d'une somme au moins équivalente aux emprunts, les fermiers généraux ne pouvaient être tranquilles, en pensant que la moindre altération de leurs crédits pouvait les réduire à la fâcheuse extrémité de manquer à leurs engagements envers le Roi ou au remboursement de leurs billets; l'un ou l'autre de ces événements entraînait la banqueroute générale. Pour en prévenir les suites, il fallut ordonner, par arrêt du 21 novembre 1759, la suspension du payement des billets, en même temps que l'on ordonna celle des rescriptions sur les recettes générales des finances. Les produits se sont soutenus avec avantage pendant ce bail : il a donné un bénéfice de 240,000 livres à chaque fermier général, et il est vraisemblable que, sans ces opérations forcées du gouvernement et l'augmentation de 4 sols par livre sur le prix du tabac, ils auraient été portés beaucoup plus loin.

BAIL DE PRÉVOST.

Ce bail fut passé avec la condition de faire une avance au Roi de 75 millions, dont 60 ont servi à rembourser l'avance faite par les cautions de Henriet et sous la condition que de ces 75 millions il en serait remboursé 45 pendant le cours du bail, savoir : 30 millions par la retenue de 5 millions sur le prix de chacune des cinq années du bail, et des 15 millions restant par l'assignation de 7,500,000 livres sur chacune des deux premières années du bail subséquent.

Le remboursement des 45 millions n'ayant pu être effectué que pour 3 millions, l'avance a subsisté pour 72 millions, et la Ferme s'est soutenue jusqu'à la fin du bail avec de nouveaux emprunts, qui, au lieu de 60 millions, furent réduits à 45, au moyen des soins les plus suivis pour accélérer la rentrée des recouvrements; les produits se sont soutenus avec avantage pendant ce bail et ont donné un bénéfice de 332,000 livres à chaque fermier général.

BAIL D'ALATERRE.

Dans les derniers mois de l'année 1767, on s'occupa du bail qui devait commencer au 1er octobre 1768; le prix devant être fixé sur les produits, il ne pouvait y avoir de difficultés.

Le plus embarrassant était la circonstance où se trouvait le ministre de désirer une avance de 92 millions, qui devait être composée de 72 millions dont il devait être tenu compte à Prévost, et de 20 millions destinés à faire le fonds du Roi dans la caisse d'escompte.

On ne peut se dissimuler que cet arrangement n'avait d'avantage que pour le banquier de la Cour, qui trouvait le moyen de se rembourser en partie des rescriptions et autres effets dont il était porteur.

Quoi qu'il en soit, les fermiers généraux, dont le fonds d'avance dans le bail de Prévost restait pour 72 millions, se déterminèrent à les porter pour le nouveau bail à 93,600,000, dont 1,600,000 pour subvenir aux frais d'expédition de contrôle et frais d'enregistrement du bail, et le surplus, montant à 92 millions, serait versé au Trésor royal, savoir : 72 millions à titre de fonds d'avance et qui seraient imputés sur le prix de la dernière année du bail, et 20 millions à titre de prêts pour être remboursés par portions égales sur chacune des six années du bail.

Ces offres acceptées et le prix du bail réglé à 132 millions par année, il fut arrêté, par le résultat du 17 mai 1767, que les fermiers généraux caution d'Alaterre feraient un fonds d'avance de 72 millions et verseraient dans vingt mois, à compter de la date du résultat, la somme de 20 millions, dont ils seraient remboursés par portions égales sur chacune des six années du bail, de sorte que le prix disponible du bail se trouvait réduit à 128,667,000 livres au lieu de 132 millions.

Les fermiers généraux, en se prêtant aux vœux du ministre, ne lui dissimulèrent pas que la suspension de leurs billets ordonnée en 1759 était encore si récente qu'il était à craindre que le moindre événement donnant atteinte à leur crédit, on ne fût obligé de recourir au même expédient, et qu'il était intéressant de s'occuper des moyens de prévenir cet événement; que, d'après ces considérations, il était avantageux de faire un prix de bail, le plus avantageux au Roi, dont une portion serait annuellement disponible et le surplus mis en réserve dans leurs caisses, pour servir au besoin à soutenir le crédit de leurs billets ou être employé à les amortir en acquittant l'emprunt de 20 millions et diminuant d'autant le fonds d'avance.

L'événement ne tarda pas à justifier les alarmes des fermiers généraux; il fallut ordonner, par l'arrêt du 18 février 1770, la suspension indéfinie du payement des billets des fermes; elle fut ensuite modifiée par un autre arrêt du 13 novembre suivant, qui ordonna le remboursement par la voie du sort à compter du mois de mars 1771, à raison de 3,600,000 livres par année. Au surplus, la progression des produits s'est soutenue pendant ce bail et les bénéfices auraient été à peu de chose près comme ceux du bail de Prévost, sans deux circonstances du fait des ministres et étrangères à l'administration des fermiers généraux. La première, la retenue des deux dixièmes sur les bénéfices du bail d'Alaterre, ordonnée par arrêt du Conseil du . . . ., contre la stipulation du bail qui, avec le dixième d'amortissement imposé, a emporté un tiers du bénéfice. La seconde, l'imposition de 2, 4, 6 et 8 sols pour livre, ordonnée par l'édit du mois de novembre 1771, sur tous les droits des fermes, qui a occasionné une diminution considérable sur les produits de plusieurs parties, qui ont éprouvé une augmentation de 4 et 6 sols pour livre.

BAIL DE DAVID.

Ce bail présentait plusieurs difficultés : 1° de fixer le prix de chaque partie des droits qui formait la consistance du bail d'Alaterre ; 2° l'embarras d'apprécier les sols pour livre, imposés par l'édit de 1771, sur les différents droits des fermes qui avaient déjà occasionné une diminution considérable sur les capitaux des objets de consommation ; 3° la difficulté de connaître avec précision différents objets de régie étrangers à la Ferme générale qui devaient y être réunis ; 4° le moyen de conserver au nouveau bail tout son crédit, le mettre en état d'acquitter tous les billets dont le remboursement avait été fixé par l'arrêt du Conseil du 13 novembre 1770, sans diminuer, d'une façon trop sensible, des ressources que le Roi attendait du nouveau bail, ou exposer les fermiers généraux à faire de nouvelles avances.

Tous ces objets occupèrent les fermiers généraux, chargés des opérations du nouveau bail, depuis le mois de juillet 1772 jusqu'au mois d'octobre 1774. Les sols pour livre et les objets étrangers à la Ferme générale furent liquidés, avec la plus grande précision, sur les produits combinés des capitaux de plusieurs années.

Le remboursement des fonds d'avance d'Alaterre et les moyens d'assurer d'une façon invariable le remboursement des billets méritaient plus d'attention et exigeaient plus de détails.

Lors de la suspension ordonnée par arrêt du 18 février 1770, à compter du 1er mars suivant, il se trouvait, dans le public, 9,753 billets de 5,000 livres, montant à 48,765,000 livres, payables dans le cours de douze mois, commençant au 1er mars et finissant au dernier février 1771.

Par délibération du 1er mars 1770, les cautions d'Alaterre, en se conformant à l'arrêt du 18 février précédent, arrêtèrent que tous les billets seraient retirés et que, pour valeur, il serait donné des reconnaissances, en payant aux porteurs des billets les intérêts d'une année sur le pied de 4 1/2, à compter du mois de l'échéance de chacun des billets retirés.

Cette délibération fut exécutée sans contradiction et il en résulta qu'au dernier février 1771, les anciens billets, à un très petit nombre près, se trouvèrent retirés et convertis en reconnaissances. L'arrêt du 13 novembre 1770 ayant ordonné le remboursement de 3,600,000 livres de billets, à compter du 1er mars lors prochain, à raison de 300,000 livres par mois, et le ministre ayant ordonné, dans le mois d'octobre précédent, le remboursement de 230,000 livres de billets, ce qui fut constaté par la délibération du 13 janvier 1772, il resta, à cette époque, pour 48,535,000 livres de billets à rembourser, savoir : pendant les années 1771, 1772 et 1773, restant à expirer du bail d'Alaterre, à raison de 3,600,000 livres par an, soit 10,800,000 livres; pendant les six années du bail qui suivrait celui d'Alaterre, ou depuis et compris l'année 1774, jusques et y compris l'année 1779, 21,600,000 livres, et pour les cinq années qui suivront le bail de David, savoir : depuis et y compris 1780, jusques et y compris 1784, 16,135,000 livres, à raison de 3,600,000 livres pendant les quatre premières années, et 1,735,000 livres seulement pendant la cinquième.

Les 10,800,000 livres remboursables pendant le bail d'Alaterre ont été remboursées. Les fermiers généraux avaient employé à ce remboursement la somme qu'ils avaient retenue, chaque année, pendant les six années du bail, suivant qu'il avait été convenu, lors de la passation du bail d'Alaterre; mais le ministre s'étant trouvé dans des circonstances embarrassantes, les fermiers généraux avaient été obligés de rendre, dans le courant de l'année, une partie de cette somme. Au dernier septembre 1774, fin du bail d'Alaterre, les fermiers généraux étaient en avance de 10 millions. En sorte que le remboursement de 20 millions n'avait eu lieu réellement que pour 10.

Cependant M. l'abbé Terray, pour donner plus d'éclat à son administration, voulut qu'il parût avoir acquitté ces 20 millions en entier, comme s'il n'y avait point eu d'avances; il voulut encore, par le même principe, faire porter ce remboursement, non sur le prix des 20 millions, mais sur le fonds d'avance de 72 millions, remboursables dans la dernière année du bail, comme anticipation du payement du prix de cette dernière année.

Il fut donc stipulé par l'article 16 du résultat du 2 janvier 1774, portant bail à Laurent David, que ses cautions seraient tenues de porter au Trésor royal, dans le courant du mois de septembre prochain, par forme d'avance, la somme de 52 millions de livres, au lieu de celle de 72 millions versée lors du bail d'Alaterre, dont il leur serait tenu compte sur le prix des six derniers mois de leur bail, et 20 millions dont ils pourraient retenir, chaque année, un sixième sur le prix de leur bail. Qu'à cet effet, au lieu de la somme de 152 millions, prix effectif de leur bail, ils ne seraient tenus de payer au Trésor royal que celle de 148,666,667 livres, faisant, avec celle de 3,333,333 livres retenue chaque année, le prix total du bail de 152 millions, en restant toujours en avance de 16 millions qui seraient remboursés dans des circonstances plus favorables. Il fut en même temps stipulé que l'intérêt de ces deux sommes de 52 millions, d'une part, de fonds d'avance et de 20 millions, d'autre part, à titre de prêt, serait payé par le Roi, aux fermiers généraux, au denier vingt-cinq, et quartier par quartier, jusqu'à la fin du bail, pour les 52 millions, et en dégradant, au fur et à mesure des payements ou retenues qui devaient être faits, chaque année, pour les 20 millions. Il fut en même temps arrêté que les cautions du bail d'Alaterre verseraient dans la caisse du bail de David, dans les termes convenus, 37,735,000 livres pour faire le fonds des reconnaissances, tenant lieu des billets, qui existaient le 1er mars 1774, et que les cautions de David s'obligeraient à retirer, dans le courant de douze mois, les reconnaissances montant à cette somme, délivrées dans les douze mois de l'année 1773, et les remettre aux cautions d'Alaterre qui en demeureraient déchargées;

Qu'il en serait usé de même par les successeurs au bail de David, et qu'au moyen de la remise de 16,135,000 livres qui serait faite par les cautions de David dans la caisse du fermier qui lui succéderait, ce nouveau fermier serait obligé d'acquitter le montant des reconnaissances qui existeront au 1er mars 1780, dont David et ses cautions demeureront déchargés.

Les emprunts en billets n'ayant été faits que pour suppléer au retard de la rentrée des produits et représentant un fonds assuré, dont la rentrée devait s'opérer dans la première année du bail de ...., les 37,735,000 livres versées fictivement par les cautions d'Alaterre, dans la caisse de David, n'étaient qu'un abandon et un délaissement des produits échus et non recouvrés au 1er octobre 1774; en sorte que la perception de David commençant précisément au 1er octobre 1774 et continuant successivement de mois en mois sans interruption, ces secours et le fonds des bénéfices du bail d'Alaterre mettaient le nouveau fermier en état d'acquitter les rentes et faire le service du Trésor royal, sans faire de nouveaux fonds, et que les 16,135,000 livres, restant de reconnaissances de billets à acquitter, à l'expiration du bail de David, par le fermier, son successeur, et dont le fonds se trouvera dans les produits restant à recouvrer par David, serviront au nouveau fermier, qui succédera à David, à faire les premiers mois de son service, sans faire de nouveaux fonds; d'où il résulte qu'il est également intéressant pour le Roi et pour les fermiers généraux de ne pas anticiper le remboursement des reconnaissances des billets des fermes, à moins que le Roi ne soit, en même temps, en état de diminuer l'avance des fermiers généraux, sans quoi ils seraient obligés de faire de nouveaux fonds pour remplir leur service des cinq premiers mois, et c'est ce qui arrivera au fermier qui remplacera le successeur de David à l'expiration du bail qui finira au mois d'octobre 1785, parce qu'à cette époque le remboursement des reconnaissances en billets étant entièrement effectué, ou le Roi sera obligé de rembourser dans les baux qui suivront celui de David une somme de 20 millions chaque bail, et de la même façon que le remboursement avait été stipulé par les baux d'Alaterre et de David; ou les fermiers qui existeront alors seront obligés, en commençant leur bail, de faire de nouveaux fonds ou des emprunts qui puissent tenir lieu des produits qui ne rentrent, pour la plus grande partie, et pour tout ce qui n'est pas tiré en rescriptions dans la caisse du receveur général de Paris, qu'environ cinq mois après qu'ils ont été perçus. Le premier parti est d'autant plus intéressant que les remboursements faits par le Roi, restant toujours dans les caisses des fermes et représentés par la masse des produits à recouvrer, les fermiers généraux rentreront dans leur état naturel, ne dépendront plus de l'opinion publique et du caprice des prêteurs pour leur exploitation, et se rembourseront, dans la première année du bail, des avances qu'ils auront faites au fermier entrant, sur les produits des six derniers mois du bail expiré.

Pour assurer d'autant plus le remboursement de la somme de 20 millions pendant le cours des six années du bail, il a été expressément stipulé, par l'article 20 du résultat, que les cautions de David ne seront tenues de compter au Conseil et à la Chambre des comptes que de la somme de 148,666,667 livres, chacune des années de leur bail, et à celle de Paris, pour la première année seulement, des 20 millions une fois payés, dont le sixième joint aux 148,666,667 livres forme le prix annuel du bail de 152 millions, suivant l'imputation faite de cette somme par l'article 19 sur chaque portion affermée, savoir :

Grandes gabelles	32,910,929 livres.
Petites gabelles	11,490,620
Traites	15,764,910
Aides et entrées	30,639,733
Tabac	23,526,090
Domaines	19,775,862
Domaines d'Occident	3,182,403
Lorraine	3,379,475
Droits rétablis	5,841,644
Abonnements	2,155,001
	148,666,667

IMPRIMERIE NATIONALE.

Ces évaluations ont été formées sur . . . . des produits éventuels du bail de David. Lorsqu'il fut question de traiter pour ce bail, les fermiers généraux remirent suivant usage les états de leurs produits des quatre premières années du bail d'Alaterre et des deux dernières du bail Prévost; il est en effet naturel de fixer le prix d'un bail de six ans sur une chance de six années. Les états présentèrent un produit brut de 179,843,051 livres, et une perte effective pour les quatre années de 6,191,904 livres, à raison de 1,547,976 livres pour chaque année.

Mais M. l'abbé Terray exigea une augmentation de 3 millions sur les droits qui formaient la consistance du bail d'Alaterre, et, pour donner un prétexte à cette demande, il prit pour base du nouveau bail le produit des quatre premières années d'Alaterre pour les grandes, petites gabelles, domaines d'Occident, domaines et les droits de la Lorraine, les trois premières années du bail de Prévost pour le tabac, et les douze années formées des quatre d'Alaterre, six de Prévost et cinquième et sixième de Henriet, pour les aides et traites, pour présenter un produit brut capable de couvrir ces différences.

Les raisons de ce choix sont discutées dans une lettre de M. l'abbé Terray aux fermiers généraux, et dans la réponse des fermiers généraux des 9 et 20 septembre 1773. Les tableaux suivants présentent la différence entre les états présentés par les fermiers généraux et ceux proposés par M. l'abbé Terray.

Produits bruts des quatre premières années du bail d'Alaterre.			Produits bruts de différentes années choisies par M. l'abbé Terray.	Différences.
Grandes gabelles. . . .	41,142,833[l]	Quatre premières années.	41,142,833[l]	"
Petites gabelles.	14,190,036		14,190,036	"
Domaines d'Occident.	2,760,825		2,760,825	"
Domaines	23,105,273		23,105,273	"
Lorraine.	5,510,104		5,510,104	"
Tabac.	35,805,659	Trois premières années de Prévost.	36,306,901	501,242[l]
Traites.	18,351,435	Douze années.	18,480,941	129,942
Aides.	38,976,886		40,264,988	1,288,886
	179,843,051		181,761,901	1,920,070

Par cette différence de base, M. l'abbé Terray n'augmentait la recette que de 1,920,070 livres, ce qui couvrait la perte que les fermiers généraux avaient éprouvée pendant les quatre premières années de leur bail; mais il trouvait un avantage plus considérable dans la diminution de la dépense des achats de tabac et dans les prix d'une augmentation de produits, en multipliant les chances d'un plus grand nombre de récoltes.

Quoi qu'il en soit, il devait être distrait du bail, pour être remis à différentes régies particulières, la marque d'or et d'argent, la marque des fers, les droits sur les suifs à Paris, les inspecteurs aux boucheries par exercice et par abonnement, le droit de patard au florin sur les bois dans la province du Hainaut, les 4 sols pour livre de 1747 sur les droits des papiers et cartons, supprimer les gages intermédiaires, les greffes, droits réservés, les 14 sols pour livre de droits seigneuriaux casuels, les 2 deniers pour livre des décrets volontaires, les 3 sols pour livre des épices et vacations, les droits sur les grains à l'entrée du royaume, les domaines corporels dans toute l'étendue du royaume, les abonnements des courtiers-jaugeurs-inspecteurs aux boissons et aux boucheries dans le comté de Bourgogne, les abonnements des droits de franc fief en faveur des habitants de la ville d'Orléans, Chartres et autres, quelques petites parties domaniales. Le produit brut de tous ces objets fut liquidé à 8,442,214 et déduit des différents droits affermés, ce qui en réduisit les produits bruts à 171,400,837. Ces réductions portèrent sur les grandes gabelles pour 500,000, sur les traites pour 106,000, sur les aides pour 3,858,341, sur les domaines pour 4,427,873; total, 8,442,214.

Mais il fut ajouté : 1° pour 12,750,188 de sols pour livre des droits dépendant de la Ferme générale et régis jusqu'alors pour le compte du Roi, les domaines de Bretagne et autres parties de sols pour livre relatives à cette régie, évalués à 3,250,493; enfin les droits rétablis sur les denrées, vins et boissons à l'entrée de Paris, les sols pour livre et ceux des droits de communauté pour 7,689,376, et enfin pour 1,464,738 de différentes petites parties arrachées article par article sur des objets dont le prix avait été convenu ou sur des dépenses déjà reconnues nécessaires.

Ces bases adoptées par M. l'abbé Terray présentaient ainsi un produit brut de 200,166,365, mais les bases réelles fondées sur les produits effectifs ne présentaient un produit brut que de 199,293,725, ce qui établissait une différence de 970,640.

Le prix du bail fut en conséquence fixé à 152 millions chaque année, et les fermiers généraux, par l'article 28 du résultat, durent compter au Roi, en sus de leur bail, de la diminution sur les francs-salés, évaluée avec les sols pour livre à 559,213; mais, une partie ayant été rétablie dans la première année du bail, cette évaluation s'est trouvée considérablement diminuée.

D'après ces bases adoptées par M. l'abbé Terray, il devait rester pour les dépenses de toute nature, le prix du bail prélevé, 48,164,365, et, d'après le produit brut effectif, 47,293,725.

Cette dépense se divise naturellement en trois classes. La première affectée aux appointements, remises et émoluments dont jouissent les employés des fermes dans les provinces. La seconde, aux achats, frais de formation et de voitures des sels, achats de tabac, frais de manufacture et de voitures, pour emplacer les tabacs manufacturés dans les bureaux généraux. La troisième, au payement des honoraires et intérêts des fonds faits par les fermiers généraux pour fournir aux avances qu'ils ont faites au Roi, et aux fonds nécessaires pour suppléer au retard inévitable des quatre mois, dans la rentrée des produits, et aux appointements des commis des bureaux de l'Hôtel des fermes et de la ville de Paris.

Ces différents objets de dépenses étaient montés, dans l'année commune des quatre premières du bail d'Alaterre, à 53,270,866, savoir :

	Bail d'Alaterre.	Bail de David.	Augmentation.
	—	—	—
1re classe........	23,217,954l	23,554,170l	336,216l
2e classe........	14,777,240	14,777,240	"
3e classe........	15,275,672	15,607,082	331,410

L'augmentation de 336,216 sur la première classe tenait aux établissements que les sols pour livre avaient rendus indispensables.

En sorte que le restant du produit brut, le prix du bail prélevé, ne présente plus pour fournir à ces dépenses que la somme de 47,293,725 ou de 48,164,365, d'après les produits éventuels adoptés par M. l'abbé Terray, et qu'il y a, dans le cas même le plus favorable, un vide réel de 5,442,717, qu'on ne peut espérer de couvrir qu'avec des résultats favorables et la protection la plus décidée de la part du gouvernement.

Ces dépenses, comme on l'a déjà dit, montant à 53,607,082, reviennent à 5 sols 4 deniers du produit brut de 199,293,725, savoir :

1re CLASSE.			
Frais de régie des provinces.	23,554,170l	2s	2d
2e CLASSE.			
Fournissement, formation des sels et achats.	14,777,240	1	5 $\frac{1}{2}$
3e CLASSE.			
Intérêts des fonds d'avance et honoraires.	15,275,672	1	6 $\frac{1}{4}$

Mais ces dépenses sont susceptibles de différents prélèvements, pour des objets qui sont étrangers à la régie ou qui tournent au profit du Roi. Tels sont :

ÉTAT DES SOMMES COMPRISES DANS LES DÉPENSES DE LA FERME GÉNÉRALE ET QUI NE PEUVENT ÊTRE CONSIDÉRÉES COMME FRAIS DE RÉGIE.

GRANDES GABELLES.			
Achats de sels, fret, commission et déchet.	2,143,994l	0s	0d
Frais de dépôts.	757,386	0	0
Prix des voitures et emplacement.	1,479,203	0	0
Loyers des greniers.	208,678	0	0
Appointements, remises et gratifications des officiers.	642,478	0	0
Remises aux collecteurs des greniers d'impôt.	83,288	0	0
A reporter.	5,315,027	0	0

Report........	5,315,027^{l} 0^{s} 0^{d}		
Lorraine et Franche-Comté.			
Frais de formation, loyers de dépôts, frais de voitures, exploitation des bois pour les sels de Lorraine, Franche-Comté, évêchés, Alsace, et vente à l'étranger..................	1,080,349 0 0		
Intérêts des sommes ci-dessus à 5 p. 100, pour tenir lieu du bénéfice du commerce.......	319,768 16 0		
		6,715,144^{l} 16^{s} 0^{d}	
PETITES GABELLES.			
Achats de sel, prix des voitures, déchet, loyers de greniers, magasins...................	1,984,598^{l} 0^{s} 0^{d}		
Gratifications d'excédent aux entrepreneurs..............	137,697 0 0		
Péages.....................	52,000 0 0		
Intérêts à 5 p. 100 des sommes ci-dessus.................	108,714 15 0		
		2,283,009 15 0	
TRAITES.			
Frais de poinçons, gravures et plomb	20,000^{l} 0^{s} 0^{d}		
Étrennes et gratifications aux intendants.................	12,000 0 0		
		32,000 0 0	
AIDES DE PROVINCE.			
Achats d'eau-de-vie pour le commerce, commission, fret, voitures, dépôts et magasins....	190,465^{l} 0^{s} 0^{d}		
Intérêts de cette somme à 5 p. 100.	9,523 5 0		
ENTRÉES DE PARIS.			
Gratifications et étrennes aux intendances, cours souveraines et élections.................	65,000 0 0		
A reporter.....	264,988 5 0	9,030,154 11 0	

Reports.......	264,988l 5s 0d	9,030,154l 11s 0d
Loyers de maisons, bureaux et carrosses................	49,942 0 0	
Étrennes, gratifications et redevances..................	94,127 0 0	
		409,057 5 0
DROITS RÉTABLIS.		
Étrennes..................		60 0 0
TABAC.		
Achat, fret, commission, prix du change de 19,000 boucauts de tabac de Virginie et Maryland, à raison de 2 sols la livre monnayée d'Angleterre, prix convenu, et 1 million pesant de feuilles de Monfort à 47 livres le cent..................	5,410,000l 0s 0d	
Fret et voitures des manufactures aux bureaux..............	1,442,402 0 0	
Frais de manufacture.........	120,460 0 0	
Loyers des bureaux et magasins.	71,872 0 0	
Péages et octroi.............	19,005 0 0	
Rentes foncières sur les emplacements des manufactures.....	3,202 0 0	
Journées d'ouvriers...........	599,836 0 0	
Fournitures et ustensiles des manufactures...............	146,599 0 0	
Réparations.................	71,904 0 0	
Intérêts à 5 p. 100 des sommes ci-dessus................	394,264 0 0	
		8,279,544 0 0
DOMAINES.		
Achats de papier et parchemin..	240,000l 0s 0d	
Gravure des timbres et réparation.	10,000 0 0	
Intérêts de ces sommes à 5 p. 100.	12,500 0 0	
Frais de formule pour toutes les parties..................	1,631,690 0 0	
		1,894,190 0 0
A reporter....................		19,612 945 16 0

Report.		19,612,945l 16s 0d
LORRAINE.		
Frais de voitures, de magasin, de fabrication pour les tabacs de Lorraine.	492,656l 0s 0d	
Intérêts à 5 p. 100.	24,632 16 0	
		517,288 16 0
FRAIS GÉNÉRAUX.		
Intérêts de 72 millions de fonds d'avances à 5 p. 100.	3,600,000l 0s 0d	
Dixième d'amortissement sur 9,708,000 de répartitions et intérêts, et droits de présence.	970,800 0 0	
Trois dixièmes sur les bénéfices du bail que le Roi s'est réservés dans le bail d'Alaterre et qui font partie de la dépense de la caisse de Paris, et de l'estimation des dépenses pour le bail de Laurent David.	600,000 0 0	
Pensions imposées par le Roi sur 33 places de fermiers généraux faisant ensemble 12 places et demie.	1,250,000 0 0	
Retraites d'anciens employés.	260,000 0 0	
Retranché de la dépense de Paris sur l'évaluation des dépenses, sur lesquelles le prix du bail a été réglé.	280,000 0 0	
Loyers de maisons.	75,000 0 0	
Réparations.	45,000 0 0	
Frais de contrôle et enregistrement du bail évalué à 1,600,000 livres, qui, réparties en six portions, font pour chaque année.	266,666 13 4	
A reporter.	7,347,466 13 4	20,130,234 12 0

Reports.......	7,347,466l 13s 4d	20,130,234l 12s 0d
Étrennes et argent, bougies, vins, tabac aux ministres et aux cours.	134,930 0 0	
Capitation des 60 fermiers généraux à 2,400 livres chaque...	144,000 0 0	
Capitation de 31 adjoints à 1,600 livres..............	49,600 0 0	
		8,082,996 13 4
TOTAL.....................		28,213,231 15 4

IMPRIMERIE NATIONALE.

ÉTAT SERVANT À ÉTABLIR LA QUOTITÉ POUR LIVRE DES FRAIS DE RÉGIE DES FERMES POUR LE BAIL DE LAURENT DAVID.

NATURE DES DROITS.	PRODUITS BRUTS.	PRIX DU BAIL pour chaque division.	RESTE POUR DÉPENSES affectées à chaque partie.	PRÉLÈVEMENT À FAIRE SUR LES DÉPENSES. FRAIS D'ACHAT.		PRÉLÈVEMENT À FAIRE SUR LES DÉPENSES. CONTRIBUTION au marc la livre aux dépenses étrangères payées par la caisse de Paris, montant à 8,082,996,13,4.			RESTE POUR FRAIS DE RÉGIE DE CHAQUE PARTIE.			QUOTITÉ POUR CENT.	QUOTITÉ POUR LIVRE.	
	livres.	livres.	livres.	livres.	sous.	livres.	s.	d.	livres.	s.	d.		s.	den.
Grandes gabelles…	45,489,563	33,690,787	11,798,776	6,715,144	16	1,844,975	4	1	3,238,655	19	11	7 1/8	1	5 1/25
Petites gabelles…	16,250,558	11,762,903	4,487,655	2,283,009	15	659,093	10	8	1,545,551	14	4	8 1/2	1	8 2/3
Tabac…	37,608,305	24,083,567	13,524,738	6,219,544	0	1,525,325	10	4	3,779,868	9	8	10 1/10	2	1/11
Traites…	20,199,735	16,138,477	4,061,258	32,000	0	819,265	1	8	3,209,992	18	4	15 9/10	3	2 1/6
Domaines d'Occident	3,419,384	3,257,817	161,567	″		138,684	1	11	22,882	18	1	7/10		1 4/5
Aides…	38,292,004	31,365,776	6,926,228	409,057	5	1,553,055	2	6	4,964,115	12	6	13	2	7 1/5
Droits rétablis…	6,143,687	5,841,644	302,043	60	0	249,176	18	11	52,806	1	1	10/13		1 11/12
Domaines…	24,225,384	20,244,473	3,980,911	1,894,190	0	982,538	4	8	1,104,182	15	4	4 13/24		11
Lorraine…	5,510,104	3,459,555	2,050,549	517,288	0	223,479	19	0	1,309,781	0	1	22	4	4 4/5
Abonnements…	2,155,001	2,155,001	″	″		87,402	19	7	87,402	19	7	4 1/7		10
TOTAUX…	199,293,725	152,000,000	47,293,725	20,070,293	16	8,082,996	13	4	19,515,240	0	0	9 1/97		

ÉTAT DES EMPLOYÉS ATTACHÉS À LA FERME GÉNÉRALE.

Les frais de régie qu'on vient de discuter ne paraîtront pas hors de proportion, si l'on fait attention que la Ferme générale est obligée d'employer pour les parties des gabelles, traites et tabacs : 42 directeurs, 79 contrôleurs généraux ou inspecteurs, 85 receveurs généraux, dont 31 pour les traites et gabelles et 55 pour le tabac, 387 receveurs de gabelles, 997 receveurs de traites, 565 contrôleurs ou visiteurs, 9 inspecteurs de manufactures de tabac, 14 contrôleurs, 20 élèves, 453 entreposeurs, 21,188 employés de brigades, dont 352 capitaines généraux, dont les appointements coûtent chaque année 7,466,084; la partie des aides : 156 directeurs, 115 receveurs généraux, 76 sous-receveurs, 80 contrôleurs ambulants, 121 contrôleurs de ville, 1,122 receveurs de département et commis en second à cheval, 770 receveurs et commis aux exercices à pied, sans compter les buralistes.

La régie des entrées de Paris : 1 directeur, 7 commis, 1 contrôleur général des entrées, 1 receveur général, 1 contrôleur, 1 agent pour le contentieux, 3 garçons de bureaux, 11 vérificateurs, 1 directeur des comptes, 1 sous-chef, 3 commis, 2 vérificateurs, 1 garde-magasin de la formule, 1 inspecteur, 1 compteur, 1 timbreur, 9 distributeurs, 1 directeur de la régie des bières, 1 inspecteur, 2 contrôleurs, 7 commis aux exercices, 4 surnuméraires, 1 receveur, 2 contrôleurs, 10 commis pour l'exercice des maisons détachées, 1 inspecteur général de la jaugé, 18 contrôleurs jaugeurs, 6 employés à cheval, 453 à pied, 5 contrôleurs ambulants à cheval, 5 à pied, 26 receveurs des barrières ou autres, 65 contrôleurs aux barrières, 3 portiers.

La régie des domaines : 30 directeurs, 36 inspecteurs, 58 vérificateurs, 152 ambulants et 608 contrôleurs des actes.

L'Hôtel des fermes : 1 receveur général et 11 commis attachés à la recette, 1 contrôleur général de la recette et 6 contrôleurs particuliers, 4 caissiers, 8 compteurs et 10 porteurs d'argent; un bureau de la suite des caisses, composé de 1 directeur, 2 sous-chefs et 2 commis; un bureau des comptes pour le domaine d'Occident, composé de 1 directeur et de 2 commis; un bureau du secrétariat, composé de 1 secrétaire, 3 sous-chefs et 4 commis; un bureau des comptes des traites, composé de 1 directeur, 6 sous-chefs, 12 vérificateurs, 1 commis aux débets, 7 aides-vérificateurs, 7 commis aux écritures, 7 supplémentaires; un bureau des comptes des sols pour livre, composé de 1 directeur, 2 sous-chefs, 2 vérificateurs et 2 commis; un bureau des comptes des grandes gabelles, composé de 1 chef, de 5 sous-chefs, de 1 commis à la suite des débets, de 5 vérificateurs, de 2 commis aux écritures et de 4 commis supplémentaires; un bureau des comptes du tabac, composé de 2 directeurs, 2 sous-chefs, 2 vérificateurs et 8 commis; un bureau des comptes des petites gabelles, composé de 1 directeur, de 3 sous-chefs et de 4 commis aux écritures; un bureau des états au vrai, composé de 1 directeur, de 1 premier commis et 5 commis aux écritures; un bureau des achats de tabac, composé de 1 directeur, 2 sous-chefs, de 1 teneur de livres, de 1 vérificateur, de 1 traducteur et 2 commis; un bureau des approvisionnements des tabacs, composé de 1 directeur, de 1 sous-chef, de 1 vérificateur et 4 commis; un bureau des cautionnements, expéditions, des commissions et marcs d'or, composé de 2 directeurs, de 1 sous-chef, de 1 premier commis et 3 commis aux écritures; un bureau contentieux, composé de 1 directeur, 2 sous-directeurs, 2 sous-chefs, 2 commis principaux, 2 commis aux extraits, 4 commis aux écritures et 12 supplémentaires; un bureau général de la correspondance des traites prohibées et passeports, composé de 1 directeur, 3 sous-chefs, 1 chef, 2 premiers commis, 1 inspecteur et 4 commis aux écritures; cinq bureaux de correspondance des traites, composés de 5 directeurs, 5 sous-chefs, 5 premiers commis, 11 commis aux écritures; un bureau de correspondance générale des grandes gabelles, composé de 1 directeur, 1 sous-chef, 1 commis principal, 1 inspecteur à la halle et 2 commis aux écritures; cinq bureaux de correspondance des gabelles, composés de 5 directeurs, 11 sous-chefs, 10 commis principaux et 20 commis aux écritures; un bureau général de correspondance des petites gabelles, composé de 1 directeur, 2 sous-chefs, 1 premier commis, 2 commis aux écritures, 2 supplémentaires; deux bureaux de correspondance des petites gabelles, composés de 2 directeurs, 3 sous-chefs, 2 premiers commis et 79 commis aux écritures; un bureau des retraites, composé de 1 directeur, 1 sous-chef, 1 premier commis et 3 commis aux écritures; un bureau général de correspondance du tabac, composé de 1 directeur, 3 sous-chefs, 1 premier commis, 4 commis aux écritures; un bureau de correspondance et compte des salines de Franche-Comté, Trois-Évêchés et Lorraine, composé de 2 directeurs, 1 sous-chef, 2 vérificateurs et 2 commis aux écritures; un bureau de correspondance des gabelles et domaines d'Alsace, composé de 1 directeur, 1 vérificateur, 1 commis principal et 3 commis; un bureau de fournissement du sel, composé de 1 directeur, 1 sous-chef, 1 vérificateur et 2 commis aux écritures; un bureau de correspondance du Clermontois, composé de 1 directeur, 1 premier commis et 2 commis aux écritures; un bureau ou magasin du prohibé, composé de 1 garde-magasin et 1 commis; un bureau de régie à l'hôtel de Longueville, composé de 1 directeur, de 4 commis aux écritures et de 4 commis aux emplacements; un bureau de distribution, composé de 1 receveur, 2 contrôleurs et 2 commis; un bureau de garde-magasin, composé de 1 garde-magasin et 2 commis; un bureau à la douane, composé de 2 receveurs, 4 contrôleurs et 3 commis, 8 visiteurs, 1 inspecteur, 8 employés, 1 concierge, 36 garçons de bureaux; sept bureaux de correspondance des aides, composés de 7 directeurs, 7 sous-chefs, 7 commis principaux et 28 commis aux écritures; neuf bureaux de correspondance des domaines, composés de 9 directeurs, 9 sous-chefs, 18 vérificateurs, 9 commis principaux et 36 commis aux écritures; quatre bureaux des comptes des aides, composés de 4 directeurs, 4 sous-chefs, 12 vérificateurs et 8 commis aux écritures; un conseil, composé de 10 avocats et 1 procureur, de 2 aumôniers, de 4 suisses et 2 portiers, de 1 tapissier, 4 facteurs, 4 monteurs de bois.

Dans cette somme de . . . . . sont compris le traitement des fermiers généraux et leurs honoraires, et par anticipation sur leurs bénéfices présumés et dont le Roi n'est pas garant; en sorte que si, par l'événement, le bail éprouvait des pertes ou n'obtenait aucun bénéfice, les fermiers généraux seraient obligés de déduire ce qu'ils auraient reçu pendant le cours du bail et n'auraient d'autre ressource que de s'en rapporter au Roi, ainsi qu'il en fut usé à la fin des baux de Pointeau et de Templier, sur ce qu'il croirait devoir leur accorder pour indemnité et prix de leur travail.

Ce n'est que sur l'espérance des bénéfices du bail, et pour se mettre en état d'acquitter les intérêts de leur fonds, que, par leur acte de société, les fermiers généraux stipulent un traitement annuel et, à peu de chose près, uniforme depuis le bail de Carlier.

Savoir :

	Capital.	Intérêt.
Intérêt à 10 p. 100 sur 1 million de livres..	1,000,000[l]	100,000[l]
Intérêt à 6 p. 100 sur 560,000 livres......	560,000	33,600
Honoraires et droits de présence..........		24,000
Frais de bureau......................		4,200
		161,800
Sur quoi à retenir pour dixième d'amortissement..........................	"	16,180
Reste..............................		145,620

Sur quoi il faut qu'ils prélèvent l'intérêt de l'emprunt de 1,560,000, qu'on doit porter au moins à 6 p. 100, si l'on fait attention que plusieurs d'entre eux empruntent à ce taux, qu'il en coûte à tous des frais de notaires qui peuvent être estimés à 1 1/2 pour la première année, et à l'intérêt des sommes que plusieurs d'entre eux sont obligés d'emprunter pour le payement de leurs intérêts à l'échéance : 93,600 livres.

Il ne restera à chaque fermier général que 52,020 livres par an, et on conviendra que cette somme n'est pas excessive pour l'entretien de sa maison, le payement des secrétaires et des commis, l'éducation et l'entretien de sa famille, et cette somme se trouvera encore diminuée par 409,000 livres de pensions et 1,250,000 livres de croupes en participation dans les bénéfices de 12 places et demie de fermiers généraux, imposées après la signature du résultat pour le bail actuel, imposition d'autant plus injuste qu'elle porte à pure perte pour le Roi, et qu'en diminuant ses revenus, elle altère le crédit et la consistance de la Ferme générale, et qu'elle est faite en faveur de personnes qui n'avaient aucun droit d'y prétendre.

Cet abus destructif n'est pas nouveau. M. de Sully l'avait proscrit. M. Colbert en consigna la défense dans l'ordonnance de juillet 1681 (titre des publications et des enchères, article 12). Cette disposition fut maintenue jusqu'au bail de Lambert, qui commença le 1er octobre 1718 : on créa alors des actions de la Ferme générale, mais ce bail n'ayant duré qu'un an, ces actions furent supprimées et se trouvèrent confondues avec les différents effets dont le système entraîna la chute.

Lorsque le bail de Carlier, du 1er octobre 1726, eut remplacé la régie de Cordier, le ministre assigna quelques croupes particulières sur un petit nombre de fermiers généraux, mais elles furent supprimées au bail de Larue.

Lors du bail de Henriet, M. de Séchelles exigea des vingt nouveaux fermiers généraux qui furent admis des croupes de trois espèces :

1° Des croupes en toute participation, ce qui était une sous-association;

2° Des croupes faisant fonds, dont le titulaire payait 10 p. 100 par année;

3° Des croupes sans faire fonds, à raison de 5 p. 100 d'une somme déterminée.

En 1759, M. de Silhouette supprima toutes ces différentes croupes et rétablit le système des actions de Lambert, qui n'a pas eu plus de succès, ni plus de durée qu'en 1718.

Lors du bail de Prévost, M. Bertin n'exigea de croupes que pour conserver une moitié d'intérêt aux fermiers généraux qu'il ne jugea pas à propos d'admettre au nouveau bail, et une place assignée et répartie à la disposition du Roi sur quatre titulaires.

Ces croupes, qui pendant le bail de Prévost n'avaient affecté que huit places, furent très multipliées pour le bail d'Alaterre. On a accusé trois fermiers généraux d'y avoir provoqué le ministre pour favoriser leur famille et leurs amis.

Mais personne ne porta plus loin ces abus que M. l'abbé Terray. Cinquante-cinq places ont été grevées de croupes ou de pensions, et on assure que dans le nombre des cinq places, deux ont acheté cette exemption à prix d'argent. Quoi qu'il en soit, il en résulte les plus grands inconvénients :

1° La plupart de ceux qui ont obtenu des croupes, n'étant pas en état de faire des fonds, ont été obligés de faire des traités avec des notaires ou autres particuliers, et toute l'administration des fermes a été rendue publique;

2° Lorsque des circonstances particulières ont obligé les fermiers généraux de suspendre le payement de leurs intérêts et droits de présence, la foule des croupiers et sous-croupiers, qui ont attendu cette ressource pour remplir leurs engagements, a été obligée de recourir à des expédients de toute espèce. Les récépissés des receveurs généraux des fermes ont été mis sur la place et négociés à perte. Ces spéculations forcées ont jeté un discrédit dont les titulaires ont éprouvé le désagrément et le danger;

3° Plusieurs titulaires, ayant versé leur portion de fonds, ont été arrêtés dans leur conversion par le retard des croupiers. La Ferme générale, privée d'un fonds nécessaire à ses avances, aurait été exposée à manquer à son service, si elle n'avait pas pris les précautions de retarder ses approvisionnements de tabac, et ce retard lui a coûté plus de 1,800,000 livres par le surenchérissement des matières occasionné par la révolution des colonies anglaises de l'Amérique septentrionale;

4° La difficulté qu'ont éprouvée quelques croupiers de se procurer des fonds les a engagés à faire des sacrifices qui ont maintenu l'intérêt de l'argent au-dessus de son cours naturel en multipliant les demandes.

Il faut cependant convenir qu'indépendamment des frais étrangers à la perception des droits, il est encore possible de faire une économie considérable sur les frais de régie, qu'on peut la porter au moins à

400,000 livres sur les gabelles, à 100,000 sur le tabac, et au moins à 300,000 sur les bureaux des fermes; que si le Gouvernement voulait prendre le parti d'établir une perception uniforme dans tout le royaume et de supprimer les privilèges des provinces et des particuliers, il en résulterait une diminution de frais de plus de 4 millions dans la suppression de toutes les brigades qui séparent les provinces privilégiées de celles de vente exclusive et dans celle de plus de mille bureaux de traites, indépendamment des augmentations de produits qui seraient la suite nécessaire de cette uniformité, quand même on accorderait aux provinces, par la diminution des tailles et autres impositions, une indemnité plus considérable qu'elles n'auraient droit de l'espérer.

Pour terminer ce tableau, il convient de comparer l'état des différents droits des fermes au moment du bail de Henriet avec l'état actuel. On jugera encore mieux de leur progression dans l'espace de dix-huit ans.

	Henriet.	David.		En plus.
Grandes gabelles......	92,000,000l	33,690,787l	117,041,512l	25,041,512l
Petites gabelles.......		11,762,903		
Traites.............		16,138,477		
Tabac..............		24,083,567		
Aides et entrées......		31,365,778		
Domaines...........	18,000,000	20,244,473	23,704,028	5,704,028
Domaines d'Occident...		3,459,555		
	110,000,000		140,745,540	30,745,540

Il faut encore ajouter la somme de 1,782,873 à laquelle ont été évalués les domaines corporels des traites de la Ferme générale; les droits de greffes seigneuriaux et amendes distraits du bail se trouvant compensés par la réunion des domaines de Bretagne : 1,782,873 livres.

Le total de l'augmentation effective des différents droits du bail de David comparé avec le bail de Henriet sera de 32,528,413 livres.

Il est intéressant de terminer ces recherches par l'examen de l'état de la caisse des fermes générales pendant le bail de David et de faire

IMPRIMERIE NATIONALE.

connaître la position où se trouveront les cautions à la résolution de leur bail, et les moyens d'en passer un nouveau sans augmenter leurs avances et avec la certitude de pouvoir en remplir les charges.

On a déjà observé que le prix du bail d'Alaterre était de 132 millions, avec la condition de faire au Roi une avance de 92 millions, savoir :

A titre de prêt pour être tenu compte sur la fin de la dernière année du bail.............	72,000,000 livres.
Et à imputer sur le prix du bail à raison de 3,333,333 livres par an.................	20,000,000
TOTAL.....................	92,000,000

Pour satisfaire à l'avance de 92 millions et aux frais d'expédition, contrôle et enregistrement du bail, les cautions d'Alaterre firent un fonds de..................................	93,600,000 livres.
A la résolution de son bail, Prévost, précédent adjudicataire, avait versé dans la caisse d'Alaterre pour le montant des billets d'emprunts qu'Alaterre devait acquitter..............	48,535,000
Total des fonds qui se trouvaient dans la caisse d'Alaterre, au 1er octobre 1768...........	142,135,000
Sur quoi, déduisant 92 millions qui furent versés au Trésor royal.......................	92,000,000
Il restait en caisse, au 1er octobre 1768, pour satisfaire au payement du prix du bail et autres charges, avec le secours des produits assignés de leur rentrée.......................	50,135,000

Et ce fonds était nécessaire pour acquitter le payement des rentes de l'Hôtel de Ville, faire le service du Trésor royal et acquitter les autres charges du bail, à compter de la première semaine d'octobre 1768, pour suppléer au retard des recouvrements qui ne sont versés dans la caisse du receveur général de Paris que dans les quatrième et cinquième mois de la perception.

Tel était l'état de la caisse au commencement du bail d'Alaterre.

A sa résolution, il a été réparti aux 60 cautions du bail d'Alaterre, à titre de remboursement et à raison de 1,560,000		93,600,000 livres.
Il a été remboursé par Alaterre, pendant les trois dernières années de son bail, aux porteurs des reconnaissances tenant lieu de billets d'emprunts.......	10,800,000[1]	
Et les cautions d'Alaterre ont versé dans la caisse de David, pour le montant des reconnaissances tenant lieu de billets d'emprunts restant à acquitter au 1er mars 1774............	37,735,000	
		48,535,000
Somme pareille aux fonds d'avance et emprunts restant au commencement du bail d'Alaterre.		142,135,000

Au moyen de quoi, les cautions d'Alaterre ont été remboursées de leurs avances et libérées de leurs emprunts à la résolution du bail.

Les cautions de David devaient, au commencement de leur bail, verser dans leur caisse des fonds suffisants pour acquitter :	
1° La somme de 52 millions qu'ils s'étaient obligés de fournir à titre de prêt dont il doit leur être tenu compte à la fin de leur bail, ci........	52,000,000 livres.
2° Les 20 millions à titre de prêt dont ils doivent se rembourser sur le prix de leur bail, à raison de 3,333,333 livres chaque année.........	20,000,000
	72,000,000

Ils doivent aussi pourvoir aux frais d'expédition, contrôle et enregistrement de leur bail, et établir dans leur caisse un fonds suffisant pour acquitter les rentes sur la ville, la partie du Trésor royal, et les charges privilégiées à partir de la première semaine d'octobre 1774. Pour remplir tous ces objets, ils ont fait un fonds chacun de 1,560,000 livres, faisant par les payants............................	93,600,000 livres.
Les cautions d'Alaterre ont versé, comme on l'a déjà dit, dans la caisse de David, le montant des reconnaissances de billets d'emprunts dus au public, montant au 1er mai 1774 à........	37,735,000
Total des fonds existant dans la caisse de David au 1er octobre 1774....................	131,335,000
Sur quoi, déduisant 72 millions d'avance versés au Trésor royal, et les 1,600,000 livres pour frais d'expédition, contrôle, enregistrement, montant à..................................	73,600,000
Il reste en caisse, pour satisfaire au payement du prix et des charges du bail, en attendant la rentrée des produits, ci.................	57,735,000

Quoique cette somme excède de 7 millions celle restant en caisse au commençement du bail d'Alaterre, cet excédent n'est que le juste nécessaire pour satisfaire pendant quatre mois ou tiers d'année au prix du bail qui excède de 20 millions celui d'Alaterre.

A la résolution du bail de David, il sera réparti à ses cautions, à titre de remboursement, à chacun 1,560,000 livres, et pour soixante....	93,600,000 livres.
Il aura été remboursé pendant la durée du bail sur les reconnaissances des billets d'emprunts...	21,600,000
A reporter....................	115,200,000

Report......................	115,200,000 livres.
Il sera versé dans la caisse du fermier successeur de David, pour parfaire le remboursement des reconnaissances........................	16,135,000
Somme pareille aux fonds d'avance et emprunts existant au commencement du bail de David..	131,335,000

Au moyen de quoi, David et ses cautions demeureront quittes et déchargés du montant des reconnaissances qu'ils s'étaient engagés de payer.

A la résolution de son bail, David retiendra par ses mains 52 millions qu'il a fournis à titre de prêt et qu'il payera de moins, ci...........	52,000,000 livres.
Il a été constaté qu'au 1er octobre 1774, les fermiers généraux avaient dans leur caisse 57,735,000 livres, destinées à suppléer au retard des rentrées. Cette somme sera réalisée par les recouvrements qui resteront à faire au 1er octobre 1780, et monteront au moins à la même somme de........................	57,735,000
TOTAL des sommes.............	109,735,000
Sur quoi déduire pour le versement à faire par David dans la caisse du fermier, son successeur, pour parfaire le recouvrement des reconnaissances tenant lieu de billets d'emprunts.....	16,135,000
Somme pareille aux fonds faits par les fermiers généraux, cautions de David..............	93,600,000

BASES DU BAIL DE LAURENT DAVID.

Deniers clairs des bases demandées par le ministre		145,677,571 livres.
Recette de la caisse de Paris		4,182,391
		149,859,962
Dépense de la caisse de Paris, à déduire		15,555,672
		134,304,290
Déficit pour atteindre aux 135 millions convenus.		695,710
Prix convenu pour la consistance du bail d'Alaterre		135,000,000
DISTRACTIONS.		
1° Montant de l'état apostillé par le ministre	7,934,838[l]	
2° Les 2 sols pour livre de l'abonnement de M. le duc d'Orléans	2,933	
		7,937,771
Restait		127,062,229
PARTIES ADDITIONNELLES.		
Première subdivision	12,117,683[l]	
A laquelle il a été ajouté :		
Sur le domaine d'Occident	41,027	
Sur les aides des provinces	124,368	
Sur les entrées de Paris	89,143	
Sur les droits de rivière	151	
Sur la formule de la ville et plat pays de Paris	8,542	
Sur les aides du plat pays	21,536	
En diminution sur les remises	150,000	
A reporter	12,552,450	127,062,229

Reports.........	12,552,450l	127,062,229 livres.
Sur quoi à déduire 12,924 livres employées de trop dans l'article des abonnements des courtiers-jaugeurs-inspecteurs aux boissons...............	12,924	
Reste pour cette première subdivision...............	12,539,526	12,539,526
Deuxième subdivision......................		1,554,028
Troisième subdivision........	1,696,465l	
A laquelle à ajouter pour le tabac de Lorraine.............	62,356	
		1,758,821
Quatrième subdivision.......	7,359,147l	
A laquelle il a été ajouté :		
Sur le contrôle des actes de Bretagne.................	150,670	
Pour les 2 sols p. livre du canal de Losne, en Rouergue, non perçus................	3,000	
Pour la partie de l'abonnement du contrôle des actes de Flandre, ce dont Alaterre compte.	29,700	
Pour augmentation de la ferme du vicomté de Bar........	7,000	
Pour l'abonnement des sols p. livre du Languedoc.....	360,000	
Pour l'abonnement des sols p. livre de la Bretagne.....	550,000	
Au n° 47 de la subdivision d'après une année commune de 110,000 muids........	61,666	
A reporter.......	8,521,183	142,914,604

Reports.........	8,521,183[l]	142,914,604 livres.
Sur quoi à déduire 30,857 livres portées de trop dans les sols p. livre des droits de gare..	30,857	
Reste pour cette quatrième subdivision................	8,490,326	8,490,326
Bénéfice devant résulter du sel d'impôt........		300,000
Augmentation de deniers clairs devant résulter du retranchement de 280,000 livres sur les dépenses de la caisse de Paris..............		280,000
Addition en définitive......................		15,070
Prix convenu pour le bail de Laurent David.....		152,000,000

PREMIÈRE DIVISION.

GRANDES GABELLES.

Base demandée par le ministre, année commune de 4................................	31,653,850 livres.

Savoir :

Grandes gabelles proprement dites...........	29,453,954 livres.
Trente-cinq sols de Brouage................	152,410
Gabelles locales..........................	2,047,486
	31,653,850

DISTRACTIONS.

Diminution de vente du sel de Roscoff devant résulter de l'augmentation de livraison en sel ordinaire............................	35,726
Reste de la consistance d'Alaterre (à reporter)...	31,618,124

Report		31,618,124 livres.

PARTIES ADDITIONNELLES.

Sols pour livre de 1771 des grandes gabelles	3,098,471^{l}	
Sols pour livre des 35 sols de Brouage	21,598	
Sols pour livre des gabelles locales	460,478	
Augmentation convenue pour le sel d'impôt	300,000	
Droits manuels des officiers des greniers	92,023	
Sol pour pain de sel de Roscoff.	84,366	
		4,056,936
		35,675,060
Participation aux indemnités		420,393
		36,095,453
Participation aux intérêts payés par le Roi, à raison de 1 $\frac{7,852,928}{12,486,737}$ p. 100		573,003
Participation au déficit de 710,780 livres, à raison de $\frac{17,760,500}{36,060,181}$ p. 100		158,526
		36,826,982
A déduire, participation aux dépenses de la caisse de Paris, à raison de 9 $\frac{17,750,171}{40,440,141}$ p. 100		3,406,944
		33,420,038

DEUXIÈME DIVISION.

PETITES GABELLES.

Base demandée par le ministre, année commune des quatre premières d'Alaterre (à reporter)	10,541,926 livres.

IMPRIMERIE NATIONALE.

Report	10,541,926 livres.

PARTIES ADDITIONNELLES.

Sols pour livre des droits appartenant au Roi, déduction faite des remises	2,051,866
Sols pour livre des droits non appartenant au Roi	173,109
Anciens sols pour livre du canal de Losnes non perçus en Rouergue	3,000
	12,769,901
Participation aux indemnités	388,881
	13,158,782
Participation aux intérêts payés par le Roi, dans la proportion indiquée dans la première division	208,891
Participation au déficit de 710,780 livres, pour compléter les 152 millions, dans la proportion indiquée dans la première division	1,242,019
RESTE	14,609,682

TROISIÈME DIVISION.

TRAITES.

Base demandée par le ministre	15,449,608 livres.
Savoir :	
Traites et toiles peintes, année commune de 12..	13,486,866 livres.
Huiles et savons, *idem*	1,773,171
Contrôle des toiles, *idem*	69,015
Gages intermédiaires	120,556
	15,449,608

PARTIE DISTRAITE.

Gages intermédiaires sur le pied seulement de...	120,000
Reste de la consistance du bail d'Alaterre (à rep.).	15,329,608

Report		15,329,608 livres.

PARTIES ADDITIONNELLES.

Sols pour livre des traites et toiles peintes, déduction faite des remises	1,293,758^l	
Idem des huiles et savons	145,302	
Idem du contrôle des toiles	4,977	
Droits d'acquits et 8 sols pour livre d'iceux en Bretagne, Dauphiné, Provence, Roussillon et Franche-Comté	24,399	
	1,468,436	1,468,436
		16,798,044
Participation aux indemnités		422,130
		17,220,174
Participation aux intérêts payés par le Roi, dans la proportion indiquée dans la première division		273,364
Participation au déficit de 710,780 livres, dans la proportion indiquée dans la première division.		75,629
		17,569,167
A déduire, participation aux dépenses de la caisse de Paris, dans la proportion indiquée dans la première division		1,625,362
		15,943,805

QUATRIÈME DIVISION.

DOMAINE D'OCCIDENT.

Base demandée par le ministre	2,692,554 livres

Savoir :

Domaine d'Occident en France, année commune des quatre premières d'Alaterre	2,673,433 livres.
Domaine d'Occident en Amérique	19,121

PARTIES ADDITIONNELLES.

Sols pour livre des droits du domaine d'Occident, déduction faite des remises	735,061
Idem sur le 1/2 p. 100 du commerce	142,918
Participation aux intérêts payés par le Roi, dans la proportion indiquée dans la première division	56,681
Participation au déficit de 710,780 livres, dans la proportion indiquée dans la première division	15,681
	3,642,895
A déduire, participation aux dépenses de la caisse de Paris, dans la proportion indiquée dans la première division	337,012
Reste	3,305,883

CINQUIÈME DIVISION.

AIDES.

Base demandée par le ministre, année commune de 12	36,006,715 livres.

Savoir :

Aides des provinces, gros manquant et marque des fers	18,862,137 livres.
Aides du plat pays et gros manquant	1,714,243
Droits de rivière	328,644
Entrées de Paris	9,121,554
Formule de la ville et plat pays de Paris	700,437
A reporter	30,727,015

Report	30,727,015 livres.
Droits sur la bière	123,587
Domaines de Flandre	881,024
Marque d'or et d'argent	752,511
Abonnements des courtiers-jaugeurs-inspecteurs aux boucheries et aux boissons, jauges et courtages de Lyon et Mâconnais, etc.	1,478,139
4 sols pour livre de 1747	1,783,109
Suif dans Paris	261,330
	36,006,715

PARTIES DISTRAITES.

Marque d'or et d'argent	783,026[l]	
Marque des fers	733,178	
Suif dans Paris	237,204	
Inspecteurs aux boucheries, perception	1,157,297	
Inspecteurs aux boucheries, abonnements	430,534	
4 sols pour livre de 1747 sur les papiers et cartons, marque d'or, d'argent et soufre	25,780	
Perte sur lesdits 4 sols p. livre, à raison de l'arrêt qui supprime la différence entre le vin marchand et le vin bourgeois.	44,970	
Abonnements des courtiers-jaugeurs-inspecteurs aux boissons et aux boucheries de Franche-Comté	60,000	
Abonnements de la jauge et courtage du Lyonnais et Mâconnais	16,183	
2 sols pour livre de l'abonnement de M. le duc d'Orléans.	2,933	
		3,491,105
Reste de la consis. .nce d'Alaterre (à reporter)		32,515,610

Report	32,515,610 livres.

PARTIES ADDITIONNELLES.

Sols pour livre de 1771 sur l'abonnement des courtiers-jaugeurs et inspecteurs aux boissons.	147,912
Idem sur les aides des provinces et gros manquant	1,695,405
Idem sur les domaines de Flandre	64,845
Idem sur les entrées de Paris	701,571
Idem sur les droits de rivière	33,328
Idem sur la formule et plat pays de Paris	115,761
Idem sur les aides du plat pays de Paris	151,004
Idem sur les droits de la bière	10,770
Impôts et billets de Bretagne	900,000
	36,336,206
Participation aux indemnités	361,820
	36,698,026 *
Participation aux intérêts payés par le Roi, dans la proportion indiquée dans la première division.	582,569
Participation au déficit de 710,780 livres, dans la proportion indiquée dans la première division.	161,172
	37,441,767
A déduire pour participation aux dépenses de la caisse de Paris, dans la proportion indiquée dans la première division	3,463,820
RESTE	33,977,947

* En ôtant les domaines de Flandre de cette division, le total ci-dessus ne sera plus que de	35,752,165
La participation aux intérêts payés par le Roi, de	567,554
Celle au déficit de 710,780 livres, de	157,018
	36,476,737
Celle aux dépenses de la caisse, à déduire	3,374,542
	33,102,295

SIXIÈME DIVISION.

DOMAINES ET CONTRÔLES.

Base demandée par le ministre, année commune de 4	20,196,710 livres.
Savoir :	
Domaines, perceptions	19,883,210 livres.
Abonnement du contrôle des actes de Flandre, Artois, Hainaut	313,500
	20,196,710

PARTIES DISTRAITES.

Patar au florin de la vente des bois	35,383[l]	
Greffes, droits réservés et amendes	1,652,902	
14 sols pour livre des droits seigneuriaux casuels	407,210	
2 sols pour livre des décrets volontaires	191,530	
3 sols pour livre des épices et vacations	197,023	
Domaines corporels dans le royaume	845,374	
Abonnements des droits de franc fief des villes d'Orléans et Chartres	8,360	
Petites parties domaniales	17,398	
		3,355,180
Reste de la consistance d'Alaterre (à reporter)		16,841,530

Report		16,841,530 livres.

PARTIES ADDITIONNELLES.

Sols pour livre de 1771 sur les domaines, déduction faite des remises	1,713,819[1]	
Idem sur l'abonnement du contrôle des actes de Flandre	93,600	
Partie de l'abonnement dudit contrôle, dont Alaterre comptait	29,700	
Supplément du contrôle des actes du pays de labour	1,470	
Produit de la formule à Bayonne et pays de labour	5,116	
Droits de fiefs dus par les habitants de Bordeaux	4,410	
Contrôle des exploits et formule à Sarrelouis	2,343	
Augmentation sur le contrôle des exploits du Roussillon	2,930	
Contrôles des actes, etc., dans la principauté d'Orange	16,163	
Augmentation sur le contrôle des exploits en Franche-Comté	22,497	
Droits de fiefs d'Orléans, Chartres, Angers, Le Mans, etc.	20,700	
Formule dans le Roussillon	16,629	
Contrôle des actes et droits y joints de Bretagne	1,659,385	
		3,588,762
		20,430,292[2]
Participation aux intérêts payés par le Roi, dans la proportion indiquée dans la première division		324,324
A reporter		20,754,616

Report	20,754,616 livres.
Participation au déficit de 710,780 livres, dans la proportion indiquée dans la première division.	89,727
	20,844,343
A déduire la participation aux dépenses de la caisse de Paris, dans la proportion indiquée dans la première division	1,928,365
Reste	18,915,978

* En réunissant à cette division les domaines de Flandre, le total ci-dessus rapporté de l'autre part de 20,430,292 livres sera de	21,376,161
La participation aux intérêts payés par le Roi, de	339,339
Celle au déficit de 710,780 livres, do	93,881
	21,809,381
Contribution aux dépenses de la caisse, à déduire	2,017,633
Ainsi le reste sera de	19,791,748

SEPTIÈME DIVISION.

TABAC.

Base demandée par le ministre, année commune des trois premières du bail de Prévost	25,183,997 livres.
Participation aux intérêts payés par le Roi, dans la proportion indiquée dans la première division.	399,788
Participation au déficit de 710,780 livres, dans la proportion indiquée dans la première division.	110,604
	25,694,389
A déduire, participation aux dépenses de la caisse de Paris, dans la proportion indiquée dans la première division	2,377,044
Reste	23,317,345

IMPRIMERIE NATIONALE.

HUITIÈME DIVISION.

LORRAINE.

Base demandée par le ministre, année commune de 4		3,952,211 livres.
PARTIES DISTRAITES.		
Domaines corporels de Lorraine et Barrois	880,771 l	
Marque des fers de Lorraine et Barrois	54,997	
		935,768
Reste de la consistance d'Alaterre		3,016,443
PARTIES ADDITIONNELLES.		
Différence résultant de la perception en argent de France	650,000 l	
Droits de franc fief et 2 sols pour livre d'iceux dans les duchés de Lorraine et Barrois	6,000	
2 sols pour livre des droits d'amortissement et de nouvel acquit	563	
		656,563
Participation aux indemnités		20,000
		3,693,006
Participation aux intérêts payés par le Roi, dans la proportion indiquée dans la première division.		58,625
Participation au déficit de 710,780 livres, dans la proportion indiquée dans la première division.		16,219
		3,767,850
A déduire, participation aux dépenses de la caisse générale de Paris, dans la proportion indiquée dans la première division		348,572
Reste		3,419,278

NEUVIÈME DIVISION.

DROITS RÉTABLIS.

Droits rétablis dans la ville et banlieue de Paris, et sols pour livre de ceux qui y sont sujets retirés de la régie de Fouache.............	3,388,725 livres.
Sols pour livre des droits de l'Hôtel de Ville, de l'hôpital et des communautés d'officiers de la ville et faubourgs de Paris, aussi retirés de la régie de Fouache......................	862,867
Droits principaux et sols pour livre de ceux appartenant à l'Hôtel de Ville, à l'hôpital et aux communautés d'officiers, sur les vins et boissons pareillement retirés de la régie de Fouache, calculés sur une année commune de 210,000 muids de vin commun, de 700 muids de vins de liqueurs, de 9,000 muids d'eau-de-vie, de 3,000 muids de cidre et de 28,000 muids de bière.............................	1,538,861
	5,790,453
Participation aux intérêts payés par le Roi, dans la proportion indiquée dans la première division.	91,922
Participation au déficit de 710,780 livres, dans la proportion indiquée dans la première division.	25,431
	5,907,806
A déduire, participation aux dépenses de la caisse de Paris, dans la proportion indiquée dans la première division......................	546,544
Reste......................	5,361,262

DIXIÈME DIVISION.

ABONNEMENT DES SOLS POUR LIVRE DES PROVINCES.

Languedoc	720,000 livres.
Normandie	37,000
Cambrésis	46,580
Artois	202,000
Hainaut	126,202
Flandre	347,219
Alsace	126,000
Bretagne	550,000
	2,155,001

RÉCAPITULATION.

1re division. — Grandes gabelles	33,420,038 livres.
2e division. — Petites gabelles	12,183,445
3e division. — Traites	15,943,805
4e division. — Domaines d'Occident	3,305,883
5e division. — Aides	33,977,955 *
6e division. — Domaines	18,915,988 *
7e division. — Tabac	23,317,345
8e division. — Lorraine	3,419,278
9e division. — Droits rétablis	5,361,262
10e division. — Abonnement des provinces	2,155,001
	152,000,000

* En ôtant de la cinquième division les domaines de Flandre et les réunissant à la sixième :

Le montant de la cinquième ne sera plus que de	33,102,195 livres.
Et celui de la sixième sera de	19,791,748

Prix du bail tel qu'il est porté pour chaque division dans le résultat du Conseil pour former les 148,666,667 livres dont David doit compter chaque année, avec la participation des huit premières divisions aux 3,333,333 livres à ajouter pour compléter les 152 millions, à raison de $2 \frac{25,996,628}{70,335,001}$ *p. 100.*

Divisions.	Prix porté par le résultat.	Participation aux 3,333,333 livres.	
1. Grandes gabelles	32,910,926^l	779,861^l	33,690,787^l
2. Petites gabelles	11,490,620	272,283	11,762,903
3. Traites	15,764,910	373,567	16,138,477
4. Domaines d'Occident	3,182,406	75,411	3,257,817
5. Aides	30,639,733	726,043	31,365,776
6. Domaines	19,775,862	468,611	20,244,473
7. Tabac	23,526,090	557,477	24,083,567
8. Lorraine	3,379,475	80,080	3,459,555
9. Droits rétablis *	5,841,644	〃	5,841,644
10. Abonnements des provinces *	2,155,001	〃	2,155,001
	148,666,667	3,333,333	152,000,000

* Ces deux divisions ayant été portées dans le résultat pour leur prix total, il n'y a pas eu lieu de les comprendre dans la participation aux 3,333,333 livres.

Sols pour livre de 1771 des parties de la Ferme générale formant la première subdivision des parties additionnelles, avec quelques augmentations convenues pour quelques-unes dans le résumé du 23 décembre 1773.

	Brut.	Participation aux frais et remises en raison de $3 \frac{9,964,881}{12,761,839}$ p. 100.	Deniers clairs qui doivent entrer dans la formation du bail.
Grandes gabelles	3,220,233^l	121,752^l	3,098,471^l
Trois sols de Brouage	22,447	849	21,598
Sels de Roscoff ?	478,572	18,094	460,478
Petites gabelles	2,132,492	80,626	2,051,866
Traites et toiles peintes	1,344,595	50,837	1,293,758
Huiles et savons, perception	131,597	4,975	126,622
Idem par abonnement	18,680	〃	18,680
Abonnement des courtiers-jaugeurs	147,912	〃	147,912
Abonnement du contrôle des actes de Flandre	93,600	〃	93,600
A reporter	7,590,128	277,133	7,212,985

Reports		7,590,128l	277,133l	7,212,985l
Domaines d'Occident	722,918l 41,027	763,945	28,884	735,061
Contrôle des toiles		5,172	195	4,977
Aides des provinces et gros manquant	1,637,656l 124,368	1,762,024	66,619	1,695,405
Domaines des provinces		1,781,162	67,343	1,713,819
Domaines de Flandre		67,393	2,548	64,845
Entrées de Paris	639,996l 67,643 21,500	729,139	27,568	701,571
Droits de rivière	34,487 151	34,638	1,310	33,328
Formule de la ville et plat pays de Paris	111,768l 8,542	120,310	4,549	115,761
Aides du plat pays et gros manquant	135,401l 21,536	156,937	5,933	151,004
Droits sur la bière		11,193	423	10,770
		13,022,031	482,505	12,539,526 482,505

Les sols pour livre de 1771 sur les parties ci-dessus montaient, suivant les premiers états présentés au ministre, à		12,750,188 livres.
Sur quoi, à déduire sur l'abonnement des courtiers-jaugeurs, etc., qui n'est que de la somme de 147,912 livres au lieu de 160,836, à quoi il était porté par lesdits états		12,924
Reste		12,737,264
Mais d'un autre côté il convient d'y ajouter :		
1° L'augmentation sur le domaine d'Occident provenant du compte de la quatrième année de Bordeaux	41,027l	
A reporter	41,027	12,737,264

Reports...........	41,027[1]	12,737,264 livres.
2° Celle sur les aides des provinces, d'après l'année commune de 12.............	124,368	
3° Celle sur les entrées de Paris, d'après une année commune de 110,000 muids de vin...	89,143	
4° Celle des droits sur les bières, d'après une année commune de 12..................	151	
5° Celle des aides du plat pays, d'après ladite année commune	21,536	
6° Celle de la formule de la ville et plat pays de Paris, provenant de la soustraction de la troisième année d'Alaterre, pour former l'année commune de 3 seulement...........	8,542	
		284,767
		13,022,c31

Participation des neuf premières divisions aux 2,569,107 livres d'intérêts qui seront payés par le Roi à raison de 1 $\frac{7,922,998}{13,486,727}$ p. 100.

Grandes gabelles.........................	573,003 livres.
Petites gabelles.........................	208,891
Traites................................	273,364
Domaines d'Occident.....................	56,681
Aides..................................	582,569
Domaines...............................	324,324
Tabac..................................	399,788
Lorraine...............................	58,625
Droits rétablis..........................	91,922
	2,569,167

Si on joint ici les domaines de Flandre à la division des domaines en les retirant de celle des aides, la participation des aides ne sera plus que de..	567,554 livres.
Et celle des domaines sera de...............	339,339

Participation des mêmes divisions aux 710,780 livres de déficit, pour compléter les 152 millions, à raison de 1 $\frac{17,769,500}{40,460,181}$ p. 100.

Grandes gabelles........................	158,526 livres.
Petites gabelles........................	57,791
Traites........................	75,629
Domaines d'Occident........................	15,681
Aides........................	161,172
Domaines........................	89,727
Lorraine........................	16,219
Tabac........................	110,604
Droits rétablis........................	25,431
	710,780

Dans la supposition où les domaines de Flandre seraient joints à la partie des domaines et retirés de celle des aides, la participation des aides sera de........................	157,018 livres.
Et celle des domaines de..................	93,881

Participation des neuf premières divisions aux 15,275,672 livres, montant des dépenses de la caisse de Paris, depuis le retranchement de 280,000 livres sur les dépenses, ladite participation à raison de 9 $\frac{17,750,171}{40,460,181}$ p. 100.

Divisions. —	Montant des divisions, avant la participation aux recettes et dépenses. —	Montant de la participation. —
Grandes gabelles.............	36,095,453[l]	3,406,944[l]
Petites gabelles..............	13,158,782	1,242,019
Traites.....................	17,220,174	1,625,362
Domaines d'Occident..........	3,570,533	337,012
A reporter.......	70,045,142	6,611,337

Reports	70,045,142l	6,611,337l
Aides	36,698,034	3,463,820
Domaines	20,430,292	1,928,355
Tabac	25,183,997	2,377,044
Lorraine	3,693,006	348,572
Droits rétablis	5,790,453	546,544
	161,840,724	15,275,672

IMPRIMERIE NATIONALE.

RAPPORT

SUR L'ORGANISATION DES TRAVAUX

DU COMITÉ D'AGRICULTURE[1].

(1785.)

Les membres de l'Académie royale des sciences, que M. le Contrôleur général a choisis pour concourir, sous les auspices de M. de Vergennes, aux progrès de l'agriculture et pour discuter, dans des assemblées convoquées chez ce magistrat, les différents objets qui y sont relatifs, croient devoir employer les premiers instants consacrés à leurs nouvelles fonctions à présenter un plan qui donne à ce nouvel établissement tout le degré d'utilité dont il est susceptible.

Ils pensent d'abord que, pour mettre M. de Vergennes en état de justifier dans tous les temps de leur zèle et de l'attention qu'ils apportent à remplir les vues du Gouvernement, et pour donner plus de sanction aux délibérations qui seront prises dans leurs assemblées, il est nécessaire qu'il soit tenu une note sommaire des différents objets qui y auront été discutés, et que cette espèce de procès-verbal soit portée sur un registre qui demeurera déposé chez M. de Vergennes et qui

[1] Procès-verbaux du Comité d'agriculture. — Ces procès-verbaux ont été entièrement rédigés par Lavoisier, dont les manuscrits autographes sont conservés. Il en existe une copie aux Archives nationales. C'est d'après cette copie que MM. Pigeonneau et de Foville les ont publiés (*L'Administration de l'agriculture sous le Contrôle général*, in-8°, 1882). On y trouve, en analyse ou en extraits, les *Mémoires de Lavoisier* sur la disette des bestiaux, les encouragements à accorder à l'agriculture, etc. Nous publions ces *Mémoires*, d'après les manuscrits qui sont plus complets que les procès-verbaux.

(*Note de l'Éditeur.*)

pourra même être signé, si on le juge à propos, par les assistants. Ce registre deviendra le dépôt des principes d'agriculture nationale, et comme on aura soin d'y porter les motifs du parti qui aura été pris dans chaque circonstance, il pourra servir de guide et d'instruction à ceux qui s'occuperont, dans la suite, du même objet.

Toutes les fois que les objets que M. de Vergennes jugera à propos de porter à cette assemblée ne seront point susceptibles de longues discussions, ceux qui seront présents donneront leur avis verbalement. Lorsqu'il sera question d'objets plus compliqués, de mémoires trop longs ou trop difficiles pour pouvoir être discutés sur-le-champ, l'un des commissaires se chargera de les examiner et d'en faire, à la prochaine assemblée, son rapport verbalement ou par écrit.

Si, d'après la nature de l'objet ou relativement à son importance, les commissaires ne croient pas pouvoir prendre sur eux d'avoir une opinion, ils concluront à ce que le mémoire ou l'objet à discuter soit renvoyé à l'Académie des sciences, et M. de Vergennes sera prié de vouloir bien faire signer à M. le Contrôleur général une lettre d'envoi, à son premier travail.

Les commissaires feront les diligences les plus promptes pour trouver dans les environs de Paris un terrain de 15 ou 20 arpents, enclos de murs, pour y répéter les expériences intéressantes d'agriculture qui seront proposées.

Dans le cas où M. de Vergennes jugerait à propos de faire répéter ces expériences avec plus d'étendue et d'appliquer les découvertes proposées à la pratique en grand de l'agriculture, M. Lavoisier, qui fait valoir une ferme considérable[1] sous la conduite d'un homme intelligent et sûr, prie M. de Vergennes de regarder son exploitation comme entièrement à sa disposition. Il en modifiera la culture de telle manière qu'on le jugera à propos et consacrera toute l'étendue de terrain dont on aura besoin pour essayer de nouveaux procédés. Son

[1] Il s'agit de la ferme que Lavoisier possédait au Bourget, et dont le fermier était Munier, maître de poste. (Note de l'Éditeur.)

objet, en faisant valoir une ferme, étant principalement d'avoir des moyens de faire des expériences d'agriculture, il ne pourrait lui arriver rien de plus heureux que de trouver l'occasion de les faire sous la direction de savants instruits, et d'une manière utile et agréable au Gouvernement.

Dans le nombre des mémoires qui seront adressés à M. le Contrôleur général par les intendants, par les sociétés d'agriculture et par des cultivateurs, il s'en trouvera probablement auxquels il sera nécessaire de donner de la publicité.

L'Administration se constituerait dans des frais considérables, si elle prenait le parti de les faire imprimer tous à l'Imprimerie royale. Il serait beaucoup plus économique de faire un arrangement avec l'abbé Mongez, auteur du *Journal de Physique,* qui insérerait dans son journal les articles de quelque importance et qui en ferait tirer un certain nombre d'exemplaires à part qui seraient payés à un prix modique par le Gouvernement. Si l'abondance des matières et des objets intéressants devenait telle un jour que le *Journal de Physique* ne pût y suffire, ce serait peut-être le cas de faire revivre un établissement intéressant et qui tendrait, plus qu'aucun autre, à répandre les découvertes utiles : ce serait un *Journal d'Agriculture.* Le Gouvernement, en souscrivant pour un certain nombre d'exemplaires qui seraient distribués gratuitement dans les provinces, assurerait le succès de cet établissement, et il aurait un moyen simple et facile de faire parvenir au public toutes les connaissances qu'il prendrait soin de rassembler.

MÉMOIRE

SUR

LE COMITÉ D'AGRICULTURE[1].

Le nouveau règlement des finances ne fait aucune mention de l'agriculture. Ce département à peine naissant est cependant un des plus importants de l'Administration. Il n'en est aucun qui offre plus de choses à faire pour la prospérité publique, pour la gloire du règne et du ministère.

Depuis que M. Bertin a quitté le ministère des finances, ce département a été conduit et dirigé par les intendants des impositions. Il a été établi en outre, pour concourir avec eux à la suite de cette administration, un Comité composé de douze personnes (voir page 614 de l'almanach royal), qui presque toutes sont ou de l'Académie royale des sciences ou de la Société d'agriculture. Il en résulte une espèce de conseil qui s'assemble une fois par semaine à l'hôtel des Impositions; c'est M. Lavoisier qui tient la plume et qui rédige les délibérations; un premier commis (M. Lubert) est chargé des détails et il s'en acquitte avec beaucoup de zèle et d'intelligence.

C'est dans cette assemblée que se discutent les projets proposés à l'Administration, qu'on suit et qu'on prépare la correspondance du ministre avec les intendants des provinces. Il s'est établi en outre entre ce Comité et les sociétés d'agriculture, ainsi qu'avec un grand nombre de curés du royaume, une correspondance très intéressante et très in-

[1] Manuscrit autographe (sans date, mais probablement de 1787).

structive, et qui semble promettre une révolution heureuse pour l'agriculture.

Le résultat des travaux de ce Comité sera mis sous les yeux de Monsieur le Contrôleur général dans des mémoires détaillés. Il y verra combien l'agriculture française est en retard sur celle anglaise; quelles sont les causes qui s'opposent à ses progrès; quels sont les encouragements dont elle a besoin; quelles sont les réformes qu'exigent à cet égard nos constitutions et nos lois. Il sera frappé de la grandeur de l'objet, puisqu'il s'agit d'augmenter peut-être d'un quart la production territoriale du royaume, qui excède déjà 2 milliards 500 millions.

Si Monsieur le Contrôleur général persiste à se réserver le département, il aura à statuer sur le lieu où se tiendront les assemblées du Comité d'agriculture et il paraîtrait alors indispensable que ce fût dans une des salles du Contrôle général. On pourrait peut-être les réduire à deux par mois pour ménager le temps du ministre.

Peut-être, pour éviter cet embarras, Monsieur le Contrôleur général jugera-t-il plus simple de laisser le département de l'agriculture réuni à celui des impositions avec lequel il a des rapports intimes et dont il n'a pas été séparé depuis le ministère de M. Bertin. Le Comité continuerait alors de s'assembler habituellement à l'hôtel des Impositions, et il pourrait être convoqué une fois par mois au Contrôle général, pour être tenu en présence du ministre et être présidé par lui.

Dans tous les cas, on espère que Monsieur le Contrôleur général sera frappé de la nécessité de conserver un établissement qui ne coûte rien à l'État, dont l'objet est de rassembler des lumières auprès de ceux qui sont chargés de l'administration, et sans lequel il paraîtrait difficile de conduire avec succès le département de l'agriculture.

Monsieur le Contrôleur général est prié de vouloir bien faire connaître ses intentions à M. Lavoisier, qui prendra ses ordres sur la forme dans laquelle il conviendra de les transmettre aux autres membres du Comité.

MÉMOIRE

SUR

LA DISETTE DES BESTIAUX[1].

(1786.)

Le prix naturel de chaque denrée dans l'état de liberté est un total formé de l'addition des valeurs consommées ou dépensées pour les obtenir.

Ainsi le prix des légumes résulte du loyer du champ qui les a produits; des dépenses et consommations de toute espèce faites par ceux qui ont bêché, cultivé, semé, arrosé, récolté; enfin du capital et de l'intérêt des avances qu'ils ont été obligés de faire.

On en peut dire autant des bestiaux destinés à la consommation : leur valeur consiste dans le prix qu'a coûté le bœuf lorsqu'il a été détaché de la charrue; plus dans la valeur de tout ce qu'il a consommé ou fait consommer jusqu'au moment où il a été vendu au marché pour être conduit à la boucherie.

Le prix des bestiaux comme celui de toutes les denrées n'est donc pas arbitraire; il est déterminé par la nature des choses, et l'autorité ne peut rien y changer sans occasionner un trouble, presque toujours plus funeste que le mal auquel on se propose de remédier.

Il résulte de ces principes que le fourrage ne peut enchérir sans préparer pour la suite le renchérissement de tous les bestiaux qui en

[1] Manuscrit autographe. — Mémoire présenté au Comité d'agriculture le 12 août 1786.

ont été nourris; la rareté du fourrage donne lieu à une autre cause d'enchérissement des bestiaux; lorsqu'ils sont rares et chers, les bestiaux sont moins bien nourris, ils manquent souvent du nécessaire, ils souffrent, ils tombent dans un état d'épuisement et de langueur et périssent; souvent on est obligé de les égorger pour en tirer au moins quelques parties, en sorte que la rareté des fourrages contribue au renchérissement des bestiaux de plusieurs manières, par la diminution du nombre des individus et par l'augmentation de valeur de ceux qui restent.

Ce renchérissement, au surplus, est précisément le remède que l'ordre des choses emploie pour arrêter les funestes effets des disettes et pour rétablir l'équilibre.

En effet, lorsque la denrée hausse de prix, elle cesse d'être à la portée des consommateurs les plus pauvres; ceux d'un ordre mitoyen s'efforcent de faire des retranchements et des économies, en sorte que, tout naturellement et sans qu'on s'en doute, la consommation à la fin de l'année se trouve avoir été alléguée précisément sur les quantités existantes.

Le renchérissement de la denrée produit encore un autre effet; le bon prix qui s'établit attire la denrée de l'étranger par l'appât du bénéfice et cette cause accélère le retour de l'abondance.

On pourrait comparer le renchérissement qui accompagne les disettes aux crises dans les maladies; les crises ne sont autre chose que l'effort que fait la nature pour rétablir dans l'économie animale l'ordre qui a été troublé. Malheur, en administration comme en physique, au médecin qui lutte contre la loi qu'a établie la nature, et qui ajoute à la maladie du corps politique les tristes effets de son impéritie!

Ces principes une fois posés, il reste à les appliquer à la situation présente.

Une disette de fourrages, dont il n'y a point eu d'exemples depuis longtemps, a désolé la France pendant l'année 1786, une partie des bestiaux ont été égorgés par l'impossibilité où l'on était de les nourrir; d'autres sont morts d'épuisement et de faim; une disette de bestiaux a été la suite inévitable de ces désastres. Quelle doit être la conduite du magistrat chargé de la police dans une circonstance aussi fâcheuse? Sa première attention doit être de laisser au prix des bestiaux leur libre cours. S'il se permettait de changer quelque chose à l'ordre naturel, ce devrait être plutôt en portant les prix au-dessus de leur véritable niveau qu'en les maintenant au-dessous; il en résulterait trois principaux avantages :

1° le surenchérissement des prix diminuerait la consommation;

2° il accélérerait le retour de l'abondance;

3° il produirait l'effet d'une prime qui attirerait les bestiaux même de l'étranger, et cette prime aurait l'avantage de ne point être à la charge du Roi.

Si, au lieu de suivre cette marche tracée par la raison, on avait voulu concilier à Paris deux choses incompatibles dans un état de disette: le bon marché et l'abondance; si, après avoir fait une première faute en fixant trop bas le tarif de la viande, on avait essayé de la réparer par des moyens forcés; si on avait employé la ressource presque toujours ruineuse des compagnies qui ne manquent jamais de s'offrir au gouvernement dans les temps difficiles et qui ont l'art de déguiser leur intérêt sous l'apparence de l'intérêt public, on pense qu'on ne saurait trop tôt en revenir aux principes que l'on a cherché à établir, en détruisant toute apparence de compagnie autorisée par le Gouvernement, en haussant le prix du tarif de la viande à Paris, même un peu au-dessus de son véritable niveau, et peut-être en accordant des primes pour l'introduction des bestiaux étrangers.

Ce plan est précisément celui qu'on a suivi pour le bois les années dernières. Tant qu'on a voulu en maintenir le prix au-dessous de sa juste valeur, on n'a point amené de bois à Paris; dès que les prix ont été convenablement allégués, l'abondance a reparu.

On proposera peut-être, pour éviter les inconvénients d'un tarif et des erreurs qu'on peut commettre en le formant, de laisser vendre à

Paris la viande à prix défendu. Cette liberté, qui peut-être aurait ses avantages, n'est point compatible avec les institutions existantes : les bouchers de Paris forment dans le moment une compagnie peu nombreuse, qui a le droit exclusif de vendre la viande. Si le prix n'était pas fixé, on serait livré à tous les abus du monopole.

INSTRUCTION

SUR

LE PARCAGE DES BÊTES À LAINE[1].

(1786.)

Si l'usage de faire parquer les bêtes à laine sur les terres destinées à la culture du froment et même de beaucoup d'autres plantes est avantageux dans les années ordinaires, il devient indispensable cette année, pour suppléer à la disette des pailles et pour empêcher que les désastres de la sécheresse n'influent sur les récoltes suivantes. C'est dans la vue de répandre de plus en plus cette pratique importante, de l'introduire dans les prairies où elle n'a pas lieu, d'engager dans les autres les cultivateurs à mettre plus de bêtes à laine au parc, enfin pour leur donner des principes certains qui puissent leur servir de règles, que la présente instruction a été rédigée.

DE L'ÉTENDUE DU PARC ET DE LA MANIÈRE DE LE FORMER.

Faire parquer les moutons, c'est les renfermer dans une enceinte de claies sur la portion de terrain qu'on veut fertiliser. Une bête à

[1] *Instruction sur le parcage des bêtes à laine.* Publié par ordre du roi, in-4° de 11 pages. De l'imprimerie royale, MDCCLXXXVI. — Une seconde édition a été donnée, in-8°, en l'an XI-1806. — Je n'ai pas retrouvé le manuscrit de ce travail, mais il est bien de Lavoisier, comme le prouve le passage suivant des procès-verbaux du Comité d'agriculture : «M. Lavoisier a fait lecture d'une instruction détaillée sur le parcage des bêtes à laine, qu'il s'était chargé de rédiger.» (*Note de l'Éditeur.*)

laine peut fumer dans un parc environ dix pieds carrés de surface; un troupeau de trois cents bêtes féconderait par conséquent trois mille pieds carrés en un seul parc, et si on le change de place trois fois dans les vingt-quatre heures, il ne faudra guère plus de cinq jours pour fumer un arpent, mesure de roi, c'est-à-dire un espace de cent perches carrées de vingt-deux pieds chacune; on fumera donc, avec trois cents bêtes, environ six arpents par mois, et comme le parc peut durer trois à quatre mois, un fermier qui a trois cents bêtes à laine fumera facilement vingt arpents.

Les claies qui ferment le parc doivent réunir deux qualités : il faut qu'elles soient assez hautes pour que les loups ne puissent pas sauter par-dessus, et en même temps qu'elles soient assez légères pour que le berger puisse les transporter facilement; la proportion la plus ordinaire est de quatre pieds et demi à cinq pieds de hauteur, et de sept, huit ou neuf de longueur; on les construit de baguettes de coudrier, ou de tout autre bois léger et flexible, entrelacées entre des montants un peu plus gros que les baguettes. On en fait aussi avec des voliges assemblées et clouées sur des montants. On laisse aux claies faites avec le coudrier trois ouvertures placées à la hauteur de quatre pieds; l'une au milieu, de six pouces de large sur un pied de longueur; les deux autres aux deux bouts : ces deux dernières, de trois pouces seulement de largeur sur un pied de longueur, servent à passer le bout des crosses destinées à soutenir les claies. On donne le nom de *crosses* à des bâtons de sept, huit à neuf pieds de longueur, ayant au gros bout une courbure qui forme patte, qui est percée d'un trou, et qu'on fixe en terre avec un piquet; le bout le plus mince, destiné à passer dans les ouvertures des claies, est percé de deux trous où l'on place des chevilles de neuf à dix pouces de long; ces chevilles sont espacées et disposées de manière qu'en faisant anticiper deux claies l'une sur l'autre, au point que l'ouverture de la droite de l'une réponde à celle de la gauche de l'autre, les deux claies se trouvent serrées l'une sur l'autre par les deux chevilles lorsque le gros bout de la crosse touche à terre.

Lorsqu'un berger veut former un parc, il le commence communément au coin du champ, il y dispose ses claies carrément; en attachant celles de l'angle avec des ficelles, il soutient toutes les autres par le moyen des crosses. La crosse entre aisément tout armée de ses chevilles dans les ouvertures correspondantes des deux claies, en présentant les chevilles selon leur longueur; on ne fait passer que la première cheville, et, retournant la crosse à l'équerre, on tient les deux claies prises entre les deux chevilles qui débordent de trois à quatre pouces de chaque côté des deux montants, l'ouverture étant moins large que longue; l'une de ces chevilles se trouve ainsi derrière le montant, et l'autre devant; ensuite on abaisse contre terre le gros bout de la crosse, et l'on enfonce avec un maillet la claie ou le piquet qui, traversant la patte de la crosse, assure tout l'édifice.

Pour transporter chaque claie, le berger passe le bout de sa houlette ou souvent même le bout d'une crosse, lorsqu'elles sont assez fortes, dans l'ouverture qui est au milieu de la claie; il appuie son dos contre cette claie, il la soulève et la porte en faisant passer la houlette sur son épaule, et en la tenant ferme avec les deux mains; on peut aussi transporter les claies en passant le bras droit à travers la voie du milieu.

Lorsque le parc a été une fois commencé au coin du champ, on le continue de proche en proche dans toute son étendue, en ne relevant jamais à chaque changement que trois côtés de claies, le quatrième sert pour le nouveau parc. Le berger doit toujours avoir soin de tracer son parc pendant le jour et d'en marquer les extrémités avec des piquets garnis de chiffons blancs, afin qu'il les puisse apercevoir pendant la nuit lorsqu'il changera le parc, et qu'ils lui servent de guide. On peut éviter cette difficulté, et ménager la peine du berger, en faisant, le jour, un parc divisé en deux parties par une cloison de claies; le berger n'a qu'à faire passer les moutons de l'une dans l'autre pour changer le parc; cette pratique est indispensable dans quelques provinces pour éviter que les bêtes à laine ne soient exposées à devenir la proie des loups pendant qu'on change le parc; elle a un autre avantage, c'est de fumer avec plus d'égalité. On a observé que les bêtes à laine fument beaucoup plus abondamment dans la première moitié de la nuit que dans la seconde, on dispose donc la rangée intérieure des claies qui sépare le parc du soir de celui du matin, de façon que la surface de celui-ci soit à celle du premier dans la proportion de deux à trois, alors la *fumure* se trouve égale. C'est la méthode d'Angleterre et celle du pays de Caux; elle exige un plus grand nombre de claies, mais la répartition plus égale de l'engrais, la sûreté des moutons dans les pays exposés aux loups, et en tous pays la diminution de la peine du berger qui n'a qu'une claie intérieure à lever pour changer ses moutons de parc, et qui par conséquent fait son devoir avec plus d'exactitude, doit faire préférer généralement cette méthode.

La grandeur du parc doit être proportionnée à la quantité de bêtes à laine que l'on veut faire parquer et à la quantité de terre que chaque bête fertilise. On a vu plus haut que chaque bête à laine pouvait fertiliser une étendue de dix pieds carrés, ce calcul est relatif au parc du soir. Il est aisé d'après cela de proportionner le nombre de claies à la force du troupeau; par exemple, il faut, pour un parc de cinquante bêtes, douze claies de sept à huit pieds de long, ou de neuf à dix pieds; et pour un parc de quatre-vingts bêtes, douze claies de dix pieds; il en faut deux de plus si les claies n'ont que neuf pieds, et quatre de plus si elles n'en ont que huit. Il est aisé de calculer de même ce qu'il faut de claies pour un parc double quand on veut éviter au berger la peine de le changer la nuit.

Les calculs sont encore susceptibles de quelques variations, selon la taille et la force des bêtes à laine; il faut un plus grand espace pour la haute et longue espèce anglaise; il en faut un moindre pour la petite espèce berrichonne ou espagnole. L'intelligence du propriétaire doit suppléer à ce qu'on ne peut lui dire avec précision, faute de connaître de quelle race sont les moutons.

Le parc le plus petit que l'on puisse faire est de cinquante bêtes; autrement la dépense nécessaire pour l'entretien du berger excéderait le bénéfice; mais plusieurs cultivateurs peuvent réunir leur troupeau pour les faire parquer ensemble sous la conduite d'un même berger, de même un cultivateur industrieux peut livrer des moutons pour le temps du parc seulement, et réunir plusieurs petits troupeaux pour former un parc plus considérable.

DE LA MANIÈRE DE GOUVERNER UN PARC.

La manière de gouverner le parc n'est pas la même dans toutes les saisons; dans les longs jours on fait entrer le troupeau une heure après le soleil couché, c'est-à-dire vers 9 heures; alors, comme les herbes ont beaucoup de suc, comme la fiente et les urines sont très abondantes, un parc de quatre heures suffit pour amender la terre, et on le change trois fois depuis le soir jusqu'au matin, la première à 1 heure du matin, la seconde à 5 heures, et la troisième à 9 heures du matin. Le dernier parc se fait de jour et on peut même se dispenser de l'enfermer de claies, parce qu'on n'a point également à craindre d'être surpris par les loups; il suffit de placer les chiens de manière qu'ils contiennent les moutons dans l'espace destiné au parc, c'est ce qu'on nomme *parquer en blanc;* on peut au surplus avancer ou reculer le changement du parc lorsqu'on juge à propos; mais il faut alors les faire de grandeurs inégales, et leur donner d'autant plus d'étendue que les bêtes doivent y séjourner plus longtemps. Lorsque le mois de septembre arrive, les nuits sont plus longues, les bêtes à laine ont moins de temps pour pâturer, les herbes ont moins de suc, les urines et la fiente sont moins abondantes; il faut alors ne faire que deux parcs par nuit, et, si l'on continuait à parquer pendant l'hiver, on n'en ferait plus qu'un par vingt-quatre heures.

La cabane du berger doit toujours être à côté du parc, afin qu'en ouvrant l'une des deux portes, il puisse voir le troupeau; elle doit, à cet effet, être très légère et posée sur des roues, pour être d'un transport facile; on la construit en bois, et il suffit qu'elle ait six pieds de long, trois et demi de large, et qu'elle soit couverte en paille ou en bardeau; elle doit contenir un matelas, des draps, une couverture et une tablette pour placer quelques hardes et des provisions de bouche; les portes en doivent fermer à clef. Les bergers sont dans l'usage de faire coucher les chiens à l'air dans le parc, ou en dehors près de leur cabane; ces animaux, que la nature n'a point prémunis comme les moutons contre les intempéries des saisons, en sont quelquefois incommodés, et cet inconvénient deviendrait d'autant plus grand qu'on prolongerait le parc plus avant dans l'hiver; il serait possible d'avoir une petite loge extrêmement légère qu'on placerait à l'angle opposé à celui où serait la cabane du berger, de l'autre côté du parc.

On fait sortir les moutons du parc le matin pour les mener au pâturage lorsque la rosée est passée, et on les gouverne au surplus de la même manière que s'ils vivaient dans les étables. On doit avoir soin, en été, de les mettre à l'ombre dans le milieu du jour, pour les préserver de la chaleur du soleil.

DE LA PRÉPARATION DES TERRES AVANT ET APRÈS LE PARCAGE.

Comme les terres que l'on se propose de parquer sont, en général, destinées à recevoir du blé, il faut commencer, avant d'y mettre le parc, par leur donner au moins deux bons labours à plat, afin que l'urine pénètre plus facilement la terre. Il est important de labourer promptement le champ après que le parc y a passé, afin de mêler la fiente et l'urine avec la terre avant qu'il y ait évaporation; d'ailleurs, pour peu que le terrain soit en pente, s'il vient des averses avant que le champ ait été labouré, une partie du crottin est emportée. Des agriculteurs, dont l'autorité est d'un grand poids, assurent qu'on peut parquer des terres à blé, même après que la plante a poussé, et jusqu'à ce qu'elle ait atteint un pouce de hauteur, pourvu que ce soit par un temps sec; on l'a essayé en Angleterre, les moutons broutent l'herbe, mais on assure qu'ils font du bien à la racine en foulant les terres et qu'ils écartent les vers par leur odeur. Ce n'est qu'avec beaucoup de réserves, et d'abord sur de petites portions de terrain, qu'on doit tenter cette méthode; il en résulterait de si grands avantages, qu'il serait à souhaiter que l'expérience en confirmât la bonté et que quelques personnes riches en voulussent faire l'essai sur de petites parties; si elle réussissait, la facilité de continuer à faire parquer des bêtes à laine sur des terres à blé pendant presque tout l'hiver offrirait un profit de la plus grande importance. Il est bien prouvé aujourd'hui que ces animaux supportent sans inconvénients les rigueurs du froid et l'intempérie des saisons.

DU PARCAGE DES PRAIRIES NATURELLES ET ARTIFICIELLES.

Le parcage dans les prés hauts est très avantageux, surtout pour leur rendre de la vigueur lorsqu'ils sont épuisés; mais il faut que la durée du parc soit beaucoup plus longue sur les prés que sur les terres labourables. Dans les temps secs, on peut laisser le troupeau dans le même parc pendant deux ou trois nuits; mais, dans les temps humides, il faut le changer tous les jours, parce que les excréments de la veille saliraient les moutons; cette méthode fertilise admirablement les prairies, et on peut l'appliquer avec succès aux luzernes, aux ray-grass, aux trèfles, au fromental; toutes ces plantes conservent leur verdure l'hiver, lorsqu'elles ont été parquées; il n'en est pas de même pour le sainfoin, les moutons sont les ennemis de cette plante, et le parcage la détruit au lieu de l'améliorer; on doit éviter d'établir le parcage dans les prés bas, leur humidité serait nuisible aux bêtes à laine.

DES AVANTAGES DU PARCAGE DANS L'EXPLOITATION D'UNE FERME.

L'avantage du parcage est de fumer les terres sans consommer la paille, et cet avantage est inappréciable, parce que c'est la paille qui manque presque toujours dans l'exploitation d'une ferme. En supposant qu'un cultivateur fasse valoir une ferme de deux charrues ou de cinquante arpents par sole, mesure de roi, qu'il ait un troupeau de trois cents bêtes à laine et dix à douze vaches, il peut espérer, dans

IMPRIMERIE NATIONALE.

une année ordinaire et dans des terres de fertilité commune, d'obtenir deux cents voitures de fumier, chacune de quarante à cinquante pieds cubes; cette quantité, répandue sur les cinquante arpents destinés à être ensemencés en blé, ne donnera, pour chacun, que quatre voitures de fumier, et avec aussi peu d'engrais il ne peut espérer que de très médiocres récoltes; mais si ce même cultivateur envoie son troupeau au parc pendant quatre mois de l'année, d'après les calculs qui ont été présentés ci-dessus il fumera environ vingt arpents; il ne lui restera plus, par conséquent, que trente à fumer, sur chacun desquels il pourra répandre six à sept voitures de fumier, en sorte que son industrie aura produit, sans augmentation de dépense, le même effet que si ses pailles eussent été augmentées de plus d'un tiers.

Indépendamment de ces avantages, le parcage a celui de donner aux terres une fumure plus durable, et les avoines qu'on sème la seconde année s'en ressentent encore sensiblement. Il serait à souhaiter qu'on pût parquer de nouveau les mêmes terres au bout de trois ans, et on prétend qu'elles seraient améliorées pour longtemps; mais la plupart des cultivateurs n'ont pas assez de bestiaux pour parquer ainsi toutes leurs terres, et surtout pour les parquer deux fois de suite.

DU PARCAGE DE QUELQUES AUTRES ANIMAUX DOMESTIQUES.

Les bêtes à laine ne sont pas les seuls animaux qu'on puisse mettre au parc; on pratique, en Angleterre, la même méthode pour les vaches et pour les cochons, le terrain où ils ont séjourné se trouve bien amendé et produit de riches récoltes; comme le parcage de ces animaux n'exige aucune précaution particulière, on n'entrera dans aucun détail à ce sujet.

INSTRUCTION SUR L'AGRICULTURE
POUR
LES ASSEMBLÉES PROVINCIALES[1].

(1787.)

Le Roi, depuis son avènement au trône, n'a cessé de donner des preuves éclatantes de l'attention qu'il accorde à tout ce qui concerne l'agriculture, persuadé que c'est dans cette source immense de productions toujours renaissantes que réside la véritable force de son royaume et la base principale de la prospérité publique; Sa Majesté s'est attachée à venir au secours de ceux qui s'en occupent. Un de ses premiers soins a été de supprimer les corvées qui enlevaient à l'agriculture ses bras et ses forces, souvent même au moment où ils lui étaient le plus nécessaires; elle a changé ainsi une administration onéreuse en un moyen de bienfaisance qui, dans les moments d'inaction, fournit le travail et la subsistance à la partie la plus indigente des habitants de la campagne.

Sa Majesté a surtout senti que l'esprit d'équité, autant que l'intérêt de la chose publique, exigeait que le cultivateur eût la libre disposition des productions qu'il avait fait naître et que le prix des denrées suivît son niveau naturel; c'est sous ce point de vue qu'elle a d'abord ordonné, en février 1776, que les blés circuleraient librement dans toute l'étendue du royaume, et que, déterminée cette année par l'opinion publique et par le vœu des notables, elle a permis la libre exportation des

[1] Manuscrit en partie autographe. — Cette instruction a été communiquée au Comité d'agriculture dans la séance du 6 novembre 1787. (*Note de l'Éditeur.*)

grains à l'étranger avec les restrictions convenables et que sa sagesse a exigées.

Pendant que Sa Majesté jetait en quelque façon, par ces deux lois, les fondements de la prospérité de l'agriculture, elle ne négligeait aucun des détails propres à en accélérer les progrès. Elle a cru devoir joindre aux lumières de son conseil celles de quelques savants qui réunissent à la fois les connaissances pratiques de l'agriculture à celles d'administration; des mémoires successivement rédigés sur presque toutes les parties de l'agriculture, une correspondance active établie avec un grand nombre de curés, de seigneurs et de cultivateurs, ont commencé à mieux faire connaître l'état de l'agriculture en France, ses besoins, les encouragements qui lui sont nécessaires, la quantité de ses productions annuelles et leur distribution dans les différentes classes de la société : en même temps, l'activité rendue à quelques sociétés d'agriculture, notamment à celle de Paris, a répandu l'émulation et les lumières; des comices d'agriculture se sont établis dans plusieurs cantons de la généralité de Paris; des instructions ont été publiées; des graines ont été distribuées, et de nouvelles cultures ont été introduites dans des provinces où elles avaient été jusqu'alors inconnues.

Mais tous ces efforts pourraient ne produire que des effets lents et tardifs, peut-être même insuffisants, sans les secours que Sa Majesté espère trouver dans le zèle et dans les lumières des Assemblées provinciales. L'objet du Roi, en ordonnant la rédaction de cette instruction, a été de mettre sous leurs yeux le tableau des principaux objets qui doivent fixer leur attention relativement à l'agriculture. Il est impossible sans doute de les indiquer tous; mais il n'en est que plus nécessaire de fournir une première base aux travaux des Assemblées provinciales sur cet objet si important, jusqu'à ce que le temps et la discussion aient procuré des lumières plus étendues.

En comparant les différentes provinces de France tant entre elles qu'avec celles des royaumes voisins dont l'agriculture est la plus florissante, on est bientôt convaincu que, si les récoltes sont médiocres, même dans les terrains fertiles, si les essais qu'on a faits pour y tirer parti des jachères ont été infructueux, enfin si les nouvelles cultures qu'on a cherché à y introduire n'ont pas réussi, c'est au défaut de fumiers et d'engrais qu'on doit principalement attribuer ce défaut de succès.

Les cultivateurs ne manquent en France d'engrais et de fumiers que parce qu'ils n'ont point assez de bestiaux; les Assemblées provinciales doivent donc s'occuper des moyens d'introduire dans les campagnes un système de culture propre à les augmenter.

Le Roi, pour remplir ce but, avait essayé de faire, dans quelques généralités, des distributions de bestiaux sous forme de prêt; mais la sécheresse de 1785, survenue presque dans le même temps, a contrarié les avantages qui devaient naturellement résulter de cet établissement de bienfaisance.

Il a d'ailleurs été bientôt reconnu qu'avant de multiplier les bestiaux, il fallait pourvoir à leur subsistance.

Un des principaux moyens pour y parvenir est la formation de prairies artificielles; et c'est à ce point que les Assemblées provinciales doivent principalement s'attacher. Indépendamment des instructions qu'elles doivent publier, il est à souhaiter qu'elles puissent faire des distributions gratuites de graines, au moins sous la forme de prêt. Enfin, pour mieux lier l'intérêt de multiplier les bestiaux avec celui d'augmenter les pâturages, les Assemblées provinciales pourraient proposer des gratifications en bestiaux aux cultivateurs qui auraient établi sur leur exploitation et mis en bon rapport un certain nombre d'arpents de prairies artificielles.

La formation des prairies artificielles n'est pas le seul moyen d'augmenter la nourriture des bestiaux. La culture des turneps, celle des betteraves champêtres et celle des pommes de terre, faite en plein champ et à la quantité de plusieurs arpents, fournit une ressource également précieuse pour la subsistance des animaux pendant l'hiver.

On joint ici des instructions que Sa Majesté a fait rédiger et publier sur ces différents objets. On ne les donne point comme applicables à tous les sols et à tous les climats de la France; mais il sera facile aux sociétés d'agriculture de chaque généralité et même à tout cultivateur éclairé de les modifier suivant les circonstances locales.

Un autre moyen de multiplier les engrais sans augmenter la consommation de paille est de faire parquer les bêtes à laine; cet usage, qui se pratique avec succès dans un grand nombre de provinces, ne paraît avoir d'inconvénient pour aucune. Il semble constant que les bêtes à laine se portent mieux au parc qu'à la bergerie, que leur laine devient plus belle et qu'il y aurait même, dans quelques pays, de l'avantage à les faire parquer pendant l'hiver. On joint encore ici l'instruction que Sa Majesté a fait publier à cet égard en 1785.

La manière de gouverner les fumiers, d'y entretenir un degré d'humidité convenable, d'en accélérer ou d'en retarder la putréfaction, de saisir le degré de fermentation qui convient à la végétation, de l'arrêter à propos en supprimant le contact de l'air, est une des parties des plus essentielles et en même temps des moins connues de l'art du cultivateur. Sa Majesté a ordonné de rassembler des instructions à cet égard, et elle se propose d'en faire publier incessamment.

Les Assemblées provinciales, en s'occupant de la multiplication des bestiaux considérés comme un moyen de produire des engrais, ne doivent point perdre de vue tout ce qui peut contribuer à en perfectionner les races, surtout celle des bêtes à laine. Il n'en coûte pas plus à nourrir une bête dont la laine est belle que celle dont la laine est commune; elle n'exige pas plus de soins, et le profit est beaucoup plus considérable. C'est le mâle qui influe principalement sur la qualité de la laine; ainsi, pour améliorer en peu de temps les laines d'une province, il ne s'agit que d'en changer les béliers. On le peut par l'acquisition de béliers étrangers que l'on distribuerait aux cultivateurs les plus intelligents. On le peut aussi en encourageant le choix et l'éducation des plus beaux béliers nationaux. M. Daubenton est parvenu à former de belles races en choisissant constamment, dans des races originairement médiocres, les plus beaux individus pour les renouveler.

Les soins que les Assemblées provinciales donneront pour la multiplication des bestiaux dans leur généralité et pour l'amélioration des races, sont d'autant plus importants qu'aucuns ne sont plus propres à répandre l'aisance dans les campagnes. Le lait des bestiaux, le beurre et le fromage qu'on en tire, fournissent un aliment précieux qui répand le bien-être dans un ménage champêtre; la chair de ces animaux, devenue plus commune, sera à meilleur marché dans les villes et deviendra même à la portée des habitants les plus aisés des campagnes. Les cuirs et peaux ranimeront le commerce de la tannerie, qui languit en France; enfin la laine des moutons fournira aux femmes et aux enfants, qui sont oisifs pendant l'hiver, une occupation utile qui préparera la prospérité des fabriques du royaume.

Les bestiaux peuvent encore être considérés sous un autre point de vue : ils partagent avec les hommes le travail de la culture des terres, et, sous ce rapport, les Assemblées provinciales auront à examiner si, dans telle partie de leur généralité, la culture avec les chevaux ne serait pas préférable à celle des bœufs ou réciproquement, et si les usages suivis à cet égard sont bien adaptés à la nature du sol et aux circonstances locales.

Il est un grand nombre d'autres pratiques particulières qui paraissent indifférentes au premier coup d'œil et qui influent cependant sur le système d'agriculture de toute une province. En Flandre, dans une partie de la Picardie, en Suisse, on laboure et on sème à plat les blés comme les avoines, on les recouvre à la herse, on les roule, et l'on peut ensuite les récolter à la faux, comme on le pratique généralement en Flandre.

On y gagne plus de célérité pour les travaux des semailles et pour ceux des récoltes, l'avantage de saisir les bons moments, une économie dans les frais, plus de sûreté pour la rentrée des grains, une plus grande longueur de paille, et le produit de la partie du terrain qui, lorsqu'on le laboure en planches, forme le fond d'un sillon et ne produit rien.

Dans les cantons où les eaux n'ont point d'écoulement et séjournent pendant l'hiver sur les terres, il a fallu labourer les blés en planches ou en sillons, et cet usage, dans des provinces entières, s'étend même aux avoines. Ce système de culture oblige de les récolter dispendieusement à la faucille. On ne pourrait y employer la faux, parce que, se promenant horizontalement sur une grande surface, elle ne peut pas se prêter aux inégalités du terrain, et que, tandis qu'elle coupe la tige presque au niveau du sol dans la partie supérieure de la planche, elle atteint à peine le sommet de l'épi qui a poussé dans la partie inférieure.

Cet objet mérite d'occuper les Assemblées provinciales, et elles pourront, soit par elles-mêmes, soit par les sociétés d'agriculture, rechercher s'il n'est pas préférable de labourer, à plat ou en planches très surbaissées et très larges, au moins les terres destinées à recevoir des avoines, sauf à creuser en même temps des rigoles suffisamment profondes et bien entendues pour ménager l'écoulement des eaux.

L'attention des Assemblées provinciales peut également s'étendre sur un usage adopté dans quelques endroits et rejeté dans d'autres : c'est celui de javeler les avoines. Il est certain que, ce grain étant peu susceptible de fermenter et de s'échauffer, on risque moins de le laisser exposé aux injures de l'air; mais on peut soupçonner que, lorsqu'il y reste longtemps, il perd de sa qualité et qu'il devient moins agréable aux bestiaux; on est au moins dans cette opinion dans les pays où l'on ne javelle pas.

Depuis plusieurs années les froments ont été attaqués, dans une grande partie des provinces de France, d'une maladie qui est connue sous le nom de *carie* ou *de noir*, et dont il est aisé de les garantir par le choix et par la préparation des semences.

On ne connaît pas parfaitement la cause et l'origine de cette maladie, mais on sait qu'elle est contagieuse.

Si l'on prend du blé sain et si, le partageant en deux parties égales, on en imprègne une des deux avec de la poussière noire de blé carié, si ensuite on les sème chacune, dans deux portions égales d'un même champ, le blé qui n'aura pas été imprégné de poussière noire, à moins de circonstances particulières, ne donnera pas à la récolte suivante de blé noir ou carié, tandis que le blé imprégné de poussière noire en donnera une grande quantité. Des expériences de ce genre, suivies avec une grande constance et une grande attention pendant trente années consécutives par M. Tillet, membre de l'Académie des sciences, ne permettent pas de douter que, quoique le noir ou la carie soit une maladie quelquefois spontanée, elle ne soit en même temps contagieuse et qu'elle ne se communique par les semences.

Le chaulage du blé destiné à être semé n'est pas toujours un préservatif efficace contre cette maladie; mais on la prévient infailliblement en lavant le blé dans une lessive de cendres ou dans une eau où l'on a fait dissoudre de la potasse, et le chaulant ensuite dans une eau chargée de chaux vive et encore fortement échauffée par elle; on trouve toutes les circonstances de ce procédé détaillées dans le mémoire de M. Tillet, joint à cette Instruction, et dont un certain nombre d'exemplaires a déjà été adressé aux Assemblées provinciales.

Les Assemblées provinciales rendront le service le plus important aux habitants des campagnes, non seulement si elles parviennent à les persuader de l'efficacité de ce moyen, mais encore si elles peuvent établir, dans différentes parties de leurs généralités, des dépôts de semences ainsi préparées qui seront vendues à bon compte, ou échangées à peu de frais contre des blés imprégnés de noir.

Le blé, même dans son état de perfection, n'est pas, en sortant des mains du cultivateur, sous la forme qu'il doit avoir pour passer à la consommation; il faut qu'il soit moulu et que la farine soit séparée du son : c'est le but de la *meunerie*. Cet objet est un des plus importants dont les Assemblées provinciales puissent s'occuper.

Tandis que la théorie de la mouture du blé s'éclaire par de bons ouvrages, la pratique de cet art reste dans un état digne des temps de barbarie. Il est des provinces entières où il n'y a pas un seul moulin de bien construit, où le grain sort de dessous la meule sans être suffisamment moulu, où le blutage ne sépare qu'une portion de la farine, où plus d'un sixième de cette dernière reste uni au son et passe à la nourriture des animaux tandis qu'il aurait pu servir à celle des

IMPRIMERIE NATIONALE.

hommes. Cette perte, considérée relativement à l'ensemble du royaume, peut être évaluée à des sommes très considérables.

On a soupçonné, et peut-être avec raison, que la banalité des moulins avait pu s'opposer jusqu'ici à la perfection de la mouture; qu'au moyen de l'espèce de privilège exclusif qu'exercent les meuniers qui tiennent les moulins banaux, ils n'avaient point assez d'intérêt d'améliorer leur travail; que les propriétaires eux-mêmes n'avaient aucun motif qui pût les engager à construire de meilleurs moulins, et que le consommateur en souffrait; mais Sa Majesté, qui ne peut voir dans l'exercice du droit de banalité que le résultat d'un engagement synallagmatique contracté entre les seigneurs et les vassaux, est bien éloignée d'avoir l'intention d'y porter la moindre atteinte; elle désirerait seulement qu'il fût possible de trouver des moyens de concilier l'intérêt public avec le respect dû aux propriétés, ce serait le service le plus important que les Assemblées provinciales, les seigneurs et propriétaires, puissent rendre à la nation.

Une partie des pâturages les plus précieux du royaume a été convertie en prairies marécageuses et de peu de valeur par les retenues que les propriétaires des cours d'eau se sont crus autorisés à faire pour construire des moulins. Souvent une usine qui rapporte une somme modique à son propriétaire, cause un dommage cent fois plus considérable aux communautés voisines par les pâturages qu'on a sacrifiés pour la construire.

Le desséchement des marais, en débarrassant les ruisseaux et rivières et en donnant aux eaux leur libre cours, rendrait les campagnes plus salubres. Les fièvres d'automne, si funestes dans certaines provinces, seraient moins fréquentes; la navigation et le flottage, devenus plus libres, remonteraient plus avant dans les terres, ils faciliteraient l'exportation des denrées et vivifieraient des points du royaume qui sont sans débouchés et sans communication. Ces réflexions sont également applicables même aux grandes rivières : une foule d'obstacles en interrompent la navigation ou au moins la rendent plus difficile, et souvent l'utilité publique a été sacrifiée à de modiques intérêts particuliers.

Plusieurs rivières du royaume s'ensablent d'année en année et ne sont plus navigables que dans un court espace de temps, la navigation, dans la plupart, ne remonte plus aussi loin qu'elle remontait autrefois, et, s'il n'y est donné une attention particulière, le mal s'accroîtra et deviendra un jour sans remède. Il est important sans doute d'ouvrir de nouveaux canaux qui joignent entre eux les grands fleuves et les mers elles-mêmes, mais il est plus important encore d'entretenir et de conserver les canaux multipliés dont la nature a coupé et enrichi le royaume de France.

Il a été prouvé, par des mémoires remis à l'administration, que la France, quoique aussi propre qu'aucun autre climat à la culture du chanvre et du lin, en tirait beaucoup de l'étranger, et que, dans plusieurs provinces, les habitants des campagnes, les femmes surtout et les enfants, manquaient d'occupation pendant les rigueurs de l'hiver, époque à laquelle toute culture est interrompue.

D'autres mémoires remis à l'administration annoncent que la Silésie et la Basse-Allemagne se sont emparées, principalement par le secours des réfugiés français, de la fabrication et du commerce des toiles légères, et qu'elles nous repoussent, pour cet objet, des marchés d'Italie, d'Espagne et d'Amérique. On ne peut douter que cette fabrique ne convienne à plusieurs provinces de France. On pourrait donc rappeler dans le royaume une branche d'industrie qu'il a possédée exclusivement autrefois et qui fournissait la matière d'un immense commerce extérieur. Cette industrie, répandue dans les campagnes, inspirerait au peuple l'amour du travail et mettrait à profit les mortes saisons de l'agriculture.

On joint ici une instruction sur la culture du lin, qui probablement n'est pas applicable à toutes les provinces du royaume parce que les procédés pour la culture de cette plante ne sont pas les mêmes pour toutes, mais qui est au moins propre à faire naître des idées d'après lesquelles les Assemblées provinciales ou celles de département pourront rédiger d'autres instructions plus conformes à la localité de leurs provinces.

Ce ne serait point assez, pour encourager la culture du lin, que d'avoir publié des instructions; elles ne rempliraient pas leur objet dans les provinces où la graine de cette plante est rare et chère, et surtout dans celles où elle manque absolument. Il est nécessaire que les Assemblées provinciales en fassent venir une certaine quantité et qu'elles en établissent des dépôts qui seraient annoncés dans les instructions qu'elles répandraient. C'est principalement du nord de l'Europe et de l'Amérique-Unie qu'on peut la tirer par mer au meilleur marché; et c'est aux négociants des ports maritimes de l'Océan que doivent être adressées les demandes.

Les Assemblées provinciales ne seraient pas dans le cas de destiner à cet objet des fonds très considérables, en ayant surtout l'attention de ne les accorder aux habitants de la campagne que sur soumission d'en rendre une pareille quantité dans un délai déterminé.

Le chanvre et le lin, en sortant des mains du cultivateur, ne représentent qu'une très petite portion de la valeur qu'ils doivent acquérir par la main-d'œuvre de la filature et par le tissage des toiles. C'est du prix de cette main-d'œuvre qu'il est important de faire jouir les habitants des campagnes. Mais ce prix n'est pas le même pour toute espèce de fil; sa valeur s'accroît en raison de sa beauté, de sa finesse et de son égalité. Telle fileuse, qui ne gagne que deux à trois sols par jour à filer en commun, peut gagner jusqu'à quinze et vingt sols lorsqu'elle est assez adroite pour filer en fin.

Il ne suffit donc pas d'encourager dans les campagnes la main-d'œuvre de la filature, il faut encore apprendre aux femmes à bien filer, et Sa Majesté ne peut que s'en rapporter aux Assemblées provinciales sur les moyens de remplir cet objet.

On s'est empressé, dans plusieurs villes du royaume, d'établir des écoles gratuites de dessin, et le Roi n'a pu qu'applaudir aux motifs qui ont déterminé ces établissements. Sa Majesté n'ignore pas que c'est principalement dans les objets de goût qu'excelle la nation française, et les écoles gratuites de dessin ne peuvent tendre qu'à perfectionner et à épurer ce même goût. Mais ce qui a été fait pour des arts purement agréables pourrait se faire à plus forte raison pour des arts d'une utilité première; et l'on ne voit pas pourquoi il n'existerait pas, dans les chefs-lieux des généralités, des écoles gratuites de filature, comme il en existe de dessin.

L'Assemblée provinciale de Berry a déjà donné l'exemple d'établissements de ce genre, et il y a lieu d'espérer qu'il s'étendra successivement à toutes les provinces du royaume.

Non seulement Sa Majesté recevra avec intérêt toutes les propositions qui pourront lui être faites pour des établissements utiles, mais elle écoutera avec bienveillance les représentations qui pourraient être mises sous ses yeux, relativement aux coutumes locales et aux règlements qui pourraient mettre obstacle aux progrès de l'agriculture et à la libre circulation de ses productions.

Il existe encore, dans quelques provinces, des usages qui s'opposent à la suppression des jachères et à la clôture des héritages; ces usages sont contraires au droit sacré de la propriété, qui permet à chacun de disposer à son gré du champ qui lui a été laissé par ses pères ou qu'il a légitimement acquis, d'y établir la culture qu'il croit la plus conforme à ses intérêts, d'en interdire ou d'en permettre l'entrée à qui il juge à propos.

Le droit de parcours a été aboli dans plusieurs provinces de France, notamment, par édit du mois de mai 1769, dans la province de Champagne, mais la sagesse qui préside à toutes les opérations que Sa Majesté ordonne ne lui a pas permis de rendre encore générale la loi qu'elle a publiée à ce sujet; on ne peut douter que le droit de parcours ne présente quelques avantages relativement à la nourriture des bestiaux qui appartiennent à la classe des journaliers, mais ne sont-ils pas plus que compensés, au moins dans le plus grand nombre des circonstances, par l'impossibilité où il met les propriétaires de multiplier les prairies artificielles et de cultiver les jachères, par le risque auquel il les expose de voir des bestiaux étrangers venir ravager leur champ et leur enlever en un jour le fruit de longs travaux, enfin par la perte des engrais qui en résulte, et par la facilité avec laquelle se propagent les maladies épizootiques dans les provinces où le parcours est autorisé?

La brièveté des baux que les propriétaires font à leurs fermiers présente encore des obstacles qui n'ont point échappé à l'attention de Sa Majesté. Il est sensible qu'aucun cultivateur ne se déterminera à entreprendre de grandes spéculations et à faire sur une propriété étrangère des avances considérables, lorsqu'il ne pourra pas espérer d'en être indemnisé. Il est reconnu que ce n'est qu'au bout de huit à dix ans qu'un fermier commence à recueillir le fruit des améliorations qu'il a faites, et ce terme excède déjà la durée des baux ordinaires; ce sont ces considérations qui ont déterminé Sa Majesté à exempter, par arrêt de son Conseil du 2 janvier 1775, des droits de centième denier et demi-centième denier les baux dont la durée n'excédera pas 29 ans. Mais, comme ce règlement n'est pas suffisamment connu des propriétaires et des fermiers et qu'il n'a pas opéré dans la durée des baux la révolution qu'on devait en attendre, on en joint plusieurs exemplaires à cette instruction, afin que les Assemblées provinciales en fassent connaître les dispositions aux Assemblées de département et que les intentions bienfaisantes de Sa Majesté ne demeurent point ignorées.

Il resterait à remédier aux inconvénients qui résultent de l'instabilité des baux des bénéficiers; mais, quelque convaincue que soit Sa Majesté de l'importance dont serait pour l'agriculture un règlement sur cet objet, elle croit devoir différer encore de s'en occuper jusqu'à ce qu'elle ait rassemblé les observations des Assemblées provinciales.

Le Roi, en autorisant le Contrôleur général de ses finances à communiquer ces réflexions aux Assemblées provinciales, désire qu'elles les transmettent aux Assemblées de départements, qu'elles deviennent l'objet de correspondances entre ces derniers et les curés et les propriétaires les plus instruits de leur arrondissement, et que cet objet forme un des articles essentiels des instructions qui seront données aux commissions intermédiaires.

Dans la correspondance habituelle que les Assemblées provinciales ou leurs commissions intermédiaires entretiendront avec le Contrôleur général pour l'agriculture, elles auront soin de ne traiter que de ce seul objet et de timbrer leurs lettres en tête du mot *Agriculture*. Sa Majesté a pris au surplus les précautions nécessaires pour que cette correspondance ait toute l'activité et l'utilité dont elle peut être susceptible.

MÉMOIRE
SUR LES ENCOURAGEMENTS
QU'IL EST NÉCESSAIRE D'ACCORDER
À L'AGRICULTURE[1].

(1787.)

L'agriculture est la première de toutes les fabriques, et la valeur de ses productions, estimée d'après des évaluations modérées, s'élève à plus de 2 milliards 500 millions.

C'est cette reproduction annuelle qui fournit au payement de l'impôt, à la nourriture, à l'habillement des peuples et au commerce d'exportation.

Le commerce et l'industrie ne peuvent employer que les matériaux qu'elle a fournis; en sorte qu'elle est la source première, la source presque unique de toutes les richesses nationales.

Il n'y a pas longtemps que ces grandes vérités, ces vérités fondamentales sont connues, ou, au moins, on n'a pas été suffisamment pénétré de leur importance. L'attention de l'administration s'est portée tout entière sur le commerce, qui présentait des opérations plus brillantes, plus propres à illustrer un règne ou un ministère; on a abandonné la réalité pour l'ombre, et, pendant que l'agriculture faisait en Angleterre des progrès rapides, elle est demeurée en France à peu près dans le

[1] Manuscrit en partie autographe. — Une rédaction un peu différente se trouve dans le Procès-verbal de la séance du 31 juillet 1787 du Comité d'agriculture. Cette rédaction, publiée dans le volume de MM. Pigeonneau et de Foville (page 400), est intitulée : *Mémoire sur le département de l'agriculture.* (*Note de l'Éditeur.*)

même état où elle était au commencement de ce siècle; cette différence entre l'agriculture anglaise et la française est telle qu'à bonté de terre égale, un arpent en Angleterre rend deux cinquièmes de plus qu'un arpent de même nature en France, c'est-à-dire presque le double.

Mais pourquoi l'agriculture est-elle moins avancée en France qu'en Angleterre? La nation n'est ni moins laborieuse, ni moins industrieuse que la nation anglaise; elle réussit comme elle dans tout ce qu'elle entreprend: elle égale presque toujours, elle surpasse quelquefois ce qui se fait de mieux en Angleterre. Osons le dire, c'est que l'agriculture est une profession qui n'est exercée que par la classe la plus indigente du peuple et que, jusqu'au règne de Louis XVI, le peuple n'avait été compté pour rien en France; on ne connaissait que les mots de force, de puissance, de richesse de l'État; ceux de bonheur du peuple, de liberté, d'aisance particulière, n'avaient jamais frappé l'oreille de ceux qui nous gouvernent, et l'on ignorait que le véritable but du Gouvernement doit être d'augmenter la somme des jouissances, la somme du bonheur et du bien-être de tous les individus.

Si le commerce a été plus écouté, plus protégé, c'est que la profession de négociant est exercée par une classe de citoyens d'un ordre plus élevé, qui savent écrire et parler, qui vivent dans les villes, qui y font corps et dont la voix se fait plus facilement entendre. Le malheureux cultivateur gémit dans sa chaumière; il n'a ni représentant, ni défenseur, et ses intérêts n'ont même été comptés pour rien dans la distribution qui a été faite des départements de l'administration du royaume.

La sagesse éclairée du Roi l'a déterminé à rompre les entraves qui enchaînent de toutes parts le commerce en France. Le royaume va être incessamment débarrassé des lignes de bureaux et d'employés qui le traversent. Le voyageur et le commerçant ne seront plus assujettis à des visites multipliées, à une foule de formalités gênantes, et des sujets qui vivent sous un même prince ne seront plus étrangers les uns par rapport aux autres.

L'agriculture attend de son souverain les mêmes bienfaits; elle est

IMPRIMERIE NATIONALE.

plus gênée, plus contrariée, plus opprimée que ne l'est le commerce lui-même, et le Roi ne peut refuser à une partie de ses sujets ce qu'il a cherché à procurer à une autre par tant de travaux et au milieu de tant de contradictions.

On ne peut douter que ce ne soit principalement de nos institutions et de nos lois que viennent les obstacles qui s'opposent aux progrès de l'agriculture, et le retard effrayant dans lequel elle est par rapport à celle de l'Angleterre. Ces obstacles sont :

Premièrement. — L'arbitraire de la taille, qui humilie le contribuable, qui l'empêche de donner à ses facultés tout l'essor dont elles sont susceptibles, qui s'oppose aux améliorations parce qu'elles attirent sur celui qui les fait une augmentation inévitable d'impôt, enfin parce que la taille, de la manière dont elle se perçoit dans la plus grande partie des provinces, est une véritable prime de découragement.

Secondement. — Les corvées plus humiliantes encore que la taille et qui réduisent les sujets du Roi à la condition de serfs, qui enlèvent les bras à l'agriculture, souvent dans le moment où ils lui sont le plus utiles, et qui suspend des travaux sur lesquels porte toute la richesse nationale.

Troisièmement. — Les champarts, les dîmes inféodées, les dîmes ecclésiastiques, qui enlèvent dans quelques cantons plus de moitié et quelquefois la totalité du produit net de la culture.

Quatrièmement. — La forme vicieuse de la plupart des perceptions établies sur les consommations.

Cinquièmement. — Les visites domiciliaires relatives aux droits d'aides, de gabelles et de tabac; visites qui entraînent la violation du domicile, des recherches inhumaines et indécentes, qui portent la désolation dans les familles et qui tendent à rendre odieuse l'autorité du plus humain des rois.

Sixièmement. — La banalité des moulins, qui s'oppose à la perfection de la mouture, qui met le peuple des campagnes à la merci de l'avidité et du monopole des meuniers, qui fait manger une nourriture de mauvaise qualité à plus de la moitié du royaume, enfin qui occasionne une perte d'un sixième au moins dans les farines que le mauvais moulage ne permet pas de séparer d'avec le son.

Septièmement. — Le droit de parcours, qui subsiste encore dans une partie du royaume, qui s'oppose à la clôture des terres, à la destruction des jachères, qui oblige de sacrifier les regains et une partie des engrais, qui ôte aux cultivateurs tout intérêt d'améliorer, qui tend à communiquer, à répandre et à propager les maladies épizootiques, enfin qui défonce les terres par le piétinement des bestiaux.

Huitièmement. — Les retenues d'eau que les riverains des ruisseaux et rivières se sont arrogé le droit de faire pour l'aliment de leurs moulins; retenues qui inondent une partie des prairies du royaume, qui convertissent en marais des pâturages précieux et enlèvent à l'agriculture des produits immenses.

Neuvièmement. — Le système prohibitif que le Gouvernement a presque toujours adopté pour l'exportation des denrées; système qui limite l'industrie du cultivateur et qui lui défend, en quelque sorte, de récolter du blé au delà de ce que le royaume peut en consommer.

Croirait-on qu'un royaume aussi fertile, aussi essentiellement agricole que l'est la France, qui devrait exporter des productions de toute espèce, manque de chanvre, de lin, d'huile, de laine, de bestiaux, qu'il en tire des quantités considérables du dehors et qu'il est à la merci de l'étranger pour une grande partie des objets de culture auxquels son sol est le plus propre?

Cet état de langueur et d'abandon, dans lequel est en France le premier et le plus utile de tous les arts, celui qui occupe le plus grand nombre de bras, qui peut contribuer le plus à la richesse, à la force de la nation et surtout au bien-être du peuple, tient à ce que personne ne s'en occupe, à ce qu'on n'a jamais pensé à établir une relation entre ce département et les autres; qu'il est resté isolé sans encouragements, sans secours, sans fonds disponibles.

Il faut sans doute instruire et encourager; mais ni l'instruction, ni les encouragements ne rempliront leur objet, tant qu'on ne détruira pas les obstacles qui s'opposent à toute amélioration, à toute progression, à tout changement utile.

Une partie de ces vues a été mise sous les yeux de M. de Calonne, et il en a été frappé, il a essayé de donner une forme et une existence au département de l'agriculture. Un Comité a été formé sous la présidence de M. de Vergennes, et depuis près de deux ans qu'il est établi, quoique tout secours lui ait été refusé, il a fait plus qu'on ne pouvait en espérer; on en va juger par l'exposé très sommaire de ses travaux.

Il a monté une correspondance avec les intendants, les sociétés d'agriculture, et surtout avec un assez grand nombre de curés; il a donné lieu à l'établissement d'associations champêtres pour l'instruction des agriculteurs et pour l'encouragement de l'agriculture, et ces assemblées naissantes promettent les plus grands succès.

Un tableau de comparaison de toutes les mesures de terres, de grains et de liquides a été entrepris; des instructions ont été publiées sur les prairies artificielles, sur la culture du lin, sur celle des turneps, des betteraves champêtres, sur le parcage des moutons, sur le chaulage des blés.

Il s'est occupé des moyens de perfectionner les races de bestiaux, d'améliorer les laines, d'établir dans les campagnes des filatures qui pussent procurer une main-d'œuvre utile pendant l'hiver, c'est-à-dire pendant la cessation des travaux de la campagne, de continuer l'*Atlas rural et minéralogique de la France*, qui avait été commencé par M. Guettard, de rassembler dans un dépôt la collection de tous les instruments aratoires, de toutes les machines d'agriculture d'Angleterre et des autres pays.

La question des dîmes souvent réclamées sur les prairies artificielles et sur les cultures nouvelles a été discutée dans ses assemblées relativement au droit public du royaume, à l'intérêt général de l'État, à celui des décimateurs eux-mêmes, et des mémoires ont été remis à M. de Calonne. Les autres lois existantes et qu'on a pu regarder comme nuisibles aux progrès de l'agriculture ont été analysées; telles sont celles relatives au droit de parcours, à la défense de dessoler les terres, à l'établissement des pâtres communs, à la liberté du commerce des grains, etc. Les mémoires se sont accumulés; mais jusqu'ici le plus grand nombre est demeuré sans suite et sans effet, parce que le Comité formé par M. de Calonne était un établissement naissant et qui n'avait point encore acquis suffisamment de consistance.

Mais ce qui a surtout interrompu le cours de tous les travaux utiles qui ont été commencés, c'est le manque de fonds. Il ne suffit pas, pour encourager de nouvelles cultures, de répandre des instructions, d'indiquer les moyens de perfectionner les races de bestiaux, il faut les accompagner de distributions gratuites de graines, de distributions de béliers tirés de l'étranger, attacher aux succès des encouragements et des primes. Il faut plus encore, il faut joindre l'exemple aux encouragements et aux préceptes. Le Comité d'agriculture a reconnu la nécessité de monter dans les environs de Paris, et peut-être dans plusieurs provinces, des fermes expérimentales destinées à servir de modèle et dans lesquelles on aurait établi le système d'agriculture anglaise. Ces établissements importants n'ont pu avoir lieu faute de fonds; on a été obligé de renoncer, pour la même cause, à la suite du travail sur les mesures, à la continuation de l'*Atlas minéralogique*, à la collection des machines d'agriculture.

M. le Contrôleur général avait promis et assuré verbalement un fonds fixe de 30,000 livres par mois à la disposition du Comité, à la charge toutefois de lui rendre compte de l'emploi et de prendre ses décisions sur tous les objets; mais les vues étendues qu'il avait prises sur ce département l'ont engagé à différer, et deux années qui peut-être auraient suffi pour changer la face de l'agriculture dans le royaume, qui y auraient introduit une source de prospérités, ont été perdues.

On ne peut plus espérer de retrouver des circonstances aussi favorables que celles qui ont eu lieu. La sécheresse de 1785 et la disette des fourrages qui en a été la suite avaient fait sentir aux cultivateurs l'avantage des prairies artificielles, de la culture des turneps, etc. La crainte du retour d'un semblable fléau les engageait à tout tenter pour s'en garantir, et c'était le moment à saisir pour faire des distributions de graines et pour établir de nouvelles cultures. Mais il faut au moins tirer de ce qu'on n'a pas fait d'utiles leçons pour l'avenir. Les dépenses nécessaires, dans ce moment, pour fonder le département de l'agriculture ne sont point incompatibles avec l'esprit d'économie qui anime l'administration actuelle. C'est sur les dépenses stériles, sur celles dont il ne résulte et ne peut résulter aucun avantage, que doivent porter les économies. Celles qui seront faites pour l'amélioration de l'agriculture sont d'un autre genre : ce sont des avances productives; c'est une semence qui rendra beaucoup plus de cent pour un. On a prouvé, dans des mémoires remis à M. de Calonne, que les produits bruts de l'agriculture s'élevaient à 2 milliards 500 millions. Quand on ne produirait qu'une amélioration d'un dixième, on aurait augmenté de 250 millions la masse de la richesse publique. Certainement le Roi ne peut faire un placement plus avantageux pour la nation et pour lui-même; car on ne peut augmenter la richesse nationale, sans augmenter en même temps les produits des droits du Roi.

Après avoir exposé les obstacles de différents genres qui s'opposent en France aux progrès de l'agriculture, après avoir fait voir qu'ils ne peuvent être levés qu'avec des lumières, des instructions, des encouragements et des fonds, qu'il est nécessaire surtout que la puissance législative concoure avec ces moyens, il reste à examiner quel serait le plan le plus propre à remplir ces vues.

On pense que M. le Contrôleur général pourrait adopter celui qui avait été formé par M. de Calonne et qu'il lui a fait remettre à sa retraite, en y faisant quelques modifications. Il consisterait à conserver ou à établir, chez l'intendant de chaque département, des assemblées particulières qui se tiendraient chaque semaine pour l'agriculture, pour le commerce et pour ce qui concerne les droits du Roi; on formerait de plus un Comité pour les trois parties réunies qui s'assemblerait tous les mois chez M. le Contrôleur général, et où les intérêts communs seraient discutés contradictoirement. Ces assemblées pourraient être composées comme il suit :

PREMIÈRE ASSEMBLÉE POUR L'ADMINISTRATION DE L'AGRICULTURE.

On conserverait l'assemblée établie par M. de Calonne et qui est principalement composée de membres de l'Académie des sciences, de la Société d'agriculture et dont plusieurs ont des idées saines d'administration et d'économie politique. Elle continuerait à se tenir une fois chaque semaine chez l'intendant du département; on y suivrait, comme on le fait aujourd'hui, la correspondance avec les intendants, avec les sociétés et bureaux d'agriculture, avec une partie des curés du royaume, avec les présidents des Assemblées provinciales qui doivent être incessamment établies, peut-être même avec ceux des assemblées de district, enfin avec tous ceux qui pourraient présenter des idées et des projets utiles. Cette même assemblée discuterait les points sur lesquels la législation relative à l'agriculture est susceptible de réforme, rédigerait des mémoires, projetterait de nouvelles lois, publierait des instructions, indiquerait les encouragements à donner, les prix à proposer et les dépenses qu'elle croirait utiles.

SECONDE ASSEMBLÉE POUR L'ADMINISTRATION DU COMMERCE.

Il se tiendrait chaque semaine une semblable assemblée pour la discussion de toutes les affaires relatives au commerce; elle serait composée des intendants du commerce, des inspecteurs généraux et de six ou huit principaux députés du commerce. Cette assemblée, dans laquelle il ne serait peut-être pas inutile d'introduire quelques membres des Académies, ferait pour le commerce ce qu'on vient de proposer pour l'agriculture; ce serait également une assemblée préparatoire.

TROISIÈME ASSEMBLÉE

POUR LA DISCUSSION DES AFFAIRES RELATIVES AUX DROITS DE LA FERME GÉNÉRALE.

Il existe déjà une assemblée composée de fermiers généraux et présidée par l'intendant de la Ferme générale, qui se tient une fois par semaine, et dans laquelle se traitent toutes les affaires relatives aux droits du Roi qui exigent une décision du ministre. Cette assemblée remplirait son objet, si le commerce et l'agriculture y avaient leurs représentants. L'intérêt général semblerait exiger qu'on y appelât les inspecteurs du commerce et deux membres du Comité d'agriculture. Comme, au surplus, les droits des fermes ont beaucoup plus de rapport avec le commerce qu'avec l'agriculture, on pourrait se contenter d'admettre les seuls inspecteurs du commerce.

COMITÉ GÉNÉRAL D'AGRICULTURE, DE COMMERCE ET DE FINANCES.

Tous les mois, les présidents et quelques-uns des principaux membres de chaque assemblée se réuniraient en un Comité général, où se traiteraient toutes les affaires communes aux trois parties, c'est-à-dire à l'agriculture, au commerce et à la perception des droits. Ce Comité se tiendrait habituellement chez M. le Contrôleur général. Mais deux fois l'année, à des époques déterminées, il s'assemblerait chez M. le Garde des sceaux, pour y présenter et pour y discuter toutes les réformes à faire dans la législation.

Ce Comité pourrait être composé comme il suit :

M. de Vergennes, intendant au département des impositions et de l'agriculture ;

Quatre membres de l'assemblée établie pour l'administration de l'agriculture ;

Les quatre intendants du commerce;

Les deux inspecteurs généraux du commerce;

M. de Colonia, intendant au département de la ferme générale;

Deux fermiers généraux.

Si on croyait pouvoir augmenter encore le nombre des membres de ce Comité sans risquer de le rendre tumultueux, on pourrait y joindre l'intendant de Paris, et deux ou quatre maîtres des requêtes, choisis parmi les jeunes gens, et qui trouveraient, dans l'assistance à cette assemblée, une occasion précieuse de s'instruire.

Le commerce aurait dans cette assemblée six représentants, tandis que l'agriculture n'en aurait que cinq, et il ne serait par conséquent pas impossible que l'intérêt de l'agriculture ne fût encore quelquefois sacrifié à celui du commerce; mais il faut considérer, en même temps, que, dans ce moment, un des intendants du commerce et un des inspecteurs généraux sont membres de l'assemblée particulière d'agriculture; la tendance qu'ils auraient à favoriser le commerce au préjudice de l'agriculture sera donc affaiblie, et cette circonstance établira un équilibre assez exact.

A l'égard de la ferme générale, elle ne sera pas prédominante, et elle ne doit pas l'être, parce que, dans un Comité institué pour le bien de la nation, l'intérêt des droits du Roi ne peut être rangé qu'en troisième ordre.

DE QUELQUES OBJETS QU'IL PARAÎT NÉCESSAIRE DE RÉUNIR AU DÉPARTEMENT DE L'AGRICULTURE.

On s'occupe de la construction de canaux de navigation, et cet objet est certainement d'une grande importance pour la prospérité publique et pour mettre en valeur des provinces qui ont peu de contrées. Mais, avant de s'occuper de ces travaux, ne serait-il pas plus raisonnable de commencer par rendre navigables les canaux que la nature nous a donnés, par débarrasser les rivières des ensablements qui s'y forment, des digues, des pertuis, des retenues d'eau, des droits de péage, en un mot des obstacles physiques et moraux d'un grand nombre d'espèces dont elles sont obstruées? Personne, à proprement parler, n'est chargé

IMPRIMERIE NATIONALE.

de ces objets importants; le département de la navigation intérieure est mixte entre les eaux et forêts, les ponts et chaussées et l'agriculture. Il appartient à tous et n'est suivi par personne. C'est l'agriculture qui semble y avoir le plus grand intérêt, parce que les retenues d'eau faites arbitrairement le long des rivières, sous prétexte de droit de moulin, inondent des prairies immenses, et font perdre à l'agriculture des pâturages précieux. Le département de la navigation intérieure pourrait donc être réuni à celui de l'agriculture à laquelle il appartient déjà sous plusieurs rapports.

On croirait également nécessaire de réunir à l'agriculture la conduite et l'aménagement des bois du Roi. L'ordonnance des eaux et forêts est évidemment vicieuse à bien des égards, et M. Duhamel a démontré qu'elle portait sur des principes faux. L'administration des eaux et forêts ne s'est point jusqu'ici occupée d'une manière efficace des réformes que cet objet exige, et il n'y a que des agriculteurs éclairés qui puissent les méditer et les proposer. Si on trouvait quelque inconvénient à couper ainsi en deux le département des eaux et forêts, on pourrait remplir au moins une partie du même objet en appelant au Comité général, présidé par M. le Contrôleur général, l'intendant des eaux et forêts et deux grands maîtres les plus instruits.

Par la forme qu'on vient d'indiquer, M. le Contrôleur général aurait toujours auprès de lui des assemblées composées d'hommes éclairés et dans lesquels il trouverait toutes les connaissances relatives à toutes les parties de l'administration, et les questions s'y éclairciraient par la discussion. Tous les objets seraient traités, pour ainsi dire, en présence de toutes les parties intéressées, ou au moins de leurs représentants. Les intérêts de l'agriculture seraient écoutés, et cette manufacture, la plus riche, la plus importante de toutes, ne serait plus sacrifiée, comme elle l'est aujourd'hui, à des intérêts d'une beaucoup moindre importance.

Si Monsieur le Contrôleur général adopte ce plan, il serait nécessaire, pour lui donner plus de consistance, qu'il fût ordonné par un arrêt du Conseil.

RÉFLEXIONS
SUR LES MOYENS DE FAIRE PARVENIR
AUX HABITANTS DE LA CAMPAGNE
LES INSTRUCTIONS PUBLIÉES PAR LE GOUVERNEMENT[1].

(1785).

Les curés paraissent être les organes naturels par lesquels les instructions de toute espèce doivent être transmises au peuple. Leur ministère ne s'annonce communément que par des actes de bienfaisance; il porte partout avec lui la tranquillité, la paix, la consolation.

Il n'en est pas de même de ceux qui sont dépositaires de la puissance exécutrice, tels que les officiers de justice, les intendants, les subdélégués : l'autorité, la force les accompagne; ils n'exécutent presque jamais que des actes rigoureux, et il n'est pas étonnant qu'à leur approche l'âme se ferme à la persuasion et à la confiance.

Ces considérations ont été vivement senties par les membres qui composent l'assemblée établie pour l'administration de l'agriculture, et c'est par une suite de ce principe qu'ils ont engagé M. de Vergennes à ouvrir une correspondance avec les chefs des différents ordres réguliers, et de ceux, surtout, qui fournissent le plus grand nombre de curés aux campagnes; cette correspondance a déjà été montée, en effet, avec le général des Prémontrés et avec le procureur général de Sainte-Geneviève.

Mais ce premier pas ne remplit encore que bien incomplètement l'ob-

[1] Manuscrit en partie autographe.

jet du Gouvernement. Les ordres de Prémontré et de Sainte-Geneviève ne comprennent pas ensemble plus de 1,000 curés, tandis qu'il existe environ 40,000 paroisses dans le royaume. Si donc on s'en tenait à ce premier essai, on ne ferait qu'une très petite partie du bien qu'on s'est proposé.

Il est donc question aujourd'hui d'attacher les autres curés du royaume à l'administration des intendants et à celle de l'agriculture, et on est convenu, à cet égard, dans la dernière assemblée, d'un plan qui paraît réunir tous les intérêts. Mais ce plan, tel qu'il a été conçu, entraîne de grandes dépenses et de grandes difficultés dans l'exécution. C'est dans la vue de diminuer les unes et les autres qu'on va présenter ici quelques réflexions.

Il s'établit, dans ce moment, à Paris une nouvelle manière d'imprimer, dont l'invention est due à M. Hofman.

Au lieu de planches composées de caractères mobiles et qu'on divise, dès que l'ouvrage est imprimé, il se sert de caractères fondus ensemble et qui ne font qu'une seule pièce. On a, dans cette méthode, l'avantage de pouvoir conserver les planches, aussi longtemps qu'on le juge à propos, et de ne tirer les exemplaires qu'à mesure de besoin. On évite par là les avances en papier qui font un objet considérable; on est dispensé d'avoir la disposition de grands magasins, pour y conserver toute l'édition d'un ouvrage, enfin on n'imprime jamais d'exemplaires au delà du besoin, et on n'est jamais exposé à la perte du tirage et du papier.

On se persuade que cette méthode serait applicable aux besoins actuels de l'administration de l'agriculture; comme elle conserverait les planches des principales instructions qu'elle aurait publiées, elle serait en état de réimprimer continuellement et sans frais ses ouvrages, aussi souvent qu'elle le jugerait à propos.

Bien plus, elle pourrait préparer d'avance et tenir en réserve tous les ordres et toutes les instructions nécessaires pour un grand nombre de circonstances qui, heureusement, ne sont pas communes, mais qui exigent des avis prompts : tels sont les cas de sécheresse, d'humidité excessive, de gelées tardives, qui font périr une partie des blés, de maladies épizootiques, etc. Les planches qu'elle aurait en magasin, toutes disposées pour ces sortes d'événements, donneraient une activité presque miraculeuse à sa correspondance, et comme le remède arriverait, pour ainsi dire, à l'instant où le mal commencerait à se déclarer, l'administration se donnerait le mérite d'une prévoyance éclairée qui aurait, en quelque façon, deviné les besoins du peuple.

Il est inutile de faire observer que de semblables planches pourraient être déposées également dans les intendances, de manière qu'au premier signal les avis qu'on voudrait répandre se communiqueraient de proche en proche jusqu'aux extrémités du royaume. Les planches conservées soit à Paris, soit dans les intendances, ne formeraient pas un capital bien considérable, parce que la méthode de M. Hofman a cela de particulier, qu'une fois sa première composition faite, il peut en tirer autant de contre-épreuves qu'il le juge à propos, sans presque d'autres frais que la valeur du métal.

On ne s'étendra pas ici sur l'économie considérable que cette méthode peut présenter. Une des plus importantes résulte de la facilité qu'on aurait de faire passer, à peu de frais, les planches toutes formées dans les provinces où le papier est à bon marché : on éviterait par là de doubles frais de transport, puisque, souvent, le même papier qu'on a fait venir, à grands frais, à Paris, pour y être imprimé, retourne dans la même province, pour y être distribué.

Si ces avantages paraissent mériter quelque attention, on pourrait s'adresser à M. Hofman, pour imprimer l'instruction sur la culture du lin et celle sur les prairies artificielles. L'administration de l'agriculture serait à portée de juger, par le premier essai, de la réalité des avantages qu'elle semble présenter, et on peut assurer d'avance qu'on trouverait, dans M. Hofman, un grand désir de répondre aux vues de l'administration.

INSTRUCTION

SUR

LA CULTURE DU TRÈFLE[1].

On a vu que la récolte du sainfoin est moins abondante, en général, que celle de la luzerne; qu'il y avait, par conséquent, de l'avantage à préférer la luzerne au sainfoin, toutes les fois que la nature du sol le permettait. La récolte du trèfle est communément moins abondante encore que celle des deux autres plantes; elle a, cependant, ses avantages particuliers qui peuvent, dans quelques circonstances, lui faire donner la préférence. On les détaillera dans le cours de cette instruction.

Cette plante se plaît, en général, dans les terres douces, grasses et humides. Un de ses plus grands avantages étant d'occuper, d'une manière utile, le temps de la jachère, on la sème rarement seule. Le choix de l'espèce de culture à laquelle on doit l'associer varie suivant les circonstances locales du terrain et du climat. Dans les pays où l'on cultive la terre avec des bœufs, et dans tous les cas où l'on n'attache pas une grande importance à la récolte de l'avoine, on sème le trèfle avec le froment et le seigle. Si le climat n'est pas pluvieux, si les terres sont sujettes à se hâler et à se dessécher promptement au printemps, il est alors préférable de mêler le grain de trèfle avec le blé ou le seigle, et de semer l'un et l'autre en même temps, au commencement du mois d'octobre. Le trèfle pousse d'abord en concurrence avec le blé, et ils se

[1] Manuscrit autographe.

défendent mutuellement pendant l'hiver; ensuite, au printemps, le blé prend le dessus, et quand on vient de faire la récolte, on trouve le trèfle encore peu élevé, mais fort et vigoureux. Dans les climats, au contraire, où les hivers sont rigoureux et les printemps humides, on sème le seigle ou le blé comme à l'ordinaire, et l'on ne répand la graine de trèfle qu'à la fin de février, ou au commencement de mars. On herse avec une herse légère, par un temps qui ne soit pas trop humide; afin de ne point endommager le blé, on passe le rouleau. En peu de temps, la graine lève, et elle devient bientôt presque aussi forte que celle qui a été semée avant l'hiver. Le trèfle, dans l'une et l'autre de ces méthodes, n'est bon à couper qu'à la seconde année. Si le terrain est bon et les circonstances favorables, on en peut faire deux récoltes : l'une en mai, l'autre en août. L'année suivante on ne le coupe qu'une seule fois en juin, après quoi on le retourne pour cultiver la terre et la préparer à recevoir du blé. On assure que cette double culture ne nuit ni au froment semé avec le trèfle, ni à celui qui lui succède, par la raison que la racine du trèfle pivote et s'enfonce profondément, tandis que celles du froment s'étendent horizontalement et ne se nourrissent, à proprement parler, qu'à la superficie du sol.

On assure également que la terre qui a produit du trèfle n'a pas besoin d'être fumée pour produire du blé, et que c'est une propriété du trèfle de raviver et d'améliorer le sol.

En semant ainsi le trèfle avec le blé, on sacrifie, comme on l'a déjà observé, la récolte d'avoine, mais on obtient en dédommagement deux récoltes d'un excellent fourrage : une pour la sole des mars, l'autre pour la jachère, et communément il y a de l'avantage.

Une autre méthode de cultiver le trèfle, et qui est la plus usitée dans les pays où l'on laboure avec des chevaux, consiste à le semer au printemps avec de l'orge ou de l'avoine, mais cette méthode a aussi ses inconvénients. Si le printemps est pluvieux, le trèfle pousse avec vigueur, tandis que l'orge et l'avoine languissent et sont étouffés. Le contraire arrive dans les printemps secs : le trèfle manque absolument.

On a essayé de remédier à cet inconvénient, en semant d'abord séparément l'orge ou l'avoine, et en attendant, pour semer le trèfle, qu'ils aient poussé leur première feuille; mais comme alors l'époque de la semaille du trèfle est retardée, on est plus exposé à tomber dans la saison sèche, et s'il ne vient pas des pluies à propos, le trèfle manque absolument.

Tout bien pesé, il paraît plus sûr, dans cette méthode, de semer le trèfle de bonne heure avec l'avoine hâtive, sauf à courir les risques d'éprouver quelque perte sur la récolte d'avoine.

Dans cette seconde méthode de cultiver le trèfle, on fait une récolte abondante pendant l'année de jachère, ensuite on fait pâturer le champ par les bestiaux; enfin on laboure et on prépare la terre pour recevoir du froment. On obtient donc encore trois récoltes en trois ans, et le sol, loin d'être épuisé, se trouve, au contraire, amélioré. Comme le trèfle dure trois ou quatre ans, si l'on trouve plus d'avantages à laisser subsister et à sacrifier encore une récolte de blé et une d'avoine, on le peut sans inconvénient.

Une troisième méthode de cultiver le trèfle, qui n'est pas applicable cependant aux provinces les plus septentrionales du royaume, consiste à labourer la terre immédiatement après la récolte du blé, c'est-à-dire dans les derniers jours de juillet, et à y semer du sarrasin et du trèfle. A moins que les gelées ne viennent de très bonne heure, le sarrasin a le temps de venir à maturité, et le trèfle acquiert assez de force avant l'hiver pour se défendre contre la rigueur de cette saison. On a dans cette méthode l'avantage d'obtenir quatre récoltes en trois ans, savoir : une de blé et de sarrasin pendant la première année, et deux pendant les suivantes. Mais cette méthode ne réussit point dans des terres trop compactes. D'ailleurs, si le mois d'août est sec et chaud, s'il ne vient point de pluies pendant son cours, le trèfle et le sarrasin viennent mal, et l'on risque de perdre les deux récoltes.

Tout ce qu'on a pu faire a été d'exposer les avantages et les inconvénients de chaque méthode de cultiver du trèfle. C'est au cultivateur à étudier les circonstances locales où il se trouve et à se déterminer d'après son climat, d'après son terrain, et d'après ce qu'il a été à portée d'observer lui-même dans son pays sur la culture de plantes analogues.

On n'est pas parfaitement d'accord sur la quantité de grains de trèfle qu'il convient de semer. Peut-être cette quantité doit-elle varier suivant la nature du terrain. C'est un principe généralement reçu et qui s'applique naturellement au trèfle, qu'il faut répandre plus de grains dans les mauvaises terres que dans les bonnes. En effet, les plantes deviennent moins vigoureuses quand elles croissent dans une terre médiocre. Elles occupent donc moins de place, et il en peut tenir davantage dans une même étendue de terrain. Quoi qu'il en soit, en rassemblant les autorités qui ont le plus de poids sur cette matière, il paraît suffisant de semer 12 livres par arpent de 100 perches et de 22 pieds par perche. Il n'y a pas au surplus d'inconvénient, pour cette plante, de forcer un peu la graine : on en obtient un pâturage plus abondant, plus touffu.

Il y a deux manières de donner le trèfle aux bestiaux : ou en vert ou sec. Ces deux manières exigent, chacune, des réflexions particulières.

Quand on veut nourrir les bestiaux de trèfle en vert, il faut bien se garder de les lâcher à travers le champ; ils foulent l'herbe aux pieds, et ils en gâtent plus qu'ils n'en mangent. Ils sont d'ailleurs très avides de ce fourrage, ils s'en repaissent outre mesure, et se donnent des indigestions qui souvent les font périr. Il est donc préférable de faire faucher le trèfle et d'en nourrir les bestiaux dans les étables. Ce n'est que lorsque toute la pièce a été fauchée, qu'on doit y mener les bestiaux; encore faut-il attendre que la rosée du matin soit desséchée, ne pas les laisser paître trop longtemps, et avoir l'attention à ne les pas laisser entrer dans le champ par un temps trop humide et quand la terre est détrempée.

La seconde manière d'administrer le trèfle aux bestiaux consiste à le faucher, à le faner et à le donner en fourrage comme le foin.

Le moment qu'on doit choisir pour faucher le trèfle est celui où la fleur est prête à s'épanouir, ce qui arrive ordinairement à la fin de mai dans le plus grand nombre des provinces de France. Plus tard, la plante perd de sa qualité et s'épuise, et lorsque ensuite on vient à la couper, elle ne donne plus, à la seconde pousse, des tiges aussi vigoureuses.

Il est d'une grande importance de ne faucher le trèfle que par un beau jour et un temps sec. Dès qu'il a été mouillé, il noircit et perd de sa qualité. C'est un motif pour faire de bonne heure la récolte de la seconde coupe; si on attend le milieu ou la fin de septembre, les rosées sont trop abondantes, et le trèfle n'a pas le temps de sécher entre celle du matin et celle du soir. Lorsqu'on veut se procurer de la semence, on laisse monter en graine la seconde coupe. On reconnaît qu'il est temps de faire la récolte, quand la tige commence à jaunir ou à brunir, et que la graine devient jaunâtre. Alors il faut se hâter de faucher par un beau jour, de faire sécher et d'engranger. On diffère communément jusqu'au printemps pour battre la graine. On se sert, à cet effet, de fléaux comme pour le blé, mais on est obligé de rebattre à plusieurs reprises la terre, et de l'exposer au soleil; autrement elle retiendrait une partie de la graine. C'est cette nécessité où l'on est de faire sécher la terre, qui empêche de battre en hiver, et qui rend préférable de différer jusqu'au printemps.

Le trèfle donné en fourrage sec convient à toute espèce de bestiaux, même aux chevaux. Il augmente la quantité de lait des brebis et des vaches, mais il a l'inconvénient de lui communiquer un goût qui n'est pas agréable.

On assure que le trèfle convient mieux aux cochons, qu'on leur en donne en Hollande, qu'il les engraisse très bien, et en peu de temps.

Comme le trèfle, surtout quand on le sème avec de l'avoine, ne nuit à aucune autre culture, qu'il donne une récolte précieuse sur l'année en jachère, il ne peut qu'être avantageux, pour un cultivateur, d'en semer une grande quantité chaque année. Cette quantité doit être de douze ou quinze arpents, au moins, pour une ferme de trois charrues. On pourrait même étendre beaucoup plus cette culture, si on n'était pas arrêté par une considération, c'est que les terres qui ont été mises en sainfoin ne peuvent être libres que dans le milieu de juin.

Ce n'est qu'à cette époque qu'on peut les retourner et leur donner le premier labour; on risque donc de se trouver trop pressé pour pouvoir leur donner toutes les façons nécessaires avant le temps des semailles.

Un cultivateur intelligent doit faire passer successivement du trèfle sur toutes ses terres, et en supposant qu'il en destine, chaque année, un dixième à cette culture, dans dix ans tout son domaine se trouvera amélioré, et il aura été à portée, pendant ce temps, de nourrir une grande quantité de bestiaux et d'augmenter considérablement la quantité de ses fumiers.

RAPPORT

SUR

L'ADMINISTRATION DES MINES[1].

(1788.)

Les objets qui tiennent aux arts et aux sciences forment une classe particulière d'affaires, une sorte de genre mixte dont il n'est pas possible d'abandonner entièrement la suite aux premiers commis des finances et à leurs bureaux. Toujours entraînés par une multitude d'affaires toujours renaissantes, il leur est impossible, quelque laborieux qu'ils soient, d'approfondir des détails sur lesquels on ne peut prendre d'opinion qu'autant qu'on en a fait une étude particulière et longtemps continuée.

Ce sont ces considérations qui ont engagé, il y a quelques années, l'administration à former un Comité particulier pour la suite des objets relatifs à l'agriculture. Il est composé de membres de l'Académie des sciences, de la Société d'agriculture et de quelques propriétaires de terres.

Ce Comité, qui s'assemblait autrefois à l'Hôtel des recettes générales, et sous la présidence du magistrat chargé du département des Impositions, est fixé aujourd'hui au Contrôle général des finances. Il tient ses séances une fois par semaine, et il est présidé par M. le Contrôleur général.

Dans le nombre des objets que M. le Contrôleur général s'est réservés,

[1] Manuscrit autographe.

il en est d'autres qui n'ont pas moins de rapport que l'agriculture avec les sciences, et qui de même peuvent être traités en comité; telle est l'administration des mines et minières, et tout ce qui en dépend. Il n'est aucun royaume en Europe où ces objets ne soient administrés par un conseil. Rien ne serait plus aisé que de faire jouir la France du même avantage, en réunissant la partie des mines au Comité d'agriculture. Il serait alors nécessaire d'associer à ce Comité l'inspecteur général des mines, M. le baron Dietrich, qui serait chargé de faire le rapport de tout ce qui concerne cet objet, et qui apporterait d'ailleurs au Comité des connaissances précieuses de plus d'un genre.

Cette assemblée ne serait à l'égard des mines, comme elle l'est pour l'agriculture, que consultative, et M. le Contrôleur général se réserverait la liberté de prononcer conformément à ce que sa sagesse et ses lumières lui prescriraient.

Indépendamment de ce Comité, qui réunirait l'agriculture et les mines, il paraîtrait nécessaire que l'inspecteur général en tînt un autre qui serait préparatoire, et où se discuteraient les objets de détail. Ce second Comité particulier pour les mines serait composé de l'inspecteur général, des inspecteurs particuliers et des professeurs.

Ce plan réunirait le grand avantage de procurer des forces au département de l'agriculture. Les inspecteurs des mines, en parcourant les provinces, pourraient rendre compte du système de culture qu'on y pratique, des instruments aratoires dont on s'y sert, déterminer le rapport des différentes mesures qui y sont en usage, enfin recueillir des observations sur les améliorations dont l'agriculture est susceptible, et ils en feraient un procès-verbal dont ils viendraient, à leur retour, faire lecture au Comité.

MÉMOIRES

PRÉSENTÉS

À L'ASSEMBLÉE PROVINCIALE DE L'ORLÉANAIS[1].

I

SUR LE RACHAT DES CHARGES DE FINANCE, L'ÉTABLISSEMENT D'UNE CAISSE D'ESCOMPTE, ET LA CRÉATION D'UNE CAISSE DE BIENFAISANCE[2].

AVERTISSEMENT.

Le mémoire qu'on va mettre sous les yeux de l'Assemblée provinciale de la généralité d'Orléans, a trois objets principaux : premièrement, le remboursement comptant des charges de finance de la province, l'établissement des trésoriers généraux et particuliers immédiatement, sans désordre, et une grande économie dans les frais de recouvrement; secondement, l'établissement d'une caisse d'escompte qui procurerait au commerce d'Orléans, de Chartres et des principales villes de la Généralité des fonds à un modique intérêt; troisièmement, l'établissement d'une caisse de bienfaisance où seront versées les épargnes

[1] Les Mémoires présentés par Lavoisier, en 1788, à l'Assemblée provinciale de l'Orléanais existent en manuscrits autographes à la bibliothèque d'Orléans. La plupart ont été publiés, sans nom d'auteur, en entier ou par extraits, dans le volume intitulé : *Procès-verbal de l'Assemblée provinciale de l'Orléanais*, in-4°. Orléans, 1788. — Les autres sont inédits.

[2] Les deux premières parties de ce travail sont inédites.

(*Notes de l'Éditeur.*)

du peuple et qui formeront une véritable caisse d'assurances contre les atteintes de la misère et de la pauvreté, principalement en faveur des vieillards et des veuves. Ces trois objets, quoique liés ensemble par la nature des choses, peuvent néanmoins se séparer les uns des autres, de manière qu'on peut en adopter un et rejeter les deux autres. On les traitera en conséquence dans autant d'articles séparés.

Des moyens qu'on peut employer pour opérer le remboursement des charges de finance de la Généralité d'Orléans, et réduire les frais de recouvrement et de perception.

On ne peut douter qu'il ne fût également avantageux et pour le Roi et pour les provinces d'établir une rentrée plus directe du produit des subsides qui doivent se verser au Trésor royal, de supprimer des intermédiaires coûteux qui souvent avancent au Roi ses propres deniers, et d'économiser des frais de taxation et de gages qui, en dernière analyse, forment toujours une charge publique. Une seule difficulté paraît mettre à ce plan des obstacles qui d'abord semblent insurmontables : c'est le montant considérable de la finance des offices, celui des avances que les titulaires ont faites au Gouvernement, et la difficulté d'en opérer le remboursement comptant. On observera, à cet égard, que le Roi se déterminant à supprimer les offices comptables actuellement existant dans la Généralité d'Orléans, la finance n'en serait remboursable qu'après l'apurement du compte du titulaire et après l'obtention du *quittus* de la Chambre des comptes. Il est difficile que cette comptabilité soit terminée avant trois ou quatre ans et on va voir que, pendant cet intervalle, il serait facile à la province de se procurer des ressources et de pourvoir au remboursement.

Il ne reste donc de difficulté pressante qu'à l'égard des avances dans lesquelles les comptables se sont constitués envers le Gouvernement; elles se font en argent et en rescriptions dont la remise se fait au Trésor royal de mois en mois; or la province ou son trésorier peuvent remettre au Trésor royal des rescriptions ou assignations, tout aussi facilement que l'ont fait, jusqu'à présent, les receveurs généraux des finances, et les effets auront certainement autant de cours; enfin, s'il convenait mieux à la province de faire une partie ou même la totalité des avances en argent comptant et de retirer ses propres effets ou rescriptions, le rédacteur de ce mémoire se croit assuré de pouvoir lui offrir, à un intérêt modéré, un crédit momentané de plusieurs millions, et espère même pouvoir, au besoin, l'étendre jusqu'à quatre ou cinq.

On dit un crédit momentané, parce qu'il n'est pas assuré de pouvoir le continuer au delà de huit mois ou un an; mais, dans l'intervalle, la province demandera à être autorisée à ouvrir un emprunt, dont les rentrées successives viendront au secours du crédit proposé; elle retrouverait la dépense que lui occasionnerait l'intérêt annuel de cet emprunt, par le bénéfice qu'elle ferait, en retirant ses rescriptions et en les escomptant.

Il serait intéressant que, de quelque façon que ce soit, la province pût affecter une somme annuelle à l'amortissement de cet emprunt, afin qu'elle eût la perspective, plus ou moins éloignée, de se libérer, et qu'elle eût un crédit neuf pour des temps difficiles.

Le projet de remboursement qu'on vient d'exposer ne présente, sans doute, que des moyens simples, et que chacun aurait pu facilement imaginer; mais il est question de le rendre praticable, et il ne pourrait l'être que par l'offre d'un crédit de plusieurs millions. Le rédacteur de ce mémoire n'a pour objet, dans cet arrangement, que de donner à la province une preuve de son dévoûment et de son attachement à ses intérêts, et ne veut en tirer aucun bénéfice; il y mettra seulement une condition, dont il fera part, si son projet est sérieusement adopté.

De l'établissement d'une caisse d'escompte en faveur des négociants des villes d'Orléans, de Chartres, de Blois et autres villes de commerce de la Généralité.

Le commerce, en général, au moins dans le plus grand nombre des villes du royaume, est restreint et limité par le manque de capitaux.

Ainsi, multiplier les capitaux, c'est étendre et vivifier le commerce. Si la caisse générale de la province rentrait entièrement dans la main de l'administration provinciale, les fonds qu'elle aurait à sa disposition pourraient être employés utilement, pour elle et pour le commerce, à escompter les lettres de change et effets des négociants. On suivrait à cet égard la règle établie par la caisse d'escompte.

On donnera un plan détaillé de cet établissement, des règlements auxquels il conviendra de l'assujettir, des bénéfices et des avantages qu'on peut en espérer, lorsque le moment sera venu de penser sérieusement à le former.

On n'en parle ici que pour mieux faire sentir combien il serait important, pour la province, d'être chargée directement de la recette générale des deniers du Roi, puisque, sans ce préliminaire, tout établissement utile de ce genre devient impraticable.

On peut objecter contre cette proposition que, par l'article 10 de l'arrêt du Conseil du 18 février 1787, la caisse d'escompte a le privilège exclusif d'exercer à Paris et dans tout le royaume les opérations dont elle est en possession; mais il est à observer que, par le fait, la caisse d'escompte n'a pas établi son privilège dans les provinces. Le Gouvernement a donc le droit d'exiger d'elle, ou qu'elle forme à Orléans et dans les principales villes du royaume l'établissement d'une caisse, ou qu'elle abandonne à d'autres un droit qu'elle n'exerce pas.

Projet d'établissement d'une caisse de bienfaisance, dont l'objet serait d'assurer aux vieillards et aux veuves des secours contre l'indigence[1].

L'homme, à l'instant de sa naissance, est dans l'impuissance absolue de satisfaire à ses besoins; il est dans la dépendance des autres hommes, et il ne peut subsister que par les soins continuels qu'ils prennent de son existence. Peu à peu l'âge opère le développement de ses

[1] *Procès-verbal de l'Assemblée provinciale de l'Orléanais*, p. 270.

forces, et il arrive à une époque où non seulement elles suffisent aux besoins de l'individu, mais où il lui reste un excédent qu'il peut employer à rendre à d'autres hommes les secours qu'il a reçus. Cette époque est la plus brillante de la vie, mais elle n'a qu'une durée limitée : à l'approche de la vieillesse, les forces diminuent à peu près comme elles se sont accrues dans l'adolescence; le vieillard retombe dans le même état de dépendance où il avait été dans son enfance, et il lui reste de plus le regret des jouissances qu'il a perdues, et le souvenir douloureux de ce qu'il a été et de ce qu'il n'est plus.

Heureux celui qui, à cette époque, est le père d'une postérité nombreuse! Heureux celui qui, environné d'une famille reconnaissante et attendrie, reçoit d'elle, dans ses derniers moments, les secours qu'il lui a prodigués dans la vigueur de sa jeunesse, et qui est conduit au terme de sa carrière par une vieillesse douce et tranquille! Mais ce bonheur versé sur les derniers moments de la vie n'est pas réservé à tous les hommes : les uns vieillissent sans avoir eu le bonheur de se voir renaître dans leurs enfants; d'autres ont été condamnés à les perdre au moment où leur assistance allait leur devenir plus nécessaire. Ils ont vu disparaître, en un instant, le fruit d'un grand nombre d'années d'avances et de travaux; quelques-uns, plus malheureux encore, n'ont donné le jour qu'à des enfants dénaturés qui les abandonnent et ne les payent que d'ingratitude. Mais, sans accuser l'humanité, sans nous arrêter à ces exemples qui sont heureusement rares, ne voyons-nous pas tous les jours qu'un malheureux journalier chargé d'une nombreuse famille gagne à peine, même en épuisant ses forces, du pain pour faire subsister sa femme et ses enfants? Eh! de quel droit pourrait-on exiger qu'il préférât les auteurs de ses jours, tombés dans la caducité, à la compagne qu'il s'est choisie, à la mère de ses enfants, à celle qui les allaite, à ces êtres eux-mêmes auxquels il a donné le jour? Et qui osera le décider, dans l'alternative d'accorder ou de refuser à des têtes si chères un aliment nécessaire à tous, insuffisant pour soutenir l'existence de tous?

Nous n'ignorons pas, Messieurs, que des âmes qui ne sont point émues par le spectacle de l'humanité souffrante regardent un vieillard, que sa faiblesse condamne à l'oisiveté, comme un être à charge à la société, dont la chose publique a intérêt de se débarrasser, et ils seront peu touchés des soins dont nous nous occupons pour procurer une subsistance à cette classe d'infortunés. Ce n'est point à ces âmes insensibles que nous nous adressons. Le zèle ardent qui vous anime pour le bien de l'humanité, l'esprit de patriotisme dont vous êtes pénétrés nous répond d'avance qu'il n'en existe point parmi vous.

Nous appellerons le plan que nous avons à vous proposer : *Projet d'une caisse d'assurance, en faveur du peuple, contre les atteintes de la misère et de la vieillesse.* Nous allons en donner le développement :

M. Mathon de la Cour, dans un ouvrage ingénieux qui sans doute est connu de la plupart de vous[1], a établi, par des calculs de la plus grande exactitude, qu'une somme de 100 livres, placée à 5 p. 100, et accrue, tous les ans, par le produit des intérêts replacés de la même manière, formait :

Au bout de cent ans, un capital de...........	13,136^{l} 17^{s} 0^{d}
Au bout de deux cents ans, de............	1,725,768^{l} 5^{s} 6^{d}
Au bout de trois cents ans, de..........	226,711,589^{l} 12^{s} 6^{d}
Au bout de quatre cents ans, de......	29,782,761,461^{l} 13^{s} 0^{d}
Au bout de cinq cents ans, de.....	3,912,516,739,074^{l} 15^{s} 3^{d}

Cet aperçu, qui démontre ce que peut une économie longtemps soutenue, a donné à M. de la Roque l'idée d'un ouvrage sérieux dans lequel il s'est occupé des moyens de réaliser, en faveur des vieillards indigents et des veuves, une partie de l'ingénieuse fiction imaginée par M. Mathon de la Cour.

Après avoir discuté, dans une brochure imprimée en 1785, les Tables de mortalité publiées, pour Londres, par Sinart et Simpson; pour Breslau, par M. Halley; pour Paris, par M. Dupré de Saint-Maur et par M. de Buffon; pour les rentiers-viagers d'Amsterdam,

[1] Voir l'extrait de cet ouvrage, à la suite de ce Mémoire. (*Note de Lavoisier.*)

par M. de Kersboom; pour les tontiniers de France, par M. de Parcieux; pour les habitants de Suède, par M. Vargentin; et, après en avoir déduit la mortalité des différents âges, il a calculé des Tables qui présentent :

1° Ce qu'une livre ou 20 sous, placés tous les ans en viager depuis la naissance, valent de rente viagère à chaque âge de la vie jusqu'à quatre-vingts ans;

2° Ce qu'il faut placer tous les ans, à chaque âge de la vie, pour jouir à soixante ans d'une rente viagère de 100 livres;

3° La somme qu'il faut placer, une fois pour toutes, à chaque âge de la vie, pour, en laissant le capital et les intérêts s'accumuler, avoir droit de jouir à soixante ans d'une rente viagère de 100 livres;

4° Les mêmes résultats appliqués à des rentes perpétuelles.

Ces Tables, qui ont passé sous les yeux de plusieurs commissaires de l'Académie des sciences, ne laissent rien à désirer du côté de l'exactitude; elles donnent sur-le-champ la solution d'une infinité de questions et de problèmes qui sont compliqués et difficiles, même pour les personnes les plus habituées au calcul. Nous allons en rapporter quelques exemples.

Un ouvrier, âgé de vingt-quatre ans, veut-il se procurer, pour l'âge de soixante ans, une rente viagère de 100 livres? La Table VI, de l'ouvrage de M. de la Roque, lui indique qu'il doit placer chaque année 5 livres 9 sous 2 deniers, ce qui exigera de lui une économie de près de 4 deniers par jour. Préfère-t-il acquérir la même rente viagère de 100 livres moyennant une somme une fois payée? La Table VII lui indique qu'en plaçant en viager une somme de 79 livres, elle lui donne le droit de jouir de 100 livres de rente à soixante ans.

Le même ouvrier se marie. Il désire procurer également à sa femme, qui est âgée de dix-sept ans, une rente de 100 livres, dont elle ne jouira qu'à l'âge de soixante ans. Les Tables qu'on vient de citer lui apprennent qu'il peut y parvenir ou par une économie annuelle de 3 livres 7 sous 4 deniers, ou par une somme une fois payée de 52 livres 4 sous 2 deniers.

Veut-il pousser plus loin cette même spéculation et l'étendre à ses enfants? Il verra, dans la Table VII, qu'une rente de 100 livres à soixante ans ne coûte, à la naissance, que 13 livres 18 sous 8 deniers une fois payés, et pour cette modique somme, il peut préserver son fils des horreurs d'une vieillesse indigente.

Enfin, dans un Supplément, que M. de la Roque vient de publier cette année, il a appliqué les mêmes calculs à des établissements en faveur des veuves, et il fait voir, par des calculs et par des Tables, ce qu'un mari doit placer sur la tête de sa femme, en se mariant, pour que les intérêts accumulés lui procurent une rente viagère d'une somme donnée, lorsqu'elle deviendra veuve.

Ce ne serait point avoir assez fait que d'avoir démontré qu'un artisan, un journalier, avec des économies très modiques, mises en réserve dans le temps de sa jeunesse, peut s'assurer un sort tranquille, pour l'âge où ses forces ne pourront plus fournir à sa subsistance.

Le pauvre n'a point de ressources pour placer ses économies. Celles qu'il peut faire journellement sont trop modiques pour qu'elles puissent former un fonds portant intérêt, et cependant chaque année, chaque mois, chaque jour est calculé dans les Tables que nous venons d'indiquer, et chaque moment perdu l'éloigne du résultat promis par le calcul. Mais, s'il n'a ni le temps, ni les moyens de calculer, de veiller à l'emploi de ses économies, d'en suivre le placement, c'est à la chose publique, c'est à vous, Messieurs, qu'il appartient de veiller et de calculer pour lui. Quel autre corps qu'une Assemblée composée de représentants de la Province pourrait inspirer assez de confiance pour mériter de devenir dépositaire du fruit de tant de sueurs et de tant de travaux? Qui pourrait avoir les mêmes ressources, les mêmes facilités, pour recueillir les modiques sommes que les habitants des villes et des campagnes auraient à placer? Vous avez, dans toutes les paroisses, des collecteurs qui pourraient s'en charger en recette, et il ne s'agirait que de leur donner un registre particulier pour cet objet, qui serait visé et contrôlé par le curé et par la municipalité. Les fonds ainsi recueillis seraient versés à certaines époques dans la caisse de bienfaisance, établie dans le chef-lieu de la Généralité, et jusqu'à ce moment la paroisse en serait garante.

Nous proposons donc de former à Orléans, sous le titre de : *Caisse d'épargnes du peuple*, un établissement où l'on recevrait les sommes qui seraient remises par les personnes de tout âge et de toute condition qui voudraient se procurer à elles-mêmes, à leurs veuves, ou à leurs enfants, à quelque époque que ce fût, une rente viagère d'une somme qui serait déterminée d'après des Tables dressées à cet effet. La province entière serait garante des engagements qui seraient pris par cette Caisse, et de tous les actes qui seraient passés conformément aux règlements qui lui auraient été donnés.

Vous seriez, Messieurs, les administrateurs naturels de cet établissement, mais nous ne serions pas d'avis que vous le fussiez seuls. Vous ne vous assemblez qu'à des époques déterminées et pour un temps court et limité, et l'administration de la Caisse d'épargnes demandera des soins habituels de tous les jours et de tous les instants. Le plus grand nombre d'entre vous n'habite pas à Orléans; plusieurs même sont domiciliés dans la capitale. Nous proposerons donc de composer l'administration de la Caisse d'épargnes de neuf habitants d'Orléans, dont trois seraient choisis au scrutin dans l'Assemblée provinciale, et six dans la Société philanthropique de cette même ville. De ces neuf administrateurs, trois seraient changés chaque année, en sorte que l'administration se renouvellerait en entier tous les trois ans.

Ce n'est point sans dessein que nous proposons de réunir les soins et les lumières de la Société philanthropique d'Orléans, à ceux de l'Assemblée provinciale, pour l'administration de la Caisse de bienfaisance. La confiance publique dont cette Société reçoit journellement des preuves, la considération qu'elle s'est acquise, lui mériteraient seules cette marque de déférence. Mais un motif plus puissant encore doit vous déterminer à la lui donner. C'est l'intérêt même de l'établissement qu'il est question de former. Tout le système de la fondation de la Caisse d'épargnes étant établi sur l'accumulation successive des intérêts, il est évident que son utilité toujours croissante commencera par être nulle dans les premières années; que la génération actuelle ne profitera de ses secours que lorsqu'elle aura atteint un âge avancé. La Société philanthropique, au contraire, a pour objet de soulager les misères dont nous sommes témoins, qui sont sous nos yeux, qui nous affligent. Sa bienfaisance a même un effet pour ainsi dire rétroactif, puisqu'elle s'exerce en faveur de la génération qui nous quitte, de celle que ses infirmités ont déjà détachée, en quelque façon, de la société. Vous jugez, Messieurs, combien ce but est respectable, et combien il honore ceux qui s'en occupent. Qu'il nous soit donc permis de rendre ici un hommage public de respect et de reconnaissance au Prince qui s'est rendu le protecteur, le bienfaiteur et, en quelque façon, le fondateur de cet établisssement, ainsi qu'aux vertueux citoyens qui consacrent leurs soins et leurs économies au soulagement de l'humanité souffrante. Qu'il nous soit permis de les engager en votre nom à réunir leurs efforts avec les vôtres, à faire avec vous une association de bienfaisance, afin que les secours actuels que l'indigence trouvera dans les fonds qu'ils ont déjà rassemblés, et dans ceux que vous pourrez peut-être y ajouter, la mettent en état d'attendre les secours plus efficaces et plus étendus que leur promet l'établissement que je propose.

Quelle que soit, Messieurs, l'administration que vous formerez, elle devra être gratuite, sauf les frais d'un ou de deux commis qui seront indispensablement nécessaires, à mesure que l'établissement prendra de la consistance. Le caissier, surtout dans les premiers temps, devra être choisi dans le nombre des administrateurs. Les délibérations qui seront prises pour tous les objets importants ne devront être regardées comme régulières, qu'autant que vous les aurez approuvées. Il sera surtout important de prescrire aux administrateurs de ne faire aucun placement des deniers de la Caisse qu'en une certaine nature d'effets qui seront déterminés par le règlement, tels que les contrats sur les États, le clergé, etc. Tous les effets qui pourraient présenter l'apparence du moindre risque seront exclus, et les administrateurs qui se seront, à cet égard, écartés des règlements demeureront personnellement responsables des événements. Enfin, lorsque cet établissement aura pris sa consistance naturelle, vous pourrez solliciter du Souverain une loi qui déclare les rentes, que vous avez constituées en faveur des vieillards et des veuves, incessibles et insaisissables, dans la crainte que les épargnes du pauvre ne deviennent un jour l'objet d'un agiotage scandaleux, et afin, d'ailleurs, que rien ne puisse tromper vos intentions bienfaisantes, et que l'objet en soit nécessairement rempli. Tous les ans, les administrateurs mettraient sous les yeux de l'Assemblée provinciale un tableau de la situation de la Caisse, de ses placements, des engagements qu'elle aurait contractés, etc., et ce compte serait publié et imprimé dans vos procès-verbaux d'assemblée.

Peut-être y aurait-il de l'inconvénient qu'on suivît, pour la proportion des mises et des rentes auxquelles elles pourraient donner lieu, les Tables rapportées dans l'ouvrage de M. de la Roque. Ces Tables sont calculées sur des individus de toute espèce, de toute constitution, de tout tempérament, et l'on doit s'attendre qu'on ne souscrira à la Caisse que pour des individus choisis principalement dans les plus robustes et les plus fortement constitués. Cette considération seule, en changeant toutes les proportions, dérangerait toutes les spéculations de la Caisse, et pourrait la réduire un jour à l'impossibilité de tenir ses engagements.

Qui sait, d'ailleurs, si l'art de vivre en société n'est pas susceptible, comme tous les autres, de se perfectionner, si une administration plus populaire, si une répartition plus égale dans les charges publiques, enfin si le calme que répandra sur toute la vie la certitude d'une vieillesse heureuse et tranquille n'augmentera pas la vie moyenne des hommes et ne diminuera pas la mortalité ?

Il faut donc que la balance penche sensiblement en faveur de la Caisse; que les calculs, loin d'être rigoureux, lui présentent au contraire un avantage, et que cet avantage même soit considérable. Quels inconvénients ces bénéfices pourraient-ils présenter, quand même ils seraient forcés, puisqu'ils deviendraient entre ses mains de nouveaux moyens de bienfaisance et de charité ?

Nous croyons pouvoir vous assurer que ce plan ne présente rien que de praticable, et nous avons d'autant plus lieu d'en être persuadés qu'il vient d'être adopté par le Ministre, pour être exécuté dans la ville de Paris au profit des hôpitaux. Cependant, comme un établissement nouveau, comme le vôtre, exige un excès de réserve et de circonspection, nous vous proposons de remettre à en délibérer jusqu'à l'année prochaine. Deux commissaires que vous nommerez pourront prendre des renseignements plus étendus, former des projets de règlements et les communiquer à l'Académie des sciences, et, sur le compte qui vous sera rendu, vous statuerez définitivement.

Extrait de l'ouvrage de M. Mathon de la Cour, intitulé : Testament de Fortuné Ricard, maître d'arithmétique.

Fortuné Ricard, à l'âge de huit ans, avait reçu de Prosper Ricard, son grand-père, 24 livres, avec la condition de les placer à 5 p. 100, de joindre chaque année les intérêts au capital, et d'en employer, à sa mort, le produit en bonnes œuvres.

Parvenu à l'âge de soixante et onze ans, Fortuné Ricard, craignant d'être surpris par la mort, et désirant remplir les intentions de son aïeul, fait son testament, et c'est ce testament que M. Mathon de la Cour a publié.

Les 24 livres et les intérêts accumulés, pendant soixante-trois ans, avaient déjà produit un capital de 500 livres, et voici l'usage qu'il en prescrit à ses exécuteurs testamentaires :

Il le divise en cinq parts de 100 livres chacune, et veut que les intérêts de la première part soient accumulés pendant cent ans ; que ceux de la seconde le soient pendant deux cents ans ; que ceux de la quatrième, le soient pendant quatre cents ans, que ceux de la cinquième le soient pendant cinq cents ans. C'est de cette dernière somme, ainsi accumulée, que résulte le capital énorme de 3,912 milliards 516 millions 739,074 livres 15 sous 8 deniers.

Mais la patience et la justesse du calcul sont le moindre mérite de l'ouvrage de M. Mathon de la Cour. Il y cache, sous le voile d'une plaisanterie fine et d'une critique gaie, les vues les plus philosophiques. Il n'est point d'établissement important, de fondation utile à l'humanité, qu'il ait laissé oublier à son généreux testateur. Nous regrettons que la dignité de cette Assemblée ne nous permette pas d'en présenter un extrait plus étendu.

II

ATELIERS DE CHARITÉ ET MENDICITÉ[1].

Dans le nombre des objets qui ont le plus fixé l'attention des Administrations provinciales, il n'en est point de plus important que la destruction de la mendicité.

Les principes du Gouvernement ont beaucoup varié à cet égard, suivant la manière de voir des administrateurs qui ont été honorés de la confiance du Roi. Souvent on a cru qu'il suffisait de proscrire la mendicité par des lois sévères, d'arrêter tous les pauvres valides surpris demandant leur pain, et on s'est exposé à punir le besoin comme le crime, le malheureux, comme le coupable.

On n'a pas fait attention que les lois n'ont plus de prise sur l'homme qui est prêt à mourir de faim; qu'aucun règlement ne peut empêcher celui qui manque de pain d'en demander; qu'il est extrêmement difficile, souvent impossible, de distinguer le vrai pauvre d'avec celui qui fait métier de mendier, et qu'autant les lois doivent déployer de sévérité contre les vagabonds qui mettent les citoyens à contribution, autant elles doivent protéger le faible, l'indigent, l'infirme : l'homme, en un mot, qui manque de subsistance, dans quelque état qu'il soit.

Le seul moyen de concilier ce qu'exige l'ordre public avec le respect dû à la misère, à la souffrance, au malheur et à la pauvreté, consiste à ouvrir des ateliers de travail, où les individus de toutes les classes, de tous les sexes, de tous les âges, à moins qu'ils ne soient dans un état de maladie ou d'infirmité, pussent trouver un travail proportionné à leurs forces, une subsistance analogue à leurs besoins. Ce n'est que dans un ordre de choses ainsi constitué qu'on peut, sans inquié-

[1] *Procès-verbal de l'Assemblée provinciale de l'Orléanais*, p. 281.

tude, faire justice à tous, renvoyer les malades et les infirmes dans les hôpitaux, les hommes vigoureux aux travaux publics, les femmes et les enfants aux ateliers de filature, les vagabonds aux *renfermeries*.

C'est parce que nous étions pénétrés de ces principes, que nous avons insisté sur la nécessité d'encourager, de protéger les filatures, les fabriques de tricot, les genres d'industrie de toute espèce, qui sont à la portée des indigents de toute classe. Les travaux de charité sont dans le même cas.

Vous apercevez déjà, sans que nous ayons besoin de vous en dire davantage, qu'il y a une liaison intime, une dépendance nécessaire entre les manufactures champêtres telles que les filatures, les manufactures des villes, les ateliers de charité, les dépôts de mendicité; que l'administration de ces différents objets ne peut être ni divisée, ni séparée; et nous en tirons la conséquence que nous ne pouvons tracer aucun plan à cet égard jusqu'à ce que le Roi nous ait fait connaître ses intentions sur les ateliers de charité et sur les dépôts de mendicité.

Une administration telle que la vôtre ne doit rien entreprendre sans une espérance fondée de succès, et vous ne l'aurez, cette espérance, que lorsque tous les établissements qui contribuent au soulagement des pauvres seront dans vos mains, et que vous pourrez réunir et diriger toutes les forces vers le même but.

Nous nous bornons donc à conclure que l'Assemblée doit adresser au Roi de très instantes et respectueuses représentations sur les inconvénients de partager l'administration des secours qui tendent au soulagement de l'indigence et à la destruction de la mendicité, et qu'elle doit supplier Sa Majesté de lui confier les ateliers de charité et les dépôts de mendicité dont il n'est question dans aucune des instructions qui nous ont été adressées.

III

PROJET D'UNE CARTE MINÉRALOGIQUE

DE LA GÉNÉRALITÉ D'ORLÉANS[1].

M. le duc de Luxembourg, président de cette Assemblée, vous a instruits, Messieurs, des soins qu'il s'était donnés pour vous procurer une *Carte de la Généralité d'Orléans*, divisée par départements et par élections. Cette carte, dont l'échelle est moitié de celle de la carte générale de France, présentera les paroisses et leurs principales dépendances, les rivières et les grandes routes; elle marquera les limites de la Généralité; enfin, vous pourrez incessamment y faire tracer les arrondissements qui divisent chaque département; en sorte que l'inspection seule de cette carte présentera, en quelque façon, le tableau de votre constitution.

Ces premiers regards portés sur la géographie de cette province, ont fait penser à M. Lavoisier, membre de cette Assemblée, qu'il pourrait être utile d'associer à la carte projetée par M. le duc de Luxembourg quelques détails propres à faciliter les opérations de l'administration qui vous est confiée.

Il ne vous suffit pas, en effet, de connaître la position des lieux, leur distance respective, leur éloignement des routes et des rivières. Il vous importe encore de savoir quelle est la population de chaque paroisse ou hameau; quelle est l'espèce de culture qui y est établie; si c'est un pays vignoble ou des terres labourées; si les pâturages y sont abondants; si le pays est plat ou montueux; s'il est, ou non, couvert de bois. Enfin, il est nécessaire que vous connaissiez même les productions minéralogiques de la province, au moins sous le rapport qu'elles ont avec les arts et les besoins de la société; que vous puissiez savoir quels sont les lieux d'où l'on peut tirer des grès propres à faire des pavés, de la pierre propre à faire de la chaux, de la terre propre à

[1] *Procès-verbal de l'Assemblée provinciale de l'Orléanais*, p. 284.

faire de la tuile, de la brique et différentes espèces de poteries, de la pierre de taille pour les ponts et les grands édifices, etc. Cette Généralité ne renferme point de montagnes proprement dites; il est donc très probable qu'il n'existe point de métaux précieux; mais elle renferme des mines de fer qui sont exploitées : de nouvelles recherches pourront en faire découvrir d'autres; il ne serait pas impossible que les couches calcaires recouvrissent des mines de charbon de terre, et vous ne devez négliger aucun des moyens qui pourront conduire à vous les faire découvrir.

La connaissance que vous acquerrez et que vous répandrez des productions minéralogiques de la province, sous le point de vue d'utilité pour les habitants, aura un autre avantage qui ne peut pas vous être indifférent : vous contribuerez à l'avancement des sciences, de l'histoire naturelle, de la physique du globe, et vous savez, mieux que personne, qu'il y a toujours à gagner pour l'humanité à augmenter la masse de ses lumières et de ses connaissances.

L'exécution du plan qui vous est proposé à cet égard n'exigera, de votre part, ni soins, ni dépenses. Celui de vos membres qui offre de s'en charger a déjà concouru à un ouvrage du même genre, que le Gouvernement avait entrepris pour toute l'étendue du royaume, et qui n'a été abandonné qu'au moment où le département des mines et minières de France est sorti des mains de M. Bertin. Ce ministre, auquel la France doit l'établissement de presque toutes les sociétés d'agriculture, qui a fondé les écoles vétérinaires, et qui a marqué la durée de son ministère par beaucoup d'établissements utiles, avait senti que la véritable force, la véritable richesse de la nation, consistent dans les productions territoriales qui se renouvellent chaque année, et dans les productions minérales que le royaume renferme dans son sein, et qui ne sont pas susceptibles de s'épuiser promptement.

Vous avez dans ce moment sous les yeux le premier essai publié en ce genre, sous le nom de MM. Guettard et Monnet. Déjà de nombreux matériaux ont été rassemblés pour l'Orléanais. M. Lavoisier a recueilli ceux qui se sont trouvés à la mort de M. Guettard. Il n'a cessé de s'en procurer de nouveaux, toutes les fois qu'il a eu l'occasion de parcourir quelque partie de cette province. Vous ne pouvez manquer de trouver des secours dans les membres de l'Assemblée de département. Vous obtiendrez des connaissances plus sûres et plus précises encore dans les préposés des ponts et chaussées. MM. Defay et Prozet, minéralogistes très instruits, vous offrent leur secours. Enfin, l'Académie des sciences et arts de cette ville vous a fait parvenir un Mémoire fort étendu sur la lithologie de cette province. Il est d'autant plus facile, avec ces matériaux, de compléter la carte minéralogique de la Généralité d'Orléans, que toutes les couches qui la composent, au moins jusqu'à la profondeur à laquelle on a pénétré jusqu'ici, sont disposées horizontalement, qu'elles se prolongent à une grande distance et que quelques-unes traversent même presque toute la province, en sorte qu'un petit nombre d'observations directes et sûres, faites par des personnes habituées à ce genre de travail, suffiront pour mettre en état de juger avec certitude si les observations adressées par les correspondants méritent quelque confiance.

Ce sera à vous, au surplus, Messieurs, lorsque cette carte vous aura été remise manuscrite, à juger, d'après l'examen que vous en ferez faire et le compte qui vous en sera rendu, si vous la ferez graver et dans quelle forme, et si l'on pourra se servir de la planche même que M. le duc de Luxembourg a fait graver.

Vous pourriez encore adapter à ce plan une idée que M. Desmarets, membre de l'Académie des sciences de Paris, a proposée plusieurs fois au Gouvernement. C'est de destiner un local dans vos archives, pour y former un dépôt des productions minéralogiques de la province.

Nous ne vous proposons pas d'y rassembler des objets rares et de pure curiosité, recueillis à grands frais des contrées éloignées. Nous vous engageons, au contraire, à vous borner aux échantillons des matières les plus communes, mais en même temps les plus utiles, telles que les pierres à bâtir, celles qui sont propres à faire de la chaux, les matériaux de toute espèce propres à la construction des chemins, les terres à poteries, les marnes, etc. Le nombre de ces échantillons ne sera pas très considérable, parce que les matières minéralogiques ne sont pas très variées dans la Généralité d'Orléans, et qu'il serait superflu d'accumuler les matières de différents cantons, quand elles seraient évidemment de même nature.

Vous apercevez déjà, Messieurs, combien vous pourrez tirer parti de la relation qui existera entre la carte minéralogique et le dépôt correspondant que vous aurez formé. On ne pourra pas vous proposer un projet de construction de chemin ou de pont, que vous ne puissiez reconnaître, par vous-mêmes et par la seule inspection de la carte, quelles sont les ressources et les facilités qu'on aura pour le construire, quelle est la nature des matériaux qu'on y pourra employer, à quelle distance seront établies les carrières ou fouilles. Il en sera de même de tous les objets relatifs aux arts et aux manufactures. Cet ouvrage est déjà commencé; on ne vous demande, pour le compléter, que la permission de solliciter en votre nom le secours des bureaux intermédiaires des départements, des membres de l'Académie des sciences et arts de cette ville, des ingénieurs des ponts et chaussées, et de toutes les personnes instruites de la province.

IV

SUR L'AGRICULTURE ET LE COMMERCE DE L'ORLÉANAIS[1].

PREMIÈRE PARTIE.

DE L'AGRICULTURE EN GÉNÉRAL, ET DANS LA PROVINCE DE L'ORLÉANAIS EN PARTICULIER.

S'il est douloureux d'avoir à vous annoncer que l'agriculture, en France, est dans un état moins florissant qu'elle ne l'est en Angleterre, il est en même temps bien consolant pour nous d'avoir à vous ap-

[1] *Procès-verbal de l'Assemblée provinciale de l'Orléanais*, p. 223.

prendre que vous avez dans les mains les moyens de lever presque tous les obstacles qui s'opposent à ses progrès.

Des calculs très ingénieux, et dont les résultats peuvent être regardés comme des approximations assez exactes, établissent que, tandis qu'en Angleterre chaque mille carré produit 48,000 livres, une même superficie ne produit, en France, que 18,000 livres. Cette énorme différence tient principalement à ce que les jachères sont en pleine valeur dans la majeure partie de l'Angleterre, tandis qu'elles ne le sont que dans une très petite portion des provinces de France, et à quelques autres causes qui vous seront bientôt indiquées.

Des calculs analogues, faits sur la consommation des individus, donnent aussi des résultats très différents. Ils prouvent que la somme des consommations qui se font en Angleterre est presque double de celles qui se font en France, à proportion de la population et de l'étendue territoriale. Or, si la consommation est double, la production territoriale est nécessairement double, puisque, dans un pays qui exporte plus qu'il ne tire de l'étranger, il faut que ce qui se consomme tous les ans se reproduise tous les ans.

Ce serait en vain qu'on voudrait chercher, dans la différence de bonté du sol, la cause de l'énorme disproportion qui existe entre la production territoriale de la France et celle de l'Angleterre. Le sol de la France, en général, vaut au moins celui de l'Angleterre, et elle a de plus qu'elle des genres de production qui lui appartiennent exclusivement, tels que la soie, les vins, les huiles, etc. Cette disproportion ne tient pas non plus à la différence du génie des deux nations. La nation française n'a ni moins de courage, ni moins d'invention que la nation anglaise; elle n'est pas moins propre qu'elle à toute espèce d'art ou d'industrie. Osons le dire, Messieurs : cette disproportion tient principalement à la forme de nos antiques institutions. Depuis des siècles, la nation française gémit sous le joug d'une imposition accablante, dont le nom seul, *la taille*, rappelle des idées affligeantes. Cette imposition arbitraire, qui varie du double au simple, d'une province, d'une élection à une autre, et qui croît dans une proportion quelquefois plus forte que les facultés du contribuable, est incompatible avec une agriculture florissante, parce qu'elle est l'amende de l'industrie, qu'elle est une prime en raison inverse, une véritable prime de découragement. L'effroi causé par *la taille* a concentré dans les villes tous les talents et tous les capitaux, et, dans cet instant même où l'on agiote sur tout, même sur des valeurs idéales, tandis que le commerce établit ses bénéfices sur l'échange des productions, l'agriculture, qui les produit et qui les crée, qui est la véritable source, la source presque unique de toutes les richesses, est abandonnée à la partie la plus indigente de la nation; elle n'est l'objet d'aucune entreprise, d'aucune grande spéculation, en sorte que l'on peut dire qu'on abandonne la réalité pour l'ombre. Nous avons pour garants de ce que nous disons ici sur les inconvénients de *la taille* arbitraire, et sur les entraves qu'elle donne à l'industrie, les discours mêmes prononcés au nom du Roi, dans l'Assemblée des notables.

Vous ne perdrez pas de vue, Messieurs, que la réforme de cette imposition est un des principaux motifs de votre établissement, et que le cri de l'humanité en réclame l'exécution; que l'agriculture n'a commencé à devenir florissante en Angleterre que lorsque l'imposition a été rendue fixe, au moins pour un temps déterminé. Vous ne serez point arrêtés par les obstacles, par la longueur et par la difficulté du travail : guidés par les excellents mémoires que vous avez déjà entre les mains, par de très bons ouvrages qui ont été publiés sur cette matière, même par des citoyens de cette ville, vous marcherez droit au but, et vous vous empresserez de faire jouir la nation de ce bienfait inappréciable.

L'imposition une fois devenue fixe, vous verrez renaître dans les campagnes l'aisance, l'émulation et l'amour de la patrie. Les citoyens de tous les ordres ne craindront plus dans le Gouvernement l'adversaire, pour ainsi dire, de leurs propriétés; ils ne verront plus, au contraire, en lui qu'un père qui les protège et qui les défend, et sous la sauvegarde duquel ils peuvent recueillir en paix les fruits de leurs travaux.

L'instruction qui vous a été adressée par le Roi vous indique assez que l'agriculture manque en général, dans le royaume, d'engrais et de bestiaux; mais une répartition plus juste de l'impôt, une forme qui bannira tout arbitraire, ne suffiront pas pour y rappeler les capitaux nécessaires pour lui en procurer. Il est un autre obstacle qui les en écarte, et il ne dépend pas de vous de le lever : tout capitaliste cherche, pour le placement de ses fonds, l'emploi qui lui présente le plus de sûreté et qui lui promet le plus de bénéfice. Or nous avons reconnu, d'après un mémoire détaillé qui a été mis sous nos yeux, que les spéculateurs trouvaient plus d'avantage à jouer dans les fonds publics qu'à verser leurs capitaux dans le commerce, et surtout dans l'agriculture. Cet inconvénient très majeur, qui attire l'argent dans les villes et qui dessèche les campagnes de numéraire, tient à ce que l'intérêt de l'argent est soutenu trop haut dans la capitale par les besoins et les emprunts du Gouvernement. Cette considération doit faire voir avec autant de satisfaction que de reconnaissance les sages dispositions qui ont pour objet de ramener promptement l'équilibre entre les recettes et les dépenses.

L'importance de cet objet est si grande, et il est tellement urgent de faire refluer des capitaux dans les entreprises agricoles, que nous ne pouvons nous dispenser de donner ici quelques développements sur cet objet.

On distingue, en agriculture, trois sortes d'avances :

1° Les avances foncières, qui sont une charge de la propriété et qui, en quelque sorte, en constituent la valeur : telle est la construction des bâtiments, et l'établissement de la ferme;

2° Les avances primitives, telles qu'achat de bestiaux, ustensiles de labourage, équipages, etc. Ces avances sont à la charge du fermier;

3° Enfin les avances annuelles.

En Angleterre, une ferme ne consiste qu'en une maison d'habitation pour le fermier, en une écurie pour ses chevaux et en un grand hangar. On n'y trouve, le plus souvent, ni granges pour serrer les récoltes, ni greniers pour les fourrages, ni étables, ni bergeries. Les récoltes sont entassées en meules autour de l'habitation; les vaches, les moutons passent toute l'année à l'air, même pendant les froids rigoureux de l'hiver, et ces bestiaux n'en sont que plus sains et plus robustes. En France, au contraire, la quantité de bâtiments qui constituent un corps de ferme est telle que le prix du bail équivaut à peine à l'intérêt des avances qui ont été faites pour la bâtir : l'entretien seul et la reconstruction d'une aussi grande quantité de bâtiments forment une dépense qui, jointe à l'impôt, absorbe la plus grande partie du revenu du propriétaire.

Mais, si les avances foncières sont beaucoup trop considérables en France, les avances primitives, celles qui sont à la charge du fermier, ne le sont pas assez.

Il est rare qu'en France, et même dans cette province qui n'est pas une des dernières en produit et en fertilité, un fermier qui fait valoir une ferme de trois charrues ou de trois cents arpents y emploie un capital de 10 à 12,000 livres : c'est 36 à 40 francs par arpent. En Angleterre, on évalue à 5 livres sterling le capital nécessaire pour bien faire valoir un acre de terre, mesure plus petite que la plupart de nos arpents, et au moins à 3 livres sterling les avances nécessaires pour le faire valoir médiocrement. Les capitaux employés à la culture sont donc, à surface égale, au moins doubles et souvent triples en Angleterre de ce qu'ils sont en France; d'où il résulte que l'agriculture française pèche par un double vice : d'un côté, par un excès mal entendu dans les avances foncières; de l'autre, par une économie beaucoup plus dangereuse encore dans les avances primitives; qu'on fait ce qu'il ne faudrait pas faire, et qu'on ne fait pas ce qu'il faudrait faire.

C'est principalement la différence du nombre des bestiaux dans les deux cultures qui constitue celle du montant des avances. Dans plus des sept huitièmes du royaume de France, les bois et les vignes exceptés, toutes les spéculations, tous les efforts du cultivateur ont pour objet de recueillir du blé. C'est la vente du blé qui lui fait rentrer les fonds nécessaires pour satisfaire au payement de l'impôt, à la redevance due au propriétaire, à tous les frais d'exploitation. La culture des mars ne produit que de quoi nourrir les chevaux et bestiaux; tout est consommé dans la ferme. Enfin les terres restent en jachères pendant la troisième année. L'agriculture de la plus grande partie des provinces de France, telles que la Beauce, peut donc être considérée comme une grande fabrique de blé; les bestiaux ne sont que les instruments employés pour cultiver et pour fumer, et le bénéfice qu'ils procurent n'est qu'un léger accessoire.

Le système de culture anglaise est presque l'inverse de celui que nous venons d'exposer : dans la plupart des fermes, on ne cultive presque de blé que ce qui est nécessaire à la nourriture de ceux qui les exploitent, et parce que d'ailleurs on ne peut se passer de paille dans une ferme; mais ce n'est pas sur cette culture qu'est fondé principalement le bénéfice de l'exploitation. On cultive pour élever et nourrir des bestiaux, et c'est vers leur vente et leur commerce que se dirige tout le plan de culture. Une seule année sur trois, quelquefois sur quatre et même davantage, est consacrée à la nourriture des hommes; toutes les autres sont destinées à la nourriture des animaux. Dans toutes les provinces où l'agriculture est parvenue à un très grand degré de prospérité, c'est-à-dire dans le plus grand nombre, les terres ne se reposent jamais, et ce que nous appelons année de jachères est destiné à la culture du trèfle, des turneps ou gros navets, et cette récolte, qui est un objet très considérable, est en pur bénéfice, puisqu'elle est recueillie sur un sol qui ailleurs ne produit rien.

La connaissance que vous avez des travaux champêtres vous fait déjà sentir tous les avantages de cette méthode. Vous y voyez une augmentation considérable dans les engrais, et par conséquent dans la fertilité des terres; plus d'aisance répandue dans les ménages de la campagne, par la grande quantité de beurre, de lait et de fromages. Vous y voyez la viande à meilleur marché pour les habitants des villes, devenue même d'un prix accessible pour les habitants des campagnes. Vous y voyez les manufactures alimentées par une plus grande abondance de productions nationales; les fabriques d'étoffes de laine dispensées de tirer des matières premières de l'étranger; les tanneries reprenant faveur par l'abondance des cuirs et peaux qu'elles auront à préparer; le mouvement et l'activité portés dans les plus importantes de nos fabriques; une somme de richesses répandues dans toutes les classes de la société; enfin vous y apercevez des avantages particuliers pour la Généralité d'Orléans, qui est menacée dans ce moment de perdre le débouché de ses blés par la révolution qui s'est opérée dans le commerce de l'Amérique, et vous y trouvez un motif de plus pour tourner son industrie et ses spéculations vers l'éducation des bestiaux et l'amélioration de leurs races. En considérant tous ces avantages, vous êtes étonnés, Messieurs, de ce que ce système de culture ne s'est point introduit plus tôt en France, de ce qu'il n'est connu que dans un très petit nombre de provinces, de ce qu'il n'est point adopté partout. Mais vous oubliez qu'il exige des avances très considérables, et que les cultivateurs des campagnes sont hors d'état de les faire; que ceux qui sont parvenus, par le concours de circonstances heureuses ou à force de travail, à former quelques économies, se hâtent de retirer leurs enfants d'un état que l'opinion d'un petit nombre de personnes instruites honore, mais que nos institutions avilissent.

Il ne suffit pas d'ailleurs, même à un propriétaire riche, de vouloir établir dans ses domaines le système de culture anglaise. Il faut, pour y parvenir, plus que de l'argent : il faut du temps, des combinaisons suivies et des soins, et vous allez bientôt le sentir. En vain voudrait-on multiplier le nombre des bestiaux, si préalablement on n'avait pris soin de pourvoir à leur subsistance. Il faut donc, avant de penser à établir dans une ferme un plan d'agriculture fondé sur le bénéfice des bestiaux, s'y préparer de longue main et commencer par établir des prairies artificielles; par cultiver en plein champ des pommes de terre, des turneps, des carottes, de la luzerne, du trèfle, du sainfoin, et ce n'est qu'après que l'abondance aura été solidement établie, après qu'on aura une année entière de fourrages en réserve, qu'il faut appeler des bestiaux pour les consommer. Ce n'est pas tout; des fourrages et des bestiaux ne font point encore de fumier : il faut y joindre des pailles.

et ce n'est que très lentement qu'on peut en augmenter la quantité. En effet, pour augmenter les pailles, il faut augmenter la quantité des engrais; pour augmenter les engrais, il faut avoir des pailles, et l'on conçoit que ce n'est que graduellement qu'on peut remplir ce double objet.

On ne peut donc pas opérer des changements prompts et subits en agriculture; on ne peut que préparer des révolutions lentes et successives; aussi sommes-nous loin de vous proposer des moyens coactifs ou réglementaires. L'Administration, dans tout ce qui touche aux intérêts particuliers et domestiques, ne doit ni conduire, ni diriger; elle doit se contenter d'instruire et de protéger; elle peut quelquefois donner des encouragements et des récompenses; mais il importe surtout qu'elle s'occupe d'écarter les obstacles, et nous vous en avons déjà indiqué quelques-uns des principaux.

Nous pensons donc que l'Administration provinciale doit se borner, au moins pour cette première année, à répandre les instructions qui viennent de lui être adressées par le Roi, et qui sont un témoignage bien précieux de sa sollicitude paternelle. Sans doute, dans la suite, elle fera davantage, et elle s'efforcera de remplir de plus en plus les intentions de Sa Majesté. Elle préparera, pour l'année prochaine, des instructions plus étendues et qui seront particulièrement adaptées à l'agriculture de cette province; elle accordera des encouragements; elle décernera des distinctions et des prix; elle fera des distributions gratuites de graines; peut-être même se déterminera-t-elle à établir des écoles rurales, des cours publics et gratuits des arts économiques, comme le Berry en a donné l'exemple pour la filature. Un de vos membres, M. le comte de Rouville, vous a proposé, à cet égard, un plan que nous ne perdrons pas de vue, mais dont nous ne croyons pas cependant devoir vous proposer l'exécution pour cette année.

Après vous avoir présenté l'agriculture du royaume et de la province sous un point de vue général, il nous reste à vous entretenir d'un grand nombre de services locaux et particuliers qu'elle a droit d'attendre de votre zèle et de vos lumières. Depuis quelques années, les froments ont été attaqués, dans la Généralité d'Orléans, et même dans un grand nombre de provinces de France, d'une maladie qui est connue sous le nom de *carie* ou de *noir*, et dont il paraîtrait possible de les préserver par le choix et par la préparation des semences.

Cette maladie, qui, d'après des expériences suivies pendant trente années consécutives, paraît être contagieuse, et qui se communique par les semences, emporte quelquefois jusqu'à un tiers des récoltes. Vous avez vu que l'importance de détruire ce fléau n'avait pas échappé à la vigilance de l'Administration, et qu'elle avait fait publier différentes instructions sur cet objet. Nous vous proposons de les réunir toutes; de nommer des commissaires qui se concerteront avec les membres les plus instruits de l'Académie des sciences de Paris, et qui, écartant toute discussion physique, publieront, au nom de l'Assemblée, et avant les semences de l'année prochaine, une instruction, ou plutôt une recette sommaire d'une intelligence facile et d'une exécution aisée pour les habitants de la campagne.

On rendrait encore un service plus important aux habitants des campagnes si l'on parvenait à établir dans quelques chefs-lieux de la province des dépôts de semences toutes préparées, qui seraient vendues à bon compte, ou échangées à peu de frais contre des blés imprégnés de noir. De médiocres encouragements pourraient déterminer des particuliers à des spéculations de cette espèce.

Le blé, même dans son état de perfection, n'est pas, en sortant des mains du cultivateur, sous la forme qu'il doit avoir pour être consommé; il faut qu'il soit moulu, et que la farine soit séparée du son : c'est le but de la meunerie. Mais, tandis que la théorie de cet art, un des plus importants de la société, s'éclaire par de bons ouvrages, tandis qu'il existe d'excellents modèles dans les environs de la capitale, à Étampes, à Chartres, à Épernon, à Châteaudun, à Malesherbes, à Montboissier, la pratique de la mouture, dans presque tout le reste de cette Généralité, est restée dans un état digne des siècles les moins éclairés, en sorte que les réflexions contenues dans l'instruction qui vous a été adressée par le Roi sont applicables à la plupart des moutures de cette province.

Quelques auteurs qui ont écrit sur cet objet se sont persuadé que la banalité des moulins était la principale cause de l'état d'imperfection où est, en général, dans le royaume, la mouture du blé : ils ont prétendu que l'espèce de privilège exclusif qu'exercent les meuniers des moulins banaux leur ôtait tout intérêt d'améliorer leur travail; que les propriétaires eux-mêmes, auxquels la consommation soumise à la banalité ne peut échapper, n'avaient aucun intérêt de construire de meilleurs moulins. Enfin ils ont été jusqu'à dire que la banalité des moulins laissait le peuple des campagnes à la merci de l'avidité et du monopole des meuniers, sans leur laisser aucun moyen de s'en défendre. Ces allégations peuvent être exagérées; il est possible qu'on attribue aux moulins banaux ce qui tient à beaucoup d'autres causes, mais il n'en est pas moins certain que la mouture du blé présente de grands abus à réformer, et nous ne doutons pas que votre zèle pour le bien public ne vous inspire les moyens de concilier le respect dû aux propriétés avec ce qu'exige l'intérêt de l'humanité.

Cet objet, au surplus, a déjà occupé les États du Languedoc; ils ont reconnu combien la mauvaise mouture du blé occasionnait de perte au cultivateur, et combien un nouvel ordre de choses ajouterait à la subsistance du peuple. Ils ont, en conséquence, fait rédiger, imprimer et publier un ouvrage qui renferme le résultat de toutes les connaissances acquises sur la conservation du blé, sur la mouture, sur la conversion de la farine en pain[1], et qui offre un traité complet de l'art de la meunerie et de la boulangerie. Nous pensons que, provisoirement et jusqu'à ce que l'Assemblée ait pu s'occuper, d'une manière plus par-

[1] *Mémoire sur les avantages que la province du Languedoc peut retirer de ses grains, considérés sous leurs différents rapports avec l'agriculture, le commerce, la meunerie et la boulangerie*, par M. Parmentier, avec un *Mémoire sur la meilleure manière de construire les moulins à farine*, par M. Dransy; ouvrage couronné par l'Académie des sciences. De l'Imprimerie des États de Languedoc; Paris, 1787, 1 vol. in-fol., de 447 pages, avec une Instruction de 52 pages sur la manière de faire le pain.

ticulière, de lever les obstacles qui s'opposent à la perfection de la mouture dans la Généralité, elle pourrait adresser aux bureaux intermédiaires quelques exemplaires de cet ouvrage. Les connaissances que la lecture répandrait dans la province germeraient peu à peu, et il est à présumer que les propriétaires des moulins banaux, mieux instruits eux-mêmes des inconvénients de l'état actuel, s'empresseraient de faire à leurs moulins des changements aussi importants pour la subsistance du peuple et pour leur propre intérêt.

Nous ne pouvons terminer ce qui regarde la mouture du blé sans réclamer, au nom de quelques communautés de la Généralité, contre le tort que font souvent les moulins aux propriétés particulières. Des pâturages précieux ont été convertis en des prairies marécageuses et de peu de valeur, par les retenues que les propriétaires des cours d'eau se sont crus autorisés à faire pour construire leurs moulins. Souvent une usine qui ne rapporte qu'une somme modique cause un dommage beaucoup plus considérable aux communautés voisines, par la grande quantité de pâturages qu'on a sacrifiés pour la construire. Vous pourrez charger les Assemblées de département et leurs commissions intermédiaires de vous fournir des éclaircissements sur cet objet, qui tend à augmenter la masse des propriétés foncières de la province, en rendant à l'agriculture des terrains sans valeur, et à diviser, par conséquent, sur une plus grande superficie, le fardeau des impositions.

Le desséchement des marais, en débarrassant les rivières et les ruisseaux et en donnant aux eaux leur libre cours, rendrait les campagnes plus salubres; les fièvres d'automne, si communes dans certains cantons, seraient moins fréquentes; le flottage des bois, devenu libre, remonterait plus avant dans l'intérieur des terres; et des cantons de la Généralité, qui sont sans communication et sans débouchés, se trouveraient vivifiés.

Votre activité, Messieurs, le zèle dont vous êtes animés et que vous transmettez à tous ceux qui sont appelés à coopérer à vos travaux, vous donneront les forces et les moyens nécessaires pour lever successive-

IMPRIMERIE NATIONALE.

ment tous ces obstacles; mais il en est d'autres qui tiennent à des coutumes locales, à des lois anciennes, qui ne sont plus adaptées aux besoins actuels de l'agriculture, et dont vous ne pouvez espérer la réformation que par le concours de l'autorité législative : tel est le droit de parcours, qui subsiste encore dans presque toute l'étendue de cette province. On donne ce nom au droit accordé par quelques coutumes aux communautés de leur ressort de mener paître leurs bestiaux, non seulement sur toute l'étendue des terres dépendantes de la communauté, mais encore sur celles des communautés voisines, à charge de réciprocité : quelques coutumes semblent même donner à ce droit une extension encore plus considérable. Les éclaircissements que M. le Commissaire du Roi nous a communiqués sur cet objet nous ont mis à portée de le traiter dans quelque détail, et nous nous proposons d'en faire le sujet d'un rapport particulier.

C'est ici le lieu, Messieurs, de vous entretenir de l'agriculture de la Sologne, la partie la moins fertile et peut-être la plus pauvre de cette Généralité. Un sable aride la recouvre dans presque toute son étendue; au-dessous de ce sable est une terre glaiseuse qui retient l'eau. La marne a été employée avec quelque succès pour améliorer ces terres, mais on n'en trouve pas partout de bonne qualité; elle est souvent pierreuse, et celle même qui paraît la meilleure n'est pas toujours celle qui conviendrait le mieux au terrain qu'on se propose de fertiliser.

Une partie de cette province est en vaine pâture où l'on emblave, de loin en loin, du seigle et du blé noir; encore serait-il à souhaiter qu'on défrichât moins et qu'on cultivât mieux; que les fumiers fussent répandus sur une moindre surface de terrain. Les propriétaires qui ont suivi cette méthode ont eu lieu de s'en applaudir.

La laine de la Sologne est belle, en comparaison de celle de la Beauce et d'une partie de l'intérieur de la France, et sa valeur est presque double; elle s'emploie en concurrence avec celle de Berry, qui cependant lui est un peu supérieure, à faire des draps de qualité moyenne. Il en existe une fabrique assez considérable à Romorantin, qui occupe trois à quatre mille personnes, hommes ou femmes; c'est principalement à l'habillement des troupes du Roi que ces draps sont employés. On y fabrique aussi des draps d'une grande largeur pour les billards. M. Thuault de Beauchesne, membre de cette Assemblée, vous a fait voir les échantillons de toutes les étoffes de cette manufacture.

Vous avez été surpris du parti qu'on tirait déjà des laines du pays, et vous en avez conçu les plus grandes espérances pour l'avenir.

Vous voyez que, quoique la Sologne soit une province peu fertile, elle n'est pas dénuée de tous avantages; qu'à défaut de ressources du côté du sol, elle en a trouvé dans l'éducation et dans l'entretien des bestiaux; il faut bien se garder de vouloir contredire cette indication de la nature, et de chercher à y introduire un genre de culture qui serait moins bien adapté à la localité. Un des premiers moyens d'accroître sa prospérité serait d'en augmenter les pâturages. Nous vous proposons, pour remplir cet objet, d'engager la Société d'agriculture de cette ville à faire des recherches sur les plantes qui croissent le plus facilement en Sologne, qui y donnent une végétation plus abondante et qui réunissent à ces qualités celle d'être propres à la nourriture des bestiaux. La Société d'agriculture de Rennes s'est déjà occupée d'un semblable travail pour la Bretagne; la quantité des plantes propres à la nourriture des bestiaux et qui croissent naturellement dans les campagnes s'est trouvée beaucoup plus considérable qu'on ne l'avait cru jusqu'alors. Les observations que la Société d'agriculture aura rassemblées à cet égard ne doivent point se borner aux plantes propres à former des prairies artificielles, elles doivent s'étendre aux racines telles que les turneps, les pommes de terre; mais nous devons la prévenir que ces dernières cultures ne peuvent avoir de succès qu'autant que le terrain aura été bien préparé et même qu'il aura été fumé. Lorsque l'instruction de la Société d'agriculture vous sera parvenue, vous la ferez imprimer et publier.

Un second moyen de prospérité pour la Sologne consisterait dans l'amélioration de ses laines, et comme elles sont déjà d'une qualité moyenne, comme elles approchent de celles de Berry, on peut se flatter de quelques espérances de succès.

Vous n'ignorez pas, et l'Instruction du Roi qui vous est parvenue vous en fournit un témoignage, que c'est le mâle qui influe principalement et presque uniquement sur la qualité de la laine, et que, par conséquent, en renouvelant les béliers, on peut changer, en peu de temps les laines de toute une province. La marche que vous avez à suivre vous a déjà été tracée par M. Daubenton, et elle a été suivie par l'Assemblée provinciale de la Haute-Guyenne et par celle de Berry. Elle consiste à faire venir d'Espagne, du Roussillon et d'Angleterre un certain nombre de béliers et même de brebis, à les répandre dans plusieurs cantons de cette Généralité, et à veiller, autant qu'il sera possible, à la conservation des agneaux mâles. L'Assemblée provinciale du Berry avait employé, en 1783, une somme de 4,000 livres à un premier essai de ce genre; mais nous croyons qu'on peut même économiser cette dépense à la province. Quelques propriétaires aisés et des membres même de cette Assemblée ont proposé de former une souscription pour un certain nombre de béliers, et ils offrent de rembourser les frais d'achat et de route au moment où le bélier leur sera délivré, pourvu que la commission intermédiaire se charge de faire toutes les diligences nécessaires pour l'achat et pour la conduite. Nous aurons soin, avant de déterminer l'espèce de béliers qui convient le mieux à cette province, de consulter M. Daubenton, de lui remettre des échantillons de laine de différents cantons de la Généralité, en sorte que rien ne sera fait que par ses conseils. D'après l'événement de ce premier essai, vous jugerez, l'année prochaine, s'il y a lieu de l'étendre à un plus grand nombre de bestiaux. Nous ne devons pas laisser ignorer qu'en général on ne gagne sur la qualité de la laine qu'en perdant sur la quantité, et qu'il est des cantons où l'amélioration donnerait des pertes plutôt que des bénéfices; mais il n'en est pas ainsi en Sologne : il y a plus à gagner qu'à perdre à perfectionner les laines de cette province.

Il est encore un autre moyen d'améliorer les races des bestiaux, sans appeler des espèces étrangères : il consiste à accoupler toujours ensemble les plus beaux individus du pays, et cette méthode, suivie constamment pendant un certain nombre d'années, en Angleterre, par M. Backwel, a eu des succès plus grands que tout ce qu'on pouvait s'en promettre. On pourrait favoriser ce genre d'industrie par des distributions de prix en faveur de ceux qui auraient les plus beaux béliers du canton.

Les troupeaux de Sologne sont fréquemment ravagés par des épizooties qui opèrent la ruine des propriétaires et des cultivateurs. Ces fléaux ont pour cause principale la mauvaise manière de gouverner les bestiaux. On les entasse pendant l'hiver dans des bergeries basses et étouffées où ils respirent un air infect qui ne se renouvelle pas; les fumiers qui y séjournent y entretiennent une chaleur excessive, et, quand les bêtes sortent pour aller aux champs, elles sont saisies par le froid. Toutes les personnes instruites s'accordent à reconnaître aujourd'hui qu'il faut aux bestiaux, comme aux hommes, un grand volume d'air à respirer; que le renouvellement de l'air et surtout un air pur est le principe de la salubrité. Loin donc de fermer, comme on le fait, les bergeries et les étables, il faut y établir un courant d'air, éviter qu'il ne s'y établisse une trop grande chaleur, et nettoyer assez souvent les étables et bergeries, pour que le fumier n'ait pas le temps de s'y trop échauffer par le progrès de la fermentation. Les bêtes à laine ne craignent que les pluies longtemps continuées. Le froid n'est jamais à redouter pour elles, à moins qu'on ne leur fasse éprouver un changement trop brusque de température; elles passent tout l'hiver au parc en Angleterre, et M. Daubenton élève en Bourgogne un troupeau qui, depuis bien des années, n'est jamais rentré dans la bergerie. On a fait la même épreuve, et avec le même succès, à l'école vétérinaire d'Alfort, près Paris, à Montboissier, à Basville, chez M. le président de Salaberry. Ces exemples ne sont peut-être pas applicables à la Sologne, dont le climat est humide, et on serait tenté de le croire, d'après les succès équivoques qu'a obtenus M. le marquis de Chamillard. Mais ils prouvent au moins qu'on peut, sans inconvénient, ou, pour mieux dire, avec un grand avantage, ouvrir les bergeries de toutes parts, même pendant l'hiver, et les transformer, en quelque façon, en de simples hangars. M. Daubenton a publié, il y a quelques années, un ouvrage sur la meilleure manière de gouverner les bêtes à laine, dans lequel tous ces principes sont beaucoup mieux développés que nous ne pourrions le faire ici. Nous croyons qu'il serait utile d'en adresser quelques exemplaires aux commissions intermédiaires de département. Il n'est aucune partie de cette Généralité qui n'ait besoin d'instructions à cet égard; mais elles sont surtout importantes pour la Sologne, dont les bestiaux sont l'unique ressource. Il y a d'autant plus lieu d'espérer qu'elles n'y resteront pas sans effet que les troupeaux de presque toute cette partie de la Généralité appartiennent aux propriétaires des terres, qui partagent la laine et les accrues avec les métayers. Si cet état de choses annonce un degré extrême de pauvreté dans le cultivateur, il présente, en même temps, plus de facilités pour transmettre ces instructions, et plus de ressources pour les faire pratiquer.

Un citoyen très estimable de cette ville, et qui a acquis des droits à la reconnaissance publique, a prétendu, dans un ouvrage qu'il a publié cette année sur la Sologne, que cette province avait été autrefois dans un état plus florissant; que sa population et la culture avaient diminué d'année en année depuis plusieurs siècles; qu'on y cultivait autrefois de la vigne; qu'il y avait un grand nombre de moulins qui ont été abandonnés, et de métairies qui ont été détruites. C'est à la taille et à la gabelle qu'il attribue ces désastres. Il prétend que la taille s'élève à 10 sols pour livre du revenu des propriétaires; que la gabelle, qui est un impôt modique pour la Beauce où le produit net des terres est considérable, est intolérable en Sologne, où le produit des terres est très médiocre; enfin il assure qu'il s'en faut de très peu que toute la portion du propriétaire ne soit absorbée par les frais et par l'impôt.

Ces vérités seraient bien affligeantes pour vous, si on pouvait les regarder comme rigoureusement prouvées; mais autant il vous importe de ne point repousser les vérités qu'on vous présente, autant vous devez vous défendre de tout ce qui pourrait présenter le moindre soupçon d'exagération. L'auteur que nous venons de citer convient qu'il n'a pu obtenir, sur les impositions de la Sologne, tous les renseignements qui lui sont nécessaires, et c'est un devoir pour vous de les lui procurer. Que les dépôts de vos bureaux lui soient ouverts. Qu'il y puise les faits qui lui manquent. Qu'il multiplie les preuves, et, s'il est bien constant que ce produit imposable soit plus entamé dans la Sologne qu'il ne l'est dans le reste de la Généralité, si les désastres de cette province sont réels, s'ils tiennent à une surcharge dans les impôts, vous devrez une reconnaissance bien sincère au citoyen qui vous aura éclairés, et vous trouverez ensuite dans votre sagesse des moyens de rétablir l'équilibre.

Le climat de la Sologne est, en général malsain et, si nous ne vous en parlons pas, ce n'est pas que nous cherchions à ménager votre censibilité. M. l'abbé de la Geard, l'un de vos procureurs-syndics, nous a déjà instruits que la vie moyenne des hommes, en Sologne, était plus courte que dans le reste de la Généralité. Quelle affligeante vérité! Mais la cause de l'insalubrité du climat est connue : elle tient à l'impénétrabilité du sol, à la stagnation des eaux, qui forme de toute cette province une espèce de marais pendant l'hiver. Le remède n'est ni inconnu, ni difficile. Un canal qui traverserait cette province rassemblerait les eaux et leur procurerait un écoulement; il donnerait aux denrées un débouché qui leur manque. En augmentant la valeur des bois, il favoriserait les plantations auxquelles la Sologne est propre, surtout celle du pin. Le projet de ce canal ne présente ni de grandes dépenses, ni de grandes difficultés; mais c'est à M. l'abbé de la Geard qu'il appartient de vous en développer les avantages.

Nous ne terminerons pas le compte que nous avons à vous rendre des besoins de l'agriculture sans vous rappeler que les pluies continuelles qui ont détrempé les terres, pendant cet automne, ont suspendu les semences dans une partie de cette Généralité. Nous pouvons évaluer à plus de moitié dans la Sologne, et à un sixième dans le reste de la Généralité, la quantité des terres qui n'a point été ensemencée.

Quoique ces sortes d'événements soient heureusement rares, ils ne sont point sans exemple. La seule ressource qu'ils laissent aux cultivateurs consiste à semer au printemps, dans les terres qu'ils avaient cultivées en automne, du blé de mars, de l'orge, des pommes de terre pendant quelques mois. Ces récoltes sont en général moins profitables que celles de froment. Cependant M. Duhamel assure, dans les *Éléments d'agriculture*, que, comme les terres ont été communément bien fumées, on obtient quelquefois un produit presque égal à celui du blé.

Il n'est pas besoin de faire passer, à cet égard, aucune instruction aux habitants de la campagne, et ils sont suffisamment éclairés par leur propre intérêt. Mais ce qui doit inspirer plus d'inquiétude, et ce qu'on éprouve déjà cette année, c'est que les demandes multipliées qui se font de blé de mars et d'orge printanière font monter à un taux excessif la valeur de ces grains.

Nous pensons qu'il est important qu'après votre séparation, la commission intermédiaire prenne cet objet en considération; qu'il devienne le sujet d'une correspondance suivie entre elle et les bureaux intermédiaires de département; ce serait un moyen de connaître l'étendue du mal et de recueillir en même temps des lumières sur les remèdes qu'on peut y apporter. M. l'intendant a déjà, de son côté, entamé une correspondance à ce sujet avec ses subdélégués, et la commission intermédiaire pourra se concerter avec lui.

Nous n'ignorons pas, Messieurs, qu'où la nature finit de produire, là finit le domaine de l'agriculture, et que, dès que l'industrie s'exerce sur une production, elle devient l'objet du commerce. Cependant l'agriculture a tant de connexité avec quelques objets d'industrie, ces derniers ont tant d'intérêt à se tenir étroitement liés avec elle, que nous n'avons point dû les en séparer. Tels sont, d'une part, les travaux des routes; telle est, de l'autre, la filature de la laine, du coton, du lin et du chanvre. Les idées que nous avons à vous présenter à ce sujet formeront une espèce de transition entre cette première partie de notre rapport et celle que vous allez bientôt entendre.

L'agriculture ne présente des travaux ni à tous les individus, ni dans tous les moments de la journée, ni tous les jours de l'année. La ménagère et les compagnes qui sont à ses gages ont, dans le cours de la journée, des moments d'oisiveté que les principes d'une sage morale ainsi que ceux d'une bonne administration prescrivent d'employer d'une manière utile. La femme, la fille du batteur en grange, du manouvrier quelconque, n'est pas suffisamment occupée par le soin qu'exige son ménage. Le cultivateur et tous ses coopérateurs n'ont point de travail qui les commande pendant les mois de décembre, janvier, et même pendant une partie de février. Enfin la plupart des travaux de l'agriculture exigent de la force, un tempérament fait, et ils ne conviennent point à des enfants. La sollicitude paternelle du Roi a déjà pourvu au travail et à la subsistance de tous les individus valides, par la conversion des corvées en une contribution pécuniaire; une charge onéreuse est devenue un moyen de bienfaisance et de charité, et les manouvriers trouveront toujours un travail qui les fera vivre dans les mortes-saisons de l'agriculture.

La filature étendue et propagée dans les campagnes remplirait le même objet pour les femmes et pour les enfants, et c'est une source d'aisance pour les campagnes, que la commission intermédiaire doit être chargée de prendre dans la plus grande considération. Ce ne sont point des établissements que nous l'exhortons à faire : la nouveauté de notre constitution ne nous permettrait pas d'en tenter; ce sont des établissements déjà existants que nous lui proposons d'étendre et d'encourager. On en compte déjà de très précieux dans cette Généralité. La filature de la laine occupe 3,000 à 4,000 personnes à Romorantin. La fabrique de bonnets destinés pour la Turquie, dont MM. Grilleau et Michel sont les fondateurs, occupe 1,500 à 1,800 personnes dans les environs d'Orléans, et la nouvelle filature, due à la bienfaisance de Mgr le duc d'Orléans, en occupera également un grand nombre. La fabrique de cotonnades de Meslay, près Vendôme, tire de ses environs une partie des cotons filés qu'elle emploie; mais les bras, ou plutôt la bonne volonté, ne suffisent pas à ses besoins, et elle se trouve forcée d'en tirer une grande partie de Rouen. La fabrique de couvertures de coton de Saint-Dié est à peu près dans le même cas. Enfin des manufactures de serge, de tiretaine et autres petites étoffes de bonneterie entretiennent une main-d'œuvre de filature dans plusieurs points de la Généralité, et celle du chanvre et du lin ne lui est pas même étrangère. Vous voyez, Messieurs, que vos soins se réduisent à répandre et à propager, à multiplier les établissements dont le succès est assuré; à protéger et à encourager, d'une manière efficace, ceux qui pourraient être chancelants; à relever ceux qui tombent; surtout à étendre ce genre d'industrie dans les campagnes.

Mais ce ne serait point encore assez que d'avoir fixé dans cette Généralité la main-d'œuvre de la filature; il faut encore, pour qu'il en résulte une plus grande somme de richesses, s'occuper des moyens de la perfectionner. Le prix de la main-d'œuvre s'accroît en raison de la beauté, de la finesse et de l'égalité de la laine, du fil et du coton. Telle fileuse qui ne gagne que 2 ou 3 sous à filer en commun, en gagnerait 12 ou 15 si elle pouvait parvenir à filer en fin. Il est donc important d'apprendre aux femmes à bien filer, et, en vous rappelant cet objet l'année prochaine, nous vous proposerons l'établissement d'une école de filature, dont nous croyons que le plan peut se lier avec les moyens de bienfaisance qu'offre à l'indigence la Société philanthropique de cette ville.

Nous vous prions de nous excuser, Messieurs, si nous ne vous avons présenté, dans la première partie de ce rapport, que des vues générales sur l'agriculture de cette province, et si nous ne vous avons pas même parlé d'une des plus importantes cultures, celle de la vigne; c'est que ce n'est que successivement et avec le temps que nous pourrons acquérir les connaissances de détail et de localité. En attendant, nous avons pensé qu'il ne pouvait qu'être utile de poser des principes, afin que, si vous les adoptez, ils puissent nous servir de guides à nous-mêmes dans la vaste carrière que nous avons à parcourir.

Qu'il nous soit permis de prier instamment la commission intermédiaire de rassembler, d'ici à l'année prochaine, le plus de mémoires et de renseignements qu'il sera possible sur l'agriculture de toutes les parties de la province; qu'il nous soit permis, pour nous servir des propres termes de l'Instruction qui nous a été adressée par le Roi, de l'inviter à constater les différents genres de productions cultivées jusqu'à ce jour, à nous donner le détail des différents procédés, à nous indiquer les abus et les obstacles qu'il paraît le plus instant de faire cesser, et les moyens les plus prompts et les plus sûrs d'y parvenir.

Les lumières que nous avons recueillies des *Mémoires de l'Académie des sciences et arts*, et de la Société d'agriculture de cette ville, vous annoncent déjà que vous trouverez des secours précieux dans ces compagnies savantes, et vous aviez prévu d'avance qu'elles s'empresseraient de seconder votre zèle. Vous trouverez aussi des secours très efficaces dans les bureaux intermédiaires des Assemblées de département, et dans la correspondance qu'ils entretiendront avec les propriétaires aisés, et surtout avec les curés. Cet ordre respectable. dont les fonctions bienfaisantes et douces portent partout le calme et la paix, inspirera aux habitants des campagnes la confiance due à votre zèle et à l'esprit de patriotisme qui vous anime. On croit aisément ceux qui nous soulagent et qui nous consolent, et la persuasion s'introduit aisément dans l'âme, quand elle est aidée par la plus douce de toutes les affections : le sentiment de la reconnaissance.

SECONDE PARTIE.

DU COMMERCE.

Pâturage et labourage : ces deux objets, Messieurs, regardés par Sully comme les nerfs de l'État, viennent de vous être recommandés avec tous les procédés qui peuvent en rendre la pratique moins difficile et plus fructueuse.

Ce ministre, trouvant le royaume épuisé par les guerres civiles, trouvant les campagnes sans productions et désertes, crut devoir commencer par rappeler le cultivateur dans son champ, par repeupler la terre de bestiaux et lui redemander ses fruits. Il faut vivre avant de s'enrichir. Mais, en même temps que Sully rendait la charrue au laboureur, au berger ses troupeaux, à la robuste villageoise ses vaches et ses génisses, il jetait sur le commerce un coup d'œil qui exprimait moins la satisfaction que le désir et l'espérance, et, sous les auspices de notre Henri et les siens, se creusait dans notre province le canal de Briare, qui a été le modèle de tous les autres.

Colbert, arrivé dans un temps où la guerre de la Fronde, moins destructive que celle de la Ligue, n'avait pas, comme auparavant, caché les sillons sous les débris des demeures champêtres, envoyé la flamme consumer la forêt et le verger, fait fuir dans les forteresses le paysan alarmé et sa compagne traînant avec elle sa jeune famille hâlée par la frayeur; Colbert vit que si le bonheur du cultivateur ne répondait pas au vœu du meilleur de nos rois, pâturage et labourage étaient cependant en vigueur, et il se dit à lui-même : la France est fécondée, enrichissons, embellissons-la; mais en même temps qu'il couvrait la mer de nos flottes, qu'il les envoyait recueillir l'or du Sénégal, échanger contre nos productions les riches tissus de la Perse et de l'Inde, qu'il fondait des colonies, qu'il appelait en France et y naturalisait l'industrie des autres nations, il obtenait de Louis le Grand des remises sur les tailles, remises qui étaient des encouragements pour l'agriculture.

Il semble, Messieurs, que l'esprit de ces deux grands hommes anime votre Assemblée. Vous vous reportez au temps de Sully, pour faire renaître l'agriculture sans cesser de veiller sur le commerce, et au temps de Colbert, pour faire prospérer le commerce, sans négliger l'agriculture.

Il serait à désirer que le commerce pût se présenter à vous sain et vigoureux, au lieu de se montrer comme il est, débile et exténué; la vue en serait plus flatteuse et plus encourageante; mais, dans la crainte de vous trop alarmer, si nous offrons, pour ainsi dire, la personne, nous croyons ne devoir mettre sous vos yeux que le portrait; en peignant, on peut flatter sans faire tort à la ressemblance, et cette illusion est peut-être nécessaire au commencement d'une administration qui a besoin de plus d'espérances que de craintes. Permettez-nous donc d'éclaircir ce tableau; assez d'ombres s'y répandront malgré nous.

Selon les Mémoires qui nous ont été remis, dont quelques-uns sont de la Société royale d'agriculture et de l'Académie des sciences, arts et belles-lettres d'Orléans, il n'y a presque aucun genre de commerce qui n'ait été tenté dans la province : commerce de productions, commerce de manufactures, commerce d'industrie.

COMMERCE DE PRODUCTIONS.

Celle des vins peut être regardée comme la principale; ils se recueillent sur environ dix lieues de coteaux, le long de la Loire, dans les plaines et sur quelques pentes du Gâtinais, dans le Dunois, le Vendômois, le pays chartrain et autres contrées. Leurs qualités sont différenciées par le terroir et la façon; et si l'on pouvait rendre à quelques-uns leur ancienne bonté, qui a été altérée par l'introduction d'un plant plus productif et moins délicat, peut-être deviendraient-ils propres à être exportés, et le débit en serait plus avantageux.

En parcourant la liste des foires, on juge que le commerce des bestiaux, qui fait le fond de ces foires, est assez animé, cependant traversé par la difficulté des chemins.

Le bois abattu dans les forêts d'Orléans et de Montargis, dans l'élection de Clamecy et dans beaucoup d'autres endroits, produit seul de grosses sommes, que la plupart des propriétaires vont consommer dans la capitale. Ils ne laissent circuler entre les mains des salariés qui exploitent qu'un faible numéraire, dont ils subsistent difficilement.

Il reste dans des cantons un excédent de grains et de farine qui s'exporte. Les arbres forestiers et fruitiers transplantés depuis l'Espagne jusqu'à la Russie attestent l'industrieuse activité de nos jardiniers pépiniéristes.

Le miel du Gâtinais, le premier de France après celui de Narbonne, sa cire préférable à celle de Silésie, son safran plus estimé dans l'Inde que celui d'Espagne, l'emportent dans la concurrence pour la qualité; mais les ruches diminuent, les safranières s'épuisent, et, en comparant les productions actuelles avec ce qu'elles étaient autrefois, on voit que le commerce de productions, la source des principales richesses, se détériore et languit.

COMMERCE DE MANUFACTURES.

La seule ville d'Orléans en présente un grand nombre : raffineries; fabriques de bonnets pour la Turquie, de toiles peintes à Olivet, de couvertures de laine, de flanelles fil et laine, et autres petites étoffes teintes, filées, calandrées dans la ville; tannerie, mégisserie, chamoiserie et leurs dépendances; parcheminеries; corderie pour les sucres, la navigation et le roulage; papeteries; blanchisseries de cire; vinaigrerie, et filature opérée par des machines ingénieuses, qui occupe utilement même les enfants, établissement dû à la bienfaisance de S. A. S. Mgr le duc d'Orléans.

Nous ne voulons pas, Messieurs, diminuer vos jouissances en flétrissant, pour ainsi dire, chaque partie de cette énumération par des preuves de vice ou de décadence qui en détruiraient le charme.

Nous traiterons avec les mêmes égards les préventions en faveur des manufactures de Vendôme, de ses gants portés jusqu'à 600,000 paires, de ses tanneries, de sa papeterie; des fabriques de toile et de serge de montoire et des cotonnades de Meslay.

On trouve dans l'élection de Châteaudun, dans les villes de Brou et d'Authon, des serges, des couvertures de laine et étamines blanches, des teinturiers habiles, une papeterie, une forge et une verrerie en activité, qui occupent sans enrichir et auraient besoin d'un encouragement pour se perfectionner;

On est réduit, pour montrer quelque commerce à Beaugency, de parler de bonneterie.

Pour en montrer à Blois, de citer quelques tanneurs, mégissiers, fabricants de gants, couteliers et faiseurs de dés à coudre.

Les habitants du pays chartrain et de la Beauce, qui se glorifient de leurs moissons, disputent le chaume aux bestiaux pour faire cuire les aliments et couvrir leurs cabanes. Ils tricotent. Ceux d'Illiers font des serges peu fines; ceux de Dourdan, outre la bonneterie, travaillent les cuirs, et l'on pourrait presque espérer de voir quelques cantons s'enrichir de la production de la soie, si les efforts de M. Bouvet, négociant à Chartres, pour la culture du mûrier, étaient couronnés de succès.

L'élection de Pithiviers n'offre d'autre industrie que celle de la bonneterie à l'aiguille.

Montargis présente à sa porte une superbe manufacture de papier. Il s'en élève tout auprès une autre dirigée par M. Delisle, qui réussit à faire des papiers de toutes sortes d'écorces, papiers précieux par cet avantage que, leurs couleurs étant inaltérables, ils sont plus propres que les autres aux tentures. Le pillage de la forêt est l'occupation du peuple, qui est nombreux et malheureux.

On fait à Château-Renard des draps et des serges dont la qualité est assez fine, mais dont l'apprêt et la teinture demandent à être perfectionnés.

Dans l'élection de Gien se trouvent les forges royales de Cosne, où se travaillent les plus grosses ancres. Sa coutellerie est estimée. Depuis deux ou trois ans, on y fait le blanc à l'imitation de celui de Meudon, qui sert aux vitriers et aux peintres.

L'élection de Clamecy, hérissée de forêts, entretient plusieurs forges; l'Hôtel-Dieu occupe les jeunes filles à une filature de coton encore faible. On ne néglige pas, à Saint-Amand-en-Puisaye, l'ocre jaune et rouge, dont la manipulation est pénible et peu profitable, ni les poteries, qui s'exportent tant de Saint-Amand que de Saint-Sauveur.

Enfin, Messieurs, Romorantin, l'ancien séjour de nos rois, attirera votre attention par le déchet de sa grandeur et de sa population, qui diminue sensiblement. On convertit les laines de la Sologne en tapis de billards et autres draps propres à l'habillement des troupes. Saint-Aignan en offre de plus communs, qui reçoivent leur apprêt à Orléans et à Paris.

En général, il y a peu de ces manufactures sur lesquelles nous venons de promener vos regards, en les présentant sous l'aspect le moins défavorable, qui n'aient besoin, pour ainsi dire, de votre providence, pour être ou tirées d'une espèce de néant, ou augmentées, ou vivifiées.

COMMERCE D'INDUSTRIE.

Nous appelons ainsi tout commerce par lequel le négociant actif fait mettre à profit le local, les circonstances et les autres avantages que l'indolence et le défaut d'intelligence laisseraient perdre.

Ainsi c'est un commerce d'industrie que le commerce de transit et d'entrepôt fait par la ville d'Orléans, tant par eau que par terre.

La Loire lui ouvrira bientôt la communication des deux mers.

La Méditerranée lui fournit, par Marseille et par la voie du Rhône, toutes les denrées du Levant et de la Provence.

L'Océan lui apporte les richesses de nos colonies, des Indes, et les épiceries de Hollande.

Les eaux-de-vie de l'Aunis, du Poitou et de la Touraine y abordent par la Vienne.

Ainsi se rassemblent à Orléans les productions de tous les pays, d'où, comme d'un magasin général, elles se répandent dans les provinces intérieures du royaume et principalement dans la capitale.

Une grande partie des laines de la Sologne et du Berry affluent à Orléans, ainsi que celles d'Espagne, et c'est en cette ville que se font tous les achats pour les manufactures d'Abbeville, de Reims et de Sedan.

On ne peut douter qu'Orléans ne doive beaucoup de ces avantages à sa position au centre du royaume, et où aboutissent des chemins multipliés et commodes qui facilitent les abords. Mais il faut avouer aussi que ces avantages s'agrandissent encore par l'infatigable activité et l'industrie des habitants, qui ne négligent aucune branche de commerce, qui ont les yeux ouverts sur toutes et qui n'épargnent ni soins, ni fatigues pour l'augmenter et l'étendre.

Les Mémoires dont nous avons tiré tous ces détails qui forment un tableau assez complet du commerce de la province, sont aussi l'énumération de plusieurs abus dont les uns viennent de la détérioration des matières et des défauts de fabriques; les autres prennent leur source dans des règlements nuisibles.

Il semble que les premiers, qui consistent, la plupart, en petites économies sur le prix des matières et le salaire des ouvriers, doivent être abandonnés à la vigilance des magistrats locaux, et pour ainsi dire à une police domestique.

Entre les charges qui pèsent sur le commerce est une prime de 4 livres par quintal, et un droit de transit accordé aux autres raffineries du royaume, dont le but est de leur donner une concurrence avantageuse sur celles d'Orléans.

Un autre tort qu'éprouve le commerce, c'est la destruction de la Compagnie des *Marchands fréquentants* qui, au moyen d'un droit modique, veillaient au balisage et au nettoiement de la Loire.

Ces deux objets bien éclaircis pourraient mériter dans la suite l'intervention protectrice de l'Assemblée, et être dès à présent recommandés à l'attention de la commission intermédiaire.

Il en est de même de quelques autres réclamations de la ville et de la province, que nous présenterons ici brièvement.

La ville d'Orléans se plaint de ce que la manufacture de toiles peintes établie à Olivet n'a pas, comme celles de Jouy et de Bourges, le droit de marquer ses pièces, sans qu'elles sortent de ses magasins.

Les droits du Roi, dit le Mémoire, ne souffriraient en aucune façon de cette liberté. Les frais du fabricant seraient moins considérables, et les marchandises mieux conditionnées.

Les couverturiers représentent qu'étant assujettis à porter leurs marchandises au bureau de marque, qui ne s'ouvre que deux fois la semaine, non seulement ils manquent quelquefois l'occasion momentanée de vendre, parce que la marque n'a pas été appliquée, mais encore qu'étant forcés, pour transporter leurs marchandises, de les exposer aux intempéries des saisons, elles perdent la mollesse et la fraîcheur qui flattent la vue et déterminent la vente.

Les parcheminiers réclament contre les gros droits imposés sur leur marchandise, qui n'est vendue que 18 ou 19 sous la livre, et paye 3 sous 6 deniers de droits, qui, ajoutés à l'achat de la peau, ne leur laissent presque aucun gain.

Les vins emmagasinés, non seulement à Orléans, mais encore à trois lieues à la ronde, payent d'avance le droit qui ne devrait, dit le Mémoire, être payé qu'à la vente et à la consommation; d'où il arrive que le marchand est gêné dans son approvisionnement, étant forcé, outre le prix du vin, de payer le droit avant que de vendre.

Enfin, en admettant que le commerce de tannerie a augmenté à Orléans, le Mémoire remarque que les fabricants, en se multipliant, ont diminué leur fortune : par où il fait entendre que la bonne qualité des cuirs a diminué, parce qu'un tanneur riche se donne le temps d'attendre que les cuirs aient acquis dans les fosses la perfection que la seule longueur du séjour peut leur donner.

L'élection de Beaugency se plaint aussi que la tannerie, autrefois si florissante à Meung, s'est successivement appauvrie par les droits additionnels dont les cuirs ont été annuellement grevés.

On exige des fabricants de gants de Vendôme qu'indépendamment de la marque qu'apposent les employés de la Régie, ils mettent la leur propre sur les peaux qu'ils emploient, ce qui leur occasionne quelquefois la perte d'une paire de gants par peau de chevreau.

Toutes ces gênes, dont on se plaint, nous n'osons nous flatter que l'Orléanais puisse obtenir le privilège d'en être affranchi, pendant que le reste du royaume y resterait assujetti. Nous croyons donc qu'il est important qu'à cet égard, l'Assemblée exprime son vœu pour l'abonnement de tous les droits et émoluments fiscaux que ces gênes arrachent à l'industrie, vœu qui sera sans doute secondé par d'autres provinces également exercées, espérant que de ces efforts réunis auprès du Gouvernement, il pourra résulter des règlements favorables à la liberté et à l'accroissement du commerce. Il est aussi à désirer que les traites et péages soient portés aux extrémités du royaume. Un de nos Mémoires démontre les avantages de ce changement; mais nous n'en parlerons pas, puisque le Ministère s'en occupe.

Il serait aussi de la sagesse de l'Assemblée, s'il lui restait des fonds disponibles, d'appliquer quelques primes d'encouragement à la propagation des abeilles qui s'affaiblit dans toute la province, et à la filature de coton qui veut s'élever dans l'Hôtel-Dieu de Clamecy.

Plût à Dieu, Messieurs, ah! plût à Dieu qu'il vous restât des moyens d'étendre fructueusement vos sollicitudes à l'humanité souffrante! Permettez cette expression de sensibilité au Bureau que vous avez chargé de la fonction glorieuse, mais pénible, de chercher ce qui pourrait concourir au bien public. Rien donc de ce qui l'intéresse ne nous est étranger. Ainsi dussions-nous toucher vos cœurs d'une compassion que l'impuissance rendra douloureuse, il nous sera permis de vous montrer des vieillards caducs, des convalescents encore débiles, des infortunés frappés d'épilepsie ou d'autres maux incurables et repoussés par leurs proches, des fous et des maniaques échappés à des familles indigentes, errants, saisis dans nos campagnes et conduits dans les dépôts. Quand votre charité compatissante pourra-t-elle ouvrir des asiles où le malheur ne soit pas confondu avec la fainéantise et quelquefois avec le crime?

Et ces enfants, fruits de la débauche et de la faiblesse! Qu'importe cette distinction à votre pitié? Ces enfants que la tendresse maternelle abandonne ne trouveront-ils pas une ressource dans vos soins prévoyants?

On frémit quand on se représente les dangers qui accompagnent le crime de les exposer : l'inclémence des saisons, les accidents fortuits, les bêtes carnassières. On frémit encore quand on songe qu'échappés à ce premier péril, ils en rencontrent quelquefois d'autres aussi à craindre : la négligence, l'infidélité, la barbare cupidité des personnes auxquelles ils sont confiés.

Dans les campagnes, il est quelquefois un moyen de les arracher aux marâtres mercenaires et de leur rendre les caresses maternelles, c'est de rechercher celles qui leur ont donné le jour, de les rechercher, non pour leur reprocher leur faute, les malheureuses sont assez punies par la honte et les remords, mais pour remettre entre leurs bras les enfants qu'elles pleuraient, sans doute, en les abandonnant. Une légère contribution que les seigneurs ne refuseraient pas, mais que leurs fermiers ou leurs receveurs voudraient peut-être éluder, pourrait remettre la mère et l'enfant en possession des droits de la nature, et il est peu à craindre que les mœurs souffrent de cette indulgence. Au contraire, dans nos campagnes où le libertinage n'ose encore élever fièrement la tête, les inquiétudes et les angoisses d'une maternité furtive que ces malheureuses n'auront plus d'intérêt à cacher à leurs compagnes, aidées des avis charitables des pasteurs, pourront rendre leur exemple plus utile que dangereux.

Mais, dût cet expédient n'être pas à l'abri de tout inconvénient, il paraît à propos de l'employer, ou d'en chercher d'autres à peu près du même genre, pour conserver plus de citoyens à la Patrie, en évitant qu'ils soient envoyés dans les hôpitaux, où sans doute ils prennent un germe de corruption qui les détruit presque tous. Nous en avons une preuve effrayante dans cette province.

L'Hôpital général des enfants trouvés de Paris manque souvent de nourrices, surtout pendant l'hiver, et les administrateurs, s'étant, outre cela, aperçus que ces malheureuses victimes de la débauche étendaient quelquefois le mal dont elles étaient infectées jusqu'aux femmes dont elles suçaient le lait, imaginèrent, en 1780, de chercher à les faire nourrir avec du lait de chèvre ou de vache.

Mme de Fougeret, dame de Château-Renard, fille de l'un des administrateurs, se chargea d'en faire l'essai dans sa terre. Elle fit faire une voiture à ressorts, y suspendit douze berceaux chauds et mollets, y mit des femmes instruites et pourvues de tout pour la route ; un homme précédait, chargé de faire préparer le lait et le feu pour la sécherie. Ils furent, en arrivant, visités par le médecin, confiés ensuite à des femmes sûres, dans des endroits disposés et sains. Ainsi aucune précaution ne fut négligée. Cependant de soixante-dix-neuf enfants, au bout de six ans, il ne nous en reste que cinq. C'est bien peu; mais c'est encore beaucoup en comparaison du nombre de ceux qui sont appliqués à la mamelle dans d'autres pays. En pareil espace de temps, en six ans, de cent il n'en reste, proportion commune, que trois, et on a eu, de plus, à Château-Renard, l'avantage de n'être pas exposé à l'infection.

Si ce tableau remue douloureusement vos cœurs, Messieurs, nous pouvons y jeter quelque calme, en vous annonçant que Mme de Crosne, entraînée par le désir impérieux de faire le bien qui la caractérise, tente à Paris, malgré les dégoûts inséparables de cette entreprise, de nouvelles expériences dans lesquelles elle joint aux secours de l'art les tendres sollicitudes qui provoquent le succès.

Ainsi, Messieurs, nous vous affligeons et nous vous consolons. Ces assemblées sont faites pour établir entre ceux qui les composent une communauté de craintes et d'espérances. Si donc le malheur des temps ne nous permet pas encore de porter à ceux qui nous attendent des soulagements et des ressources, nous leur dirons : Prenez confiance! L'amour du bien public nous a tous animés. Nos vues ont été toujours pures. Jamais il n'y a eu de discussion que pour vos intérêts et pour procurer votre bonheur, s'il avait été possible. Tous nos efforts ont tendu à ce but. Ne découragez donc pas le zèle patriotique, en marquant plus de regret sur ce qui n'a pas réussi que de reconnaissance pour ce qui a été tenté.

V

NOTE SUR L'AGRICULTURE DE L'ORLEANAIS[1].

Vous n'avez encore qu'un tableau bien imparfait de l'agriculture de cette province; il y existe différentes espèces de cultures : cultures avec les bœufs, cultures avec les chevaux, pays de plaine, pays de clôture,

[1] Bibliothèque d'Orléans. Minute autographe.

division des terres en deux, trois ou quatre soles, culture de la vigne, culture du safran. On s'y sert de différentes espèces de charrues; mais ce qu'il est important de déterminer, c'est si ces différentes méthodes sont déterminées par la nature même du sol et par les circonstances locales, ou bien si elles ne sont qu'une suite de l'habitude des cultivateurs qui ont une propension toujours naturelle et souvent juste à suivre les anciennes pratiques qui leur ont été enseignées et que leurs ancêtres ont suivies. Quelquefois aussi les dispositions de la coutume ou des règlements qui l'ont modifiée ou interprétée en ne paraissant que favoriser les usages reçus en agriculture, les consacrent tellement qu'il n'est pas possible de s'en écarter; telles sont, par exemple, les dispositions relatives au droit de parcours; dans quelques cantons, ce droit rend très difficile la clôture des héritages et tend, par conséquent, partout où il est établi, à conserver l'usage de cultiver en plaines ouvertes.

La commission intermédiaire doit s'attacher à considérer les différentes cultures sous trois points de vue différents : l'aisance du cultivateur, l'avantage du propriétaire, la plus grande population. Ce sont ces points principaux qu'il est important de comparer dans toute espèce de culture, afin que, d'après des discussions approfondies et appuyées sur des résultats certains, les propriétaires de la province sachent s'ils doivent tendre à se rapprocher plutôt d'une culture que d'une autre, et les effets qui doivent en résulter. Pour se procurer les connaissances relatives à cet objet, il sera nécessaire que la commission intermédiaire adresse aux différents bureaux intermédiaires de département des états de questions avec demande d'y répondre avant le mois de septembre prochain et de les faire passer à l'Assemblée provinciale.

Il sera superflu de répéter ici tout ce qui est détaillé dans les arrêtés du Bureau du Bien public, à l'article *Agriculture;* il suffira de recommander à la commission intermédiaire :

1° De rassembler, le plus tôt qu'il lui sera possible, des échantillons de laine de la province, de les adresser à Paris aux membres de l'Assemblée qui se sont chargés de consulter M. Daubenton et, sur leur réponse, de rédiger et de faire imprimer un programme de souscription pour faire venir un certain nombre de béliers d'Espagne, d'Angleterre, ou de ceux déjà naturalisés dans le Berry;

2° De faire faire dans toutes les paroisses de la Généralité un état du nombre de ruches existantes, afin que, d'après le nombre qui aura été constaté, l'Assemblée puisse déterminer, l'année prochaine, l'espèce d'encouragement dont ce genre d'industrie est susceptible;

3° De prendre des informations sur le parcage des bêtes à laine sur les paroisses de la Généralité où il est établi, ainsi que sur celles où il n'a pas lieu, afin que l'Assemblée puisse juger des encouragements qui pourraient déterminer à adopter cette méthode, dont l'avantage est de fumer les terres sans consommation de paille;

4° De réunir des renseignements sur les parties de la province où il est le plus important de favoriser l'établissement de prairies artificielles, afin que l'Assemblée puisse rétablir, l'année prochaine, l'usage qui est interrompu, depuis quelques années, de délivrer gratuitement des graines de prairies artificielles et d'aviser aux moyens de les multiplier;

5° De se procurer des renseignements exacts et certains sur les mesures de longueur, sur les mesures superficielles et sur celles des grains et des boissons de toute la Généralité, en les rapportant à l'arpent, à la perche, à la toise, mesure du roi, au setier, mesure de Paris du poids de 240 livres, et au muid et à la pinte de Paris, pour les boissons;

6° De prendre toutes les mesures que les circonstances exigeront relativement au retard des semences.

COMMERCE.

Les éclaircissements que l'Assemblée a reçus, cette année, sur le commerce de la Généralité lui laissent à désirer des détails plus étendus que la commission intermédiaire ne peut obtenir que par une correspondance suivie avec les bureaux de département et par les relations qui s'établiront entre ces dernières et les municipalités. La Généralité d'Orléans étant une province essentiellement agricole, le genre d'industrie le plus précieux pour elle est celui qui peut s'associer avec les travaux de l'agriculture et qui peut occuper les gens de la campagne pendant les longues soirées d'hiver; l'Assemblée aura donc besoin, pour l'année prochaine, de détails précis sur les filatures de chanvre, de lin, de coton et de laine, sur les moyens de répandre cette industrie et sur la forme d'encouragements qui seront, en même temps, les moins coûteux et les plus propres à remplir cet objet.

Il ne suffit pas, pour l'Assemblée, de savoir qu'il existe dans cette ville ou cette paroisse une manufacture de cette espèce, il est nécessaire qu'elle connaisse l'objet de la fabrication, le nombre des ouvriers qu'elle occupe, ses débouchés, les contrées pour lesquelles elle expédie ses marchandises.

Mais ce qui est surtout important, c'est que la commission intermédiaire se procure des détails sur toutes les corporations et jurandes de la Généralité et qu'elle mette l'Assemblée à portée de discuter leurs avantages ou leurs inconvénients. Il en est de même d'une partie des règlements du commerce, des formalités qu'ils imposent, des obligations qu'ils prescrivent aux fabricants. La commission intermédiaire les discutera et mettra l'Assemblée provinciale en état de réclamer, l'année prochaine, contre toutes les gênes inutiles et qui ne peuvent tendre qu'à retarder la marche du commerce et de l'industrie.

C'est sous ce même point de vue qu'elle doit encourager la Compagnie des marchands fréquentant la rivière de Loire et doit s'informer, par des demandes constamment adressées à toutes les municipalités des villes situées au-dessus ou au-dessous de la Loire, si les avantages de cette Compagnie sont aussi réels qu'on le suppose, et quelle est l'utilité qu'on pourrait espérer de son rétablissement.

VI

RAPPORT CONCERNANT LA PERCEPTION DU DROIT SUR LES CUIRS[1].

Messieurs,

Nous vous avons fait connaître combien il était important pour les progrès de l'agriculture, pour l'accroissement de l'aisance publique et pour la prospérité nationale de multiplier, en France, le nombre des bestiaux, et nous vous avons fait observer que les circonstances particulières où se trouve cette Généralité exigeaient qu'elle tournât de ce côté toute son industrie.

Dans différents Mémoires remis au bureau du Bien public, on vous dénonce le droit de marque sur les cuirs, comme opposé directement à ce but. On y observe que le commerce de tannerie et de mégisserie a prospéré très longtemps en France; qu'il suffisait et au delà à la consommation intérieure du royaume, et qu'il en résultait même une branche considérable d'exportation à l'étranger; mais qu'en 1759, des vues fiscales avaient fait porter à plus de dix fois au delà un droit modéré qui s'était perçu, jusqu'alors, sur la fabrication des cuirs; que ces droits, qui étaient de 10 sous par cuir de bœuf, avaient été portés à 6 livres; que ceux de 6 deniers par peau de veau avaient été portés à 6 sous, et les autres à proportion.

Les Mémoires qui vous ont été adressés ajoutent que c'est moins encore le montant du droit qui pèse sur le commerce que la manière de le percevoir. On s'y plaint des visites multipliées, des formalités gênantes qui ont été imaginées pour en assurer la perception, formalités dont l'omission est toujours punie par des amendes, des saisies, des confiscations et des frais considérables.

Pour remédier à ces inconvénients, les fabricants de cuirs, tanneurs, hongroyeurs, mégissiers de l'Orléanais, demandent à s'abonner pour le payement du droit sur les cuirs, moyennant une somme égale au

[1] *Procès-verbal de l'Assemblée provinciale de l'Orléanais*, p. 357.

produit actuel sans aucune remise, et d'après les produits constatés par les registres de la Régie.

Quelque confiance que méritent les personnes qui ont concouru à la rédaction de ce Mémoire, nous n'avons pas cru devoir en mettre le résultat sous vos yeux, sans être en état de le discuter. Nous nous sommes procuré à cet égard des renseignements très exacts, et tout ce que nous avons à regretter dans ce moment, c'est de ne pouvoir adresser ici un témoignage public de reconnaissance à ceux qui nous les ont procurés.

Une des principales ressources que le Gouvernement ait mises en usage pour se procurer des fonds sur la fin du règne de Louis XIV fut de créer des offices. On présentait, dans des lois importantes, ces établissements sous la fausse apparence de l'utilité publique; mais les fonctions qu'on attachait à ces emprunts déguisés n'étaient qu'un inconvénient de plus, et ce n'était pas toujours le moindre. Heureusement, comme personne le plus souvent, pas même le titulaire, n'avait intérêt à ce que les fonctions de ces charges fussent exactement remplies, elles tombaient en désuétude, et il ne restait de ces établissements que les droits qui y avaient été attribués. Telle est l'origine d'une partie des droits sur les consommations qui se perçoivent en France; telle est celle du droit sur les cuirs. Les jurés-vendeurs, contrôleurs des cuirs et prud'hommes en faveur desquels ils furent établis n'avaient lieu dans l'origine que dans le ressort des cours des aides de Paris, Rouen, Dijon et Clermont-Ferrand.

Ces droits auraient certainement produit des effets fâcheux pour le commerce, si les tanneurs ne s'étaient rendus presque généralement acquéreurs des offices ou adjudicataires des droits, et ce fut ainsi qu'ils parvinrent à se rédimer des gênes auxquelles on voulait assujettir leur commerce et à lui procurer la liberté dont il devait jouir.

Les choses demeurèrent dans cet état jusqu'en 1759. On représenta alors au Gouvernement que les anciens offices établis pour l'inspection et la vérification des cuirs avaient été aliénés à vil prix, et que le Roi pourrait faire une opération profitable en y rentrant. On ne présenta pas cette opération comme une augmentation de droits; et, dans le fait, cette augmentation aurait été médiocre. si elle n'eût pas été grevée depuis de 10 sous pour livre; on l'annonça comme une simplification, attendu qu'on réunissait tous les droits en un seul. On fit un tarif uniforme, et l'universalité des provinces du royaume, même les provinces réputées étrangères, y furent assujetties.

Le droit établi, on sollicita des règlements propres à en assurer la perception. Les redevables furent assujettis à des visites domiciliaires, à des exercices de commis. Les cuirs furent soumis à une marque de charge, à une marque de décharge; le fabricant fut, en outre, obligé d'y apposer la sienne. Mais toutes ces précautions n'empêchèrent pas qu'une partie du droit ne fût encore souvent fraudée, par la facilité de contrefaire les marques et par le grand intérêt que cette contrefaçon présentait. En effet, le cuir étant une matière susceptible de s'étendre par l'humidité, de se resserrer par la sécheresse, les empreintes de la même marque devaient, au bout d'un certain temps, présenter des différences essentielles, au moins dans leurs dimensions, de sorte que les commis chargés de la perception des droits devaient se trouver fréquemment dans l'impossibilité de distinguer si la marque qu'on leur présentait était la leur défigurée par le temps, ou l'empreinte d'une fausse marque, dissemblable en quelque chose de la véritable. C'est sans doute une forme de régie bien défectueuse que celle où il n'y a pas un fabricant qui ne puisse être poursuivi comme faussaire sans être coupable, pas un faussaire qui puisse être régulièrement convaincu. Nous sommes loin de vouloir inculper, par ces réflexions, ni les tanneurs, ni les agents de la perception. Nous n'envisageons que le droit en lui-même, la forme de sa perception et les inconvénients qui en sont une suite inévitable.

On conçoit que la régie d'un tel droit a dû introduire un esprit de fraude de la part des tanneurs, un esprit d'inquiétude de la part des percepteurs; qu'il a dû en résulter des procès multipliés, et beaucoup de dégoût pour ceux qui font honnêtement leur profession; que les fabricants aisés ont dû s'empresser de quitter une profession dans laquelle l'innocence était continuellement soupçonnée, dans laquelle un crime supposé pouvait attirer des condamnations flétrissantes.

La retraite des riches tanneurs a été le signal de la perte du commerce des cuirs; ceux auxquels ce commerce a été abandonné n'ont pas été en état de faire des avances suffisantes pour laisser les cuirs dans les fosses le temps nécessaire pour les perfectionner, et la qualité en a beaucoup dégénéré.

Des réclamations presque universelles, élevées de toutes les provinces du royaume, ont été la suite de ce régime désastreux. Mais aucunes ne sont mieux fondées que celles des tanneurs, mégissiers et autres ouvriers en cuirs de la Généralité d'Orléans. Il n'est point de province où ce commerce ait autant souffert, et pendant que la population s'est accrue, que la consommation des cuirs s'est augmentée, le commerce des tanneurs de la ville de Meung s'anéantit.

Ces considérations ont déjà été présentées bien des fois au Gouvernement, et il a été frappé de la nécessité de venir au secours de ce commerce. Mais si la crainte de compromettre une branche intéressante des revenus du Roi l'a jusqu'à présent arrêté, ce motif même ne lui permet pas de différer plus longtemps de venir au secours du commerce des cuirs, puisque ce commerce, en s'anéantissant, entraînerait la ruine du droit qui porte sur lui.

Le nouveau traité de commerce fait entre la France et l'Angleterre a permis l'entrée des selleries anglaises sous un droit de 12 p. 100; et ce droit même, d'après les fausses évaluations qui seront données aux marchandises, se réduira peut-être à 6. Or comment espérer que nos cuirs, chargés d'un droit beaucoup plus considérable, sous une régie litigieuse et effrayante pour les redevables, dans un moment où toutes les familles riches ont abandonné le commerce de tannerie, où la qualité des cuirs a dégénéré, où notre fabrication est dans un état de décadence, puissent soutenir la concurrence avec les cuirs anglais?

Un abonnement du droit sur les cuirs est donc devenu d'une nécessité indispensable, surtout pour l'Orléanais, où ce commerce est menacé d'un anéantissement plus prochain que dans aucune autre partie du royaume. L'intérêt de la province, celui de l'État, celui même des finances l'exige. Nous pensons donc que l'Assemblée provinciale ne peut se dispenser de prier le Ministre des finances de mettre sous les yeux du Roi et d'appuyer auprès de Sa Majesté la demande que font les tanneurs, mégissiers et autres ouvriers en cuirs de la Généralité, d'un abonnement égal au produit actuel du droit. Nous n'ignorons pas que cet abonnement restreint à une seule Généralité présente de grandes difficultés; qu'il exige des établissements de lignes et de bureaux, pour faire acquitter le droit à l'entrée des provinces qui ne seront point abonnées. Mais l'Administration, qui sait combien il est important de soutenir en France le commerce des cuirs, qui connaît l'influence réciproque de ce commerce et de l'agriculture, trouvera des moyens de lever ces difficultés, soit en rendant l'affranchissement général pour tout le royaume, soit par tout autre moyen que sa sagesse pourra lui suggérer.

VII

SUR L'AGRICULTURE DE L'ORLÉANAIS[1].

Messieurs,

Depuis le compte que nous vous avons rendu de tout ce qui concerne l'agriculture et le commerce, il nous est parvenu plusieurs bons Mémoires, dont nous regrettons de n'avoir pas eu connaissance avant la rédaction de notre premier rapport : nous y aurions puisé d'excellentes observations sur les branches les plus importantes de l'agriculture de cette province, et vous auriez mieux connu ses besoins et ses ressources. L'époque prochaine de notre séparation ne nous permet plus d'entreprendre un nouveau travail, et la multiplicité des objets plus urgents encore dont il vous reste à vous occuper ne vous permettrait pas même de nous entendre. Nous nous contenterons donc de

[1] *Procès-verbal de l'Assemblée provinciale de l'Orléanais*, p. 363.

vous présenter ici le titre de ces Mémoires avec une indication très sommaire de leur objet, et nous réserverons pour l'année prochaine le soin de les discuter d'une manière plus approfondie et de vous faire connaître ce que vous aurez à faire pour concourir aux vues patriotiques qu'ils renferment.

Le premier de ces Mémoires est intitulé : *Vues générales sur l'état de l'agriculture dans la Sologne, et sur les moyens de l'améliorer.* M. de Froberville, son auteur, confirme ce que M. d'Autroche avait avancé sur la dégradation de l'agriculture de cette province et sur la diminution progressive de sa population. Il en développe les causes. Il indique les moyens qu'il croit les plus propres à y rappeler l'abondance et la prospérité. Enfin il traite, dans autant de chapitres particuliers, de tous les objets de culture qui sont en usage dans la Sologne, ou qu'on pourrait y introduire. Il propose partout les changements et améliorations qu'il croit utiles. La plupart de vous, Messieurs, avez été témoins du juste tribut d'applaudissements que ce Mémoire a reçus à la séance publique de l'Académie des sciences, arts et belles-lettres de cette ville.

Un second Mémoire non moins intéressant est celui de M. l'abbé Genty, secrétaire perpétuel de la Société d'agriculture, sur les travaux dont cette Compagnie s'est occupée depuis son établissement. Ce Mémoire, réuni à ceux rédigés sur la Sologne et à celui que l'Académie des sciences, arts et belles-lettres vous a précédemment remis, suffit déjà pour donner une idée très précise des différentes espèces de cultures entre lesquelles se partage cette province, et nous regrettons qu'il ne nous soit plus possible de vous en exposer, cette année, le tableau.

Nous avons reçu un troisième Mémoire très instructif sur la différence de culture qui existe entre les pays de plaine de la Beauce et du haut Vendômois, et les pays enclos ou couverts du Perche et du bas Vendômois; sur les avantages et les inconvénients de ces deux genres de culture; sur la population propre à chacune d'elles; enfin sur la manière d'être des habitants des pays enclos.

M. du Châtellier, auteur de ce Mémoire, propose, comme l'a déjà fait M. le comte de Rouville dans un Mémoire adressé à la Société d'agriculture de Paris, et comme on le pratique déjà dans quelques provinces, de partager les terres en quatre soles ou cottaisons, au lieu de trois, et d'occuper les intervalles par la culture des prairies artificielles. On cultive, il est vrai, moins de blé dans cette disposition, mais on cultive mieux, on fume mieux, et le produit en blé est souvent égal. L'avantage d'ailleurs le plus réel, dans ce système de culture, consiste dans l'augmentation des fourrages et dans la multiplication des bestiaux.

Le même Mémoire contient quelques détails sur la répartition de la taille, sur les moyens d'ôter à cette imposition tout ce qu'elle a d'arbitraire, tout ce qui peut tendre à alarmer l'industrie et à restreindre l'activité des cultivateurs.

M. Duhamel, qui a écrit sur toutes les branches de l'agriculture, conseille aux pères de famille de faire des semis de pin dans les mauvaises terres, dans celles qui ne sont propres à aucune autre espèce de culture. Il assure que, quoique la qualité de ce bois soit médiocre, cet inconvénient est plus que compensé par la rapidité de la croissance. M. Barbot, dans un Mémoire qu'il a lu à la Société d'agriculture d'Orléans, rend compte d'une expérience en ce genre qui lui a parfaitement réussi. Un semis de pin, qu'il a fait dans une pièce de 7 arpents, lui a fourni, au bout de dix ans, des tiges qui pouvaient déjà faire du chevron; des glands semés de la même manière et en même temps n'avaient produit, à la même époque, que des tiges très faibles et de la grosseur du doigt.

Quelque confiance que méritent ces expériences, nous ne devons pas laisser ignorer que M. de Meux a fait dans sa terre de la Motte, en Sologne, des semis de chêne qui ont eu le plus grand succès. Ceux de pin ne réussissent pas moins bien dans cette province, comme on en peut juger par les essais faits à la Source par M. Boutin. Ce sont de nouvelles branches de culture et d'amélioration offertes aux propriétaires de la Sologne.

Un membre distingué de la Société d'agriculture d'Orléans, M. le comte des Essarts, a publié, en 1766, un ouvrage très détaillé sur la culture du safran. Dès cette époque, il avait reconnu des abus et des fraudes très condamnables dans le commerce qui s'en fait principalement avec l'étranger, et il avait alors proposé ses idées pour y remédier. Un nouveau Mémoire qu'il a adressé à l'Assemblée provinciale lui annonce que les craintes qu'il avait en 1766 ne se sont que trop réalisées. Il assure que le commerce du safran dans le Gâtinais et dans la Beauce, qui, dans le temps de sa plus grande prospérité, avait été porté à 40 milliers de livres, était réduit maintenant à 10 ou 12 milliers. Or, comme le safran vaut environ 30 francs la livre, on conçoit quelle perte énorme a souffert la Généralité par la chute de ce commerce.

M. des Essarts propose différents moyens pour remonter cette culture, et notamment celui de l'encourager par des primes. Nous croyons que l'Assemblée doit charger la commission intermédiaire de demander, à cet égard, les observations du département de Pithiviers.

L'emploi des engrais est un des objets des plus importants de l'agriculture, et peut-être la partie de cet art la moins avancée. M. le marquis de B..... vous a adressé un Mémoire dans lequel il traite des engrais et améliorations propres à chaque espèce de terre. Il y fait voir que l'agriculture a plus de richesses en ce genre qu'on ne le croit communément, et que la classe des substances propres à servir d'engrais est très étendue.

MM. de Perthuis père et fils, qui habitent le château de Moulins-Pont-Marquis en Puisaye, près Auxerre, élection de Gien, vous ont adressé, dans un Mémoire fait en commun, le résultat de leurs connaissances sur l'agriculture de leur canton, et sur les secours dont elle a besoin.

Les races de bestiaux sont, en général, petites dans la Puisaye; MM. de Perthuis ont essayé d'y faire venir des vaches flamandes, d'y accoupler un taureau flamand avec les vaches du pays, et ils ont obtenu des succès. Ils espèrent que l'administration provinciale voudra bien encourager l'éducation des bestiaux dans la province, et ils représentent que le premier encouragement de tous est de ne point mettre d'impôts sur cette branche d'industrie.

Il paraît qu'on cultive le chanvre dans la Puisaye, et c'est encore un objet digne d'être encouragé. Le moyen le plus simple pour remplir cet objet est, comme le proposent MM. de Perthuis, de n'imposer les chènevières, linières, safranières et autres cultures qui ne sont pas généralement adoptées, et qu'il est important de répandre dans la province, que comme les meilleures terres du canton, sans avoir égard au bénéfice plus considérable qui peut résulter de ces cultures. D'après le même principe, ils croient qu'on doit bannir tout arbitraire de la taille et la faire porter entièrement sur les terres en les divisant en classes.

MM. de Perthuis donnent aussi leurs vues sur l'aménagement des bois, sur les économies qu'on peut faire dans la confection et dans l'entretien des routes.

Nous pensons que l'Assemblée ne peut qu'inviter MM. de Perthuis à donner à leur Mémoire tout le développement dont il est susceptible et à le lui faire parvenir avant l'assemblée prochaine.

Le Bureau de l'agriculture et du Bien public se fera un devoir de vous présenter toutes les vues utiles contenues dans les Mémoires dont vous lui aurez renvoyé l'examen. Il s'empressera de rendre aux auteurs l'hommage de reconnaissance qui leur sera dû. Il exhorte surtout les propriétaires qui font valoir à joindre, autant qu'ils le pourront, l'expérience à la théorie, et à multiplier le genre d'instruction dont les gens de la campagne sont le plus susceptibles : l'exemple.

VIII

SUR LA NAVIGATION DE LA LOIRE[1].

Nous n'avons à vous offrir sur la navigation de cette province que des aperçus très généraux : ils sont le fruit de quelques recherches

[1] Manuscrit autographe. — Bibliothèque d'Orléans.

faites par l'un des membres du Bureau du Bien public, et nous ne vous en entretiendrons même dans ce rapport que pour vous faire sentir, ainsi qu'aux Assemblées de département et aux citoyens les plus éclairés de cette Généralité, combien la navigation intérieure est digne de fixer leur attention, combien elle présente d'objets importants à discuter, combien elle peut influer sur la prospérité de la province et de celles qui l'avoisinent.

Nous vous prévenons, Messieurs, que nous ne pouvons garantir l'exactitude des bases dont on est parti pour établir la facilité plus ou moins grande que les canaux ci-après proposés présentent dans leur exécution. Nous ne les envisagerons que comme des propositions qui méritent d'être livrées à la discussion publique, et nous nous bornerons à des indications sommaires que nous allons suivre avec vous sur la carte de Cassini.

Vous n'ignorez pas combien la navigation de la Loire est difficile, et les accidents nombreux qui arrivent chaque année ne l'attestent que trop. Ce fleuve n'a point de courant réglé. Les sables et les cailloux qu'il amène des montagnes ou qu'il reçoit par l'Allier obstruent souvent son cours, et le lit habituel par lequel passent les bateaux se trouve souvent transporté d'un côté à l'autre de la rivière et à des distances considérables. Par une suite des mêmes circonstances et de quelques autres, le halage est impraticable le long de cette rivière : on ne peut la remonter qu'à la voile, et il faut attendre que le vent soit favorable : ce qui interrompt souvent la navigation pendant plusieurs mois.

Vous êtes d'autant plus effrayés des conséquences qui peuvent résulter de ces difficultés qu'elles ne peuvent qu'augmenter avec le temps, et que d'ailleurs l'industrie humaine ne peut apporter que de bien médiocres obstacles à ces grands effets de la nature. On a bien imaginé d'établir de balisages le long de la rivière, pour avertir les mariniers des dangers auxquels ils pourraient être exposés; mais la Compagnie qui en était chargée autrefois, les ingénieurs ou inspecteurs que ces fonctions regardent aujourd'hui, ne peuvent déplacer des amas immenses de sables et de cailloux.

Ces considérations sur la difficulté de la navigation de la Loire doivent faire voir avec quelque inquiétude à cette province le projet de construction du canal de Berry qui a pour objet de joindre le Cher à l'Allier, à travers le Berry et le Bourbonnais, et qui ne ferait qu'effleurer une très petite portion de la Sologne. Ce canal, s'il s'exécute, formera la corde d'un arc que décrit la Loire; il y abrégera la navigation; il la rendra plus facile et peut faire un tort irréparable à cette province, si elle ne s'occupe de bonne heure à s'ouvrir sur elle-même des moyens de communication.

Ce sont probablement ces considérations qui ont fait accueillir par le Conseil de S. A. S. Mgr le duc d'Orléans différents projets pour remédier aux inconvénients actuels de la navigation de la Loire. Il paraît qu'après un examen très approfondi, une combinaison exacte des avantages et des obstacles, on a pensé que le seul moyen praticable de rendre la rivière de Loire navigable dans tous les temps serait de faire un canal de navigation qui la côtoierait, dont on écarterait soigneusement toutes les rivières et les ruisseaux qui pourraient y amener des eaux bourbeuses, ou qui pourraient y introduire des matières propres à l'encombrer. Nous ne discuterons pas ici ce projet que sa grande dépense rend peut-être impossible. Nous avons cru seulement nécessaire de vous indiquer qu'il ne nous était point inconnu.

Mais si, d'un côté, la navigation de la Loire devient de plus en plus difficile, et si même un jour elle peut devenir impraticable; si, d'un autre, il s'ouvre entre l'Allier et la Loire, par le Cher, une communication plus facile, n'est-il pas à craindre que le commerce de cette Généralité ne s'anéantisse insensiblement, qu'elle ne trouve plus les mêmes débouchés pour ses denrées, et que la ville d'Orléans elle-même ne cesse d'être le centre d'un commerce d'entrepôt qui fournit des matières premières à presque toutes les fabriques d'étoffes de laine du Royaume?

C'est principalement d'après ces considérations, d'après la nécessité de tirer la Sologne de l'état d'insalubrité où elle est et de vivifier son commerce en donnant un débouché à ses productions, que l'auteur du

Mémoire que nous avons entre les mains propose de joindre la Loire à la Loire par un canal qui traverserait la Sologne. Ses projets à cet égard se réduisent à deux :

Le premier, de suivre la vallée de la rivière de Saudre qui se jette dans le Cher, trois lieues au-dessus de Saint-Agnan. Ce canal passerait à la Ferté-Imbault, à Clermont, etc. Il communiquerait, par en bas, avec la Loire par le Cher, et il s'ouvrirait dans le haut un peu au-dessus ou un peu au-dessous de Sancerre, suivant qu'une inspection plus exacte des lieux le ferait juger plus facile, et en passant par des vallées déjà naturellement préparées pour cet objet.

Le second projet consisterait à suivre, pour le même canal, la vallée du Beuvron qui se jette dans la Loire à Candé. Tous les ruisseaux de cette partie de la Sologne coulant presque au niveau des plaines, ces plaines étant peu élevées au-dessus de la Loire, enfin l'eau et les étangs étant extrêmement abondants dans toute cette partie, on éprouverait peu de difficultés dans l'exécution des travaux. Nous ne pouvons que nous en référer, sur ces projets, au plan plus détaillé que M. l'abbé de la Geard vous a déjà annoncé.

Il existe, pour une autre partie de cette Généralité, un projet très ancien de canal, dont l'objet serait de joindre la Seine à la Loire, mais sur lequel nous n'avons pu nous procurer que des renseignements peu étendus. Il consisterait à rendre la rivière d'Eure navigable de Rouen jusqu'à Chartres. Ce serait un objet de dépense fort considérable, parce que la rivière d'Eure a beaucoup de pente et qu'on ne pourrait la rendre navigable sans beaucoup d'écluses; elle contient d'ailleurs un grand nombre de très bons moulins dont l'acquisition serait chère.

Enfin on propose deux projets pour joindre la Loire à la rivière d'Eure, et par conséquent la Loire à la Seine : l'un à travers la Beauce, par un embranchement fait sur le canal d'Orléans, l'autre en suivant la vallée d'Eure, quelques lieues au-dessus de Chartres, et en coupant ensuite en pleine terre pour aller gagner la vallée du Loir au Houssay. On suivrait cette dernière vallée jusqu'à Fretteval et on gagnerait la vallée de la Cisé par Vieux-Vy, Saint-Mandé, Saint-Léonard, Averdon,

Saint-Bohaire, Saint-Lubin et Chousy. L'inspection de la carte nous porte à croire que ce dernier projet présenterait de très grandes difficultés et peut-être insurmontables.

Nous ne vous proposons de rien statuer sur ces projets. Il nous suffit de les avoir indiqués et d'inviter ceux qui peuvent avoir des connaissances relatives à cet objet à vous les transmettre. Nous nous serions peut-être dispensé de nous étendre autant à cet égard, si nous n'avions eu en même temps pour objet de vous faire sentir que le Bureau des ponts et chaussées ne doit pas regarder la confection de tous les chemins de la Généralité comme le terme des contributions de la province. Les travaux relatifs à la navigation intérieure exigeront des dépenses d'un autre genre et qui même seront probablement plus considérables.

IX

RAPPORT SUR LA CORVÉE

ET SUR LES SUITES DE SA CONVERSION EN UNE CONTRIBUTION PÉCUNIAIRE[1].

On ne peut douter que la confection des grandes routes et des chemins n'augmente la valeur de toutes les terres qui les avoisinent, en raison du débouché plus facile qu'ils donnent à l'exportation et à la circulation des denrées. Ainsi, multiplier les chemins dans une Généralité, c'est en augmenter la valeur territoriale. En sorte que les capitaux employés à faire les chemins sont un véritable placement fait au profit des propriétaires de terre.

Il n'est pas moins évident que l'utilité d'un grand chemin est presque nulle jusqu'à ce qu'il soit entièrement achevé, parce que, ne restât-il qu'une lieue de chemin difficile, on est obligé, pour cette seule lieue, de mettre sur la voiture presque autant de chevaux que si la totalité du chemin eût été mauvaise. Ainsi, en continuant de considérer la dé-

[1] Manuscrit autographe. — Bibliothèque d'Orléans.

pense faite pour la confection d'un grand chemin comme un capital dépensé en faveur des propriétaires, ce capital est mort jusqu'au moment où le chemin est entièrement achevé.

Il résulte de ces deux principes que les propriétaires de terre d'une Généralité ont intérêt à ce que les chemins soient faits, et surtout à ce qu'ils soient faits promptement, lorsqu'ils ont été une fois commencés, afin que les capitaux qui y ont été employés portent intérêt pour la chose publique le plus tôt qu'il est possible.

Mais si, d'un côté, l'intérêt des propriétaires sollicite la prompte confection des chemins, l'intérêt des taillables sur lesquels se lève la contribution destinée à les faire exige, de l'autre, que le fardeau n'excède pas leurs forces; et notre intention, dans ce rapport, est de vous offrir des moyens de concilier ces deux intérêts.

M. le comte de Rochambeau vous a déjà proposé de réduire au huitième, au lieu du sixième, la prestation en argent représentative de la corvée; et, en effet, les contribuables de cette Généralité sont si chargés qu'il paraît impossible de se refuser à solliciter pour eux des modérations. Mais alors les chemins, dont la parfaite confection a été calculée à dix-sept ans, ne pourront plus être achevés qu'en vingt-cinq, et les propriétaires ne pourront jouir qu'à cette époque très reculée de l'augmentation de valeur que doivent acquérir leurs terres, lorsque les chemins seront achevés.

Mais si la charge des taillables est trop forte et si elle exige une modération, si, en même temps, les propriétaires ont un intérêt pressant d'accélérer les ouvrages, pourquoi n'offriraient-ils pas de prendre à leur compte une partie de la dépense, et pourquoi refuseraient-ils de consentir qu'on reportât sur eux le montant de la modération qui serait faite aux taillables? On ne voit pas comment les propriétaires pourraient se plaindre de cet arrangement, puisqu'ils trouveraient un ample dédommagement de leurs avances dans l'augmentation de la valeur de leurs terres et dans la progression du prix des baux qui en serait une suite nécessaire.

Ces considérations nous ont conduit à des recherches sur l'origine des corvées, et leur résultat nous a fait connaître qu'il n'existait ni dans l'histoire, ni dans le droit national, aucun motif de rejeter sur une seule classe de contribuables un fardeau qui, en ne consultant que les règles de la justice, doit porter sur toutes, et qui, peut-être, devrait même peser, de préférence, sur ceux qui y sont le plus intéressés.

Cette assemblée est toute composée de propriétaires, dont la très majeure partie n'est pas taillable. C'est donc de la cause des taillables dont nous osons prendre dans ce moment la défense, dans un tribunal dont presque tous les membres ont un intérêt opposé. Mais c'est avec confiance que je l'entreprends, persuadé que les ordres supérieurs de la nation et tous ceux qui sont associés à leurs privilèges seront les premiers à rejeter toute exemption qu'ils ne croiraient pas fondée, et que, dans un siècle de lumière et de bienfaisance, ils ne voudront pas reporter sur la classe laborieuse et indigente de la nation, sur celle qui fait naître toutes les subsistances et toutes les richesses, un fardeau qui, d'après les lois antiques de notre constitution, devrait être commun à tous.

Oui, Messieurs, nous croyons pouvoir vous prouver, vous démontrer même, qu'avant la déclaration du 7 juin dernier il n'y avait aucune exception légalement établie, relativement à la construction et à l'entretien des chemins; que cette exception n'a existé ni sous les empereurs romains dans aucune partie de leur empire, et par conséquent dans les Gaules, ni en France sous nos rois jusqu'à ce siècle; qu'elle ne l'a été que de fait et non pas de droit, sous le règne de Louis XV, mais sans qu'aucune loi l'eût autorisée.

Si vous ouvrez le livre III du code Théodosien, au titre : *De itinere muniendo*, vous y trouverez cette disposition : « *A viarum munitione nullus habeatur immunis*, que personne ne soit exempt de la munition des chemins. »

Les paroles qui suivent ne sont pas moins remarquables : « *Absit ut nos instructionem viæ publicæ et pontium statorumque operam, titulis magnorum principum dedicatum, inter sordida munera numeremus. Igitur, ad instructiones reparationesque itinerum pontiumque, nullum genus hominum nulliusque dignitatis ac venerationis meritis cessare oportet. Domos etiam divinas ac venerandas ecclesias, tam laudabili titulo libenter adscribimus. Quam legem cunctarum provinciarum judicibus indicari convenict, ut noverint quæ viis publicis antiquitas tribuenda decrevit, sine ullius vel reverentiæ, vel dignitatis exceptione prestenda.* Loin de nous de compter au nombre des ouvrages sordides la construction de la voie publique et des ponts et chaussées, dédiés à la gloire des plus grands princes. Nulle espèce d'hommes, sous prétexte de quelque dignité et vénération que ce soit, ne doit se refuser de contribuer à leurs construction et réparations. Nous comprenons même dans un assujettissement si louable les églises divines et vénérables. Nous voulons donc que la présente loi soit notifiée aux juges de toutes nos provinces, afin qu'ils connaissent le respect dû à ce qui concerne les chemins publics, sans aucune exception en faveur de la révérence et de la dignité. »

Tel fut notre droit avant l'établissement des Francs dans les Gaules; suivons-en les variations dans notre histoire, et voyons ce qu'il est devenu sous nos rois.

On lit au livre VI du Recueil des Capitulaires de Charlemagne : « *Possessiones ad religiosa loca pertinentes nullam descriptionem agnoscant, nisi ad constitutionem viarum vel pontium.* Les biens appartenant aux maisons religieuses ne seront soumis à aucune contribution, SI CE N'EST POUR LA CONSTRUCTION DES CHEMINS OU DES PONTS. »

On exigeait donc alors des contributions territoriales pour les chemins et pour les ponts, et les terres appartenant même aux églises n'en étaient pas exemptes.

Dans la suite, lorsque le gouvernement féodal eut transmis aux seigneurs hauts justiciers presque toutes les fonctions publiques, ils furent chargés de la construction et de l'entretien des chemins, et ils furent autorisés, pour y subvenir, à lever des droits de péage. Nos rois eux-mêmes en établirent de pareils, et pour le même objet, dans leurs domaines. Plusieurs édits de Charles VII, de Louis XI, de Charles VIII et de François Ier, beaucoup d'autres plus modernes, l'ordonnance d'Orléans, article 107, celle de Blois, articles 282 et 355, enjoignirent aux seigneurs d'employer tout le produit des péages à la construction et à l'entretien des chemins, et leur défendirent d'en faire un objet de revenu. Nul, à cette époque, n'était exempt de ces droits. Il n'y avait d'exception qu'en faveur des fils de France et de leurs descendants, jusqu'au cinquième degré. Un arrêt du Parlement de Paris, du 8 juin 1387, en fait preuve; il prononce que les princes du sang, éloignés de sept degrés de la couronne, les pairs, la plus haute noblesse, les ecclésiastiques ne pourront réclamer aucune exemption pour les droits destinés à la confection des routes.

Des lettres patentes de Henri III, données le 18 juillet 1556, relativement au droit de barrage établi pour l'entretien de la route de Paris à Orléans, s'expliquent de la manière la plus formelle à cet égard. « Ayant été informé, est-il dit dans cette loi, qu'aucuns contrevenants à l'intention de nos prédécesseurs et de nous s'efforcent de s'affranchir desdits droits de barrage, *sous prétexte de leur* ÉTAT, OFFICES ET PRIVILÈGES et à l'occasion qu'ils ne sont nommément spécifiés aux lettres d'établissement d'iceux, combien qu'ils y soient clairement entendus par ces mots : *quelques privilèges et exemptions qu'on put prendre :* à ces causes considérant LE GRAND BIEN ET COMMODITÉ QUE L'OUVRAGE ET FACTION DESDITS PAVÉS ET CHAUSSÉES APPORTE, et que nul ne doit reculer au paiement et contribution desdits droits, voulons que tous nos sujets, de quelque qualité et condition qu'ils soyent, exempts ou non exempts, privilégiés ou non privilégiés, contribuent et payent lesdits droits de barrage, sans qu'ils s'en puissent affranchir et exempter, *quelques* privilèges, jugements, arrêts et déclarations qu'ils puissent prétendre et avoir obtenus, ET POURRONT CY-APRÈS OBTENIR À CE CONTRAIRES. »

Cette dernière disposition « nonobstant privilèges, jugements, arrêts et déclarations qu'ils puissent prétendre et avoir obtenus, et pourront ci-après obtenir à ce contraires » ne semble-t-elle pas avoir prévu la déclaration du 27 juin dernier qui accorde implicitement et provisoirement à la noblesse et au clergé l'exemption de contribuer pour la construction des routes, et ne peut-on pas dire que la nullité de cette nouvelle exemption avait été prononcée *d'avance* par les lettres patentes que nous venons de citer?

Malgré des dispositions aussi formelles, l'abbé et les religieux de Saint-Victor prétendirent une exemption particulière, et leur prétention fut déclarée non valable : ils furent condamnés par arrêt du Parlement du 24 mai 1583.

Nous pourrions multiplier à l'infini les preuves de ce genre, si ce que nous venons de dire n'était pas déjà plus que suffisant, et vous verriez, Messieurs, que, même dans ce moment, tous les droits du Roi qui ont pour origine un droit de péage ou qui le représentent, quoique la charge même d'entretenir les chemins n'existe plus, ne souffrent ni exemption, ni exception, et nous pourrions vous citer nombre d'arrêts des tribunaux supérieurs, notamment du Parlement et de la Cour des aides de Paris.

Les droits de péage ayant été établis en argent et ne pouvant même l'être autrement, et l'argent ayant baissé progressivement de valeur relativement aux denrées, relativement aux marchandises, relativement au travail et aux services, par une infinité de causes que vous connaissez comme nous et qu'il est inutile de vous retracer, le produit de ces droits devint insuffisant pour leur entretien habituel, et à plus forte raison pour les grandes réparations et les constructions nouvelles. Les chemins se dégradèrent généralement. Il fallut, pour les rétablir, recourir à l'imposition, et voici ce qu'ordonna Louis XIV, sur l'avis de Colbert, par l'arrêt du Conseil du 18 juillet 1670 : «LES GRANDS CHEMINS ET CEUX DE TRAVERSE *seront incessamment réparés et entretenus aux frais et dépens des* PROPRIÉTAIRES DES TERRES, des paroisses où se trouveront les mauvais chemins, avec cailloux, graviers, ou fascines, *selon les Ordonnances.*»

Remarquez, Messieurs, que Louis XIV et Colbert ne disent pas que *les chemins seront réparés et entretenus aux frais et dépens des* TAILLABLES, mais très précisément aux frais et dépens DES PROPRIÉTAIRES DES TERRES, sans aucune exception, et comme, à cette époque, on n'avait point mis en oubli le droit des différents ordres de la nation, on ne présumait pas même qu'aucune exception pût être prétendue, on disait simplement, par l'expression la plus générale, *aux frais et dépens* DES PROPRIÉTAIRES DES TERRES.

Remarquez encore que Louis XIV et Colbert étaient si certains de ne point faire alors une loi nouvelle et de ne porter atteinte aux privilèges de qui que ce soit qu'ils se bornèrent à prescrire, par un simple arrêt du Conseil, *l'exécution des Ordonnances* qui voulaient que LES PROPRIÉTAIRES DES TERRES fissent les frais des routes.

Cette exécution des Ordonnances a eu lieu. Nos lois et notre jurisprudence ont continué d'être d'accord sur cet objet important jusqu'à la fin du règne de Louis XIV. Les malheurs de ses dernières guerres et la famine de 1709 amenèrent, à cette époque, un nouvel ordre des choses : le royaume se trouva réduit à la plus affreuse impuissance. On fut obligé de consacrer tout ce qu'on pouvait lever de deniers à la paye des troupes qui manquaient même de vêtements et de chaussures. Tous les ouvrages publics, tous les travaux, furent suspendus. Les chemins qui n'avaient jamais été bien faits tombèrent en ruine. Les communications les plus importantes furent interrompues.

Enfin, en 1720, plusieurs intendants, frappés de la nécessité de réparer les chemins, convaincus surtout du tort que faisait leur destruction à la chose publique, à la circulation des denrées et à la valeur des propriétés foncières, imaginèrent, pour la première fois, d'appliquer la corvée aux travaux des routes. En vain auraient-ils sollicité des secours pécuniaires du Gouvernement : il était dans l'impossibilité absolue d'en fournir même pour les objets les plus utiles et les plus urgents, et la nation, dénuée de tout à cette époque, n'avait plus même de numéraire.

On avait l'exemple des corvées seigneuriales; mais elles sont ordinairement liées à des concessions de terres dont elles sont le prix, et le Roi n'a point concédé les terres aux propriétaires de son royaume.

On avait l'exemple des corvées militaires. De tout temps, les armées ont commandé les hommes et les attelages pour réparer les chemins et voiturer les bagages; sur le territoire ennemi, c'est une hostilité de plus; sur le territoire de l'État, la nécessité des marches rapides, le salut de la Patrie, qui est la loi souveraine, autorise cette violation du droit particulier. Mais qu'au milieu de la paix, dans ce siècle même, sans titre et sans loi, on se soit permis d'enlever les cultivateurs à leurs travaux; qu'on ait exigé d'eux ce qu'à peine on eût osé demander à des serfs; que cette innovation n'ait excité ni plaintes, ni réclamations de la part des tribunaux; qu'un demi-siècle après on ait avancé que les taillables sont corvéables par nature; que telle est l'essence de la constitution française : c'est ce que la postérité aura peine à croire un jour; c'est ce que nous ne nous permettrions pas d'avancer, si nous n'avions pour garant l'ouvrage récemment publié par un magistrat recommandable : M. de la Galaisière.

L'exemple de faire des travaux publics éclatants, sans rien demander directement ni aux grands, ni aux riches, dont la voix jusqu'à présent avait seule été comptée en France, de se faire un nom, d'acquérir des appuis et des protecteurs, en forçant le pauvre d'aplanir les routes que parcourent les gens aisés, devint bientôt général. On trouva doux de créer des chemins avec des Ordonnances. On se trompa soi-même; on crut qu'ils ne coûtaient rien à l'État.

Du moment où la méthode d'ordonner des corvées pour la confection des routes fut adoptée, il fallut bien se borner à répartir uniquement sur le peuple cette charge publique. On n'eût osé, on n'eût pu envoyer à la corvée le gentilhomme ni l'ecclésiastique, que leur état garantit d'un travail servile. Ce fut alors que notre constitution sur ce point se trouva changée, que les deux ordres supérieurs des citoyens obtinrent de fait l'exemption de la contribution pour les travaux publics, et que les Ordonnances de nos rois constamment renouvelées, avant et depuis Charlemagne, furent mises dans un entier oubli.

Mais ni les Ordonnances de MM. les intendants, ni les instructions même qu'ils ont pu recevoir du Conseil, au sujet des travaux des routes, lorsque les corvées ont été généralement employées à ces travaux, n'ont jamais été des lois de l'État; elles n'ont reçu aucune sanction; elles n'on donc pu détruire un droit national, plus ancien même que la monarchie, fondé sur la raison, sur les constitutions romaines, sur les Capitulaires et les Ordonnances de nos rois.

L'édit de 1776 est la première des lois du royaume dans lesquelles il soit parlé de la corvée des chemins, et c'est pour l'abolir.

La seconde est la Déclaration de la même année, rendue sous le ministère de M. de Ciuny, qui suspend l'exécution de cet édit bienfaisant, sans le révoquer.

La troisième est la Déclaration du 7 juin dernier, qui, supposant que les corvées étaient une contribution légale et régulière, ordonne qu'elles seront remplacées par une prestation en argent qui ne portera que sur les taillables, lesquels, seuls, avaient été assujettis à la corvée.

Cette dernière loi est l'unique qui déroge implicitement aux anciennes Ordonnances; elle seule pourrait fonder pour le clergé et pour la noblesse un titre d'exemption de la contribution destinée aux travaux publics.

Mais un titre si moderne, qui porte sur l'oubli de notre ancienne constitution, sur une infraction faite depuis moins de soixante-dix ans au droit national, pourrait-il leur paraître suffisant?

Nous osons croire qu'ils diront, avec l'empereur Théodose : « *Absit ut nos instructionem viæ publicæ et pontium statorumque operam inter sordida munera numeremus.* Loin de nous de regarder la construction et la réparation des chemins comme une charge sordide. »

Déjà, dans le Languedoc, le clergé et la noblesse contribuent à la dépense des routes. Les États de cette province l'ont constamment garantie du fléau de la corvée des chemins.

Déjà dans le Berry, l'administration provinciale a renouvelé l'exemple de faire porter la dépense des travaux publics sur tous les ordres de citoyens.

Déjà l'opinion publique, qui s'est établie de toutes parts, sollicite le suffrage des Assemblées provinciales.

N'en doutez pas, Messieurs, la démarche honorable que nous vous proposons de faire pour obtenir le rétablissement des anciennes lois aura l'approbation du Souverain. Vous savez, et c'est un fait connu, qu'à l'assemblée des notables, Mgr l'archevêque de Toulouse, Mgr l'évêque de Langres et M. l'abbé de Fabry ont proposé au bureau de Monseigneur, comte d'Artois, de demander au Roi que la prestation en argent, destinée à payer les travaux des routes, fût répartie sur les propriétaires de tous les ordres, en la même forme qui a lieu pour les constructions et les réparations des presbytères; que le vœu a été même consigné dans l'arrêté du bureau de Monseigneur le prince de Conti, et la renommée publique vous a appris que M. le Duc de Luxembourg, le président de cette Assemblée, avait été de cet avis.

C'est une justice que de rapporter à ceux qui ont ouvert un avis bienfaisant et utile la gloire qui peut en résulter. Cette gloire appartient au Ministre, chargé principalement de la confiance de Sa Majesté, et il ne tiendra qu'à vous d'en obtenir encore quelque portion.

Nous pensons donc que l'Assemblée doit s'empresser de porter au pied du trône le vœu qu'elle forme pour le retour à l'ancien droit national; que les supplications de la noblesse et du clergé, à cet égard, doivent être, s'il se peut, plus vives encore que celles des autres citoyens, parce que l'honneur prescrit de repousser l'injustice dont on profiterait avec plus de force encore que celle dont on serait atteint; enfin qu'elle doit solliciter de la justice et de la bonté du Roi d'être autorisée, par une loi dûment enregistrée, à répartir la contribution nécessaire pour les constructions et l'entretien des routes et de tous les travaux publics sur tous les contribuables de tous les ordres, et de déclarer, conformément aux anciennes Ordonnances, qu'il n'y a lieu, pour une contribution de cette nature, à aucune exception et à aucun privilège.

RAPPORT SUR LA CORVÉE.

Arrêté que le Roi sera très humblement supplié de vouloir bien ordonner, par une loi enregistrée, que la prestation en argent destinée à payer les travaux des routes sera répartie, entre les propriétaires de tous les ordres, dans la même forme qui a lieu pour les constructions et réparations des presbytères, et ce, non comme le résultat d'une délibération générale, mais comme un vœu formé principalement par le Tiers État, et auquel tous les membres du Clergé et de la Noblesse ne peuvent qu'individuellement applaudir[1].

X

SUR L'AMÉLIORATION DES LAINES DANS L'ORLÉANAIS[2].

L'amélioration des laines de l'Orléanais a fixé, Messieurs, d'une manière particulière l'attention de l'Assemblée provinciale. Indépendamment des ressources que peut procurer à la province cette utile production, considérée comme objet de commerce et d'exportation, elle peut encore devenir un objet d'industrie pour ses habitants, en donnant lieu à des établissements de filature dans les campagnes, et en alimentant des fabriques de draps et d'étoffes de laine. Le germe de cette industrie existe déjà dans quelques parties de l'Orléanais; mais elle a besoin d'y être protégée et encouragée, et le premier de ces encouragements serait de procurer aux fabriques des laines de meilleure qualité à meilleur marché, et de leur éviter la dépense et l'embarras de les tirer de centres éloignés. L'amélioration des laines intéresse donc à la fois l'agriculture et le commerce, et c'est sous ce double rapport que l'Assemblée provinciale l'a envisagée.

Le mâle influant principalement sur la qualité de la laine, l'Assemblée provinciale s'est prêtée avec empressement à la proposition, qui lui a été faite par quelques citoyens zélés, d'ouvrir une souscription pour faire venir de Flandre, d'Espagne, du Roussillon et même d'Angleterre quelques béliers dont on conserverait soigneusement les races et dont on répandrait l'espèce dans les campagnes; mais, pour ne rien précipiter et pour procéder avec plus de certitude, elle a commencé

[1] Il n'est pas fait mention de ce Mémoire dans les procès-verbaux de l'Assemblée provinciale de l'Orléanais, la noblesse et le clergé s'étant déclarés absolument opposés à une mesure qui lésait leurs privilèges. (*Note de l'Éditeur.*)

[2] Manuscrit autographe. — Bibliothèque d'Orléans.

de consulter M. Daubenton, dont les avis ont été si utiles à la province du Berry. Cet académicien justement célèbre, qui a fait une étude particulière de l'éducation des moutons et de l'amélioration des laines, désire, avant de donner son avis sur l'espèce de bélier qui convient le mieux à la province, de connaître la qualité des laines qui s'y produisait. Nous vous prions donc de nous procurer de très petits échantillons des différentes espèces de laines de l'étendue de votre département, de les envelopper séparément, de les numéroter et de les étiqueter du nom qu'on leur donne dans le pays, et de nous les faire parvenir aussitôt que vous le pourrez. Si vous avez des observations à y joindre, nous vous prierons d'en former un mémoire que vous nous adresserez en même temps.

MÉMOIRE

SUR

LA CONVOCATION DES ÉTATS GÉNÉRAUX[1].

(1788.)

Comment les États Généraux du royaume, c'est-à-dire l'assemblée de la nation par ses représentants, doivent-ils être convoqués et composés ?

Grande et importante question, sans doute, puisque de sa solution dépend le sort d'un des premiers empires du monde !

Pour la bien résoudre, cette question, il est clair qu'il faut remplir les conditions suivantes. Il faut : 1° que les États Généraux soient véritablement représentatifs ; 2° qu'ils soient organisés de manière à procurer, autant qu'il sera possible, le plus grand bien de tous les représentés.

Avant d'entrer dans l'examen des moyens qu'il faudra employer pour remplir ces conditions, il est nécessaire de remonter plus haut, de chercher, relativement aux États Généraux, ce qui a été *de fait* et ce qui aurait dû être de droit, de consulter l'histoire sur notre constitution effective et de demander à la raison ce qu'il y faudrait changer pour en faire une constitution bonne, sage et protectrice de tous les individus de la nation.

[1] Ce Mémoire est de l'écriture d'un copiste, mais il renferme des corrections de la main de Lavoisier, et porte la mention : *par M. de Lavoisier*. De plus, il est accompagné d'un manuscrit autographe de Lavoisier, dans lequel celui-ci expose le plan qu'il se propose de suivre dans la rédaction de ce travail. (*Note de l'Éditeur.*)

Ces recherches, cette discussion pourraient faire la matière d'un grand ouvrage; les bornes d'un mémoire nous forceront de nous resserrer. Nous mettrons donc en avant peu de faits, mais qui seront d'une exactitude scrupuleuse; peu de principes, mais qui seront d'une vérité évidente; et, tâchant de regagner en masse ce que nous perdrons en volume, notre but sera d'offrir avec précision des résultats déterminants.

Nous n'avons pas besoin de dire qu'aucun intérêt, qu'aucune considération ne nous fera chercher à en imposer aux autres ni à nous-mêmes; la loyauté, la franchise forment le caractère distinctif de la nation; qui n'a pas ces vertus n'est pas Français; le roi veut le bien, c'est pour le faire qu'il convoque les États Généraux; il demande qu'on lui fasse connaître la vérité; ne pas la lui présenter avec une noble confiance, avec une liberté respectueuse, ce serait trahir à la fois et nos concitoyens et le monarque.

§ 1.

DES ANCIENS ÉTATS GÉNÉRAUX ET DE L'AUTORITÉ DONT ILS ONT JOUI.

Comment ont été convoqués jusqu'à présent les États Généraux? Comment ont-ils été composés? De quelle autorité ont-ils joui?

On peut répondre diversement à ces questions suivant les temps, suivant les règnes, suivant le caractère et les opinions des ministres sous lesquels les États Généraux ont été convoqués. Il faut avouer que le Gouvernement français n'a jamais eu de constitution fixe et certaine; les bornes de chaque autorité n'y ont jamais été posées; il a dû arriver par conséquent, et il est arrivé en effet que tantôt l'une, tantôt l'autre a prévalu, suivant que les circonstances lui ont été plus ou moins favorables et qu'elle a plus ou moins su les mettre à profit.

Dans l'origine de la monarchie, les Francs, peuple guerrier et peu nombreux qui avait soumis les Gaulois et vaincu les Romains, s'assemblaient au champ de Mars et ils concouraient tous à l'établissement et à la formation des lois infiniment simples qui étaient nécessaires pour les gouverner. Ces lois n'avaient presque toutes que des dispositions pénales contre les meurtres, les blessures, les injures, les vols, etc. C'étaient, en un mot, des lois faites pour une horde de soldats toujours prêts à prendre les armes pour des querelles publiques ou particulières. Au reste, ce n'était point alors le roi qui faisait la loi; il la proposait seulement, et tout autre individu pouvait la proposer comme lui; ce qu'on appelait alors la nation l'acceptait ou la rejetait; le monarque la recueillait, la publiait, lui donnait force de constitution légale et veillait à son exécution.

De la subordination militaire qui régnait parmi les Francs naquit la subordination féodale; comme le roi était le chef de l'armée, il fut aussi le seigneur suzerain de tout le pays conquis; ses principaux capitaines furent ses grands vassaux; de ceux-ci relevaient les officiers, puis les soldats qui possédaient des fiefs et des arrière-fiefs. Ce régime, qui était une suite de la conquête, prit un nouveau degré de stabilité vers le commencement de la seconde race. Les fiefs, autrefois personnels, devinrent héréditaires et leurs possesseurs se trouvèrent très puissants : les grands vassaux étaient assez forts pour se faire la guerre entre eux, pour la faire même au roi, leur seigneur suzerain; tout ce qui n'était pas seigneur de fief ni guerrier était *serf, vilain, paysan*, et la très majeure partie de la nation était opprimée par les seigneurs et gémissait dans l'esclavage.

Pendant cette époque d'anarchie, ou plutôt d'aristocratie féodale, qui dura jusque sous les premiers règnes de la troisième race, le pouvoir de nos rois était très limité; ils ne faisaient des lois qu'après en avoir délibéré avec leurs vassaux, avec les évêques, les barons, les seigneurs, qui seuls se regardaient et étaient regardés alors comme composant la nation, le peuple français. C'est aux seigneurs seuls que se rapporte ce nom de peuple dans la fameuse loi de Charles le Chauve : *Lex consensu populi fit et constitutione principis.*

Il faut remarquer que ces assemblées, qui étaient alors les seules assemblées nationales, se nommaient *parlements*, mot que les anciens auteurs expliquent par celui de *pourparlers de paix*. Non seulement on y délibérait des lois à faire, de la paix, de la guerre, de tous les grands intérêts de la nation; mais on y vidait même des différends entre particuliers, surtout lorsque les parties étaient gens considérables; le Parlement était alors véritablement la *cour des pairs*. Par la suite, lorsque l'autorité des barons eut commencé à diminuer par deux grands moyens qui furent l'affranchissement des communes et l'appel des justices seigneuriales à la justice du roi, lorsque Philippe le Bel eut rendu le Parlement sédentaire et qu'enfin ce Parlement fut continuellement occupé à rendre la justice, en sorte qu'il devint, comme dit le bon Pasquier, *magasin de procès*, alors il fut composé différemment. Il y avait des conseillers jugeurs qui étaient nobles, gens d'épée et fort ignorants, et des conseillers rapporteurs, gens non nobles, mais clercs, c'est-à-dire instruits, sachant lire et écrire, lesquels étudiaient les affaires et en rendaient compte aux jugeurs, qui portaient leurs décisions. Insensiblement, comme cela devait être, la portion la plus éclairée domina; les jugeurs, ne se sentant pas de force à soutenir leurs opinions contre les clercs, et honteux d'être obligés de céder à ceux qu'ils regardaient comme leurs inférieurs, se retirèrent; les clercs rendirent seuls la justice. Les présidents ont gardé et portent encore l'habit des anciens chevaliers qui étaient les jugeurs. Cependant les pairs conservèrent toujours la prérogative de la séance au Parlement et continuèrent d'en être membres. En même temps, les conseillers au Parlement en vinrent à n'être plus que des juges, que des officiers commis par le roi pour rendre la justice, et cela surtout depuis l'introduction de la vénalité des offices; et toutefois les rois continuèrent à soumettre les lois qu'ils portaient à la vérification des Parlements composés d'officiers de justice, comme ils avaient pris auparavant l'attache et le consentement des Parlements composés de leurs pairs et de leurs barons. Ainsi, quoique la chose fût bien différente, le nom de *parlement* demeurant le même, le peuple, les nobles, la nation entière s'accoutuma à voir dans les Parlements ses représentants et les véritables conseils du monarque, comme ils l'avaient été autrefois; et l'enregistrement aux Parlements fut regardé comme nécessaire pour donner aux lois une autorité légitime et la confiance de tous les Français; et, en effet, sans cet enregistrement, il n'aurait plus existé de barrières, plus de bornes au pouvoir arbitraire, il n'y aurait plus eu de monarchie.

Cette courte digression sur les Parlements nous a paru nécessaire pour éclaircir la question relative à l'autorité, à l'influence qu'ont eue et qu'ont dû avoir ces corps de magistrature. Sans doute les Parlements ne sont pas aujourd'hui les représentants de la nation; ils ne sont dans la vérité que des officiers de justice commis par le Roi pour rendre la justice à ses sujets; mais ils sont les successeurs, ils ont pris la place, ils portent le nom de ces anciens Parlements sans lesquels nos rois ne pouvaient point faire de lois; et, s'il était vrai que les Parlements, n'étant point les représentants de la nation, dussent cesser d'enregistrer, il serait indispensable de leur substituer un corps ou des corps véritablement représentatifs qui eussent le pouvoir et la force de consentir ou de rejeter les lois que le prince pourra proposer; car il serait contraire aux principes de la monarchie et, en général, de toute constitution qui n'est pas arbitraire, de dire qu'une nation puisse être forcée de suivre une loi qui ne lui convient pas, à laquelle elle n'a donné aucune sanction, aucun assentiment.

Les descendants de Hugues Capet, en s'occupant à diminuer le pouvoir des seigneurs et des grands vassaux, en cherchant à soustraire le peuple à la tyrannie des nobles, travaillèrent en même temps à l'agrandissement de leur autorité. Philippe le Bel appela pour la première fois, en 1302, les communes, sous le nom de *Tiers État,* aux États Généraux qui n'avaient été composés jusqu'alors que du clergé et de la noblesse. Ce fut un grand pas de fait pour la liberté et pour l'affranchissement de la nation, et c'est à commencer de cette époque qu'elle eut, à proprement parler, des États Généraux.

On sait combien l'autorité royale s'est affermie et s'est étendue sous la troisième race et surtout depuis Louis XI. Non seulement les rois partagèrent le pouvoir législatif, mais quelques-uns d'eux eurent la prétention de l'exercer seuls, et le pouvoir législatif sembla se trouver, à différentes époques, réuni au pouvoir exécutif.

Plus l'autorité des rois de France s'est agrandie, plus elle a pris de consistance, moins leurs ministres ont cru de leur politique de convoquer les États Généraux dont ils craignaient les réclamations; à mesure aussi que les rois sont devenus plus puissants et suivant que leurs ministres ont eu plus de vigueur pour résister ou plus d'adresse pour diviser, les États Généraux ont été moins forts, moins libres dans leurs demandes, moins hardis dans leurs réclamations.

Il n'y a que ceux tenus pendant la captivité du roi Jean et ceux de 1483, sous la minorité de Charles VIII, dans lesquels la nation ait réclamé ses droits avec quelque fermeté et quelque énergie, et cela parce qu'à cette époque le Gouvernement était affaibli par le malheur des temps et par la division des premiers du royaume, qui tous se disputaient le droit de gouverner.

Mais, en général, on peut dire que les États Généraux n'ont servi qu'à établir de nouveaux impôts et à faire des cahiers *de supplications et de doléances* contenant des demandes de réformes qui étaient à peine prises en considération et sur lesquelles on ne statuait jamais, dès qu'elles pouvaient contrarier le pouvoir du monarque, et surtout dès qu'elles pouvaient blesser les intérêts des grands, des nobles et des personnes puissantes.

Les derniers États Généraux, tenus en 1614, sont surtout remarquables par la bassesse plus que servile avec laquelle l'orateur de la noblesse parla au roi[1].

En récompense, celui du clergé, qui était l'archevêque de Lyon, lui souhaita *qu'il pût vaincre et dompter tout l'Orient par ses armées, et remettre la sainte et triomphante Croix sur les murailles de Hiérusalem. . . . .*

[1] C'était le baron de Pont-Saint-Pierre. Il dit que *l'antiquité n'a pas cru que les rois fussent de la même trempe des autres hommes, mais que, comme petits dieux en terre, ils commandaient et régentaient ce bas monde par une puissance dépendante seulement de la majesté souveraine.* Il ajoute : *Les juges dirent une fois à Cambyse, roi de Perse, qu'il y avait une ordonnance qui portait que les rois pouvaient faire tout ce qui leur semblait, sans crainte de faire jamais injustice. . . . .* Et : *Les Romains semblent avoir eu même créance. . . . Votre noblesse, Sire, n'a pas moindre opinion de votre royale grandeur.*

Le reste du discours est à l'avenant : il n'y avait alors en France pas plus de goût et d'éloquence que de raison et de philosophie.

Ces États n'étaient ni bien constitués ni bien composés; aussi ne produisirent-ils aucun effet, n'obtinrent-ils pas même de réponse de la part du roi et de la reine, sa mère, à la plupart des articles de leurs cahiers; la suppression de la vénalité des offices et l'abolition de la paulette ou droit annuel furent les seuls points sur lesquels les trois ordres se réunirent et qu'ils demandèrent de concert. Le roi promit solennellement de les accorder; il les accorda même en effet, mais bientôt il révoqua cette loi qui avait paru si nécessaire à toute la nation, et les offices sont demeurés vénaux et l'on paye encore la paulette.

Voilà, en général, ce qu'ont été les États Généraux.

D'après cet aperçu rapide, mais vrai, de ce qu'il faut bien appeler notre constitution, puisque nous n'en avons pas d'autre, à quelle époque de la monarchie trouvera-t-on des États Généraux qui doivent servir de modèle à ceux qu'il est aujourd'hui question de convoquer?

Les assemblées de toute la nation en pleine campagne étaient bonnes il y a treize siècles, mais ne nous conviennent plus.

Les *Parlements* qui se tenaient sous la seconde race n'étaient point représentatifs, puisque le peuple, c'est-à-dire la partie de la nation la plus nombreuse, la plus laborieuse, la plus souffrante et, sous ces points de vue, la plus respectable, n'y était point appelé et que, lorsqu'il est question de représenter la nation, le dernier individu a ses droits comme le premier.

Ce qu'on a appelé *les États Généraux* sous la troisième race n'a jamais mérité ce nom; jamais on n'a suivi, pour leur convocation et leur composition, des règles fixes, des principes certains; les temps, les lieux, les volontés des ministres en ont décidé; mais, ce qui est le plus déraisonnable et le plus contraire à une bonne constitution, on leur a enlevé le pouvoir de concourir aux lois; on a fini par les borner à des supplications et à des doléances qui non seulement n'ont pas toujours été répondues, mais qui pouvaient même n'être pas lues par le roi et par ses ministres.

Nous ne prendrons donc pas pour règle ce qu'ont fait nos pères, car ils ont mal fait; nous ne suivrons pas par routine de vieux abus; le temps des lumières est arrivé, il faut parler aujourd'hui le langage de la raison et réclamer les droits imprescriptibles de l'humanité.

§ 2.

DE L'AUTORITÉ QUI APPARTIENT DE DROIT AUX ÉTATS GÉNÉRAUX.

Loin d'ici ces fausses maximes qui n'ont pu être introduites que par la plus vile adulation, qu'un roi de France *ne tient sa couronne que de Dieu et de son épée, qu'il ne doit compte qu'à Dieu seul de sa conduite*.... Eh! qu'est-ce donc que tenir sa couronne de son épée? C'est régner sur des vaincus par la force; or lequel de nos rois a prétendu exercer le droit de conquête? Hugues Capet n'a-t-il pas été choisi, élu par la nation, comme Pépin l'avait été, comme Pharamond avait été élevé sur le pavois? Eh! ceux qui croient flatter les rois en prêchant cette doctrine ne voient-ils pas de quelle dangereuse conséquence elle est pour les rois eux-mêmes; que ce qu'on dit aujourd'hui pour eux, on pourrait bientôt le dire contre eux en faveur du premier usurpateur? N'est-il pas évident qu'un roi qui ne tiendrait sa couronne que de son épée n'y aurait de droit que jusqu'à ce qu'il en vînt un autre plus fort que lui et dont l'épée l'emporterait sur la sienne? Qu'on cesse donc de mettre la force à la place du droit pour l'intérêt des rois comme pour celui des peuples, et qu'on dise qu'ils tiennent la couronne du choix libre des Français, qui ont promis de leur obéir à eux et à leurs successeurs et qui donneraient tous leur vie pour maintenir cette loi fondamentale de l'État, par laquelle ils ont assuré aux mâles de la maison régnante un droit successif à la couronne.

Osons donc le dire : ce n'est pas dans le Roi seul que réside le pouvoir législatif, c'est dans le concours de sa volonté et de celle de la nation. Le Roi et ses ministres ont reconnu ce principe en matière d'impôt; ils sont convenus qu'on ne pouvait lever sur elle aucun subside, aucune subvention, à moins qu'elle n'eût été accordée et consenlie; et, en effet, un principe contraire attaquerait le droit sacré de la propriété.

Mais quoi? Le Roi, comme il le déclare lui-même, ne peut pas faire une loi qui dispose de la moindre propriété de ses sujets, et il pourrait en faire par lesquelles il disposerait à son gré de leur liberté, de leur honneur, de leur vie! A quoi bon respecter le droit de propriété si l'on foule aux pieds d'autres droits non moins sacrés, mais bien plus importants?

Tenons donc pour certain que, soit que la loi doive être proposée par le Roi et consentie par le peuple, soit qu'elle doive être proposée par le peuple et consentie par le Roi, la plénitude du pouvoir législatif réside dans les États Généraux présidés par le Roi; que cette auguste Assemblée a, non seulement le droit d'accorder ou de refuser l'impôt, non seulement de former de vaines doléances, mais encore d'examiner les lois et les réformes dont elles sont susceptibles et de faire des règlements généraux en matière de législation, de police, de commerce, aussi bien qu'en matière d'imposition.

Comme le Roi a seul et sans partage la puissance exécutive, c'est à lui qu'il appartient seul, après avoir concouru à donner à la loi la sanction qui lui est nécessaire, de l'établir et de la faire publier, de veiller à son exécution, de faire constater et punir les infractions. Enfin, si le principe que nous avons déjà cité n'était pas rigoureusement vrai *dans le fait* du temps de Charles le Chauve, parce que le peuple proprement dit n'était ni représenté ni consulté, il n'en est pas moins très vrai *dans le droit : Lex consensu populi fit, et constitutione principis.*

Ces principes, il faut en convenir, ne sont pas entièrement conformes à ce qui nous reste de notre droit positif, et les États Généraux n'ont jamais joui en France d'un pouvoir aussi étendu que celui que nous réclamons ici pour eux; mais ils sont conformes à ce que prescrit la raison; ils sont conformes aux opinions qui se sont établies d'un bout à l'autre de l'univers, dans les États policés, sur les droits respectifs des rois et des peuples. En vain l'autorité, qui, dans ces derniers temps, a déjà cédé beaucoup à la raison, voudrait-elle les combattre : elle s'exposerait à une lutte dont elle ne sortirait pas victorieuse, surtout dans l'état de relâchement où sont les ressorts de la constitution française.

§ 3.

PRÉLIMINAIRES INDISPENSABLES DE LA PROCHAINE CONVOCATION DES ÉTATS GÉNÉRAUX.

Pour que la convocation des États Généraux soit vue avec autant d'allégresse qu'elle a été attendue avec impatience, il y a trois précautions préliminaires indispensables à prendre; si on les néglige ou seulement l'une des trois, la nation n'a que très peu d'utilité à espérer de l'assemblée des états; elle la verra par conséquent avec chagrin ou du moins avec indifférence, et dans ce cas le Gouvernement doit se préparer à n'obtenir qu'avec peine des secours d'autant moins abondants qu'ils seront forcés.

1° Il est nécessaire que le Roi promette solennellement qu'il n'y aura aucune lettre de cachet, aucun ordre, soit d'emprisonnement, soit d'exil, soit même d'exclusion des États Généraux, décerné contre aucun de ceux qui en auront été élus membres. Sans cette promesse, l'autorité pourrait toujours se rendre maîtresse des délibérations en écartant les personnes dont elle craindrait les avis et l'influence; les opinions ne seraient pas vraiment libres, et la nation ne pourrait pas se croire véritablement représentée. Où règne la force, la liberté cesse, et où il n'y a pas de liberté, il ne peut y avoir ni suffrages ni consentements. Une police pour l'intérieur des états est sans doute nécessaire, et cette police doit être sévère, afin qu'aucun des membres ne puisse sortir impunément des bornes de la circonspection, de la décence et du respect dus à la majesté royale et à celle de l'Assemblée; mais c'est aux états mêmes qu'il faut la confier; c'est au président que doit appartenir le droit de recueillir les opinions, de donner et de reprendre la parole, et, si quelque membre de l'Assemblée pouvait s'oublier assez pour manquer au respect qu'il lui devrait et pour mériter d'en être exclu, il faudrait qu'il ne pût l'être que par un jugement de l'Assemblée.

2° Il faudra que l'on imprime et que l'on publie à mesure tout ce qui sera fait et dit dans l'Assemblée des états, et que la presse soit en même temps entièrement libre pour tous écrits, mémoires ou observations relatifs aux objets d'administration, de politique, de législation, etc. On pourrait et on devrait seulement, pour prévenir les injures et les personnalités et pour éviter que les écrits ne dégénérassent en libelles, exiger que les auteurs se fissent connaître au moins des imprimeurs; qu'ils signassent le manuscrit de leurs ouvrages; que, l'impression finie et avant la publication du livre, le manuscrit signé fût déposé dans un greffe indiqué pour cet objet, afin que les auteurs fussent toujours prêts à en répondre; en telle sorte que, si quelqu'un se croyait diffamé, il pût découvrir et poursuivre dans les tribunaux et par les voies ordinaires celui qu'il accuserait de diffamation. Ce n'est que par cette liberté de la presse que l'on pourra établir une communication continuelle entre la nation et ses représentants, former un corps d'idées, une opinion générale du résultat des opinions particulières, en un mot qu'on pourra connaître le vœu proprement dit de la nation. Cette liberté de la presse pour les objets nationaux sera probablement une des premières demandes que formeront les États Généraux, et il vaut mieux la prévenir que de paraître y céder.

Tous les individus de la société, ceux même qui ne seront ni députés ni acteurs, seront ainsi appelés ou du moins autorisés à donner leurs avis sur les grands objets dont tous les esprits seront alors occupés. Ce concours de travaux et d'avis mis en commun conduira à la vérité et à la perfection autant qu'il est permis à l'humanité d'en approcher; et la nation sera bien certaine qu'on n'aura pas voulu l'induire en erreur, quand elle verra qu'il n'y a pas un seul de ses membres qui ne puisse à chaque instant élever la voix et avertir tous les autres d'une faute qui se commet, d'un abus qui s'introduit.

3° Il sera arrêté et déclaré d'avance que les États Généraux seront désormais convoqués ou tous les trois ans ou tous les cinq ans, en un mot dans le terme qui sera fixé par les états eux-mêmes, sous le bon plaisir du Roi. Si cela n'est pas ainsi déterminé, l'expérience nous apprend qu'il est bien à craindre que cette Assemblée ne soit presque d'aucune utilité pour la nation et que par conséquent elle ne remplisse point l'objet de sa convocation. On fera ce qu'on a presque toujours fait : de nouveaux impôts seront établis; ensuite on demandera aux états des cahiers de doléances, on les recevra et l'on dissoudra l'Assemblée sans avoir rien accordé ni statué ; mieux vaudrait alors ne pas les convoquer. Aussi Pasquier, en les jugeant d'après leurs effets ordinaires, regarde-t-il comme un mal public ces États Généraux dont la nation se promet aujourd'hui tant de bien : « L'on n'ouvre jamais, dit-il, telles assemblées, que le peuple n'y accoure, ne les embrasse et ne s'en éjouisse infiniment, ne considérant pas qu'il n'y a rien qu'il dût tant craindre, comme étant le général refrain d'icelles de tirer argent de lui. »

Mais quand on aura pris les précautions que nous venons d'indiquer, les États Généraux produiront à coupsûr beaucoup de bien, surtout s'ils sont régulièrement convoqués et bien organisés; car ils auront à la fois les connaissances et la liberté nécessaires pour amener à des réformes; ils donneront au Roi plus de confiance et plus de force pour la destruction des abus, et ils auront l'assurance de voir exécuter les bonnes opérations qu'ils auront préparées.

Occupons-nous actuellement de la forme qu'il convient le plus d'adopter pour leur convocation et leur composition.

§ 4.

ANCIENNES FORMES OBSERVÉES POUR LA CONVOCATION DES ÉTATS GÉNÉRAUX.

Il n'y a jamais eu sur ces objets, tout importants qu'ils sont, de règle fixe et invariable.

Sans rappeler toutes ces assemblées successivement, il suffit d'en citer pour exemple quelques-unes et des plus remarquables.

Aux états tenus à Tours en 1467, sous Louis XI, il n'y avait que cent députés des deux ordres du clergé et de la noblesse, et il y en avait plus de deux cents du Tiers État; ces députés avaient été élus par les différentes villes du royaume et les représentaient; *et il paraît que les trois états n'opinèrent point séparément et par ordre, mais en commun.*

A d'autres États de Tours en 1483, sous la minorité de Charles VIII, ce ne furent point les villes qui envoyèrent des députés; ce furent les pays divisés en états, en bailliages, en sénéchaussées, de façon que toutes les formes de représentation se trouvèrent mêlées; d'où il résulte un vice radical et sensible dans la composition générale : c'est que chaque bailliage ayant autant de députés que chaque pays d'états, il arrivait qu'une province divisée par exemple en dix bailliages envoyait dix fois autant de représentants et avait par conséquent dix fois autant d'influence et de pouvoir qu'une autre province plus grande, mais qui était pays d'états : l'injustice est manifeste. Il paraît que l'on opina par ordre et que cette forme d'opiner fut adoptée dans quelques états postérieurs.

En 1614 (ce sont les derniers qui aient été tenus), la première division fut en douze gouvernements; c'étaient l'Ile-de-France, la Bourgogne, la Normandie, la Guyenne, la Bretagne, la Champagne, le Languedoc, la Picardie, le Dauphiné, la Provence, le Lyonnais et l'Orléanais.

De ces douze gouvernements, trois, savoir, la Bretagne, le Dauphiné et la Provence, comme pays d'états envoyèrent des députés qui représentèrent toute la province en nom collectif.

Les neuf autres furent convoqués par bailliages et sénéchaussées; c'est-à-dire que le Roi adressa des lettres de convocation à tous les baillis et sénéchaux, lesquels envoyèrent des avertissements à tout le clergé de leur ressort, aux chefs-lieux de leurs bénéfices, à la noblesse, aux principaux manoirs des fiefs et aux villes et communautés, à ce qu'ils eussent à s'assembler dans la ville du bailliage, pour y choisir trois députés, un de chaque ordre; chaque bailliage envoya au moins trois députés à l'Assemblée générale; plusieurs en envoyèrent cependant davantage; et, par une autre bigarrure, les uns avaient un nombre égal de députés de chaque ordre; d'autres avaient deux ecclésiastiques contre un seul noble et un seul député du Tiers État.

Chaque gouvernement était donc représenté par un nombre plus ou moins grand de députés, suivant qu'il était composé de plus ou moins de bailliages; les pays d'états étaient ceux qui avaient le moins de députés.

Les trois ordres se séparèrent et formèrent chacun une chambre, et dans chaque chambre on prit les voix, non par tête, mais par gouvernement, en sorte qu'il n'y avait que douze voix et que la pluralité l'emportait.

De même deux ordres réunis devaient prévaloir sur le troisième.

Cette forme de convocation présente une foule de vices.

Des états ainsi composés n'étaient ni représentatifs ni constitutionnels.

1° Le clergé et la noblesse avaient chacun presque autant de représentants que le Tiers État. Il y avait 140 ecclésiastiques, 132 nobles et 182 députés du Tiers. Cependant le clergé et la noblesse formaient environ le quarantième de la nation, et ce quarantième avait 272 députés contre 182 représentants pour les autres trente-neuf quarantièmes. Disproportion énorme entre le nombre des représentants et celui des représentés.

2° On opinait par ordre, et les trente-neuf quarantièmes de la nation n'étaient comptés que pour un tiers dans le suffrage général, tandis que deux quatre-vingtièmes formaient chacun un pareil tiers.

3° Les deux ordres du clergé et de la noblesse se réunissant (et ces deux ordres privilégiés ont souvent des intérêts communs et contraires à celui du troisième) lui faisaient nécessairement la loi.

4° Les seules villes principales du royaume connues alors sous le nom de bonnes villes avaient concouru aux élections du Tiers État : un grand nombre de villes devenues depuis considérables n'y avaient point de représentants et il ne paraît pas, qu'excepté dans un petit nombre de bailliages, les habitants des campagnes eussent eu part aux élections.

5° De ce que les lettres de convocation étaient adressées aux bailliages, il est résulté que presque partout les officiers des bailliages étaient députés, en sorte que le Tiers État était représenté uniquement par les lieutenants généraux ou les procureurs du Roi du siège ou autres officiers du Roi qui ne pouvaient représenter que le Roi. On sent combien cette représentation était incomplète et vicieuse, puisque tout le Tiers État était composé de gens se qualifiant de nobles, ou jouissant des privilèges de la noblesse.

6° Les élections ayant été faites par bailliages, il en est résulté que chaque bailliage avait à peu près le même nombre de députés, quoiqu'ils différassent considérablement les uns des autres en étendue, en richesse et en population. Les voix, il est vrai, se comptaient par gouvernement; mais cette forme n'établissait pas une égalité proportionnelle, puisque chaque gouvernement était composé d'un nombre différent de bailliages, de bailliages plus ou moins étendus, plus ou moins riches plus ou moins peuplés.

7° Tout le temps se passait en allées et venues de députés que les ordres s'envoyaient réciproquement pour se faire ou des propositions ou des reproches, ou des explications; il n'y avait point de concert ni de bonne intelligence.

8° Enfin si l'on fait attention à la prépondérance énorme que donnaient aux deux premiers ordres la naissance, les biens, les lumières même, on concevra que, dans cette forme de convocation, le Tiers État n'était presque rien et que ses intérêts devaient être toujours sacrifiés.

Indépendamment de ces vices anticonstitutionnels, un grand nombre de circonstances ne permettent pas que la forme des États Généraux de 1614 puisse se concilier avec l'état présent des choses.

Il existe dans ce moment entre les bailliages et les sénéchaussées beaucoup plus d'inégalité qu'il n'en existait en 1614, parce qu'il a été fait beaucoup d'arrangements, de convenances, dont les uns ont été déterminés par des vues relatives à l'administration de la justice, les autres par des motifs de faveur. La Lorraine seule en contient trente-cinq, c'est-à-dire plus que plusieurs autres provinces du royaume ensemble.

Les provinces d'ailleurs qui ont été réunies à la couronne depuis 1614, y compris les Trois-Évêchés qui n'envoyèrent point de députés, comprennent près de la septième partie du royaume, on ne peut donc régler par aucun exemple la manière dont ces provinces doivent députer aux États Généraux.

§ 5.

FORME QUI PARAÎT LA MEILLEURE À ADOPTER POUR LA CONVOCATION DES ÉTATS GÉNÉRAUX.

L'institution moderne des *Assemblées provinciales* se rapproche beaucoup plus d'une bonne constitution que les derniers États Généraux; le clergé n'y est que pour un quart, la noblesse pour un second quart; le Tiers État y est pour moitié et l'on opine par tête.

Peut-être dans cette constitution n'a-t-on pas encore fait assez pour le peuple, et subsiste-t-il encore une trop grande disproportion entre le nombre des représentants et celui des représentés.

Ce n'est pas que nous veuillons dire qu'il faudrait suivre une proportion exacte quant au nombre et faire abstraction de toute autre considération; donner par exemple trente-neuf voix sur quarante au Tiers État, parce qu'il forme numériquement les trente-neuf quarantièmes de la nation. Non sans doute, le rang, les biens, les lumières des deux premiers ordres doivent être comptés, et c'est une raison de s'écarter de la proportion numérique; mais peut-être celle adoptée pourl es Assemblées provinciales blesse-t-elle encore la justice et est-elle trop désavantageuse au Tiers État? Dans l'assemblée des notables, le bureau de Mgr le comte d'Artois avait été d'avis de donner les deux tiers des voix au Tiers État, un sixième seulement à la noblesse et un sixième au clergé. Ce vœu se trouve consigné dans le procès-verbal de l'assemblée des notables imprimé chez Pierres, page..., et on s'est assuré qu'il était conforme à la minute originale de ce procès-verbal déposée dans la bibliothèque du prince, à l'Arsenal.

Ce serait un problème assez difficile à résoudre que de déterminer précisément la proportion qui serait d'une justice tout à fait exacte, mais enfin il est au moins certain que nos Assemblées provinciales sont mieux constituées et doivent devenir réellement plus représentatives que les anciens États Généraux.

Si ces assemblées avaient le degré de consistance qu'elles doivent acquérir un jour, si elles étaient véritablement représentatives, si elles avaient été établies dans toutes les provinces du royaume, elles pourraient devenir la base d'assemblées nationales régulièrement constituées.

Mais, dans l'état actuel, les Assemblées provinciales ne sont point encore représentatives. Il n'y a de véritables représentants que ceux qui ont été élus librement par les représentés; or les membres des Assemblées provinciales sont tous immédiatement ou médiatement de la nomination du Roi, puisqu'il en a désigné la première moitié et qu'il a chargé cette première moitié de choisir l'autre. Il est vrai que ces membres doivent sortir successivement d'exercice et être remplacés par d'autres qui seront élus par la province; mais cette régénération ne sera complète que dans six ans.

On pourrait conclure de ces réflexions : ou que les Assemblées provinciales ont été établies trop tard pour le bonheur de la Nation, ou que les États Généraux ont été indiqués trop tôt; et, en effet, on ne peut se dissimuler que l'Administration, entraînée par des circonstances impérieuses contre lesquelles elle n'a pas eu la force de lutter, s'est écartée malgré elle de la route qu'elle s'était tracée, et on ne peut que regretter que les embarras du moment aient ainsi dérangé l'exécution d'un plan qui assurait à jamais la stabilité et la prospérité de la monarchie française.

Mais s'il est vrai que les Assemblées provinciales soient le plus grand bienfait que la Nation ait obtenu de ses souverains; s'il n'est pas moins vrai que le malheur des circonstances et le désordre des finances exigent la convocation très prochaine des États Généraux, examinons s'il ne serait pas possible de réunir les différents avantages attachés à cette double opération et de tirer du malheur même des circonstances

IMPRIMERIE NATIONALE.

un motif pour donner dès ce moment aux Assemblées provinciales la constitution qu'elles ne doivent avoir que dans plusieurs années.

La principale difficulté qu'on oppose est que les membres des Assemblées provinciales ne sont point délégués par la Nation; qu'ils ont été nommés par le Roi; qu'ils ne peuvent par conséquent constituer des assemblées représentatives. Eh! qui empêche qu'elles ne le deviennent, même dans ce moment? Quelque honorés que soient les membres actuels de la marque de confiance qu'ils ont reçue du Souverain, ils ne s'en croiront que plus dignes en ayant le courage d'y renoncer. Il n'en est aucun qui n'offre, qui ne sollicite sa démission, quand il s'agira de faire place à ceux que la province aura nommés. On ne croit pas trop se hasarder en portant ici la parole au nom des membres de toutes les assemblées du royaume, tous sentent la nécessité de les régénérer le plus tôt possible par des membres vraiment représentants; tous désirent de concourir à ce grand objet.

Si le Gouvernement adoptait ces idées; s'il prenait le parti d'appuyer sur les administrations provinciales le plan de formation des États Généraux, rien ne serait plus facile et plus prompt que de les convoquer. Tout le ressort des Assemblées provinciales du royaume est divisé en départements, les départements en arrondissements, et les arrondissements eux-mêmes sont formés d'un certain nombre de municipalités des campagnes. Une instruction du Roi, qui serait adressée aux Assemblées provinciales, communiquerait en moins d'un mois les ordres jusqu'à la dernière des municipalités de leur généralité, chaque communauté nommerait des électeurs qui, réunis dans le chef-lieu du district, se choisiraient des représentants aux assemblées de département; celles-ci députeraient aux Assemblées provinciales; enfin les Assemblées provinciales, une fois formées de membres librement élus et délégués par les communautés, auraient tous les pouvoirs nécessaires pour pouvoir députer aux États Généraux.

Toutes les assemblées intermédiaires depuis la municipalité de paroisse jusqu'à l'Assemblée générale étant, dans cette forme, élémentaires les unes des autres, et toutes les élections, à quelque degré qu'elles aient été faites, étant l'effet d'une délibération régulière et entièrement libre, il s'ensuivrait que les États Généraux qui en seraient le dernier résultat seraient véritablement représentatifs.

On ne peut douter que les membres actuels des Assemblées provinciales ne donnassent tous leurs soins à ce que les élections se fissent convenablement et librement; après quoi ils remettraient à leurs successeurs les fonctions dont ils avaient été chargés. Ce travail relatif à la régénération des assemblées serait d'autant moins pénible pour eux qu'il leur est déjà familier, qu'il est très dissertement expliqué dans les instructions adressées précédemment par le Roi; qu'il est déjà même connu et senti par les municipalités; en sorte qu'en six semaines ou deux mois au plus il serait exécuté.

Pour établir partout une règle de justice, il ne faudrait pas que toutes les Assemblées provinciales envoyassent aux États Généraux le même nombre de députés. Il y a des généralités plus peuplées, plus riches, plus étendues que les autres; on pourrait faire entrer en considération, pour la fixation du nombre des députés, le nombre des lieues carrées, le nombre des habitants, le montant des impositions de chaque généralité, sans s'écarter de la proportion qui doit toujours exister entre les députés des trois ordres.

Restent les pays d'états, qui voudraient peut-être conserver leur forme de représentation, toute vicieuse qu'elle est, puisque la plupart des membres ne sont point éligibles. Peut-être serait-il dangereux d'employer à leur égard aucune contrainte; mais, en leur donnant la liberté de se faire représenter suivant leur ancienne forme, il faudrait que le Roi les autorisât à se rapprocher, s'ils le jugeaient à propos, de la constitution des Assemblées provinciales, et puisque la forme graduelle des élections, telle que nous venons de l'indiquer, est la seule qui soit vraiment représentative, que ses avantages portent le caractère de l'évidence, il ne serait pas impossible qu'elle fût adoptée par le plus grand nombre.

Cette constitution des États Généraux n'est point, dira-t-on, conforme à celle de 1614. Non, sans doute, mais elle est meilleure. Quoi! le

Roi et la Nation auront pu s'écarter en 1614 de nos antiques formes et les modifier en s'éloignant de ce qui est juste et bien, et nous, aujourd'hui plus éclairés sur les droits de l'homme et des peuples, sur les constitutions politiques, nous ne pourrions pas faire vers le bien le pas que, dans d'autres temps, on s'est cru permis de faire vers le mal?

Craindrait-on que cette innovation n'éprouvât des obstacles de la part des tribunaux supérieurs? On ne peut pas le présumer; ils se sont rendus tant de fois les défenseurs du peuple, qu'ils ne peuvent manquer d'applaudir à une constitution plus populaire; ils savent que le plan d'organisation des Assemblées provinciales a été tracé par un magistrat bienfaisant et éclairé qui ne voulait que le bonheur du peuple et la prospérité de la Nation : que ce plan a été mûri par le temps; que des essais partiels, tentés dans différentes provinces par le Ministre même que le vœu de la Nation vient de rappeler au département des finances, en ont justifié les avantages. Pourquoi préféreraient-ils une forme antique et vicieuse à une plus moderne qu'ils ont regardée eux-mêmes comme meilleure et qu'ils ont sanctionnée par des enregistrements?

Mais, dira-t-on encore, des assemblées provinciales ne peuvent être élémentaires des États Généraux; personne ne peut déléguer un pouvoir qu'il n'a pas. Ainsi, des assemblées provinciales ne peuvent former que des assemblées nationales; or des assemblées nationales ne sont pas rigoureusement parlant des États Généraux. Nous conviendrons sans peine que dans des objets aussi capitaux le titre et le nom n'est point indifférent; mais ce respect pour les anciennes dénominations ne doit point aller jusqu'à préférer le mot à la chose. D'ailleurs, s'il est absolument nécessaire, pour constituer des États Généraux, d'y arriver par des états provinciaux et particuliers, quel inconvénient y aurait-il à convertir les Assemblées provinciales en états provinciaux, au moins pour la composition et pendant le temps de la tenue des États Généraux? Elles reprendraient ensuite le titre modeste sous lequel elles ont été instituées. L'établissement des Assemblées provinciales était un bienfait, celui des états provinciaux serait un bienfait plus grand encore, et les tribunaux si jaloux d'en attirer de nouveaux sur le peuple ne s'opposeront sûrement point à ce qu'il soit accordé.

L'érection des Assemblées provinciales en états provinciaux aurait un avantage bien précieux sur lequel on ne peut se dispenser d'insister. Le royaume de France est un assemblage de provinces successivement réunies dont le Roi a la souveraineté à différents titres et qui sont gouvernées par des usages, des coutumes, des lois, des privilèges qui s'entrechoquent. Il serait à souhaiter qu'on pût ramener toutes choses à l'uniformité ou du moins qu'on s'en rapprochât, on ne le peut que de deux manières : ou en diminuant les privilèges des provinces favorisées et ce serait blesser des droits fondés la plupart en titre, ou en élevant autant qu'il serait possible les provinces non privilégiées au niveau des plus favorisées. Donner à toutes des états provinciaux, ce serait un premier acheminement à l'uniformité; et dans le fait on ne leur accorderait que ce dont la plupart jouissent déjà ou du moins ce dont elles jouiront un jour sous le nom d'Assemblée provinciale.

Nous avons déjà fait observer que c'était aux États Généraux seuls que devait appartenir la police à exercer sur les membres dont ils seront composés; c'est également à eux qu'il appartiendra de régler la forme des délibérations, le choix du président, etc. Bien plus, on ne peut leur contester le droit de se réformer eux-mêmes s'ils apercevaient quelques vices dans leur constitution. Cette première convocation pourrait donc être annoncée par le Roi comme n'étant jusqu'à un certain point que provisoire, comme susceptible d'être corrigée et modifiée par les états eux-mêmes, et cette précaution paraîtrait suffisante pour prévenir toutes les réclamations qui pourraient être faites contre la première constitution indiquée par le Roi.

Le plan que nous venons de tracer ne présente rien qui n'ait été senti, qui n'ait été vu par tous ceux qui ont réfléchi sur cet objet. Nous avons exposé librement et franchement ce que pense la partie instruite et impartiale de la Nation, et surtout celle qui est de sang-froid; elle connaît ses droits, ou plutôt ceux de l'humanité; elle sait qu'un gouvernement arbitraire répugne à la raison et qu'il n'est pas fait pour des hommes éclairés, pour des Français. Mais ce n'est point sous le règne de Louis XVI qu'elle redoute le despotisme et la tyrannie : déjà deux fois il a mérité le nom de restaurateur des lois; toujours il a mérité le nom de père du peuple et de bienfaiteur de l'humanité; mais ce que les personnes éclairées pourraient redouter avec plus de fondement, ce serait une tendance à l'aristocratie, une confédération formée entre les ordres supérieurs de l'État, qui tendrait à ramener l'anarchie ou plutôt le despotisme de la féodalité, et à enchaîner jusqu'aux dispositions populaires du monarque qui nous gouverne.

Si les tribunaux supérieurs, trompés par leur propre zèle, se livraient à cette ligue du fort contre le faible, les prochains États Généraux, l'espoir de la nation, en lui rendant en apparence une énergie et un lustre momentanés, lui raviraient à jamais l'espérance d'arriver à une bonne constitution.

Mais éloignons ces idées funestes et bannissons des craintes que rien ne justifie. Déjà l'assemblée de la province de Dauphiné tenue à Vizille, le 21 juillet dernier, a consacré par son assentiment tous les principes exposés dans ce Mémoire; elle a arrêté que toutes les places dans l'assemblée des représentants devaient être éligibles; que cette assemblée devait être composée de députés de chaque ordre dans une proportion plus favorable au Tiers État que les Assemblées provinciales mêmes, et qu'on opinerait non par ordre, mais par tête; ces bases sont entièrement conformes à ce que nous venons de proposer pour les États Généraux, et c'est avec quelque confiance que nous insistons pour adopter des idées qui sont d'accord avec les opinions réfléchies d'une province entière qui ne s'est pas laissé subjuguer par de vieux préjugés, mais qui les a tous sacrifiés à un amour impartial et éclairé du bien public.

INSTRUCTION

DONNÉE

PAR LA NOBLESSE DU BAILLIAGE DE BLOIS

À SES DÉPUTÉS AUX ÉTATS GÉNÉRAUX[1].

(1789.)

Le but de toute institution sociale est de rendre le plus heureux qu'il est possible ceux qui vivent sous ses lois.

Le bonheur ne doit pas être réservé à un petit nombre d'hommes; il appartient à tous. Ce n'est point un privilège exclusif qu'il faut disputer; c'est un droit commun qu'il faut conserver, qu'il faut partager, et la félicité publique est une source dans laquelle chacun a droit de puiser la sienne.

Tels sont les principes dont s'est pénétrée la Noblesse du bailliage de Blois, au moment où elle a été appelée par le Souverain pour donner des représentants à la Nation. Ces principes ont occupé toutes ses pensées pendant la rédaction de son cahier : puissent-ils animer tous les citoyens de ce grand empire! puissent-ils amener cet esprit d'union, ce concours de volontés qui doit fonder sur des bases inébranlables

[1] Cette instruction a été publiée en une brochure in-8° de 53 pages, sans nom de lieu ni d'imprimeur, sous le titre suivant : *Instruction donnée par la noblesse du bailliage de Blois à Messieurs le vicomte de Beauharnais et le chevalier de Phelines, ses députés aux États Généraux, et à Monsieur Lavoisier, député suppléant, le 28 mars 1789.* — 1789. — Elle a été réimprimée dans les *Archives parlementaires* de MM. Mavidal et Laurent.

(*Note de l'Éditeur.*)

la puissance, la prospérité de la Nation, le bonheur du Souverain et des sujets!

Des plaies profondes et invétérées ne peuvent être guéries tout à coup : la destruction des abus ne peut être l'ouvrage d'un jour. Eh! que servirait d'ailleurs de les réformer, si la source n'en était tarie? Le malheur de la France vient de ce qu'elle n'a jamais eu de constitution fixe. Un roi vertueux et sensible demande les conseils et le concours de la Nation pour en établir une : hâtons-nous de seconder ses vœux; hâtons-nous de rendre à son âme le calme que ses vertus ont mérité. Les principes de cette constitution seront simples; ils se réduisent à deux : *sûreté des personnes; sûreté des propriétés;* parce qu'en effet c'est de ces deux principes féconds que dérive toute l'organisation du corps politique.

ARTICLE PREMIER.

Liberté personnelle.

Pour assurer l'exercice de ce premier et du plus sacré des droits de l'homme, nous demandons qu'aucun citoyen ne puisse être exilé, arrêté et constitué prisonnier, que dans les cas prévus par la Loi, et en vertu d'un décret décerné par les tribunaux ordinaires;

Que dans le cas où les États Généraux jugeraient que l'emprisonnement provisoire pût être quelquefois nécessaire, il soit ordonné que toute personne ainsi arrêtée sera remise, dans les vingt-quatre heures, entre les mains de ses juges naturels, pour être jugée, dans le plus court délai, en conformité des lois du royaume; que les évocations soient abolies, et que, dan saucune circonstance, il ne puisse être établi aucune commission extraordinaire; enfin que personne ne puisse être privé de ses emplois civils ou militaires, sans un jugement en bonne forme.

La liberté individuelle étant un droit également sacré pour les citoyens de tous les ordres et de toutes les classes, sans distinction ni préférence, les États Généraux sont invités à s'occuper de supprimer toute milice forcée et autres actes d'autorité qui entraînent la violation de la personne, et qui sont d'autant moins tolérables dans un siècle de lumières, qu'il n'est pas impossible d'y suppléer par des moyens peu dispendieux. L'application de ces principes ne doit souffrir d'exception que dans le cas d'une nécessité urgente et relative au salut de la patrie, auquel cas l'étendue du pouvoir exécutif sera augmentée.

De la liberté personnelle dérive celle d'écrire, de penser, le droit de faire imprimer et publier, avec noms d'auteurs et d'imprimeurs, toutes espèces de plaintes et de réflexions relatives aux affaires publiques et particulières, sauf le droit qu'a tout citoyen de se pourvoir par les moyens de droit, et dans les tribunaux ordinaires, contre l'auteur et l'imprimeur, dans le cas de diffamation ou de lésion; comme aussi, sauf toutes les restrictions qui pourront être faites par les États Généraux, pour ce qui concerne les mœurs et la religion.

La violation du secret des lettres est encore une atteinte portée à la liberté des citoyens; et, puisque le Souverain s'est attribué le droit exclusif de les faire transporter dans toute l'étendue du royaume, et qu'il en est résulté un objet de revenu public, ce transport doit être fait sous le sceau de la confiance.

Nous mettrons encore au nombre des droits qui portent atteinte à la liberté naturelle :

1° L'abus des règlements de police, qui traînent chaque année arbitrairement, et sans jugement régulier, dans les prisons, dans les maisons de force et dans les renfermeries, une foule d'artisans et de citoyens utiles, souvent pour des fautes légères, et même sur de simples soupçons;

2° L'abus des privilèges exclusifs qui enchaînent l'industrie;

3° Les jurandes et corporations, qui interdisent aux citoyens le droit de faire usage de leurs facultés;

4° Les règlements des manufactures, les droits de visites et de marques, qui imposent une gêne devenue sans utilité, et qui grèvent l'industrie d'un droit qui ne tourne pas au profit du Trésor public.

ART. 2.

Des impositions.

L'impôt est un partage de la propriété.

Ce partage ne peut être que volontaire, autrement le droit de propriété serait violé : de là, le droit imprescriptible et inaliénable de la Nation de consentir les impôts.

D'après ce principe, qui a été solennellement reconnu par le Roi, il ne pourra être établi, levé, ni perçu aucun impôt réel ou personnel, direct ou indirect, aucune contribution quelconque, sous quelque nom et sous quelque forme que ce puisse être, qu'en vertu du consentement et de l'octroi libre et volontaire de la Nation. Ne pourra ledit pouvoir de consentir l'impôt être transporté ni délégué par la Nation à aucun corps de magistrature ou autre, ni être exercé par les États provinciaux, Assemblées provinciales, villes et communautés; les tribunaux supérieurs et inférieurs seront spécialement chargés de veiller à l'exécution de cet article et de poursuivre, comme exacteurs, ceux qui entreprendraient de lever un impôt qui n'aurait pas été consenti.

Tout emprunt public n'étant, à proprement parler, qu'un impôt déguisé, puisque les propriétés du royaume sont affectées et hypothéquées au payement des capitaux et des intérêts, aucun emprunt, sous quelque forme ou dénomination que ce soit, ne pourra être fait que du consentement et par la volonté de la Nation assemblée.

Le plus grand nombre des impositions et des droits établis jusqu'à ce jour n'ayant point obtenu la sanction de la Nation, la première opération des États assemblés sera de les supprimer tous sans aucune exception; mais, pour éviter, en même temps, l'inconvénient qui résulterait de l'interruption du payement des rentes et des dépenses publiques, la Nation assemblée en vertu du même acte de son autorité les créera de nouveau, pour être perçus à titre de don gratuit pendant la tenue des États Généraux, et jusqu'à ce qu'ils aient pourvu à leur remplacement au moment et dans la forme qu'ils jugeront à propos.

L'impôt n'étant autre chose que le sacrifice volontaire que chacun fait d'une portion de sa propriété particulière en faveur de la puissance publique qui les protège et qui les garantit toutes, il est évident que l'impôt doit être proportionné à l'intérêt que chacun a de conserver sa propriété et, par conséquent, à la valeur même de cette propriété. La Noblesse du bailliage de Blois se croit obligée, d'après ce principe, de mettre aux pieds de la Nation toutes les exemptions pécuniaires dont elle a joui ou pu jouir jusqu'à ce jour, et elle offre de supporter les contributions publiques dans la même proportion que les autres citoyens, à la condition que les noms de taille et de corvée seront supprimés, et que toutes les impositions directes seront réunies en un seul impôt territorial en argent.

La Noblesse du bailliage de Blois, en faisant ainsi le sacrifice de ses anciennes prérogatives, n'a pu se défendre d'un sentiment d'intérêt en faveur de la Noblesse que la médiocrité de sa fortune a fixée dans les campagnes; elle a considéré qu'un propriétaire qui fait valoir son héritage répand autour de lui l'aisance et le bonheur; que les efforts qu'il fait pour augmenter son revenu augmentent la masse des productions territoriales du royaume; que les campagnes sont couvertes de châteaux et de manoirs, jadis habités par la Noblesse française, et qui sont aujourd'hui abandonnés; qu'un grand intérêt politique porte à faire refluer, autant qu'il est possible, les propriétaires dans les campagnes.

Elle croit, d'après ces motifs, devoir solliciter la protection spéciale des États Généraux en faveur de cette portion respectable de la Nation qui partage son temps entre la culture de son champ et la défense de l'État; et elle espère qu'ils trouveront les moyens de concilier ce qui est dû à leur intérêt et à leur besoin avec la renonciation absolue qui vient d'être faite aux exemptions pécuniaires de la Noblesse.

Si, comme on vient de le dire, l'impôt est le prix de la protection que le Gouvernement accorde aux propriétés, il en résulte que toute propriété que le Gouvernement protège doit être assujettie à l'impôt; que l'impôt, par une conséquence nécessaire, doit frapper sur les rentes et intérêts des effets royaux dans la même proportion que sur les terres.

En vain dirait-on que cette retenue serait une atteinte portée à la foi publique : la propriété des rentes n'est pas plus sacrée que celle des terres, et si la Nation peut consentir l'impôt sur les unes, elle le peut également sur les autres. La même contribution portera sur les émoluments de toutes les places de finance et sur tous les emplois lucratifs.

L'Ordre de la Noblesse ne doute pas que l'Assemblée nationale ne s'occupe de l'examen et de la réforme de cette foule de droits déterminés par le besoin, et dont l'esprit fiscal, secondé par la nécessité, a rendu la perception intolérable pour les peuples; telles sont la gabelle, les aides et autres.

Elle demande qu'en attendant que ces droits puissent être supprimés, simplifiés, réunis en un seul, convertis ou abonnés par province, la perception au moins en soit allégée; que des tarifs soient dressés et exposés aux yeux du public, afin que chacun connaisse ce qu'il doit payer; que les extensions soient restreintes, que les abus soient réformés.

Dans le nombre de ces droits, quelques-uns ont fixé d'une manière plus particulière son attention, parce que le produit en est d'un modique objet pour le Trésor public, et que les gênes, les dépenses, les frais de perception qu'ils entraînent, ne sont pas proportionnés aux avantages pécuniaires qui en résultent.

Tel est le droit sur les cuirs, qui entraîne des frais de régie considérables, dont la perception n'est assurée que par une marque apposée sur le cuir, substance susceptible de se resserrer ou de s'étendre, et qui donne lieu à des contestations fréquentes, à des accusations de fausses marques et à des instructions criminelles.

L'Assemblée provinciale d'Orléans a déjà réclamé contre la perception de ce droit, et elle a établi la possibilité de l'abonner. Elle a démontré qu'il avait entraîné la chute du commerce des cuirs en France, et que nous ne pouvions, tant qu'il subsisterait, soutenir la concurrence avec les cuirs anglais, ni pour le prix ni pour la qualité.

Tel est aussi le droit de franc fief, qui est à charge au Tiers État qui le supporte, à la Noblesse dont il diminue les propriétés et le produit des mouvances, au Roi lui-même qui se trouverait plus qu'indemnisé de sa suppression, par l'augmentation de toutes les propriétés foncières qui relèvent de lui.

Telle est la capitation, impôt vexatoire et arbitraire, dont il serait à souhaiter qu'on pût opérer la suppression.

Tel est le droit exclusif accordé aux huissiers-commissaires-priseurs de faire les ventes publiques dans les villages. Ce droit onéreux grève les successions, et souvent le prix de la vente des effets des malheureux habitants de la campagne suffit à peine pour satisfaire aux frais.

Tels sont les droits de contrôle des actes, insinuations, centième denier : la législation de ces droits est tellement ignorée, elle est si fort au-dessus de la portée de tous ceux qui n'en ont point fait une étude particulière, que celui qui paye est nécessairement à la merci du percepteur, sans qu'il lui soit possible de contester ou de se défendre.

Il est utile, sans doute, qu'il existe des formes qui assurent la date des actes, des registres publics où ils soient transcrits et rendus publics ; mais les droits payés à ceux chargés de l'enregistrement et de la transcription pourraient se borner à de simples salaires : ces droits pourraient être fixés d'après un tarif plus simple, plus clair, qui fût à portée de tout le monde ; et l'on ne voit pas pourquoi un objet de police et de sûreté publique serait un objet de revenu pour l'État.

Une circonstance remarquable, relativement à la plupart des droits domaniaux, c'est que l'intendant est le seul juge qui connaisse des contestations élevées sur leur perception, sauf l'appel au Conseil ; de sorte qu'en première instance, c'est le commissaire du Roi qui juge et qui juge seul, et qu'en dernière instance, c'est le Conseil du Roi.

Tel est encore le droit qui résulte du privilège exclusif des Messageries, qui est exercé par le Roi et qui est affermé par province. Dans un moment où l'on sent mieux que jamais la nécessité de favoriser les communications et le commerce, un impôt mis sur les voyageurs est impolitique, et cette circonstance seule pourrait engager à le supprimer. Un commerçant qui voyage paye déjà des droits assez forts sur les denrées qu'il consomme dans les lieux de son passage, il contribue suffisamment aux charges publiques par les droits imposés sur les objets de son commerce, sans le vexer encore par un impôt indirect qui gêne sa liberté, sans presque rien produire au Trésor public.

Mais, indépendamment des inconvénients que présente la Ferme des Messageries, considérée comme droit, elle en présente de plus graves comme privilège exclusif : elle met, sous ce point de vue, le voyageur dans la dépendance d'un entrepreneur qui n'est pas toujours en état de remplir son service, et qui s'arroge un droit sur ceux qui s'offrent de le faire à sa place : elle retarde le voyageur et nuit à la facilité et à la promptitude des communications.

La renonciation libre et volontaire que vient de faire l'Ordre de la Noblesse à ses exemptions pécuniaires lui donne le droit de réclamer pour qu'il n'en soit conservé d'aucune espèce en faveur d'aucune classe de citoyens. Elle ne doute pas que le Clergé ne consente de même à supporter tous les droits que payent les citoyens des autres ordres, en raison de ses propriétés, et elle demande que le privilège des villes franches, celui des maîtres des postes, celui des gardes-étalons et tous autres, soient supprimés; enfin que l'impôt atteigne tous les lieux, comme toutes les personnes, dans la proportion du produit net de leur revenu.

ART. 3.

De l'administration de la Justice.

L'Ordre de la Noblesse du bailliage de Blois s'étendra peu sur cet article. Il observera seulement que l'administration de la Justice est moins un droit qu'un devoir de la Souveraineté; qu'elle doit être gratuite, surtout pour le pauvre, ou du moins peu dispendieuse; que la procédure doit être simple et sommaire; que tous les degrés de juridiction inutiles doivent être supprimés; qu'on ne doit consulter, dans l'arrondissement et la fixation du ressort des Tribunaux, que le plus grand avantage des ressortissants, et non celui des magistrats; parce que les magistrats ont été établis pour le peuple, et non le peuple pour les magistrats, que les calculs qui ont été mis sous les yeux de la Noblesse du bailliage de Blois, sur l'énormité des frais que coûte à la Nation l'administration de la Justice dans le royaume, a été pour elle un tableau de douleur et d'épouvante;

Que, par un oubli des principes de toute constitution, tous les pouvoirs se sont confondus dans le pouvoir judiciaire; que, sous le prétexte d'arrêts de règlement, les tribunaux supérieurs se sont attribué une portion du pouvoir législatif; que, sous le prétexte de règlements de police, les tribunaux inférieurs, souvent un seul homme au gré de ses systèmes particuliers, se sont permis de rendre des ordonnances qui attaquent la liberté des citoyens et qui portent atteinte au droit de la propriété.

Les regards de l'Ordre de la Noblesse se sont arrêtés plus douloureusement encore sur nos lois criminelles. Établies dans un temps d'ignorance et de barbarie, elles participent à la férocité des mœurs qui régnaient alors. Dès le premier moment, l'accusé est supposé coupable; tout conseil, toute assistance lui est refusée. Un juge en première instance entend les témoins, reçoit les dépositions, et ce témoignage reçu par un juge souvent peu instruit, quelquefois prévenu, est déjà un arrêt de mort auquel l'accusé ne peut espérer de se soustraire; car que peut faire en sa faveur le tribunal d'appel, puisqu'il ne juge que sur la procédure, sur les dépositions reçues par le premier juge?

Il n'appartient pas à la Noblesse du bailliage de Blois de présenter aux États Généraux assemblés un plan de réforme des ordonnances civile et criminelle. Assez de magistrats vertueux, sensibles, éclairés, réunis de toutes les provinces du royaume, feront entendre leur voix dans cette auguste Assemblée.

Elle se borne à demander qu'il soit formé, au commencement de la prochaine tenue des États Généraux, un conseil composé des personnes les plus éclairées, pour s'occuper de cet important objet. Ce conseil ne doit pas être seulement composé de magistrats et de jurisconsultes; la vertu la plus éclairée n'est pas à l'abri de la séduction du préjugé. Il est nécessaire d'y admettre des citoyens de tous les états, de tous les ordres, et de ceux surtout qui ont été à portée d'étudier la jurisprudence criminelle de l'Angleterre.

Elle ne terminera pas cet article sans demander :

1° Que les formes soient simplifiées et abrégées dans les contestations relatives aux discussions des biens, directions, ordres de créanciers et autres, dans lesquels un grand nombre de parties sont intéressées à la fois;

2° Que le dépôt des minutes des notaires soit sacré; qu'elles soient déposées, après un intervalle de temps, dans un lieu public, pour que tous les citoyens puissent y avoir recours;

3° Qu'il soit établi, dans les paroisses de la campagne, un tribunal de conciliation, composé du seigneur, du curé et des anciens d'âge, pour terminer à l'amiable les différends et prévenir les procès.

ART. 4.

Administration des Domaines et Forêts du Roi.

Les domaines du Roi ont toujours été considérés comme grevés d'une substitution perpétuelle; et, d'après ce principe, ils n'ont pu être vendus, mais seulement engagés ou échangés. Nous n'examinerons pas si ces engagements et ces échanges ont été défavorables au Roi, comme c'est l'opinion commune; mais la Noblesse du bailliage de Blois ne verrait pas sans répugnance le patrimoine de nos rois se disperser et s'engloutir dans l'immensité de la dette publique.

Des considérations importantes ne permettraient pas d'ailleurs de comprendre les forêts dans la vente des domaines du Roi. Une grande nation, et surtout une nation maritime comme la France, doit regarder ses forêts de haute futaie comme une propriété nationale, précieuse pour sa défense, et qui ne doit pas sortir de la main du souverain. Il est reconnu qu'il y a en général plus d'avantage à couper les bois jeunes qu'à les attendre et à les laisser monter en futaie; il y a d'autant plus à perdre que les futaies sont plus anciennes : le désir des jouissances est d'ailleurs un sentiment naturel et commun à tous les hommes : nul ne s'occupe d'une richesse qui n'aura de valeur réelle qu'à la cinquième génération. Les exemptions de droit, les encouragements donnés par le Gouvernement, ceux qu'on pourrait y ajouter, ne peuvent balancer ce sentiment.

Ces réflexions suffisent pour faire sentir qu'il faut, ou renoncer à conserver en France d'antiques forêts, ou se déterminer à les mettre sous la sauvegarde de la Nation. La Noblesse du bailliage de Blois en conclut qu'il faut rejeter toute idée de vente ou d'aliénation des forêts du Roi, et que toute opération de ce genre est un mal public.

Si donc on retranche des biens qui forment la consistance du domaine du Roi les forêts qui en sont une portion considérable, les domaines aliénés et dans lesquels il ne serait peut-être pas possible de rentrer ou même dans lesquels il n'y aurait aucun avantage de rentrer, ce qui resterait de disponible et de susceptible d'être vendu ne formerait qu'une ressource insensible et qui n'aurait aucune proportion avec le déficit qu'il est question de combler.

La Noblesse du bailliage de Blois se persuade, d'après ces considérations, qu'en supposant que les États Généraux pensent qu'il faut renoncer au principe de l'inaliénabilité des biens du Domaine, il ne faudrait pas se presser d'en faire la vente; qu'une grande partie de ces biens ne sont pas portés à leur valeur, et qu'il serait important, avant de les vendre, de travailler à les améliorer. Elle se bornera donc à demander qu'à cette première tenue des États Généraux l'échange et l'engagement des domaines du Roi soient assujettis à des formes plus rigoureuses; qu'il n'en soit fait aucun que d'après l'avis des États provinciaux, et sous la réserve de l'approbation des États Généraux, qui seront successivement convoqués; et qu'à l'égard des opérations ou échanges entamés, mais qui n'auraient pas été consommés et revêtus de toutes leurs formes, ou dont les évaluations n'auraient pas été faites, la revision en soit réservée aux prochains États Généraux; comme aussi qu'à l'égard de l'échange de la forêt de Ruffy, la réclamation de la Noblesse du Blésois et les Mémoires en réponse de M. le baron d'Espagnac, ainsi que toutes les pièces y relatives, seront remis, comme instruc-

IMPRIMERIE NATIONALE.

tions, aux députés, pour les mettre sous les yeux des États Généraux.

Elle observera qu'en attendant qu'il puisse être pris un parti définitif sur l'aliénation des Domaines et l'aménagement des forêts, il convient que la régie en soit confiée à une administration permanente, résidant dans les provinces, dont l'intérêt ne puisse être autre que celui du Roi, et que toutes ces qualités se trouvent éminemment réunies dans les États provinciaux. Cette nouvelle forme d'administration serait d'autant plus économique, qu'elle permettrait de supprimer les maîtrises des Eaux et Forêts, et une partie de l'administration actuelle des Domaines.

ART. 5.

De la fixation des Dépenses.

Une des plus importantes fonctions que les États Généraux auront à remplir est la fixation des dépenses.

Ils la réduiront, par chaque département, à ce qui est absolument indispensable. Ils demanderont la suppression de tous les offices, de toutes les charges, de toutes les places inutiles, notamment de toutes celles qui n'exigent ni fonctions ni résidence; ils réduiront tous les appointements, gages, rétributions, pensions et gratifications qui auront été jugés excessifs. Ils se feront représenter l'état des pensions; ils remonteront aux motifs qui les ont fait obtenir; enfin ils ne s'occuperont des moyens de combler le déficit par des augmentations d'impôts, que quand ils auront épuisé les moyens d'en diminuer l'objet par des économies.

Ils prendront les mesures les plus exactes pour que les sommes votées pour la dépense de chaque département ne puissent être excédées dans aucun cas; pour que la comptabilité des différentes parties soit remise au courant; pour que toutes soient assujetties aux mêmes règles et aux mêmes formes, et pour qu'aucune ne puisse en être dispensée par de simples arrêts du Conseil.

Pour tranquilliser d'autant plus les créanciers de l'État et assurer la confiance sur des bases inébranlables, les remboursements des capitaux et les intérêts de la dette nationale ne seront plus payés par le Trésor royal, mais par le Trésor de la Nation : une partie des revenus publics y seront versés de mois en mois, de manière que les payements ne puissent jamais être retardés, et c'est alors qu'on pourra véritablement dire que la dette nationale est consolidée.

Ils rendront public, par la voie de l'impression, l'état des pensions, gratifications, dons particuliers, avec un détail des motifs qui auront engagé à les accorder. Ce même état sera renouvelé tous les ans et publié de la même manière, ainsi que le compte général et détaillé des finances, recettes et dépenses de l'année.

Le Ministre des Finances sera comptable, soit aux États Généraux, soit au tribunal qui sera choisi par eux, de l'emploi de tous les fonds qui auront été versés au Trésor national : les Ministres des autres départements seront également comptables des fonds qu'ils auront reçus, et ils seront responsables aux États Généraux de leur conduite, en tout ce qui sera relatif aux lois du royaume.

ART. 6.

Agriculture.

De toutes les classes de citoyens, il n'en est aucune qui soit plus à portée de connaître les besoins de l'agriculture, que la Noblesse qui habite ses terres. La Noblesse du bailliage de Blois aurait donc des reproches à se faire, si elle ne réunissait pas dans un article particulier les lumières de l'Assemblée, et celles qu'elle a été à portée de puiser sur l'agriculture particulière de cette province, dans le procès-verbal de l'Assemblée provinciale d'Orléans.

Des calculs qui portent le caractère de l'exactitude, et dont les résultats peuvent au moins être regardés comme des approximations suffisantes dans une semblable matière, établissent que, tandis qu'en Angleterre un espace de 1,000 toises carrées donne un produit brut de 48,000 livres chaque année, une même superficie ne produit, en France, que 18,000 livres.

Ce serait en vain qu'on voudrait chercher dans la bonté du sol la cause d'une si énorme différence. Le sol de la France vaut au moins celui de l'Angleterre, et elle a de plus qu'elle des genres de productions qui lui appartiennent exclusivement, tels que la soie, les vins, les huiles, etc.

Cette disproportion ne tient pas non plus à la différence de génie des deux nations; la nation française n'a ni moins de courage, ni moins d'invention que celle anglaise. Il ne faut pas se le dissimuler, c'est encore une suite des vices de la Constitution. Depuis des siècles, le peuple des campagnes gémit sous le joug d'impositions d'autant plus accablantes qu'elles sont arbitraires; l'effroi qu'entraîne la rigueur de ces perceptions a concentré dans les villes tous les talents et tous les capitaux, en sorte qu'aucune grande spéculation ne se porte sur l'agriculture.

Une autre cause a contribué plus qu'aucune autre à détourner tous les capitaux de l'agriculture, c'est le haut prix auquel les besoins et les emprunts continuels du Gouvernement ont porté l'intérêt de l'argent. L'appât d'une jouissance facile, qui n'exige ni soins, ni travaux, a desséché les campagnes de numéraire et l'a accumulé dans les grandes villes.

Sans des avances considérables, on ne peut obtenir qu'une agriculture languissante : sans capitaux point de bestiaux, sans bestiaux point d'engrais, sans engrais point de récoltes; et tel est l'état dans lequel est réduite la culture d'une partie de cette province. Les États Généraux rendront donc le service le plus signalé à l'agriculture, comme au commerce, en faisant tomber, le plus tôt qu'il sera possible, le haut intérêt de l'argent.

La Noblesse du bailliage de Blois s'est arrêtée avec quelque intérêt à ces considérations, parce qu'elle y trouve des motifs de plus pour s'applaudir du vœu qu'elle a formé pour la suppression de la taille, et en général pour la suppression de tout impôt arbitraire.

Ces réflexions s'appliquent principalement à la partie la moins fertile de la Beauce et au Dunois. La Sologne présente un tableau bien plus affligeant; presque partout elle est en vaines pâtures; on n'y sème que de loin en loin du seigle et du blé noir.

Des recherches faites, à différentes époques, sur la population de cette province paraissent prouver qu'elle diminue; et, en effet, les eaux stagnantes qui la recouvrent pendant l'hiver en rendent l'habitation malsaine, occasionnent des fièvres d'automne et abrègent la vie moyenne de ses habitants; mais, tandis que le nombre des hommes a diminué, que l'agriculture s'est appauvrie, la taille est toujours restée la même, et elle monte aujourd'hui à près de moitié des revenus des propriétaires.

Ces détails étaient nécessaires pour faire sentir la nécessité de soulager cette province d'une partie de ses impositions, et d'y ouvrir un canal qui la dessèche.

Le Dunois exige des secours plus prompts encore et relatifs aux circonstances. Un fléau terrible a ravagé ses campagnes l'année dernière et détruit ses récoltes; l'esprit de justice exigerait donc qu'indépendamment des indemnités accordées il fût fait une remise totale des impositions à ceux qui n'ont rien récolté, et aux autres en proportion.

Le Blésois vient d'éprouver une perte qui ne pourra être réparée de plusieurs années, par la gelée d'une partie des vignes; la Sologne, par la perte du poisson de ses étangs, que la rigueur du froid a fait périr. Il est impossible que ces désastres, qui ruinent les propriétaires, ne diminuent pas les rentrées au Trésor public, et la Noblesse a lieu d'espérer qu'elles seront prises en considération.

Les principaux secours que l'agriculture attend dans ce moment des représentants de la Nation, sont :

1° La liberté absolue du commerce et de la circulation des grains et denrées;

2° Un règlement qui favorise le rachat des banalités et autres droits onéreux; le dessèchement des marais, le partage des communes;

3° Des encouragements pour l'amélioration des laines et des races de bestiaux;

4° La suppression des gardes-étalons;

5° Des établissements de filature, de tissage d'étoffes grossières dans les villages, pour occuper les gens de la campagne pendant les mortes-saisons de l'année;

6° Plus de facilité pour l'instruction des enfants; des ouvrages élémentaires à leur portée, où les droits de l'homme, les devoirs de la société soient clairement établis;

7° Des chirurgiens plus instruits, des sages-femmes expérimentées, etc.

Les députés trouveront des secours sur tous ces objets dans les Sociétés d'agriculture, dans les compagnies savantes de la capitale et dans un grand nombre d'ouvrages qui ont été publiés depuis quelques années. Ils ne perdront pas de vue que l'agriculture est le premier de tous les arts; qu'elle est la source de toutes les richesses renaissantes; que c'est elle qui fournit aux manufactures les matières premières sur lesquelles s'exerce leur industrie, au commerce ses moyens d'échange; qu'elle procure la subsistance à tous; enfin que c'est dans l'agriculture que réside la principale force de l'État.

ART. 7.

Objets particuliers.

La Noblesse du bailliage de Blois n'avait pour objet, lorsqu'elle a commencé la rédaction de la présente instruction, que de tracer le plan de la Constitution la plus conforme aux principes de la monarchie, et la plus propre à assurer à la Nation le libre exercice de ses droits légitimes; elle se proposait donc de se renfermer dans des considérations générales. Le grand nombre d'observations et de mémoires qui lui ont été remis par plusieurs de ses membres, pendant le cours de la rédaction, l'a écartée insensiblement de son premier plan, et elle a cru devoir adopter une foule d'idées heureuses et de réflexions importantes, qui font honneur aux lumières et à l'esprit patriotique de ceux qui les ont rédigées; mais, comme elle craint de les avoir affaiblies, ou de ne les avoir pas présentées avec un développement suffisant, elle a arrêté que les Mémoires originaux eux-mêmes seraient remis aux députés. Les principaux articles qu'elle a puisés dans ces écrits, et qu'elle a cru devoir réunir à ses demandes sont les suivants :

1° L'augmentation *sur les fonds du Clergé, des Curés à portion congrue*, dont la plupart sont dans un état si voisin de la pauvreté, qu'ils partagent le plus souvent la misère des habitants de la campagne, sans pouvoir la soulager;

2° Que les dispositions de la loi qui exempte du payement de la taille tout habitant de la campagne qui a douze enfants soient rétablies, et qu'en cas de suppression de la taille il soit accordé un dédommagement équivalent;

3° Qu'il n'existe plus dans toute l'étendue du royaume qu'une seule coutume, qu'un seul poids, qu'une même mesure;

4° Qu'il soit établi un Conseil composé de gens de lettres les plus éclairés de la capitale et des provinces et de citoyens de différents ordres, pour former un plan d'éducation nationale à l'usage de toutes les classes de la société, et pour rédiger des traités élémentaires;

5° Que tous les droits qui se perçoivent sur le commerce dans l'intérieur du royaume soient supprimés, et que toutes les douanes, bureaux et barrières soient transportés à l'extrême frontière;

6° Que le rang, la puissance et le crédit ne puissent soustraire, dans aucun cas, les banqueroutiers frauduleux à la rigueur des lois, et que l'usage des arrêts de surséance soit aboli, à moins qu'ils ne soient demandés par les créanciers eux-mêmes;

7° Que tout billet souscrit par un gentilhomme soit déclaré billet d'honneur;

8° Que les troupes soient employées à la confection des chemins et travaux publics;

9° Qu'il soit établi dans les paroisses de campagne, aux frais des seigneurs qui en demanderont, des invalides auxquels le Roi ne fournira que l'habillement;

10° Que les Ordonnances qui interdisent le port d'armes à toutes personnes non nobles soient remises en vigueur, et qu'il soit pris des précautions pour en assurer l'exécution;

11° Que la maréchaussée soit augmentée, et que les projets qui ont été proposés pour établir des brigades à pied soient pris en considération.

A l'égard de ce qui concerne les travaux et bureaux de charité, la mendicité, les hôpitaux, les enfants trouvés, et autres objets de bienfaisance, l'Assemblée de la Noblesse en sent toute l'importance, mais elle n'a pas cru devoir s'en occuper, parce qu'ils concernent plus particulièrement les États provinciaux.

ART. 8.

De la Constitution nationale, et des moyens d'assurer la destruction des abus.

Ce serait avoir peu fait que d'avoir indiqué rapidement les abus qui se sont accumulés en France pendant une longue suite de siècles; d'avoir fait voir que les droits des citoyens ont été blessés par une foule de lois qui attaquent la propriété, la liberté, la sûreté personnelles; qu'ils ont été blessés dans le choix et dans la répartition des impôts; qu'ils l'ont été dans l'administration de la justice et dans les lois civiles et criminelles; qu'ils l'ont été surtout dans l'administration des revenus publics.

Il ne suffit pas de détruire les abus, il faut en prévenir le retour; il faut établir une force toujours active qui agisse sans cesse en faveur de la prospérité publique, qui porte en elle-même le germe fécond de tous les biens, le principe destructeur de tous les maux.

Pour remplir ce grand objet, la Noblesse du bailliage de Blois demande :

Que les États Généraux, qui doivent s'assembler incessamment, soient permanents, et ne se séparent qu'après que la Constitution aura été établie et consolidée; mais que, dans le cas cependant où les opérations relatives à l'établissement de la Constitution dureraient plus de deux années, il soit nommé de nouveaux députés librement et régulièrement élus;

Qu'une loi fondamentale et constitutionnelle assure à jamais le retour périodique des États Généraux à des époques très rapprochées, de manière qu'ils puissent se former et se rassembler d'eux-mêmes à des jours fixes et dans un lieu déterminé, sans le concours d'aucun acte émané du pouvoir exécutif;

Que le pouvoir législatif réside exclusivement et uniquement dans l'Assemblée de la Nation, sous la sanction du Roi, sans que ce pouvoir puisse être exercé par aucun corps intermédiaire pendant l'intervalle de la tenue des États Généraux;

Que le Roi jouisse de toute l'étendue du pouvoir exécutif nécessaire pour assurer l'exécution de la loi, mais qu'il ne puisse en aucun cas la changer ou la modifier sans le concours de la Nation;

Que la formule du serment des troupes soit changée, et qu'elles promettent obéissance et fidélité au Roi et à la Nation;

Qu'aucuns impôts ne puissent être établis que du consentement de la Nation: qu'ils ne puissent être consentis que pour un temps limité, et seulement jusqu'à l'assemblée suivante des États Généraux.

A l'égard de la forme des délibérations dans les États Généraux, les opinions des membres de l'Assemblée de la Noblesse s'étant trouvées divisées, elle a désiré que l'extrait de sa délibération prise à cet égard le 28 mars, porté dans le procès-verbal de ses séances, fût fidèlement copié, ainsi qu'il suit :

«L'Assemblée s'est partagée entre trois avis : 1° délibération par Ordre; 2° délibération par tête; 3° délibération mixte; savoir : par Ordre, dans certains cas; par tête, dans d'autres, et, comme il était difficile, dans une assemblée aussi nombreuse, d'opiner sur trois avis différents, on a été d'abord aux voix entre la délibération par Ordre et la délibération par tête, et, chacun ayant signé son nom sur une liste à deux colonnes, il s'est trouvé 51 voix pour la délibération par Ordre, et 43 voix pour la délibération par tête.

«Pendant le cours de cette délibération, un nombre considérable des membres de l'Assemblée a déclaré qu'ils ne votaient entre le par-Ordre et le par-tête, que sous la condition expresse qu'on retournerait aux voix entre l'avis qui prévaudrait, quel qu'il fût, et l'avis mixte proposé par un de ses membres; en conséquence, la première délibération finie, il a dicté la motion suivante :

«Voter par tête toutes les fois qu'il s'agira du bien général de la Nation, de fixer les subsides nécessaires à la force exécutrice, au besoin de l'État, à la conservation des propriétés, au soutien de l'honneur national et à la majesté du Trône.

«Voter par Ordre toutes les fois qu'il s'agira des droits respectifs des ordres, comme le seul moyen de les maintenir; car, puisque la Constitution de la monarchie réside dans le Roi, le Clergé, la Noblesse et le Tiers-État, il faut que les droits attachés à chaque Ordre restent intacts, sans quoi point de monarchie.

«Ayant été aux voix sur la motion ci-dessus, 25 voix ont été pour la délibération par Ordre, et 68 pour l'avis mixte contenu dans la motion ci-dessus.»

Après quoi, l'ordre de la Noblesse a repris ainsi qu'il suit la rédaction de son cahier :

Qu'il soit établi dès cette année, s'il est possible, et avant la séparation des États Généraux qui vont s'assembler, des États provinciaux, pour s'occuper de la répartition de l'impôt qui aura été consenti par la Nation, de la conduite des chemins et travaux publics, de tout ce qui a rapport à l'intérêt local et particulier des provinces, ainsi que de tous les objets d'administration que les États Généraux jugeront à propos de leur confier, notamment de l'administration des domaines fonciers, et des forêts qui appartiennent au Roi et aux communautés;

Qu'à l'égard de la constitution des États provinciaux, la noblesse du bailliage de Blois s'en rapporte à ce qui sera statué par les États Généraux;

Que la portion de magistrature et de pouvoir judiciaire qui a été jusqu'ici confiée aux intendants leur soit retirée, pour être confiée à un tribunal qui sera établi dans chaque Généralité.

A l'égard des pouvoirs qui doivent être donnés aux députés, il a été arrêté qu'ils seraient absolus, mais qu'il leur serait notifié que le vœu général de la Noblesse du bailliage de Blois était de ne jamais s'écarter de ce principe : Point de subsides sans Constitution ; point d'impôt légal, s'il n'est ordonné ni fixé par les États Généraux.

La présente instruction ayant été rédigée par les dix-huit commissaires nommés à cet effet, conjointement avec le président et le secrétaire, elle a été lue et discutée dans plusieurs Assemblées générales de la Noblesse, ainsi qu'il est constaté par le procès-verbal de ses séances : et tous les articles susceptibles d'objections et de difficultés ayant été mis en délibération et passés aux voix, elle a été close et arrêtée.

Ce travail fini, il a été proposé par plusieurs membres de l'assemblée de faire à l'instruction quelques additions :

1° Pour l'abolition de la Noblesse achetée à prix d'argent, et pour demander qu'elle ne soit jamais accordée qu'à titre de récompense pour des services signalés rendus au Roi et à l'État ;

2° Pour qu'il soit pourvu aux moyens de procurer une retraite honnête aux anciens militaires qui ont vieilli dans le service, et qu'il ne soit point fait de retenue sur toutes les pensions de retraite au-dessous de 1,000 livres ;

3° Pour la réforme des ordonnances militaires, qui infligent aux soldats des punitions avilissantes qui les dégradent à leurs propres yeux, et qui répugnent au caractère de la Nation ;

4° Pour que les députés aux États Généraux protestent contre tous projets tendant à l'établissement d'une Chambre Haute, composée de membres héréditaires ;

5° Pour qu'il soit pris des mesures pour que le haut Clergé ne puisse posséder plusieurs bénéfices et plusieurs abbayes, et pour qu'il ne sorte pas du royaume des sommes considérables, qui sont un véritable impôt que la France paye à la Cour de Rome. L'Assemblée a arrêté sur ces motions que, dans la crainte de surcharger son cahier d'un trop grand nombre de renvois, il n'en serait fait pour le moment qu'une mention sommaire, et que la clôture de la présente instruction et sa signature n'en seraient pas suspendues, mais qu'elles seraient l'objet d'un supplément au cahier, qui serait certifié par le secrétaire et contresigné par le président.

Il a été ensuite agité si, dans la crainte de mort, de maladies ou autres empêchements majeurs, il ne conviendrait pas de nommer un suppléant aux députés. L'Assemblée a voté unanimement pour cette proposition, et elle a arrêté que la nomination du suppléant serait faite au scrutin, et dans la même forme que celle des députés eux-mêmes.

Fait et arrêté à Blois, en l'Assemblée générale de la Noblesse du bailliage, séante à l'Hôtel de Ville, le ving-huit mars mil sept centquatre-vingt-neuf, *signé :* Maupas. Dujuglart. Le chevalier de Billy. Petit de Thoisy. Depestre, comte de Seneffe et de Thuonou. De Barralfy. De Chaumont. Le Chevalier de Berment. Le vicomte Despré. De la Bourdonnaye. Boisguyon. De Beaurepaire. Lardiere. Petit du Moteux. Guerineau de la Merie. Texier de Ruffy. Le Bloy de la Pornerie. De Salaberry. Butel. Le marquis de Romé. Le comte de Dufort. O. Donnel. Laduye. Mahy d'Argis. Le chevalier de Regnard. Le chevalier d'Auvergne. D'Autay. Begon. De Constantin. Goissard de Moréville. De Boisvilliers. De Vezeaux de Rancongne. Mahy du Coudray. De Boisvilliers. Le marquis de l'Enfernat. Hay de Sancé. Texier de Gallery. Bachod. Le vicomte de Beauharnais. De Rolland. Le chevalier L'Huillier de la Mardelle. Boesnier de Clairvaux. Maréchau de la Chauvinière. Le chevalier de Benard de Saint-Loup. Phelines de Boisbenard. Guerineau des Chenardiere. Boutaut de Ruffy. Boutault. Le chevalier de Villebrême. Goissard de Villebrême. Pasquet de la Revanchere. De la Houssaye. De Valles de Longchamp. De Chollé. Le marquis de Méauffé. Lasaussaye de Verière. Devalles d'Ambures. Le baron de Wiffel. Le comte de Cheverny. Le comte de Chouzy. Le marquis Amelot du Guépéan. De Français. Boisgueret de la Vallière. Le chevalier de Préville. Le chevalier de la Saussaye. Le comte d'Espagnac. Le comte de Saint-Denis. Le vicomte de Méauffé de la Rainville. Le baron de Prunelé. Masson de Vernon. Belot de Laleu. Drouin de Vareilles. Texier de Santau. Le comte de Beauxoncles. France de la Gravière. Petit de la Rodière. Devoré. Bocsnier. Bongars. Savarre du Moulin, l'aîné. La Molère. Le chevalier de Jartraux. Savarre du Moulin. Loger des Touchardières. De Launay de Villemexant. Le baron d'Ornac. Carré de Villebon. Le marquis de Prunelé. De Belet. Le chevalier de Reméon. Le marquis de Beauxoncles. Celier de Bouville. Hurault, marquis de Saint-Denis, *président*. Lavoisier, *secrétaire*.

SUPPLÉMENT

à l'instruction donnée par l'Ordre de la Noblesse du bailliage de Blois à ses députés aux États Généraux.

La Noblesse du bailliage de Blois, informée du bruit qui se répand d'un projet formé par quelques grands du royaume de composer une Chambre particulière, et d'en rendre les sièges héréditaires dans leurs familles : considérant qu'un pareil projet, s'il existe, tend à l'anéantissement de toute la Noblesse du royaume; que depuis les princes du sang jusqu'au dernier des gentilshommes, il n'y a aucune distinction de droit; que, depuis le commencement de la monarchie, tout le corps de la Noblesse, sans exception, a eu le droit de concourir à la promulgation des lois du royaume; qu'une Chambre ainsi formée augmenterait, loin d'affaiblir, la funeste influence des grands, première et presque unique source des malheurs qui accablent le royaume, a arrêté unanimement :

1° Que ses députés aux États Généraux ne pourront écouter, sous aucun prétexte, aucunes propositions qui auraient pour objet la formation d'une Chambre particulière de la Noblesse, dont les sièges deviendraient héréditaires dans certaines familles, en ôtant ainsi à tout le corps de la Noblesse le droit d'élection et d'éligibilité qui lui appartient;

2° Qu'elle déclare traîtres à la Patrie, non seulement ceux qui siègeraient dans une Chambre ainsi formée, mais aussi ceux qui consentiraient à sa formation.

Considérant, en outre, qu'il n'existerait pas de véritable liberté aux États Généraux, si le suffrage des députés pouvait être gêné par la crainte de dénonciations faites dans les tribunaux, ou par des actes émanés de l'autorité ministérielle, la Noblesse du bailliage de Blois demande que tous les députés aux États Généraux soient mis sous la sauvegarde de la Nation; qu'ils soient à l'abri de toute dénonciation, de tout décret, de tous actes d'autorité, et qu'ils ne puissent être recherchés dans aucun temps, pour tout ce qui pourrait avoir été dit et avancé par eux dans l'Assemblée de la Nation; enfin qu'ils ne puissent être jugés, sur tout ce qui pourrait être relatif aux États Généraux que par les États Généraux eux-mêmes; déclarant criminels de lèse-Nation, tous ceux qui pourraient entreprendre directement ou indirectement de restreindre, en quelque manière que ce soit, la liberté dont ils doivent jouir.

Quoique tout ce qui concerne la constitution militaire appartienne entièrement au pouvoir exécutif, la Noblesse du bailliage de Blois se croit permis de charger ses députés de faire parvenir au Roi ses représentations sur les variations multipliées qui ont eu lieu depuis quelques années dans les ordonnances militaires, variations qui, loin d'avoir procuré les économies qu'elles semblaient promettre, se sont toujours terminées en dernier résultat par des augmentations de dépenses : sur le découragement qui en a résulté pour le soldat, et le dégoût pour les officiers. Elle croit devoir réclamer avec encore plus de force contre les ordonnances qui infligent aux soldats des punitions avilissantes, telles que les coups de plat de sabre ou de bâton. Il n'est pas sans exemple que des gentilshommes se trouvent réduits à la nécessité de porter les armes comme simples soldats; nombre d'officiers de fortune ont commencé par ce grade, et la discipline militaire n'admet point de distinction de classes et de qualités; l'intérêt de la Noblesse, celui de la Nation, le cri de l'honneur français, qui appartient à tous les

Ordres, et celui de l'humanité, se réunissent donc pour exiger la réforme de dispositions barbares, contraires à l'opinion publique, aux mœurs nationales, au caractère français, et surtout aux principes de clémence et de bonté dont le Roi donne journellement des preuves.

De toutes les classes de la société, il n'en existe point qui ait plus de droit à la vénération publique que les anciens militaires, qui, après avoir prodigué leur sang et leur existence pour la défense de la Patrie, et avoir obtenu la décoration respectable due à leurs services, viennent recueillir dans leur province le tribut de considération publique qu'ils ont mérité. La Noblesse du bailliage de Blois réclame en faveur de ces vertueux citoyens la bienfaisance de la Nation; elle observe que ce n'est point sur cette classe que doivent tomber les économies et les réformes; que les pensions qui leur sont accordées, loin d'être susceptibles de réduction, seraient plutôt dans le cas d'être augmentées; que toutes pensions pour services militaires, de 1,000 livres et au-dessous, doivent être exemptes de toute retenue; que la justice, comme l'intérêt de la Nation, exige qu'une subsistance honnête soit assurée aux militaires sans fortune qui ont vieilli dans le service, et qu'il leur soit affecté des grâces et des faveurs particulières.

A la demande qu'elle a faite en faveur des curés à portion congrue, elle ajoutera que leur sort ne devrait pas être au-dessous de 1,000 à 1,200 livres, et celui des vicaires de 6 à 800 livres; que le Clergé de France est assez richement doté pour que toutes les fonctions ecclésiastiques soient absolument gratuites, et pour que tout casuel soit supprimé. L'Ordre de la Noblesse le demande avec d'autant plus de confiance, qu'elle sait que c'est le vœu du Clergé lui-même.

Elle observe encore qu'il serait important de pourvoir à la retraite des curés de campagne, qui, après avoir vieilli dans leur saint ministère, ne sont plus en état de le remplir, surtout dans les paroisses d'une grande étendue; qu'une partie des bénéfices simples et des canonicats pourrait être affectée à cet objet;

Que l'instruction de la jeunesse étant une charge du ministère ecclésiastique, il devrait exister des maîtres d'école dans toutes les paroisses de campagne, et qu'ils devraient y être établis aux frais des gros bénéficiers et décimateurs.

Aux réflexions que la Noblesse a faites sur l'utilité des grandes forêts, et sur l'importance dont il est, pour la Nation, de se ménager des futaies, elle ajoutera, comme un des moyens les plus propres à remplir cet objet, l'exécution rigoureuse des règlements relatifs au quart de réserve des communautés et gens de mainmorte.

Enfin elle demandera que la vénalité des offices de judicature soit supprimée, et qu'en cas de vacances, ces places soient électives, suivant la forme qui sera arrêtée aux États Généraux.

Le présent supplément a été par nous arrêté en conformité des intentions de l'Ordre de la Noblesse du bailliage de Blois, le trente mars mil sept cent quatre-vingt-neuf. *Signé:* Hurault, marquis de Saint-Denis, *président de l'Assemblée*, et Lavoisier, *secrétaire*.

PROCÈS-VERBAL

de nomination des députés de la Noblesse du bailliage de Blois.

L'an mil sept cent quatre-vingt-neuf, les vingt-neuf et trente mars, les membres composant l'Ordre de la Noblesse du bailliage de Blois, dûment assemblés dans la grande salle de l'hôtel de ville, M. le marquis de Saint-Denis faisant les fonctions de président, et M. Lavoisier, celles de secrétaire, sont comparus, tant pour eux que pour les personnes dont ils sont fondés de procurations, ainsi que le tout est établi dans le procès-verbal de comparution dressé par M. le Lieutenant général du bailliage de Blois, les dix-huit et dix-neuf mars du présent mois :

MM. Carré de Villebon. De Vescaux de Rancongne. Le marquis de Méauffé. Le chevalier d'Auvergne. D'Alès. Dautay. Boisguyon. Le marquis Amelot du Guépéan. Le marquis de Beauxoncles. Le vicomte de Beauharnais. Le comte de Beauxoncles. Begon. De Belet. Boesnier. Boisgueret de la Vallière. De Boisvillier. Bongars. De Barrassy. Butel.

Le chevalier de Billy. Tertre Desprez de la Bourdonnaye. Le chevalier de Berment. Boutault de Ruffy, chevalier de Boisvilliers. Boutault. Celier de Bonville. Bachod. De Beaurepaire. Belot de Laleu. De Chollé. De Constantin. Marchau de la Chauvinière. Le comte de Chouzy. Guerineau de la Chenardière. De Chaumont. Le comte de Cheverny. Boesnier de Clervaux. Le baron d'Ornac. De Diziers. Le comte de Saint-Denis. Le comte Dufort. Le comte d'Espagnac. Devoré. France de la Gravière. De Français. Hay de Sancé. Laduye. De la Houssaye. Le chevalier de Jartrau. Dujuglart. Le marquis de L'Enfernat. Le chevalier de Benart de Saint-Loup. Le vicomte de Méauffé de la Rainville. Mahy d'Argis. Lardière. Loger des Touchardières. La Molère. De Maupas. Guerineau de la Merie. Le chevalier L'Huillier de la Mardelle. Mahy du Coudray. Le chevalier Menjot. Goissard de Moréville. Petit du Moteux. De Montgiron. Le Bloy de la Pornerie. Phelines. O Donnel. Le marquis de Prunelé. Le baron de Prunelé. Le chevalier de Preville. Petit de la Rodière. Petit de Thoisy. Le chevalier de Reméon. De Rolland. Pasquet de la Revanchère. Le chevalier de Regnard. Romé. Pestre, comte de Seneffe et Tuonhou. Fougeroux de Secval. De Salaberry. Savarre du Moulin. Savarre du Moulin, l'aîné. Lasaussaye de Verrière. Le chevalier de La Saussaye. Texier de Gallery. Texier de Ruffy. Texier de Sautau. De Vareilles. Le baron de Wiffel. Goissard de Villebrême. Le chevalier de Villebrême. De Valles d'Ambure. De Valles de Longchamp. De Launay de Villemexant. Masson de Vernou. Hurault, marquis de Saint-Denis, *président*. Lavoisier, *secrétaire*.

Lesquels, en conformité de la lettre de convocation du Roi, donnée à Versailles le 24 janvier dernier, du règlement y annexé, et de l'ordonnance de M. le Lieutenant général du bailliage de Blois du 12 février aussi dernier, ont procédé à l'élection des deux députés : et, ayant été au scrutin dans la forme prescrite par le règlement, ils ont nommé, par les présentes, à la pluralité des suffrages, les personnes de MM. Alexandre-François-Marie, vicomte de Beauharnais, major en second du régiment de la Sarre, et de Louis-Jean de Phelines, capitaine au corps royal du génie; et pour suppléant, la personne de M. Antoine-

Laurent Lavoisier, de l'Académie royale des sciences, de la Société royale de Londres, seigneur de Frechines, Villefrancœur et autres lieux, auxquels députés et représentants ils donnent tous pouvoirs généraux et suffisants de proposer, remontrer, aviser et consentir tout ce qui peut concerner les besoins de l'État, la réforme des abus, l'établissement d'un ordre fixe et durable dans toutes les parties de l'Administration, la prospérité du royaume, et le bien de tous et un chacun de ses habitants; promettant, la Noblesse du bailliage de Blois, agréer et approuver tout ce que les députés ci-dessus nommés auront fait, délibéré et signé en vertu des présentes, de la même manière que si chacun des membres y avait assisté en personne; se référant au surplus à l'article inséré dans son cahier d'instruction, page 38.

Et de leur part, les députés ci-dessus ont accepté ladite nomination, et ont promis de s'en bien et fidèlement acquitter, en se conformant aux intentions de leurs commettants, et aux lumières de leur conscience et de leur raison.

De laquelle nomination de députés a été dressé le présent procès-verbal, lesdits jour et an que dessus; fait double. Signé : Carré de Villebon. De Vezeaux de Rancougne. Le marquis de Méauffé. Le chevalier d'Auvergne. D'Alès. Dautay. Le marquis Amelot du Guépéan. Boisguyon. Le marquis de Beauxoncles. Le vicomte de Beauharnais. Begon. De Belet. Le comte de Beauxoncles. De Boisvilliers. Boisgueret de la Vallière. Boesnier. Bongars. Butel. De Barrassy. Le chevalier de Billy. Le chevalier de Berment. Boutault de Ruffy. Tertre Desprez de la Bourdonnaye. Boutault de Boisvilliers. Celier de Bouville. Bachod. De Beaurepaire. Belot de Laleu. De Constantin. De Chollé. Marchau de la Chauviuière. Gueriueau. Des Chenardières. De Chaumont. Le comte de Chousy. Le comte de Cheverny. Le comte de Saint-Denis. Boesnier de Clervaux. Le baron d'Ornac. Le comte de Dufort. De Diziers. Devoré. Le comte d'Espagnac. De Français. France d la Gravière. De la Houssaye. Hay de Sancé. Le chevalier de Jartraux. Dujuglart. Loger des Touchardières. Le marquis de L'Enfernat. Le chevalier de Benard de Saint-Loup. Lardière. Le vicomte de Méauffé de la Rainville. Mahy d'Argis. Laduye. La Molère. Maupas. Guerineau de la Merie. Le chevalier L'Huillier de la Mardelle. Mahy du Coudray. Menjot, le chevalier. Petit du Moteux. Goissard de Moreville. O'Donnel. De Montgiron. Phelines. Le marquis de Prunelé. Le Bloy de la Pornerie. Le chevalier de Préville. Le baron de Prunelé. Petit de Thoisy. Petit de la Rhodière. De Rolland. Le chevalier de Reméon. Pasquet de la Revanchère. Le chevalier de Regnard. De Pestre, comte de Seneffe et Tuonhou. Romé. Fougeroux de Secval. Savarre du Moulin. De Salaberry. Savarre du Moulin, l'aîné. La Saussaye de Verierre. Texier de Gallery. Le chevalier de la Saussaye. Texier de Santau. De Vareilles. Texier de Ruffy. Le baron de Wiffel. Goissard de Villebrême. Le chevalier de Villebrême. De Valles d'Ambure. Masson de Vernou. De Valles de Longchamp. De Launay de Villemessant. Hurault, marquis de Saint-Denis, *président*; Lavoisier, *secrétaire*.

RÉFLEXIONS SUR LES ASSIGNATS

ET

SUR LA LIQUIDATION DE LA DETTE

EXIGIBLE OU ARRIÉRÉE,

LUES A LA SOCIÉTÉ DE 1789, LE 29 AOÛT 1790,

PAR M. LAVOISIER,

DÉPUTÉ SUPPLÉANT DU BAILLIAGE DE BLOIS [1].

Dans ce moment, où la rentrée d'une partie des revenus de l'État est suspendue, où le Trésor public, indépendamment des dépenses courantes et des intérêts dont il est chargé, est encore obligé de faire face à une dette arriérée dont l'objet est effrayant, l'État, vous le savez, Messieurs, n'a d'autre ressource que la vente des domaines nationaux. Mais, s'il y a nécessité de vendre pour payer, il y a aussi nécessité de payer pour qu'on puisse acheter. Ainsi, dans toutes les opinions, dans tous les systèmes, on convient que l'État ne peut se libérer que par l'échange des titres de créance de la dette arriérée, contre des domaines nationaux : on ne varie que dans la forme dans laquelle il est le plus avantageux de faire cet échange, et, à proprement parler, il est question de décider qui aura l'initiative, du débiteur ou du créancier.

Dans cet état de la question, deux plans principaux sont proposés :

Le premier consisterait à admettre pour comptant dans l'acquisition

[1] Plaquette in-18 de 35 pages. (*Bibliothèque de la Chambre des députés*, B' 229.)

des domaines nationaux tous les titres de créance de la dette arriérée, sans changer la nature de ces titres, et sans les convertir ni en quittances de finance, ni en papier-monnaie.

Le second plan consisterait à créer une somme d'assignats égale au montant de la dette exigible, de 2 milliards par exemple; à leur donner cours de papier-monnaie, et à les employer comme tels au remboursement de l'exigible et de l'arriéré : ils seraient ensuite retirés successivement de la circulation par la vente des domaines nationaux, et brûlés d'après des formes indiquées.

Je cherche à présenter ici ces deux plans dans leur plus grand état de simplicité, en écartant toute question incidente; mon objet est de discuter ensuite les divers amendements et les modifications dont ils me paraissent susceptibles.

Avant de prononcer entre ces deux propositions, il est nécessaire d'en bien sentir la portée et les effets, d'en calculer les avantages, les inconvénients et les difficultés; il est nécessaire surtout de bien connaître quelles sont les données du problème, car ce n'est pas un résultat hypothétique que nous demandons, ce n'est point une question métaphysique que nous nous proposons de résoudre; nous cherchons, au contraire, une solution réelle et qui soit applicable aux circonstances dans lesquelles nous nous trouvons.

Comme tous les plans, quels qu'ils soient, ne peuvent rouler que sur un même pivot : la vente des domaines nationaux, il serait bien important de connaître avant tout quels en sont la valeur et le montant. Quoique je n'aie à offrir que des évaluations très vagues, cependant, comme je ne sache pas que personne ait à cet égard des résultats plus positifs, je me permettrai de hasarder mes réflexions.

Les évaluations qui, jusqu'à ces derniers temps, ont été données aux revenus ecclésiastiques, ont varié depuis 110 millions jusqu'à 180; je n'ai pas connaissance qu'aucun écrivain soit parvenu à établir, même sur des probabilités, qu'ils excédassent cette somme : je me crois donc fondé à conclure qu'avant la destruction de l'Ordre du clergé, le capital de ses biens n'excédait pas 4 milliards.

Ce capital a été atténué et successivement diminué :

1° Par la suppression des dîmes, qui entraient à peu près pour moitié dans les revenus ecclésiastiques;

2° Par la suppression des droits de péage et autres qui ont été abolis sans indemnité;

3° Par la réserve des forêts, réserve très sage, susceptible, peut-être, de quelques modifications, mais sans laquelle il ne pourrait subsister dans le royaume aucune forêt de haute futaie. Cet article, Messieurs, est d'un objet beaucoup plus considérable qu'on ne le croit communément; il suffit d'avoir parcouru celles de nos provinces qui sont couvertes de bois, pour savoir que la majeure partie des grandes forêts appartiennent à des communautés religieuses.

Enfin les droits de mutation et ce qui reste des droits féodaux sont destinés à périr en peu d'années entre les mains des propriétaires; ceux de cens et rentes s'anéantiront insensiblement par la désuétude, par le désordre des chartriers, par la difficulté et par les frais de la perception.

Pesez, Messieurs, toutes ces causes de diminutions, et vous conviendrez que le capital des biens nationaux doit être réduit des deux tiers.

Les mêmes réflexions s'appliquent aux domaines qui, ci-devant, appartenaient au Roi : ils sont également diminués par la réserve des forêts, par un grand nombre de droits supprimés, par l'extinction inévitable de beaucoup d'autres. Je crois donc pouvoir assurer, avec beaucoup de probabilité, que les domaines nationaux susceptibles d'être mis en vente ne représentent pas un capital de plus de 1,800 millions. J'avoue même que je ne le porte à cette somme que pour me rapprocher des opinions que je combats, et pour prévenir les objections.

Mais, Messieurs, ce serait vous abuser que de croire que la totalité de cette somme fût disponible.

L'Assemblée nationale a créé en avril dernier pour 400 millions d'assignats, et elle a affecté une somme pareille de biens domaniaux pour leur remboursement, ci.	400 millions.
Elle aura besoin, d'ici au 1er mai de l'année prochaine, pour achever de rembourser les anticipations, pour remplacer le vide des impôts, pour faire face aux armements décrétés par l'Assemblée nationale, d'une somme extraordinaire de.	250
On ne doit pas s'attendre que les impôts qui seront déterminés pour l'année prochaine seront aussitôt établis que décrétés; on ne peut pas même espérer qu'ils puissent être levés en totalité : je puis donc, sans exagération, compter encore pour cet article sur un déficit de 100 millions pour les huit derniers mois de 1791, ci.	100
TOTAL.	750
Défalquant cette somme de.	1,800
il ne reste plus de disponible que 1 milliard 50 millions, ci.	1,050

Vous serez effrayés, Messieurs, de voir qu'un capital qui était de 4 milliards lorsque la nation s'en est mise en possession, s'est réduit à 1 milliard dans un intervalle de temps aussi court : et peut-être regretterez-vous qu'un moment d'enthousiasme ait engagé l'Assemblée nationale à renoncer à la dîme, dont le rachat aurait si efficacement contribué au rétablissement des affaires et à l'extinction de la dette publique.

Quelle que soit au surplus votre opinion, Messieurs, sur cet objet, toujours est-il certain que si le capital des domaines nationaux dont il reste à disposer ne s'élève pas à plus de 1 milliard 50 millions; s'il est possible même que cette évaluation soit exagérée, la prudence ne permet pas de mettre en émission, je ne dis pas pour 2 milliards d'assignats, mais même pour 1 milliard; car vous concevez que si l'événement venait à prouver qu'une partie des assignats portent à faux, que si on pouvait même le soupçonner, tout crédit serait anéanti.

Je n'ignore pas et je ne sais que trop bien que l'opération qu'on vous propose fera hausser considérablement la valeur des domaines nationaux; mais cette hausse apparente de toutes les valeurs ne prouvera rien autre chose, comme je l'établirai bientôt, sinon le discrédit de l'assignat; et quand vous rembourserez une dette avec un effet discrédité, avec un effet en perte, vous ferez réellement banqueroute de tout ce dont il sera au-dessous du pair.

Je pourrais, Messieurs, vous présenter des bases un peu plus certaines, sur le montant de la dette exigible ou arriérée, je les puiserais dans le rapport sur la dette publique fait au nom du Comité des finances, le 27 août dernier, par M. de Montesquiou. L'état qui se trouve à la page 7 de ce rapport l'évalue à 1,902,342,632 livres. Mais si j'entreprenais de discuter toutes les parties de cet état, je tomberais dans des détails excessivement longs qui me détourneraient de mon objet : j'observerai donc seulement que le Comité des finances regarde comme exigibles des objets qui ne le sont pas, ou du moins, ne le seront qu'à des époques éloignées; qu'une partie de la dette du Clergé se trouve déjà confondue avec la dette de l'État; que ce serait être plus que juste, dans la situation actuelle où se trouvent les finances, que de rembourser, sur le pied des capitaux originaires, des rentes qui ont été considérablement réduites, et qui depuis cinquante ans se négocient dans le public et s'évaluent dans les partages de famille, non d'après le taux d'intérêt dont elles ont joui dans l'origine, mais d'après celui dont elles jouissent aujourd'hui : qu'il n'y a pas de motif d'être plus juste envers les créanciers du Clergé qu'envers tous les créanciers de l'État, et que toutes les dettes ecclésiastiques se trouvant garanties par la Nation et hypothéquées sur toutes ses propriétés territoriales, même sur les domaines ecclésiastiques, dans quelques mains qu'ils passent, leur sort est assuré.

J'ajouterai que rien n'oblige à supposer remboursables dans ce moment des emprunts dont les termes d'exigibilité sont encore éloignés, tels que l'emprunt de 125 millions et plusieurs autres; et qu'il ne serait pas prudent d'appeler sur le moment actuel tout l'embarras qui doit se reporter et se répartir sur quinze et vingt années successives.

Enfin j'observerai, relativement aux offices comptables, aux remboursements des cautionnements et des fonds d'avance des compagnies de finance, qu'aucun de ces engagements ne sont liquides, ni même exigibles à des époques très prochaines; que les offices comptables et les cautionnements ne seront remboursables qu'après l'apurement des comptes; qu'il en est de même, jusqu'à un certain point, des fonds d'avance des compagnies de finance, qui sont le cautionnement de leur gestion, et que dans le nouvel ordre des choses qui sera établi pour la perception des impôts, il sera prudent, il sera indispensable même d'exiger des administrateurs qui seront créés un cautionnement quelconque, moins considérable sans doute que ceux actuels, mais qui sera employé à rembourser une partie des anciens fonds d'avance.

Je n'entreprendrai pas de donner une valeur à toutes les réductions auxquelles ces réflexions pourraient me conduire; elles sont susceptibles de quelque arbitraire, et l'Assemblée nationale peut seule prononcer : mais je crois très possible, si l'Assemblée nationale en témoigne la volonté, de réduire à un capital de 1,200 millions l'exigible et l'arriéré proprement dit, et de reporter le surplus sur des époques moins embarrassantes et moins difficiles. Je partirai donc de cette supposition, mais que la dette arriérée ou exigible monte à 1,200 millions, qu'elle monte à 1,500, les calculs que je donnerai sont également applicables à l'une et à l'autre de ces hypothèses.

Maintenant que je suis parvenu à établir quelques bases, je passe à la discussion des deux plans proposés pour la liquidation de la dette exigible et arriérée, et j'examine d'abord quels seraient les effets d'une émission de 2 milliards d'assignats.

Qu'on me permette, avant de prendre aucune opinion sur cet objet, de transcrire ici littéralement quelques passages d'un discours de M. Hume sur la balance du commerce.

« Supposons, dit ce philosophe anglais, que les trois quarts de tout l'argent de la Grande-Bretagne fussent anéantis en une nuit et qu'à cet égard la nation fût réduite à la même condition qu'elle était sous le règne des Henri et des Édouard : quelle en serait la conséquence? Le prix du travail et des denrées ne tomberait-il pas à proportion, et chaque chose ne serait-elle pas à aussi bon marché qu'elle l'était de ce temps-là? Quelle nation pourrait alors nous le disputer dans le commerce avec l'étranger, ou prétendre de naviguer ou de vendre le produit de ses manufactures au même prix qui nous apporterait un profit suffisant? En combien peu de temps donc cet avantage ne nous ferait-il pas revenir tout l'argent que nous aurions perdu, ce qui nous mettrait alors de niveau avec toutes les nations voisines? A peine y serions-nous arrivés que nous perdrions de nouveau cet avantage du bon marché du travail et des commodités : ainsi le flux d'argent qui nous arriverait de l'étranger serait arrêté par notre plénitude et notre réplétion.

« Je suppose encore, continue M. Hume, que tout l'argent de la Grande-Bretagne vînt à quadrupler dans une nuit; l'effet contraire n'arriverait-il pas nécessairement? Ne faudrait-il pas que tout le travail et les commodités montassent à un prix si exorbitant qu'aucune nation ne serait en état d'acheter de nous, tandis que, de l'autre côté, leurs commodités deviendraient à si bon marché, en comparaison des nôtres, qu'en dépit de toutes les lois que l'on pourrait faire, elles entreraient chez nous, et que notre argent en sortirait jusqu'à ce que le niveau avec l'étranger fût rétabli, et que nous eussions perdu cette grande supériorité de richesses qui nous aurait exposé à cess désavantages.

« Il est donc évident que les mêmes causes qui corrigeraient ces inégalités exorbitantes, si quelque miracle venait à les produire, doivent les empêcher d'arriver dans le cours ordinaire de la nature, et conserver habituellement entre les nations voisines un équilibre de numéraire, proportionné à l'art et à l'industrie de chaque peuple. »

Ces principes de M. Hume sont de toute évidence, c'est le premier catéchisme de l'administration : faisons-en l'application à la question qui nous occupe dans ce moment.

Le numéraire existant en France n'excède pas beaucoup 2 milliards. Ainsi, créer 2 milliards d'assignats et les mettre en circulation, c'est doubler le numéraire du royaume. Je n'examinerai pas dans ce moment si l'assignat perdra contre argent; je supposerai au contraire qu'il aura exactement la même valeur, qu'il fera lui-même des écus : c'est tout ce que je puis supposer de plus favorable.

Il est évident que si toutes choses demeuraient dans le même état, le doublement subit de la quantité du numéraire occasionnerait, dans le premier moment, *au moins* un doublement de la valeur de tous les objets commerçables, et que les biens-fonds, comme toutes les propriétés mobilières et immobilières, se trouveraient compris dans cette augmentation, c'est-à-dire, en d'autres termes, que l'argent perdrait moitié de sa valeur, et qu'il faudrait au moins deux écus pour faire le même office qu'un seul écu faisait précédemment. J'observe ici premièrement que, s'il est prouvé que l'écu perdrait moitié, à plus forte raison l'assignat, qui ne peut jamais avoir une valeur supérieure à l'écu, mais qui peut en avoir une moindre, parce qu'il ne peut pas satisfaire à tous les mêmes besoins. J'observe en second lieu que ce n'est pas sans raison que j'ai dit que l'écu perdrait *au moins* moitié de sa valeur : car à l'effet physique se joindrait l'effet moral; au mal réel s'ajouterait celui de la crainte et de l'opinion, et il en résulterait que l'écu ou l'assignat perdraient réellement plus de moitié ou de 50 p. 100.

Tel serait l'effet d'une émission de 2 milliards d'assignats, si, comme je l'ai supposé, toutes choses *demeuraient d'ailleurs égales;* mais il n'en est pas ainsi, dans le cas particulier que nous avons à discuter; car, tandis que d'une main la nation augmente la masse du numéraire, elle met de l'autre dans le commerce une quantité de biens-fonds, de domaines territoriaux équivalents, ou du moins présumés tels : et les partisans d'une émission aussi considérable d'assignats en concluent qu'il doit y avoir équilibre et qu'il ne doit y avoir aucune augmentation dans les prix.

Je leur répondrai que, pour qu'il y eût équilibre, comme ils le supposent, il faudrait que l'assignat, dès qu'il est créé, allât sur-le-champ s'éteindre par l'acquisition d'un bien territorial, et c'est ce qui n'est pas possible.

Il faut un temps plus ou moins long pour la liquidation de la dette exigible, pour les liquidations et les transactions entre les particuliers qui en seront la suite; il faut aux acheteurs un temps donné pour visiter, comparer, consulter leurs convenances sur l'acquisition des domaines. Il ne conviendra pas à tous de payer comptant, et les décrets de l'Assemblée nationale les autorisent à des payements progressifs. Si donc, comme on paraît le proposer, on mettait à la fois en circulation la totalité des 2 milliards d'assignats, il en résulterait pendant plusieurs années, non pas précisément l'effet d'un doublement du numéraire, non pas une augmentation de moitié dans la valeur de toutes choses, mais une augmentation dans la proportion d'un quart, d'un tiers, plus ou moins, suivant que les domaines nationaux se vendraient plus ou moins promptement.

Je ne serai pas, je crois, taxé d'exagération en évaluant à 25 p. 100 le résultat de cet effet : il peut être plus considérable, mais il ne peut être moindre. Ainsi toutes les marchandises, toutes les denrées, toutes les propriétés mobilières et immobilières du royaume, tous les salaires, toutes les mains-d'œuvre augmenteraient de 25 p. 100. Or je vous le demande, Messieurs, comment nos manufactures, grevées d'une sorte d'impôt de 25 p. 100, pourraient-elles soutenir la concurrence avec les fabriques étrangères? Non seulement nous n'exporterions plus rien, mais encore nos voisins, dont la main-d'œuvre n'aurait pas éprouvé le même renchérissement, inonderaient nos provinces de marchandises étrangères, en sorte que notre commerce serait ruiné de fond en comble.

Cet état de détresse, m'opposera-t-on peut-être, ne durerait que jusqu'au moment où le trop plein de notre numéraire se serait écoulé et qu'il se serait mis au niveau avec celui des nations voisines. J'en conviendrais sans peine, si c'était en argent effectif que l'augmentation de numéraire avait été effectuée.

Mais je vous prie de considérer que, dans la circonstance où nous supposons que se trouverait l'État, la moitié de son numéraire serait en papier. Or ce ne serait certainement pas avec du papier, qui n'a qu'une valeur représentative, que se solderaient nos comptes avec l'étranger; ce serait notre numéraire effectif, nos écus, qui sortiraient du royaume; en sorte que, dans un espace de temps plus ou moins long, il ne resterait plus en France que du papier. Enfin, comme ce papier irait s'éteindre lui-même en se plaçant dans les achats de domaines nationaux, la France arriverait à un terme où elle n'aurait, ni suffisamment de numéraire effectif, ni suffisamment de papier pour les opérations de son commerce.

Qui pourrait calculer les funestes effets de cette double crise? qui pourrait déterminer le nombre des fabriques anéanties, des ouvriers sans subsistance, des citoyens expatriés qui porteraient leur industrie à l'étranger? Qui pourrait évaluer ce que l'État perdrait en force, en richesses, en population, en prospérité?

Je sais que ces calamités passagères préparent quelquefois pour l'avenir la prospérité des nations, et que, comme tout tend à l'équilibre, l'empire français, sous une constitution libre, reprendrait peut-être en un demi-siècle le degré de richesse et de prospérité qui convient à sa position et à l'étendue de son territoire. Mais un demi-siècle, Messieurs, comprend au moins deux générations : or, je le demande, est-ce pour les générations futures que nous avons nommé des représentants? Les représentants de la génération présente pourraient-ils, oseraient-ils se permettre d'acheter le bonheur et la prospérité des générations à venir, par le sacrifice de deux générations entières?

Mais, sans insister sur tous ces inconvénients, il suffit qu'une émission aussi considérable d'assignats soit inutile; il suffit qu'on puisse remplir le même objet, sans jouer, d'une manière aussi hasardeuse, la fortune publique et le bonheur des particuliers, pour qu'il faille repousser ce moyen imposant, mais gigantesque. Cependant, avant de m'engager dans cette discussion, je dois dire un mot du second plan qui a été proposé, et qui consiste à admettre dans l'acquisition des domaines nationaux tous les titres de créance exigibles et arriérés, sans en changer la nature. Cette idée se présente d'une manière heureuse et simple; elle n'emploie aucune contrainte; elle ne comporte que des stipulations libres, et, sous ce point de vue, elle semble plus conforme aux principes de l'Assemblée nationale, qui sont ceux de la justice. La nouvelle circulation qu'elle établit constitue en quelque façon une monnaie particulière, uniquement applicable à la vente des biens domaniaux; et comme cette monnaie n'a cours que pour cet objet, comme elle est exclue des stipulations ordinaires, elle n'altérerait ni le prix des subsistances, ni celui d'aucune des valeurs et des propriétés: l'ordre social, le commerce, l'agriculture, l'industrie, n'en recevraient donc aucune atteinte. Cependant ce plan, tout heureux qu'il paraît, n'a pas été calculé jusque dans ses détails; et quelques instants de réflexion feront connaître que, tel qu'il est présenté, il a des difficultés insurmontables; que, s'il ne trouble pas l'ordre social, considéré dans son ensemble, il le troublerait dans ses détails par le grand nombre de malheurs particuliers qui en seraient la suite nécessaire.

Il faut considérer que le plus grand nombre des titulaires d'offices de judicature et de finance, presque tous ceux qui ont fourni des cautionnements et des fonds d'avance, ne sont pas les vrais propriétaires, les véritables créanciers de l'État; ils ont des prêteurs qui souvent ont les leurs; en sorte qu'un nombre infini de stipulations particulières sont en quelque façon entées sur la dette publique et se ramifient dans toutes les parties de la société. Libérer l'État envers ses créanciers, sans mettre les créanciers de l'État à portée de se libérer avec les leurs, serait une injustice. Cette libération d'ailleurs, quelque simple qu'elle puisse paraître, même en ne considérant que celle de l'État, serait hérissée de difficultés, et l'effet en serait continuellement suspendu par des oppositions juridiques qui empêcheraient de passer outre, sans attaquer des droits et des propriétés.

Ces réflexions et ces difficultés ne sont point applicables, il est vrai, à la portion de la dette exigible qui est payable au porteur : aussi est-ce principalement des offices supprimés, des cautionnements, des fonds d'avance, de ce qui est dû aux fournisseurs, etc., dont j'entends parler ici, et l'on conviendra que ces objets comprennent une partie très considérable de la dette arriérée ou exigible.

Admettre d'ailleurs indistinctement tous les titres de créance dans l'acquisition des biens domaniaux serait une chose absolument impossible; parce qu'avant d'admettre une créance, il faut qu'elle soit liquidée et que tout prétexte de difficulté sur sa valeur soit levé entre le débiteur et le créancier : or il est un grand nombre d'offices de judicature dont les finances sont susceptibles d'évaluations arbitraires. D'un autre côté, les offices de finances, les cautionnements, les fonds d'avance des compagnies, ne peuvent être remboursés qu'après l'apurement des comptes, qu'après qu'on aura rempli une foule de formalités longues, embarrassantes, mais indispensables. C'est donc encore un nouveau motif pour admettre une distinction entre les effets susceptibles d'oppositions, tels que ceux que j'ai énoncés ci-dessus et ceux qui sont payables au porteur, tels que l'emprunt de 125 millions, les bordereaux des emprunts non constitués, les billets de loterie, les annuités, etc. Les premiers ont besoin d'une liquidation, d'un échange du premier titre : se refuser à ce préalable nécessaire, ce serait porter la confusion dans toutes les parties, ce serait exposer le Trésor public à faire des remboursements hasardés.

La première de toutes les opérations à faire est donc de convertir tous les titres de créance non liquides en quittances de finance. Je me sers de cette expression comme de la plus usitée et comme de la plus propre à me faire entendre : car ces titres sont susceptibles de différentes formes, comme de différents noms. Ces quittances de finance ne doivent point être un effet au porteur; elles doivent être susceptibles de toutes oppositions au greffe des hypothèques et autres, comme le sont les offices, les cautionnements ou autres titres de créance qu'elles doivent remplacer, de manière que tous les droits des créanciers en seconde et troisième lignes soient conservés. On pourrait les couper en autant de parties que les propriétaires le jugeraient à propos, jusqu'à concurrence cependant d'une somme déterminée, afin qu'ils pussent s'en aider vis-à-vis de leurs créanciers. Mais j'insiste pour que ces arrangements particuliers soient purement volontaires; car on sent que si on autorisait les créanciers de l'État à donner pour comptant à leurs créanciers les quittances de finance qu'ils auraient reçues du Trésor public, on ne pourrait refuser le même droit à ceux-ci, et de même de proche en proche : alors les quittances de finance deviendraient des effets forcés qui passeraient de main en main dans toutes les classes de las ociété; ce seraient de véritables assignats sous un autre nom, et l'on retomberait dans tous les inconvénients qu'on veut éviter.

Je prie donc de considérer les quittances de finance comme un genre de promesse substituée à une autre; comme un gage qui doit faire la sûreté du créancier de l'État, comme de tous ceux qui ont des droits à exercer sur lui; enfin, si je ne me trompe, cette première opération est indispensable dans tous les plans qu'on peut adopter, même dans celui d'une émission de 2 milliards d'assignats.

Si ces quittances de finance portaient un intérêt trop fort, aucun motif n'engagerait les propriétaires à les employer dans l'acquisition des domaines nationaux. On pourrait leur arracher un intérêt de 4 ou de 3 p. 100 pendant la première année, et le rendre décroissant dans les suivantes.

Ces quittances de finance, pourvu toutefois qu'elles fussent purgées de toute opposition, seraient reçues comme deniers comptants pour la somme qu'elles énonceraient, dans l'acquisition des biens nationaux; il en serait de même de tous les titres de créances exigibles ou arriérées, payables au porteur, qui auraient été désignées par les décrets de l'Assemblée nationale.

Ces dispositions, qui sont puisées dans la motion de M. l'Évêque d'Autun, amèneront nécessairement le retrait d'un assez grand nombre de titres de créances, qui viendront s'échanger librement et volontairement contre des biens domaniaux. Exiger que ces titres fussent préalablement remboursés en assignats serait une double opération parfaitement inutile, ce serait s'exposer sans objet à tous les inconvénients qu'entraîne l'émission d'une surabondance de numéraire.

Je demande ensuite que tous les titres de créance, quittances de finance et autres, qui n'auraient pas été retirés et éteints pendant la première année par l'acquisition des domaines nationaux, soient remboursés en quatre payements égaux pendant l'espace de quatre années, à raison de 2 ou 300 millions par an. Ces remboursements s'opéreraient sur le produit de la vente des biens domaniaux, et voici comment les fonds en seraient faits :

L'Assemblée nationale a déjà décrété une émission de 400 millions d'assignats, il s'en faut peu qu'ils ne soient déjà tous en circulation. Les besoins de la fin de cette année et des premiers mois de la prochaine, le retard de la rentrée de l'impôt, la dépense nécessaire pour les armements, exigeront encore une nouvelle émission de 350 millions d'assignats; enfin on ne peut se dispenser d'accélérer le payement des rentes et des arrérages arriérés, de donner de forts acomptes aux fournisseurs et d'entrer en payement sur plusieurs parties de la dette exigible. Si on additionne tous ces objets, on verra que, même en ne donnant à chacun d'eux qu'une évaluation modérée, il ne sera pas possible de les remplir tous sans une nouvelle création de 500 millions d'assignats, qui seront mis successivement en circulation pendant la fin de cette année et le cours de la prochaine. Il se trouvera donc tout naturellement, et sans qu'il soit possible de l'éviter à la fin de 1791, pour 900 millions d'assignats dans le public. Or, cette somme étant déjà beaucoup plus considérable que la circulation ne peut le comporter, on ne peut douter que les porteurs n'aient un grand empressement de les échanger contre des domaines nationaux. Ainsi, indépendamment des quittances de finance et autres titres qui seront retirés directement par la vente, la Caisse de l'extraordinaire recevra encore, pendant le cours de 1791, une somme plus ou moins considérable d'assignats qui servira aux remboursements indiqués pour le cours de l'année suivante.

Peu importe, comme l'on voit, que la Caisse de l'extraordinaire reçoive pendant la première année une proportion plus ou moins forte d'assignats et de quittances de finance; car plus elle aurait reçu de quittances de finance, moins elle aurait de remboursements à faire pendant les années suivantes : ce serait réellement un remboursement anticipé qu'elle aurait fait.

Ainsi, dans ce plan, trois grandes opérations marcheraient à la fois pendant le cours de l'année 1791 :

1° L'émission successive des assignats à mesure des besoins publics, jusqu'à la concurrence de 500 millions; lesquels 500 millions, ajoutés aux 400 autres millions déjà décrétés et mis en circulation, formeraient un total de 900 millions;

2° La conversion de la dette exigible et arriérée non liquidée en quittances de finance, remboursables en assignats pendant les années 1792, 1793, 1794 et 1795. On a déjà énoncé plus haut les motifs qui portent à croire qu'elle n'excède pas 1,200 millions : les remboursements par quart et par année ne pourraient donc pas s'élever au-dessus de 300 millions, et il y aurait à déduire sur cette somme tout ce qui aurait été reçu en payement pendant la première année;

3° La vente des biens domaniaux, qui s'opérerait pendant toute l'année 1791, et dont le produit formerait le fond du remboursement de 1792.

Ce plan, à le bien prendre, n'est autre chose que celui présenté par le Comité des finances, dans son rapport du 27 août, et qui a été appuyé par M. de Mirabeau. J'y propose seulement trois amendements. Le premier consiste à faire en quatre ans ce qu'on semble proposer de ne faire qu'en une seule année, et je regarde comme impossible, dans quelque supposition que ce soit, de réaliser en moins de quatre ou cinq ans une opération aussi difficile et aussi compliquée.

Le second amendement consiste à réduire à l'indispensable le remboursement de la dette exigible et arriérée. L'incertitude où l'on est encore sur la véritable valeur des domaines nationaux, la probabilité que le capital de ces domaines ne s'élève pas à une somme à beaucoup près aussi considérable qu'on le croit communément, en fait une loi, et je ne vois pas ce qu'on gagnerait à faire parade de principes d'une équité trop rigoureuse, dont on ne pourrait faire l'application dans ce moment, sans commettre des injustices d'un genre plus grave envers d'autres membres de la société.

Il est à présumer que 500 millions d'assignats, ajoutés à la circulation actuelle, changeront peu la proportion des prix, surtout si l'on considère qu'il sera mis en même temps dans le commerce et dans la circulation une somme beaucoup plus considérable de richesses, par la vente de 1,800 millions de domaines nationaux.

Les assignats, portés à 900 millions, éprouveront bien quelque discrédit, quelque perte, surtout pendant les années 1791 et 1792; mais ce discrédit, qui serait le plus fâcheux de tous les fléaux s'il était porté trop loin, deviendra un véhicule très propre à faciliter la vente des domaines nationaux.

Il ne faut pas se dissimuler qu'il est possible qu'à la fin de 1795 il reste encore pour une somme considérable d'assignats à rembourser; mais peu importe, pourvu qu'il reste toujours, pour y faire face, une somme au moins équivalente de domaines nationaux. Mais ce que je crois beaucoup plus probable, c'est que l'empressement qu'auront les porteurs d'assignats de les réaliser contre des domaines nationaux accélérera au contraire le terme des opérations, et mettra la Caisse de l'extraordinaire en état d'augmenter chaque année la somme destinée au remboursement. On augmenterait beaucoup l'empressement ou plutôt la nécessité d'acheter, si l'on se déterminait à n'attacher aucun intérêt aux assignats.

La marche progressive que je propose est parfaitement conforme aux principes de justice et de liberté qui dirigent l'Assemblée nationale, puisque chacun sera libre, suivant ses convenances, ou de placer son titre de créance en acquisition de domaines nationaux, ou d'en toucher le montant à l'époque indiquée pour son remboursement. Elle ne portera atteinte ni à l'industrie, ni au commerce national, ni à nos relations avec l'étranger. L'harmonie sociale, ni l'ordre des prix ne seront point troublés. Trois circulations s'établiront à la fois sans se croiser et sans se nuire : 1° celle des assignats pour toutes les stipulations habituelles et pour le payement d'une partie de l'impôt; 2° la circulation des quittances de finance et autres titres de créance de la dette exigible, dont l'emploi se bornera à l'acquisition des domaines nationaux; 3° enfin la circulation en espèces et en monnaies métalliques pour tous les payements au-dessous de 200 livres. On ne peut donner trop d'éloges à la sûreté des principes qui ont dirigé jusqu'ici l'Assemblée nationale sur ce dernier objet, et au courage avec lequel elle a repoussé les demandes qui lui ont été faites d'une émission de billets au-dessous de 200 livres. Il est commode sans doute pour l'homme riche, qui reçoit ses revenus en papier, de payer avec la même monnaie le journalier et le fournisseur : mais l'Assemblée nationale, dont les sollicitudes ont toujours pour objet le bonheur du peuple, a soigneusement écarté de la classe indigente les inconvénients du papier-monnaie. Quel que soit donc le parti qui sera pris relativement aux assignats, il est à souhaiter que l'Assemblée ne permette qu'à la dernière extrémité, et dans le cas d'une absence totale de numéraire, l'émission d'assignats au-dessous de la somme de 200 livres; alors, comme les stipulations supérieures à 200 livres ne se font communément que dans une sphère à laquelle le journalier, l'homme du peuple, en un mot, plus des trois quarts des habitants du royaume ne peuvent atteindre, si la trop grande quantité d'assignats en émission causait des désordres, la classe la plus nombreuse des citoyens, celle que nous devons le plus respecter, puisqu'elle est la plus souffrante, n'en serait point atteinte.

Il est inutile de suivre plus loin les détails du plan de liquidation que je propose : c'est celui du Comité des finances, c'est celui de M. de Mirabeau, c'est celui de M. l'Évêque d'Autun, et cependant ce n'est précisément aucun d'eux : il n'est, à proprement parler, qu'un amendement de tous; il marche entre eux, en évitant les précipices ouverts de toutes parts. Enfin, en le réduisant à son énoncé le plus simple, il consiste à dire qu'il ne faut mettre en circulation que le moins d'assignats qu'il sera possible, qu'à mesure qu'on y sera forcé par la nécessité des circonstances, et qu'on ne peut pas les porter sans les plus grands risques au delà de 800 millions ou 1 milliard; que cette émission doit être successive et lente; que le même assignat qui sera rentré par la vente des domaines nationaux peut servir à faire d'autres remboursements et rentrer de nouveau par de nouvelles ventes : de même qu'un écu, qu'un sac d'argent circule et rentre plusieurs fois dans la même caisse, pendant le cours d'une année, d'un mois, d'une semaine, sans qu'on se soit jamais avisé de proposer de le refondre à chaque fois pour en former de nouveaux écus.

J'ose prédire que si, contre toute apparence, le plan d'une émission immodérée d'assignats était adopté, ce plan, par la lenteur de la marche des affaires, par la longueur du temps qui sera nécessaire pour fabriquer les assignats, pour consommer la liquidation de la dette exigible ou arriérée, pour opérer l'apurement des comptes qui doivent la précéder, pour expédier les quittances de finance, enfin par les délais qu'entraîneront les stipulations particulières et l'hésitation des créanciers de l'État sur le choix des domaines nationaux; que ce plan, dis-je, quel qu'il soit, sera modifié dans son exécution, et que la force des choses et la nécessité impérieuse des circonstances le ramèneront à celui que je propose.

PROJET DE DÉCRET

POUR LA LIQUIDATION DE LA DETTE EXIGIBLE OU ARRIÉRÉE.

L'Assemblée nationale a décrété et décrète ce qui suit :

ARTICLE PREMIER.

Les titres de créances qui feront partie de la dette exigible et arriérée seront : 1° (*énonciation des titres*).

ART. 2.

Les offices de judicature, de finance, et en général tous les titres de créance susceptibles d'opposition et qui ne seront pas au porteur, seront liquidés dans la forme qui sera prescrite, et, aussitôt que la finance en aura été fixée, elles seront remboursées en quittances de finance portant . . . p. 100 d'intérêt. Ledit remboursement n'aura lieu, relativement aux offices comptables et aux cautionnements, qu'après que les comptables auront justifié de la reddition et de l'apurement de leurs comptes.

ART. 3.

Lesdites quittances de finance seront passibles de toutes les mêmes oppositions que le titre originaire; mais ceux qui auront droit de les former ne pourront refuser leur consentement à la concession, sauf la réserve de tous leurs droits.

ART. 4.

Les quittances de finance qui auront été données en remboursement, et sur lesquelles il n'existera point d'oppositions, ensemble tous les titres de finance liquides, compris dans l'article 1er du présent décret, seront reçus pour comptant concurremment avec les assignats et les espèces dans l'acquisition des domaines nationaux.

ART. 5.

Il ne sera rien innové quant à l'époque de l'exigibilité des fonds d'avance des compagnies de finance, et jusqu'à cette époque les membres desdites compagnies jouiront de l'intérêt à 5 p. 100 desdites avances, ensemble des émoluments attribués provisoirement à leur travail par les décrets de l'Assemblée nationale.

ART. 6.

Pourront néanmoins les propriétaires desdits fonds d'avances en demander la conversion en quittances de finance avant l'époque de l'exigibilité desdits titres. Et les quittances de finance qui leur seront données en échange seront également admises comme comptant dans l'acquisition des domaines nationaux.

ART. 7.

Les quittances de finance et autres titres de créance qui n'auront pas été éteints par l'acquisition des domaines nationaux, pendant le cours de l'année 1791, seront remboursés en assignats en quatre payements égaux, pendant le cours des années 1792, 1793, 1794 et 1795.

ART. 8.

Les assignats qui, à l'époque du 1er juillet 1796, n'auraient pas été éteints par l'acquisition des domaines nationaux, cesseront à cette époque d'avoir un cours forcé; mais ils seront reçus pour comptant dans un emprunt qui sera ouvert à cet effet en contrats portant 3 p. 100 d'intérêt, et ne pourra ledit emprunt excéder la somme des assignats qui resteront alors en circulation.

ART. 9.

Il sera créé, pendant le cours de cette année et de la prochaine, une quantité d'assignats suffisante pour satisfaire aux besoins publics, sans que néanmoins la quantité qui sera mise à la fois en circulation puisse jamais excéder 900 millions, y compris les 400 millions précédemment décrétés.

ART. 10.

Les mêmes assignats qui seront rentrés par la vente des domaines nationaux pourront être remis en circulation et employés en remboursement, d'après les formes qui seront prescrites. Mais la somme totale qui sera successivement mise et remise en émission ne pourra excéder 1,800 millions.

ART. 11.

L'intérêt de 3 p. 100 attaché aux 400 millions d'assignats, précédemment décrétés, sera payé au 1er janvier prochain à la Caisse de l'extraordinaire; et, passé cette époque, ils ne jouiront plus d'aucun intérêt, non plus que ceux dont la création est autorisée par le présent décret.

ADDITION

AUX OBSERVATIONS DE M. LAVOISIER,

DÉPUTÉ SUPPLÉANT AU BAILLIAGE DE BLOIS,

SUR LA LIQUIDATION DE LA DETTE

EXIGIBLE OU ARRIÉRÉE[1].

Deux motions partagent l'Assemblée nationale :

Celle de M. l'Évêque d'Autun qui propose d'admettre, dans le payement des Domaines nationaux, les titres de créance de toute espèce;

Celle de M. de Mirabeau qui propose de rembourser en assignats forcés la totalité de la dette exigible ou arriérée, et de retirer ensuite ces mêmes assignats de la circulation par la vente des Domaines nationaux.

Au milieu du conflit des opinions, j'ai osé avancer qu'aucun de ces deux plans ne donnait la solution du problème dans toute son étendue : que celui de M. l'Évêque d'Autun était insuffisant; que celui de M. de Mirabeau, s'il n'était modifié, serait dangereux, qu'il ne tendait à rien moins qu'à l'altération de toutes les valeurs, au renversement de tous les prix, à l'anéantissement de nos manufactures, à l'émigration de nos ouvriers. Enfin j'ai proposé de combiner en quelque façon ces deux plans, de les neutraliser l'un par l'autre, s'il m'est permis de me servir de cette expression qui m'est familière, comme un pharmacien tempère la trop grande activité d'un remède, en le combinant avec un

[1] Brochure in-8° de 32 pages. (Bibliothèque de la Chambre des députés, B[r] 229.)

IMPRIMERIE NATIONALE.

remède plus doux, et parvient ainsi à procurer le rétablissement de la santé avec les mêmes agents, dont un seul, pris séparément, aurait porté dans l'économie animale l'irritation et le désordre.

Aujourd'hui que la discussion, après avoir fait étinceler la lumière de toutes parts, ne ramène plus que les mêmes arguments, il est temps de rassembler les vérités éparses et de tirer des conséquences.

Posons d'abord les faits qui sont convenus entre tous les partis, car dans ces sortes de discussions, où chacun n'a pour objet que de chercher la vérité, il faut marcher ensemble le plus longtemps possible et ne se séparer qu'à la dernière extrémité.

Une nouvelle création d'une forme quelconque d'assignats est absolument nécessaire dans les circonstances où se trouvent les finances; c'est un premier point dont tout le monde est d'accord, et l'on ne varie que dans l'évaluation de ce qui est utile et de ce qui est possible.

Cette nouvelle création d'assignats est indispensable, non pas, comme quelques-uns le croient, pour accélérer la vente des Domaines nationaux et pour forcer en quelque façon les capitalistes à les acheter; non pas pour éviter la diminution subite de toutes les valeurs, et pour prévenir l'avilissement du capital des Domaines nationaux eux-mêmes, seul espoir qui nous reste et qu'il est important de ménager. Si une nouvelle création d'assignats n'était déterminée que par ces motifs, j'entreprendrais de les combattre, car le moyen proposé par M. l'Évêque d'Autun remplirait le même objet; il le remplirait sans secousses et sans troubles; il établirait une circulation particulière uniquement applicable à l'acquisition des Domaines nationaux; et l'échange de tous les autres effets commerçables, de toutes les marchandises et de toutes les denrées se faisant en même temps contre espèces et contre assignats, il n'en résulterait aucun désordre, aucun changement dans les prix.

Ce n'est donc pas sous ce point de vue que de nouveaux assignats sont nécessaires; ils le sont parce qu'entourés de ruine de toutes parts, privés des impôts qui se percevaient sous l'ancien régime, encore incertains sur le choix et la quotité de ceux qui seront décrétés dans le nouveau, il n'existe aucun autre moyen de faire les fonds nécessaires pour les différents services de la fin de cette année et d'une partie de la prochaine.

Sans donc perdre en discussions superflues le temps qui fuit et nous échappe, sans discréditer par de vaines déclamations la seule ressource qui nous reste, écoutons d'abord ce que la nécessité commande, car cette divinité impérieuse n'admet point de composition; nous examinerons ensuite ce que conseille la prudence.

Déjà les 400 millions d'assignats décrétés le 17 avril dernier sont consommés ou près de l'être, et 150 millions au moins seront encore nécessaires pour les dépenses ordinaires de cette année et de l'année prochaine. Indépendamment de ces dépenses courantes, il est indispensable de donner incessamment des acomptes aux fournisseurs sur la dette arriérée des départements, et d'entamer au 1er janvier les remboursements indiqués pour cette époque. On ne peut compter jusque-là que sur de très médiocres rentrées provenant de la vente des Domaines nationaux; il faut donc que la Caisse de l'extraordinaire puisse se suffire à elle-même pendant les premiers mois de l'année prochaine, et ce n'est pas trop que de lui assurer une somme provisoire de 150 millions pour commencer ses opérations.

Une nécessité impérieuse exige donc une création, non pas instantanée, mais successive, de 400 millions d'assignats, d'ici au 1er avril prochain, et cette somme, ajoutée aux 400 millions déjà en circulation, formera un total de 800 millions.

Ce n'est pas sans quelque effroi qu'on peut envisager l'émission d'une somme aussi considérable de numéraire fictif : cependant, si l'on considère qu'elle ne fait que doubler les assignats déjà en circulation, qu'elle se répartira sur toute la surface d'un grand royaume, qu'elle y remplacera les espèces que l'inquiétude a fait disparaître, qu'un capital immense de Domaines nationaux mis en même temps dans le commerce procurera une circulation rapide, on peut espérer que les difficultés ne seront pas insurmontables, que l'augmentation des valeurs ne sera pas excessive, et que nos manufactures résisteront à ce choc, violent sans doute, mais infiniment moindre que celui qu'on propose de leur faire éprouver.

Jusqu'ici tous les partis sont d'accord, du moins à de très légères différences près, et ils sont bien forcés de se rallier sous l'étendard de la nécessité. Il me semble que je parviendrai à les réunir encore, si, après avoir prouvé que 400 millions d'assignats sont nécessaires, je prouve également qu'une quantité plus considérable serait absolument superflue, même dans l'objet qu'on se propose. Je m'efforcerai toujours d'appuyer le raisonnement sur des faits.

La dette arriérée, d'après le calcul du Comité des finances, s'élève à 1,902 millions. Mais il n'y a qu'une portion peu considérable de cette dette qui soit véritablement exigible, ou du moins qui le soit à jour. On ne peut pas regarder comme telles des rentes constituées sur le clergé, dont le capital est aujourd'hui garanti par la Nation et hypothéqué sur l'universalité des propriétés territoriales du royaume; on ne peut pas regarder comme exigibles des remboursements d'offices dont la finance n'est ni fixée, ni liquidée, des cautionnements de receveurs dont les comptes ne sont ni arrêtés ni apurés, des fonds d'avance de compagnies de finance, dont l'exigibilité n'a été stipulée que pour le 1er janvier 1793, des remboursements même dont quelques-uns, à la vérité, ont été indiqués pour le 1er janvier prochain, mais qui peuvent, sans injustice et sans exciter de plaintes fondées, être payés successivement pendant les premiers mois de l'année prochaine.

L'emprunt de 125 millions peut bien moins encore être considéré comme une dette actuellement exigible. Cet emprunt, aux termes du titre de sa création, était remboursable en 20 années, dont 15 encore restent à courir. Beaucoup d'autres emprunts sont dans le même cas : pourquoi les supposer dès aujourd'hui exigibles en totalité? Un débiteur qui aurait à payer à des échéances prochaines une masse de dettes supérieures à ses moyens croirait avoir beaucoup fait pour l'arrangement de ses affaires, s'il avait pu obtenir de ses créanciers des termes qui s'accordassent avec l'époque de ses rentrées; comment serait-il possible qu'une opération inverse fût avantageuse pour l'État et qu'il lui convînt, dans un moment de crise où il manque de l'absolu nécessaire, de rendre exigibles des capitaux immenses qui ne le seront que dans une longue suite d'années?

Assez de Domaines nationaux seront difficiles à vendre : je ne citerai que les maisons conventuelles, les lieux claustraux, les abbayes, les terrains des villes; on les vendra d'autant plus mal, qu'on se pressera plus de les vendre, et qu'on mettra à la fois en vente un plus grand nombre d'objets de même nature. En ne précipitant rien, au contraire, en attendant patiemment le retour de l'aisance et de la prospérité, les terrains des villes deviendront des objets de spéculation, les maisons religieuses se transformeront en manufactures, en asiles de l'indigence, en établissements publics ou particuliers de bienfaisance et d'éducation. Ainsi la Nation, loin d'avoir intérêt de rapprocher les remboursements pour brusquer les ventes, a intérêt au contraire de n'écouter que des mesures de prudence, de se ménager des remboursements graduels et progressifs, et de les faire cadrer avec l'époque des rentrées qu'elle est en droit de se promettre.

Je ne vois pas ce qu'on pourrait opposer à ces considérations, et je crois que ceux qui veulent bien m'accorder quelques instants d'attention sont déjà bien convaincus que, en renvoyant le remboursement de toutes les dettes à l'époque de leur exigibilité naturelle, la somme de 150 millions que je propose de faire verser en assignats à la Caisse de l'extraordinaire, au 1er janvier prochain, sera plus que suffisante pour mettre cette caisse en état d'y satisfaire pendant le cours d'une grande partie de l'année 1791.

Mais, me dira-t-on, cette somme de 150 millions s'épuisera insensiblement; les remboursements, pour être éloignés, ne seront pas pour cela diminués; un peu plus tôt, un peu plus tard, il faudra toujours y satisfaire, et la difficulté ne sera que reculée.

Je répondrai que la Nation aura à la fois, dans la vente successive de ses domaines, les moyens d'atténuer la masse des remboursements et de se procurer des fonds pour faire face à ce qui n'aura pas été atteint.

Je vais développer cette idée, et c'est ici que le plan que je propose rentre, à un léger amendement près, dans celui de M. l'Évêque d'Autun. Rien n'empêche d'admettre dans ce moment, comme il le propose, dans l'acquisition des Domaines nationaux, moitié ou les trois quarts des titres de créance de la dette exigible ou arriérée; pourvu, toutefois, que ces titres soient liquides, qu'ils soient payables au porteur, et qu'ils ne soient pas grevés d'opposition. A quoi servirait en effet de les convertir en assignats, et de surcharger inutilement la circulation d'un papier forcé, puisqu'on peut les retirer sans contrainte, et de la propre volonté des propriétaires? Quand on supposerait même que le remboursement de tous les titres de créance en assignats ne serait pas dangereux, il suffit qu'il soit inutile pour qu'on doive le repousser.

On pourrait également admettre dans une proportion déterminée, dans l'acquisition des Domaines nationaux, les quittances de finance des offices de judicature, après qu'elles auraient été liquidées; les cautionnements des comptables et les offices de finance, après que les comptes auraient été arrêtés et apurés; les récépissés de fonds d'avance des compagnies de finance, même avant le terme de leur exigibilité. La masse des remboursements à faire se trouverait ainsi diminuée à mesure des acquisitions, et les assignats qui rentreraient en même temps pour un quart ou pour moitié serviraient à acquitter successivement ce qui resterait à rembourser.

C'est ainsi qu'avec une somme médiocre d'assignats qui circulerait continuellement du public à la Caisse de l'extraordinaire, par l'acquisition des Domaines nationaux, et de la Caisse de l'extraordinaire dans le public, par la voie des remboursements, on parviendrait à acquitter en peu d'années, par des moyens doux et paisibles, sans injustice et sans contrainte, la masse effrayante qu'on nous présente sous le titre de dette exigible ou arriérée.

Il me serait facile, si je ne craignais d'abuser de votre attention, de démontrer mathématiquement que cet ordre de comptabilité est le plus naturel et le plus simple, le seul même qui soit praticable, le seul qui n'entraîne pas un bouleversement universel.

Il me suffira, pour rendre cette démonstration sensible, de m'appuyer sur un exemple; et, puisqu'il est question d'un grand mouvement de numéraire actif, je citerai celui de la caisse d'escompte, de cet établissement qui a été si calomnié, quoiqu'il méritât si peu de l'être; sans lequel il n'y aurait peut-être aujourd'hui ni Assemblée nationale, ni constitution, sans lequel au moins il aurait été impossible de gagner l'époque à laquelle les biens du clergé ont été déclarés nationaux, cet établissement enfin que l'opinion publique vengera tôt ou tard, et auquel la postérité, plus juste que la génération présente, rendra la place qu'il doit occuper dans l'histoire de la Révolution.

La caisse d'escompte, dans les temps de prospérité, escomptait de 40 à 50 millions par mois, et par conséquent plus d'un demi-milliard pendant le cours de l'année; et cependant cette masse importante de négociations se faisait communément avec moins de 100 millions de billets.

Comment le numéraire fictif se multipliait-il ainsi entre ses mains? C'est que le même billet qui sortait de ses caisses par l'escompte y rentrait bientôt par le payement du portefeuille, et qu'il s'établissait ainsi une circulation continuelle des caisses dans le public et du public dans les caisses.

La Caisse de l'extraordinaire, dans le plan que je propose, se trouverait dans une position toute semblable. Le produit de la vente des Domaines nationaux lui procurerait des rentrées habituelles, et ces rentrées seraient continuellement employées en remboursements.

Ces dispositions présenteront peut-être quelques motifs d'inquiétude aux personnes peu versées dans les affaires: elles craindront que dans ces mouvements multipliés et successifs d'entrées et de sorties, la comptabilité ne devienne obscure, et qu'on ne puisse mettre en circulation plus d'assignats que l'Assemblée nationale n'en aura décrété. Il est plus commode, pour leur imagination facile à s'alarmer, de dire : je dois 1,900 millions, je fais pour une somme égale d'assignats que je donne en payement, et j'en ordonne la brûlure à mesure des rentrées.

Mais ce qui paraît simple en spéculation ne l'est pas toujours dans la pratique. La véritable simplicité, celle dont la nature nous donne continuellement des exemples, consiste à employer le moins de force qu'il est possible pour produire un effet quelconque. Or, certainement, lorsqu'on peut arriver précisément au même but, il est plus conforme à cette loi d'opérer avec 400 millions d'assignats, que d'opérer avec 2 milliards.

La comptabilité, au surplus, n'est pas beaucoup plus compliquée dans un cas que dans l'autre : les livres de la caisse d'escompte en fournissent la preuve, et l'on y trouvera des exemples de toutes les précautions dont la prudence humaine peut s'aviser pour prévenir les erreurs et les infidélités.

La célérité des remboursements dans cet ordre de choses dépendrait, comme l'on voit, de la célérité des ventes, et l'intérêt que le Gouvernement a de se libérer promptement se trouve malheureusement contrarié par les facilités mêmes que l'Assemblée nationale a cru devoir donner pour le terme des payements. Revenir contre le décret qui accorde un délai de 12 années, serait susceptible des plus grands inconvénients, ce serait repousser les fermiers et les habitants des campagnes, et les mettre hors d'état d'entrer en concurrence avec les capitalistes des villes. Mais peut-être pourrait-on concilier tous les intérêts, en accordant une prime de 2 ou de 4 p. 100 à ceux qui payeraient comptant.

Il est un ordre de créanciers très nombreux, sur le sort desquels je n'ai pas peut-être suffisamment insisté dans mes précédentes observations, et dont la position exige quelques détails.

Les titulaires d'offices ne sont pas toujours les vrais propriétaires : ils ont souvent emprunté par privilège sur la finance de leur office, et ont fait un transport jusqu'à due concurrence.

Les membres des compagnies de finance et les comptables sont presque tous dans ce même cas; il en est peu qui soient propriétaires de la totalité de leurs fonds d'avance : ces fonds leur ont été fournis par des prêteurs auxquels ils ont passé des obligations qui échoient à la fin du bail ou de la régie; ils leur ont en même temps donné en nantissement des récépissés de fonds d'avance pour sûreté de leur capital, et remis des billets au porteur pour sûreté des intérêts.

Cet ordre de créanciers de l'État ne peut pas acheter des Domaines nationaux avec des fonds dont ils ne sont pas propriétaires; et quand même les prêteurs y consentiraient, sous la réserve du transport de leur privilège et de tous leurs droits, il ne conviendrait qu'à un petit nombre de personnes de placer à 3 p. 100, en domaines territoriaux, des fonds empruntés dont il faudrait payer 5 p. 100 d'intérêt.

La justice exige que l'État, en se libérant envers cette classe de créanciers, les mette eux-mêmes en état de se libérer; mais comme le plan de M. l'Évêque d'Autun ne leur en fournit aucun moyen, je me suis trouvé forcé de l'abandonner ici, et d'adopter un amendement puisé dans le plan de M. de Mirabeau. C'est par cette raison que j'ai demandé qu'il ne fût admis dans l'acquisition des Domaines nationaux que la moitié ou les trois quarts de titres de créance et que le surplus fût payé en assignats, afin qu'il en résultât un fonds qu'on pût employer à l'amortissement du genre de créance dont il est ici question, et que ceux qui ont prêté à l'État, et qui doivent eux-mêmes, pussent recevoir d'une main et payer de l'autre. Voici comment je conçois qu'on pourrait remplir cet objet :

Il est d'abord sensible que les offices, en général, soit de judicature soit de finance n'étant pas des effets au porteur, mais étant susceptibles d'oppositions, il n'est pas possible d'en recevoir pour comptant le titre de l'acquisition des Domaines nationaux, sans un examen provisoire; il faut en fixer la finance et prendre une forme quelconque pour conserver le droit des opposants. On ne peut donc se dispenser de faire une liquidation et d'échanger le titre originaire contre un autre, quel qu'il soit. Ces nouveaux titres se nommeront quittances de finances, billets d'achats, obligations nationales, ou recevront telle autre dénomination que l'on voudra; peu importe, pourvu que le sens en soit bien défini.

Il me semble que ces billets d'achats devraient être de deux espèces :

les uns seraient délivrés à tous les propriétaires d'offices sur lesquels il n'aurait point été fait d'opposition; ils seraient au porteur et seraient pris pour comptant sans autre formalité que l'acquisition des Domaines nationaux. Les autres, au contraire, seraient en nom; ils feraient mention des oppositions qui auraient été faites, et ils ne pourraient être reçus pour comptant dans l'acquisition des Domaines nationaux qu'autant qu'on rapporterait en même temps mainlevée de ces oppositions. On couperait ces billets d'achat de telle manière que les titulaires le jugeraient à propos, afin qu'ils pussent eux-mêmes les remettre en nantissement à leurs prêteurs, s'ils le désiraient. Les billets d'achat qui à une certaine époque n'auraient point été employés en acquisitions de Domaines nationaux seraient remboursés en assignats, en un ou plusieurs payements égaux, et l'époque où ces remboursements seraient consommés serait le terme de toutes les liquidations particulières. Les premiers 150 millions versés à la Caisse de l'extraordinaire plus la portion payée comptant sur le prix des acquisitions formeraient les fonds nécessaires pour les remboursements.

La forme serait à peu près la même pour les fonds d'avance des compagnies de finance; mais les billets d'intérêts étant la plupart au porteur et pouvant même n'être plus entre les mains des prêteurs auxquels ils ont été originairement délivrés, on se jetterait dans des difficultés interminables, si on voulait en opérer le remboursement sur-le-champ; et c'est une raison qui, jointe à beaucoup d'autres, m'a fait penser qu'il convenait de ne rien changer à l'époque de l'exigibilité des fonds. Les propriétaires desdits fonds d'avance, soit qu'ils fussent titulaires ou non, pourraient être admis, avant le terme de l'exigibilité, à les donner pour comptant dans l'acquisition des Domaines nationaux. La masse des remboursements à l'époque de l'exigibilité serait diminuée d'autant; et si, malgré ce soulagement, la Caisse de l'extraordinaire se trouvait au 1er janvier 1793 hors d'état d'acquitter le restant en totalité, mieux vaudrait encore créer à cette époque pour une somme modique de nouveaux assignats, que d'en créer aujourd'hui pour une somme immodérée.

Il paraîtrait juste, sans doute, qu'il soit attaché aux billets d'achat un intérêt de 5 p. 100, lequel pourrait être joint au capital, et bonifié à titre de prime dans l'acquisition des Domaines nationaux; l'engagement que l'Assemblée nationale a pris avec elle-même et avec la Nation, relativement à la dette publique, ne semble pas lui permettre de fixer l'intérêt au-dessous de ce taux. Les compagnies de finance continueraient également à jouir de l'intérêt qui a été attaché à leurs fonds d'avance, en vertu des décrets de l'Assemblée nationale, ainsi que des émoluments accordés à leur travail. Ces émoluments ont été fixés d'une manière si économique, qu'ils n'équivalent pas à plus de 1 p. 100 de l'intérêt des avances. Ainsi les fonds des compagnies, même en y comprenant le prix du travail, coûtent encore moins à l'État que l'emprunt de 125 millions et que la plupart de ceux faits par le Gouvernement depuis 15 ans.

On voit que dans ce plan toute la dette arriérée qu'on a qualifiée du titre de dette exigible serait, en peu d'années, ou amortie par l'acquisition des Domaines nationaux ou remboursée en assignats, lesquels viendraient eux-mêmes s'éteindre dans les dernières acquisitions. L'État se trouverait libéré sans aucun acte de violence et de contrainte, sans aucune réduction sur les capitaux ni sur les intérêts, en devançant même l'époque des engagements qu'il avait contractés, et en offrant à chacun le choix d'un genre de placement qui conviendrait le mieux à l'état de ses affaires et de sa fortune. Il est probable qu'une opération de cette nature, confiée à des mains habiles, serait consommée en trois ou quatre années tout au plus.

On ne doit pas se dissimuler qu'en dernier résultat il restera d'une part des Domaines nationaux invendus, de l'autre des portions d'assignats non retirés. Il faudra bien, tôt ou tard, balayer ces derniers vestiges de papier-monnaie. Je proposerais, pour y parvenir, d'indiquer d'avance une époque fixe, passé laquelle les assignats cesseraient d'avoir un cours forcé, et d'offrir un autre emploi à ceux qui n'auraient pas voulu les échanger contre les Domaines nationaux.

J'ai cherché à présenter, dans le projet de décret ci-joint, l'ensemble du plan que je conçois. Il paraîtra compliqué à ceux qui n'ont pas l'habitude de ce genre d'affaires. Il m'aurait été plus facile de le rendre plus simple, en m'abstenant de suivre les détails jusque dans leurs dernières ramifications, mais je me serais reproché d'avoir dissimulé les difficultés; j'en développerais de bien plus grandes, si j'entreprenais de soumettre à la même épreuve les autres plans qui ont été proposés.

PROJET DE DÉCRET

POUR LA LIQUIDATION ET LE REMBOURSEMENT DE LA DETTE EXIGIBLE OU ARRIÉRÉE, POUR SERVIR DE SUITE AUX OBSERVATIONS LUES PAR M. LAVOISIER À LA SOCIÉTÉ DE 1789.

VENTE DES DOMAINES NATIONAUX.

ARTICLE PREMIER.

La totalité des Domaines nationaux qui sont à la disposition de la Nation seront mis en vente, à l'exception des forêts, sur la disposition desquelles l'Assemblée se propose de statuer définitivement, lorsqu'elle aura réuni les avis des directoires de département, de district et des municipalités, ainsi qu'il a été statué par son décret du 6 août dernier.

ART. 2.

Il sera incessamment formé un état général des Domaines nationaux, avec une estimation de leur valeur. Cet état sera imprimé, et l'extrait en sera publié et affiché dans chaque département et chaque district.

CRÉANCES D'ASSIGNATS.

ARTICLE PREMIER.

Il sera créé une quantité d'assignats suffisante pour subvenir aux dépenses publiques ordinaires de la fin de cette année et de la suivante, et pour les remboursements qui seront ci-après indiqués.

ART. 2.

Il ne sera point créé de sommes au-dessous de 200 livres, jusqu'à ce que l'Assemblée nationale ait pu s'éclairer sur les avantages et les inconvénients d'une plus grande division, et qu'elle connaisse d'une manière plus précise le vœu et les besoins du commerce de la capitale et des provinces.

ART. 3.

L'émission des assignats se fera successivement et à mesure des besoins. La quantité qui en sera mise à la fois en circulation ne pourra jamais excéder 800 millions dans ses plus grandes limites, y compris les 400 millions précédemment décrétés : mais les mêmes assignats qui rentreront par la vente des Domaines nationaux pourront être remis en circulation et employés aux remboursements ci-après indiqués, d'après la forme de comptabilité qui sera fixée.

ART. 4.

Il sera rendu compte chaque mois à l'Assemblée, par des commissaires nommés à cet effet, de la situation de la Caisse de l'extraordinaire. L'état qui, par eux formé et certifié, présentera la somme totale des assignats fabriqués, de ce qu'il en reste en caisse, de ce qu'il en circule dans le public et de ce qui en aura été remis successivement en circulation; cet état sera inséré dans le procès-verbal et rendu public.

ART. 5.

Les assignats qui sont en émission ou qui y seront mis dans la suite en vertu du présent décret porteront 3 p. 100 d'intérêt jusqu'au 15 avril prochain. Ils n'en porteront plus au[illegible]n, passé cette époque.

MODE DES PAYEMENTS.

ARTICLE PREMIER.

Les payements des Domaines nationaux seront faits aux époques et dans les termes precédemment décrétés par l'Assemblée nationale; mais ceux qui payeront au moins moitié du prix total de la vente dans le mois qui suivra l'adjudication, jouiront d'une déduction ou prime de 4 p. 100 sur leur premier payement.

ART. 2.

Indépendamment de cette prime, ceux qui payeront en totalité et en un seul payement, dans le mois qui suivra l'adjudication, le prix de leur acquisition, seront admis à en fournir les trois quarts en titres de créance de la dette exigible ou arriérée, tels qu'ils seront ci-après spécifiés, et le surplus, à leur choix, ou en espèces, ou en assignats: ceux qui payeront moitié ou plus, immédiatement après l'adjudication, seront admis à faire entrer dans ce premier payement et dans les suivants, moitié en titres de créance. Ceux qui payeront moins de moitié du prix de leur acquisition seront obligés de payer en espèces ou en assignats.

ART. 3.

Les titres de créance ne pourront être admis dans une proportion plus forte que celle portée en l'article précédent; mais tout acquéreur aura la faculté de fournir en payement plus d'espèces ou d'assignats, s'il le juge à propos, même la totalité du prix de son acquisition.

ART. 4.

Seront reçus comme espèces ou assignats dans l'acquisition des Domaines nationaux tous titres de créance échus et non suspendus, ou qui n'auraient plus que trois mois à courir jusqu'à l'époque de leur échéance.

ART. 5.

Seront reçus comme effets, et dans la proportion fixée par l'article 2, tous les titres de créance généralement quelconque de la dette publique, à l'exception de la dette constituée, soit en perpétuel, soit en viager, quelle que soit son origine.

ART. 6.

Il ne sera au surplus rien changé à l'époque de l'exigibilité des créances nationales, l'Assemblée nationale réservant aux législatures suivantes d'avancer le terme des remboursements, si les circonstances le permettent ou l'exigent.

ART. 7.

Aucun titre de créance non liquide, et qui ne sera pas payable au porteur, ne pourra être admis en payement avant que la liquidation n'en ait été faite, et que toutes les oppositions n'aient été levées. Et à l'égard des offices de finance et des cautionnements, avant que les comptes n'aient été rendus ou apurés.

MODE DE LIQUIDATION DES CRÉANCES.

ARTICLE PREMIER.

Les offices de judicature ou de finance, les cautionnements, les indemnités relatives aux dîmes inféodées et en général tous les titres de créance susceptible d'opposition et qui ne seront pas au porteur seront liquidés dans la forme qui sera prescrite par l'Assemblée, d'après le rapport du comité de liquidation; et aussitôt que la finance en aura été fixée, ils seront remboursés en quittances de finance ou en billets d'achat portant 5 p. 100 d'intérêt la première année, et 4 p. 100 les suivantes, lesquels pourront être coupés en autant de parties que les propriétaires le jugeront à propos jusqu'à concurrence de 1,000 livres et non au-dessous, à moins que le titre total ne soit lui-même d'une somme moindre que de 1,000 livres.

ART. 2.

Lesdites quittances de finance ou billets d'achat seront passibles de toutes les mêmes oppositions que le titre originaire; mais ceux qui auront droit de les former ne pourront refuser leur consentement à la conversion du titre en quittance de finance ou billet d'achat, sous la réserve de tous leurs droits.

ART. 3.

Les créanciers privilégiés sur les offices, sur les cautionnements, ou sur les fonds d'avance, pourront exiger le dépôt par-devant notaire d'une quittance de finance ou billet d'achat d'une somme égale au montant de leur créance, même en faire emploi pour leur propre compte en acquisitions de Domaines nationaux, et alors ils seront tenus de justifier de la quittance et décharge qu'ils auront donnée au titulaire, lequel se trouvera quitte envers eux jusqu'à due concurrence.

ART. 4.

Les opposants qui n'auront pas voulu recevoir en remboursement une quittance de finance ou billet d'achat seront tenus de se borner à des actes conservatoires, et ils ne pourront faire aucune poursuite pour le payement de leur créance, jusqu'à l'époque du remboursement des quittances de finance ou billets d'achat, qui sera ci-après fixée, nonobstant toute stipulation contraire. Ils auront droit en attendant à l'intérêt attaché auxdites quittances ou billets d'achat, et leur opposition formera en même temps leur sûreté pour le capital et pour les intérêts.

ART. 5.

La même forme sera suivie à l'égard des effets de la dette publique déposés en nantissement; il ne pourra être fait à leur égard que des actes conservatoires, jusqu'à l'époque du remboursement desdits effets.

ART. 6.

Nulle opposition ou signification relative à la liquidation ne sera valable qu'autant que l'original de l'opposition et de la signification aura été visé par le liquidateur qui sera nommé, et qu'il en aura été fait relation sur les registres qui seront montés à cet effet.

FONDS D'AVANCE DES COMPAGNIES DE FINANCE.

ARTICLE PREMIER.

Les fonds d'avance des compagnies de finance leur seront remboursés à l'expiration de leur traité, ainsi et de la même manière qu'il a été stipulé avec elles; et, en attendant, elles jouiront de l'intérêt à 5 p. 100 de leurs avances, ensemble des émoluments attribués provisoirement à leur travail par les décrets de l'Assemblée nationale.

ART. 2.

Pourront néanmoins les propriétaires desdits fonds d'avance, soit qu'ils soient titulaires, créanciers privilégiés ou cessionnaires desdits fonds, en demander la conversion en billets d'achat, avant l'exigibilité desdits titres. Et lesdits billets d'achat seront admis dans l'acquisition des Domaines nationaux, dans les proportions ci-dessus spécifiées.

REMBOURSEMENT DES TITRES DE CRÉANCE NON EMPLOYÉS DANS L'ACQUISITION DES DOMAINES NATIONAUX.

ARTICLE PREMIER.

Les billets d'achat qui, à la fin de 1791, n'auront pas été employés dans l'acquisition des Domaines nationaux seront remboursés par la caisse de l'extraordinaire, en capitaux et intérêts, par quarts, dans le cours de quatre années au plus, ou suivant un ordre de créance qui sera incessamment arrêté; en sorte que la totalité des remboursements soit effectuée à la fin de 1795. Les fonds rentrés à la caisse de l'extraordinaire, soit en espèces, soit en assignats, pendant l'année 1791 et les suivantes, seront spécialement affectés à cet objet, sans pouvoir être appliqués à aucun autre, sous quelque prétexte que ce soit.

ART. 2.

Les assignats qui, à l'époque du 1er juillet 1796, n'auraient pas été éteints par l'acquisition des Domaines nationaux cesseront d'avoir un cours forcé; mais ils seront reçus dans un emprunt portant 4 p. 100 d'intérêt qui sera ouvert à cet effet à ladite époque du 1er juillet 1796, et ne pourra ledit emprunt excéder le capital des assignats qui resteront alors en circulation.

Nota. — Ce projet de décret paraîtra excessivement long; mais j'ai cru que, dans une opération de cette importance, il était nécessaire que l'œil pût en mesurer toute l'étendue. L'Assemblée nationale peut au surplus s'attacher aux articles principaux, et renvoyer au Comité de liquidation pour tout ce qui peut regarder le mode de payement et de liquidation.

RÉSULTATS

EXTRAITS D'UN OUVRAGE INTITULÉ

DE LA RICHESSE TERRITORIALE

DU ROYAUME DE FRANCE.

Lavoisier avait commencé en 1784 un grand ouvrage d'économie politique sur la richesse territoriale de la France. En 1791, il présenta au Comité de l'imposition un extrait de ce travail, extrait qui fut imprimé par ordre de l'Assemblée nationale[1].

C'est cette brochure que nous réimprimons; la seconde partie est pour ainsi dire une table du grand ouvrage que Lavoisier se proposait de rédiger, et dans laquelle il donne les résultats numériques de ses recherches sans discussion ni commentaires.

Outre le manuscrit complet de la brochure, les papiers de Lavoisier renferment des fragments inédits de son grand ouvrage. En dehors de notes incomplètes qui ne peuvent être utilisées, il s'y trouve des parties qui présentent un degré de rédaction assez avancé pour que nous croyons devoir les publier : tels sont les documents relatifs aux conditions d'exploitation d'une ferme, aux frais de culture, aux salaires des serviteurs, etc. Plusieurs de ces fragments font connaître la façon dont Lavoisier a établi les chiffres publiés dans sa brochure.

(*Note de l'Éditeur.*)

[1] Résultats extraits d'un ouvrage intitulé *De la richesse territoriale du royaume de France*, ouvrage dont la rédaction n'est point encore achevée; remis au Comité de l'imposition par M. Lavoisier, de l'Académie des sciences, député suppléant à l'Assemblée nationale et commissaire de la Trésorerie. — Imprimé par ordre de l'Assemblée nationale. A Paris, de l'Imprimerie nationale, 1791 (petit in-8° de 48 pages). — Une seconde édition de cette brochure fut donnée en 1819; elle a été réimprimée dans la *Collection des économistes français*, de Guillaumin. (*Note de l'Éditeur.*)

AVERTISSEMENT.

L'ouvrage dont j'ai communiqué les principaux résultats au Comité de l'imposition, et dont l'Assemblée nationale a décrété l'impression, a été commencé dès 1784. M. du Pont, aujourd'hui membre de l'Assemblée nationale, en avait jeté les premières bases dans un mémoire rédigé pour le Comité d'administration de l'agriculture, qui se tenait alors sous la présidence de M. de Vergennes.

J'ai cherché depuis à donner plus d'étendue à ce travail, à rassembler plus de faits positifs, à multiplier les moyens de vérification, à me former des méthodes pour calculer les consommations et les productions, comme on s'en est fait pour calculer la population.

Vingt fois j'ai repris et interrompu ce travail, et quoique je sentisse l'importance de son objet, quoique je désirasse d'en publier les résultats assez tôt pour que le Comité de l'imposition pût s'en aider dans la fixation des bases de l'impôt, continuellement détourné par des occupations d'un autre genre, et dont plusieurs même n'étaient pas étrangères à l'Assemblée nationale, il m'a été absolument impossible d'y mettre la dernière main.

C'est le sort de presque tous les ouvrages de longue haleine; rarement ils sont achevés. Il reste même aux personnes les plus habituées au travail si peu d'instants qui ne soient pas affectés à des devoirs d'une nécessité impérieuse, que le temps se consume à former des projets d'ouvrages, sans qu'il soit permis de les exécuter.

Cependant, puisque le Comité de l'imposition, puisque l'Assemblée nationale a jugé que ces essais, tout imparfaits, tout incohérents qu'ils sont encore, pouvaient être de quelque utilité, je dois le sacrifice de mon amour-propre, et je ne sais plus qu'obéir.

Qu'il me soit permis d'observer ici que le genre de combinaisons et de calculs dont j'ai cherché à donner ici quelques exemples est la base de toute l'économie politique. Cette science, comme presque toutes les autres, a commencé par des discussions et des raisonnements métaphysiques : la théorie en est avancée, mais la science pratique est dans l'enfance, et l'homme d'État manque à tout instant de faits sur lesquels il puisse reposer ses spéculations.

Puissent les représentants de la nation française, puissent ces hommes de génie, dont les travaux feront l'étonnement des races futures, comme ils font dès aujourd'hui l'admiration de toutes les nations, sentir combien leur marche aurait été plus assurée, combien ils auraient évité de difficultés, peut-être d'erreurs, si les philosophes qui les ont précédés avaient préparé d'avance les matériaux de l'édifice qu'ils se proposaient d'élever, si leurs travaux eussent été établis sur des faits au lieu de l'être sur des raisonnements!

Il ne tiendra qu'à eux de fonder pour l'avenir un établissement public où viendront se confondre les résultats de la balance de l'agriculture, du commerce et de la population; où la situation du royaume, sa richesse en hommes, en productions, en industrie, en capitaux accumulés, viendront se peindre comme dans un tableau raccourci.

Pour former ce grand établissement qui n'existe dans aucune nation, qui ne peut exister qu'en France, l'Assemblée nationale n'a qu'à le désirer et le vouloir. L'organisation actuelle du Royaume semble avoir été disposée d'avance pour se prêter à toutes ces recherches. L'Administration générale peut, par l'intermédiaire des directoires de départements et de districts, atteindre avec facilité jusqu'aux dernières ramifications de l'arbre politique, jusqu'aux municipalités : avec une correspondance patriotique de cette espèce, il n'est point de renseignements qu'on ne puisse obtenir, point de travaux qu'on ne puisse entreprendre.

DISCOURS PRÉLIMINAIRE.

Le produit ou le revenu territorial d'un grand empire peut être envisagé sous différents rapports; et de ces différents rapports naissent une foule de considérations importantes.

Le produit territorial, considéré dans son ensemble, est la somme de toutes les productions du sol, de tout ce qui croît sur le sol et aux dépens du sol, soit pour l'usage des hommes, soit pour l'usage des animaux.

Ainsi non seulement les pâturages et les fourrages qui croissent dans les prairies sont un produit territorial, mais la génisse et le poulain qui s'y élèvent, mais l'augmentation de valeur du bœuf qui s'y engraisse, les accrus des bestiaux, le lait, le beurre, les fromages qui proviennent des vaches qui s'y nourrissent, sont véritablement un produit du territoire.

Mais c'est dans l'évaluation de ce produit en argent, dans son estimation en valeur numéraire, qu'il est aisé de se tromper. Dans presque tous les essais de ce genre, on a fait une foule de doubles et de triples emplois; on a fait entrer en compte deux et trois fois la même valeur, et on est arrivé à des résultats faux et exagérés.

Je prie le lecteur de me permettre d'insister sur ces premiers principes, qui sont absolument nécessaires pour l'intelligence de tous les résultats contenus dans cet essai, et de me pardonner des détails qui paraîtront peut-être d'un genre trivial à ceux qui n'en sentiront point l'importance.

Les pailles sont un produit territorial : cependant, si, en évaluant les produits d'une ferme, on faisait entrer en ligne de compte le prix de la paille et celui du blé, on ferait évidemment un double emploi; car les pailles, excepté dans les environs des grandes villes, ne sont point un produit qu'on puisse réaliser en argent; et comme il est nécessaire de les consommer et de les convertir en fumier pour parvenir à la production du blé, leur valeur se trouve implicitement confondue dans celle du blé.

Il en est de même des fourrages et de l'avoine qui se consomment par les chevaux de labour, et dont la valeur se trouve confondue dans celle du blé, comme faisant partie des frais de culture qui l'ont fait naître. On ne pourrait les porter en recette sans être obligé de les porter aussitôt en dépense dans le compte de l'agriculture; ce n'est donc point un revenu réel, et on ne peut les faire entrer que pour mémoire dans les richesses annuellement renaissantes de la nation.

Ces mêmes considérations s'appliquent naturellement au produit des prairies et des herbages : ajouter ce produit à celui des bestiaux qui s'y élèvent ou qui s'en nourrissent, c'est évidemment compter deux fois la même chose.

Mais le produit ou le revenu territorial, dépouillé de ces doubles emplois, débarrassé de cette recette et de cette dépense fictives, n'est point encore le produit ou le revenu net. Ce dernier produit n'est qu'un résultat définitif auquel on n'arrive qu'après que toutes les pépenses, généralement quelconques, ont été défalquées.

Je me trouve ainsi conduit à distinguer :

1° Le produit territorial en nature, et je l'ai déjà défini;

2° Le revenu territorial en argent, ou plutôt la portion du produit territorial susceptible d'être convertie en argent;

3° Le revenu net : c'est ce qui reste du revenu territorial en argent, après que toutes les dépenses et charges en ont été prélevées. Cette portion est celle qui se partage entre le Trésor public et les propriétaires.

Je pourrais distinguer encore ici le produit territorial à l'usage des hommes, le produit territorial à l'usage des animaux; mais ces distinctions, et quelques autres, exigeraient des développements trop étendus, et je me trouve forcé de les réserver pour l'ouvrage lui-même, dont je n'ai pour objet que de présenter ici un extrait.

Maintenant que j'ai défini les différentes expressions dont je suis obligé de me servir, et que je suis assuré de me faire entendre, je passe aux principes généraux qui doivent servir de guide dans les recherches qu'on peut faire sur le produit et le revenu territorial d'un grand empire.

Je poserai pour premier principe, que tout ce qui se consomme tous les ans se reproduit tous les ans; car s'il en était autrement, si ce qui se consomme ne se reproduisait pas, la denrée ou l'objet quelconque de consommation seraient bientôt épuisés.

Ce principe cependant n'est rigoureusement vrai qu'à l'égard des denrées ou marchandises dont il ne se fait ni exportation ni imporlation; et c'est la position où se trouve la France relativement à presque toutes les denrées de nécessité première que produit son sol. Elle exporte peu de blé; et s'il en est sorti quelquefois dans les années abondantes, l'objet a toujours été peu considérable, en comparaison de la production annuelle; et d'ailleurs ces quantités ont presque toujours été compensées par des quantités à peu près égales qu'on a été obligé d'importer dans les années suivantes.

Ce principe exige encore une seconde modification : il n'est pas rigoureusement vrai pour chaque année en particulier, mais bien pour une année moyenne prise sur une suite d'années consécutives.

Il y a donc, au moins pour la majeure partie des productions territoriales du royaume de France, une équation, une égalité entre ce qui se produit et ce qui se consomme : ainsi, pour connaître ce qui se produit, il suffit de connaître ce qui se consomme, et réciproquement.

Un second principe également évident, c'est que la consommation totale qui se fait dans un royaume est égale à la consommation moyenne des individus, multipliée par leur nombre. Et en supposant qu'on distingue les individus en différentes classes, la consommation totale sera égale à la somme des consommations moyennes de chaque classe, multipliée par le nombre d'individus dont chaque classe est composée.

L'application de ces deux principes exigeait que je commençasse par faire des recherches sur la population du royaume, non pas en masse seulement, non pas seulement par province ou par département, mais avec distinction de classes, d'états et de professions. Je me suis aidé, à cet égard, des travaux de M. Moheau et de M. de la Michaudière; et d'après les résultats particuliers qu'ils ont donnés pour différents cantons de la France, je suis parvenu à me former des tableaux suffisamment exacts de la population du Royaume, avec distinction d'âge, de sexe, de profession. J'y ai distingué le nombre des gens mariés, celui des hommes veufs, des femmes veuves, etc. On y voit que les ci-devant nobles, en y comprenant les ennoblis, ne formaient qu'un trois-centième de la population du royaume, et que leur nombre, hommes, femmes et enfants compris, n'était que de 83,000, dont 18,323 seulement étaient en état de porter les armes. On y voit encore que les autres classes de la société, celles qu'on avait coutume de confondre sous la dénomination de *Tiers État*, peuvent fournir un rassemblement de 5,500,000 hommes en état de porter les armes.

Parvenu à des résultats à peu près satisfaisants relativement à la population, il a fallu faire de semblables recherches sur la consommation des individus de chaque classe de la société. Ici il a fallu entrer dans le détail de la dépense des ménages des villes et de ceux des campagnes, évaluer la consommation personnelle du riche, la distinguer de celle de la foule de citoyens qui vit à ses dépens, éviter les doubles emplois, et donner à chaque nature de dépense sa véritable valeur.

Le résultat de tout ce travail m'a conduit à conclure que la consommation annuelle du froment, du seigle et de l'orge, employés à la nourriture des hommes dans tout le Royaume, s'élevait à 11 milliards 667 millions de livres pesant, ci..............	11,667,000,000 livres.
A quoi ajoutant ce qui s'emploie en semences de ces mêmes grains..................	2,333,000,000
On a pour la consommation du blé, seigle et orge, année commune................	14,000,000,000

Ces résultats s'accordent assez bien avec des relevés que M. de la Michaudière m'a anciennement procurés sur la consommation de la ville de Paris en 1736; avec le dépouillement des registres des officiers-mesureurs et porteurs de grains, fait sous le ministère de M. Turgot; enfin, avec les recherches faites dernièrement sur la consommation de la ville de Paris, par le département des subsistances.

C'est déjà beaucoup que de connaître avec quelque exactitude la consommation du blé de tout le royaume. Car si l'on prend en masse la valeur de toutes les autres consommations, le blé en forme plus de laa moitié, et il entre même pour les deux tiers dans la dépense des ménages très pauvres.

Mais de ce qu'il se consomme chaque année, en France, 14 milliards de livres de blé, semences comprises, il en résulte que toutes les terres du royaume produisent, année commune, 14 milliards pesant de blé. Alors je me suis demandé à moi-même combien il fallait de charrues et d'arpents de terre pour produire cette quantité de blé. Des recherches faites sur la production territoriale de différentes provinces, des expériences que j'ai faites moi-même dans une ferme que je fais valoir, et dont je suis les produits depuis quinze ans, m'ont appris qu'en prenant une moyenne, la quantité de blé produite par une charrue conduite par des chevaux était de 27,500 livres pesant environ, et que celle produite par une charrue conduite par des bœufs ne pouvait pas être évaluée à plus de 10,000 livres;

Qu'une charrue bien montée et conduite par des chevaux pouvait cultiver chaque année 90 arpents, mesure du Roi, dont 30 en blé, 30 en mars, 30 en jachères;

Qu'une charrue conduite par des bœufs ne pouvait cultiver annuellement que 30 arpents, dont moitié en blé et moitié en jachères, indépendamment d'une quantité à peu près égale de terre qui reste en vaine pâture pour la nourriture des bœufs; en sorte que, tout compris, une charrue cultivée par des bœufs peut embrasser une étendue de terrain de 60 arpents.

On conçoit comment, d'après ces données, j'ai pu déterminer avec quelque précision le nombre des charrues en activité dans tout le royaume, la quantité d'arpents cultivés en terres labourables, le nombre des chevaux et celui des bœufs attachés à l'agriculture.

Toutes ces évaluations portent, comme l'on voit, sur la production et sur la consommation du blé; et cette base est, en général, assez exacte et assez sûre : car il est difficile de commettre de grandes erreurs sur un objet de consommation aussi habituel, aussi journalier et aussi nécessaire. Mais, quelque exacte que soit la base d'un calcul, dès qu'il s'y mêle quelque chose d'hypothétique, on risque, dans une longue suite de résultats, de s'écarter insensiblement de la vérité. J'ai donc pensé qu'il était nécessaire de chercher à me rectifier moi-même, et j'en ai trouvé le moyen dans la mesure de l'étendue territoriale du royaume.

M. Paucton, le dernier des auteurs modernes qui se soit occupé de cet objet, a reconnu, en divisant la surface du royaume en carrés d'égale grandeur, qu'il contenait 105 millions d'arpents, mesure du Roi, ou 141,666,620 mesures de 1,000 toises carrées de superficie.

Il résulterait des calculs fondés sur la consommation du blé que, de ces 105 millions d'arpents, il s'en cultive chaque année :

En blé :		
Par les chevaux.........	9,600,000 arpents.	18,600,000 arpents.
Par les bœufs..........	9,000,000	
En mars, par les chevaux..................		9,600,000
Qu'il reste en jachères, dans les pays cultivés :		
Par les chevaux.........	9,600,000 arpents.	18,600,000
Par les bœufs..........	9,000,000	
En vaines pâtures, dans les pays cultivés par des bœufs............................		18,000,000
Total.............		64,800,000

Que le surplus, montant à 40,200,000 arpents, est en bois, en vignes, en prairies, en landes, en terrains incultes, en chemins, en rivières, etc.

Ce résultat surprendra peut-être; on a peine à se persuader, quand on a traversé les plaines de la Beauce, de la Brie, des ci-devant provinces de Champagne, de Picardie, etc., qu'il n'y ait pas même les deux tiers de la superficie du royaume qui soit cultivée en terres labourables. Je suis moi-même quelquefois tenté de croire que j'ai évalué un peu trop bas le nombre des charrues en activité dans le royaume, que j'ai porté trop haut le produit des terres. Quoi qu'il en soit, la loi qui m'est imposée de publier mes résultats ne me laisse pas le temps de recommencer dans ce moment mes calculs; et je ne pense pas, d'ailleurs, qu'ils s'écartent beaucoup de la vérité.

On conçoit que du nombre des charrues qui sont en activité dans le royaume, il est possible de conclure avec quelque certitude le nombre des chevaux et des bœufs attachés à l'agriculture, même le nombre des vaches et des moutons, quoique avec un peu plus d'incertitude. Les recherches que j'ai faites à cet égard dans différentes parties du royaume m'ont appris qu'il fallait compter au moins sur 3 chevaux par charrue, dans les pays où l'on cultive avec des chevaux, et sur 4 à 5 bœufs par charrue dans les autres; que le nombre des moutons était de 28 à 30 par charrue, etc. C'est sur de semblables considérations que j'ai fondé l'évaluation du nombre des bestiaux du royaume. Cette partie de mon travail est, comme l'on voit, fort hypothétique: mais, en multipliant les observations, en augmentant le nombre des données, on parviendra, et je parviendrai moi-même, à corriger les erreurs de ces premiers aperçus.

Quoi qu'il en soit, la consommation des bestiaux qui se fait dans les villes m'a fourni des moyens de vérification que je n'ai pas dû négliger. Je me suis procuré des relevés exacts de la quantité de bestiaux de différentes espèces qui entrent à Paris, et qui s'y consomment année commune : je les ai rapprochés des aperçus que j'ai pu me procurer sur quelques villes de province, et j'ai reconnu que la quantité de viande que consomment les habitants des grandes villes est de 6 à 7 onces par tête, qu'elle est de 4 onces seulement par personne dans les villes d'un ordre inférieur; enfin, d'après les renseignements que je me suis procurés sur la consommation des fermes et des ménages champêtres, je suis porté à croire que la consommation de la viande est de 2 onces environ par personne dans les campagnes.

Mais le pain et la viande ne sont pas les seules nécessités de la vie : l'homme le plus pauvre a besoin d'être vêtu, d'être chaussé, d'être logé. Une partie des aliments ne se mange pas sans quelque préparation; il faut du feu pour les faire cuire. J'ai conclu, après de longs calculs et d'après des renseignements qui m'ont été fournis par des curés de campagne, que, dans les familles les plus indigentes, chaque individu n'avait que 60 à 70 livres à consommer par an, hommes, femmes et enfants de tous âges compris; que les familles qui ne vivent que de pain et de laitage, qui sont propriétaires d'une vache que les enfants mènent paître à la corde le long des chemins et des haies, dépensaient même encore moins;

Que la consommation moyenne des hommes adultes était à peu près égale à la paye du soldat, c'est-à-dire de 250 livres environ par an; que la dépense des femmes était au plus des deux tiers de celle des hommes;

	Livres.	Sols.	Deniers.
Enfin que dans un ménage de campagne, composé d'un mari, d'une femme et de trois enfants en bas âge, la consommation du père pouvait être évaluée à	251	0	0
Celle de la mère, à	167	6	8
Celle des trois enfants à une somme égale à celle consommée par la mère	167	6	8
TOTAL	585	13	4

C'est pour chaque individu, l'un dans l'autre, 117 livres 2 sols 8 deniers.

Pour subvenir à cette dépense, il faut que le père et la mère gagnent par jour, fêtes et dimanches compris, 38 sols 3 deniers.

Cette situation n'est celle ni des familles les plus pauvres, ni celle des familles les plus riches; c'est à peu près la consommation moyenne de tous les habitants du royaume : et comme le nombre des citoyens pauvres est incomparablement plus considérable que celui des citoyens aisés, cette somme est encore un peu au-dessus de la dépense moyenne.

Il est bien remarquable qu'après tant de recherches et de calculs, on arrive précisément au résultat que M. Quesnay avait indiqué dans la philosophie rurale; résultat qui a donné lieu à l'agréable brochure de Voltaire, intitulée *L'Homme aux quarante écus*. Ce pamphlet est à la fois un chef-d'œuvre de profondeur et de plaisanterie. Pour le philosophe, c'est un traité complet d'économie politique; pour l'homme du monde, c'est un conte plein de gaieté; le génie supérieur à tous a trouvé moyen de se mettre au niveau de tous.

Voltaire, dans cet écrit, a cependant supposé les habitants de la France un peu plus riches qu'ils ne le sont en effet; qu'ils ne l'étaient surtout à l'époque où il écrivait. Peut-être n'a-t-il pas fait entrer dans son calcul les enfants en bas âge. Quoi qu'il en soit, ce n'est qu'à 110 livres par tête que doit être fixée suivant mes calculs la consommation moyenne des habitants de la France. En multipliant cette somme par le nombre des habitants du royaume, c'est-à-dire par 25 millions, on aura 2,750 millions pour la consommation totale qui se fait en France.

Cette somme, d'après les définitions que j'ai données au commencement de cet écrit, est la production annuelle et territoriale du Royaume, à l'usage des hommes; c'est ce que j'ai appelé le revenu réel du Royaume, dépouillé de tout double emploi. Mais ce n'est point encore le revenu net ou imposable : il faut, pour arriver à ce dernier résultat, en déduire les frais de culture, les consommations de tous les agents qui y concourent directement ou indirectement, enfin toutes les charges de l'agriculture.

Il était nécessaire qu'avant de présenter les résultats que j'ai annoncés, je rendisse compte de la méthode que j'ai suivie pour les obtenir. Je comparerais volontiers mon travail à une carte géographique, dans laquelle tous les points sont liés entre eux par une suite de triangles. Le mérite de la carte dépend de l'exactitude qu'on a apportée dans la mesure de la base et dans la détermination des angles. Mais, comme les erreurs se multiplient à mesure qu'on s'éloigne du terme dont on est parti, il est prudent, il est nécessaire de vérifier de temps en temps les distances déterminées par le calcul, afin de se rectifier et de connaître au moins jusqu'à quel point on s'écarte de la vérité. C'est cette marche que je me suis efforcé de suivre : autant qu'il m'a été possible, j'ai cherché à parvenir au même but par deux routes différentes, et je n'ai été satisfait qu'autant que j'ai obtenu des résultats à peu près concordants.

Il y aurait un moyen de porter dans ce travail un beaucoup plus grand degré de clarté : il consisterait à former, pour une année commune, le compte ou le bilan général de toutes les productions du Royaume. Chaque espèce de produit y aurait son chapitre particulier. L'agriculture du royaume serait considérée comme formant le domaine d'un seul individu qui se chargerait en recette de toutes les productions, et qui justifierait de leur emploi. Ainsi, en prenant pour exemple le chapitre du blé, l'agriculteur se chargerait en recette de tout le blé récolté dans le Royaume, montant à 14 milliards de livres. Toute cette quantité de blé ressortirait ensuite dans un chapitre de dépense sous différents titres, à peu près ainsi qu'il suit :

Livré aux cultivateurs du Royaume pour être employé en semences;

Livré aux cultivateurs pour leur subsistance pendant l'année;

Livré aux moissonneurs pour frais de moissons;

Livré aux batteurs en grange pour frais de battage;

Livré aux préposés chargés de la collecte de l'impôt;

Livré aux propriétaires pour prix de fermages.

Un chapitre semblable serait ouvert pour toutes les productions du royaume. Enfin à ce compte général en nature serait joint un compte général en argent qui jouerait avec tous les autres.

Le compte des laines, des chanvres, du lin, de toutes les matières premières de l'industrie serait surtout intéressant, parce qu'il présenterait le point de contact qui lie l'agriculture et le commerce. On y verrait que la valeur des produits du commerce et de l'industrie est absolument égale au montant de ses consommations : en sorte que vendre du drap à l'étranger, c'est vendre de la laine et du blé; avec cette différence seulement, que la nation qui fabrique gagne dans la balance de la population, et puisqu'elle a de plus chez elle les individus qui ont fabriqué le drap, qui ont consommé le blé.

Un travail de cette nature contiendrait en un petit nombre de pages toute la science de l'économie politique, ou plutôt cette science cesserait d'en être une; car les résultats en seraient si clairs, si palpables, les différentes questions qu'on pourrait faire seraient si faciles à résoudre, qu'il ne pourrait plus y avoir de diversité d'opinion.

Ce compte, ce bilan général ne serait pas porté tout à coup à son dernier état de perfection : il contiendrait peut-être des erreurs, mais le temps fournirait les moyens de les rectifier.

Rien n'empêcherait qu'après avoir essayé de donner une idée générale de la comptabilité de l'agriculture pour une année commune, on n'essayât de former le compte particulier de chaque année. On verrait alors quelle est l'influence de l'abondance des récoltes sur la richesse nationale, ce que le territoire peut supporter d'impôt dans une bonne année, le soulagement qu'il est nécessaire d'accorder dans une mauvaise; on connaîtrait ce qu'on peut exporter sans risque, etc.

Ces comptes généraux qu'on pourrait étendre à la population et à la balance du commerce formeraient un véritable thermomètre de la prospérité publique; et chaque législature verrait d'un coup d'œil, dans des états sommaires, le bien comme le mal qui auraient résulté des opérations faites par les législatures précédentes.

Tel est le plan que je m'étais formé, et dont je n'ai exécuté que la plus faible partie. Mais ce qui présentait pour un particulier des difficultés presque insurmontables deviendra facile pour l'Assemblée nationale, dès que cet objet lui paraîtra digne de son attention.

Ce qui l'intéresse dans ce moment est de connaître à quelle somme numéraire s'élève le revenu net du royaume, le seul qui soit susceptible d'être imposé. J'ose assurer avec confiance qu'il n'excède pas 1,200 millions, quand le prix du blé est de 24 livres le setier, c'est-à-dire de 2 sous la livre, et qu'au prix actuel du blé il n'excède pas beaucoup 1 milliard.

En prenant un milieu entre ces deux termes, il me paraît impossible que l'imposition foncière fixée au sixième, comme l'a décrété l'Assemblée nationale, puisse rendre, même en supposant la perception très régulière, plus de 180 millions.

A cette somme doit être ajoutée la contribution foncière des villes, et voici sur quelles bases il me semble qu'on peut l'évaluer.

La somme totale de tous les loyers de la ville de Paris s'élève environ à 70 millions; mais on ne peut pas espérer qu'ils se soutiennent à ce prix. Le loyer ayant été pris pour la base de la contribution mobilière, il en résultera une tendance à diminuer ce genre de dépense. Les retranchements qu'un grand nombre de citoyens seront forcés de s'imposer, par une suite de la diminution des émoluments et des traitements publics, formeront encore une cause de diminution des loyers; et l'on ne croit pas qu'on puisse les évaluer, d'ici à quelques années, à 48 millions, dont le sixième pourra produire une imposition foncière de 8 millions.

Les villes de première classe, Lyon, Bordeaux, Marseille, Rouen, Nantes, etc., pourront fournir une somme à peu près égale. Enfin, en réunissant toutes les contributions foncières des villes, on pourra peut-être atteindre à 30 millions. Ainsi la contribution foncière de tout le Royaume, d'après les proportions décrétées par l'Assemblée nationale, n'atteindra qu'à peine 210 millions. Elle sera par conséquent, et j'ose le prédire, au moins de 30 millions, et probablement de beaucoup plus au-dessous de ce que l'Assemblée nationale en espère. La somme affectée aux dépenses des départements, et que l'Assemblée nationale a évaluée à 60 millions, se trouvera insuffisante dans la même proportion; et ce déficit à combler sera une tâche pénible que l'Assemblée nationale léguera aux législatures qui doivent lui succéder.

Elle aurait prévenu cet inconvénient, si, accordant moins de confiance à des résultats dont j'avais cherché à faire connaître l'exagération, et dans lesquels j'avais démontré des doubles emplois, elle eût persisté dans le premier plan qu'elle avait formé, et si elle eût décrété que l'imposition foncière pourrait être portée jusqu'au cinquième du revenu net, comme le Comité l'avait proposé.

IMPRIMERIE NATIONALE.

RÉSULTATS

EXTRAITS D'UN OUVRAGE INTITULÉ

DE LA RICHESSE TERRITORIALE DE LA FRANCE.

CHAPITRE PREMIER.

DE LA POPULATION DE LA FRANCE.

Tableau des habitants de la France, avec distinction de sexe et d'âge.

	Hommes.	Femmes.	Totaux.
De 1 à 10 ans.....	2,979,166	3,369,792	6,348,958
De 11 à 20........	2,447,917	2,375,000	4,822,917
De 21 à 30........	1,984,375	1,734,375	3,718,750
De 31 à 40........	1,755,209	1,619,791	3,375,000
De 41 à 50........	1,588,542	1,490,583	3,079,125
De 51 à 60........	921,875	979,166	1,901,041
De 61 à 70........	645,833	588,542	1,234,375
De 71 à 80........	244,792	208,333	453,125
De 81 à 90........	36,452	15,625	52,077
De 91 à 100........	5,208	10,416	15,624
Totaux.....	12,609,369	12,391,623	25,000,992

Tableau, par aperçu, des habitants de la France, avec distinction d'état et de professions.

(Il ne faut pas perdre de vue que chacune des classes ci-après comprend les hommes, les femmes et les enfants.)

Population des villes et gros bourgs, en ce nombre, non compris les agents de l'agriculture, qui demeurent dans les villes et bourgs......................	8,000,000
Laboureurs, fermiers, valets, filles de basse-cour, bergers, hommes, femmes et enfants compris.............	6,000,000
A reporter........	14,000,000

Report........	14,000,000
Journaliers occupés à battre en grange pendant l'hiver, à faucher et à moissonner pendant l'été, terrassiers, maçons et autres, vivant aux dépens de l'agriculture, eux et leurs familles..........................	4,000,000
Vignerons et leurs familles......................	1,750,000
Salariés par les vignerons et propriétaires de vignes....	800,000
Marchands, cabaretiers, fournisseurs des bourgs et villages, maréchaux, bourreliers, charrons, vivant aux dépens de l'agriculture, hommes, femmes et enfants compris..................................	1,800,000
Petits propriétaires vivant, pour la plus grande partie, du produit de leurs fonds.....................	450,000
Matelots, journaliers de toute espèce, attachés aux manufactures hors des villes, carriers, mineurs, voituriers-routiers, nobles, ecclésiastiques, et leurs domestiques, vivant hors des villes.........................	1,950,000
Armée française..............................	250,000
Total..............	25,000,000

Ce tableau n'est qu'un premier aperçu dont il est impossible de garantir l'exactitude; le temps seul et des travaux suivis avec soin dans tous les départements pourront donner des idées exactes sur le nombre des habitants du royaume attachés à chaque profession.

Autres résultats sur la population, d'après les recherches insérées dans l'ouvrage de M. Moheau.

Nombre de gens mariés........................	11,100,000
Nombre d'hommes veufs........................	609,756
Nombre de femmes veuves......................	1,219,512
Nombre d'hommes en état de porter les armes, en ce compris 18,323 nobles ou ennoblis.............	5,519,000
Les ci-devant nobles formaient environ le trois-centième de la population, c'est-à-dire, hommes, femmes et enfants compris, environ.....................	83,000

CHAPITRE II.

ESSAI SUR LE DÉNOMBREMENT DES CHEVAUX ET BESTIAUX.

Chevaux.

Nombre de chevaux occupés des travaux de l'agriculture, dans les pays où l'on cultive avec les chevaux......	960,000
Nombre de chevaux occupés des travaux de l'agriculture, dans les pays où l'on cultive avec des bœufs.......	600,000
Nombre de chevaux de la ville de Paris............	21,500
Nombre de chevaux de toutes les autres villes du royaume, et employés pour le roulage..................	160,000
Chevaux attachés à l'armée française..............	40,000
Total des chevaux du royaume, en ce non compris les élèves..................................	1,781,500

Bestiaux.

Nombre de bœufs, à compter de l'âge où ils commencent à travailler...............................	2,700,000
Bœufs à l'engrais............................	389,000
Total des bœufs...........	3,089,000
Nombre de vaches............................	4,000,000
Nombre de moutons...........................	20,000,000
Nombre de porcs.............................	4,000,000

CHAPITRE III.

DE L'ÉTENDUE TERRITORIALE DU ROYAUME ET DE SA CULTURE.

Nombre d'arpents, mesure de Roi, qui forment la superficie totale de la France, d'après les recherches très exactes de M. Paucton.......................	105,000,000

Nombre de charrues conduites par des chevaux.......		320,000
Nombre de charrues conduites par des bœufs.........		600,000
Total des charrues..........		920,000

Nombre d'arpents cultivés chaque année en blé :		
Par les chevaux......................	9,600,000	18,600,000
Par les bœufs......................	9,000,000	
En mars, par les chevaux......................		9,600,000
Nombre d'arpents qui restent en jachères dans les pays cultivés :		
Par des chevaux......................	9,600,000	18,600,000
Par des bœufs......................	9,000,000	
Nombre d'arpents, mesure de Roi, qui restent en vaines pâtures dans les pays cultivés par des bœufs.......		18,000,000
Total...........		64,800,000

On sera peut-être étonné de voir qu'il n'y a pas les deux tiers du Royaume qui soient cultivés en terres labourables; mais on doit considérer que, sur l'étendue territoriale du royaume, il faut déduire les chemins, les rivières, les terres en friches, etc.;

Que dans quelques-unes des ci-devant provinces de France, comme en Bretagne, les terres ne sont cultivées qu'une année sur dix, quelquefois sur vingt, et qu'elles sont le reste du temps en pâturages;

Qu'indépendamment des terres labourables, il y a les bois, les prés, les jardins, les parcs, etc.

Si l'on veut bien peser ces différentes considérations, on reconnaîtra que les calculs faits sur les consommations se raccordent très bien avec ceux faits sur l'étendue géométrique du territoire. On n'en sera que plus disposé à donner quelque confiance à ces résultats.

CHAPITRE IV.

DES CONSOMMATIONS DE TOUTE ESPÈCE QUI SE FONT ANNUELLEMENT DANS LE ROYAUME.

Consommation du blé.

Consommation du blé, seigle et orge, pour la nourriture des hommes...............	11,667,000,000 livres.
Blé employé en semences................	2,333,000,000
TOTAL en livres pesant de blé, seigle et orge, qui se récoltent et se consomment dans le royaume, en ce non compris l'orge qui est consommée par les animaux............	14,000,000,000

La valeur actuelle du blé n'excède pas 1 sou 6 deniers par livre : à ce prix il se consommerait annuellement en France pour 875,025,000 livres de blé. Mais il faut une suite non interrompue de bonnes récoltes pour que le blé tombe à ce prix. Sa valeur moyenne, ou plutôt sa valeur naturelle en France, est de 2 sous la livre; et alors la valeur de la consommation totale s'élèverait à 1,167 millions de livres.

Consommation de l'avoine.

La consommation de l'avoine, les semences non comprises, est d'environ 400 millions de boisseaux, mesure de Paris; la valeur en argent est d'environ 200 millions : mais sur ce produit il ne faut en faire entrer au plus que 40 millions en revenu réel, le surplus étant consommé par les chevaux de labour et autres attachés à l'agriculture.

Consommation de la viande.

Nombre de bestiaux qui se consomment annuellement à Paris, d'après les registres des droits d'entrée.

Espèces de bestiaux.	Nombre de bestiaux.	Livres de viande.
Bœufs	70,000	49,000,000
Vaches	18,000	4,500,000
Veaux	120,000	7,200,000
Moutons	350,000	14,000,000
Porcs	35,000	7,000,000
Chair morte	"	600,000
TOTAL de la consommation de Paris.	"	82,300,000

Évaluation du nombre de bestiaux qui se consomment annuellement dans toutes les villes du royaume, en y comprenant la ville de Paris.

Espèces de bestiaux.	Nombre de bestiaux.	Livres de viande.
Bœufs	397,000	277,900,000
Vaches	454,000	113,500,000
Veaux	1,482,500	59,300,000
Moutons	3,756,250	150,250,000
Porcs	443,750	88,750,000
TOTAL de la consommation des villes du royaume	6,533,500	689,700.000

Il se consomme en outre dans les campagnes, par les agents de l'agriculture et autres, environ 3 millions de porcs du poids chacun de 150 livres : ce qui forme un total de 450 millions de livres.

Les habitants des campagnes consomment, de plus, les moutons qui périssent d'accidents, qui ont été blessés, etc.; en évaluant leur nombre à 1,500,000 et leur poids à 35 livres, ce serait encore une quantité de 52,500,000 livres de viande.

Enfin on estime qu'ils consomment 600,000 veaux, pesant 30 livres chacun, et ensemble 18 millions de livres; et 6,000 vaches, pesant 200 livres chacune, et ensemble 1,200,000 livres.

En réunissant toutes ces quantités, on trouve le résultat suivant :

Consommation totale des bestiaux dans tout le royaume.

Espèces de bestiaux.	Nombre de bestiaux.	Livres de viande.
Bœufs	397,000	277,900,000
Vaches	460,000	114,700,000
Veaux à différents poids	2,082,500	77,300,000
Moutons à différents poids	5,256,250	202,750,000
Porcs à différents poids	3,443,750	538,750,000
Total de la consommation du royaume	"	1,211,400,000

La consommation moyenne de la viande, en France, est, comme l'on voit, environ du dixième en poids de la consommation du pain; elle est de 6 à 7 onces par jour par personne, à Paris et dans les grandes villes; de 4 onces environ dans les villes de province, et de 1 once et demie environ dans les campagnes.

Consommation du vin.

On n'a que des résultats assez vagues sur la consommation des liqueurs spiritueuses, et il ne serait pas impossible qu'on se trompât d'un quart, d'un tiers, et même de moitié dans les évaluations ci-après.

On estime qu'il se consomme en France 4,500,000 pintes de vin par jour, sans compter le cidre et le poiré.

La consommation annuelle de vin serait donc de 1 milliard 642 millions 500,000 pintes, mesure de Paris, ou de 5,703,125 muids.

CHAPITRE V.

DE LA CONSOMMATION MOYENNE DU ROYAUME, ÉVALUÉE EN ARGENT.

Il n'est pas aussi facile qu'on le croirait d'abord d'établir la consommation moyenne des habitants du royaume.

Les hommes consomment en général plus que les femmes, les femmes plus que les enfants en bas âge; et dans une famille composée d'un mari, d'une femme et de trois enfants au-dessous de dix ans, le père consomme presque autant à lui seul que le reste de la famille.

La consommation des individus varie encore davantage à raison des circonstances dans lesquelles ils se trouvent et de l'aisance dont ils jouissent.

Une partie des habitants de la campagne ne mangent point de viande : les habitants de Paris et de quelques grandes villes en consomment par jour 6 et 7 onces; ceux des petites villes n'en consomment que 4 à 5; ceux des campagnes, 2 onces tout au plus; le surplus de leur nourriture est de pain, de légumes, de fruits, de beurre, de fromage, de laitage.

La consommation du pain elle-même varie en raison de l'abondance des récoltes, et les classes les moins aisées de la société mangent moins de pain, quand il est cher, que quand il est à bon marché.

On ne peut donc obtenir des résultats dignes de quelque confiance, sur la consommation moyenne des habitants du royaume, qu'après de longs calculs.

Voici ceux auxquels je suis parvenu. Dans les familles les plus indigentes, chaque individu n'a que 60 à 70 livres à consommer par an, hommes, femmes et enfants de tout âge compris; c'est l'état de la plus extrême pauvreté. Les laboureurs, domestiques et agents de l'agriculture jouiront en général d'une plus grande aisance. La consommation moyenne des hommes adultes est à peu près égale à la paye du soldat; celle des femmes, d'un peu de moitié plus de celle des hommes adultes, etc. Enfin, en faisant entrer en ligne de compte les riches, les habitants des villes, la consommation moyenne de tous les habitants du royaume est entre 100 et 120 livres.

En multipliant ces nombres par celui des habitants du royaume, qui est de 25 millions, on a, pour l'évaluation en argent de la consommation totale du royaume, 2 milliards 500 millions à 3 milliards, et en prenant un milieu, 2 milliards 700 millions.

Cette somme est le revenu réel du royaume, dépouillé de tout double emploi; mais ce n'est encore que le revenu brut, et pour avoir le produit net ou le revenu imposable, il faut encore en déduire tous les frais de culture et toutes les dépenses à la charge de l'agriculture, ainsi qu'on l'exposera dans le chapitre VII.

CHAPITRE VI.

ESSAI SUR LE PARTAGE DES RÉCOLTES.

Partage du blé.

	Livres de blé.
Blé employé en semences	2,333,333,333
Consommation des cultivateurs	925,680,000
Dépenses des moissons	1,068,340,000
Frais de battage	420,000,000
Autres dépenses d'exploitation	1,971,620,000
Dîmes à la vingtième[1]	700,000,000
Vingtièmes et sols pour livre	416,500,000
Tailles et accessoires	1,120,000,000
Droit représentatif de la corvée	186,666,667
Portion des droits de gabelles et tabac	462,700,000
Part des propriétaires	4,395,160,000
TOTAL	14,000,000,000

[1] Les calculs présentés par ce tableau ont été faits avant la suppression de la dîme. Aujourd'hui, d'après les décrets de l'Assemblée nationale, elle doit être ajoutée à la part du propriétaire. On a laissé subsister ici cet article, pour faire voir que la seule dîme du blé montait à 70 millions, quand le prix du pain est à 2 sols.

On n'a point encore pu se procurer des résultats exacts sur le partage des autres récoltes.

CHAPITRE VII.

CALCUL DU PRODUIT NET DU REVENU TERRITORIAL DU ROYAUME, ÉVALUÉ EN ARGENT.

Le produit dont le tableau est ci-après est celui que les économistes ont appelé *le produit net ou imposable.* C'est le revenu territorial du royaume, dépouillé de tous doubles emplois, et déduction faite de toutes les dépenses généralement quelconques à la charge de l'agriculture, si ce n'est l'imposition qui est encore comprise dans ce produit.

Tableau du produit net en argent du revenu du royaume avant le prélèvement de l'impôt.

Produit des terres cultivées en blé, quand le prix du blé est de 2 sous la livre	728,000,000 livres.
Produit des vignes	80,000,000
Produit des bestiaux	169,000,000
Produit des bois	120,000,000
Produit des laines	50,000,000
Produit de l'avoine consommée dans les villes	32,000,000
Produit du foin consommé dans les villes	12,000,000
Produit de la paille consommée dans les villes	5,000,000
Produit des soies	2,000,000
TOTAL	1,198,000,000

Ce produit se trouve diminué de 180 millions et réduit à 1 milliard 165 millions, quand le blé tombe à 1 sou 6 deniers la livre.

Il manque à ce tableau le produit des œufs, beurre et fromages vendus aux villes par les agents de l'agriculture; celui des fruits et légumes; celui des huiles, etc. Sans pouvoir donner une valeur rigoureuse à ces productions, on croit pouvoir conclure que le produit du territoire du royaume excède 1,200 millions, quand le prix du blé est de 2 sous la livre, et qu'il n'excède pas 1,050 millions, quand ce même prix tombe à 1 sou 6 deniers.

CHAPITRE VIII.

RÉSULTAT DÉFINITIF ÉVALUÉ EN ARGENT.

Produit général du territoire du royaume.

(Ce produit n'étant pas convertible en argent, du moins en totalité, on induirait le lecteur en erreur, si on le portait ici autrement que pour......................... *Mémoire.*)

Portion du produit territorial, convertible en argent, défalcation de tout double emploi : c'est la totalité de ce qui se consomme par les hommes.........................	2,750,000,000 livres.
Produit net ou imposable, quand la valeur du blé est de 2 sous la livre, ou de 24 livres le setier.............................	1,200,000,000 livres.
Sur quoi défalquant le montant des impositions directes et indirectes, qu'on suppose devoir monter à..........................	600,000,000
Reste pour la portion que les propriétaires auront à se partager..................	600,000,000

Ainsi, en définitif, sur le produit total du territoire du royaume qui est de 2,750 millions de livres, les frais de culture, de subsistance, et autres généralement quelconques des agents de l'agriculture, consomment un peu plus de la moitié. Le surplus, montant à 1,200 millions, est partagé à peu près par égale portion entre le Trésor public et les propriétaires.

ESSAI

SUR LA POPULATION DE LA VILLE DE PARIS, SUR SA RICHESSE ET SES CONSOMMATIONS.

Le nombre des naissances, dans la ville de Paris, est, année commune, de 19,769. En multipliant ce nombre par 30, on peut conclure, avec quelque vraisemblance, que le nombre des habitants de Paris, de tout sexe et de tout âge, est de 593,070, et en nombre rond, de 600.000.

Par une vérification faite en 1775, par ordre de M. Turgot, alors contrôleur général des finances, la quantité de blé et de seigle entrée dans Paris pendant une année commune de dix, de 1764 à 1773, s'est trouvée de	14,351 muids.
Celle de farine, de	66,289

Le muid de blé est du poids de 2,880 livres, et chaque livre de blé peut fournir 1 livre de pain, poids pour poids; l'eau qu'on ajoute au pain dans sa fabrication rendant à peu près un poids égal à celui du son qui a été séparé par la mouture.

Le muid de farine est composé de 6 sacs, du poids chacun de 325 livres; et chaque sac de farine donne, après la cuisson, environ 104 pains de 4 livres, ou 416 livres de pain.

On voit, d'après ces données, qu'il entrait à Paris, année commune à cette époque :

	Livres de pain.
En nature de blé ou de seigle	41,330,880
En nature de farine	165,457,344
TOTAL	206,788,224

Cette quantité est encore à peu près celle qui se consomme à Paris, en supposant toutefois que les quantités de pain qui s'apportent du dehors dans les marchés soient à peu près compensées par celles que les habitants des campagnes emportent avec eux en retour de leurs denrées.

Il en résulte que la consommation du pain faite par les habitants de Paris est à peu près de 15 onces par personne, de tout âge et de tout sexe.

La consommation de la viande peut être assez exactement évaluée par le nombre de bestiaux qui ont acquitté les droits d'entrée, multiplié par leur poids. Il est à observer que les droits ayant toujours été les mêmes à l'entrée de Paris, sur les gros comme sur les petits bestiaux d'une même espèce, on ne fait entrer que ceux de la plus forte taille. En conséquence, on a supposé dans les évaluations ci-après :

Qu'un bœuf fournissait en viande comestible	700 livres.
Une vache	360
Un veau	72
Un mouton	50
Un porc	200

C'est dans cette supposition qu'on a formé le tableau suivant. On n'y a donné aucune évaluation aux bestiaux entrés en fraude; premièrement, parce que leur introduction n'est pas facile; secondement, parce qu'il serait possible qu'on eût forcé de quelque chose le poids des bestiaux, surtout celui des vaches et des veaux; ce qui établit une sorte de compensation.

État du nombre de bestiaux et de livres de viande qui se consomment annuellement à Paris, en nombres ronds.

Espèces de bestiaux.	Nombre de bestiaux.	Livres de viande.
Bœufs	70,000	49,000,000
Vaches	18,000	6,480,000
Veaux	120,000	8,640,000
Moutons	350,000	17,500,000
Cochons	35,000	7,000,000
Viande entrée, en livres	"	1,380,000
TOTAL	"	90,000,000

En divisant ce total des livres de viande par le nombre des habitants de Paris, on trouvera pour la consommation de chacun d'eux, l'un dans l'autre, un peu plus de 150 livres par an; ce qui revient, par jour, à 6 onces 4 gros 2 tiers.

L'état ci-après présente de semblables résultats pour les principales denrées et marchandises qui entrent annuellement à Paris, d'après les registres de perception. On doit avertir cependant qu'on ne peut répondre de quelque exactitude que pour les quantités de pain, de boissons, de bestiaux, d'œufs, de poissons, de fromages frais, de combustibles, de sucre, de cassonade, d'huile, de cire, de bougie, de bois carrés, de matériaux à bâtir : les résultats relatifs aux autres objets, tels que la marée, la volaille, les métaux, et quelques autres espèces de marchandises, sont plus hypothétiques.

État des marchandises et denrées de toute espèce, qui se consomment annuellement à Paris, d'après une année commune, prise antérieurement à la Révolution.

Livres de pain	206,000,000	liv. pes.
Livres de riz	3,500,000	
Vin ordinaire	250,000	muids.
Vin de liqueurs	1,000	
Eau-de-vie, en supposant que tout entre en eau-de-vie simple, et en évaluant la fraude à un sixième	8,000	
Cidre	2,000	
Bière	20,000	
Vinaigre	4,000	
Bœufs, du poids de 700 livres	70,000	
Vaches, du poids de 360 livres	18,000	
Veaux, du poids de 72 livres	120,000	
Moutons, du poids de 50 livres	350,000	
Porcs, du poids de 200 livres	35,000	
Viande, en livres	1,380,000	

Poids du poisson de mer, frais, sec et salé.	10,000,000 liv. pes.
Nombre de carpes	800,000
Nombre de brochets	30,000
Nombre d'anguilles	56,000
Nombre de tanches	30,000
Nombre de perches	6,000
Nombre d'écrevisses	75,000
Cordes de bois	714,000
Voies de charbon de bois	694,000
Voies de charbon de terre	10,000
Nombre d'œufs	78,000,000
Nombre de livres de beurre frais	3,150,000
Nombre de livres de beurre salé et fondu	2,700,000
Nombre des fromages frais, de Brie, de Marolles, et autres	424,500
Poids des fromages secs, faisant partie du commerce de l'épicerie	2,600,000
Cire et bougie	538,000 liv. pes.
Sucre et cassonade	6,500,000
Huile de toute espèce	6,000,000
Café	2,500,000
Cacao	250,000
Girofle	9,000
Poivre	75,000
Pruneaux	476,000
Savon	1,900,000
Potasse, soude et cendres gravelées	2,300,000
Quantité d'aunes de toiles	6,000,000 aunes.
Cuivre	450,000 liv. pes.
Acier	250,000
Fer	8,000,000
Plomb	3,200,000
Étain	350,000
Vif-argent	18,000
Cuirs et peaux	3,700,000
Pelleteries	530,000
Foin	6,388,000 bottes.
Paille	11,090,000

Avoine............................	21,409 muids.
Orge............................	8,500
Vesce et grenailles..................	1,400
Bois carrés et à bâtir, en nombre de pieds cubes..........................	1,600,000 p. cubes.
Pierre de liais, par nombre de pieds cubes.	"
Pierre de taille dure, par nombre de pieds cubes..........................	620,000
Pierre de taille de Saint-Leu, par nombre de pieds cubes......................	930,000
Moellons de meulière et autres, par nombre de toises cubes....................	64,000 t. cubes.
Chaux, en nombre de muids............	8,000
Plâtre, en nombre de muids, chacun de 36 sacs.........................	120,000
Nombre d'ardoises fortes..............	3,717,000
Nombre d'ardoises fines................	132,700
Nombre de tuiles, grand moule..........	3,498,000
Nombre de tuiles, petit moule...........	527,600
Nombre de briques..................	973,000
Pavés, sans compter ceux destinés à l'entretien du pavé de Paris...............	1,360,000

Si, après avoir considéré les consommations de toute espèce qui ont lieu à Paris, on demandait ce que dépense tous les ans en argent chacun de ses habitants, on trouverait aisément la réponse à cette question dans les tableaux qui précèdent. Il ne s'agirait que de donner une valeur en argent à chacune des denrées qui entrent à Paris, en estimant à peu près les objets sur lesquels on n'a point de renseignements positifs.

Les quantités de denrées dont la consommation est la plus forte et tient le plus près aux besoins de nécessité première étant bien connues, les erreurs qu'on pourrait commettre à l'égard des autres seraient de peu de conséquence.

On conçoit que la valeur des denrées et des marchandises étant

IMPRIMERIE NATIONALE.

susceptible de variations continuelles, il n'a pas été possible d'arriver à des résultats rigoureusement exacts.

On a d'ailleurs manqué d'instructions suffisamment positives sur la valeur de quelques marchandises, et la nécessité de publier n'a pas permis d'attendre qu'on eût pu rassembler de plus amples renseignements.

On a cru cependant devoir distinguer par un * les articles qui présentent le plus d'incertitude.

Tableau dont l'objet est de présenter l'évaluation en argent de toutes les dépenses faites par les habitants de Paris, droits compris.

Dénomination des marchandises et denrées.	Quantités qui se consomment à Paris.	Prix.			Valeur.
	liv. pes.				
Pain	206,000,000	à	0[l]	2[s]	20,600,000[l]
	muids.				
Vin	250,000	à	130	0	32,500,000
Eau-de-vie	8,000	à	300	0	2,400,000
Cidre	2,000	à	60	0	120,000
Bière	20,000	à	60	0	1,200,000
Vinaigre	4,000	à	100	0	400,000
	liv. pes.				
Viande de boucherie	90,000,000	à	0	9	40,500,000
Œufs	"		"		3,500,000
Beurre frais	"		"		3,500,000
Beurre salé et fondu	"		"		1,800,000
Fromages frais	"		"		900,000
Fromages salés du commerce de l'épicerie	"		"		1,500,000
* Marée fraîche	"		"		3,000,000
Harengs frais	"		"		400,000
* Saline	"		"		1,500,000
* Poissons d'eau douce	"		"		1,200,000
Bois à brûler	"		"		20,000,000
				À reporter	135,020,000

Dénomination des marchandises et denrées.	Quantités qui se consomment à Paris.	Prix.	Valeur.
	Report........		135,020,000[l]
* Bois carrés et à ouvrager.....	"	"	4,000,000
	voies.		
Charbon de bois...........	700,000	"	3,500,000
Charbon de terre...........	10,000	"	600,000
	c. de bot.		
Foin....................	60,000	"	2,100,000
	c. de bot.		
Paille..............	110,000	"	1,980,000
	muids.		
Avoine..................	21,000	"	5,250,000
	liv. pes.		
Sucre et cassonade.........	6,500,000	"	7,800,000
	liv. pes.		
Huiles..................	6,000,000	à 1[l] 0[s]	6,000,000
Cire et bougie............	538,000	à 2 10	1,345,000
Café....................	2,500,000	à 1 5	3,125,000
* Cacao..................	"	"	500,000
	liv. pes.		
* Papier..................	6,000,000	"	10,000,000
Potasse, soude et cendres gravelées................	"	"	1,000,000
Cuivre..................	450,000	à 1 0	450,000
Fer.....................	8,000,000	à 0 4	1,600,000
Plomb..................	3,200,000	à 0 6	960,000
Étain..	350,000	à 1 0	350,000
Vif-argent..............	18,000	à 3 10	63,000
* Épiceries................	"	"	10,000,000
* Drogueries..............	"	"	3,000,000
* Merceries...............	"	"	4,000,000
* Quincailleries............	"	"	4,000,000
* Draps..................	"	"	8,000,000
* Étoffes de laine..........	"	"	5,000,000
* Soie et étoffes de soie.......	"	"	5,000,000
	aunes.		
Toiles..................	8,000,000	à 1 10	12,000,000
	A reporter........		236,643,000

Dénomination des marchandises et denrées.	Quantités qui se consomment à Paris.	Prix.	Valeur.
	Report........		236,643,000
* Marbre..................	"	"	4,000,000
Pierre de taille de Saint-Leu..	p. cubes. 930,000	"	
Pierre de taille............	p. cubes. 620,000	"	
Moellons................	t. cubes. 64,000	"	
Chaux..................	muids. 8,000	"	
Plâtre..................	muids. 120,000	"	
Ardoises fortes.............	3,717,000	"	
Ardoises fines.............	132,700	"	
Tuiles, grand moule........	3,498,000	"	
Tuiles, petit moule.........	527,600	"	
Carreaux de terre cuite......	"	"	
Briques..................	973,000	"	
Pavés..................	1,360,000	"	
Marchandises omises........	"	"	6,857,000
Fruits et légumes..........	"	"	12,500,000
Total..............................			260,000,000
Dans ce total est comprise la dépense relative à la nourriture et à l'entretien des chevaux, montant à environ.............			10,000,000
Reste pour la consommation des hommes...............			250,000,000

On voit, par le résultat de ce tableau, que la somme totale des consommations de Paris s'élève, en ce non compris la consommation des chevaux, à la somme de 250 millions de livres; ce qui donne, pour la dépense moyenne de chaque habitant, hommes, femmes et enfants, l'un dans l'autre, par an, 416 livres 13 sols 4 deniers, et par jour, 1 livre 2 sols 10 deniers;

Que la dépense et la consommation des chevaux s'élèvent environ à 10 millions, et qu'en réunissant cette dépense à toutes les autres, il en résulte un total de 260 millions; ce qui donne à dépenser pour chaque habitant, de tout âge et de tout sexe, par an, 433 livres 6 sols 8 deniers, et par jour, 1 livre 3 sols 8 deniers 68/73.

Dans cette dépense n'est pas comprise celle du loyer, qui monte en masse au moins à 60 millions, et pour chaque individu, à 100 livres par an, c'est-à-dire à 5 sols 5 deniers 2/3 par jour.

Maintenant, puisqu'il se consomme à Paris, chaque année, une somme de 260 millions, il est évident que la ville de Paris jouit en masse au moins de 260 millions de revenu; car il est impossible, à la longue, de dépenser plus qu'on ne reçoit. Il est de plus très probable, et même certain, que les ouvriers, artisans, et en général presque tous les habitants de Paris, font chaque année quelques économies; que l'industrie parisienne, considérée dans son ensemble, fait quelques bénéfices sur la balance de son commerce, soit avec les provinces, soit avec l'étranger. On peut juger de ces bénéfices et de ces économies par les placements qui se faisaient habituellement par les habitants de Paris dans les emprunts publics. En estimant ces économies à 40 millions par an, il en résulterait que la ville de Paris jouit de 300 millions de revenu.

Cette somme totale est à peu près composée des sommes particulières ci-après :

Revenu provenant des loyers des maisons.......	60,000,000 livres.
Revenu provenant des intérêts et dépenses payés par le Trésor public....................	140,000,000
Revenu des propriétaires de terre, de biens ruraux, de manufactures, etc....................	100,000,000
TOTAL...........	300,000,000

De ces 300 millions, le fisc en retirait, dans l'ancien ordre de choses, environ le cinquième par les impositions et droits ci-après :

Entrées de Paris, tant au profit du Trésor public que de la ville et des hôpitaux.............	36,500,000 livres.
Vingtièmes..............................	5,174,000
Capitation..............................	4,095,000
Portion de la taille et accessoires.............	429,873
Gabelle, déduction faite du prix marchand du sel.	3,500,000
Tabac, déduction faite du prix marchand........	3,300,000
Droits sur les cuirs et peaux, perçus par la Régie générale..............................	174,000
Marque d'or et d'argent....................	450,000
Cartes à jouer...........................	137,000
Papiers et cartons.........................	476,000
Amidon, poudre à poudrer..................	144,500
Droits domaniaux. Contrôle des actes, des exploits; petit-scel, insinuations, centième denier, amortissement, franc-fief, usages et nouveaux acquêts, échanges, contre-échanges, etc.............	1,650,000
Hypothèques.............................	300,000
Greffes, droits réservés dans les cours et tribunaux, amendes, etc..........................	1,623,000
Formule, papier et parchemin timbrés.........	1,232,000
Quatre deniers pour livre de la vente des immeubles.............................	2,400
Droits de la poste aux lettres.................	1,331,000
Caisse de Poissy..........................	1,016,500
Droits qui se perçoivent au profit des communautés de marchands..........................	300,000
Portion du bénéfice de la loterie royale de France, à la charge de la ville de Paris.............	8,166,697
TOTAL.............	70,000,000

On voit encore, par ce résultat, que la contribution des habitants de Paris était, sous l'ancien régime, de 118 livres 2 sols 7 deniers 1/5 par an pour chaque individu de tout sexe et de tout âge, c'est-à-dire, par jour, de 6 sols 5 deniers 2/3.

Ainsi, en dernier résultat et en négligeant les fractions, chaque habitant de Paris, de tout âge et de tout sexe, dépensait par jour, l'un dans l'autre, loyer compris, 28 à 29 sols, dont plus de 6 sols tournaient au profit du Trésor public.

La contribution de la ville de Paris était donc d'un cinquième environ, tant en contribution foncière que personnelle, et en droits sur les consommations.

Cette somme paraîtra bien considérable, surtout si l'on considère qu'une partie des revenus de la ville de Paris ne parviennent à ses habitants qu'après avoir acquitté l'imposition foncière dans les provinces.

Ici se termine la brochure publiée par Lavoisier. Les fragments suivants, destinés à la rédaction du grand ouvrage qu'il méditait, se trouvent dans ses papiers en minutes autographes. (*Note de l'Éditeur.*)

CE QU'ON DOIT ENTENDRE PAR UNE CHARRUE EN TERME DE CULTURE.

La quantité d'arpents qu'une charrue peut labourer et cultiver varie suivant que les terres sont plus ou moins fortes. Tout ce qu'on va dire doit s'appliquer aux terres de qualité moyenne, telles que celles de Beauce ou de Brie.

M. Arbuthnot, dans son *Traité de l'utilité des grandes fermes*, compte 12 chevaux pour l'exploitation de 300 acres de terre; c'est, à raison de 2 chevaux, pour 39 arpents 2/3.

Dans la plupart de nos provinces, les chevaux ne font pas autant d'ouvrage.

Dans la Brie champenoise, 2 chevaux labourent 40 arpents de 100 perches, la perche de 20 pieds, ce qui revient à 33 arpents, mesure de Roi. Ce serait par 2 chevaux 24 arpents 1/3 carrés, de 1,000 toises carrées chacun. Cette estimation pourrait encore être un peu forte, et j'estimerais volontiers la charrue à 30 arpents, mesure de Roi, et à 48 arpents 1/3, mesure de 1,000 toises carrées.

Il est des pays où la charrue exige 4 chevaux, d'autres 3, d'autres 2; mais, dans les terres moyennes, on est obligé d'avoir au moins 1 cheval de relai pour 3 charrues. On voit qu'en partant d'une évaluation moyenne, on doit compter l'un dans l'autre sur 3 chevaux par charrue, sans compter les chevaux des villes et du roulage.

Dans les pays où on laboure avec des bœufs, on ne peut guère compter que sur les deux tiers du travail par chaque charrue; ainsi chaque charrue cultive 20 arpents, mesure de Roi, et 28 arpents, mesure de 1,000 toises carrées. Il faut compter 4 bœufs par charrue au moins, peut-être 5.

DE CE QUE PRODUIT UNE CHARRUE CULTIVÉE AVEC DES CHEVAUX ET AVEC DES BOEUFS.

Un arpent de 100 perches à l'arpent et de 24 pieds par perche à Freschines rapporte dans une bonne année 1,200 livres de blé. Cette évaluation est un peu forte. Cet arpent est de 1,600 toises carrées, ce qui donne pour un arpent, mesure de Roi, 1,000 livres, et par une mesure de 1,000 toises carrées, 750 livres.

Quoique cette estimation soit un peu forte relativement à nos terres de Freschines, cependant comme elle est faible par rapport aux terres de la bonne Beauce et de la Brie, on la regardera comme une moyenne.

Une charrue conduite par des chevaux pouvant cultiver 30 arpents, mesure de Roi, ou 40 mesures de 1,000 toises carrées, elle pourra donner 30,000 livres de blé.

Une charrue conduite par des bœufs ne récolte que 800 livres de blé par arpent de 1,600 toises, et par arpent, mesure de Roi, 666 livres 2/3, ce qui revient par charrue à 13,333 livres 1/3. Comme cette évaluation est faible, on partira de 15,000 livres pesant par charrue menée par des bœufs, ce qui fait moitié d'une charrue menée par des chevaux.

On doit compter 4 bœufs par chaque charrue.

DU NOMBRE DES CHARRUES QUI EXISTENT EN FRANCE EN GRANDE ET PETITE CULTURE.

Si toute la France était cultivée par des chevaux, rien ne serait plus aisé que de répondre à cette question, car, connaissant la quantité de la production du blé et ce qu'une charrue peut produire, et divisant le premier nombre par le second, on aurait en quotient le nombre des charrues qui existent en France.

La réponse ne serait pas plus difficile à faire si toute la France était cultivée par des bœufs, mais il est extrêmement difficile de donner un aperçu exact de la proportion qui existe entre les deux cultures.

M. Duprès de Saint-Maur a toujours supposé que les sept huitièmes de la France étaient en petite culture, et M. Quesnay, dans l'article *Fermier* de l'*Encyclopédie*, est parti du même résultat, mais il est évident que, sous le nom de petite culture, ils n'ont pas seulement compris la culture faite avec des bœufs, mais celle faite avec des chevaux par des métayers ou fermiers à moitié.

Dans l'impossibilité d'avoir des bases sur cet objet, on évaluera aux deux tiers du total le nombre de charrues conduites par des bœufs et au tiers celles conduites par des chevaux.

Or, comme les charrues conduites par des bœufs produisent moitié moins, il en résulte que la production du blé par les charrues conduites par des bœufs est égale à la production des charrues conduites par les chevaux. Si cette évaluation est fausse, le temps pourra la rectifier et, en attendant, on peut la regarder au moins comme une supposition assez vraisemblable.

Ainsi des 14 milliards de blé produits en France, 7 milliards seront le produit de la culture par des bœufs et 7 milliards seront le produit de la culture par les chevaux.

Les 7 milliards divisés par 30,000 de livres donneraient 233,333 1/3 charrues cultivées par des chevaux et 4,666,666 2/3 charrues conduites par des bœufs.

D'où l'on conclura encore pour le nombre d'arpents, mesure de Roi, cultivés chaque année en blé, par des chevaux	7,000,000
Pour le nombre des mesures de 1,000 toises carrées	9,410,333 ⅓

Pour la culture par des bœufs :	
Nombre d'arpents, mesure de Roi	9,333,323 $\frac{1}{3}$
Nombre de mesures de 1,000 toises carrées[1]	12,581,066 $\frac{2}{3}$
A trois chevaux par charrue la culture occupe :	
Chevaux	700,000
Et à quatre bœufs par charrue pour le surplus :	
Bœufs	1,866,666 $\frac{2}{3}$

Le nombre des arpents cultivés en blé ne fait pas tout à fait le tiers de la totalité des terres labourables dans les pays cultivés par des chevaux à cause des prairies artificielles qui sont prélevées sur le tout; aussi, au lieu de 21 millions d'arpents de terres labourables cultivées en blé, nous compterons 24 millions d'arpents et 32,266 2/3 de mesures de 1,000 toises carrées.

La même réflexion s'applique à la culture des bœufs. La partie cultivée en blé dans quelques provinces ne fait pas plus de la vingtième partie; dans d'autres, elle approche de la moitié.

Il est impossible de prendre un milieu entre ces deux évaluations, car des terres qu'on ne cultive en blé que tous les vingt ans comme dans quelques cantons de la Bretagne sont des terres en friche.

Je crois qu'on peut admettre à peu près autant d'arpents superficiels cultivés par les bœufs et par les chevaux, et alors on aura :

Nombre d'arpents	24,000,000
Nombre de mesures de 1,000 toises carrées	32,266 $\frac{2}{3}$
Mesures carrées de 1,000 toises, cultivées :	
Par les chevaux	9,410,333 $\frac{1}{3}$
Par les bœufs	12,581,066 $\frac{2}{3}$

[1] Ces nombres diffèrent de ceux de la brochure où Lavoisier indique 9,600,000 arpents, mesure de Roi, pour la surface cultivée en blé par les chevaux et 9 millions d'arpents pour la surface cultivée par les bœufs. (*Note de l'Éditeur.*)

COMPTE GÉNÉRAL DES PRODUCTIONS DU ROYAUME

DIVISÉ PAR CHAPITRES.

COMPTE DE L'AVOINE.

PRODUCTION.	EMPLOI.
La quantité totale d'avoine recueillie dans le royaume s'élève, année commune, à 400,000,000 de boisseaux, mesure de Paris, du poids chacun de.....	Sur cette quantité totale d'avoine, l'agriculture en consomme 345,250,000 boisseaux, pesant....., et les chevaux des villes et du roulage 54,750,000 boisseaux du même poids, pesant ensemble.....

Les 54,750,000 boisseaux d'avoine que l'agriculture fournit aux villes et au roulage lui sont payés, voiture comprise, à raison de 12 sols par boisseau, mesure de Paris, ce qui lui forme un bénéfice de 32,850,000 livres; le surplus de la production ne doit point être compté ni..... hors ligne parce qu'il est consommé par les chevaux et bestiaux attachés à l'agriculture.

COMPTE DES FOURRAGES.

PRODUCTION.	EMPLOI.
Il est inutile de porter ici en recette la quantité de fourrages consommée chaque année en France par l'agriculture, puisqu'il n'en résulte aucun produit. Les fourrages servent ou à nourrir les chevaux et bœufs destinés à la culture, ou à engraisser les bestiaux destinés à être vendus. Les porter en recette et en produit, ce serait faire un double emploi, puisque la valeur de ces fourrages se trouve comprise dans le prix des bestiaux, et que ce serait compter deux fois la même chose. Il serait d'ailleurs extrêmement difficile de connaître la production totale de fourrages dans le royaume. Cette explication s'applique à la paille d'avoine, d'orge, etc., qui ne passent pas dans les villes.	Les réflexions ci-contre, relatives à la production, s'appliquent à l'emploi.

D'après ces réflexions, il n'y a à porter en recette au profit de l'agriculture que la quantité de fourrages qu'elle fournit aux villes et au roulage. On l'a évaluée ailleurs à 821,250,000 livres de foin, qui, à raison de 1 livre 10 sous le quintal, frais de transport compris, font rentrer à l'agriculture une somme de 12,318,750 livres.

COMPTE DES BESTIAUX.

PRODUCTION ET EMPLOI.

On ne portera ici en produit que la quantité de bestiaux consommés par les habitants des villes et par ceux en général qui ne sont pas salariés par l'agriculture.

On a vu ailleurs que ces quantités étaient de :

Bœufs	397,000
Vaches	454,000
Veaux	1,482,500
Moutons	3,756,250
Porcs	489,166

et que le produit annuel qui en résultait était de 169,050,000 livres. C'est là véritablement le produit net de tous les herbages et fourrages du royaume. Il se pourrait que cette évaluation fût un peu faible, mais, d'un autre côté, il faut réserver quelque chose pour le bénéfice du cultivateur, et on ne peut pas supposer qu'il rend la totalité de ce produit au propriétaire. Cette dernière considération pourrait engager à réduire à 160,000,000 de livres le produit des herbages et fourrages de toute espèce dans le royaume, à quoi cependant il faut ajouter le prix du beurre, du lait, des œufs fournis aux habitants des villes, ainsi que celui des laines.

COMPTE DES PAILLES.

PRODUCTION.		EMPLOI.	
Pailles de blé et de seigle, 22 milliards.		Consommé par l'agriculture pour la nourriture et la litière des chevaux et bestiaux	20,905,000,000^l
		Vendu pour les chevaux des villes et pour ceux du roulage..............	1,095,000,000
		TOTAL.......	22,000,000,000

La paille vaut, voiture comprise, et livrée dans les villes, prix moyen, 15 sous le quintal.

Ainsi le bénéfice de l'agriculture sur cet objet, sa propre consommation prélevée, monte à 5,475,000 livres.

COMPTE DES BALLES ET.....

PRODUCTION.	EMPLOI.
[illegible]a balle et le ... recueillis dans tout le royaume forment un total de 4 milliards de livres.	Il ne résulte de cet objet aucun bénéfice pour l'agriculture, parce que la totalité de cette production est consommée par les bestiaux dans la ferme même.

COMPTE DES BLÉS ET SEIGLES.

PRODUCTION.		EMPLOI.	
Produit total en blé des 233,333 charrues cultivées avec des chevaux...	7,000,000,000^l	Portion réservée par les cultivateurs pour ensemencer les terres et préparer la récolte suivante........	2,333,333,333^l
Produit des 466,669 charrues cultivées par des bœufs...............	7,000,000,000	Nourriture des cultivateurs.	925,680,000
TOTAL.......	[illegible] 000,000,00[illegible]	Dépenses des moissons....	1,068,340,000
		Frais de battage.........	420,030,000
		Dépenses diverses d'exploitation...............	1,971,620,000
		A reporter.....	6,718,973,333

EMPLOI.	
Report.......	6,718,973,333
Dîme du blé à la 20e.....	700,000,000
Vingtièmes et sols pour livre.	416,500,000
Taille et accessoires, non compris les villes......	1,120,000,000
Droit représentatif de la corvée................	186,666,667
Gabelle, aides, tabac.....	462,700,000
Part des propriétaires.....	4,395,160,000
TOTAL.......	14,000,000,000

COMPTE DES BOIS.

Ce serait une chose extrêmement difficile, et peut-être impossible, que de faire le compte exact de la récolte du bois et de son emploi dans le royaume; on n'a sur cet objet que des renseignements incertains et incomplets.

La récolte du bois fournit au chauffage, à la cuisson du pain, aux ouvrages de charpente et à ceux de boissellerie, tels que sabots, seaux, pelles, etc., enfin aux ouvrages de charronnage.

Si on voulait considérer en masse tous les produits de l'agriculture et les considérer comme appartenant au même propriétaire, on pourrait simplifier beaucoup l'opération en ne portant cette nature de production ni en récolte ni en dépense pour tout ce qui concerne l'agriculture et ses agents : ce serait implicitement supposer que le propriétaire général coupe dans ses bois tout ce qui est nécessaire au chauffage, aux réparations ou autrement; mais, dans tout ce qui a été fait jusqu'ici, nous avons voulu séparer le compte des agriculteurs, ou plutôt des agents de l'agriculture, de celui des autres productions : mais il ne peut résulter aucune erreur dans le compte général si nous portons en recette au profit des populations des bois une somme égale à celle que nous portons en dépense au compte des agriculteurs.

Alors la récolte du compte des bois sera formée :

1° Des objets portés en dépense au compte de l'agriculture;

2° Des livraisons de bois de toute espèce faites aux habitants des villes.

Quant aux bois livrés pour la consommation des foyers, il ne doit en être fait recette, puis ce serait faire un double emploi avec le produit des fers.

VIGNES.

Sur 25 millions d'habitants qui existent en France, il faut en retrancher les enfants, qui ne boivent pas de vin, surtout ceux en bas âge.

Reste 18 millions, composés de moitié femmes, qui boivent peu de vin. On peut évaluer le tout, l'un dans l'autre, à un quart de bouteille par jour.

Ce serait 4 millions 500,000 bouteilles par jour, et par an..................	1,642,500,000 bouteilles.
Exportation : 2 millions de muids de 300 bouteilles..................	600,000,000
TOTAL.............	2,242,500,000

A 1,000 bouteilles par 1,000 toises carrées, ce seront 2,242,500 mesures de 1,000 toises carrées que contiendra le royaume.

Un vigneron dont la famille est composée de 5 personnes ne peut cultiver que 10 de ces mesures; ainsi la vigne occupe 224,250 familles de 5 personnes, c'est-à-dire 1,121,250 personnes, hommes, femmes et enfants.

Compte des vignes d'après M. Paulze.

1,600,000 arpents cultivés en vigne dans le royaume produisent 6 muids de vin l'un dans l'autre, année commune[1], en tout 9 millions 600,000 muids de vin.

[1] On ne croit pas que le produit des vignes doive être estimé à plus de 4 muids à l'arpent, ou 1,200 bouteilles, année commune. Un vigneron, dans l'Orléanais, fait 6 arpents de vigne. L'arpent de Blois est de 1,000 toises, celui du Roi est de 1344t 75: donc un vigneron peut faire 9,600 toises carrées, ou près de dix mesures de 1,000 toises.

Dans les provinces d'aides	4,000,000 de muids.
Dans les autres	5,600,000
TOTAL	9,600,000

Il se consomme 20,000 muids par jour, à raison de un quart de pinte par personne[1]; c'est par an 7,300,000 muids; le surplus, montant à 2,300,000 muids, s'exporte.

Il en sort par le port de Bordeaux :

Vin et vinaigre	72,000 tonneaux.
Eau-de-vie	8,000

SOIE.

Le royaume en récolte 2,000,000 de livres à 30 livres la livre; il en tire 1,000,000 de l'étranger.

PRODUCTION PAR PROVINCE.

Languedoc	1,100,000
Provence	300,000
Dauphiné	400,000
Touraine et autres provinces	200,000
TOTAL	2,000,000

DU PRODUIT D'UNE FERME DE TROIS CHARRUES ET DE SA DÉPENSE.

Une ferme de trois charrues conduites par des chevaux cultive en blé 121 mesures de 1,000 toises carrées. Elle peut produire, qualité moyenne de terre et année commune, 90,750 livres pesant de blé. Suivons-en l'emploi.

[1] Cette évaluation est forcée à cause des enfants et des femmes, du cidre, de la bière.

La ferme est composée de 11 personnes qui consomment, savoir :

Quatre enfants, à 12 onces par jour..........	1,096 livres.
Sept personnes adultes, à 600 livres chacune...	4,200
	5,296
Pour les survenants et les mendiants..........	704
TOTAL..................	6,000
Semences, à raison de 125 par mesure de 1,000 toises carrées..........................	15,125
Dîme à la 20e..........................	4,537
	25,662
De....................	90,750
RESTE..................	65,088
Part du propriétaire, à raison du tiers sur le tout, vingtièmes à déduire....................	30,250
TOTAL..................	34,838

DÉPENSES.	En blé.		En argent.	
Vingtièmes à la charge du propriétaire...	3,630 liv. pes.		363l	0s
Taille et accessoires................	7,260	0	726	0
Frais de mouture, à 2 livres par mesure de 1,000 toises carrées pour le blé, et à raison de 1l 5s pour les mars.......	4,935	0	493	10
Blé de consommation extraordinaire pour les moissons....................	1,000	0	100	0
Frais de nourriture des moissonneurs autres que pour le pain.............	1,000	0	100	0
Gabelles.........................	720	0	72	0
Tabacs..........................	100	0	10	0
Achat de vin, 8 pièces à 15 livres, y compris la moisson.................	1,200	0	120	0
Aides...........................	100	0	10	0
Charron et bourrelier...............	1,200	0	120	0
A reporter........	21,145	0	2,114	10

IMPRIMERIE NATIONALE.

DÉPENSES.	En blé.		En argent.	
Report	21,145	liv. pes.	2,114^l	10^s
Achat de bois	500	0	50	0
Entretien de linges et hardes	1,200	0	120	0
Trois laboureurs à 72 livres de gages	2,160	0	216	0
Une servante	360	0	36	0
Un berger	800	0	80	0
Achat de foin, 2 arpents	1,200	0	120	0
Frais de battage du blé, seulement à 3 livres par millier	2,722	10	272	5
Remonte de chevaux	3,000	0	300	0
Épicerie et dépenses diverses, telles que huile, etc.	500	0	50	0
Frais de communauté et entretien du presbytère	150	0	15	0
Maladies, chirurgien, etc.	150	0	15	0
Journées d'ouvriers	240	0	24	0
Poteries, ustensiles de ménage, etc.	120	0	12	0
Remplacement de la corvée, environ le 1/6 des impositions	1,210	0	121	0
TOTAL	31,827	10	3,182	15

RÉCAPITULATION.

Récolte totale du blé pour trois charrues .... 90,750 livres.

DÉPENSE.

Dîme à la vingtième		4,537 livres.
Vingtièmes	3,630^l	
Taille et accessoires	7,260	
Droit représentatif de la corvée	1,210	
Gabelle	720	
Tabac	100	
Aides	100	
		13,020
TOTAL		17,557

RÉPARTITION DE LA RÉCOLTE.

Semences à prélever	15,125[l]	0
Consommation de la ferme	6,000	0
Dépense des moissons	6,925	0
Frais de battage du blé	2,722	1/2
Autres dépenses d'exploitation	12,780	0
TOTAL des frais d'exploitation	43,562	1/2
RECETTE TOTALE	90,750	0
Donc, part que pourrait avoir le propriétaire, sauf à en abandonner une portion au fermier	47,188	1/2
Les droits de toute espèce en absorbent	17,557	0
RESTE au propriétaire	29,631	1/2

Il ne reste rien dans ces calculs pour le bénéfice du fermier ni pour l'intérêt de ses avances : 1° parce que la plupart des fermiers vivent et n'amassent rien, et qu'un grand nombre s'estiment heureux quand ils ont vécu eux et leur famille sans s'arriérer; 2° parce qu'on ne compte ici pour rien le produit de la tonte des bestiaux, du commerce des bêtes à laine, des ventes d'agneaux, de veaux, de fromage, qui font un produit assez considérable, et qu'on suppose appartenir exclusivement au fermier. Il serait heureux et riche si le propriétaire n'entamait pas ce produit, qui est celui de son industrie.

En rapportant tous ces résultats dans la proportion de 1,000, on trouve ce qui suit :

PARTAGE DE LA RÉCOLTE.

	Sur 90,750.		Sur 1,000.
Semences	15,125[l]	0	168
Consommation	6,000	0	67
Frais de moisson	6,925	0	77
Frais de battage	2,722	1/2	30
Autres frais de toute espèce	12,780	0	142
A reporter	43,553	1/2	484

57.

	Sur 90,750.		Sur 1,000.
Report	43,552^{l}	1/2	484
Dîme et vingtièmes	4,547	0	54
Taille et accessoires	7,260	0	80
Vingtièmes	2,700	0	30
Représentation de la corvée	1,210	0	13
Aides, gabelle, tabacs	3,000	0	33
Part du propriétaire	28,490	10	306
Totaux	90,750	0	1,000

PARTAGE TOTAL DE LA RÉCOLTE SUPPOSÉE DE 14 MILLIARDS PESANT DE BLÉ.

	Livres de blé.	Argent.
Blé employé en semences	2,333,333,333	233,333,333
Consommation des cultivateurs	925,680,000	92,568,000
Dépenses des moissons	1,068,340,000	106,834,000
Frais de battage	420,000,000	42,000,000
Autres dépenses d'exploitation	1,971,620,000	197,162,000
Dîme du blé au 20e, vingtièmes et sols pour livre	416,500,000	41,650,000
Taille et accessoires	1,120,000,000	112,000,000
Droit représentatif de la corvée	186,666,667	18,666,667
Gabelle, aides et tabac	462,700,000	46,270,000
Part des propriétaires	4,395,160,000	459,516,000
Totaux	14,000,000,000	1,400,000,000

PRODUIT TOTAL DES RÉCOLTES DU ROYAUME.

La récolte totale du blé est, comme on l'a vu ailleurs, de 14 milliards de livres (*en poids*), ou de 1,400,000,000 livres (*argent*), mais ce n'est là qu'une portion du produit du territoire.

Tout homme consommant par an, l'un dans l'autre, environ 150 livres (*argent*), il en résulte que tous les habitants du royaume consomment ensemble 3,750,000,000 livres. Quand on ne calculerait que sur une consommation annuelle de 120 livres, ce qui peut-être est suffisant à cause du grand nombre d'enfants, on aurait un total de 3 milliards pour la consommation des hommes. Cette consommation comprend la nourriture de toute espèce, et par conséquent le produit des bestiaux de tout le royaume, des laines employées en habillement, du cuir, du chanvre, de la toile, la consommation du bois, les frais de logement, etc.

Il ne reste, pour avoir la consommation entière du royaume, qu'à ajouter à cette somme la consommation des bestiaux, encore celle des bœufs y est-elle comprise, car la valeur du bœuf que l'on vend pour la boucherie doit représenter à peu près les consommations qu'il a faites.

Quoi qu'il en soit, on a vu qu'il n'y avait que 700,000 chevaux occupés à labourer dans les pays de grandes cultures, à quoi il faut ajouter les chevaux existant dans les pays de petites cultures où l'on cultive avec des bœufs. On en peut évaluer un par charrue, et par conséquent 466,666. Enfin les chevaux des voitures des villes et des rouliers des routes, qu'on peut évaluer à 150,000 au plus.

Les nombres ronds donnent un total de 1,316,667[1].

On peut évaluer le nombre des bœufs à cinq par charrue, élèves compris, ce qui donne pour le nombre de bœufs	2,333,333
A quoi ajoutant un sixième pour ce qui chaque année est à l'engrais, c'est-à-dire	388,888
On aura pour le total des bœufs	2,722,221

On n'a aucune base pour évaluer le nombre des vaches du royaume. Si on ne considérait que les laboureurs et fermiers, on pourrait compter sur deux vaches par charrue environ, et le nombre qu'on obtiendrait serait de 1,400,000, mais, d'un autre côté, bien des ménages de campagne ont des vaches. Il y a trois à quatre millions de ménages

[1] A corriger pour le nombre et la consommation des chevaux.

de campagne; le nombre des vaches peut aller à pareille quantité, mais on ne croit pas qu'il puisse excéder 4,000,000.

A l'égard des moutons, en les évaluant à 40 par charrue, on aurait un total de 28,000,000 de moutons; ce nombre pourrait bien être forcé.

Si l'on veut connaître la consommation de ces différents animaux, on trouvera d'abord, à l'égard des chevaux, qu'un fort cheval consomme environ son boisseau par jour, mais comme les chevaux de ferme ne mangent pas ordinairement d'avoine pendant l'hiver, on peut évaluer à 240 le nombre de boisseaux que mange annuellement un cheval. C'est à peu près 4 muids de Blois, et pour la totalité des chevaux du royaume, 5,266,668 muids. Cette quantité est fournie par 14 à 15 millions d'arpents qui se cultivent chaque année en France ou environ. Ces 14 millions d'arpents exigent chacun 6 boisseaux de semences, soit 1,400,000 boisseaux de semences. Ainsi le royaume récolte en totalité 6,666,667 muids, mesure de Blois, ce qui donne en boisseaux mesure de Paris, contenant 20 livres de blé, 400,000,000, et par arpent, mesure de Roi, 28 boisseaux $\frac{571}{1000}$.

Le prix de l'avoine peut être évalué pour la moyenne du royaume à 10 sous par boisseau, ce qui donne pour la valeur totale de la récolte en avoine 200,000,000 de livres.

En supposant que le nombre des chevaux de ville et de roulage soit de 150,000, comme on l'a évalué plus haut, leur nourriture à 363 boisseaux par an, évaluée à 12 sous le boisseau, voiture comprise, formerait 219 livres par cheval, et pour les 150,000 chevaux, 32,650,000 livres. Cette somme est encore versée par les habitants des villes, les voyageurs et rouliers de la classe des cultivateurs, dont elle augmente le profit, mais cette somme se partage principalement aux cultivateurs des environs des villes.

Les chevaux de travail mangent bien 15 livres de foin par jour; en partant de cette quantité moyenne pour tous les chevaux du royaume, il se consomme en France, pour les chevaux, 7,208,750,000 livres de foin.

Sur cette quantité, l'agriculture en vend au commerce pour la consommation des 150,000 chevaux des villes et des rouliers, à raison de 15 livres par cheval, 821,250,000 livres pesant, au prix de 1 livre 10 sous le quintal, frais de transport compris, ce qui verse encore dans la classe des agriculteurs une somme de 12,318,750 liv. Ce nombre de chevaux peut consommer, à raison de 20 livres de paille par chacun, 3,000,000 de livres de paille par jour, et par an 1,095,000,000 livres pesant. La paille vaut environ 7 livres 10 sous le millier pesant, à 15 sous le quintal, voiture comprise; ainsi l'agriculture fournit aux villes et au roulage pour une somme de 5 millions 475,000 livres de paille.

La fourniture des bestiaux faite par l'agriculture est difficile à calculer. Essayons cependant un aperçu.

Il entre à Paris, à peu près, année commune :

Bœufs	70,000
Vaches	1,800
Veaux	120,000
Moutons	350,000
Cochons	35,000
Chair morte	600,000 livres.

Chaque bœuf fournit	700 livres de viande.
Chaque vache	250
Un veau	40
Un mouton	40
Un porc	200

Consommation de la ville de Paris en livres de viande :

Bœufs	49,000,000 livres.
Vaches	4,500,000
Veaux	7,200,000
Moutons	14,000,000
Porcs	7,000,000
Chair morte	600,000
TOTAL de la consommation de Paris	82,300,000

Il y a à Paris 550,000 personnes de tout âge et de tout sexe. Chaque personne consomme donc, l'un dans l'autre, 150 livres de viande, soit par jour 6 onces 4 gros $\frac{1}{2}$.

On compte 8,000,000 d'habitants des villes, sur quoi retranchant 550,000 pour Paris, reste pour les villes de province 7,450,000 habitants.

On doit consommer moins dans les villes de province qu'à Paris; on y doit consommer moins de moutons; on y doit consommer des bœufs et des veaux plus petits.

On voit qu'on ne doit pas évaluer à guère plus de 4 onces de viande par personne la consommation des habitants des villes, c'est-à-dire par an à 91 livres 4 onces, ou prendre, pour plus de commodité dans les calculs, 100 livres par an, savoir :

Bœuf	30 livres.
Vache	20
Veau	10
Mouton	25
Porc	15
TOTAL	100

Sans calculer le nombre de bestiaux, en évaluant à 5 sous la livre l'un dans l'autre le prix de la viande, ce serait une somme de 25 livres par habitant des villes; cette évaluation pourrait être un peu faible.

Nous avons évalué ailleurs à 8 millions le nombre des habitants des villes, mais dans ce nombre on comprend un assez grand nombre de personnes attachées à l'agriculture ou salariées par l'agriculture; on croit donc pouvoir restreindre à 5,450,800 le nombre des habitants des villes proprement dits, déduction faite de 550,000 habitants de Paris. Ce nombre, multiplié par 25 livres, donne une somme de 136,250,000 livres que les habitants des villes versent dans la classe des agriculteurs; ce revenu appartient plus particulièrement aux pays de petite culture. Cette somme, quoique excessivement forte, est cependant très probablement au-dessous de l'effectif.

Il faut y ajouter la consommation de Paris, qui, à raison de 82 millions de livres de viande à 8 sous la livre, droits déduits, forme un objet de 32,800,000 livres, lesquelles, ajoutées à 136,250,000 livres, donnent un total de 169,050,000 livres.

Si l'on veut maintenant calculer le nombre de bœufs consommés dans les villes d'après l'évaluation ci-dessus, on trouvera le calcul suivant en comptant les bœufs à 500 livres, les vaches à 200, les veaux à 50, les moutons à 40, les porcs à 200 :

Bœufs	327,000
Vaches[1]	545,000
Veaux[2]	1,090,000
Moutons	3,406,250
Porcs	408,750

Ces nombres ne comprennent que la consommation des villes de province; en y ajoutant la consommation de Paris, on aura :

Bœufs	397,000
Vaches	454,000
Veaux	1,482,500
Moutons	3,756,250
Porcs	443,750

Consommation du blé dans le royaume.

Sur les 25 millions d'habitants du royaume, il y a 6,350,000 enfants de dix ans et au-dessous. Ils mangent l'un dans l'autre 12 onces de pain par jour, ou 12 onces de blé :

[1] Si l'on évaluait le poids des vaches à 250 livres, on aurait 436,000 vaches.

[2] On pourrait peut-être, avec plus de vérité, évaluer le poids des veaux à 40 livres, et alors on aurait, pour le nombre des veaux, 1,362,500.

C'est par an 274 livres de blé par individu, et pour les 6,350,000	1,739,000,000 livres.
Il reste pour les adultes, au nombre de 18,650,000, femmes et vieillards compris, à raison de 500 livres par individu	9,325,000,000
TOTAL de la consommation du blé dans le royaume	11,064,000,000

En évaluant la consommation des adultes à 550 livres, ce qui paraîtrait plus approchant de la vérité, on aurait :

Pour les enfants	1,739,000,000 livres.
Pour les adultes	10,257,500,000
TOTAL	11,996,500,000

Ce serait 12 milliards pesant de blé, à quoi en ajoutant 2 milliards de blé pour les semences, à raison d'un sixième, le total de la production du royaume serait de 14 milliards de livres.

RECHERCHES

SUR LA CONSOMMATION EFFECTIVE DES HABITANTS DES VILLES ET DES CAMPAGNES.

Dépense d'un petit ménage de campagne composé d'un manouvrier, d'une femme et de trois enfants.

Deux pains et demi à trois pains de 12 livres par semaine, suivant l'âge des enfants; on comptera sur 35 livres par semaine, c'est-à-dire sur 5 livres par jour :

C'est par an 1,825 livres qui, à 2 sous, font une somme de	182[l]	10[s]
Loyer d'une maison avec un petit jardin	24	0
Imposition	3	10
Impositions indirectes	12	0
Loyer d'une vache, au moins	6	0
Habillement du père	12	0
Habillement de la mère	12	0
Habillement des enfants	12	0
TOTAL	264	0

Voilà le strict nécessaire, mais il est peu de ménages réduits à cette extrême misère. On peut donc évaluer à 300 livres la dépense des familles les plus misérables. En supposant la famille composée de cinq personnes, c'est 60 livres par individu. Voilà la dernière étape.

Bénéfice d'un manouvrier.

Battage en grange pendant les mois de septembre, octobre, novembre, décembre, janvier, février et mars, pendant 6 mois au plus, et comme il y a le temps des maladies, la probabilité du manque d'ouvrage, on ne compte que 5 mois à 26 jours par mois, à cause des dimanches et fêtes, c'est 130 jours.

Un batteur bat un muid par semaine, à 6 livres, c'est 20 sous par jour, et pour les 130 jours	130 livres.
24 jours de fauchage et fanage à 1 livre 5 sous	30
La moisson lui vaut	36
Profit de la vache et de quelques poules	30
Filature de la femme pendant l'hiver	14
Journées pendant les semailles	12
Remplacements, etc	12
TOTAL	264

Dans les calculs, je supposerai qu'un batteur en grange gagne

150 livres dans son hiver. Les frais de battage sont de 10 sous par quintal environ et forment au total une somme de 70 millions de livres, qui, divisée par 150 livres, donne 466,666 hommes et environ 2 millions d'individus, hommes, femmes et enfants.

A 150 livres par trois charrues, les frais de maréchal, bourrelier, charron, etc., formeront pour la totalité de la récolte en proportion une somme de 23,145,000 livres, qui, divisée par 300 livres, bénéfice des ouvriers ci-dessus cités, suppose 77,150 familles d'ouvriers attachés à l'agriculture, qui, multipliées par 4, donnent 318,600 individus. On croit cette proportion trop forte.

ÉVALUATION DU NOMBRE DE CHEVAUX EXISTANT DANS LES VILLES.

Les chevaux de travail, tels que ceux de fiacre, consomment à Paris un boisseau par jour, ou 365 boisseaux par an. Les chevaux bourgeois et ceux de charrettes, de médiocre grosseur, n'en consomment que 3 picotins, ou trois quarts de boisseau, ce qui fait par an 274 boisseaux; on partira de l'évaluation moyenne de 288 boisseaux ou de un muid par cheval, et comme il entre à Paris 21,409 muids d'avoine, ce serait 21,409 chevaux que contiendrait la ville de Paris.

En évaluant la consommation du foin à une botte par jour, c'est-à-dire à 10 livres, chaque cheval consomme par an 365 bottes, ou 3,650 livres pesant de foin; mais il est à observer que les chevaux bourgeois mangent en général très peu de foin, qu'il en est qui n'en mangent point, qu'on peut dire la même chose des chevaux de main. On voit donc que la moyenne de consommation du foin à Paris n'excède pas 3,000 livres pesant.

Il entre à Paris, année commune, 6,388,380 bottes de foin pesant à peu près 63,883,800 livres, qui, divisées par 3,000, consommation moyenne d'un cheval, donnent pour le nombre des chevaux existant à Paris 21,295.

Peut-être faut-il ajouter à ces quantités quelque chose pour l'avoine et le foin qui entrent en fraude ou sur de fausses déclarations, mais on peut toujours présumer que le nombre des chevaux à Paris n'est pas au-dessous de 20,000 ou au-dessus de 22,500.

La population des villes du royaume est de 6 millions environ, celle de Paris de 500,000 personnes; ainsi, en supposant que le nombre des chevaux des provinces soit, proportionnellement à la population, le même dans les villes de province qu'à Paris, il serait entre 240,000 et 270,000; mais il est, d'un autre côté, certain que le nombre des chevaux qui ne sont pas employés à l'agriculture dans les villes de province est beaucoup moindre qu'à Paris. Si on croyait que ce nombre fût de moitié, on trouverait, en multipliant par 6 le nombre des chevaux de Paris, que celui des villes de province est entre 120,000 et 135,000; peut-être faut-il le porter à 150,000, à quoi il faut ajouter les chevaux de roulage et de messageries qui sont à la solde du commerce et des villes, et évaluer le tout à 180,000.

On évaluera la consommation de ces chevaux à 10 livres de foin par jour, ou à 3,650 livres par an, ce qui fait pour les 180,000 chevaux 657,000,000 livres pesant, lesquelles, à raison de 1 livre 10 sous le quintal, valent 9,855,000 livres.

Les chevaux des villes mangent un muid d'avoine à 288 boisseaux, mesure de Paris, par an, c'est 180,000 muids d'avoine, mesure de Paris.

Les chevaux de la cavalerie française sont 31,476, mais le nombre des chevaux composant l'armée, même en temps de paix, est plus considérable; on peut, je crois, le porter à 40,000. L'État paye donc ou plutôt rend donc une somme pour cet objet à l'agriculture,

RÉFLEXIONS SUR L'ORGANISATION MILITAIRE.

Chaque régiment d'infanterie est de 2,069 hommes de toute classe, et la dépense est de 733,599 livres.

C'est par homme, l'un dans l'autre, officiers et soldats, 354 livres 11 sous 4 den.; cette somme suffit à la dépense commune, y compris l'entretien et les consommations de toute espèce. Les appointements du simple fusilier sont de 251 livres par an, c'est environ 13 sous 9 deniers par jour. Il semble que c'est à peu près la dépense moyenne des personnes qui vivent bien et qui se vêtissent bien, mais ce sont des adultes, et des adultes vigoureux.

Supposons que dans un ménage de campagne le chef consomme autant qu'un soldat :

On portera ici sa dépense à	251l	0s	0d
Celle de sa femme aux deux tiers	169	6	8
Pour trois enfants supposés en bas âge, au moins pour deux	167	6	8
Total	587	13	4

Ce serait pour chaque individu 117 livres 2 sous 8 deniers.

Pour subvenir à cette dépense, il faudrait que le chef de famille et sa femme gagnassent par jour, déduction faite des dimanches et fêtes, environ 1 livre 18 sous 3 deniers; c'est certainement tout ce qu'un manouvrier peut gagner. Il paraît donc que, les enfants compris, on ne peut supposer la dépense moyenne des individus que de 120 livres au plus, comme Voltaire l'avait admis dans sa brochure. Alors la production territoriale du royaume ne serait que de trois milliards, et en effet il ne faut pas calculer davantage.

On dira peut-être que pour avoir une idée de la consommation moyenne, il aurait fallu prendre la dépense moyenne des officiers et des soldats, qui est de 354 livres 11 sous 4 deniers par jour. On ferait une faute grave, car l'officier ne consomme intrinsèquement pas beaucoup plus que le soldat, et cette réflexion peut s'appliquer à presque tous les gens riches; mais l'officier a son domestique, des chevaux, etc. Sa solde comprend donc non seulement sa consommation personnelle, mais celle de plusieurs autres individus. Il faudrait donc, si l'on faisait entrer à la masse les appointements des officiers, faire entrer dans la consommation celle des individus à leur solde, et alors on reviendrait à la consommation moyenne de 120 livres.

On objectera peut-être que la consommation des habitants aisés des villes est beaucoup plus forte, et cela est vrai, sans cependant que la différence soit aussi considérable qu'on le pense; mais aussi la classe des manouvriers ne consomme l'un dans l'autre que jusqu'à concurrence de 60 à 70 livres; la moyenne de 120 livres est plutôt forcée qu'autrement.

L'excès de dépense des gens aisés des villes est plus dans l'habillement que dans la nourriture.

DE L'ÉTAT DES FINANCES EN FRANCE

AU 1er JANVIER 1792[1].

INTRODUCTION.

Dans un moment où l'on exagère tout, le bien comme le mal; où chacun voit les objets avec un instrument qui les grossit ou qui les diminue, qui les éloigne ou qui les approche; où personne ne les voit, ni dans leur vraie dimension, ni à leur véritable place, j'ai pensé qu'il serait utile que quelqu'un entreprît de discuter, sans passion, la situation des affaires, et de soumettre les finances de l'État au calcul d'une arithmétique rigoureuse.

Ce que d'abord je n'avais fait que pour moi m'a paru ensuite pouvoir être utile à d'autres; peut-être aux législateurs eux-mêmes qui vont s'occuper de la restauration de nos finances. La difficulté de multiplier les copies m'a engagé à recourir à l'impression; tel est l'historique des circonstances et des motifs qui ont déterminé la rédaction et la publication de cet écrit.

Que le lecteur ne s'attende pas à trouver ici aucun autre intérêt que celui qui naît de l'importance de l'objet : cet écrit sera froid comme la raison. J'aurais voulu qu'il ne contînt que des états et des chiffres, j'aurais voulu pouvoir en supprimer toute espèce de raisonnement : car les faits sont des données qui ne nous trompent jamais; ce sont les opérations de notre jugement qui nous égarent. Cependant, entraîné

[1] *De l'état des finances en France au 1er janvier 1792*, par un député suppléant à l'Assemblée nationale constituante. Broch. in-8° de 90 pages. — Paris, Dupont, 1791.

par la nature même de mon sujet, je n'ai pu éviter de donner quelquefois des aperçus et des évaluations : j'ai cherché alors à me défendre de l'exagération en plus comme en moins, et à donner, sinon une entière exactitude, au moins ce qui m'a paru approcher le plus de la vérité.

Je dois prévenir qu'obligé de rédiger cet ouvrage avec une extrême rapidité, jaloux de le rendre public pour l'époque à laquelle l'Assemblée législative doit agiter les grandes questions dont la solution peut influer si puissamment sur le salut de l'Empire, continuellement distrait par le courant des affaires qu'on ne peut pas arrêter, il ne m'a pas toujours été possible d'apporter l'exactitude rigoureuse que j'aurais désirée dans les données et dans les calculs. J'ai mieux aimé quelquefois employer une somme ronde, dût-elle s'écarter de quelques centaines de mille livres de la vérité, que de passer des semaines entières à des recherches pénibles, dont il n'aurait résulté que des différences insensibles relativement aux conséquences auxquelles j'ai été conduit.

D'ailleurs, si, comme il est possible, la discussion se prolonge à l'Assemblée nationale, je mettrai le temps à profit pour me rectifier moi-même, et je compterai pour me seconder, pour m'éclairer, pour me critiquer même, sur le zèle et sur les efforts de tous les coopérateurs honnêtes qui s'occupent et s'intéressent à la chose publique.

CHAPITRE PREMIER.

DE LA PORTION DES REVENUS PUBLICS DONT ON PEUT ESPÉRER LA RENTRÉE PENDANT L'ANNÉE 1792.

L'Assemblée constituante a décrété à différentes fois, pour le service des caisses publiques, une création de 1,800 millions d'assignats faisant, avec la portion d'intérêts attachés à ceux remis au Trésor public, sur les premiers 400 millions, une somme de 1,801,650,000 livres.

Le 1er décembre, présent mois, il en avait été fait à peu près l'emploi ci-après :

TABLEAU DE L'EMPLOI DES ASSIGNATS.

Échange des billets de caisse d'escompte ou promesse d'assignats			375,400,000l
Versements faits au Trésor public.			
Sur les dépenses de 1790 et antérieures, sur les dépenses particulières à 1791 et pour complément de recette		627,065,000l	
Sur les revenus des domaines nationaux, 55 millions, dont en assignats		54,432,000	
Pour les dépenses extraordinaires de la guerre		15,566,000	
Remplacements de remboursements dont l'avance a été faite par la Trésorerie nationale.			
Rescriptions des recettes générales	16,150,000l		
Anticipations sur la ferme générale	11,550,000		
Billets des vivres de la marine	443,000		
Charges des états du Roi et des pays d'états	1,194,000		
		29,337,000	
			726,400,000
Dépenses faites par la Caisse de l'extraordinaire.			
Remboursements au 1er décembre, non compris les 29,337,000 livres remboursées par la Trésorerie nationale		567,300,000l	
Remboursements de coupons d'intérêts		6,000,000	
Réservé pour les échanges qui restent à faire des billets de caisse et promesses d'assignats		24,600,000	
Prêts faits à différentes villes		1,350,000	
Secours accordés aux hôpitaux		2,600,000	
			601,850,000
Total des assignats mis en circulation			1,703,650,000
A quoi, ajoutant ce qui restait de disponible au 1er décembre			98,000,000
Total égal			1,801,650,000

Sur les 1,704 millions mis en circulation jusqu'au 1er décembre 1791, il en était rentré à la même époque 339 millions par la vente des domaines nationaux; en sorte qu'il n'existait réellement au 1er décembre que pour 1,365 millions d'assignats dans le public, en y comprenant même le restant en caisse de la Trésorerie nationale et des receveurs de district, et près de 10 millions rentrés à la Caisse de l'extraordinaire, et prêts à brûler. Il s'en fallait donc alors de 35 millions qu'on n'eût atteint les 1,400 auxquels l'Assemblée constituante et l'Assemblée législative avaient fixé ce qui pouvait exister à la fois d'assignats en circulation.

Dans cet état de choses, deux questions se présentent à résoudre. Premièrement, combien faut-il créer de nouveaux assignats pour satisfaire aux besoins de l'année prochaine? Secondement, à quelle somme sera-t-il nécessaire de fixer la quantité qui pourra en exister à la fois en circulation?

Pour arriver à la solution de ces deux questions, il est nécessaire de connaître d'abord le montant des dépenses, tant ordinaires qu'extraordinaires, de l'année 1792, celui des recettes de toute espèce, et de comparer les unes avec les autres. Ce sont ces données que je me suis proposé d'établir avec une approximation suffisante. Je commence par les recettes.

Je ne rappellerai pas ici ce que j'ai dit et imprimé dans un écrit que l'Assemblée constituante a daigné accueillir avec quelque bonté, dont elle a ordonné l'impression, que le Comité des contributions publiques a cité avec éloge, mais dont cependant il n'a point adopté les résultats[1]. Je suis convaincu aujourd'hui, comme je l'étais alors, que la contribution foncière, réduite au sixième, ne peut pas produire au delà de 200 millions, et que la contribution mobilière n'en rendra pas plus de 40. Je suis prêt à discuter de nouveau les preuves que j'en ai

[1] Résultats extraits d'un ouvrage intitulé : *De la Richesse territoriale du royaume de France*; de l'Imprimerie nationale.

données. Toutes les combinaisons que j'ai faites depuis l'époque de mes premiers calculs, toutes les connaissances que je me suis efforcé de rassembler, me donnent même lieu de craindre que mes évaluations ne soient encore au-dessus de l'effectif; et je crois, en conséquence, qu'il est de la prudence de ne compter que sur un produit de 230 millions pour les contributions foncières et mobilières de 1791.

Sur cette somme, il en était rentré environ 20 au 1er décembre, présent mois : il en rentrera 10 au plus jusqu'au 1er janvier prochain; ainsi il restera à recouvrer, sur cette partie des impositions, pendant l'année 1792, environ 200 millions.

On peut supposer que les contribuables qui se trouvent affranchis de la dîme, des droits féodaux, des aides, de la gabelle, de tous droits généralement sur les consommations, payeront facilement, d'ici au 1er juillet, à peu près les trois quarts de cette somme, c'est-à-dire celle de 150 millions de livres.

On peut supposer encore que, sur le quart restant, il en rentrera moitié dans les six derniers mois de 1792, ci 25 millions de livres.

Enfin il est plus que probable que d'ici au 1er juillet prochain, l'imposition foncière et mobilière de 1792 sera décrétée; que les rôles seront dressés et mis en recouvrement; que l'Assemblée législative, mieux instruite sur la production territoriale du royaume, élèvera au moins au cinquième la proportion de la contribution foncière. On peut donc espérer que le produit de cette imposition pour 1792 sera au moins de 240 millions : à quoi, ajoutant 40 millions pour l'imposition mobilière, il en résultera un total de 280 millions.

On ne m'accusera pas d'exagération quand je supposerai qu'il en rentrera moitié pendant les six derniers mois de l'année 1792.

Telles seront, d'après ces données, les rentrées probables de l'année prochaine :

1° Sur les impositions foncières et mobilières de l'année 1791	175,000,000 livres.
2° Sur les mêmes impositions, à compte de l'année 1792	140,000,000
3° Sur les impositions de 1790 arriérées	20,000,000
4° Produits des droits de timbre et d'enregistrement pendant l'année 1792, à raison de 5 millions par mois	60,000,000
5° Douanes nationales	15,000,000
6° Loteries	6,000,000
7° Patentes	12,000,000
8° Postes	14,000,000
9° Produit des forêts et de l'ancien domaine foncier du Roi	10,000,000
10° Revenu des domaines nationaux, à raison de 5 millions par mois	60,000,000
11° Contribution patriotique	30,000,000
TOTAL	542,000,000

Si le résultat de ces évaluations n'était pas extrêmement probable; si l'on était réduit à croire que les revenus de deux années, qui se sont accumulés, ne pourront pas même atteindre à un produit de 542 millions, y compris le produit des revenus nationaux, il faudrait entièrement désespérer du salut de la chose publique : ce serait une idée désolante qu'heureusement tout bon citoyen est encore en droit de repousser.

Il ne suffit pas, pour remplir le but que je me suis proposé, de déterminer la somme à laquelle doivent atteindre les rentrées de 1792; il est encore nécessaire de les distribuer par chacun des mois de l'année, afin qu'après avoir calculé les recettes, on puisse en rapprocher les dépenses, déterminer le déficit de chaque mois et prévoir à l'avance quelle sera la quantité d'assignats qu'il faudra fabriquer et mettre en circulation. Cet objet sera rempli dans le chapitre VI de cet ouvrage.

CHAPITRE II.

DES DÉPENSES PUBLIQUES PENDANT L'ANNÉE 1792.

Les dépenses publiques de 1792 se divisent en trois classes :

1° En dépenses ordinaires, c'est-à-dire qui sont susceptibles de se reproduire chaque année;

2° En dépenses extraordinaires, qui sont déterminées par les circonstances relatives à la position des affaires;

3° En remboursements sur la dette exigible ou arriérée.

On ne s'attachera pas ici à distinguer quelles sont les dépenses qui doivent être acquittées par les caisses du Trésor public ou par celle de l'extraordinaire. Ces distinctions, qui tiennent à l'ordre intérieur, sont de peu d'importance pour le public, et on a pensé qu'on se rendrait plus clair en considérant toutes les dépenses comme sortant d'une seule et même caisse.

APERÇU DES DÉPENSES PUBLIQUES DE TOUTE ESPÈCE

QUI AURONT LIEU PENDANT L'ANNÉE 1792, EN CE, NON COMPRIS LES REMBOURSEMENTS DE LA DETTE EXIGIBLE ET ARRIÉRÉE.

PREMIÈRE PARTIE.

DÉPENSES ORDINAIRES.

ARTICLE PREMIER.

DÉPENSES DU CULTE.

Évêchés.

83 évêchés :

1 à Paris	50,000l	
10 à 20,000 livres	200,000	
72 à 12,000 livres	864,000	
		1,114,000 livres.

Corps vicarial des cathédrales.

		Report........	1,114,000 livres.
83 vicariats :			
1 à Paris, à 16 vicaires...........	52,000[l]		
10 dans les villes principales, à 16 vicaires, à 40,600 livres chacune.	406,000		
72 dans les petites villes, à 12 vicaires, à 25,400 livres chacune......	1,828,000		
			2,286,000

Séminaires.

83 séminaires, et dans chacun 1 vicaire supérieur à 1,000 livres et 3 directeurs à 800 livres chacun. Total 3,400 livres et pour les 83.	282,200[l]	
Dépense intérieure de chaque séminaire, l'un portant l'autre, indépendamment des pensions payées par les élèves, 6,000 et pour les 83...	498,000	
		780,200

Curés.

39,529 curés de campagne, évalués à un prix commun de 1,600 livres chacun.....................	56,846,400[l]	
3,000 curés de villes, évalués à un prix commun de 3,000 livres chacun.....................	9,000,000	
		65,846,400

Vicaires et desservants d'annexes et succursales.

16,000 vicaires ou desservants d'annexes et succursales, à 700 livres chacun.........................	11,200,000
A reporter......	81,226,600

ART. 2.

La liste civile.

	Report........	81,226,600 livres.
Cette dépense a été fixée en masse à la somme de....		25,000,000

ART. 3.

Les trois princes apanagistes.

M. LOUIS-STANISLAS XAVIER :

Apanage..........	1,000,000[l]		
Traitement.........	1,000,000		
		2,000,000[l]	

M. CHARLES PHILIPPE :

Apanage..........	1,000,000[l]		
Traitement.........	1,000,000		
		2,000,000	

M. LOUIS-PHILIPPE-JOSEPH :

Apanage......................	1,000,000	
		5,000,000

ART. 4.

Affaires étrangères.

Réglées comme en 1791, à.................. ...	6,300,000

ART. 5.

La Guerre.

Dépense de la guerre, comme en 1791, sauf la dépense extraordinaire portée dans la seconde partie.	88,000,000[l]	
Soldats auxiliaires, 100,000 hommes à 3 sous par jour............	5,475,000	
Gendarmerie nationale, environ.....	8,000,000	
A reporter......	101,475,000	117,526,600

Reports........	101,475,000l	117,526,600 livres.
Garde de la prévôté de l'Hôtel et de la Robe courte..................	241,600	
Garde soldée de Paris............	5,701,780	
Demi-solde à l'ancien guet de Paris..	129,887	
Étapes et convois militaires........	2,000,000	
		109,548,267

ART. 6.

Marine et colonies.

Il n'y a aucun décret relatif à la dépense totale de ce Département : on la porte, par évaluation, à 45 millions, c'est-à-dire à 4,500,000 livres de plus qu'en 1789 et 1790, ci..........................	45,000,000

ART. 7.

Ponts et chaussées.

Les dépenses relatives aux ingénieurs en chef, aux inspecteurs et à l'École, sont décrétées et fixées à.........	161,200l	
Les dépenses des ports maritimes, des canaux de navigation, des ouvrages d'art, des turcies, n'ont point été décrétées : on porte ces objets par évaluation à....................	5,000,000	
		5,161,200

ART. 8.

Administration générale.

Traitements des ministres de la justice, de l'intérieur et des contributions publiques....................	300,000l	
Bureaux du ministre de la justice....	240,500	
Bureaux du ministre de l'intérieur....	530,420	
A reporter.......	1,070,920	277,236,067

Reports.........	1,070,920[l]	277,236,067 livres.
Bureaux du ministre des contributions publiques....................	512,920	
Trésorerie nationale..............	1,026,284	
Bureau de la liquidation générale....	300,000	
Caisse de l'extraordinaire..........	666,000	
Bureaux pour la comptabilité, par évaluation...................	500,000	
Payeurs généraux des départements...	450,000	
Frais de bureau, impressions, bois, lumières et réparations...........	300,000	
		4,826,124

ART. 9.

Écoles des mines et dépôts publics.

La dépense des dépôts publics est fixée à.........................	6,000[l]	
L'École des mines est décrétée à.....	7,000	
Les dépôts à rentrer sont évalués à...	14,000	
Traitement personnel au professeur de minéralogie pour l'abandon de son cabinet.....................	3,000	
		30,000

ART. 10.

Jardin et Bibliothèque du Roi.

Dépense du jardin du Roi, évaluée, sans aucune retenue de dixième, à.....	100,000[l]	
Bibliothèque nationale à...........	110,000	
		210,000

ART. 11.

Universités, académies, travaux littéraires.

Académie française...............	26,417[l]	
Académie des belles-lettres.........	44,108	
A reporter......	70,525	282,302,191

Reports........	70,525l	282,302,191 livres.
Académie des sciences..............	94,658	
Académie de médecine............	36,200	
Académie d'agriculture............	12,000	
		213,383
Observatoire....................	8,700	
Travaux littéraires..	50,000	
École gratuite de dessin...........	15,600	
École de M. Pawlet...............	32,000	
École des sourds et muets..........	12,600	
Bureau de consultation des arts et métiers........................	11,600	
Université, dépenses relatives à l'éducation publique, appointements des professeurs, y compris le traitement de celui d'hydrodynamique.......	800,000	
		930,500

ART. 12.

Édifices et travaux publics.

Canaux, ports maritimes, panthéon français, etc.....	4,000,000

ART. 13.

Assemblée nationale.

Indemnité à 750 députés..........	4,927,500l	
Fournitures, frais de bureau et service.	650,000	
Traitement de l'archiviste et de ses bureaux.......................	13,900	
		5,591,400

ART. 14.

Tribunaux.

Haute cour nationale..............	150,000l	
Tribunal de cassation, appointements et frais......................	293,333	
		443,333
A reporter..............		293,480,807

60.

Report................	293,480,807 livres.

ART. 15.

Primes et encouragements pour le commerce........	3,000,000

ART. 16.

Enfants-Trouvés et dépôts de mendicité, comme en 1791[1].................................	3,261,977

ART. 17.

Supplément pour erreurs ou omissions qui peuvent se trouver dans les articles précédents.............	2,257,216

ART. 18.

TRAITEMENT DE RÉFORME DU CLERGÉ.

Évêques.

83 évêques :		
1 à Paris.....................	25,000[l]	
50 à 18,000 livres...............	900,000	
12 à 10,000 livres...............	120,000	
20 à 8,000 livres...............	160,000	
43 évêques supprimés à 20,000 livres.	860,000	
13 évêques *in partibus* à 12,000 livres.	156,000	
		2,221,000
Bénéficiers et pensionnaires......................		25,200,000

Religieux mendiants ou non mendiants.

18,000, tant religieux que convers, y compris les abbés réguliers, au taux moyen de 900 livres..........	16,200,000
A reporter..............	345,621,000

Observations. — Cette somme est calculée sur le nombre connu des religieux, et d'après les traitements fixés par les décrets du mois de mars 1790.

[1] Cet article n'était que provisoire en 1791, et cette dépense devait être portée à la charge des départements, à compter du 1er janvier 1792. On ignore quel sera le parti que l'Assemblée nationale prendra à cet égard.

Report...............		345,621,000 livres.
Religieuses.		
40,000 religieuses ou sœurs converses, au taux moyen de 500 livres.............................		20,000,000
Abbesses et chanoinesses.		
Cet objet ne peut être présenté qu'en aperçu; on l'évalue à....................................		1,000,000
Pensions aux curés qui n'auraient pas prêté le serment, et autres objets imprévus ou omis...............		8,000,000
ART. 19.		
Secours accordés aux trois apanagistes pour le payement de leurs dettes ou pour indemnités.		
Secours de 20 ans à M. Louis-Stanislas-Xavier, première année décroissante.	500,000[1]	
Secours de 20 ans à M. Louis-Philippe-Joseph, pour indemnités des améliorations de son apanage..........	1,000,000	
		1,500,000
Le secours accordé à M. Charles-Philippe n'est pas compris ici, il fait partie des rentes viagères.		
ART. 20.		
Pensions.		
Pensions recréées...............	10,000,000[1]	
Gratifications..................	2,000,000	
Secours viagers.................	2,000,000	
Pensions qui ont été successivement rétablies, mais dont le fonds n'avait pas été fixé pour 1791.........	4,000,000	
Traitements des Hollandais réfugiés et Acadiens...................	816,000	
		18,816,000
A reporter..............		394,937,000

Report		394,937,000 livres.

ART. 21.

Payement de la dette.

Rentes perpétuelles distribuées aux payeurs des rentes, y compris les reconstitutions en circulation	64,000,000[1]	
Rentes non distribuées qui précédemment étaient à la charge des pays d'états, provinces, corporations, corps ecclésiastiques, corps judiciaires et autres	6,000,000	
		70,000,000
Rentes viagères		100,000,000

ART. 22.

Intérêt de la dette arriérée, exigible ou à terme	40,000,000
Total de la première partie	604,937,000

SECONDE PARTIE.

DÉPENSES EXTRAORDINAIRES.

Supplément au Département de la guerre, relativement aux circonstances	60,000,000 livres.
Supplément présumé pour la marine, pendant l'année 1792	15,000,000
Tribunaux criminels établis provisoirement à Paris	286,800
Frais d'achat de numéraire et perte sur les changes dans les opérations à l'étranger	18,000,000
Dépense relative à la fabrication des assignats	1,200,000
Dépense relative à l'unité des poids et mesures	200,000
Dépenses imprévues	4,000,000
Secours à la ville de Paris	3,000,000
Total de la seconde partie	101,686,800

RÉCAPITULATION.

Dépenses ordinaires	604,937,000 livres.
Dépenses extraordinaires	101,686,800
	706,623,800

Il faudrait de longues discussions pour justifier toutes les bases de cet état, et nous touchons de si près à l'époque où le Comité des dépenses publiques va s'occuper de cet objet qu'il serait superflu d'entrer dans de plus grands détails. Ce que je puis assurer est que les dépenses que je viens d'évaluer sont, en général, plutôt enflées que diminuées; qu'il est peu d'objets qui soient omis, et qu'à moins d'événements extraordinaires qui nécessitent des augmentations de dépenses absolument imprévues et qu'il n'est pas possible de calculer, il y aura quelques économies à espérer sur les évaluations que j'ai portées.

CHAPITRE III.

DU CAPITAL DE LA DETTE EXIGIBLE OU ARRIÉRÉE.

La première opération à laquelle se livre tout particulier dont les affaires sont embarrassées est de former l'état de ses dettes et de les ranger dans l'ordre de leur exigibilité. Il fait une première classe de tous les effets au porteur exigibles à terme; il place dans une seconde les dettes par obligations à échéances fixes; il comprend dans une troisième les sommes dont l'exigibilité est éventuelle; enfin la dette constituée est celle qui l'occupe le moins, parce qu'il lui suffit d'en servir exactement les intérêts. L'état de situation de la nation comprend des créances de toutes ces espèces. Les billets au porteur dus par la nation sont les emprunts des capitaux exigibles à terme. Les dettes par obligation à époque fixe sont les fonds des compagnies de finance, dont l'échéance tombait au 1er janvier 1793, et dont l'exigibilité a été rapprochée par des décrets de l'Assemblée constituante. Les dettes dont l'époque de l'exigibilité est éventuelle sont les remboursements des offices de finance et des cautionnements qui ne seront dus qu'après l'apurement des comptes. Enfin les dettes susceptibles de liquidation sont les offices de magistrature, les charges et emplois militaires, les droits féodaux supprimés, les dîmes inféodées, etc.

Tous ces objets, qui se trouvent portés à une somme de 1,814 millions dans l'état de la dette publique, publié par la Trésorerie nationale pour le 1er septembre, se réduisent aujourd'hui à 1,600 millions tout au plus, au moyen des remboursements qui ont été faits depuis cette époque, et d'après des considérations sur lesquelles je reviendrai dans la suite de cet article. Je vais en présenter le tableau, en suivant les divisions de classe que j'ai précédemment indiquées.

Je répéterai encore que je n'ai pas la prétention d'être arrivé à une exactitude rigoureuse; mais j'ose croire qu'elle est au moins suffisante pour remplir l'objet que je me suis proposé.

PREMIÈRE CLASSE DE CRÉANCES.

Capitaux exigibles à époques fixes, dans le cours de l'année 1792.

QUARTIER DE JANVIER.

1° Emprunt national, tirage de décembre 1791	5,264,987l
2° Emprunt de 100 millions, édit de décembre 1784, tirage de décembre 1791	7,423,000
3° Emprunt de 120 millions, édit de novembre 1787	94,500
4° Emprunt de 80 millions, édit de décembre 1785, tirage de décembre 1791, montant à 8 millions, porté pour mémoire, attendu la faculté de convertir en viager, ci... *mémoire.*	
5° Emprunt du domaine de la ville, tirage de décembre 1791	600,000
A reporter......	13,382,487

Report...	13,382,487[l]	
6° Le cinquième, exigible en janvier 1792, des charges des maisons civiles du Roi et de la Reine, y compris les gardes de la porte.	1,309,486	
7° Remboursement sur les offices de la maison militaire du Roi...	600,000	
8° Annuités de la Caisse d'escompte.	5,600,000	
9° Annuité des notaires de Paris...	420,000	
10° Remboursements qui restent à faire sur la loterie, reconnaissances de liquidation et décomptes de pensions arriérées.	10,000,000	
		31,311,973 livres.

QUARTIER D'AVRIL.

1° Emprunt de 125 millions, tirage de janvier 1792, exigible en avril, y compris l'accroissement de 25 p. 100.............	6,250,000[l]	
2° Primes de l'édit de décembre 1785..................	800,000	
3° Actions de la Compagnie des Indes, tirage de mars 1792, environ................	1,190,000	
		8,240,000

QUARTIER DE JUILLET.

Édit de décembre 1782, tirage de juin 1792........		7,608,000

REMBOURSEMENTS EXIGIBLES EN 1792,
À DIFFÉRENTES ÉPOQUES DE L'ANNÉE.

Portions de capitaux remboursables, sur les emprunts à l'étranger, par évaluation..................	3,000,000[l]	
A reporter........	3,000,000	47,159,973

IMPRIMERIE NATIONALE.

Reports........	3,000,000[l]	47,159,973 livres.
Dettes exigibles des corps et communautés ecclésiastiques..........	10,000,000	
Portions à rembourser, par année, des dettes du clergé..............	10,000,000	
Arriéré des départements.........	50,000,000	
Lettres de change de la marine.....	6,000,000	
Prêts faits au Trésor public........	3,026,000	
		82,026,000
Total de la première classe.......		129,185,973

SECONDE CLASSE.

Capitaux originairement exigibles au 1er janvier 1793, mais dont l'exigibilité a été avancée par la résiliation des baux et traités, et par des décrets de liquidation.

Restant à rembourser des fonds de compagnies de finance..................................	110,000,000 livres.

TROISIÈME CLASSE.

Offices de finance et cautionnements exigibles après l'apurement des comptes.

Charges des receveurs généraux et particuliers des finances........	56,586,200[l]	
Cautionnements des comptables.....	47,627,500	
		104,213,700 livres.

QUATRIÈME CLASSE.

Objets susceptibles de liquidation et dont le montant exact n'est point encore connu.

Offices de judicature, de municipalités, eaux et forêts...........	550,000,000[1]	
Charges et emplois militaires......	27,823,367	
Droits féodaux................	50,000,000	
Dîmes inféodées...............	80,000,000	
Jurandes, maîtrises, agents de change....................	35,000,000	
		742,823,367 livres.

RÉCAPITULATION.

1re Classe, capitaux exigibles dans tout le cours de 1792[1]......	129,185,973[1]	
2e Classe, capitaux exigibles au 1er janvier 1793, et que l'Assemblée constituante a pris l'engagement de payer pendant le cours de 1792............	110,000,000	
		239,185,973 livres.
3e Classe, offices de finance et cautionnements exigibles après l'apurement des comptes..............		104,213,700
4e Classe, capitaux non liquidés.................		742,823,367
Total de la dette exigible ou arriérée au 1er janvier 1792, en ce non compris les emprunts à terme, dont les échéances successives s'étendent jusqu'en l'année 1820..................................		1,686,223,040

[1] Dans cette somme sont comprises quelques portions d'intérêt qui devraient être à la charge de la Trésorerie nationale. On donnera incessamment un travail particulier sur cet objet.

Aperçu de la portion de la dette exigible à terme, qui échoira en 1793 et 1794.

ANNÉE 1793.

Emprunts à terme, environ........	31,050,000[1]	
Capitaux à rembourser sur les emprunts à l'étranger............	3,000,000	
Annuités de la Caisse d'escompte....	5,600,000	
Portion à rembourser sur la dette constituée du clergé...........	10,000,000	
		49,650,000 livres.

ANNÉE 1794.

Emprunts à terme..............	32,000,000[1]	
Emprunts à l'étranger............	3,000,000	
Annuités de la Caisse d'escompte....	5,600,000	
Portion remboursable sur la dette constituée du clergé.............	10,000,000	
		50,600,000 livres.

On n'a pas, dans ce moment, sous la main tous les matériaux nécessaires pour porter plus loin cet état des remboursements à terme; mais on s'est assuré qu'ils n'excéderont pas beaucoup 50 millions pendant plusieurs années; qu'ils diminueront ensuite progressivement, pour s'éteindre entièrement en 1820. On travaille, au surplus, dans ce moment, à former le tableau complet, qui sera imprimé pour être annexé à cet ouvrage.

On demandera peut-être comment il est possible que la dette exigible ou arriérée ne soit que de 1,086,223,040 livres comme je le suppose, tandis qu'elle est portée pour 1,814,348,247 livres dans l'état que la Trésorerie nationale a publié par ordre de l'Assemblée, et lorsque je viens de convenir moi-même qu'elle était encore aujourd'hui de 1,600. Il est nécessaire d'expliquer les causes de ces contradictions apparentes : elles tiennent :

1° A ce que, depuis le 1er septembre 1792, époque à laquelle l'état de la Trésorerie a été arrêté jusqu'au 1er janvier prochain, il aura été remboursé par la Caisse de l'extraordinaire, à peu près pour une somme de	200,000,000 livres.
2° A ce que, dans l'état de la Trésorerie nationale, on a cumulé les intérêts avec le capital, tant à l'égard des annuités de la Caisse d'escompte que de celles des notaires, et de l'emprunt de 125 millions, et qu'on n'a pas eu égard à ce que ce capital et ces intérêts cumulés ne sont exigibles que graduellement pendant le cours de plusieurs années, ci.	78,000,000
3° A ce qu'on a regardé comme exigible, en 1792, une somme de 350 millions de capitaux qui, aux termes des édits de création des emprunts, ne seront exigibles que graduellement et pendant un intervalle de 28 ans, ci.	353,125,207
4° A ce qu'on a regardé également comme exigible la dette constituée du clergé qui, dans l'origine, n'était remboursable qu'à raison de 10 millions par an : la différence sur cet objet est de	70,000,000
5° A ce que des emprunts faits par la ville, et qui devaient être successivement remboursés à des époques déterminées par la voie du sort, se sont convertis, à défaut de tirage, en dettes constituées, et à ce que leurs capitaux ne doivent plus être compris dans la dette exigible, ci.	27,000,000
TOTAL	728,125,207
En ajoutant cette somme à celle à laquelle j'ai évalué ci-dessus la dette arriérée, et que j'ai fixée à	1,086,223,040
On aura un total de	1,814,348,247

C'est-à-dire une somme exactement la même que celle portée dans l'état publié par la Trésorerie nationale.

CHAPITRE IV.

DE L'INTÉRÊT DE LA DETTE PUBLIQUE.

L'intérêt de la dette constituée a été fixé comme il suit, dans l'état imprimé de la Trésorerie nationale :

Rentes perpétuelles	62,449,486 livres.
Rentes viagères	100,075,680
TOTAL	162,525,166
Mais à cette somme doit être ajouté :	
1° L'intérêt de deux emprunts, montant ensemble à 27 millions, dont le remboursement devait être fait par voie du sort, et qui, à défaut de tirage, se sont convertis en dette constituée, sans qu'il ait été fait de réclamation de la part du public, ci	1,387,640
2° Pour les rentes reconstituées et qui sont en circulation	1,087,194
3° Pour les rentes au compte des ci-devant pays d'états et provinces, dettes constituées des corporations laïques et ecclésiastiques, corps judiciaires et autres, supprimés : tous objets non encore distribués aux payeurs de rentes.	6,000,000
	171,000,000

Mais comme, d'un autre côté, il y a quelques compensations à faire sur cette somme, on croit pouvoir fixer à 170 millions, à peu près, l'intérêt de la dette constituée.

A l'égard de l'intérêt de la dette exigible ou arriérée, en séparant d'avec les capitaux les intérêts qui ont été confondus dans l'état imprimé par la Trésorerie, et ayant égard à quelques rectifications qui se trouvent indiquées dans un errata qui vient de paraître, on est conduit au résultat suivant :

Emprunts à terme	13,746,214 livres.
Emprunts à l'étranger	1,153,433
Anciennes actions des Indes	3,739,352
Intérêts de ce qui reste à rembourser des offices de la maison du Roi et de la Reine	135,000
Fonds d'avance et cautionnements pour l'année 1792, environ	6,000,000
Annuités	4,009,250
Prêts faits au Trésor public	151,300
Dette non liquidée	9,429,361
TOTAL	38,363,910

Il y aurait bien quelque chose à déduire de cette somme pour l'intérêt de ce qui a été remboursé de la dette non liquidée, depuis le 1er septembre jusqu'au 1er décembre, et de ce qui le sera jusqu'au 1er janvier; mais : 1° une partie des capitaux de la dette non liquidée ne portaient point d'intérêt; 2° on a déjà déduit 4,213,668 livres sur l'intérêt des fonds dus aux compagnies de finance, en raison des remboursements graduels qui s'opéreront pendant 1792; mais comme, d'un autre côté, il est impossible que, dans toutes ces évaluations, il ne se mêle pas des erreurs, je crois plus sûr de fixer à 40 millions l'intérêt de la dette arriérée. C'est pour cette somme qu'elle a été portée dans le prospectus des dépenses publiques de 1792, rapporté ci-dessus, page 478.

CHAPITRE V.

APERÇU DE LA QUANTITÉ D'ASSIGNATS DONT ON PEUT ESPÉRER LA RENTRÉE DANS LE COURS DE L'ANNÉE PROCHAINE, PAR LA VENTE DES DOMAINES NATIONAUX.

On peut supposer qu'au 31 décembre de cette année, la vente des domaines nationaux s'élèvera à une somme de 1,570 millions; que, sur cette somme, il aura été brûlé ou annulé au moins 370 millions à la même époque.

Il restera, dans cette supposition, à rentrer, sur la vente des domaines nationaux qui aura été faite en 1791, une somme de 1,200 millions, qui, à raison d'un douzième par an, donnera pour l'année 1792 une rentrée de 100 millions. On peut objecter contre cette évaluation qu'une partie des acquéreurs se sont nécessairement acquittés dans une proportion plus forte que celle de 12 p. 100, et que quelques-uns peuvent avoir payé d'avance le montant de leur annuité de 1792. Cette observation est parfaitement juste; mais il faut que l'on convienne aussi que, dans le nombre des acquéreurs, il en est qui, n'ayant payé que 12 p. 100 du prix de leur acquisition en 1791, se proposent d'acquitter plus du douzième du restant pendant le cours de l'année 1792 : il est vraisemblable que cette dernière classe d'acquéreurs sera plus nombreuse que la première; et l'on ne peut pas craindre de trop s'avancer, en supposant qu'il y aura à peu près compensation.

A cette première somme de 100 millions doit être ajouté l'intérêt des 1,200 millions qui sera dû à raison de 5 p. 100, c'est-à-dire 60 millions. Ainsi on peut assurer avec une sorte de certitude qu'il rentrera dans le cours de l'année prochaine au moins pour 160 millions d'assignats ou d'effets équivalents, sur les ventes faites en 1791.

Je ne discuterai pas ici la question tant de fois agitée de la valeur totale des domaines nationaux; cette valeur dépendra beaucoup du parti définitif que prendra l'Assemblée nationale pour la liquidation de la dette arriérée; car, à dire vrai, c'est l'Assemblée nationale qui tient dans sa main le thermomètre de la valeur des biens qu'elle a à vendre, et il dépend d'elle de le faire baisser ou monter à sa volonté. Mais, sans entrer dans cette discussion, qui m'écarterait de mon objet, et sur laquelle je reviendrai d'ailleurs à la fin de cet ouvrage, je crois pouvoir supposer qu'il rentrera, par les ventes de 1792, moitié de ce qui est rentré par celles de 1791, en ce non compris le produit de la contribution patriotique, c'est-à-dire 170 millions.

La réunion de ces deux sommes porterait à 330 millions ce qui rentrera en assignats à la Caisse de l'extraordinaire pendant le cours de 1792; mais c'est dans la supposition où il ne serait porté aucune autre valeur dans l'acquisition des domaines nationaux. L'Assemblée nationale tient encore dans sa main la balance de cette opération : il lui sera facile, en ordonnant, comme je l'exposerai dans le chapitre VIII de cet ouvrage, l'exécution pure et simple du décret des 6 et 7 novembre 1790, et en attachant un intérêt suffisant aux reconnaissances de liquidation, d'engager les porteurs à les conserver.

Je pourrais, d'après cela, conclure qu'il rentrera l'année prochaine au moins pour 250 millions d'assignats; et cependant, pour ne rien mettre au hasard, je ne supposerai, dans les calculs qui vont suivre, qu'une rentrée de 200 millions.

Les comités de l'Assemblée nationale consulteront, sans doute, sur ces différents objets, le commissaire de la liquidation générale. Il s'occupe d'un mémoire qui doit incessamment paraître, et dont je regrette beaucoup de n'avoir pu m'aider dans le cours de ce travail.

CHAPITRE VI.

COMPARAISON DES RECETTES ORDINAIRES ET DES DÉPENSES ORDINAIRES DE 1792, AVEC UN RÉSUMÉ GÉNÉRAL DE TOUS LES RÉSULTATS PRÉCÉDENTS.

On a vu, page 479, que les dépenses, tant ordinaires qu'extraordinaires de l'année 1792, s'élèveraient à près de 59 millions par mois, et par an, à	708,000,000 livres.
Que les rentrées résultantes des impositions, déduction faite des 60 millions de revenu des domaines nationaux, ne s'élèveraient probablement qu'à	482,000,000
Différence....................	226,000,000

Mais ce déficit ne sera pas également réparti sur tous les mois de l'année. Les rôles ne sont point arrêtés; encore moins sont-ils mis en recouvrement : les impôts ne commenceront donc à rentrer dans une mesure un peu étendue que vers les mois de mars et d'avril. La Caisse de l'extraordinaire aura donc probablement plus à fournir à la Trésorerie nationale au commencement qu'au milieu de 1792. Elle aura aussi plus à fournir pour les mois de septembre et d'octobre, pendant lesquels les rentrées sont en général lentes et difficiles. Quoiqu'il y ait bien de l'incertitude sur ce qui se réalisera de nos espérances, à l'égard des impositions, on peut cependant former, avec assez de probabilité, le tableau progressif ci-après :

Les remplacements à fournir par la Caisse de l'extraordinaire, pour l'année 1792, y montent, comme l'on voit, à	226,000,000 livres.
A quoi, ajoutant pour les remplacements du déficit du présent mois de décembre, au moins	40,000,000
On aura, pour les remplacements de 1792, un total de	266,000,000

Tableau des recettes de l'année 1792, et des suppléments à fournir, mois par mois, par la Caisse de l'extraordinaire.

Mois.	Rentrée à espérer des impositions, en ce non compris les revenus des domaines nationaux, évalués à 5 millions par mois.	Sommes à fournir par la Caisse de l'extraordinaire, y compris les revenus des domaines nationaux.	Total des dépenses par mois.
Janvier 1792	25,000,000[1]	34,000,000[1]	59,000,000[1]
Février	30,000,000	29,000,000	59,000,000
Mars	35,000,000	24,000,000	59,000,000
Avril	40,000,000	19,000,000	59,000,000
Mai	45,000,000	14,000,000	59,000,000
Juin	53,000,000	6,000,000	59,000,000
Juillet	55,000,000	4,000,000	59,000,000
Août	50,000,000	9,000,000	59,000,000
Septembre	35,000,000	24,000,000	59,000,000
Octobre	30,000,000	29,000,000	59,000,000
Novembre	35,000,000	24,000,000	59,000,000
Décembre	49,000,000	10,000,000	59,000,000
	482,000,000	226,000,000	708,000,000

Résumé de toutes les évaluations précédentes.

Page 469.	Les revenus publics, dont on peut espérer la rentrée en 1792, ont été évalués, y compris les 60 millions du revenu des domaines nationaux, à............	542,000,000 livres.
Page 478.	Les dépenses ordinaires, y compris l'intérêt de la dette arriérée, à........	604,937,166
Page 478.	Les dépenses extraordinaires, à........	101,686,800
Page 482.	La dette exigible et au porteur dans le cours de 1792, à................	129,185,373
Page 482.	Les remboursements des fonds d'avances, exigibles d'après les décrets de l'Assemblée constituante, à...........	110,000,000
Page 482.	Les capitaux des offices de finance et cautionnements remboursables après le payement et l'apurement des comptes, à............................	104,000,000
Page 483.	Les capitaux non liquidés, à..........	743,000,000
Page 483.	Le total de la dette exigible ou arriérée, non compris les engagements à des époques éloignées, à.............	1,086,223,040
Page 486.	L'intérêt de la dette constituée, à......	70,000,000
Page 486.	L'intérêt de la dette viagère, à........	100,000,000
Page 486.	L'intérêt de la dette arriérée, à........	40,000,000
Page 488.	Les sommes dont la rentrée est assurée, ou au moins très probable, pendant le cours de l'année prochaine, sur les ventes des biens nationaux, à.......	330,000,000

Telles sont les bases qu'il était nécessaire de poser avant de former aucun plan sur les opérations de l'année prochaine. De ces bases la plupart sont le résultat de calculs positifs, sur lesquels il est seulement possible d'errer de quelques millions. La seule rentrée des impositions est un élément tout à fait incertain : cependant on est parti d'évaluations tellement modérées que, si le calme se rétablit, si les efforts du patriotisme de tous les bons citoyens ne sont pas contrariés par des efforts en sens contraire, on peut espérer que la réalité ne sera pas au-dessous de nos espérances.

CHAPITRE VII.

DES PRINCIPES POSÉS PAR L'ASSEMBLÉE CONSTITUANTE ET PAR L'ASSEMBLÉE LÉGISLATIVE, RELATIVEMENT À LA FOI PUBLIQUE, ET DU MODE DE LIQUIDATION ORDONNÉ PAR LES DÉCRETS DES 6 ET 7 NOVEMBRE 1790.

Le problème que nous avons à résoudre n'est pas seulement un problème de calcul; c'est en même temps un problème de morale et de droit commun : car il ne suffit pas, dans les opérations publiques et qui intéressent la fortune des citoyens, de considérer ce qui est utile; il faut surtout examiner ce qui est juste. Il reste donc, après avoir posé les bases du problème arithmétique, à rassembler les données du problème moral, c'est-à-dire à poser les principes de cette justice éternelle à laquelle les nations sont assujetties comme les particuliers, et dont elles ne peuvent s'écarter, sans s'avilir aux yeux des nations étrangères qui les contemplent, et de la postérité qui doit les juger.

Ma tâche, à cet égard, ne sera pas difficile à remplir : j'ouvrirai le livre des décrets de l'Assemblée constituante; je transcrirai les déclarations solennelles qu'elle a publiées dès les premiers instants de ses travaux; je la suivrai pas à pas dans la vaste carrière qu'elle a parcourue, et je trouverai partout cette même sévérité de principes, cette même loyauté qui lui ont si justement mérité la confiance de la nation.

Loin de moi l'idée de rien proposer qui ne s'accorderait pas avec cette morale sévère : l'opinion publique, celle de l'Assemblée législative repousseraient de semblables moyens.

L'Assemblée nationale constituante, par son décret du 17 juin 1789, a mis les créanciers de l'État *sous la sauvegarde de l'honneur et de la loyauté de la nation française*. Elle a déclaré, le 13 juillet suivant, que *la dette publique ayant été mise sous la sauvegarde de l'honneur et de la loyauté française, et la nation ne refusant pas d'en payer les intérêts, nul pouvoir n'a le droit de prononcer l'infâme mot de* banqueroute; *nul pouvoir n'a le droit de manquer à la foi publique, sous quelle forme et dénomination que ce puisse être.*

Ces arrêtés ont été confirmés de nouveau le 27 août suivant, et l'Assemblée nationale a déclaré que, *dans aucun cas et sous aucun prétexte, il ne pourra être fait aucune nouvelle retenue, ni réduction quelconque, sur aucune des parties de la dette publique*[1].

Toujours conséquente à ses principes pour ce qui concernait l'acquittement de la dette publique, et craignant que les fonds qu'elle y avait destinés ne fussent détournés ou divertis, l'Assemblée constituante a créé, le 21 décembre 1790, sous le nom de *Caisse de l'extraordinaire*, un dépôt particulier, où devait être versé le produit de la vente des domaines nationaux, pour être, ledit produit, spécialement affecté au remboursement des dettes dont l'Assemblée aurait décrété l'extinction.

Il ne lui suffisait pas encore d'avoir affecté la valeur des domaines nationaux à l'acquittement de la dette et d'en avoir ordonné la vente, il fallait faciliter de plus les moyens de les acquérir; il fallait créer une valeur intermédiaire dans laquelle les effets publics pussent se convertir, avec laquelle chacun pût se libérer commodément, et qui, après avoir circulé dans toutes les conventions sociales, vînt enfin s'anéantir et s'éteindre dans l'acquisition des domaines nationaux. Cette valeur représentative fut établie sous le nom d'*assignats*.

Deux créations successives les portèrent à 1,200 millions; il fut décrété qu'il n'en pourrait être créé pour une somme plus forte sans un décret du Corps législatif, et qu'il n'en pourrait exister pour plus de 1,200 millions à la fois en circulation.

[1] L'Assemblée législative vient de démontrer qu'elle était dans l'intention d'adopter les mêmes principes de fidélité aux engagements de la nation; elle a décrété le 9 de ce mois ce qui suit :

« L'Assemblée nationale, considérant qu'il est de la loyauté française de rejeter tout projet de suspension dans les remboursements de la dette exigible, décrète que les remboursements ne seront pas suspendus; et elle ouvre la discussion sur le mode et les époques du remboursement. »

De ces 1,200 millions créés par décrets des 16 et 17 avril et du 29 septembre 1790, 400 millions ont été employés à rembourser les billets et promesses d'assignats avancés par la Caisse d'escompte; 200 millions ont été destinés par décret du 6 novembre 1790 : 1° à subvenir aux besoins du Trésor public, d'après les décrets qui seraient successivement rendus par l'Assemblée nationale, mais à titre de prêt et d'avance, et à la charge de remplacement dans la Caisse de l'extraordinaire, sur le produit arriéré des impositions directes, sur les reprises des comptables et sur l'arriéré du remplacement ordonné de la gabelle; 2° à mettre au courant, à compter du 1er janvier 1791, la totalité des rentes de 1790.

Les autres dispositions qui servirent de suite aux précédentes, et qui furent décrétées le lendemain 7 novembre, sont trop importantes et trop formellement applicables aux circonstances actuelles, pour qu'on puisse se dispenser de les transcrire ici dans leur entier.

Suite du décret relatif à l'acquittement de la dette publique, rendu sur le rapport du Comité des finances, le 7 novembre 1790.

ART. 2.

L'emploi des 600 millions restants sera fait de la manière suivante :

1° Aux remboursements des effets suspendus par l'arrêt du Conseil du 16 août 1788;

2° Au payement à bureau ouvert, à compter du 1er janvier 1791, de l'arriéré liquidé des départements, ainsi que des offices, charges, emplois et dîmes inféodées après leur liquidation.

ART. 3.

Le produit des ventes des domaines nationaux sera employé de préférence à rembourser en assignats, sans interruption, les propriétaires d'offices et de dîmes inféodées, et, à cet effet, il sera rendu par le Corps législatif tous les décrets nécessaires.

ART. 4.

Les propriétaires d'offices non comptables supprimés seront admis, même avant la liquidation, suivant la forme qui sera incessamment prescrite, à faire recevoir provisoirement, pour prix de l'acquisition des domaines nationaux, la moitié de leur finance, déterminée d'après les décrets de l'Assemblée nationale suivant la nature des offices.

ART. 5.

Après la liquidation, la valeur entière de l'office sera reçue pour comptant dans l'acquisition des biens nationaux, en représentant la reconnaissance de liquidation numérotée et signée des commissaires préposés à la liquidation; mais sans qu'il soit nécessaire, dans ce cas, de suivre aucun ordre de numéros.

ART. 6.

L'ordre de numéros sera également indifférent pour recevoir le remboursement en assignats, tant que les fonds destinés à la liquidation ne seront point épuisés.

ART. 7.

Au delà de ladite somme, la quotité d'assignats rentrés par les ventes ne pouvant être mise en émission que par un décret du Corps législatif, les remboursements se feront alors par ordre de numéros, suivant l'indication publique qui en sera donnée, à tous les porteurs de reconnaissances de liquidation, lesquels, en attendant, pourront les donner en payement dans les ventes.

ART. 8.

L'intérêt à 5 p. 100 sera accordé à ces reconnaissances et courra du jour où la remise complète des titres aura été faite au bureau de liquidation : ce jour sera indiqué dans la reconnaissance; mais l'intérêt cessera du jour où le numéro sera appelé en remboursement.

ART. 9.

Il en sera de même pour les propriétaires des dîmes inféodées, qui seront traités comme les propriétaires d'offices, et remboursés dans le même ordre et avec la même exactitude, en concurrence avec eux.

ART. 10.

Les privilèges et hypothèques qui existaient sur les titres d'offices et dîmes inféodées seront transportés sur les domaines acquis avec la finance desdits offices et le capital desdits domaines sans rénovation.

ART. 11.

Les propriétaires de fonds d'avance ou cautionnements non comptables, déclarés remboursables, pourront donner, en payement de l'acquisition des domaines nationaux, les récépissés ou autres titres authentiques de leurs créances, avant la liquidation, lorsqu'ils seront revêtus du *visa*, dont la forme sera incessamment déterminée.

ART. 12.

Les propriétaires de charges ou cautionnements comptables, supprimés ou déclarés remboursables, jouiront du même avantage, mais seulement lorsque leurs états au vrai auront été légalement arrêtés. Les immeubles acquis par eux resteront spécialement affectés aux répétitions du Trésor public, jusqu'à l'entier apurement de leurs comptes.

A l'égard des propriétaires de charges ou cautionnements comptables qui n'auront pas présenté leurs états au vrai, leurs finances ou cautionnements ne seront reçus en payement de domaines nationaux que pour moitié, et à la charge que l'autre moitié du prix sera payée comptant. La totalité des immeubles acquis par eux restera spécialement affectée à la sûreté de leur manutention jusqu'après l'apurement de leurs comptes.

ART. 13.

Les créanciers privilégiés sur les titres d'office, fonds d'avance, cautionnements et autres objets remboursables par l'État seront admis à donner le montant de leur créance en payement des domaines nationaux dont ils se rendront adjudicataires, en remplissant, pour constater l'existence et la légalité de leurs droits, les conditions qui seront prescrites par les décrets de l'Assemblée.

ART. 14.

Les brevets de retenue sont exceptés des précédentes dispositions jusqu'après examen.

ART. 15.

Il sera nommé deux commissaires de chacun des comités de constitution, de judicature, des finances et d'aliénation, pour présenter, dans huitaine, à l'Assemblée nationale, les moyens pour parvenir à toutes les liquidations avec promptitude et uniformité.

ART. 16.

Cet article a été ajourné.

ART. 17.

Les différents titres de propriété ci-dessus énoncés, et tous autres effets, ne pourront être reçus, sous aucun prétexte, en payement, ni dans les caisses de district, ni même dans celle du receveur de l'extraordinaire, sans être revêtus du *visa* qui sera indiqué dans le décret de liquidation générale.

ART. 18.

L'Assemblée nationale déterminera par un ou plusieurs décrets particuliers le développement des autres formalités à observer pour les liquidations et pour toutes les opérations en dépendant.

IMPRIMERIE NATIONALE.

Il est sensible, d'après les dispositions de l'article 2 de ce décret, que l'Assemblée constituante a eu l'intention de distinguer en deux classes la dette exigible ou arriérée;

Qu'elle a compris dans la première tous les effets exigibles dont le remboursement avait été suspendu, ainsi que l'arriéré des départements non susceptible de liquidation;

Qu'elle a compris dans la seconde l'arriéré non liquidé des départements, les offices, charges, cautionnements, dîmes inféodées et tous les effets susceptibles de liquidation;

Qu'elle n'a eu aucune disposition à prescrire pour la première de ces deux classes de la dette : car on a dit tout ce qu'il était utile, tout ce qu'il était possible de dire, relativement à une somme exigible, lorsqu'on a ordonné qu'elle serait acquittée et qu'on a pourvu aux moyens de le faire.

Il n'en était pas de même de la dette non liquidée : l'Assemblée constituante avait, à cet égard, deux genres de précautions à prescrire : le premier relatif au mode de liquidation, le second relatif au mode de payement.

Elle a prévu, sous ce dernier rapport, précisément ce qui arrive aujourd'hui : elle a pressenti que l'acquittement ne pourrait pas toujours suivre la rapidité des liquidations, et qu'il arriverait nécessairement une époque à laquelle il serait impossible de continuer les payements à bureau ouvert, sans excéder les 1,200 millions auxquels elle avait cru devoir limiter la circulation des assignats. Sa prévoyance a ordonné, article 5, que les reconnaissances de liquidation seraient toutes numérotées; qu'elles seraient remboursées indistinctement dans l'ordre où elles seraient présentées, tant qu'il n'y aurait pas insuffisance dans les fonds destinés à les payer; mais qu'à l'époque où l'émission des assignats serait arrivée à la limite déterminée, c'est-à-dire à 1,200 millions, les remboursements ne se feraient plus qu'à mesure que les assignats rentreraient par la vente des domaines nationaux et par ordre de numéros; que cet ordre de numéros serait rendu public; enfin que, jusqu'à l'époque où ces remboursements successifs seraient effectués, les reconnaissances de liquidation seraient admises comme assignats dans l'acquisition des domaines nationaux, et qu'il y serait attaché un intérêt de 5 p. 100 jusqu'au jour fixé pour le remboursement.

Depuis, les préparatifs de guerre, une foule de dépenses imprévues, et surtout le retard dans la rentrée des impositions, ont obligé de franchir la limite qu'on s'était prescrite, et la somme des assignats qui pourraient exister à la fois en circulation a été élevée à 1,400 millions. La période que l'Assemblée constituante avait prédite a donc été seulement parcourue plus rapidement qu'elle ne s'y était attendue; mais au fond rien n'est changé. Les domaines nationaux sont toujours le gage spécialement hypothéqué au payement de la dette non constituée : ce gage même n'a pas été jusqu'à un certain point altéré par les secours que la Caisse de l'extraordinaire a été obligée de fournir au Trésor public, puisque ces secours ne sont qu'une avance pour laquelle il existe une sorte de privilège sur les impositions arriérées.

Qu'est-il donc besoin de répéter sans cesse ce mot effrayant de *suspension*, et de porter ce qu'il a d'odieux sur le compte de l'Assemblée législative? Qu'est-il besoin de jeter, sans objet, l'alarme dans toutes les classes de la société? On ne suspend pas des payements qui ne sont pas exigibles. Or la loi n'est pas équivoque; elle a prévu, elle a fixé le mode du remboursement dans tous les cas; il ne s'agit plus que d'exécuter fidèlement ce qu'elle a promis. Il ne serait pas même impossible de tenir davantage. Les moyens pour y parvenir sont encore simples et faciles; ils seront l'objet du chapitre suivant.

CHAPITRE VIII.

DU PLAN QU'ON PEUT SUIVRE POUR L'EXÉCUTION DU DÉCRET DES 6 ET 7 SEPTEMBRE 1790, PENDANT LES ANNÉES 1792 ET 1793.

Il est évident, d'après ce qui a été exposé dans l'article précédent, que la nation n'a pris l'engagement de rembourser, à bureau ouvert, que ce qu'elle doit à époque fixe, et on a vu, pages 482 et 483 :

Que cette partie de la dette, même en y comprenant les fonds des compagnies de finance, ne s'élevait, pour 1792, qu'à une somme de....	240,000,000 livres.
A cette somme doivent être ajoutés les remplacements à faire au Trésor public par la Caisse de l'extraordinaire pour le mois de décembre 1791, et ce qui sera nécessaire pour compléter, chaque mois, les 69 millions auxquels on a évalué les dépenses publiques; enfin les 60 millions représentatifs du revenu des domaines nationaux, tous objets que j'ai compris pour...........	266,000,000
TOTAL...............	506,000,000

Il serait donc possible, à la rigueur, sans manquer aux engagements contractés, sans reculer aucun des remboursements exigibles, de faire face à tous les besoins de l'année 1792 avec une émission d'assignats de 506 millions, lesquels, ajoutés aux 1,400 millions qui seront en circulation le 1er janvier prochain, formeraient un total de 1,906 millions.

Mais cette somme ne sera jamais toute à la fois en circulation; il en faudra défalquer ce qui rentrera et s'éteindra successivement pendant le cours de l'année 1792 par la vente et le payement des domaines nationaux. En n'évaluant ces rentrées qu'à 200 millions, il en résulterait qu'après avoir satisfait à tout, la quantité d'assignats qui se trouveraient en circulation au 1er janvier 1793 n'excéderait qu'à peine 1,700 millions.

Après avoir déterminé ce que la foi due aux engagements, ce que la justice exige pendant le cours de l'année prochaine, il reste à examiner ce que la raison conseille. Il ne suffit pas, en effet, de payer ce qui est rigoureusement exigible, il faut encore que la nation marche vers le plan de libération qu'elle a formé. Il paraît donc indispensable qu'elle destine, pour l'année 1792, une somme quelconque au payement des objets à liquider, et cette somme ne peut pas être au-dessous de 150 à 200 millions. En partant de la plus forte de ces suppositions, la circulation des assignats s'élèverait jusqu'à 1,900 millions au 1er janvier 1793; ce serait probablement alors qu'elle aurait atteint son *maximum*, car il faut espérer qu'il n'existera plus de déficit en 1793; qu'en ajoutant, conformément aux évaluations détaillées page 491, les 140 millions qui resteront à rentrer des opérations foncières et mobilières de 1792 aux revenus propres à 1793 et en supprimant la plus grande partie des dépenses extraordinaires, on parviendra enfin, pour l'année 1793, à égaliser les recettes avec les dépenses.

Je ne mettrai pas en question si l'Assemblée législative adoptera ou non la première partie de ce plan, c'est-à-dire si elle remboursera ou non ce qui est rigoureusement exigible en 1792; car *nul pouvoir n'a le droit de manquer à la foi publique, sous quelque forme et dénomination que ce puisse être;* et comme je l'ai observé, page 493, l'Assemblée législative a démontré qu'elle n'en avait pas l'intention. Tout ce que je puis donc agiter, c'est de savoir si elle adoptera ou non la seconde mesure que je propose; si elle destinera une somme de 200 millions en payement des objets à liquider; ou si, s'en tenant strictement aux dispositions du décret du 7 novembre 1790, elle déterminera la somme des assignats à mettre en circulation, uniquement d'après les besoins du Trésor public, se réservant de ne faire des remboursements qu'à mesure des rentrées. Ces deux partis ont chacun leurs avantages et leurs inconvénients; et celui d'élever trop haut la somme des assignats en circulation est peut-être l'inconvénient le plus grave de tous. Je penserais donc que, sans prononcer d'une manière précise sur la somme qui sera destinée aux remboursements, il conviendrait de fixer à 1,800 millions les assignats qui pourraient exister à la fois en circulation, et d'ordonner que, passé cette limite, il ne sera fait de remboursement que par ordre de numéros et à mesure des rentrées.

Cette somme de 1,800 millions ne paraîtra pas excessive si l'on veut bien considérer que le numéraire métallique, l'argent, est devenu marchandise et qu'il ne fait plus l'office de monnaie : or toute marchandise augmente de valeur en proportion de ce qu'elle est plus demandée et recherchée, et c'est ce qui arrive à l'argent; ainsi ce n'est pas l'assignat qui perd tout ce qu'il paraît perdre; l'argent gagne une part de la différence.

Que l'on consulte ceux qui ont écrit le plus savamment sur cette matière; tous vous diront que pour connaître les variations qui arrivent dans la valeur de la monnaie, il faut la comparer, non pas à une seule espèce de marchandises et de denrées, mais à plusieurs, et surtout à celles dont la mode et la fantaisie ne peuvent point changer la valeur : or ni le blé, ni la viande, ni la plupart des productions de l'agriculture, ni les capitaux en biens-fonds, ni les journées d'ouvriers n'ont point augmenté dans la proportion de ce qu'on appelle la perte des assignats.

Comment, d'ailleurs, si réellement la circulation était embarrassée par une trop grande quantité d'assignats, pourrait-on expliquer le peu d'empressement qu'on a de les porter en payement des domaines nationaux? La plupart des acquéreurs se contentent de payer un acompte de 12 p. 100; ils aiment mieux payer du surplus un intérêt annuel de 5 p. 100, plutôt que de s'acquitter avec un effet qui ne produit aucun intérêt. Certainement rien ne prouve mieux que l'on ne regorge pas d'assignats : il est donc faux qu'ils soient discrédités. Ce qui gêne la circulation est moins la masse des assignats que la mauvaise division des assignats. Que l'on s'attache donc à multiplier ceux de 5 livres dont les demandes des consommateurs indiquent le besoin; qu'on les mette en état de se passer de numéraire métallique, puisque la défiance le fait disparaître; qu'on multiplie la monnaie de cuivre et de métal de cloches, et alors qu'importera le prix de l'argent, puisqu'on aura les moyens de s'en passer?

Je crois qu'on peut tirer de l'état de nos changes des inductions contraires à ce que j'avance, et l'on ne peut nier que des émissions plus ou moins fortes d'assignats n'aient une influence marquée sur le cours des changes. Mais, premièrement, on se tromperait beaucoup si l'on se persuadait que cette baisse des changes fût toute au désavantage de la nation : car si, d'un côté, elle met un obstacle à l'introduction des productions étrangères, de l'autre, elle favorise l'exportation des objets de notre industrie. La baisse des changes ne dépend pas, d'ailleurs, seulement de la défaveur des assignats; elle tient encore à ce que nous avons une dette considérable à solder avec l'étranger. Cette dette s'augmente nécessairement chaque jour par les remboursements, dont une partie est destinée à sortir du royaume, et par la nécessité où se trouvent les Français absents de faire venir le revenu de leurs propriétés foncières. Tant que cet état de choses subsistera, il en résultera un bénéfice à l'exportation des marchandises et denrées nationales, une espèce de prime d'encouragement pour le commerce et pour l'industrie : nos manufactures travailleront pour acquitter notre dette; elles extrairont insensiblement des pays voisins, en échange de leur industrie, les métaux qui nous manquent; l'équilibre qui a été rompu se rétablira, et la crise même des affaires deviendra un moyen de prospérité.

Si l'Assemblée nationale adopte le plan que j'ai tracé dans ce chapitre, elle aura à décréter les mesures d'exécution qui suivent :

1° Qu'il sera fait une nouvelle fabrication de 700 millions d'assignats des sommes et espèces qui seront déterminées, lesquels formeront avec les 1,800 millions, précédemment décrétés, un total de 2 milliards 500 millions, pour en être disposé sur les décrets de l'Assemblée nationale;

2° Que la quantité desdits assignats qui pourra exister à la fois en circulation ne pourra pas excéder la somme de 1,800 à 1,900 millions;

3° Que le décret des 6 et 7 novembre 1790, concernant le mode de liquidation des offices, droits féodaux et dîmes inféodées, sera exécuté et qu'en conséquence la valeur des offices et autres objets liquidés continuera d'être reçue pour comptant dans l'acquisition et le payement des domaines nationaux aussitôt après la liquidation;

4° Qu'il sera donné aux reconnaissances de liquidation un numéro suivi, lequel ne servira que de renseignement, tant que les fonds destinés aux remboursements ne seront point épuisés; mais que sitôt qu'on approchera de ce terme, les remboursements ne se feront plus que dans l'ordre des numéros et suivant l'indication publique qui en sera donnée;

5° Qu'à cet effet, celui des comités de l'Assemblée nationale qui sera désigné présentera, au plus tard le 10 de chaque mois, un tableau général de la situation des finances, de la somme d'assignats dépensée sur les 2 milliards 500 millions, de la quantité existante en circulation, de la somme qu'il sera nécessaire de verser au Trésor public pour les dépenses courantes, ordinaires et extraordinaires, de ce qui sera réservé pour les payements exigibles à termes et pour l'arriéré des départements, enfin de ce qui pourra être destiné aux remboursements pendant le cours du mois suivant;

6° Que la liste des remboursements à faire dans le mois suivant sera projetée par le commissaire de la liquidation générale, approuvée par l'Assemblée nationale et rendue publique, au plus tard le 20 de chaque mois, par la voie de l'impression;

7° Qu'il sera accordé aux reconnaissances de liquidation un intérêt de 5 p. 100, lequel commencera à courir, conformément à l'article 8 du décret du 7 novembre 1790, du jour où la remise complète des titres aura été faite au bureau de liquidation; que ce jour sera à cet effet indiqué dans la reconnaissance de liquidation, et que ledit intérêt cessera le jour où le numéro de la reconnaissance sera appelé en remboursement;

8° Que les dépenses ordinaires et extraordinaires de l'année 1792 demeureront fixées à 708 millions, et par mois à 59 millions;

9° Que pour mettre la Trésorerie nationale en état de faire face à cette dépense, il sera fait chaque mois un état des sommes rentrées par les impositions; que tout ce qui excédera 59 millions sera imputé sur le mois suivant; mais que, dans le cas où les recettes n'auraient pas produit cette somme, ce qui manquera sera versé, dans les dix premiers jours dudit mois suivant, à la Trésorerie nationale par la caisse de l'extraordinaire.

Je m'attends que l'intérêt de 5 p. 100 que je propose d'attacher aux quittances de liquidation paraîtra d'abord excessif; mais je prie de considérer que cet intérêt a été déjà décrété; que l'engagement en a été formellement pris par l'Assemblée constituante avec les créanciers de la dette à liquider, par son décret du 7 novembre 1790, et que cette même Assemblée constituante avait déclaré, le 27 août 1789, que *nul pouvoir n'a le droit de réduire l'intérêt de la dette publique.* Cet intérêt, d'ailleurs, tout excessif qu'il peut paraître, est celui qu'on exige de ceux qui sont en retard pour le payement des domaines nationaux. Or comment la nation pourrait-elle avoir deux poids et deux mesures, et comment le même intérêt, qui ne lui paraît que juste quand elle le reçoit, pourrait-il lui paraître trop fort quand elle le paye?

Ce n'est pas une économie de 2 ou 3 millions sur les intérêts qu'il est important de faire dans les circonstances actuelles : ce qui importe à la nation et à la chose publique, c'est de faire rentrer, par la vente des domaines nationaux, les assignats qui sont en émission; surtout de les faire rentrer de préférence aux reconnaissances de liquidation. Or comment concevoir que les porteurs de ces reconnaissances pussent se déterminer à les conserver, si elles ne produisaient pas un intérêt éga à celui que la nation elle-même exige pour le retard du payement des domaines nationaux? On a proposé de remplir le même objet, celui de favoriser la rentrée des assignats, en excluant les reconnaissances de liquidation du payement des domaines nationaux. Ce serait une injustice, et la nation ne peut se la permettre. Les créanciers de l'État, détenteurs des domaines nationaux, ne les ont acquis que sous la foi des traités, et d'après l'assurance qui leur a été donnée qu'ils seraient admis à compensation. Cet engagement ne peut être éludé. Qu'y gagnerait-on d'ailleurs, puisqu'en écartant de la concurrence une monnaie destinée à l'acquisition des domaines nationaux, on diminuerait le capital des biens à vendre? L'appât d'un léger avantage sur l'intérêt attaché aux reconnaissances de liquidation opérera presque le même effet sans contrainte; en sorte que la fixation d'un intérêt à 5 p. 100 n'est pas seulement une justice, c'est une mesure utile et nécessaire.

Qu'on ne m'oppose pas que ce serait aggraver la crise actuelle que de porter à 1,800 millions la somme des assignats qu'on pourra mettre en émission? J'ai déjà beaucoup affaibli cette objection, mais cette crise, au surplus si c'en est une, on ne pourrait l'adoucir qu'en la prolongeant. Si l'Assemblée constituante n'avait pas essayé de concilier ainsi des opinions opposées, si sa marche eût été plus rapide et plus ferme, presque toute la dette exigible ou arriérée serait acquittée aujourd'hui, et la totalité des domaines nationaux seraient vendus à un prix avantageux.

Que l'exemple du passé nous apprenne à redouter l'effet de mesures incertaines ou timides : le médecin habile n'attend pas que les forces de son malade soient épuisées pour provoquer la crise salutaire qui doit le rappeler à la santé.

Enfin, si, à quelque époque que ce soit, l'Assemblée nationale s'apercevait que la circulation fût engorgée par une surabondance de papier, elle aurait toujours dans sa main un moyen assuré de procurer un écoulement du trop-plein des assignats : ce serait en ouvrant un emprunt. Tout, jusqu'au discrédit même des assignats, concourrait au succès de cette opération, et elle réussirait infailliblement à 3 1/2 ou à 4 p. 100 tout au plus. Le moment d'employer cette ressource n'est point encore arrivé : ce n'est pas lorsque la nation a des domaines à vendre, dont elle peut espérer un capital calculé sur le pied de 3 p. 100, qu'il convient d'offrir un placement à 4; ce serait détruire elle-même ses ressources les plus précieuses et avilir ses capitaux par une concurrence maladroite. Mais le temps viendra, et il est peut-être moins éloigné qu'on ne pense, où avec des emprunts sagement combinés on parviendra à balayer tout ce qui pourra rester dû sur la dette exigible et arriérée, peut-être à rembourser la partie la plus onéreuse de la dette constituée, et à réduire successivement, par des moyens doux et volontaires, à 4 p. 100 et même à 3 1/2 l'intérêt de la dette publique.

CHAPITRE IX.

DE LA SITUATION DES AFFAIRES AU 1er JANVIER 1793.

S'il est possible d'atteindre la fin de l'année 1792 sans des accidents graves;

Si l'Assemblée nationale parvient à faire rentrer au Trésor public, pendant le cours de cette même année, une somme de 400 à 450 millions par les impositions ordinaires;

Enfin, si le fonds destiné aux dépenses extraordinaires de la guerre ne s'élève pas au delà de 60 millions, comme je l'ai supposé, la chose publique est sauvée, et l'Assemblée nationale n'aura plus qu'à recueillir le fruit de ses travaux.

Telle serait alors la situation des affaires au 1er janvier 1793 :

Il aurait été remboursé pendant l'année 1792, sur la dette exigible à terme, une somme de.....	130,000,000 livres.
Sur les fonds des compagnies de finance.......	110,000,000
Acompte sur les objets à liquider............	150,000,000
Il serait rentré pour une somme à peu près égale de reconnaissances de liquidation employées directement à l'acquisition des domaines nationaux...............................	150,000,000
TOTAL....	540,000,000

Déduisant cette somme des 1,100 millions auxquels monte au plus la dette exigible et arriérée, en ce non comprise la dette à terme, dont les époques de remboursements successifs se répartissent sur vingt-huit années, il ne resterait plus à rembourser au 1er janvier 1793 qu'une somme de 560 millions; or, en divisant cette somme sur quatre à cinq années, il serait facile, non seulement d'y faire face sur les rentrées successives du payement des domaines nationaux, mais encore de diminuer chaque année d'une somme plus ou moins forte la masse des assignats en circulation.

Quelle perspective florissante présenteraient alors les finances du royaume!

Le capital de la dette constituée en perpétuel ne s'élèverait qu'à	1,400,000,000 livres.
Celui du restant de la dette exigible à terme, remboursable pendant l'espace de vingt années, à	250,000,000
Total	1,650,000,000

Les rentes viagères s'éteignant graduellement chaque année, les charges publiques se trouveraient diminuées, avec le temps, de	100,000,000
Les pensions des ci-devant bénéficiers diminueraient dans une progression plus rapide encore, parce qu'elles sont sur des têtes d'un âge plus avancé, et il en résulterait un nouveau soulagement annuel de	72,000,000
Total	172,000,000

Les dépenses publiques se réduiraient alors à peu près à ce qui suit :

Dépenses de la guerre, y compris la gendarmerie nationale	100,000,000 livres.
Marine	50,000,000
Affaires étrangères	6,000,000
Liste civile	25,000,000
Frais de culte	80,000,000
Ponts et chaussées	4,000,000
Intérêts de la dette publique, au plus	70,000,000
Pensions	15,000,000
Frais d'administration; dépenses de l'Assemblée nationale; encouragements aux arts, au commerce; objets de bienfaisance et dépenses imprévues	25,000,000
Total	375,000,000

Pour faire face à ces dépenses, la nation aurait le produit du timbre et du droit d'enregistrement qu'on pourrait alors évaluer à............	80,000,000 livres.
Les douanes qui, dans un état de commerce florissant, produiraient......................	25,000,000
Les postes............................	15,000,000
Les patentes..........................	15,000,000
Il ne resterait plus à imposer pour les contributions foncière et mobilière que[1]...........	240,000,000
TOTAL égal............	375,000,000

La dette ainsi réduite à 1,650 millions ne ferait au plus que la vingt-cinquième partie de la fortune publique en capital; car, en partant de suppositions modérées, la valeur de toutes les propriétés foncières du royaume ne peut pas former un capital au-dessous de 40 milliards; d'un autre côté, la masse des contributions publiques, qui, sous l'ancien régime, s'élevait à près de moitié du revenu libre, n'excéderait pas de beaucoup la proportion du quart.

Peuple français! telle est la perspective qui vous est offerte; mais ne vous aveuglez pas sur le danger qui vous menace; n'oubliez pas que vous marchez sur le bord d'un précipice : nous avons supposé partout l'existence d'un revenu public, et ce revenu n'existe pas encore. Osons le dire, toutes les évaluations qui ont été faites par le Comité des contributions publiques de l'Assemblée constituante se trouvent excessivement exagérées : il est pardonnable de s'être laissé séduire par le désir même d'alléger le fardeau des contributions publiques. Ainsi, en admettant que tous les droits décrétés pour l'année 1791, par l'Assemblée constituante, se perçussent dans toute l'étendue dont ils sont susceptibles, il resterait encore un vide immense qu'il est question de combler. Français! telle est la tâche imposée à vos représentants! elle exige de leur part de longues méditations, une connaissance appro-

[1] On ne compte point ici le produit de la loterie, qui est un impôt immoral.

fondie des ressources et des richesses de la nation; cette prudence froide et réfléchie qui mûrit les plans; cet esprit de combinaison qui en calcule les détails; cette activité infatigable qui prépare l'exécution. Cette tâche est immense, sans doute; espérons qu'elle ne sera pas au-dessus de leurs forces : mais surtout qu'ils s'occupent promptement de la remplir; car j'ose en faire la triste prédiction : si, sous très peu de mois, les impositions décrétées pour l'année 1791 ne sont pas en plein recouvrement; si, dans six mois au plus, le système d'impositions de 1792 n'est pas décrété et en activité, nulle force humaine ne pourra sauver la patrie d'une catastrophe affreuse, dont l'ancien régime, avec tous ses abus, nous avait cependant évité l'horreur. Que tout ce qui a rapport à l'assiette et au recouvrement de l'impôt fasse donc l'objet de l'occupation habituelle et de tous les jours de l'Assemblée législative; que ses comités ne remettent pas à demain; qu'ils s'y livrent dès aujourd'hui : car, qu'on ne s'y trompe pas, la révolution ne sera véritablement achevée, la constitution ne sera terminée que quand on aura solidement fondé un revenu suffisant pour faire face aux dépenses publiques.

CHAPITRE X.

RÉFLEXIONS SOMMAIRES SUR LA VALEUR DES DOMAINES NATIONAUX ET SUR LE MOYEN DE SUPPLÉER À CETTE RESSOURCE EN CAS D'INSUFFISANCE.

On évalue à 3 milliards 500 millions le capital des domaines nationaux, et presque tous les calculs auxquels on s'est livré, sur le payement de la dette exigible et arriérée, sont fondés sur cette supposition. On est naturellement porté à croire ce que l'on désire; et parce qu'on a calculé que le besoin s'élèverait à 3 milliards 500 millions, on en a conclu que le produit de la vente des domaines nationaux s'élèverait à cette même somme. Il eût peut-être été possible de l'atteindre, si les liquidations eussent été plus rapides et les ventes moins précipitées; mais les domaines nationaux ont tous été mis en vente dans presque tous les districts à la fois; on a pressé les adjudications avant qu'on eût suffisamment répandu la monnaie qu'on destinait à faciliter les acquisitions.

Il est très douteux que, dans cette position des affaires, le produit de la vente des domaines nationaux s'élève à plus de 3 milliards; c'est à peu près le résultat auquel M. Amelot, commissaire du Roi à la Caisse de l'extraordinaire, a été conduit par différentes évaluations. Il résulte d'un tableau qu'il a fait fournir pour 177 districts, et qu'il a bien voulu me communiquer, qu'il y avait au 1er novembre :

Biens immeubles vendus	690,178,771 livres.
Biens immeubles non vendus	176,846,293
Évaluation du capital des droits incorporels	51,697,458
Biens dont la vente est ajournée	91,429,705
Total	910,152,227

En supposant que la proportion des biens nationaux soit la même dans les districts pour lesquels les états ne sont point encore fournis, et en appliquant les mêmes évaluations au reste du royaume, on trouve que la valeur totale des domaines nationaux excède 2,800,000,000 millions, et qu'elle s'élèvera, très probablement, à plus de 3 milliards, si, comme il y a lieu de le croire, la portion des domaines invendus se vend seulement un quart au-dessus du prix de l'estimation. Les forêts dont on peut disposer sont comprises dans cette évaluation.

Les besoins publics excéderont nécessairement cette somme; car, d'après les supputations dont je suis parti, la quantité d'assignats qui aura été consommée sera de	2,500,000,000 livres.
Il restera à payer de la dette exigible et arriérée, sans y comprendre les remboursements à terme, à des époques éloignées	560,000,000
Total	3,060,000,000

Il est donc probable qu'il se trouvera, à la fin des opérations, un déficit, et qu'une portion quelconque d'assignats se trouvera porter à faux.

C'est parce que j'en ai prévu la possibilité que j'ai proposé dans le chapitre IX de couvrir ce vide par un emprunt à 4 p. 100, dont l'effet serait de convertir en dette constituée une portion de la dette exigible, et qui même habilement ménagé pourrait conduire, avec le temps, à ramener, par des moyens libres et volontaires, à 4 p. 100 l'intérêt de la dette constituée.

Il serait impossible de prédire à l'avance quel sera le moment convenable pour faire l'ouverture de cet emprunt. J'ai déjà dit combien il était important qu'il n'entrât point en concurrence avec la vente des domaines nationaux; car personne ne voudrait, pour retirer un intérêt de 2 1/2 à 3 p. 100 de ses capitaux, s'exposer aux non-valeurs, aux embarras, aux risques même qu'entraîne l'administration des biens-fonds, quand un gouvernement digne de toute confiance lui offrirait en même temps une jouissance tranquille et assurée de 4 p. 100 dans un emprunt national. Ainsi, ou l'effet de la concurrence serait de suspendre la vente des domaines nationaux, ou d'en baisser le capital sur le pied d'un revenu de 4 ou 4 1/2 p. 100.

La première loi que l'Assemblée doit s'imposer est donc de n'ouvrir d'emprunt que lorsque la vente des domaines nationaux sera presque entièrement consommée. On admettrait dans celui que je propose tous les titres de créance de la dette exigible ou arriérée, aussitôt qu'ils auraient été liquidés. Ce serait un moyen d'accélérer et de faciliter les liquidations; mais le plus grand bienfait qui en résulterait serait de débarrasser la circulation de la surabondance des assignats.

Enfin si cet emprunt ne suffisait pas pour établir l'équilibre entre le produit de la vente des domaines nationaux et le montant de la dette exigible et arriérée, si l'on pouvait craindre qu'il ne restât encore quelques portions d'assignats qui portassent à faux, il suffirait alors d'en offrir le payement en espèces à bureau ouvert à tous les porteurs, pour leur donner une confiance indéfinie, et la nation pourrait se procurer par cette voie un crédit de 2 ou 300 millions d'assignats qui ne lui coûteraient presque aucun intérêt. 60 ou 80 millions d'espèces réservées dans les caisses du Trésor public suffiraient pour faire face à cette circulation : car, dès que la somme des assignats sera réduite au delà d'un certain terme, les espèces commenceront à reparaître; il en rentrera dans les caisses par les impositions; et la masse de numéraire en réserve dans le Trésor public, toujours alimentée par les revenus, fournira avec facilité aux demandes d'échanges d'assignats contre espèces qu'on pourrait faire.

On soupçonne que la Banque d'Angleterre a pour 800 millions, monnaie de France, de billets en circulation, et quoique les payements se fassent en or, quoique la Banque n'ait pas à sa disposition toutes les espèces qui rentrent par les revenus publics, enfin, quoique sa réserve en numéraire n'ait pas toujours été fort considérable, elle n'a été embarrassée que dans des cas très rares, et dans des moments où le crédit public était ébranlé par de grands événements.

Enfin, si l'on pensait qu'une opération de banque fût contraire à la dignité de la nation, et qu'il ne fût pas convenable qu'elle l'entreprît pour son compte et à ses risques, il serait facile de proposer des plans qui concilieraient tout. On ne manquerait pas de compagnies qui offriraient de rembourser en billets payables en espèces, à bureau ouvert, un restant de 300 millions d'assignats, moyennant un intérêt modique de 2 ou de 2 1/2 p. 100, tout au plus : mais il serait imprudent de faire aucune tentative de cette espèce, avant que le crédit public soit parfaitement consolidé, que le recouvrement des impôts soit en pleine activité, et que la somme des assignats mis en circulation soit réduite à 400 millions tout au plus.

IMPRIMERIE NATIONALE.

NOTE

RELATIVE AU MÉMOIRE DE M. DUFRESNE-SAINT-LÉON, COMMISSAIRE DU ROI, DIRECTEUR GÉNÉRAL DE LA LIQUIDATION.

Au moment où je termine cet écrit, je reçois le mémoire imprimé de M. Dufresne-Saint-Léon, sur la liquidation, ses progrès, son état actuel, ses engagements et ses besoins; la différence des époques auxquelles nous avons arrêté notre travail, a entraîné dans les résultats, des différences dont il est nécessaire de rendre compte.

M. Dufresne-Saint-Léon a présenté le tableau de ce qui existait le 10 novembre 1791. J'ai essayé de déterminer quelle serait la position des affaires au 1er janvier 1792, et dans l'intervalle de près de deux mois, un grand nombre de liquidations ont été faites et consommées.

Nous avons évalué l'un et l'autre le montant de la dette exigible ou arriérée à	1,086 millions.
Mais M. Dufresne-Saint-Léon n'y comprend pas le montant de la dette exigible à terme et au porteur, que j'ai évaluée, pour ce qui échoit en 1792, à..............................	129
L'addition de cette somme porte le total de son résultat à..............................	1,215
Mais, d'un autre côté, il y a fait entrer la dette constituée du clergé pour 78 millions, tandis que, d'après les données dont je suis parti, il n'y en a que 10 millions d'exigibles en 1791; la différence qu'il convient de retrancher est de......	68
Le montant total de la dette exigible ou arriérée était donc, au 10 novembre dernier, suivant M. Dufresne-Saint-Léon, de................	1,147
Je l'ai évalué, pour le 1er janvier 1792, à.......	1,086
La différence est de........................	61

C'est à peu près, sans doute, ce qui aura été remboursé par la Caisse de l'extraordinaire sur la dette exigible ou arriérée depuis le 10 novembre dernier jusqu'au 1er janvier prochain.

Ce rapprochement suffit pour justifier les résultats que j'ai présentés dans cet ouvrage. Il était difficile, en partant de bases aussi différentes, d'arriver à une concordance plus exacte.

RÉFLEXIONS
SUR L'INSTRUCTION PUBLIQUE,
PRÉSENTÉES À LA CONVENTION NATIONALE
PAR LE BUREAU DE CONSULTATION DES ARTS ET MÉTIERS,
SUIVIES D'UN PROJET DE DÉCRET[1].

(Août 1793.)

L'homme naît avec des sens et des facultés; mais il n'apporte avec lui en naissant aucune idée : son cerveau est une table rase qui n'a reçu aucune impression, mais qui est préparée pour en recevoir.

Ces impressions lui sont communiquées par les sens et portent le nom de *sensations*.

Mais si toutes nos idées ne nous arrivent que par nos sens; si ce n'est que par l'exercice de nos facultés que nous apprenons à connaître les propriétés des corps qui nous environnent, il en résulte que l'enfant qui naît est obligé de tout apprendre et de faire, à l'aide de ses sens, un véritable cours de connaissances physiques. C'est une chose vraiment digne de la méditation des philosophes, que cette formation des premières idées de l'enfance. Une observation attentive ne permet pas de douter que l'enfant ne procède à la connaissance des propriétés des

[1] Brochure in-4° de 22-27 pages, de l'imprimerie des citoyens Dupont (sans date). — Une édition de cette brochure, moins complète et ne renfermant pas le projet de décret, a été publiée dans le format in-8°. Dans le tome IV (p. 649) de cette édition des *Œuvres de Lavoisier*, M. Dumas a publié, d'après les manuscrits, un projet de décret dont le texte est un peu différent de celui qui suit. (*Note de l'Éditeur.*)

corps, en passant du connu à l'inconnu, en suivant une méthode successive et très approchante de celle qu'emploient les géomètres : il n'a pas besoin, pour ces expériences, de machines rassemblées à grands frais; tous les corps qui l'environnent sont les instruments qu'il emploie.

C'est ainsi que, peu de temps après sa naissance, il commence un cours d'optique et de perspective. Tous les objets lui paraissaient d'abord placés sur un même plan; bientôt il apprend à estimer les grandeurs et les distances, à rectifier par le toucher les erreurs de l'œil, à connaître la figure des corps, d'après la projection des ombres et d'après les effets des clairs et des obscurs.

Il étudie presque en même temps les effets de la pesanteur, ceux du choc des corps : il ne sait pas, comme les physiciens, que tous les corps s'attirent en raison directe de la masse et en raison inverse du carré de la distance; que leur action, lorsqu'ils sont en mouvement, se mesure par la masse multipliée par la vitesse; cette précision ne lui est nullement nécessaire. La nature, qui veille à sa conservation, qui rapporte tout à ses besoins, se contente de lui apprendre que la chute d'un corps est d'autant plus à craindre pour lui qu'il tombe de plus haut; qu'une pierre fait d'autant plus de mal à celui qui en reçoit l'atteinte qu'elle est plus grosse, qu'elle est plus dure et qu'elle a été lancée avec plus de force.

Un peu plus avancé en âge, le développement de ses forces lui permet de faire un cours de mécanique. Le bâton qui tombe entre ses mains devient pour lui la plus simple comme la plus forte de toutes les machines, le levier. La balle, que le mur lui renvoie ou qui rebondit sur la terre, lui donne des notions élémentaires du choc des corps et des lois du mouvement réfléchi. La rigole qu'il pratique le long d'un ruisseau lui fait connaître les principes des lois de l'équilibre des fluides : elle lui apprend cette propriété si remarquable, si fertile en applications, en vertu de laquelle toutes les parties de la surface d'un fluide se rangent toujours dans un plan rigoureusement de niveau.

Telles sont les premières leçons de la nature : elle les donne sous forme de jeux; ainsi, pour les enfants, jouer, c'est étudier, et quiconque n'aurait pas employé à jouer les premières années de son enfance ne deviendrait jamais un homme. Heureuse enfance! tu n'acquières dans cette première éducation que des idées justes, parce que tu ne les reçois que des choses, et que les hommes n'y mêlent ni leurs préjugés ni leurs erreurs. Le moment approche où l'on viendra t'arracher des mains de ta divine institutrice, où, après avoir fait un cours de vérités physiques, tu commenceras un cours d'erreurs morales. Tel au moins a été jusqu'ici le sort qui t'était réservé, et c'est pour réclamer contre cette violation de tes droits, contre cette infraction des droits de la nature, que nous te prêtons aujourd'hui notre organe.

La nature n'a donné à l'enfant qu'une certaine dose de forces et de facultés : le *maximum* de ses efforts est limité; mais en ajoutant à ses organes, à ses instruments naturels, les instruments de l'art, il devient capable de produire de nouveaux effets; c'est là que commence l'éducation de l'homme. Essayons de montrer comment elle peut concourir avec celle de la nature; comment elle doit en devenir la continuation.

Un enfant ne peut, par la seule force de ses bras, par le seul poids de son corps, enfoncer dans la terre le pieu destiné à former une palissade; mais les arts lui offrent le maillet, dont la masse, multipliée par la vitesse que lui imprime le bras, produit bientôt l'effet désiré.

Le clou, qu'on ne peut enfoncer dans la planche, ni par la seule force des mains, ni par la seule pression, à moins qu'on n'emploie un corps excessivement pesant, cède au choc du marteau qui le chasse, et voilà encore l'instrument de l'art ajouté au bras et à la main, c'est-à-dire aux instruments de la nature.

Le marteau produit d'autant plus d'effet qu'il est plus pesant, que sa masse est appliquée à l'extrémité d'un levier plus grand, autrement dit, que le manche est plus long : il faut qu'il enfonce le clou sans l'endommager, sans le rompre, sans l'écraser; de là la nécessité d'employer des marteaux de différentes masses et différemment emmanchés, suivant l'effet qu'on veut produire; de là les règles relatives à l'emploi du marteau dans les arts, depuis celui de l'horloger jusqu'à la masse du forgeron, jusqu'au mouton du constructeur.

Un couteau divise du pain avec beaucoup de facilité; mais si les deux plans qui terminent la lame, au lieu de former un angle de 10 à 12 degrés, en formaient un de 30, l'effort de l'homme le plus robuste ne suffirait plus pour le faire pénétrer dans le pain; de là, toute la théorie de la construction du couteau, tout ce qu'il est nécessaire de connaître pour les usages de la société, des propriétés du coin et du plan incliné.

L'instrument tranchant est-il destiné à diviser des corps plus durs? Veut-on l'employer à séparer les fibres du bois, dans le sens de leur longueur? Il faut que le nouvel instrument ait assez de force pour supporter les efforts de la masse qui doit le frapper, et voilà les deux côtés du plan incliné qui s'écartent, la tête de l'instrument qui grossit, le coin qui se forme.

Veut-on couper obliquement ces mêmes fibres du bois? Le couteau serait trop faible; il faut lui donner plus de force, plus de masse, et voilà la serpe, dont l'effet se trouve encore augmenté par la vitesse qu'on lui imprime. Cet instrument n'est pas encore assez fort pour les ouvrages de charpente, il n'a point assez de coup; on y substitue la hache, qui est plus pesante, et dont on augmente encore l'effet par la disposition du manche.

Veut-on couper les fibres du bois par un plan qui leur soit perpendiculaire : ni la serpe, ni la hache ne sont propres à produire cet effet; on y substitue la scie.

Tels sont les principes élémentaires de l'art de travailler le bois : il n'est presque point d'état dans la société, où l'on ne soit dans le cas d'en faire des applications; ils sont surtout nécessaires à ceux qui s'occupent des travaux champêtres.

Les notions élémentaires de l'art de travailler les métaux ne sont pas beaucoup plus difficiles à rassembler dans des traités courts et élémentaires; elles sont à la portée des enfants, et il est facile, sous forme d'amusements, de les armer de tous les instruments du forgeron et du serrurier.

Le développement des principes qui servent de base à l'agriculture ne présente pas des idées beaucoup plus complexes : le but de cet art est d'obtenir, aux moindres frais, la plus grande masse de productions qu'il est possible. Dans quelques plantes, comme dans les pommes de terre, c'est la racine qui fait l'objet de la culture; dans d'autres, comme dans un grand nombre de légumes et dans une partie des fourrages, c'est la plante tout entière; dans le blé, dans le seigle, c'est la graine contenue dans l'épi; dans le safran, c'est le pistil des fleurs, etc. Ces premières observations conduisent naturellement à la distinction des différentes parties qui constituent les végétaux; à l'examen des racines, des tiges, des feuilles, des fleurs, des fruits, à de courtes explications sur l'usage de ces différentes parties : ces objets sont continuellement sous les yeux des enfants dans les campagnes; il ne s'agit que de fixer quelques instants leur attention sur ce qu'ils voient tous les jours.

Les différentes plantes que produit la nature ne se rencontrent pas indistinctement partout : les unes croissent dans les vallées, dans les prés, dans les lieux humides; les autres, sur les coteaux, les montagnes, dans les lieux arides. De là toutes les observations relatives à l'exposition, à la qualité des terres; de là les moyens de les corriger par les mélanges, et d'y ajouter artificiellement le principe de production qui leur manque; de là toute la théorie des engrais. Telles sont les bases principales d'un cours d'agriculture : où cet art bienfaiteur de l'humanité serait-il enseigné, si ce n'est dans les campagnes et à ceux qui doivent vouer leur existence à la culture des terres?

Il n'est peut-être pas beaucoup plus difficile d'amener les enfants à des conceptions d'un ordre plus élevé, même aux connaissances de géométrie pratique. L'idée de longueur, de largeur, de profondeur leur devient familière presque dès les premiers instants de leur existence; il ne s'agit que de diriger leur attention et de les obliger à réfléchir sur ce qu'ils savent déjà.

Toute la théorie de l'arpentage dérive des notions les plus simples sur la nature des surfaces : la science du toisé dérive de la définition du solide. Il n'y a pas de journalier et de terrassier qui ne se fasse des méthodes pour cuber un fossé ou une fouille quelconque, pour évaluer un ouvrage; pourquoi le même individu n'apprendrait-il pas, par principe, ce qu'il apprend facilement par routine?

La physique expérimentale fournit à tous les arts, et à tous les hommes, dans quelques circonstances qu'ils se trouvent, des instruments qui leur sont nécessaires; cette branche des sciences doit donc entrer dans le plan d'une éducation primaire.

Tous les corps augmentent dans toutes les dimensions quand on les échauffe; ils diminuent dans la même proportion quand ils se refroidissent : rendons cet effet sensible, d'une manière quelconque, et voilà un thermomètre.

Nous vivons dans un fluide élastique et rare, qui est l'air, à peu près comme les poissons vivent dans un fluide plus dense, qui est l'eau. C'est une propriété des fluides contenus dans des tubes qui communiquent ensemble par leur partie inférieure de se tenir en équilibre à une hauteur qui est exactement en raison inverse de leur pesanteur spécifique. Trente-deux pieds d'eau font équilibre avec une colonne d'air égale à la hauteur de l'atmosphère; de là, la théorie des pompes. Vingt-huit pouces de mercure font équilibre avec cette même colonne : de là, le baromètre et tous les phénomènes qui accompagnent ses variations.

La botanique et l'histoire naturelle sont encore des études qui conviennent à l'enfance. Il n'est point d'enfant qui n'amasse des fleurs, des insectes, des coquilles : toucher, examiner, disséquer tout, est un besoin de l'enfance; gardons-nous de le contrarier, puisque nous pouvons le diriger d'une manière utile.

La lecture et l'écriture sont encore un instrument des arts, et il faut que l'homme de tous les états sache s'en servir. C'est cet instrument qui établit une relation entre les hommes de tous les âges et de tous les pays, qui maintient l'équilibre entre toutes les connaissances répandues sur la surface du globe. C'est un préservatif contre la superstition, contre l'abus du pouvoir; c'est le premier garant de la liberté. Il est, d'ailleurs, différents genres de connaissances qu'il est extrêmement difficile d'enseigner aux enfants, tant qu'ils ne savent pas écrire; telles sont les règles du calcul, qui forment une des parties les plus essentielles de l'éducation primaire.

Mais en mettant cet instrument dans la main de l'homme, craignons de lui faire un présent funeste : craignons d'introduire dans son esprit l'idée du mot tracé sur le papier, au lieu de l'idée de la chose que ce mot doit rappeler. Que partout, dans les livres qui seront mis entre les mains de l'enfant, l'idée principale qu'on se propose de graver dans son esprit soit rendue sensible par des gravures et par des images : que la langue écrite soit pour lui, autant qu'il sera possible, la langue des hiéroglyphes, de manière que l'idée ne soit jamais séparée du mot.

En dirigeant ainsi vers des objets sensibles toutes les parties de l'éducation primaire, en s'attachant à suivre la méthode de la nature, non seulement on formera des hommes, mais on opérera une perfectibilité graduelle dans les qualités intellectuelles de l'espèce humaine : dans vingt ans, les mêmes ouvrages, qu'on croira aujourd'hui au-dessus de la portée des enfants, paraîtront beaucoup trop simples, parce qu'ils ne contiendront plus que des connaissances familières à tous. Il faudra donc les renouveler, et ainsi de génération en génération, en sorte que la collection des ouvrages classiques, rédigés à différentes époques, sera la mesure des progrès de l'esprit humain, considéré en masses.

Nous venons de parcourir les deux premières périodes de la vie humaine : nous avons examiné quelle est la première éducation que la nature donne aux enfants; ce que les hommes réunis en société peuvent y ajouter. Ce premier degré d'instruction sociale, devant être commun à tous les hommes, doit être mis à la portée de tous; c'est un devoir que la société acquitte envers l'enfance, il doit donc être gratuit.

Par une suite du même principe, les écoles primaires doivent être tellement espacées que les enfants puissent s'y rendre commodément; elles doivent donc être presque aussi multipliées que les municipalités.

Mais ici les difficultés commencent : la route que les enfants de la nation suivaient d'abord en commun commence à se ramifier; arrivés à un certain terme, ils ne peuvent plus marcher tous ensemble. Deux grandes divisions se forment : les uns se destinent aux fonctions publiques, et s'adonnent à l'étude des langues et des objets de sciences et de littérature; les autres se destinent aux arts mécaniques. L'éducation secondaire se divise donc naturellement en deux parties, chacune dirigée vers un objet particulier. La première a quelque rapport avec l'éducation des universités et des collèges; il n'existe aucun exemple de la seconde, parce qu'il n'a encore existé aucune nation chez laquelle on se soit véritablement occupé des intérêts de la classe la plus industrieuse du peuple. C'est sur cette dernière branche de l'éducation secondaire que le Bureau de consultation se permettra encore quelques réflexions; il suppose que ce sera dans les chefs-lieux de district que les écoles destinées à ce genre d'instruction seront établies.

De même qu'il existe des connaissances qui doivent être communes à tous les hommes, à quelque profession qu'ils se destinent, de même il en existe qui doivent être communes à tous les artistes. Le dessin nous paraît devoir être rangé dans cette classe; le dessin est un langage sensible qui parle aux yeux, qui donne de l'existence aux pensées, et, sous ce point de vue, il exprime plus que la parole; c'est un moyen de communication entre celui qui conçoit ou qui ordonne et celui qui exécute; enfin, considéré comme langue, c'est un instrument propre à perfectionner les idées : le dessin est donc la première étude de ceux qui se destinent aux arts.

Les arts se divisent ensuite en deux grandes classes : les arts mécaniques et les arts chimiques, et de cette division naît la nécessité d'établir deux cours d'instruction publique, différents quant à leur but, et qui doivent être dirigés par deux professeurs. Essayons de marquer encore la ligne qui sépare ces deux parties de l'instruction publique.

Les arts mécaniques sont ceux qui exigent un emploi de force vive et qui ne peuvent être exercés qu'à l'aide d'instruments mécaniques : ainsi, par exemple, on ne peut travailler le bois, les métaux, la pierre, qu'en faisant une dépense de forces, et en se servant d'outils appropriés à l'effet qu'on veut produire. Ces outils sont, ou simples, ou composés; dans ce dernier cas, ils prennent le nom de *machines :* ainsi une machine n'est que la collection d'un certain nombre d'outils ou d'instruments, réunis pour produire un effet. Toute machine est donc susceptible d'être décomposée, d'être réduite à des éléments simples.

On décompose une machine : ou pour en calculer la force, c'est l'objet de la mécanique théorique; ou pour examiner la direction de l'agence et le moyen dont la force est appliquée, c'est l'objet de la mécanique pratique, science qui n'existe point encore, ou du moins sur laquelle il n'a point été rédigé de traité méthodique et élémentaire.

Le professeur qui sera chargé de cette partie de l'instruction publique devra donner d'abord des notions générales, communes à tous les arts mécaniques; il particularisera ensuite ses leçons de manière que chacun puisse s'arrêter au degré d'instruction nécessaire pour l'art qu'il veut embrasser, et que les élèves ne soient pas forcés de consommer un temps précieux à acquérir des connaissances qui leur seraient inutiles.

Les cours devront donc commencer par l'exposition des principes élémentaires de la géométrie graphique. Le professeur s'attachera à résoudre tous les problèmes relatifs à cette science, par la règle et par le compas; il donnera des idées précises de la manière dont se forment les surfaces et les solides, dont ils se mesurent; il apprendra à rapporter à un plan toutes les parties d'un objet, à en faire la projection : de là les règles de la perspective, de la taille des pierres, de l'art de la charpente, de ce qu'on appelle *le trait.*

Les arts purement chimiques diffèrent des arts mécaniques en ce qu'ils n'emploient ni force vive, ni instruments mécaniques. Ainsi, lorsqu'on brûle du soufre pour le convertir en acide sulfurique ou huile de vitriol, la combustion est un agent, mais non pas un instrument; l'ouvrier ne fait aucune dépense de force. De même, lorsqu'on veut fabriquer du bleu de Prusse, on calcine du sang de bœuf avec de la potasse, et on se sert de cette combinaison pour précipiter le fer du sulfate : ce résultat s'obtient par la seule action des agents naturels, et sans que l'artiste y concoure par aucun emploi de force vive.

Le cours relatif aux arts chimiques devra commencer par une exposition des corps naturels qui sont en usage dans les arts, par une description de leurs qualités extérieures, par quelques explications sur leur origine. Passant ensuite à l'emploi de ces substances simples, le professeur fera voir que les opérations chimiques relatives aux arts peuvent se classer, se décomposer comme les machines; que ces opérations se rapportent toutes à des combustions, à des décombustions, à des dissolutions, à des cristallisations, à des précipitations, à des fermentations. Il aura, comme dans le cours des arts mécaniques, l'attention de commencer par les généralités qui sont communes à un grand nombre d'arts, et de réserver pour la fin de son cours les instructions relatives aux arts qui exigent des développements particuliers.

Enfin il est un assez grand nombre d'arts qu'on peut considérer comme mixtes, et qui emploient à la fois des instruments mécaniques et des agents chimiques; les professeurs s'entendront entre eux pour l'enseignement de ces arts, et peut-être seront-ils quelquefois obligés de les diviser.

Ainsi, dans ce plan, il existera dans les chefs-lieux de district trois cours principaux d'instruction publique, relatifs aux arts, sans compter celui d'art social, d'économie politique et de commerce, qui exigera un professeur particulier : ce dernier sera en même temps chargé d'enseigner à ses élèves les principes de la grammaire générale, particulièrement ceux de la grammaire française; de leur proposer des questions à résoudre sur différents points de l'art social, des sujets à traiter, et de les accoutumer à exprimer leurs idées par écrit, avec clarté et précision.

Cette éducation élémentaire des arts embrassera également l'éducation qui doit être donnée aux filles : car, puisqu'il est plusieurs arts qu'elles sont exclusivement destinées à exercer, il faut bien que les principes leur en soient enseignés : on leur apprendra tout ce qui concerne le travail de l'aiguille, la filature, le tricot; on les instruira de ce qui est relatif à la préparation des aliments, à la conduite d'un ménage, au soin des malades, à l'éducation physique des enfants; on leur développera les principes de la morale; on leur donnera quelques notions d'histoire et de géographie locale; enfin on leur donnera des principes sur ce qui constitue le beau dans les arts de goût et d'agrément.

Ces mêmes cours se retrouveront dans les chefs-lieux de département, qui sont aussi chefs-lieux de district; mais ils ne suffisent pas encore pour compléter l'instruction publique; il est des arts qui se trouvent liés à toutes les connaissances humaines, et dans lesquels on ne peut exceller sans une étude plus qu'élémentaire de presque toutes les sciences; tel est l'art nautique, la navigation et la construction des vaisseaux, qui supposent presque toutes les connaissances géométriques, astronomiques, géographiques et physiques; telle est la science de l'ingénieur; tel est l'art de guérir, la médecine humaine et vétérinaire, la chirurgie, la pharmacie, qui supposent des connaissances approfondies de presque toutes les sciences physiques : ces professions sont nécessaires dans un grand État, puisque c'est d'elles que dépendent la conservation des individus, leur défense contre les invasions ennemies, la sûreté des mers, et de proche en proche la prospérité de tous les établissements de commerce et d'industrie : il faut donc que toutes les connaissances élémentaires qu'exigent ces professions fassent partie d'un plan général d'instruction publique, et c'est le but qu'on s'est proposé dans l'établissement des instituts et des lycées.

Dans le tableau qu'on a présenté des diverses connaissances qui y seront enseignées, on s'est moins attaché à suivre une division méthodique des sciences et des arts qu'à rapprocher les unes des autres les différentes parties de l'enseignement qui sont susceptibles d'être réunies : on s'est contenté d'indiquer le nombre des cours, sans prétendre fixer celui des professeurs, parce qu'il est difficile de déterminer quel sera le nombre de ceux dont chaque professeur pourra se charger.

L'éducation publique dans les écoles élémentaires des arts sera dirigée par un directoire, composé des instituteurs et des institutrices; celle dans les instituts et dans les lycées, par le conseil général des professeurs et par un directoire choisi parmi eux. C'est à la Convention qu'il appartiendra de fixer les fonctions qui seront confiées à ces administrations, et d'indiquer l'autorité à laquelle elles seront soumises.

Dans toutes les réflexions qui précèdent, on n'a considéré que l'éducation des individus; un objet non moins grand doit nous occuper encore, c'est l'instruction de la nation elle-même, prise collectivement, celle de l'humanité tout entière.

Il ne s'agit plus, dans cette seconde manière d'envisager l'instruction publique, de répartir avec justice et avec égalité, entre tous les individus de la nation, le trésor des connaissances acquises; il s'agit d'en augmenter la masse au profit de la société; il s'agit de former de grands établissements qui, par leur essence, par le mécanisme même de leur organisation, soient continuellement occupés de reculer les bornes de nos connaissances, d'assurer à l'industrie de nouveaux moyens de prospérité, et à la nation une prépondérance croissante et durable dans toutes ses relations commerciales avec les nations voisines.

Il ne faut pas croire que la prospérité des États dépende seulement de leur population, de l'abondance de leurs productions, de la richesse et de l'étendue de leur territoire : la puissance nationale se compose sans doute de ces différents éléments, mais ce sont des matériaux qui n'ont de valeur qu'autant que l'industrie les met en œuvre. Or, qu'est-ce que l'industrie? Elle ne consiste pas seulement, comme on le croit communément, dans le travail des bras, dans l'emploi matériel des forces. Aujourd'hui que l'Angleterre est couverte de machines; aujourd'hui que la cherté de la main-d'œuvre oblige de substituer aux bras des hommes des inventions mécaniques qui y suppléent et qui les économisent, le mot *industrie* n'exprime pas toujours un emploi de forces, ni même d'adresse, il exprime le plus souvent un emploi des facultés de l'esprit.

Ainsi, lorsque l'on dit que l'industrie est portée plus loin en Angleterre qu'en France, on n'entend pas dire que les hommes y soient plus forts, plus adroits, plus actifs, plus intelligents; on veut dire qu'ils entendent mieux l'art d'économiser les forces, de diminuer le prix de la main-d'œuvre par la division du travail, de substituer les machines aux bras des hommes; qu'ils connaissent mieux l'art de conduire une grande entreprise.

Ces réflexions sur la manière de considérer l'industrie ne s'appliquent pas seulement aux fabriques et aux grandes spéculations de commerce, elles s'appliquent surtout à l'agriculture, ce premier des arts, celui qui nourrit l'homme. Le cultivateur qui prospère le plus n'est pas toujours celui qui est physiquement le plus fort et le plus adroit : c'est celui qui est le plus intelligent. Un homme industrieux tirera d'un même champ une production double, quelquefois triple de ce qu'un autre homme en aurait tiré; il n'emploiera pas pour cela un plus grand nombre d'hommes et de chevaux, il ne fera pas une plus grande dépense de forces, mais, par une succession de culture bien entendue, il tirera chaque année plusieurs récoltes de la même terre, dont un cultivateur ordinaire aurait eu peine à tirer une seule.

Les avantages que peut procurer à l'agriculture une industrie éclairée sont pour ainsi dire incalculables : car son produit surpasse celui de tous les autres objets d'industrie réunis ensemble; ou plutôt l'agriculture seule est productive, puisque les autres arts ne font que modifier les formes, sans rien ajouter à la masse des valeurs existantes.

En admettant, comme le soutient Arthur Young dans le traité qu'il a publié sur l'agriculture française, que le produit territorial de la France soit susceptible d'être triplé par un meilleur système de culture, quel vaste champ ouvert à l'industrie! Que d'augmentation de jouissances pour les individus! Que de millions ajoutés au revenu territorial! Que de moyens d'échange avec les États voisins! Quelle augmentation de force et de puissance!

Si donc il existe un art d'économiser les forces, de simplifier les procédés des arts, d'imaginer de nouvelles machines, de perfectionner celles qui existent, de fournir à l'industrie de nouveaux moyens, cet art doit faire partie, comme tous les autres, de l'instruction publique : le favoriser, l'encourager, est un devoir imposé à l'administration; or, cet art existe, et ce sont toutes ses parties qui constituent ce qu'on nomme «les arts et les sciences».

Ainsi, les savants et les artistes, pris dans ce sens, ne sont pas seulement ceux qui sont parvenus, dans chaque partie, au dernier degré de l'échelle des connaissances; ce sont ceux qui, arrivés à ce *maximum*, s'occupent de recherches pour ajouter aux connaissances acquises.

Les hommes qui se livrent à ce grand art, à celui de faire des découvertes, doivent être indépendants et libres; et leur subsistance, par cette raison, doit leur être assurée aux frais de la société : car celui qui est obligé de travailler pour vivre est dans la dépendance, au moins, des circonstances, et il faut que les savants et les artistes en soient même affranchis autant qu'il est possible. Il est juste d'ailleurs que celui qui consacre son temps, son existence et ses veilles à l'utilité de tous, reçoive de tous le prix de son travail.

On ne doit pas exiger de cette classe d'hommes qu'ils professent et qu'ils enseignent, mais qu'ils inventent et qu'ils publient : car les découvertes sont rares; elles sont le fruit d'un long travail, de pénibles méditations; elles ne se commandent pas, et ne sont pas susceptibles d'être assujetties aux heures périodiques d'un cours public.

L'objet ne serait point encore rempli, si les savants et les artistes,

IMPRIMERIE NATIONALE.

chargés de l'avancement des connaissances humaines, demeuraient toujours isolés, ou s'ils ne vivaient qu'avec des hommes livrés à un même genre d'études, d'industrie et de connaissances : car toutes les parties des sciences et des arts se tiennent; et il est impossible de faire faire à l'une d'elles de grands progrès, si toutes les autres sont en retard : c'est une armée qui doit marcher sur un même front. La plupart, d'ailleurs, des travaux qui restent à faire dans les sciences et dans les arts sont précisément ceux qui exigent la réunion et le concours de plusieurs savants. Le géomètre peut bien travailler seul à perfectionner la science du calcul; mais quel en serait l'objet, si l'astronome et le physicien ne lui fournissaient continuellement des observations et des expériences auxquelles il pût en faire l'application? Que serait la physique expérimentale et la chimie elle-même, si la géométrie n'y avait introduit sa méthode, sa sévérité dans la manière de raisonner, ses calculs? On a déjà observé qu'un grand nombre d'arts, et ce ne sont pas les moins importants pour la société, avaient besoin du concours de presque toutes les sciences; on a cité l'art de la navigation et l'art de guérir : on aurait pu en citer beaucoup d'autres. C'est pour cela qu'il est nécessaire que les savants et les artistes se réunissent en assemblées communes, à des époques déterminées, et que cette réunion embrasse même les connaissances qui paraissent avoir entre elles le moins de rapport et de connexité.

Citoyens représentants, le sort de la République française est dans vos mains; il ne tient qu'à vous d'élever la France au plus haut degré de splendeur et de prospérité qu'ait encore atteint aucune des nations dont la mémoire nous a été conservée. Organisez l'instruction publique dans toutes ses parties; donnez du mouvement aux arts, aux sciences, à l'industrie, au commerce. Voyez avec quelle ardeur toutes les nations, nos rivales, s'occupent des moyens de suppléer, par l'industrie, à ce qui leur manque du côté de la force, de la population, de la richesse territoriale! Une nation qui ne participerait pas à ce mouvement général, une nation chez laquelle les sciences et les arts languiraient dans un état de stagnation, serait bientôt devancée par les nations ses rivales : elle perdrait peu à peu tous ses moyens de concurrence; son commerce, sa force, ses richesses, passeraient dans des mains étrangères, et elle deviendrait enfin la proie de quiconque formerait le projet de l'envahir. Qu'un grand empire, la Chine, nous serve de leçon; les arts y sont aujourd'hui ce qu'ils étaient il y a deux mille ans, parce que la forme de gouvernement a enchaîné le génie des sciences, parce qu'elle a posé des bornes que l'industrie ne saurait franchir.

Législateurs, l'instruction a fait la Révolution; que l'instruction soit encore parmi vous le palladium de la liberté. Maintenant que vous avez achevé votre ouvrage, il ne vous reste plus pour l'animer qu'à faire usage du flambeau que vous avez dans les mains.

C'est dans cet esprit qu'a été rédigé le projet de décret que nous vous présentons.

TABLEAU DE L'ENSEIGNEMENT PUBLIC

LE PROJET EN A ÉTÉ ACHEVÉ ET ARRÊTÉ DÉFINITIVEMENT PAR LE

NOTA. Les objets des troisième et quatrième degrés pour lesquels il n'y a point de professeur spécialement indiqué
Ce tableau ne regarde qu'une partie de l'instruction, l'enseignement;

1er DEGRÉ. ÉCOLES PRIMAIRES.	2e DEGRÉ. ÉCOLES DES ARTS.
	LANGUES, LITTÉRATURE
Langue française. { Parler. Lire. Écrire.	Éléments de la grammaire française.
Exercices du chant, principalement pour les fêtes civiques.	Continuation de l'exercice du chant.
	CONNAISSANCES MORALES
Traits historiques propres à développer les premiers sentiments moraux, tels que l'attachement aux parents, la bienfaisance envers nos semblables.	Histoire générale divisée dans ses principales époques, et développements de celles qui sont les plus propres à nourrir l'esprit républicain.
Notions géographiques pour l'usage le plus commun.	Éléments de géographie. Géographie de la France et des pays voisins.
Premières connaissances de la morale, et plus particulièrement des droits et des devoirs	Développements sur les points les plus importants de la morale, et sur les droits et les devoirs de l'homme et du citoyen.
Quelques leçons sur l'organisation sociale et les lois.	Organisation sociale. Explication des lois françaises dont la connaissance est le plus généralement utile.
Instruction sur la manière de contracter des engagements.	Obligations et contrats.

[1] Les parties mises en italiques sont des corrections faites de la main de Lavoisier sur l'exemplaire imprimé que nous

DIVISÉ EN QUATRE DEGRÉS.

COMITÉ D'INSTRUCTION PUBLIQUE, LE 28 MAI AN II DE LA RÉPUBLIQUE.

sur ce tableau seront enseignés par l'un de ceux dont les fonctions y ont des rapports plus marqués.
les autres sont l'instruction morale et l'instruction physique.

3e DEGRÉ. INSTITUTS.	PROFESSEURS.	4e DEGRÉ. LYCÉES.	PROFESSEURS.
ET BEAUX-ARTS.			
Langues : Grammaire générale	1	Langues et littérature modernes : Grammaire générale et langue française	1
Langues modernes : Française ; Étrangère, la plus convenable aux localités	1	Langues et littérature modernes : Anglaise	1
		Langues et littérature modernes : Allemande	1
		Langues et littérature modernes : Italienne, espagnole ou autre convenable aux localités	1
Langues anciennes : Latine	1	Langues et littérature anciennes : Orientales	1
Langues anciennes : Grecque	1	Langues et littérature anciennes : Grecque	1
		Langues et littérature anciennes : Latine	1
Art d'écrire ; Théorie générale et élémentaire des beaux-arts, surtout de la poésie et de l'éloquence	1	Théorie développée des beaux-arts : Éloquence ; Poésie ; Peinture ; Sculpture ; Architecture ; Musique	1
		Dessin	2
		Peinture et sculpture[1]	
Musique	1	Composition et exécution de la musique	1
		Antiquités	1
ET POLITIQUES.			
Histoire ; Mythologie ; Géographie	1	Histoire considérée sous les rapports de la morale, de la politique, de l'industrie, du commerce, etc. ; Chronologie ; Géographie	1
Analyse des sensations et des idées ; Logique et méthode des sciences ; Morale ; Principes généraux des constitutions politiques	1	Analyse des sensations et des idées ; Méthode des sciences ; Morale et droit naturel	1
Économie politique ; Commerce ; Législation	1	Science sociale ; Économie politique ; Finances ; Commerce	1
		Droit public et législation : Droit des gens ; Droit public de l'Europe ; Des lois de divers peuples anciens et modernes	1
		Législation française	1

possédons, et qui vient de sa bibliothèque. (*Note de l'Éditeur.*)

1er DEGRÉ. ÉCOLES PRIMAIRES.	2e DEGRÉ. ÉCOLES DES ARTS.
	CONNAISSANCES MATHÉMA
Notions de physique météorologique.	Notions des principales parties de la physique.
Notions d'histoire naturelle, et particulièrement de botanique économique.	Développements de quelques parties de l'histoire naturelle.
Premières règles de l'arithmétique.	Arithmétique. Les propositions les plus utiles de la géométrie élémentaire.
Toisé.	Arpentage. Nivellement.
Aperçu sur le système du monde.	Notions familières d'astronomie.
	ARTS ET APPLICATIONS
Quelques préceptes sur la conservation de la santé.	Hygiène.
Travaux des champs. Culture des jardins.	Quelques notions sur l'agriculture et la culture des jardins et des bois.
Quelques leçons de dessin du trait. Quelques notions sur les machines les plus simples.	Dessin du trait. Principes des arts et métiers les plus usuels.

3e DEGRÉ. INSTITUTS.	PROFESSEURS.	4e DEGRÉ. LYCÉES.	PROFESSEURS.
TIQUES ET PHYSIQUES.			
Physique et chimie expérimentales	1	Physique expérimentale	1
		Chimie	1
Histoire naturelle des trois règnes	1	Minéralogie Géologie et *géographie physique*	1
		Botanique Physique végétale	1
		Zoologie Entomologie	1
Éléments de mathématiques	1	Géométrie transcendante et analyse mathématique	1
Éléments de mécanique Éléments d'optique Éléments d'astronomie et d'hydrographie Applications les plus utiles du calcul et de la géométrie à la physique Applications les plus utiles du calcul et de la géométrie aux sciences morales et politiques	1	Mécanique Hydraulique Mécanique céleste Application de l'analyse aux objets physiques	1
		Géographie mathématique Application du calcul aux sciences morales et politiques	1
		Astronomie d'observation et hydrographie	1
DES SCIENCES AUX ARTS.			
Éléments d'anatomie Accouchements	1	Anatomie, physiologie et anatomie comparée	1
		Pharmacie et matière médicale	1
Médecine	1	Médecine théorique	1
		Médecine pratique des maladies internes et externes	2
		Théorie et pratique des accouchements Maladie des femmes en couches et des enfants	1
Éléments de l'art vétérinaire		Art vétérinaire	1
Hygiène		Hygiène Méthode et histoire de la médecine	
Éléments d'agriculture (enseignés par le professeur de physique)		Agriculture et économie rurale	1
		Art d'exploiter les mines Métallurgie	1
Éléments de l'art militaire *et des connaissances gymnastiques*	1	Art militaire	1
		Science navale	1
Dessin	1	Arts et métiers : Stéréotomie ou géométrie des arts et partie géométrique des constructions et des arts et métiers	1
Partie géométrique et mécanique des arts	1	Arts et métiers : Partie mécanique et physique des arts et métiers	1
Partie physique et chimique des arts	1	Arts et métiers : Partie chimique des arts et métiers	1

PROJET DE DÉCRET
CONCERNANT
L'INSTRUCTION NATIONALE,
PRÉSENTÉ PAR LE BUREAU DE CONSULTATION DES ARTS ET MÉTIERS.

DIVISION DE L'INSTRUCTION.

L'instruction publique a trois divisions :
L'éducation nationale;
L'accroissement des arts et des sciences;
Le jury des arts.

PREMIÈRE DIVISION.

L'ÉDUCATION NATIONALE, DIVISÉE PAR ÉPOQUES, COMPREND :

1° Les *écoles primaires,* communes à tous les enfants, sans distinction ni exception, depuis l'âge de 6 ans, à raison d'une école par 1,000 individus;

2° Les *écoles élémentaires des arts et d'économie sociale,* où les élèves ne sont admis qu'à l'âge de 11 ans, et qui sont établies dans le chef-lieu de chaque district;

3° Les écoles élémentaires des sciences et des arts, ou *instituts,* fondées dans le chef-lieu de chaque département;

4° Les *lycées,* ou écoles des sciences et des arts, établis au nombre de 12 dans l'étendue du territoire de la République.

DEUXIÈME DIVISION.

ACCROISSEMENT DES ARTS ET DES SCIENCES.

Afin de mettre à profit, pour l'intérêt commun, les résultats de l'instruction, tous ceux qui, dans chaque partie, sont parvenus au plus haut degré de perfection, se réunissent, et, réduits à un nombre déterminé par un choix libre et volontaire, ils forment une assemblée dont le but est de reculer les limites des connaissances en tout genre.

Cette assemblée se divise en quatre sections, qui comprennent :

1° Les sciences mathématiques et physiques;

2° L'application des sciences aux arts;

3° Les sciences morales et politiques;

4° La littérature et les arts d'agrément.

Le nombre des membres qui composent chacune de ces sections est fixé par un règlement particulier.

TROISIÈME DIVISION.

JURY DES ARTS.

Les récompenses ou encouragements des arts et des sciences étant la dette de la nation, des membres élus librement dans les quatre sections ci-dessus forment le *jury des arts*, qui est chargé de leur distribution prompte et impartiale.

Ce jury a deux sections :

La première juge les récompenses et encouragements destinés aux arts et métiers;

La seconde remplit les mêmes fonctions à l'égard des sciences, des belles-lettres, de la littérature et des arts d'agrément.

Les deux sections réunies décident de l'emploi d'un fonds particulier, affecté à des pensions ou encouragements qui sont distribués aux savants, artistes et autres qui se sont distingués dans l'étude des connaissances utiles. — Cette décision est confirmée par le Corps législatif.

IMPRIMERIE NATIONALE.

TITRE PREMIER.

Des écoles nationales primaires.

ARTICLE PREMIER.

Les écoles nationales primaires, ou communes, sont divisées en deux sections : une pour les garçons, l'autre pour les filles. Les écoles pour les garçons sont confiées à un instituteur; celles pour les filles à une institutrice.

ART. 2.

Ces écoles devant être distribuées de manière que les enfants n'en soient jamais trop éloignés, leur nombre est établi dans la proportion d'une par 1,000 habitants.

Dans les lieux où la population est dispersée, il peut y avoir un instituteur adjoint, placé sur la demande de l'administration du district, et d'après un décret du Corps législatif.

Dans les lieux où la population est rapprochée, une seconde école est établie dans le cas où la population s'élève à plus de 1,000 individus; une troisième, lorsque la population s'élève à plus de 2,000, et ainsi de suite.

ART. 3.

Dans l'éducation de ce premier âge, la marche de l'instruction doit être proportionnée au développement successif des organes et des facultés des enfants; observant avec soin de ne leur présenter que des objets sensibles, et d'éviter de fatiguer leur attention en les occupant trop longtemps d'un même genre d'étude.

En conséquence, la lecture, l'écriture, l'enseignement des premières règles d'arithmétique, doivent être entremêlés de leçons élémentaires sur l'histoire naturelle, sur la structure des végétaux et des animaux; de récits historiques, de traits de patriotisme et de bienfaisance; de promenades relatives aux travaux champêtres et aux arts économiques. Toute cette partie de l'instruction leur doit être principalement donnée sous la forme de délassement et de jeux.

ART. 4.

Lorsque les enfants ont ainsi acquis, par l'exercice de leurs sens, une somme suffisante d'idées et de connaissances, on leur enseigne les principes élémentaires de la morale : on leur explique quels sont les droits et les devoirs de l'homme; quel est le but qu'il se propose en société; comment s'établissent les propriétés; comment elles se transmettent. On leur donne, autant qu'il est possible, quelques notions sur le commerce, sur l'ordre à établir dans une entreprise et dans une exploitation; sur la tenue des livres de compte; sur l'art de se servir d'un dictionnaire, d'une table des matières; de suivre une description sur un dessin et sur une figure; enfin on les exerce au chant pour les fêtes civiques.

Cette première partie de l'éducation, quoique donnée séparément, est la même pour les enfants des deux sexes.

ART. 5.

On apprend, particulièrement aux garçons, à se servir de la règle et du compas, à mesurer les surfaces et les solides, à arpenter un champ. On leur donne une notion de tous les arts qui sont à leur portée, en les conduisant chez ceux qui les professent; on leur fait connaître les principaux instruments qu'ils emploient, et la manière de s'en servir; on insiste surtout sur ce qui concerne l'économie rurale, la culture des terres, des plantes potagères, le jardinage, la taille des arbres; le soin et l'éducation des bœufs et des chevaux; l'art de la ferrure, le charronnage. On les exerce de temps en temps au maniement des armes; on leur apprend à nager.

ART. 6.

On donne particulièrement aux filles des notions sur les arts auxquels leur sexe est principalement destiné, tels que la filature, le travail de l'aiguille, la préparation des aliments, les détails intérieurs d'un ménage, les arts économiques, le soin des animaux domestiques.

ART. 7.

Pour servir de guide à l'instituteur et à l'institutrice, il sera incessamment rédigé un cours complet de tout ce qui devra être enseigné aux enfants dans les écoles communes. Les objets d'histoire naturelle et de physique, les opérations des arts, et tout ce qui devra faire le sujet de l'instruction, y seront représentés par des figures : il sera de plus composé, pour les enfants, un extrait raisonné de ce cours général, afin de leur retracer, d'une manière claire et méthodique, tout ce qui aura été expliqué par l'instituteur et l'institutrice.

Ces livres seront rédigés d'après la meilleure méthode d'enseignement qu'indique l'état actuel des connaissances, et d'après les principes de liberté, d'égalité, de justice distributive, d'humanité, de bienfaisance, de pureté de mœurs et de dévouement à la chose publique, qui sont consacrés par la constitution et qui forment la base de la morale universelle.

Ces livres seront divisés par cahiers, de manière à pouvoir être renouvelés à peu de frais lorsqu'ils seront déchirés, usés ou perdus.

ART. 8.

Il y aura quelque différence entre les livres classiques à l'usage des écoles des campagnes et de celles des villes : on insistera davantage, dans les premiers, sur tout ce qui a rapport à l'agriculture; on insistera davantage, dans les seconds, sur les connaissances relatives aux arts et au négoce.

ART. 9.

Afin de familiariser de bonne heure les enfants avec les idées saines de l'ordre et de la justice qui doivent former la base de toute institution sociale, les élèves de l'une et de l'autre section des écoles nationales communes sont organisés séparément en sociétés, modelées à peu près sur le plan de la grande société politique et républicaine; et les fautes sont en conséquence punies d'après le jugement d'un jury choisi parmi les enfants. Ce jury prononce sur le fait; l'instituteur et l'institutrice se bornent à faire l'application de l'article du règlement.

TITRE II.

Écoles élémentaires des arts et d'économie sociale.

ART. 10.

Les écoles élémentaires des arts sont établies dans chacun des chefs-lieux de district de la République, pour les enfants de l'un et de l'autre sexe, qui ne pourront y être admis qu'à l'âge de 11 ans accomplis.

ART. 11.

On y enseigne aux garçons :

1° Le dessin et la perspective;

2° La géométrie descriptive ou graphique, la stéréotomie, les principes de la composition des machines, l'évaluation de leurs effets, et tout ce qui est relatif aux arts considérés dans leurs rapports géométriques et mécaniques;

3° Les éléments d'histoire naturelle, de physique expérimentale et de chimie, considérées sous leur rapport avec les arts et avec les besoins les plus ordinaires de la société;

4° Les principes élémentaires de l'art social et de l'économie politique; du commerce et de la tenue des livres en parties doubles; de la constitution et de la législation française. On y donne des détails plus étendus que dans les écoles communes sur la manière dont se contractent les engagements entre les particuliers; sur la nature et la forme des différents actes qui les consacrent; sur les successions et les partages. L'instituteur chargé de cette partie de l'instruction l'est aussi spécialement d'expliquer à ses élèves les principes de la grammaire générale, et particulièrement ceux de la grammaire française; il leur propose des questions à résoudre sur différents points de l'art social; des sujets à traiter; il les exerce et les accoutume à exprimer leurs idées de vive voix, par écrit, avec clarté et précision.

ART. 12.

On donne aux filles quelques leçons de dessin; on les perfectionne dans le travail de l'aiguille; dans l'art d'écrire et de compter. On les instruit de ce qui constitue le beau dans les arts de goût et d'agrément. On leur enseigne les éléments des arts qui sont à leur portée, principalement de ceux que le plus grand nombre d'elles est destiné à exercer, tels que la préparation des aliments, la conduite d'un ménage, le soin des malades, l'éducation physique des enfants. On leur développe les principes de la morale; on y ajoute quelques notions d'histoire et de géographie locale, de physique et de chimie.

ART. 13.

Ces différents objets d'instruction sont répartis entre quatre instituteurs et deux institutrices, qui s'assemblent une fois par semaine pour former le *conseil d'instruction* du district.

ART. 14.

Les instituteurs et les institutrices, tant des écoles communes que des écoles élémentaires des arts, sont chargés d'établir, les dimanches et les soirs pendant l'hiver, des conférences sur les arts et sur la morale, et les personnes de tout âge peuvent y assister. Deux fois par an, ils tiennent une assemblée générale, où le public est mis à portée de juger les progrès des élèves.

ART. 15.

La loi ne peut porter atteinte au droit qu'ont tous les citoyens d'ouvrir des cours, écoles ou pensionnats libres, pour l'éducation de la jeunesse, et pour y recevoir des enfants de l'un et de l'autre sexe; elle exige seulement qu'ils en fassent préalablement déclaration à la municipalité de leur domicile et au district dans l'arrondissement duquel ils se trouvent, afin qu'il puisse être pris des informations sur leur vie et mœurs, sur leur civisme, et que la salubrité du local puisse être constatée par des officiers de santé.

TITRE III.

Des instituts.

ART. 16.

Les écoles élémentaires des sciences et des arts sont établies dans chacun des chefs-lieux de département, sous le nom d'*instituts nationaux;* elles ont pour but l'enseignement des objets compris dans les quatre divisions suivantes :

	Nombre de cours.
Langues, littérature et arts d'agrément.	
La grammaire générale..............................	
Les langues modernes :	1
Française....................................	
Étrangères, les plus convenables aux localités........	1
Les langues anciennes :	
Latine....................................	1
Grecque....................................	1
L'art d'écrire....................................	
La théorie générale et élémentaire des beaux-arts, surtout de la poésie et de l'éloquence..........................	1
Le dessin....................................	1
La musique....................................	1
Connaissances morales et politiques.	
L'histoire....................................	1
La géographie....................................	
L'analyse des sensations et des idées..................	1
La logique et la méthode des sciences..................	

	Nombre de cours.
L'économie politique...............................	
Les droits et les devoirs de l'homme, considérés de nation à nation, d'individu à individu, et dans le rapport de l'individu avec le gouvernement........................	1
Les principes généraux du commerce et de la circulation des denrées..	
Les principes généraux des constitutions politiques.........	1
La constitution française............................	
La législation française.............................	

Connaissances mathématiques et physiques.

L'histoire naturelle des trois règnes....................	1
La physique et la chimie expérimentale................	1
Les éléments de mathématiques pures..................	1
Les éléments de mécanique..........................	
Les éléments d'optique.............................	
Les éléments d'astronomie...........................	
Les éléments d'hydrographie.........................	3
L'application des sciences du calcul et de la géométrie :	
A la physique......................................	
Aux sciences morales et politiques....................	

Arts et application des sciences aux arts.

Art de nourrir :

Agriculture..	
Économie rurale....................................	1
Préparation des aliments............................	

Art de vêtir :

Préparation des étoffes.............................	
Théorie des tissus..................................	1
Coupe et joint des étoffes...........................	

Art d'abriter :

Architecture.......................................	
Coupe des pierres et des bois.........................	1
Maçonnerie..	

	Nombre de cours.
Art de guérir :	
Anatomie	
Chirurgie	
Accouchements	1
Médecine humaine	
Médecine vétérinaire	
Matière médicale	
Pharmacie	1
Hygiène	
Art de se défendre :	
Art militaire	
Art de se défendre contre les animaux	
Gymnastique	1
Natation	

ART. 17.

Les leçons sont distribuées de manière que le même professeur puisse se charger de l'enseignement de plusieurs objets à différentes heures de la journée. Tous les professeurs réunis forment un *conseil général d'instruction publique* qui s'assemble une fois par mois; et cinq, choisis parmi eux, forment un directoire qui s'assemble une fois par semaine.

ART. 18.

La ville de Paris, à raison de sa population, a cinq instituts; la ville de Bordeaux, deux; la ville de Lyon, deux; les autres chefs-lieux de département n'en ont qu'un.

ART. 19.

Dans l'établissement de chaque institut, sont compris : une bibliothèque, un cabinet d'instruments de physique, de modèles de machines, d'instruments d'astronomie, d'instruments des arts, d'histoire naturelle, ainsi qu'un jardin pour la botanique et l'agriculture. Ces collections sont bornées aux objets d'une utilité générale; celles relatives à l'histoire naturelle doivent être aussi complètes qu'il sera possible, pour toutes les productions du département.

ART. 20.

Le conseil général de l'institut tient, à des époques déterminées, des assemblées publiques dans lesquelles il rend compte des découvertes faites dans les sciences et dans les arts. Les membres du conseil général peuvent lire, dans ces assemblées, des mémoires sur les diverses connaissances qui font partie de l'enseignement.

TITRE IV.

Lycées nationaux.

ART. 21.

Les écoles des sciences et des arts, sous le titre de *lycées nationaux*, sont établies dans chacune des villes ci-après, savoir :

Blois, Tours ou Orléans;
Bordeaux;
Dijon;
Lille ou Douai;
Lyon;
Metz, Châlons ou Nancy;
Montpellier;
Paris et Versailles;
Rennes;
Rouen;
Strasbourg;
Toulouse.

ART. 22.

L'objet de ces écoles, qui forment le plus haut degré de l'instruction, est d'enseigner les sciences comprises dans le tableau des quatre divisions qui suivent :

	Nombre de cours.
Langues, littérature et arts d'agrément.	
Langues et littérature modernes :	
Grammaire générale et langue française	1
Anglaise	1
Allemande	1
Italienne, espagnole, ou autre, convenable aux localités	1
Langues et littérature anciennes :	
Orientales	1
Grecque	1
Latine	1
Théorie développée des arts d'agrément :	
Éloquence	
Poésie	
Peinture	
Sculpture	1
Architecture	
Musique	
Dessin	1
Peinture	1
Sculpture	1
Composition et exécution de la musique	1
Antiquités	1
Connaissances morales et politiques.	
Histoire considérée sous les rapports :	
De la morale	
De la politique	
De l'industrie	
Du commerce	1
Chronologie	
Géographie	
Analyse des sensations et des idées	
Méthode des sciences	1
Morale et droit naturel	
	69.

	Nombre de cours.
Science sociale	1
Économie politique	
Finances	
Commerce	
Droit public et législation :	
Droit des gens	1
Droit public de l'Europe	
Lois des divers peuples anciens et modernes	
Législation française	1
Connaissances mathématiques et physiques.	
Physique expérimentale	1
Chimie	1
Minéralogie	1
Géologie et géographie physique	
Botanique	1
Physique végétale	
Zoologie	1
Entomologie	
Géométrie transcendante et analyse mathématique	1
Mécanique	3
Hydraulique	
Mécanique céleste	
Géographie mathématique	
Application de l'analyse aux objets physiques	
Application du calcul aux sciences morales et politiques	1
Astronomie d'observation et hydrographie	1
Arts et application des sciences aux arts.	
Anatomie, physiologie et anatomie comparée	1
Pharmacie et matière médicale	1
Médecine théorique	1
Hygiène	
Méthode et histoire de la médecine	
Médecine pratique des maladies internes et externes	2
Théorie et pratique des accouchements	1
Maladies des femmes en couches et des enfants	

	Nombre de cours.
Art vétérinaire	1
Agriculture et économie rurale	1
Art d'exploiter les mines / Métallurgie	1
Art militaire	1
Science navale	1
Technologie ou description des arts et métiers :	
Stéréotomie ou géométrie des arts et partie géométrique des constructions et des arts et métiers	1
Partie mécanique et physique des arts et métiers	1
Partie chimique des arts et métiers	1

ART. 23.

Pour l'enseignement des sciences ci-dessus, il est établi dans chaque lycée un nombre suffisant de professeurs, qui se répartissent entre eux les différents cours d'instruction; et ces professeurs forment un *conseil général d'instruction publique du département*, qui s'assemble une fois par mois et qui règle tout ce qui est relatif au régime intérieur du lycée. Ce conseil nomme un directoire qui s'assemble une fois par semaine et qui est composé de sept personnes.

ART. 24.

Dans l'établissement de chaque lycée, sont compris : une bibliothèque, des jardins pour la botanique et l'agriculture, une collection aussi complète qu'il sera possible d'histoire naturelle et de pièces anatomiques, une collection d'instruments de physique, un laboratoire de chimie, des modèles des métiers et machines usuelles, et des instruments de tous les arts; enfin, ce qu'on pourra rassembler dans le département, en antiquités, tableaux et statues appartenant à la nation. Les cabinets et bibliothèques des lycées, ainsi que les instituts, sont publics.

ART. 25.

Le *conseil général d'instruction publique* de chaque lycée s'assemble, à des époques déterminées, pour rendre compte des découvertes faites dans les sciences et dans les arts; les professeurs qui composent ces assemblées y peuvent lire des mémoires sur les connaissances qui font partie de l'enseignement.

ART. 26.

En considération de l'étendue de la ville de Paris et de sa population, son lycée est divisé en deux parties : l'une établie à Paris, sous le nom de *lycée national*, partagé en plusieurs *muséums*, ainsi qu'il va être expliqué ci-après; l'autre à Versailles, dans les bâtiments nationaux destinés à cet objet.

TITRE V.

Dispositions particulières pour le lycée national établi à Paris.

ART. 27.

Le lycée de Paris est divisé en six *muséums* particuliers :

Le premier, destiné à l'enseignement des langues anciennes et modernes, des belles-lettres, de l'art de penser, de raisonner et d'écrire, de toutes les sciences morales et politiques, de l'histoire, de la géographie et des antiquités, est établi à la Bibliothèque nationale.

Le second, destiné à l'enseignement des arts d'agrément, tels que la peinture, la sculpture, l'architecture, la musique, demeure établi au Louvre, dans les salles précédemment employées à cet objet.

Le troisième, destiné à l'enseignement des sciences mathématiques, de la physique expérimentale, de la chimie, de la métallurgie, de la géométrie descriptive, des arts chimiques et physiques, est établi au collège des Quatre-Nations. Toutes les machines et inventions relatives aux arts, qui appartiennent à la nation et qui peuvent être utiles à l'enseignement public, demeurent affectées à ce dépôt, pour y être transportées et continuellement exposées sous les yeux du public, et pour servir aux démonstrations des professeurs.

Le quatrième, destiné à l'enseignement et à la pratique de l'astronomie, est fixé à l'Observatoire de la République.

Le cinquième, destiné à l'enseignement de l'histoire naturelle, de la physique végétale, de la botanique, de la minéralogie, demeure établi au Jardin des plantes, désigné sous le nom de *Muséum d'histoire naturelle.*

Le sixième, destiné à l'enseignement de la médecine humaine et vétérinaire, de l'anatomie, de la chirurgie, de l'art des accouchements, de la matière médicale et de la pharmacie, est fixé dans la maison nationale dite *les Écoles de chirurgie*, en y faisant toutes les réunions nécessaires.

TITRE VI.

Réunion des savants et artistes pour l'avancement des connaissances et pour le perfectionnement de l'esprit humain, en assemblée générale, sous le nom de Société nationale des sciences et des arts.

ART. 28.

Les savants et artistes qui, dans chaque partie de l'instruction, ont acquis le plus haut degré de perfection, se réunissent suivant le mode qui sera indiqué par l'article 43 du titre IX, et dans le nombre qui sera déterminé par l'article 46, pour former une assemblée générale et publique, sous le nom de *Société nationale des sciences et des arts.*

Les travaux et les fonctions de cette assemblée auront pour objet de reculer les limites des connaissances en tout genre, principalement de celles qui ont le plus d'influence sur le progrès des arts, et de correspondre avec les sociétés savantes étrangères pour enrichir la République française des découvertes faites dans les sciences ou dans les arts utiles.

ART. 29.

La Société nationale des sciences et des arts a quatre divisions qui chacune s'assemblent séparément, mais qui peuvent se réunir en assemblées communes à des époques déterminées, pour se communiquer leurs travaux et découvertes.

Une de ces divisions s'occupe des sciences mathématiques et physiques;

Une de l'application des sciences aux arts;

Une des sciences morales et politiques;

Une de la littérature et des arts d'agrément.

ART. 30.

La première division, qui a pour objet les sciences mathématiques et physiques, est composée d'un nombre de personnes qui sera fixé par un règlement particulier. De ce nombre, les trois quarts sont remplis par des membres résidant à Paris; et l'autre quart, moitié par un choix de savants et d'artistes répandus dans les différents départements; l'autre moitié par les savants étrangers les plus distingués.

ART. 31.

Cette division est partagée en huit sections ainsi qu'il suit, et chaque section comportera un même nombre de membres.

Organisation de la 1re division.	Sections.
Analyse mathématique	1
Astronomie	1
Mécanique théorique	1
Chimie et minéralogie	1
Botanique et physique végétale	1
Zoologie, anatomie et physique animale	1
Membres résidant dans les départements de la République	1
Membres étrangers	1
	8

ART. 32.

La seconde division, dont l'objet est l'application des sciences aux arts, est composée de 22 sections, y compris celles formées des membres résidant dans les départements et chez l'étranger.

Organisation de la 2e division.

	Sections.
Art de guérir :	—
Médecine humaine et vétérinaire	2
Chirurgie	1
Matière médicale	1
Membres résidant dans les départements	3
Membres étrangers	1
Économie rurale :	
Agriculture et économie rurale	3
Membres résidant dans les départements de la République	3
Membres étrangers	1
Arts relatifs aux différents besoins de la société :	
Arts mathématiques, physiques et chimiques	3
Artistes et manufacturiers résidant dans les départements de la République	3
Artistes étrangers	1
	22

Les membres attachés à chacune des trois divisions ci-dessus tiennent leurs séances séparément.

ART. 33.

La troisième division, qui a pour objet les sciences morales et politiques, est composée de quatre sections, ainsi qu'il suit :

Organisation de la 3ᵉ division.	Sections.
Métaphysique, analyse des sensations et des idées logiques des sciences	1
Droit naturel, droit des gens; science sociale, morale, publique et privée, et législation	1
Commerce et économie politique, histoire	1
Membres résidant dans les départements et membres étrangers	1
	4

ART. 34.

La quatrième division, qui a pour objet la littérature et les arts d'agrément, est composée de six sections, ainsi qu'il suit :

Organisation de la 4ᵉ division.	Sections.
Grammaire et langues	1
Éloquence et poésie	1
Antiquités et monuments	1
Peinture, sculpture, architecture	1
Musique et déclamation	1
Membres résidant dans les départements et étrangers	1
	6

Ce qui forme en tout quarante sections.

TITRE VII.

Des relations des différentes divisions entre elles et de leur réunion en assemblée générale.

ART. 35.

Tous les mois, la division des sciences mathématiques et physiques et celle pour l'application des sciences aux arts s'assemblent dans une salle commune qui sera disposée à cet effet : elles y rendent compte, en public, des découvertes faites dans les sciences et dans les arts. Le résultat de ces séances est imprimé et distribué aux frais de la République.

Les deux divisions des sciences morales et politiques, de littérature et des arts d'agrément, se réunissent également chaque mois en une assemblée commune, et dans le même objet.

ART. 36.

Deux fois l'année, aux époques qui seront déterminées, il se tient une séance des quatre divisions réunies.

Toutes les séances, généralement quelconques, particulières ou communes, sont publiques.

ART. 37.

Pour établir une relation plus intime entre les travaux des différentes sociétés, et pour répandre plus généralement la méthode des sciences, chacune des quatre divisions de la Société nationale des arts et des sciences nomme un certain nombre de membres qui n'excédera pas le dixième de chaque section. Ces membres ont réciproquement séance et voix délibérative dans leurs assemblées particulières, et moitié en est renouvelée chaque année.

ART. 38.

La Convention nationale reconnaît le droit qu'ont tous les citoyens de former des sociétés libres pour concourir au progrès des sciences, des lettres et des arts, en se conformant aux décrets.

Chacune des sociétés libres de savants ou d'artistes actuellement existantes à Paris peut nommer pour député à la Société nationale un membre qui a droit de présence et voix consultative aux assemblées particulières de la section à laquelle il correspond, ainsi qu'aux séances générales. — Ce député est nommé chaque année, mais le même peut être continué.

TITRE VIII.

Jury pour la distribution des récompenses nationales, secours et encouragements pour les arts.

ART. 39.

Il est établi, pour la distribution des récompenses nationales, un jury qui est formé du dixième des membres composant les quatre divisions de la Société nationale des sciences et des arts établie à Paris, et ce jury a deux parties. La première est substituée au Bureau de consultation, pour remplir les fonctions qui lui ont été attribuées par le décret du 10 septembre 1791 ; la seconde, sous le titre de «jury des sciences, belles-lettres et arts d'agrément», est chargée de la distribution des récompenses auxquelles auront droit les savants, les gens de lettres les plus distingués, et les artistes célèbres dans les arts d'agrément, tels que la peinture, la sculpture, la gravure, la musique, la déclamation.

Chaque section peut, dans les cas nécessaires, s'adjoindre des commissaires de l'autre section pour les objets dont la décision exigerait cette communication.

ART. 40.

Les deux sections réunies à la fin de chaque année décident de l'emploi d'un fonds qui sera fixé par un règlement particulier et qui demeure affecté irrévocablement : 1° à des pensions dont le *maximum* est de 3,000 livres et le *minimum* de 1,000, pour être distribuées aux savants, artistes, professeurs et autres qui se sont distingués dans l'étude et la pratique des connaissances utiles, comme aussi aux étrangers associés, qui ont bien mérité de l'humanité par quelque découverte importante; 2° aux avances et frais nécessaires pour mettre les artistes en état de faire de nouvelles expériences, constructions, essais en grand des nouvelles découvertes, impressions des ouvrages jugés importants, et autres dépenses pour l'avancement des arts, conformément aux états qui seront arrêtés et confirmés par le Corps législatif.

Les pensions ainsi déterminées sont payées conformément au décret de la Convention du 22 mai dernier.

ART. 41.

Moitié des membres composant le jury des arts est renouvelée à la fin de chaque année.

TITRE IX.

Disposition provisoire jusqu'à l'exécution du décret.

ART. 42.

En attendant que le local destiné par l'article 27 à l'enseignement des sciences mathématiques et physiques puisse être convenablement préparé, qu'il y ait été construit un laboratoire, un amphithéâtre, et que les instruments de physique et de chimie, appartenant à la nation, y aient été transportés, les leçons relatives aux sciences mathématiques continueront d'être données au Collège national de France; celles de chimie, d'anatomie et d'histoire naturelle, dans les amphithéâtres et laboratoires du ci-devant Jardin des plantes, du Collège de France et de la Monnaie.

ART. 43.

Pour la première fois seulement, la moitié de chacune des quatre divisions qui doivent composer l'assemblée générale des savants et artistes, réunis conformément à l'article 28, titre VI, est formée par le choix du Comité de l'instruction publique; cette moitié est composée des savants et artistes les plus distingués, et d'un mérite généralement reconnu.

ART. 44.

Les membres qui ont formé cette première moitié se réunissent et choisissent, à la majorité absolue, les savants et artistes qui doivent compléter la seconde moitié, dans la même proportion pour les différentes sections.

ART. 45.

Cette première composition achevée, le jury des arts est formé du dixième des membres de chacune des quatre divisions de l'assemblée générale, conformément à ce qui est prescrit par le titre VIII.

ART. 46.

Le Comité d'instruction publique présentera incessamment un plan d'organisation définitive des écoles communes, des écoles élémentaires des arts, des instituts et des lycées; la fixation des premiers frais de leur établissement; celle du nombre des membres qui doivent former la Société des sciences et des arts, en observant que chacune de ses quarante sections n'excède pas celui de dix. — Il déterminera la somme qu'il est nécessaire d'affecter à la dépense de chaque objet; il arrêtera le plan de la partie administrative et le mode d'exécution; enfin, les dispositions relatives au lycée national, qui doit être établi dans les bâtiments nationaux de Versailles.

ART. 47.

La Convention nationale décrète qu'il sera fait un fonds annuel de................ lequel demeure affecté irrévocablement aux dépenses de l'instruction nationale. — Sur ce fonds, il sera pris la somme de............. pour les récompenses, encouragements, pensions et autres dépenses énoncées à l'article 40.

ART. 48.

Jusqu'à ce que le plan arrêté par le present décret puisse être mis en pleine exécution, il n'est rien innové relativement aux dépenses de l'instruction publique. — Les mêmes sommes continuent d'être payées par la Trésorerie nationale, et tous les établissements existants sont provisoirement conservés.

SUR LE LYCÉE DES ARTS[1].

(1793.)

COMPTE RENDU À L'ADMINISTRATION DU LYCÉE DE LA RUE DE VALOIS DE L'ÉTABLISSEMENT FORMÉ AU CIRQUE DU PALAIS-ÉGALITÉ, SOUS LE NOM DE *LYCÉE DES ARTS*.

Un grand établissement vient de se former au sein de la ville de Paris, dans un moment où le commerce languit, où les arts agréables sont négligés, où le plus grand nombre des gens riches ont quitté leur domicile, où l'ancien lycée de la rue de Valois se soutient à peine, où les gens aisés se sont imposé des privations volontaires dans la crainte d'attirer sur eux le fardeau des taxes.

Cet établissement est obligé de supporter un loyer de 60,000 livres par an : il a fait pour sûreté de sa location une avance de 100,000 livres à l'administration des biens du citoyen Égalité; il a fait des constructions dispendieuses de boutiques, de salles d'assemblée et de spectacle; il a formé le plan d'une instruction publique et gratuite de presque toutes les connaissances humaines; il réunit le concours de professeurs très distingués; enfin il distribue des encouragements et des prix.

Un semblable établissement, qui n'a que des objets de dépense et qui ne présente que de faibles ressources pour la recette, a de quoi surprendre. C'est ce qui a fait désirer à l'assemblée générale des

[1] Cette pièce est de la main d'un secrétaire, mais porte des corrections de la main de Lavoisier : elle n'est pas datée. Lavoisier en donna lecture au lycée de la rue de Valois le 4 mai 1793.

(*Note de l'Éditeur.*)

fondateurs du lycée de la rue de Valois qu'il lui en fût rendu un compte détaillé. Je vais m'efforcer de remplir ses intentions, en insistant cependant d'une manière plus particulière sur ce qui concerne l'enseignement, sur l'objet véritablement intéressant pour le lycée.

Le but des fondateurs du nouveau lycée des sciences et des arts a été de former à Paris, dans une des salles construites dans le cirque intérieur du jardin Égalité, une sorte d'assemblée libre des savants et des artistes, d'y décerner des prix et des récompenses, d'y établir des leçons publiques sur tous les genres des sciences et sur les arts.

Pour remplir cet objet, l'administration a formé un directoire composé d'un membre de chacune des sociétés savantes de Paris et de tous les professeurs. Depuis on y a joint quelques savants et quelques artistes distingués, dont la nomination a été faite par les premiers membres et par voie de scrutin. Ce directoire s'est choisi un président et un secrétaire qui se renouvellent tous les deux mois et s'assemble au moins une fois par semaine. Dans les règlements qu'il s'est donnés, dès les premiers moments de son installation, il a cherché à établir une ligne de séparation bien distincte entre les objets d'arts et de sciences et les objets de finance et d'administration. Ainsi les fonctions du directoire se bornent à la nomination des professeurs, à l'examen des objets relatifs à l'enseignement.

Le directoire s'assemble le jeudi de chaque semaine depuis six heures du soir jusqu'à neuf. Il ne peut prendre aucun arrêté si le quart des membres au moins ne se trouve réuni.

Le premier dimanche de chaque mois, le directoire tient une séance publique dans la salle du cirque du Palais-Égalité. Ces séances ont pour objet de faire part au public des découvertes faites pendant le mois dans toutes les branches des connaissances humaines, des mémoires, livres, gravures, instruments, productions naturelles, machines, etc., présentés au lycée, de rendre compte de l'état de l'instruction publique dans les cours, de faire la lecture de morceaux de littérature.

Rien ne peut être lu dans les assemblées publiques s'il n'a été précédemment lu et approuvé dans les séances particulières.

Chaque membre du directoire est tenu de faire part aux assemblées particulières de ce qui a occupé la société dont il est membre pendant le cours du mois. Il en est fourni des notes qui sont remises à des commissaires rédacteurs qui forment ensuite le compte général qui doit être rendu à l'assemblée publique.

Les fonctions du directoire sont purement gratuites.

Pour parvenir à former le plan d'une instruction publique, on a commencé par classer en huit articles toutes les connaissances humaines, savoir :

1° *Économie politique.* — Art social, art de gouverner, législation, droits et intérêts respectifs des nations.

Commerce général. — Art du négociant.

Commerce particulier. — Art du marchand.

2° *Économie rurale.* — Préparation et amélioration des terres, engrais, culture et conservation des grains, défrichement et aménagement des forêts, jardinage.

3° *Mathématiques.* — Mathématiques générales, algèbre, géométrie, trigonométrie.

Leur application : astronomie, génie, artillerie, art militaire et nautique.

Mathématiques particulières. — Arithmétique, change étranger, banque, tenue des livres en partie simple et en partie double.

Leur application : Mécanique générale, statique, dynamique, hydraulique, optique, dioptrique, catoptrique, etc.

Mécanique particulière. — Examen des éléments des machines et application de ces éléments à des machines construites.

4° *Physique générale.* — Histoire naturelle, connaissance des différences externes des corps.

Zoologie. — Description, histoire et usages des animaux.

Botanique. — Description, histoire et usages des plantes.

Minéralogie. — Description, histoire et usage des minéraux.

Anatomie. — Anatomie simple et comparée.

Physiologie.

Médecine. — Hygiène, art vétérinaire.

Chimie. — Examen des parties constituantes et intégrantes des corps : application de la chimie aux arts.

5° *Physique expérimentale.* — Examen des facultés particulières des corps. Météorologie, optique, électricité. Magnétisme; application de ses facultés à des phénomènes particuliers.

6° *Beaux-arts.* — Dessin, peinture, sculpture, architecture, gravure, musique, danse, déclamation, art théâtral.

7° *Belles-lettres.* — Grammaire générale, étude des langues, rhétorique, géographie, histoire, antiquités, numismatique.

8° *Technologie.* — Description des arts et métiers, connaissance des détails et des procédés des manufactures.

A ces moyens d'instruction, on a cru devoir en ajouter un qui découlera de leur réunion, et dont le résultat sera nécessairement un grand objet d'intérêt public.

9° *Plans et projets.* — Ce bureau particulier doit être chargé de l'examen des plans et projets qui seront adressés au lycée, sur les opérations ou établissements dont les rapports seront directs avec les arts.

Il proposera aussi des prix sur des sujets importants, pour lesquels il ouvrira des concours.

Le lycée a annoncé que tous les objets d'instruction publique, tels qu'ils sont détaillés dans le tableau précédent, n'ayant pas pu être embrassés à la fois pour la première année, on s'était borné à dix-huit cours dont le tableau a été présenté dans un prospectus ainsi qu'il suit. Depuis on y a ajouté un cours de grammaire et un cours d'architecture.

Économie politique. — Cours sur les droits et intérêts respectifs des nations, considérées dans leurs rapports et dans leurs relations commerciales, par le citoyen Charles Desaudrai.

Économie rurale. — Cours sur l'amélioration des terres, culture et conservation des grains; moyens et avantages d'acclimater en France plusieurs espèces d'arbres exotiques, d'y cultiver différentes plantes économiques pouvant servir de fourrages, de fertiliser les tourbières et les endroits marécageux, etc., par le citoyen Desaudrai.

Mathématiques. — Cours de mathématiques élémentaires, son application à la trigonométrie, au génie, à l'artillerie, à l'art militaire et à l'art nautique, par le citoyen Targes.

Cours de mathématique théorique et pratique, statique et dynamique, par le citoyen Dumas.

Cours de perspective linéaire, théorique et pratique, par le même.

Cours de calcul théorique et pratique, applicable au commerce, banque et finances, dans lequel on développera le pair intrinsèque des monnaies, les arbitrages et tenue de livres à partie simple et à partie double, par le citoyen Neveu.

Cours d'hydraulique théorique et pratique, et exposition de nouveaux moyens physico-mécaniques de disposer des eaux dans les circonstances générales et particulières, par le citoyen Trouville.

Physique générale. — Cours de zoologie, servant d'introduction à l'histoire naturelle. Description, histoire et usages des animaux, par le citoyen Millin.

Cours de minéralogie. — Description, histoire et usage des minéraux, par les citoyens Gillet-Laumont et Tonnelier.

Cours de physique végétale, par le citoyen Fourcroy.

Anatomie. — Cours d'anatomie simple et comparée dans lequel on réunira en faveur des artistes peintres, sculpteurs, etc., la démonstration de l'anatomie du modèle vivant et celle de l'écorché, par le citoyen Sue.

Cours de physiologie et d'hygiène dans lequel on développera d'une manière nouvelle et étendue tout ce qui a rapport au mystère de la reproduction, considérée depuis le premier jusqu'au dernier des êtres sensibles. On y ajoutera l'indication des moyens qu'offre l'hygiène pour conserver la santé et prévenir les maladies (Traité de médecine populaire), par le même.

Cours de chimie considérée dans son application aux arts.

Beaux-arts. — Cours théorique de peinture, sculpture et architecture.

Cours de géographie et d'histoire, comprenant ce qui a rapport aux progrès des arts et des sciences dans les différentes parties de la terre, ainsi que tout ce qui concerne le commerce général et les manufactures, par le citoyen Neveu.

Cours d'harmonie théorique et pratique de contrepoint et de composition, par le citoyen Langlé.

Cours de langues anglaise et italienne.

Technologie. — Description générale des arts et métiers. Examen des éléments des machines et leur application aux machines construites. Connaissance des détails et des procédés des manufactures, par le citoyen Hassenfraz.

DE LA PARTIE D'ADMINISTRATION ET DE FINANCE.

Le local qu'occupe le lycée coûte, ainsi qu'on l'a déjà observé, 60,000 livres de loyer par an.

L'administration de l'établissement a été de plus obligée d'avancer à titre de cautionnement une somme de 100,000 livres; elle a fait dans le cirque des constructions auxquelles on ne peut pas reprocher de luxe, mais qui cependant ont été nécessairement très dispendieuses, dans un moment surtout où les valeurs sont considérablement augmentées. Enfin à ces dépenses premieres il faut ajouter les honoraires des professeurs, qui sont en grand nombre, et une foule de dépenses journalières indispensables. L'administration annonce, il est vrai, dans son prospectus qu'elle n'a pas pour objet de se procurer des bénéfices, mais on doit supposer au moins qu'elle a compté sur l'intérêt de ses avances et sur une rentrée successive de ses capitaux.

Elle a spéculé, à ce qu'il paraît, sur trois objets principaux qui fondent toutes ses espérances :

1° Sur les bénéfices du spectacle;
2° Sur le loyer des boutiques;
3° Sur le prix des souscriptions.

Elle a pensé que ces trois parties de son établissement devaient se prêter un secours mutuel; qu'un spectacle placé au centre de Paris, dans un lieu de rassemblement habituel, devait attirer un grand concours; que si à ce premier moyen de réunir un public nombreux à des heures déterminées, on en joignait d'autres, tels que des assemblées publiques, des cours publics, où se porterait une grande affluence d'auditeurs, le cirque deviendrait un point central, propre au débit d'une grande quantité de marchandises et d'objets de consommation, et que, dans un moment où toute espèce d'industrie est devenue libre, les boutiques dépendantes du cirque se loueraient d'une manière avantageuse. On a pensé sans doute encore que des souscriptions qui présenteraient la facilité de s'instruire dans tous les genres d'enseignement, qui donneraient entrée gratuitement à un spectacle, qui réuniraient l'utile à l'agréable, auraient un grand succès.

Enfin on paraît avoir compté sur de puissants secours de la part soit de la municipalité de Paris, soit des sections, soit même du Corps législatif, et en effet on doit convenir que l'établissement du lycée des arts a été formé sur un plan vaste, qu'il est propre à donner un grand mouvement aux sciences et aux arts, et qu'il peut à quelque égard servir de modèle pour un système général d'instruction publique.

Reste à savoir si toutes ces espérances se réaliseront. On peut compter de la part du citoyen Desaudray, un des principaux fondateurs de l'établissement, sur tout ce qui peut dépendre d'une grande intelligence et d'une grande activité; on peut compter sur un grand zèle de la part des membres qui composent le directoire. Ils s'efforceront de soutenir un établissement qui peut être utile dans un moment surtout où il n'existe plus à proprement parler d'enseignement public, mais ce zèle même se refroidira, si l'établissement ne prospère pas, et tout languira bientôt, si malheureusement le mouvement cesse d'être imprimé par le directoire.

En général, le plan du lycée des arts présente une conception plus grande que celui de l'ancien lycée de la rue de Valois, mais il est fondé sur des bases moins solides. L'énormité des avances premières qu'il a faites, l'objet considérable auquel s'élèveront les dépenses annuelles, peuvent faire craindre qu'il n'ait qu'une durée très éphémère. Cet établissement ne peut donc porter aucun ombrage à un établissement plus ancien et qui a résisté au choc des événements, mais on pense que l'ancien lycée peut profiter l'année prochaine de l'exemple qui lui est donné pour augmenter le nombre des cours et pour donner plus d'étendue à la sphère qu'il a embrassée. Déjà il a donné cette année un premier essai d'un cours d'organisation sociale. Ce cours plus médité, préparé de plus longue main, renforcé de ce que présente de plus intéressant l'économie politique, d'explications relatives à la balance du commerce, de calculs relatifs à la population, de vues générales sur ce qui constitue la force des empires, sur les moyens d'éveiller et de stimuler l'industrie, d'animer le commerce et l'agriculture, de détails sur le seul et unique but de toute institution sociale, celui de rendre les hommes le plus heureux qu'il est possible, pourrait attirer un grand nombre d'auditeurs et répandre des connaissances utiles à l'humanité. Le citoyen Roderer serait très en état de remplir ce vaste plan d'une manière agréable au public, s'il était prévenu d'avance et qu'il eût plusieurs mois pour se préparer.

Il manque encore au lycée un cours d'agriculture, un cours d'histoire et de géographie, un cours des arts mécaniques et plusieurs autres. Ce dernier surtout, celui des arts mécaniques, entre les mains d'un professeur habile, pourrait présenter le plus grand intérêt. Quelque soin que pût prendre le professeur pour se resserrer, il serait difficile que ses leçons pussent s'achever en moins de deux années. Il faudrait que les principaux ateliers des arts lui fussent ouverts, qu'il y conduisît ses auditeurs un certain nombre de fois dans l'année, en sorte que l'explication théorique fût toujours suivie de l'application à la pratique.

Enfin on croit qu'il serait en même temps utile pour l'avancement des sciences, et avantageux pour le lycée, de former dans son sein une société centrale des sciences et des arts, à peu près sur le même plan que celle du nouveau lycée. Elle pourrait être composée :

1° Des professeurs qu'on peut supposer au nombre de huit;

2° D'un membre de chacune des sociétés savantes, savoir : de l'Académie des sciences, de la Société de médecine, de la Société d'agriculture, de la Société d'histoire naturelle, de la Société philomathique, de la Société centrale des arts, de celle des inventions, en tout huit ou neuf sociétés.

On pourrait y joindre trois membres de l'administration du lycée et quelques hommes de lettres et savants distingués. On formerait ainsi une société de vingt à vingt-quatre personnes.

Cette société pourrait s'assembler deux fois par mois pendant toute l'année, à l'exception seulement du temps des vacances de l'Académie; ce qui formerait au plus vingt séances. Chaque membre serait tenu de rendre compte de tout ce qui aurait été fait d'intéressant dans la société ou dans l'académie à laquelle il appartiendrait : des commissaires-rédacteurs seraient nommés pour en faire un résumé, qui serait soumis tous les deux mois ou tous les trois mois au public dans une assemblée de tous les souscripteurs du lycée. On réunirait par ce moyen tous les genres d'enseignements au moyen de relations avec les compagnies savantes qui mettraient continuellement les souscripteurs du lycée au courant des travaux des savants de toute l'Europe. Cet établissement deviendrait alors un centre de lumières et de connaissances précieuses pour les professeurs, pour les artistes et pour tous ceux qui s'intéressent aux sciences; aucune nation, aucun établissement public, n'aurait rien présenté d'aussi propre à propager des connaissances. Ce plan s'écroulerait par sa base et les assemblées du directoire seraient bientôt désertes, si les membres qui le composeront n'avaient pas un appât quelconque qui répondît de leur assiduité. Des jetons qui se distribueraient à chaque séance rempliraient cet objet; l'expérience a suffisamment appris que c'est le seul moyen d'obtenir de l'exactitude, surtout dans une association purement libre. En supposant que le nombre des membres du directoire fût de vingt-quatre, on pourrait répartir une somme de 72 livres par séance, pour représenter les jetons, en faisant accroître aux présents la part des absents; ce serait un objet de dépense de 1,440 livres par an. On pourrait le réduire à 1,200 livres, et même au-dessous, en réduisant le nombre des membres à vingt et la valeur représentative des jetons.

Les seules choses que l'ancien lycée ait à emprunter au lycée moderne sont dans une augmentation de quelques cours, et l'établissement d'une société centrale des arts et des sciences qui tiendrait des séances publiques tous les deux ou trois mois. Mais le moment n'est pas encore venu de s'occuper de ces objets. Le temps apprendra si le lycée moderne est en état de soutenir le fardeau de l'entreprise qu'il a formée; dans le cas où cet établissement tomberait, l'administration de l'ancien lycée doit s'occuper d'en recueillir les débris et de sauver du naufrage tout ce qui peut être utile à l'avancement des sciences et des arts, aux progrès de l'instruction nationale et à la prospérité de son établissement.

RÉPONSES AUX INCULPATIONS
FAITES
CONTRE LES CI-DEVANT FERMIERS GÉNÉRAUX
AVEC LES PIÈCES JUSTIFICATIVES[1].

(1794.)

OBSERVATIONS PRÉLIMINAIRES.

Les ci-devant fermiers généraux ont été chargés pendant une longue suite d'années de la plus grande, de la plus difficile, de la plus compliquée des administrations de finance qui aient jamais existé. Ils ont garanti et effectué, dans le cours des quatre derniers baux, la rentrée au Trésor public de plus de 3 milliards; et la progression non interrompue qui a eu lieu de baux en baux sur toutes les parties des revenus publics confiés à leurs soins prouve que leur administration n'a pas été sans succès.

Dispersés par un premier décret du 27 mars 1791, qui détruisait leur association, rappelés par un autre, du 24 septembre 1793, aux travaux relatifs à leur liquidation, dénoncés, recherchés pour les restes

[1] Brochure petit in-4° de 42 pages, sans les pièces justificatives (sans date, sans nom d'auteur ni d'imprimeur). — Ce mémoire a été rédigé par Lavoisier à la fin de 1794. L'indication en a été donnée par E.-M. Delahante, adjoint à la ferme générale et détenu avec les fermiers généraux, dont les mémoires ont été publiés par son petit-fils, M. A. Delahante (*Une famille de finance au XVIIIe siècle*, 2 vol. in-8°). Cette brochure est extrêmement rare; le seul exemplaire que j'ai pu avoir entre les mains m'a été obligeamment prêté par M. Delahante, arrière-petit-neveu d'E.-M. Delahante.

(*Note de l'Éditeur.*)

d'une immense comptabilité, privés de leur liberté, de la disposition de leurs immeubles, de la jouissance de leurs revenus, leur conduite a toujours été ce qu'elle devait être, celle de la soumission et du respect; aucune plainte ne s'est fait entendre de leur part; leur résignation a été sans bornes, et autant ils ont mis d'activité à rendre des comptes qui devaient être pour eux la meilleure des justifications, autant ils ont mis de calme à en attendre le résultat.

Cependant ils apprennent qu'un rapport qui les concerne est imprimé; qu'il contient des inculpations graves dont ils n'ont que des idées confuses; qu'il en contient dont il ne leur a pas été donné la moindre notion; que la discussion doit s'ouvrir sous peu de jours, et que les membres mêmes du Comité des finances désirent des renseignements et des lumières. L'impossibilité de multiplier suffisamment, pendant le court intervalle qui leur reste, les copies de leurs défenses, les oblige d'employer la voie de l'impression, non pour exercer aucune influence sur l'opinion du public, pour lequel ces observations ne sont point destinées, mais pour établir des faits positifs, pour produire des pièces justificatives authentiques, qui puissent servir de base au jugement que la Convention nationale doit prononcer.

Quelque important qu'il soit pour les ci-devant fermiers généraux de resserrer dans les bornes les plus étroites la discussion d'où doit ressortir leur justification, il leur importe encore plus d'être clairs; or ce n'est que par la série, que par l'enchaînement des idées et des faits qu'on peut parvenir à l'évidence. Ils se trouveront donc dans la nécessité de présenter un aperçu rapide des décrets rendus par les représentants du peuple, relativement aux compagnies de finance; de donner une idée de la manière dont se passaient les baux des fermes, du mécanisme de la comptabilité; de faire voir que par sa constitution même et par l'opposition d'intérêts qui existait entre les différentes classes de ses préposés, il ne pouvait y avoir dans son administration ni abus, ni malversation, ni soustraction de produits, ni réticence; cependant, comme les détails dans lesquels ils se sont trouvés entraînés auraient été superflus pour ceux qui connaissent l'organisation de la ci-devant ferme générale, ils les ont rejetés à la suite des pièces justificatives, en prévenant que, dans l'ordre des idées, ils doivent précéder, pour le plus grand nombre des lecteurs, la discussion particulière des différentes inculpations.

Les ci-devant fermiers généraux ont-ils fidèlement exécuté les traités qu'ils avaient passés avec le Gouvernement? Ont-ils rempli les engagements qu'ils avaient contractés envers le Trésor de la nation et envers le public? Ne se sont-ils jamais écartés des règlements qui devaient leur servir de guide? Telles sont les questions qui vont être soumises à la discussion du Comité des finances. Les ci-devant fermiers généraux prennent l'engagement de les résoudre de manière à dissiper toute espèce de nuage : mais ces questions ne sont pas seulement relatives à la finance; comme objets d'administration, elles exigent des développements qui ne peuvent être donnés que verbalement; comme questions d'art, elles ne peuvent être éclaircies que par ceux qui se sont occupés du détail des manufactures; comme questions de droit et de législation, elles intéressent la société tout entière. Considérons-les un moment sous ce dernier rapport.

La Représentation nationale a toujours regardé le droit de propriété comme une des bases fondamentales sur lesquelles repose tout l'édifice de l'organisation sociale; elle a consacré dans toutes les occasions ce principe, que tout ce qui avait été accordé ou établi par une convention revêtue des formes légales ne pouvait devenir la matière d'un juste reproche, d'une restitution quelconque. Ce grand principe d'ordre public s'applique aux baux des fermes : ces traités émanés de la puissance publique, et réciproquement obligatoires pour les deux parties contractantes, réunissaient à l'authenticité de tous les actes civils passés entre particuliers le caractère respectable de la loi, au moyen de l'examen, de la vérification et de l'enregistrement qui en était fait dans les cours. Ces actes, qui ont été rappelés, reconnus, confirmés par un grand nombre de décrets, ne sont point d'ailleurs des actes isolés; ils sont comme le tronc sur lequel sont venus se ramifier une infinité de contrats, de partages, de ventes, de transactions de toute espèce; et c'est sous leur garantie que repose l'intérêt d'un grand nombre de familles, d'une foule de prêteurs et de créanciers, dont le sort se trouve lié avec celui des individus qui restent des anciennes administrations financières.

Les ci-devant fermiers généraux, en exécutant avec fidélité les engagements qu'ils avaient contractés avec le Gouvernement, n'auraient fait que remplir un devoir; mais ils ont fait plus : obligés d'établir un partage entre le résultat de leur gestion, comme ferme, et de leur administration, comme régie, ils n'ont jamais balancé à trancher les difficultés au profit du Trésor public. Aucun sacrifice ne leur a coûté, ils ne diront pas, lorsqu'il paraissait juste, mais lors même qu'il était seulement indiqué par des motifs de délicatesse; on n'en citera ici qu'un seul exemple, imposant par son objet.

L'Assemblée constituante, en prononçant, par son décret du 27 mai 1791, la résiliation du bail des fermes, a ordonné que la nation serait mise en possession de tous les tabacs et effets servant à son exploitation; elle l'était déjà à cette époque des sels, en vertu d'un décret antérieur. Pour valeur de ces effets, il a été ordonné, par un décret postérieur, qu'il serait remboursé à la ci-devant ferme générale une somme de 48,640,000 livres, à laquelle se montaient ses fonds d'exploitation.

Cette somme était inférieure à la valeur réelle des effets que la nation acquérait, en les estimant d'après les prix courants qu'ils avaient alors dans le commerce, et, sous ce point de vue, elle avait fait une opération qui lui était avantageuse; mais elle était supérieure au prix coûtant que la ci-devant ferme avait payé à l'époque à laquelle elle les avait achetés. Lorsque, rappelés aux opérations de leur comptabilité, les ci-devant fermiers généraux ont été instruits de ces détails, qui jusqu'à ce moment leur avaient été entièrement inconnus, ils ont unanimement pensé que ce qu'il avait été juste de leur accorder en 1791, il ne serait pas délicat à de bons citoyens de l'accepter, aujourd'hui que la patrie a des besoins, et sans ostentation, comme sans effort, ils n'ont conservé sur cette somme que le prix coûtant des matières; ils ont renoncé à tout ce qui était au delà, et ils ont porté dans leurs comptes au profit de la nation plus de 22,500,000 livres, qu'elle-même, sans aucune demande de leur part, avait assurées dans sa justice.

Des preuves de désintéressement de cette espèce, et pour des objets aussi considérables, n'annoncent pas des hommes cupides : on ne persuadera jamais que ceux qui en sont capables aient été assez insensés pour risquer de se compromettre par des réticences coupables, par des soustractions de peu d'objet, par des infidélités, d'autant plus faciles à découvrir qu'elles auraient exigé de nombreuses confidences. La nature humaine n'est point sujette à ces erreurs, et c'est précisément parce que l'intérêt calcule qu'il n'est point susceptible de combinaisons aussi fausses, aussi dangereuses pour lui-même, aussi contradictoires.

D'après ces dispositions, les ci-devant fermiers généraux n'ont pas besoin de répéter, ce qu'ils ont toujours annoncé, qu'en poursuivant leur justification, ils s'occupaient peu de leur fortune. S'ils attachent quelque prix à être rétablis dans la disposition de leurs propriétés, c'est qu'aussi longtemps qu'elles seront garantes d'une gestion non discutée, aussi longtemps que l'opinion publique pourra les regarder comme grevées de restitutions, il leur sera interdit de faire un hommage à la patrie. Cet hommage doit être pur et volontaire, et ils attendent avec impatience le moment où, confirmés dans l'estime de leurs concitoyens qu'ils n'ont jamais mérité de perdre, ils seront jugés dignes de le présenter.

RÉPONSES AUX INCULPATIONS.

PREMIÈRE INCULPATION RELATIVE AUX INTÉRÊTS À 10 P. 100 SUR 60 MILLIONS, ET À 6 P. 100 SUR 33,600,000 LIVRES.

Le 28 brumaire, l'an deuxième de la République, les ci-devant fermiers généraux ont reçu du citoyen Dupin, représentant du peuple, la lettre ci-après :

«Je vous invite, citoyens, tant en mon nom qu'en celui du citoyen Jac, mon collègue, tous deux nommés par la Convention nationale pour surveiller les opérations des citoyens reviseurs,

«De nous dire :

«1° En vertu de quelle loi vous vous êtes réparti annuellement, pendant le bail de David, et avant tout partage avec le Gouvernement, 10 p. 100 sur 60 millions;

«2° 6 p. 100 sur 33,600,000 livres, montant de vos fonds d'avance.

«Il est essentiel que, sous trois jours, vous puissiez nous présenter vos observations par écrit. Nous vous prévenons que si nous n'avons pas ce que nous demandons dans le délai ci-dessus fixé, nous regarderons votre silence comme un aveu d'une répartition illégale.»

Signé : Le représentant du peuple, Dupin le jeune.

RÉPONSE.

Les ci-devant fermiers généraux ont fait à cette lettre, dès le primidi 1er frimaire, une première réponse provisoire; ils en ont fait une autre plus détaillée par un mémoire, adressé de la maison des fermes, aux citoyens Dupin et Jac, dans le courant du mois de nivôse; ils vont présenter ici le résumé de ces deux réponses, en y ajoutant quelques nouveaux développements.

Les intéressés au bail de David étaient tenus, par l'article 16 du résultat du Conseil du 2 janvier 1774, de déposer au Trésor public une somme de 72 millions, dont 52 devaient leur être remboursés à la fin du bail, et 20 en surpayements égaux, d'année en année. (Voir Pièces justificatives, n° 5.)

Pour satisfaire à ce payement, au remboursement à faire au fermier sortant, des sels, tabacs et effets restants à la fin de son bail, et à toutes les charges de l'exploitation, les cautions du bail se sont engagées, par l'article 2 de leur acte de société, à faire un fonds de 93,600,000 livres, dont ils devaient se répartir l'intérêt, suivant l'usage, à 10 p. 100 sur 60 millions, et à 6 p. 100 sur 33,600,000 livres. (Voir l'acte de société, Pièces justificatives, n° 11.) La proportion moyenne de ces intérêts revenait à 7,7 p. 100, déduction faite du dixième d'amortissement.

Ces intérêts ne sortaient point du Trésor public; les ci-devant fermiers généraux se les payaient à eux-mêmes des deniers de leur propre caisse et sur le produit des droits qui leur étaient affermés; ils étaient fondés à se les répartir, d'après ce seul principe, que, pourvu qu'un fermier ait acquitté le prix de son bail, il lui est libre de disposer de tout le produit excédant comme d'une chose qui lui est propre : or, on ne conteste pas que les ci-devant fermiers généraux n'aient acquitté complètement le prix du bail qui leur avait été passé sous le nom de David; les comptes rendus à la Chambre des comptes le prouvent, ainsi que l'arrêt de *quitus* qu'ils ont obtenu. La loi en vertu de laquelle ils se sont réparti pendant le bail de David des intérêts à 10 et à 6 p. 100 de leurs fonds d'avance est donc le bail lui-même, qui ne leur imposait d'autre condition que de verser annuellement au Trésor public une somme de 152 millions.

Telle aurait été la réponse dans laquelle les ci-devant fermiers généraux se seraient renfermés s'ils n'avaient eu le plus pressant désir d'éclairer les représentants du peuple et leurs concitoyens sur tous les détails de leur administration : c'est pour faire ressortir ces détails dans tout leur jour qu'ils établiront ici trois propositions :

Première proposition. — Indépendamment du droit commun qu'a tout fermier de se répartir tous les bénéfices qui excèdent le prix de son bail, les intérêts à 10 et à 6 p. 100 étaient une attribution reconnue et allouée par le bail même.

La preuve de cette proposition se trouve dans les états qui ont servi à établir et à fixer le prix du bail de David. Ces états faisaient partie du bail lui-même; ils en étaient les éléments, ils étaient relatés dans son texte; ils ont été soumis avec lui à la vérification des cours.

On peut voir (Pièces justificatives, n° 1), dans la lettre du ministre Terray, la forme qui avait été prescrite aux ci-devant fermiers généraux pour la confection de ces états. « Aux deniers clairs, est-il dit, lorsque vous en serez convenus, il faudra ajouter la recette de la caisse de Paris, et sur le tout déduire la dépense de ladite caisse; le restant formera le prix du bail.» La pièce n° 2 présente l'état général de la composition du bail qui a été formé en exécution de cette lettre. Les dépenses de la caisse de Paris, montant à 15,555,672 livres, y sont déduites des deniers clairs : or, dans cette somme de 15,555,672 livres, dont le détail se trouve dans l'état n° 4, est comprise celle de 8,016,000 livres, pour l'intérêt à 10 et à 6 p. 100 des fonds d'avance. Ces intérêts étaient donc au nombre des dépenses et frais de régie, alloués dans les états élementaires du bail; ils étaient donc attribués par le bail même dont ils faisaient partie.

L'article 21 du résultat du 2 janvier ajoute encore à l'évidence de cette démonstration. (Voir Pièces justificatives, n° 10.) Il porte qu'en cas de distraction de quelques-unes des parties affermées, le prix du bail sera diminué, non seulement du prix de la partie distraite, mais encore de 7,5 p. 100 au delà, pour indemniser les cautions des frais de régie, intérêts de fonds d'avance et autres charges relatives à la manutention générale de la ferme; or, les dépenses de la caisse de Paris, dans lesquelles sont compris les intérêts à 10 et à 6 p. 100, compensation faite avec les recettes de cette même caisse, sont en effet de 7,75 p. 100 du prix total du bail; ils ont donc bien réellement fait partie des frais de régie et des dépenses d'après lesquels ce prix a été fixé; ils ont donc été reconnus, calculés, alloués, par le bail même; et, comme lui, ils ont été vérifiés et enregistrés par les cours.

Seconde proposition. — L'attribution des 10 et 6 p. 100 portés par le bail était confirmée et autorisée de nouveau, chaque année, par un acte émané de l'autorité du Conseil, en vertu d'une loi enregistrée.

L'édit de décembre 1764, après avoir ordonné l'établissement d'une caisse d'amortissement, dont les fonds devaient être employés à l'acquittement des dettes de l'État, porte, art. 34 (voir Pièces justificatives, n° 6), qu'il sera payé au profit de cette caisse, à compter du 1er janvier 1765, «suivant les états qui seront arrêtés chaque année au conseil des finances», le dixième de tous les intérêts, émoluments et bénéfices des places de finance. En exécution de cette loi, il a été arrêté chaque année, depuis 1765 jusqu'en 1780, dernière année du bail de David, des rôles particuliers pour la retenue du dixième d'amortissement sur les attributions des ci-devant fermiers généraux. Ils ont entre leurs mains la série de ces rôles en bonne forme. (Voir Pièces justificatives, nos 7 et 8, deux de ces rôles, un pour le bail d'Alaterre; l'autre, pour celui de David.) Les intérêts à 10 et à 6 p. 100 y sont nominativement énoncés, art. 4 et 5; ainsi non seulement ces attributions étaient autorisées par le bail au moment de sa passation, mais l'approbation, l'autorisation, en était renouvelée chaque année, en exécution d'une loi enregistrée.

On a cherché à affaiblir la confiance due à ces rôles, en objectant que celui produit sous le n° 7 des pièces justificatives n'est relatif qu'au bail d'Alaterre; que celui produit sous le n° 8, et en général tous ceux arrêtés pour le bail de David, sont dans une forme plus concise et ne contiennent pas les mêmes détails; mais l'identité qui se trouve dans le titre de ces rôles, l'énonciation des objets sur lesquels porte le dixième et la conformité de la somme, qui est également pour chacun de 970,800 livres, ne permettent pas de douter qu'ils ne soient composés des mêmes éléments.

On a tiré de cette identité même une seconde objection : «l'article 16 du bail de David, a-t-on dit, porte que la somme de 20 millions versée au Trésor public à titre de prêt sera remboursée à raison d'un sixième par année : les intérêts à 4 p. 100, attachés à cette somme, devaient donc décroître chaque année dans la proportion des remboursements; les rôles portant assujettissement d'un dixième sur ces intérêts ne pouvaient donc pas être constamment des mêmes sommes». Mais cette objection porte sur une base absolument fausse. Les intérêts à 10 et à 6 p. 100, sur lesquels portait la retenue du dixième d'amortissement, n'ont pas varié pendant tout le cours des baux d'Alaterre et de David, parce que les fonds des fermiers généraux ont été constamment les mêmes pendant tout cet intervalle; et c'est par cette raison que les sommes portées dans les rôles ont été de même invariables. A l'égard des intérêts à 4 p. 100 des avances, dont le montant, comme on le verra bientôt, avait été porté en augmentation du prix du bail, ils étaient nommément exempts du dixième d'amortissement. (Voir Pièces justificatives, n° 7, art. 1er.) Les variations survenues dans ces avances n'ont donc pu en apporter aucune dans le montant des sommes employées dans les rôles.

Si, à des preuves établies sur des lois positives, il pouvait paraître nécessaire d'ajouter des preuves morales, il ne serait pas difficile d'en réunir d'un grand nombre d'espèces. Les règlements du Conseil, les rapports faits par le ministre Necker, les ouvrages de ce ministre sur l'administration des finances de France (voir les Pièces justificatives, nos 12, 13 et 14), tout constate qu'avant son administration on avait attribué aux fonds d'avance des fermiers généraux 10 p. 100 d'intérêt sur 60 millions, 6 p. 100 sur 33,600,000 livres, qu'il les a réduits à 5 à l'époque du renouvellement du bail de Salzard, avec une prime de 2 p. 100 sur quelques portions, et que, malgré l'augmentation des droits de présence, portés de 25,000 à 30,000 livres, le sort des fermiers généraux était considérablement diminué.

Troisième proposition. — Le prélèvement des intérêts à 10 et à 6 p. 100 était autorisé avant partage des bénéfices.

Le résultat du 2 janvier 1774, portant bail à David, ne parle en aucune manière de partage de bénéfices. Il n'impose à l'adjudication d'autre condition que de payer chaque année 152 millions de prix de bail. C'est par un arrêt du Conseil du 21 du même mois, postérieur de dix-neuf jours à la passation du bail, que ce partage a été établi. On a déjà vu qu'il devait être de 5 dixièmes sur les 4 premiers millions; de 4 dixièmes depuis 4 millions jusqu'à 8; de 3 dixièmes depuis 8 millions jusqu'à 12; et de 2 dixièmes sur tout ce qui excéderait 12 millions. Mais le rédacteur de cet arrêt a bien compris que les bénéfices ne pouvaient commencer qu'après que les frais de régie étaient acquittés. Il a regardé comme tels les intérêts à 10 p. 100 sur 60 millions, et à 6 p. 100 sur 33,600,000 livres, parce qu'en effet les ci-devant fermiers généraux ne les recevaient que pour en rendre la plus grande partie à leurs prêteurs. L'arrêt du Conseil du 21 janvier 1774 (voir Pièces justificatives, n° 9) porte en conséquence que le partage des bénéfices n'aura lieu qu'après «déduction faite des intérêts des fonds d'avance et droits de présence attribués aux places des fermiers généraux», «lesquels, ajoute le même arrêt, ne seront sujets qu'au seul dixième d'amortissement». Cette dernière phrase annonce, sans qu'il soit possible de s'y tromper, quels sont les intérêts dont cet arrêt a entendu parler : 1° ce sont les intérêts des fonds d'avance; 2° ce sont les intérêts assujettis au dixième d'amortissement. Or, les intérêts à 10 et à 6 p. 100 sont les seuls qui fussent assujettis au dixième d'amortissement. (Voir Pièces justificatives, n° 7, art. 4 et 5.) Ce ne sont donc pas ceux à 4 p. 100, qui étaient exempts du dixième, qu'il a voulu désigner. (Voir Mémoires, Pièces justificatives, n° 7, art. 1er.) L'arrêt du Conseil du 21 janvier a donc marqué les intérêts dont il a autorisé le prélèvement d'un caractère particulier qui ne permet pas de les méconnaître et de les confondre : il les a aussi spécifiquement désignés que s'il en eût exprimé la quotité.

On ne craint point qu'on objecte que ce prélèvement des intérêts avant partage n'est autorisé que par un arrêt du Conseil qui n'est point une loi enregistrée. Si cette objection était faite, on répondrait que le partage des bénéfices n'était point lui-même une des conditions du bail, ni d'aucune loi enregistrée; qu'il n'a été ordonné que par l'arrêt du Conseil du 21 janvier 1774; que cet arrêt ne peut être anéanti pour une partie et subsister pour une autre; qu'ainsi de deux choses l'une, ou il n'y a pas lieu à partage de bénéfice, ou ce partage doit être fait comme le porte l'arrêt, «après déduction faite des intérêts des fonds d'avance et des droits de présence des ci-devant fermiers généraux».

Quelque précises que soient ces dispositions, les ci-devant fermiers généraux n'ignorent pas qu'on a cherché à les attaquer par un argument qu'ils ne doivent point laisser sans réponse. On s'est appuyé d'abord sur les dispositions de l'article 16 du résultat du Conseil (voir

Pièces justificatives, n° 5), qui ordonne que l'adjudicataire remettra au Trésor public, par forme d'avance, une somme de 72 millions, dont il lui sera payé 4 p. 100 d'intérêt : puis, trompé par une ressemblance d'expression, on a confondu l'intérêt de cette avance avec l'intérêt des fonds d'avance attribué aux places de fermiers généraux, et l'on a conclu que c'était de l'intérêt à 4 p. 100 accordé par l'article 16 du résultat, dont l'arrêt du Conseil du 21 janvier 1774 avait ordonné le prélèvement avant partage. Cette explication forcée de l'arrêt du Conseil du 21 janvier ne peut pas soutenir un seul instant le choc d'une discussion sérieuse. On a déjà fait observer que les intérêts dont l'arrêt du Conseil du 21 janvier a autorisé le prélèvement avant partage étaient, aux termes de l'arrêt même, ceux sujets aux dixièmes d'amortissement : or, les intérêts à 4 p. 100 des avances en sont précisément exempts (voir Pièces justificatives, n° 7, art. 1er); ce ne sont donc pas ceux dont l'arrêt a entendu parler. Le montant de ces intérêts avait été d'ailleurs calculé d'avance et compris dans le prix du bail, et le fermier n'en profitait pas : l'état de composition (Pièces justificatives, n° 2) en fournit la preuve. La recette de la caisse de Paris, montant à 4,182,391 livres, y est portée en recette et en augmentation du prix du bail : or, dans cette somme, dont le détail est joint, pièce n° 3, sont compris les intérêts à 4 p. 100 que devait payer le Gouvernement (voir l'observation à la suite de la pièce n° 5); le Trésor public recevait donc comme prix du fermage la même somme qu'il payait comme intérêts; ce n'était donc pas une dépense réelle pour l'État; ce n'était pas une recette réelle pour le fermier. L'article 1er des rôles qui s'arrêtaient chaque année au Conseil, en exécution de l'édit de décembre 1764, explique d'une manière très claire le résultat de cette opération, indifférente, au surplus, pour le fermier, et qui avait été adoptée pour tous les baux précédents. (Voir Pièces justificatives, n° 7, art. 1er.) Cet article porte que les intérêts à 4 p. 100, stipulés par le bail, ne sont pas sujets au dixième d'amortissement, «parce qu'ils ne sont que fictifs, parce qu'ils sont représentatifs par remplacement de pareille somme ajoutée au prix du bail, payés même d'avance par le versement de ce prix au Trésor public». Ainsi deux conséquences : 1° les intérêts à 4 p. 100 n'étaient qu'un produit fictif, ils ne faisaient donc pas double emploi avec les intérêts à 10 et à 6; 2° ce n'est pas de ces intérêts dont le résultat du Conseil a pu entendre parler, sous le nom d'«intérêts des fonds d'avance assujettis au dixième», puisqu'ils en étaient exempts.

SECONDE INCULPATION.

ÉCHANGE DES 3 DIXIÈMES CONTRE UNE ASSOCIATION DANS LES BÉNÉFICES.

On a déjà vu, dans les observations qui précèdent, que l'édit de décembre 1764, en assujettissant tous les émoluments et bénéfices de la finance à la retenue de 1 dixième, au profit de la caisse d'amortissement, avait établi un commencement de partage des bénéfices de la ferme. Le 4 février 1770, un arrêt du Conseil, rendu sur le rapport du ministre Terray, a porté ce partage à 3 dixièmes sur tous les bénéfices à répartir du bail actuel des fermes, sous le nom de Julien Alaterre. (Voir le prononcé de cet arrêt, rapporté dans le préambule de celui du 21 janvier 1774, Pièces justificatives, n° 9.) Cet arrêt, rendu au milieu d'un bail, portait bien le caractère de l'autorité la plus arbitraire, mais il était limité au bail actuel de la ferme, au bail d'Alaterre, et il ne pouvait engager, en aucune manière, David son successeur, qui n'existait point encore.

Le 2 janvier 1774, c'est-à-dire quatre ans après, il a été passé bail des fermes à Laurent David, et ce bail ne stipulait ni partage de bénéfice, ni aucune réserve à cet égard; ce n'est que le 21 janvier, c'est-à-dire dix-neuf jours après, qu'un arrêt du Conseil a ordonné «qu'il sera réservé au profit du Gouvernement, sur les bénéfices du bail de David, savoir : sur les premières répartitions, jusqu'à concurrence de 4 millions, 5 dixièmes; depuis 4 millions jusqu'à 8, 4 dixièmes; depuis 8 millions jusqu'à 12, 3 dixièmes; et sur les répartitions qui excéderont, à quelque somme qu'elles puissent monter, 2 dixièmes». Le ministre et le Conseil, en faisant rendre cet arrêt, ont pensé qu'une retenue graduelle serait plus avantageuse à l'État, plus propre à exciter l'émulation des fermiers généraux qu'une retenue fixe : se sont-ils trompés? L'événement seul pouvait le décider. Ce qu'il y a de certain, c'est que les bénéfices du bail d'Alaterre n'avaient été que de 11 millions; qu'on ne devait pas en espérer de beaucoup plus considérables dans un bail qui avait été augmenté sur presque toutes les parties; qu'en supposant que les bénéfices éventuels eussent été au-dessous de 24 millions, il y aurait eu à gagner pour le Gouvernement, et que la nouvelle combinaison ne pouvait commencer qu'au delà de ce terme à devenir avantageuse pour le fermier.

On présente aujourd'hui ce même arrêt, qui a grevé les cautions de David d'une charge qui ne leur avait pas été imposée par le bail, comme une surprise faite au Gouvernement, comme un attentat contre l'intérêt national; on propose de l'anéantir, comme n'ayant point été revêtu de lettres patentes : mais l'arrêt du Conseil du 4 février 1770 n'était applicable qu'au bail d'Alaterre; il n'était pas non plus revêtu de lettres patentes; il faudrait donc aussi l'anéantir, d'après le même principe; et alors, que resterait-il? Le bail, qui n'imposait aucun partage de bénéfices, et la nation perdrait un titre qui lui a valu, pendant le bail de David, une rentrée extraordinaire de plus de 17 millions, sur laquelle elle n'avait pas lieu de compter.

TROISIÈME INCULPATION

RELATIVE AU PRIX DU TABAC RÂPÉ.

Lettre des citoyens Dupin et Jac, représentants du peuple, adressée aux ci-devant fermiers généraux, le 20 frimaire, l'an II de la République française.

«Nous vous invitons, citoyens, à nous marquer catégoriquement :

«1° Quelle loi enregistrée vous a autorisé à faire vendre dans vos bureaux le tabac râpé sur le pied de 3 livres 12 sols la livre;

«2° Sur quel règlement vous vous êtes fondés pour introduire dans vos tabacs râpés une certaine quantité d'eau, et quelle était cette quantité par quintal.»

RÉPONSE.

Sans connaître précisément quel était le but des deux questions, les ci-devant fermiers généraux ont dû inférer de la première qu'on leur reprochait d'avoir vendu le tabac râpé à un prix supérieur à celui fixé par les règlements. Ils étaient alors détenus dans la maison du Port-Libre, éloignés de leurs bureaux, séparés de leurs papiers; ils n'avaient sous la main aucune collection de règlements, et ils pouvaient se tromper en les citant de mémoire : ils ont donc demandé à différer leur réponse jusqu'au moment, annoncé comme très prochain, où ils devaient être transférés dans la maison des fermes.

Ils répondront aujourd'hui, comme ils l'ont déjà fait dans les premiers jours de leur translation, premièrement, par la disposition précise et littérale des règlements. On a fidèlement rapporté (Pièces justificatives, nos 15, 16, 17, 18 et 19) tous les articles qui concernent le prix du tabac : on y verra que tous les baux, depuis celui de Forceville, renvoient, pour la fixation du prix, à l'article 7 de la déclaration du 21 août 1721, et définitivement, pour le tabac en poudre, à l'article 7 de l'ordonnance de 1681; enfin, que ce dernier règlement fixe à 10 sols l'once, ou 8 francs la livre, le prix du tabac râpé, le plus commun.

Depuis, des sols pour livre, imposés à différentes époques, ont élevé ce prix jusqu'à 9 livres 16 sols la livre : c'était le maximum que les règlements avaient fixé à l'adjudicataire des fermes : il ne pouvait pas l'excéder, mais il n'était pas obligé de l'atteindre, car la formule des règlements n'était nullement impérative : « le fermier, disent ces règlements, pourra vendre ou faire vendre des tabacs aux prix ci-après ». Loin d'avoir excédé ce maximum, les ci-devant fermiers généraux se sont toujours tenus de beaucoup audessous, puisque le prix auquel ils avaient fixé le tabac râpé dans les derniers baux n'était que de 3 livres 12 sols la livre dans les entrepôts, et 4 livres chez les débitants.

Les ci-devant fermiers généraux répondront secondement qu'ils livraient gratuitement et volontairement la dix-septième once aux entreposeurs et aux débitants; ils ne vendaient donc réellement que 3 livres 7 sols 9 deniers le tabac qu'ils paraissaient vendre 3 livres 12 sols la livre; ce qui rapprochait beaucoup le prix du tabac en poudre de celui des autres espèces, et ne leur laissait que le juste dédommagement des frais de la pulvérisation.

Ils répondront troisièmement qu'aux termes de leur bail, le privilège exclusif de la vente du tabac leur avait été affermé pour en jouir, comme leurs prédécesseurs en avaient joui ou dû jouir : or, les prédécesseurs de David ont vendu le tabac râpé, non seulement au prix de 3 livres 12 sols la livre, mais en Bretagne jusqu'à 4 et 6 livres; David et ses successeurs ont donc eu le même droit aux termes de leur traité.

Ils répondront quatrièmement que le prix des baux qu'ils ont souscrits ayant été calculé d'après le produit des années antérieures, et le prix du tabac étant entré dans ce produit sur le pied de 3 livres 12 sols la livre, il en résulte que le droit de vendre le tabac à ce même prix leur a été incontestablement affermé, et que c'est au nom de la nation qu'ils l'ont exercé. S'il était possible qu'on revînt aujourd'hui sur la fixation de ce prix, il faudrait revenir aussi sur les éléments du bail et sur les produits d'après lesquels ce prix en a été fixé, et ce serait alors sur elle-même que la nation aurait une répétition à former.

A ces réponses péremptoires, les ci-devant fermiers généraux se permettront d'ajouter quelques observations propres à faire connaître la pureté, le désintéressement et l'attention scrupuleuse qu'ils ont apportés dans les détails de leur administration.

Il ne faut pas croire que la fixation du prix du tabac râpé par la ci-devant ferme générale fût une chose arbitraire : elle résultait de combinaisons prises plutôt encore dans l'intérêt des consommateurs que dans celui de la ferme. On sait que la livre, poids de marc, dont on se sert pour peser le tabac, se divise en 16 onces; or, chacune de ces onces se subdivise encore en quatre parties, ou quarts d'once, dans le détail de la vente. Il était important que le prix fût susceptible, comme le poids, de se diviser par soixante-quatrièmes, sans restes ni fractions; toute autre combinaison aurait donné lieu à des forts deniers, qui auraient grevé le consommateur indigent d'un renchérissement considérable, uniquement au profit du débitant. Indépendamment de ce que les prix de 3 livres 12 sols et de 4 francs la livre étaient divisibles par soixante-quatrièmes, sans fractions ni forts deniers, ils réunissaient encore un autre avantage : c'est que le public y était accoutumé depuis, pour ainsi dire, l'établissement du privilège de la vente exclusive.

C'est une chose bien digne de remarque, que cette attention toujours soutenue des adjudicataires des fermes à maintenir à un même prix le tabac vendu en détail, malgré les augmentations successives imposées par le Gouvernement. Dès 1732, lorsque la ferme du tabac fut réunie au bail des fermes, le tabac en corde se vendait 50 et 52 sols dans les magasins et entrepôts : ces espèces de tabacs, principalement le tabac ficelé réduit en poudre, se vendaient dès lors 5 sols l'once, chez le débitant, et le bénéfice de la revente était, comme l'on voit, de plus de 60 p. 100.

Le prix de la vente en gros a été augmenté d'un cinquième en 1758, par l'addition des 4 sols pour livre; et cependant, par la police intérieure que la ci-devant ferme générale exerçait sur les débitants, elle était parvenue à maintenir, encore à cette époque, à 5 sols l'once le prix du tabac vendu en détail.

Enfin, lorsque, en 1781, le prix des tabacs de toute espèce a reçu une augmentation de 4 sols par livre, la ferme générale, après avoir résisté autant qu'il était possible à cette augmentation de prix, voyant que ses représentations étaient vaines, a préféré de prendre sur elle l'augmentation des 4 sols par livre, et d'en compter au Trésor public, sans les percevoir, plutôt que de se prêter à une augmentation qui aurait troublé le système des prix adoptés et qui aurait fait reparaître les forts deniers qu'on avait si soigneusement cherché à éviter. Le tabac, à cette dernière époque, a donc encore été maintenu au prix de 5 sols l'once, en détail, comme il l'était depuis cinquante ans.

La ferme générale avait fait plus encore : pendant les dernières années de son exploitation, elle était parvenue à diminuer le prix du tabac en faveur de la classe la plus indigente des consommateurs, en ouvrant, dans ses bureaux et entrepôts, une vente directe aux particuliers, au prix de 3 livres 12 sous la livre, ou de 4 sous 6 deniers l'once, c'est-à-dire à un prix inférieur à celui même auquel se vendait le tabac en détail chez les débitants avant 1758. Ainsi, tandis que toutes les valeurs augmentaient en France, tandis que le prix du tabac s'accroissait de jour en jour, pour le Trésor public, par des additions de sols pour livre, le consommateur, loin de s'apercevoir de ces augmentations, éprouvait au contraire des soulagements.

Ces soins des ci-devant fermiers généraux n'ont point été sans succès. Le prix du bail pour la partie du tabac, qui en 1732, époque de sa réunion à la ferme générale, n'était que de 7,500,000 livres, s'élevait déjà en 1762 à 22 millions. Il a été ensuite successivement porté :

En 1768, à	22,541,238 livres.
En 1774, à	23,526,090
En 1780, à	27,181,990
En 1787, à	29,000,000

Le tableau des quantités de tabac vendu par la ferme depuis trente ans justifie également l'effet de ses soins. Ces ventes ont monté, pour une année commune :

De 1762 à 1768, à	12,565,502 livres.
De 1768 à 1774, à	13,223,290
De 1774 à 1781, à	14,557,793
De 1781 à 1787, à	15,132,185

Et cette progression toujours croissante ne paraissait pas prête à s'arrêter.

On ne peut donc pas supposer sans injustice que la ci-devant ferme générale ait laissé dépérir entre ses mains le dépôt des revenus publics qui lui était confié, et le succès de ses ventes, pour un objet absolument soumis au goût et au caprice, peut être regardé comme une apologie de son administration.

Les ci-devant fermiers généraux n'ignorent pas qu'on a objecté que le sacrifice qu'ils faisaient de la dix-septième once était plus apparent que réel; qu'il tournait tout au plus au profit des entreposeurs et des débitants, dont il augmentait le bénéfice; et qu'il n'en résultait aucun avantage pour les consommateurs. Mais cette objection ne détruit pas les deux faits qu'on a précédemment avancés : il n'en est pas moins vrai que la ferme générale, en paraissant vendre le tabac 3 livres 12 sols la livre, ne le vendait réellement que 3 livres 7 sols 9 deniers; il n'en est pas moins certain qu'avant comme après l'établissement du râpage dans les ateliers de la ferme, le consommateur a toujours payé le tabac 4 livres la livre chez le débitant, et 5 sols l'once, en détail.

Ainsi, en changeant le lieu où se râpait le tabac, la ferme n'a rien changé au sort du consommateur; elle s'est mise seulement en état de répondre plus directement et avec plus de certitude de la qualité des tabacs, qualité sur laquelle il était plus aisé de tromper le public lorsque la main-d'œuvre de la pulvérisation était abandonnée à une multitude d'agents qui ne pouvaient être surveillés.

La dix-septième once ne profitait point, au surplus, à l'entreposeur; il ne la recevait que pour la transmettre aux débitants. Ses émoluments consistaient en remises, plus ou moins fortes, suivant la distance, au bureau général auquel il s'approvisionnait, suivant l'objet des ventes et l'importance de l'entrepôt. A l'égard des débitants, la dix-septième once leur était abandonnée pour le trait qu'exigent le détail de la vente et les pesées par petites parties, et surtout pour les indemniser de la perte de poids qu'éprouve le tabac en se desséchant.

QUATRIÈME INCULPATION

RELATIVE À LA FABRICATION ET À LA MOUILLADE DU TABAC RÂPÉ.

Demande faite par les citoyens Dupin et Jac, représentants du peuple, par leur lettre du 20 frimaire, l'an deuxième de la République française :

« Sur quel règlement vous êtes-vous fondés pour introduire dans vos tabacs une certaine quantité d'eau, et quelle était cette quantité par quintal? »

RÉPONSE.

Aucune loi n'a jamais fixé le mode de la fabrication des tabacs, et il est facile d'en concevoir la raison : tout ce qui dépend du goût et du caprice ne peut être assujetti à des règlements. Le Gouvernement a pensé, sans doute, qu'il ne pouvait rien faire de mieux que de s'en rapporter à l'intérêt du fermier, qui, pour un objet de nécessité très secondaire, ne pouvait espérer de succès qu'autant qu'il parviendrait à satisfaire et à prévenir le goût des consommateurs. La grande réputation que les tabacs de la ferme ont acquise, même à l'étranger, réputation qui subsiste encore, et l'attention scrupuleuse avec laquelle toutes les fabriques qui se sont établies depuis la suppression du privilège se sont attachées à suivre les mêmes procédés dans la fabrication, prouvent assez que les intentions du Gouvernement n'ont point été trompées. La marche progressive, d'ailleurs, de cette partie importante des revenus publics, qui s'est successivement élevée de 7,500,000 livres à plus de 30 millions de livres entre les mains de la ci-devant ferme générale dans un intervalle de soixante ans, ne peut laisser aucune incertitude à cet égard.

A l'égard de la mouillade, elle n'est pas moins indispensable dans la fabrication du tabac qu'elle ne l'est dans la pâte qui sert à former le pain; qu'elle ne l'est dans la préparation de presque tous les aliments. Le tabac, dans l'état où il passe à la consommation, est un végétal qui a subi un premier mouvement de fermentation; or, on sait que la fermentation ne peut avoir lieu sans le concours de l'eau. Cette mouillade se donnait à deux époques différentes; la première, dont l'objet était d'assouplir la feuille de tabac, de la rendre propre à supporter l'écotage, le filage, le hachage, se donnait presque au moment où la feuille était tirée du boucaut pour être passée en fabrique; cette première mouillade variait suivant la qualité des feuilles et leur degré de dessiccation; en la prenant sur une année commune des six du bail de David, et d'après une moyenne proportionnelle entre toutes les manufactures de la ferme, elle a été de 4 livres 7 onces 5 gros 1/6. Elle n'a été, dans la première année du bail de Mager, que de 3 livres 8 onces 3 gros 1/3. (Voir Pièces justificatives, n°s 21 et 22.) On donnait une seconde mouillade au tabac lorsqu'il avait passé au moulin et qu'il avait été réduit en poudre. La quantité de cette mouillade était presque aussi variable que la première; elle dépendait encore de la qualité des matières et de l'état plus ou moins grand de dessiccation auquel le tabac avait été porté par le moulinage. Elle a pu être dans quelques circonstances de 15, de 18 livres; mais en prenant la proportion moyenne de toutes les manufactures de la ferme, elle a été, pendant l'année commune du bail de Salzard, de 9 livres 10 onces 4 gros pour 70 livres 14 onces 7 gros de tabac sec, ou par quintal de tabac humecté de 11 livres 15 onces 6 gros. Elle a été, pendant la première année du bail de Mager, de 7 livres 9 onces pour 70 livres 5 onces 4 gros 1/4 de tabac sec, c'est-à-dire, par quintal de tabac humecté, de 10 livres 11 onces 7 gros. (Voir Pièces justificatives, n°s 21 et 22.)

Une partie, au surplus, de l'eau qu'on introduisait ainsi dans le tabac se dissipait pendant le cours de la fabrication et dans la garde en magasin; une partie servait à remplacer celle qui avait été enlevée par une évaporation forcée, pendant que le tabac passait au moulin pour y être pulvérisé. C'est donc moins l'eau qu'on introduisait dans le tabac qu'il faut considérer que celle qui y restait en définitive. Or, l'état n° 21 prouve que pendant l'année commune du bail de Salzard :

		livres.	onces.	gros.
Sur une quantité de tabac en feuilles sortant du magasin des matières premières et pesant................		100	0	0
On retranchait :				
A l'époulardage pour le tabac avarié.......	2[l] 5[o] 5[g]			
A l'écotage..........................	24 8 2			
		26	13	7
Qu'on n'employait par conséquent de matière réelle que		73	2	1
Qu'avec cette quantité de matière on fabriquait en tabac râpé, humecté, prêt à être livré à la consommation...		78	8	5
Ainsi qu'en définitive, et toute compensation faite, il ne restait dans 78 livres 8 onces 5 gros de tabac râpé qu'une quantité d'eau de........................		5	6	4

Ce qui revenait pour chaque quintal de tabac râpé à 6 livres 8 onces 1 gros 3/4 d'eau.

Pour présenter ces résultats d'une manière plus frappante, on a essayé de réunir dans un seul tableau toutes les opérations relatives à la préparation du tabac râpé pendant neuf années. On y voit (Pièces justificatives, n° 31) que par une moyenne entre toutes les manufactures de la ferme, un quintal de tabac en feuilles se réduisait, par la séparation des côtes et des parties avariées, à 72 livres 11 onces 1 gros; que ce tabac, après avoir essuyé une première mouillade, entrait à la fabrique du râpage avec un poids de 74 livres 11 onces 4 gros 1/2; qu'il sortait du moulin avec un poids de 70 livres 8 onces 7 gros 1/2; qu'enfin, après avoir reçu une seconde mouillade et avoir éprouvé quelques déchets à la garde, il sortait des bureaux généraux de la ferme et passait à la consommation avec un poids de 77 livres 10 onces 2 gros 1/2; ce dernier poids, comparé avec celui de la matière première employée, prouve qu'il ne restait en définitive que 6 livres 5 onces 6 gros d'eau dans un quintal de tabac râpé; or, cette quantité était couverte par la dix-septième once que la ferme délivrait gratuitement aux entreposeurs et aux débitants; en sorte qu'il est prouvé qu'elle ne faisait strictement payer que la quantité de matière réelle contenue dans le tabac.

Ces résultats sont justifiés par tous les comptes des manufactures de la ferme et par les registres qui s'y tenaient. Si on pouvait les révoquer en doute, les ci-devant fermiers généraux espèrent que le Comité des finances ne se refuserait pas à en faire vérifier l'exactitude par des manufacturiers et des chimistes, ou par tels commissaires qu'il jugerait à propos de nommer.

La comparaison des quantités de tabac en feuilles qui ont été achetées par la ferme et qui ont été vendues par elle présente des résultats analogues :

Il lui restait en tabac en feuilles, le 1er octobre 1776, commencement de la troisième année de David....	17,794,575l	
Elle avait à la même époque en tabacs fabriqués 11,576,475 livres, qui représentaient en tabacs en feuilles, à raison de 70 livres de tabacs fabriqués pour un quintal de feuilles...	16,537,850	
		34,332,425 livres.
Elle a acheté pendant les quatre années de David et les six années et trois mois de Salzard les quantités ci-après :		
3e année de David...............	12,986,472l	
4e année......................	21,191,856	
5e année......................	31,004,169	
6e année......................	34,771,720	
		99,954,217
		134,286,642
15 premiers mois de Salzard.......	38,690,674l	
2e année......................	18,698,082	
3e année......................	13,538,283	
A reporter......	70,927,039	134,286,642

Reports......	70,927,039[l]	134,286,642 livres.
4e année......................	22,442,863	
5e année......................	27,817,812	
6e année......................	40,657,624	
		161,845,338
Total............		296,131,980
La quantité de tabac en feuilles qui restait dans les magasins de la ferme à la fin du bail de Salzard, c'est-à-dire le 1er janvier 1787, était de	37,272,505[l]	
Il restait, en outre, en matières fabriquées 11,334,654 livres qui, réduites en tabac en feuilles, à raison de 30 livres de matières fabriquées pour un quintal de tabac en feuilles, reviennent à..................	16,192,363	
		53,464,868
La quantité totale de tabac en feuilles, que la ci-devant ferme générale a employé à la fabrication des tabacs qu'elle a vendus pendant les dix années et trois mois ci-dessus, a donc été de.....................		242,667,112
La quantité de tabac fabriqué de toute espèce, qu'elle a vendu pendant le même temps, a été, savoir :		
Pendant les quatre dernières années de David, de....................	60,777,643[l]	
Pendant les six ans et trois mois du bail de Salzard................	90,793,113	
		151,570,756
Excédent du poids du tabac en feuilles sur les tabac fabriqué pendant dix ans et trois mois............		91,096,356

Ce résultat, fidèlement relevé du grand livre pour les achats, prouve que les quantités de tabac qu'achetait la ferme excédaient de plus d'un tiers celles qu'elle fabriquait, et on peut juger par là du soin qu'elle apportait à la séparation des côtes et des parties avariées.

Ce résultat détruit encore l'idée d'une mouillade excessive; car comment supposer que la ci-devant ferme générale eût d'un côté, pour améliorer ses tabacs, rejeté et condamné à l'incendie plus d'un tiers de la matière première destinée à leur fabrication, et que d'un autre, elle les eût altérés à dessein par l'addition d'une quantité d'eau supérieure à ce qu'exigeait une bonne fabrication? Les côtes qu'elle faisait incendier n'avaient pour elle aucune valeur; elles n'en avaient pas plus que n'en avait l'eau même : comment donc supposer que sans aucun intérêt elle cherchât elle-même à détruire ses tabacs, tandis que ce n'était que sur leur bonne qualité qu'elle pouvait fonder l'espérance de ses succès?

Quelle idée peut-on prendre après cela du préjugé qu'on a quelquefois essayé de répandre dans le public, que la ferme générale mêlait avec son tabac des substances étrangères pour en augmenter le poids; et quels corps étrangers auraient été meilleur marché pour elle que les côtes, que les tabacs de faible qualité qu'elle condamnait à l'incendie!

Que des débitants aient mêlé des corps étrangers avec le tabac qu'ils vendaient au public, on le conçoit, on en a souvent obtenu la preuve; et c'est un des principaux motifs qui a déterminé la ci-devant ferme générale à leur retirer la main-d'œuvre de la pulvérisation et à l'établir dans ses manufactures. Mais pourquoi se livraient-ils à ces mélanges? C'est qu'ils y étaient sollicités par un grand intérêt; c'est que les corps étrangers qu'ils introduisaient dans leurs tabacs acquéraient entre leurs mains le prix de la vente exclusive, le prix de 4 francs la livre. Il n'en est pas de même de la ferme : la matière première, le tabac en feuilles qu'elle employait, ne lui revenait pas souvent à plus de 5 sols la livre; les côtes qu'elle brûlait n'avaient pour elle aucune valeur; comment donc aurait-il été possible qu'elle les eût retirées avec tant de soin du tabac, pour les remplacer par des matières qui l'auraient altéré et qui lui auraient coûté un prix quelconque?

Les ci-devant fermiers généraux termineront cet article par quelques réflexions très courtes. Lorsque, d'après des considérations longtemps balancées et puisées dans l'intérêt des consommateurs autant que dans celui de la ferme du tabac, ils se sont déterminés à retirer aux débitants la main-d'œuvre du râpage, ils n'ont fait qu'user d'un droit que leur conféraient les règlements (voir Pièces justificatives, n° 18), et l'intérêt du consommateur n'a été lésé en aucune manière. C'était du tabac en poudre qu'il levait, avant comme après le changement apporté dans le régime de la ferme, et peu lui importait que le tabac fût râpé dans ses ateliers ou dans la boutique des débitants.

A l'égard des cinquante mille familles auxquelles on prétend que le nouveau système a enlevé leurs moyens de subsistance, cette objection ne peut tomber ni sur les râpeurs, puisqu'ils ont continué à râper pour les particuliers, et que le nombre des ouvriers employés au râpage dans les ateliers de la ferme a remplacé ceux qui ont cessé de râper pour les débitants. Elle ne peut tomber sur les débitants, puisque, débarrassés de toutes manipulations, ils ont encore joui de 8 sols par livre et de la dix-septième once donnée gratuitement; bénéfice supérieur à celui de toute autre vente en détail.

Ceux-mêmes qui, parmi les fermiers généraux, ont combattu le système du râpage à l'époque de son établissement, se sont principalement appuyés sur l'impossibilité d'appliquer la marque du fermier sur du tabac en poudre; sur la difficulté où la régie se trouverait pour distinguer le tabac de la ferme d'avec celui de contrebande; sur les risques auxquels ce défaut de marque pouvait exposer la ferme du tabac; mais jamais ils ne sont disconvenus que, considéré relativement à l'intérêt des consommateurs, le nouveau régime ne présentât de grands avantages; que ce ne fût un moyen de prévenir les mélanges des corps étrangers, qu'on introduisait alors fréquemment dans le tabac; de favoriser pour le pauvre les approvisionnements en petites parties; de rapprocher le prix du tabac en détail de la portée des consommateurs indigents.

La plupart des cours supérieures établies dans les ci-devant provinces de France ont applaudi à ces principes de la ferme. Elles les ont adoptés, elles les ont consacrés.

On citera pour exemples : un arrêt du parlement et de la cour des aides du ci-devant Dauphiné, qui autorise le fermier à continuer la vente du tabac râpé, qui défend à toutes personnes d'y apporter aucuns troubles, qui écarte toutes les plaintes qui avaient été portées contre lui;

Un arrêt du 7 avril 1786, rendu par le ci-devant parlement de Navarre, toutes les chambres assemblées, qui, d'après des vérifications faites, en présence de commissaires nommés par la cour, des tabacs en poudre vendus par la ferme, l'autorise à continuer la vente et le débit;

Un arrêt du 18 mai suivant, rendu par le même parlement, qui, considérant que les consommateurs se divisent en deux classes : la première, des riches, qui sont en état de faire des approvisionnements considérables; la seconde, des pauvres, qui ne peuvent s'approvisionner à l'entrepôt, parce qu'on ne s'y prête pas à la vente en détail qu'exigent les besoins du pauvre et le peu de facultés de l'indigence, enjoint aux entreposeurs de son ressort de vendre du tabac râpé par onces et demionces, au prix de l'entrepôt;

Un arrêt du parlement de la ci-devant Bourgogne, du 30 avril 1787, qui, en applaudissant aux mesures que l'adjudicataire des fermes a prises, de faire râper le tabac dans ses manufactures, ordonne que la vente en sera continuée et qu'elle sera faite par onces et demionces, directement aux particuliers et au prix de l'entrepôt;

Un arrêt de la chambre des comptes, aides et finances de Montpellier, du 9 décembre 1786, qui, après avoir fait vérifier par des chimistes experts la qualité des tabacs en poudre, fabriqués et vendus par le fermier, les a reconnus de bonne qualité et lui a permis d'en continuer la vente;

Un arrêt des deux cents électeurs des communes de Guyenne, qui approuve la vente du tabac râpé dans les entrepôts, requiert qu'il y soit vendu au prix de 3 livres 12 sols la livre, et 4 sols 6 deniers l'once aux particuliers, et qu'il soit défendu aux débitants d'entreprendre la pulvérisation du tabac.

Ces différents arrêts sont imprimés, dans les Pièces justificatives jointes à ce mémoire, sous le n° 27 : ils répondent d'une manière victorieuse aux calomnies répandues dans le public contre la qualité des tabacs de la ferme.

Ce n'est pas que les préposés des manufactures n'aient été quelquefois exposés à des méprises et à des erreurs dans la fabrication des tabacs, et que leur surveillance n'ait été quelquefois trompée : il est arrivé que dans les saisons chaudes et orageuses, sans qu'on eût outrepassé les bornes ordinaires de la mouillade, la fermentation commencée dans les cases où se déposait le tabac n'a pas été arrêtée à temps; que des retards dans le transport, l'ardeur du soleil pendant la route, l'incurie des voituriers, une foule de circonstances imprévues ont favorisé cette disposition : c'est le sort commun de tous les genres de fabrications qui s'exercent sur des matières délicates. Ces accidents expliquent l'indisposition de quelques cours, notamment du parlement de la ci-devant Bretagne, contre les tabacs de la ferme : mais ils ont été rares; toutes les fois que la ci-devant ferme générale en a été avertie, elle a fait rétrograder les tabacs; elle les a retirés de la consommation, elle les a échangés contre d'autres tabacs, qui n'avaient pas éprouvé les mêmes avaries, et elle a condamné à l'incendie tous les tabacs défectueux; les comptes des manufactures et bureaux généraux en fournissent la preuve.

Ce que la ferme générale peut encore assurer, et ce qu'elle peut justifier, c'est que la mouillade qu'on donnait dans ses manufactures était inférieure à celle qu'on donnait dans le plus grand nombre des manufactures étrangères; qu'elle était surtout beaucoup moindre que celle que donnaient les débitants, lorsqu'ils étaient chargés de la main-d'œuvre de la pulvérisation; que la ci-devant ferme n'en voulait pas faire une spéculation de bénéfice, puisqu'elle délivrait 17 onces et n'en faisait payer que 16; enfin, que cette mouillade a été presque nulle dans les dernières années, et que peut-être même a-t-elle été réduite au-dessous de ce qui était nécessaire à la qualité du tabac.

S'élèverait-il quelque doute sur ces assertions? Le Comité des finances et les commissaires des représentants du peuple ont un moyen simple de les lever.

Depuis la suppression du privilège exclusif, il s'est élevé nombre de fabriques de tabac, tant à Paris que dans les différents départements de la République. Ces fabriques, libres dans leurs procédés, libres dans le choix des matières premières qu'elles emploient, comme dans celui des formes et des espèces de tabacs qu'elles fabriquent, n'ont pu être dirigées que par le désir de se conformer au goût des consommateurs, de le prévenir et de mériter la préférence sur les fabriques qui pouvaient entrer en concurrence avec elles. On ne soupçonnera pas que toutes ces fabriques se soient entendues entre elles pour se discréditer elles-mêmes, par une fausse spéculation. Or, il est de fait que toutes ont adopté les procédés ci-devant employés par la ferme; que toutes se livrent presque exclusivement à la fabrication de tabac râpé et ne fabriquent que très peu de tabac ficelé. Le Comité des finances peut charger des commissaires de vérifier ces faits et de comparer les procédés qu'on emploie dans ces manufactures avec ceux qu'employait la ci-devant ferme générale. C'est sur le compte qui lui en sera rendu qu'il pourra juger, d'une manière sûre et décisive, si les procédés qu'elle a suivis et si les proportions qu'elle a employées dans la mouillade ont pu lui attirer quelques reproches.

CINQUIÈME INCULPATION.

VERSEMENT TARDIF DES FONDS PROVENANT DES RÉGIES.

Le 19 nivôse, l'an II de la République française, les ci-devant fermiers généraux ont reçu la demande suivante des citoyens reviseurs :

«Requièrent les citoyens reviseurs,

«1° Le compte des sous pour livre et des perceptions mises en régie, de l'administration desquels ils ont été chargés pour l'année 1786, dernière du bail de Salzard.

«Dans le cas où les ci-devant fermiers généraux ne pourraient pas leur remettre ce compte, les citoyens reviseurs demandent qu'on leur envoie un bordereau contenant la date et le montant des payements qu'ils ont faits au Trésor public pour l'apurement de ce compte;

« 2° Le compte des différentes perceptions qu'ils ont régies pour la première et la seconde année, et les six premiers mois de la troisième année du bail de Mager, et dans le cas où les ci-devant fermiers généraux ne seraient pas en état de produire ces comptes, d'envoyer aux citoyens reviseurs un état contenant la date et le montant des payements qu'ils ont faits au Trésor public, pour la liquidation de ces perceptions. »

RÉPONSE.

Les ci-devant fermiers généraux ont été longtemps sans soupçonner quel pouvait être le but de ces deux réquisitions; et ils l'ignoreraient probablement encore, si quelques indications particulières ne leur eussent fait enfin présumer qu'on leur reprochait d'avoir conservé dans leur caisse et fait valoir à leur profit le produit des droits dont la régie leur était confiée. Des faits bien connus, bien faciles à vérifier, serviront de bases à leurs réponses.

Ce n'est nullement par la date des quittances comptables expédiées par les gardes du ci-devant Trésor royal, et jointes à l'appui des comptes, qu'on peut juger de l'époque des payements qui ont été faits par la ci-devant ferme générale. L'expédition de ces quittances était précédée d'un grand nombre d'opérations provisoires, qu'il est nécessaire de faire connaître.

La plus grande partie des fonds qui parvenaient à la caisse des ci-devant fermes n'en sortaient pas pour être versés directement et en espèces au Trésor public; ils étaient principalement employés à payer, à l'acquit de ce même Trésor, une infinité de dépenses que le ministre des finances assignait sur les fermes. On citera ici pour exemple les rentes sur l'Hôtel de Ville, dont la ci-devant ferme faisait les fonds, chaque semaine, entre les mains des payeurs des rentes, et qui absorbaient la très majeure partie de ses produits. La remise de ces fonds se faisait d'après un état de distribution, qui se dressait dans les bureaux du ministre, qui était adressé à la ferme générale, et sur les reconnaissances que donnaient les payeurs de rentes, à mesure qu'ils recevaient les deniers. Ces reconnaissances, ainsi que toutes les quittances des sommes ainsi payées par la caisse des fermes, pour le compte du Gouvernement, étaient remises pour comptant au Trésor public, après un intervalle de temps plus ou moins long, et ce n'était qu'alors que le caissier du grand comptant en expédiait le récépissé. On voit déjà que la date du récépissé était nécessairement postérieure, et souvent de beaucoup, à celle des payements; mais ce n'est pas tout. Les récépissés du commis du grand comptant n'étaient encore que des pièces de dépenses provisoires; ils devaient être échangés contre des quittances comptables, c'est-à-dire contre des quittances du garde du ci-devant Trésor royal en exercice, le seul qui fût en titre d'office, qui fût reconnu par la Chambre des comptes, et dont cette cour pût admettre la signature. Ce n'était qu'au bout de cinq ou six ans, quelquefois davantage, au moment où il était question de terminer les comptes, que cette conversion s'opérait. La ci-devant ferme générale remettait alors ses récépissés avec la note des coupures dont elle avait besoin pour la solde de chaque compte; et c'est sur cette note que les quittances comptables étaient expédiées. La date des payements effectifs se trouve au surplus constatée par la quittance comptable même qui rappelle l'année de l'exercice pour laquelle elle a été expédiée; par les récépissés sur lesquels ces quittances avaient été expédiées, et dans lesquels la nature et la date des payements qui avaient été faits étaient énoncées; elle l'est surtout par celle des enregistrements faits sur le journal de la recette générale des fermes, enregistrements qu'il est facile de rapprocher de ceux faits sur les registres de la Trésorerie nationale.

Les ci-devant fermiers généraux espèrent de la justice du Comité des finances que s'il lui restait le moindre doute sur ces explications, il voudrait bien ordonner les vérifications et comparaisons nécessaires; ils osent assurer d'avance que la rigoureuse exactitude de ce qu'ils annoncent sera reconnue. Et comment pourrait-on concevoir, en effet, que dans un gouvernement continuellement sollicité par des besoins, qui avait habituellement sous les yeux le tableau de la situation de la caisse des fermes, qui presque toujours en épuisait les deniers jusqu'à la dernière goutte, on eût laissé des fonds considérables à la disposition des ci-devant fermiers généraux? Comment supposer que ceux qui ont prêté au Gouvernement, à la fin du bail de David, 30 millions sans intérêts, remboursables en cinq années, qui en ont prêté 12 à la fin du bail de Salzard, fussent assez en contradiction avec eux-mêmes et avec leurs principes pour conserver une partie des fonds provenant des perceptions? Leur conduite constante prouve qu'ils étaient bien loin d'en avoir l'intention : l'ordre établi dans leur comptabilité prouve que, quand ils l'auraient eue, il ne leur était pas possible de la réaliser; la date authentique des enregistrements faits à la Trésorerie nationale et à la ferme démontre, au contraire, ce qui n'est au surplus que trop notoire, que loin d'avoir été en retard, ils ont continuellement été en avance avec le Gouvernement sur les droits en régie comme sur les droits affermés.

L'état joint à la suite des Pièces justificatives, sous le n° 32, présente le tableau des versements faits à la Trésorerie nationale pour le prêt de 30 millions, et la date des récépissés qui ont été expédiés en conséquence de ces versements. La pièce n° 28 présente l'extrait de l'article du journal, où le prêt de 12,300,000 livres a été enregistré. Les ci-devant fermiers généraux produiront des preuves aussi palpables sur toutes les demandes de cette nature qui pourront leur être faites.

SIXIÈME INCULPATION.

APUREMENT DES DÉBETS DES COMPTABLES DES FONDS DE LA NATION.

Des réquisitions faites aux ci-devant fermiers généraux sur la date des récépissés employés dans les comptes des dernières années de la jouissance de la ferme, et des certificats demandés sur ce même objet aux différents chefs de bureaux de la comptabilité, leur ont donné lieu de croire qu'on leur reprochait d'avoir employé les fonds de la nation à apurer des débets concernant la ferme; les explications suivantes mettront le Comité des finances à portée d'apprécier cette inculpation.

La résiliation du bail des fermes a été ordonnée, pour la partie du tabac et des entrées de Paris, par un décret du 27 mars 1791, avec effet rétroactif à compter du 1er juillet 1789. Les ci-devant fermiers

IMPRIMERIE NATIONALE.

généraux ont donc été pendant vingt et un mois en régie, tandis qu'ils se croyaient encore en ferme; et on ne peut pas leur faire un reproche de n'avoir pas prévu un événement qui ne dépendait ni de leur pouvoir, ni de leur volonté. Ils n'ont eu, pendant tout cet intervalle, aucun intérêt à imputer les versements faits à leur caisse plutôt sur une époque que sur une autre; ils ont donc opéré comme ils avaient opéré jusqu'alors, et quand, au bout de deux ans, la résiliation du bail a été prononcée, pour le 1er juillet 1789, les versements qui avaient été faits pendant le cours de ladite année se sont trouvés nécessairement indivis entre la ferme et la régie. Il n'était plus possible alors ni d'en revenir à un partage régulier, ni de constater quelle avait été la situation des comptables au moment du passage de la ferme à la régie; on a dû par conséquent s'arrêter au parti que la justice indiquait, que la nécessité même commandait à beaucoup d'égards, celui d'imputer les payements dans l'ordre des hypothèques, en soldant la première la dette la plus anciennement contractée. Les citoyens reviseurs ont tellement senti l'impossibilité d'un partage régulier des débets entre la régie et la ferme qu'ils ont été obligés de s'en tenir dans la répartition qu'ils ont proposée à des évaluations vagues, dont il leur a été impossible de déterminer l'exactitude.

Le parti que les ci-devant fermiers généraux ont pris est encore justifié par un grand nombre de considérations importantes. Depuis trois ans, la ferme générale n'existe plus, la commission qui lui a été substituée pour la reddition et l'apurement des comptes a été supprimée elle-même par le décret du 5 juin 1793; le restant des fonds a été enlevé et déposé à la Trésorerie nationale, la caisse a été fermée, le caissier supprimé; tout maniement, tout recouvrement a été interdit. Comment donc aurait-il été possible de laisser des débets à la charge d'une administration sans activité, sans existence, sans moyen de recouvrement?

N'était-il pas juste, d'ailleurs, que la nation, qui avait entre les mains tous les cautionnements des comptables, tous les fonds de la caisse des ci-devant fermes, qui montaient à plus de 8 millions; une partie considérable des fonds d'avance des ci-devant fermiers généraux inscrits sur le grand livre, et qui montent encore à plus de 30 millions; qui avait ordonné que tous les recouvrements sur les débets et sur les droits arriérés seraient versés à la Trésorerie nationale, se chargeât du passif en même temps qu'elle se mettait en possession de l'actif? Si, contre toute possibilité, la ferme générale eût pu parvenir à établir un partage régulier des débets indivis; si elle se fût chargée de suivre le recouvrement d'une portion quelconque, n'aurait-on pas pu la soupçonner de se ménager des prétextes de reprendre des fonctions qui lui étaient interdites, et de perpétuer une association que les décrets avaient détruite?

SEPTIÈME INCULPATION.

PRÉLÈVEMENT, AVANT PARTAGE DES BÉNÉFICES, D'UNE SOMME DE 1,250,000 LIVRES, PENDANT LE BAIL DE SALZARD.

Cette inculpation n'est connue des ci-devant fermiers généraux que par ce qui leur est revenu indirectement; ils savent qu'on a conclu contre eux, pour cet objet, au rétablissement d'une somme de 600,000 livres, pour toute la durée du bail de Salzard. Voici sur quoi on se fonde pour établir cette répétition.

Le résultat du bail de Salzard a autorisé les cautions à se répartir, par anticipation, sur les bénéfices éventuels du bail, une somme de 250,000 livres par année; c'était un dédommagement que le Conseil avait cru devoir leur accorder, en raison de la diminution considérable que leur traitement fixe avait éprouvée : mais cette faveur était plus apparente que réelle; car la somme qu'il leur était permis de se répartir ainsi chaque année devait se trouver de moins dans la masse des bénéfices de fin de bail. La réunion des sommes ainsi prélevées a formé, pendant les six années et trois mois du bail de Salzard, un total de 1,250,000 livres; et c'est de la moitié de cette somme dont on reproche aux ci-devant fermiers généraux de n'avoir point tenu compte au Gouvernement, attendu, dit-on, qu'en autorisant cette répartition anticipée, il n'avait point renoncé à son droit de partage dans les bénéfices.

Cette inculpation est fondée sur deux erreurs de fait. Premièrement, les bénéfices du bail devant se partager par moitié, il en résulte que le fermier ne pouvait se répartir aucune somme sans en verser une égale au Trésor public : ce n'était donc pas, comme on le suppose, d'une somme de 600,000 livres dont les ci-devant fermiers généraux devaient tenir compte au Gouvernement, mais d'une somme égale à celle qu'ils avaient touchée, c'est-à-dire d'une somme de 1,250,000 livres. Secondement, cette somme dont on leur reproche de n'avoir pas compté a été payée au Trésor public le 20 novembre 1787. On trouve en dépense, à cette date, sur le journal de la caisse générale des fermes, le payement d'une somme de 1,250,000 livres «pour remplacement fait au Gouvernement de la répartition anticipée qu'il a été permis aux cautions de Salzard de toucher pendant le cours de six années et trois mois de leur bail, à raison de 200,000 livres par an» : ce sont les propres termes de l'enregistrement. Cet article du journal est joint dans son entier aux Pièces justificatives, sous le n° 28. Des communications plus directes, et telles que les ci-devant fermiers généraux les ont fréquemment offertes aux citoyens reviseurs, eussent prévenu de semblables erreurs, et on ne peut que regretter qu'ils n'aient pas cru pouvoir s'y prêter.

HUITIÈME INCULPATION.

CONTRAVENTION À LA LOI DU TIMBRE.

Lettre des commissaires reviseurs des trois compagnies de finance aux citoyens ci-devant fermiers généraux, le 16 ventôse, l'an II de la République française, une et indivisible.

«Requièrent l'indication des autorités d'après lesquelles ils se sont crus fondés à dispenser du droit de timbre proportionnel aux sommes :

«1° Cinq états de répartitions, arrêtés les 11 et 19 décembre 1791, 1er et 15 octobre, et 2 avril 1792, c'est-à-dire depuis le 1er avril 1791, époque de l'exécution de la loi du 11 février précédent, émargés de chacune des parties prenantes, et conséquemment passibles d'un droit de timbre à raison de la somme énoncée en chaque acquit;

« 2° Les rôles de traitements fixes ou remises, à quelque titre que ce soit, reçus postérieurement à la même époque, même inscrits sur une feuille revêtue du timbre de 20 sols, lesquels, suivant la décision de la régie du timbre et l'usage adopté, sans réclamation, dans toutes les administrations publiques, doivent produire autant de droits alignés sur l'objet des sommes qu'il se trouve d'émargements;

« 3° Ceux des appointements et gratifications de tous les genres, accordés aux employés atteints par les dispositions de la loi et par le mode de liquidation qu'elle indique par son but et par ses combinaisons;

« 4° Enfin, toutes les pièces de dépenses qui, par leur nature et leurs effets, tiennent lieu aux caissiers et receveurs généraux de quittances comptables. »

RÉPONSE.

La loi ayant déféré à l'agence du droit d'enregistrement la poursuite des contraventions relatives au timbre, c'est à elle que cette dénonciation aurait dû être portée; et les ci-devant fermiers généraux n'auraient pas le regret d'occuper les représentants du peuple d'objets aussi minutieux.

Ils se borneront à observer :

1° Qu'à l'époque où la loi du timbre a été mise en activité, la ferme générale n'existait plus; que les droits qu'elle avait été chargée de régir ont été supprimés au 1er avril et 1er mai 1791, et qu'il n'est plus resté aux commissaires, chargés par les décrets de la Convention nationale des opérations relatives à la comptabilité et à la liquidation, que des comptes à rendre et quelques recouvrements à faire;

2° Que la commission de liquidation était une régie véritablement nationale, qui a continué d'administrer au nom et pour le compte de la nation;

3° Que l'exécution de la loi relative au timbre, qui devait avoir lieu le 1er avril 1791, a été suspendue par le fait, parce qu'elle était incomplète; qu'une loi additionnelle et interprétative a été rendue le 27 juin suivant, et que la première instruction sur l'exécution de ces lois qui ait été adressée aux directoires de départements par le Conseil exécutif n'est que du 11 juin 1792. Si, dans cet intervalle, les commissaires de la liquidation, incertains eux-mêmes sur le véritable sens d'une première loi reconnue insuffisante, ont pu être embarrassés, ou même se tromper sur le mode de son exécution, leur erreur est excusable;

4° Que placés, par la nature de leurs fonctions, dans le département du ministre des contributions publiques, tout ce qu'ils ont pu faire a été de lui communiquer leurs incertitudes et de prendre ses décisions. Que la lettre du ministre des contributions publiques, du 1er novembre 1791, adressée aux commissaires de la liquidation, et la circulaire du 11 du même mois, écrite en conformité aux principaux préposés de la ci-devant ferme générale, prouvent qu'ils ont suivi cette marche. Ces deux lettres sont jointes (Pièces justificatives, nos 25 et 26);

5° Que cette lettre du ministre autorise expressément l'usage des états collectifs, émargés du reçu partiel des différentes parties intéressées, et que les commissaires liquidateurs paraissent en avoir rempli l'intention en portant ces émargements sur du papier timbré du timbre le plus élevé. On assure d'ailleurs que cet usage des états collectifs pour le payement des appointements existait encore très récemment dans les bureaux des ministres, dans ceux mêmes du ministre des contributions publiques et dans ceux de la Trésorerie nationale;

6° Qu'à l'égard des états de répartitions, les ci-devant fermiers généraux les ont toujours regardés comme des pièces d'ordre relatives à la comptabilité particulière et intérieure de leur caisse, comme des payements qu'ils se faisaient à eux-mêmes, en vertu des baux et des traités passés avec le Gouvernement;

7° Enfin, ils observeront que la commission de liquidation de la ci-devant ferme générale étant une régie nationale, dont presque toutes les dépenses se faisaient pour le compte de la nation, le prix du timbre, si la dépense en eût été augmentée, aurait été, dans bien des cas, une charge de cette régie; en sorte qu'une grande partie de ce que la nation aurait reçu de plus par la régie du timbre, elle l'aurait dépensé de plus comme régie de liquidation.

NEUVIÈME INCULPATION.

INDEMNITÉ ABUSIVE OBTENUE POUR LA DISTRACTION DE LA PARTIE DES TRAITES DU BAIL FAIT À SALZARD.

Le résultat du Conseil du 19 mars 1780, portant bail à Salzard de tous les droits des fermes, y avait compris ceux des traites pour une somme de 17,200,193 livres.

Le 9 novembre 1783, d'après des considérations relatives à l'intérêt du commerce, il a plu au Gouvernement de distraire cette partie du bail, et d'ordonner que la ferme générale la régirait pour le compte du Trésor public.

Il était de justice rigoureuse de diminuer le prix du bail de la somme pour laquelle cet objet y était entré : il était juste encore d'indemniser le fermier du tort qu'on lui faisait, en ordonnant la distraction d'une partie sur laquelle il pouvait espérer des bénéfices. C'est ce qui a été réglé par un arrêt du Conseil du 5 février 1786.

Il est observé dans cet arrêt que, d'après les états présentés au Conseil, la partie des traites est, dans le prix du bail de Salzard, pour une somme de..................................	17,200,193 livres.
Que le produit de cette même partie, toutes dépenses prélevées, s'est élevé, pendant l'année commune des trois premières de ce bail, à....	20,114,204
Ce qui présente, pour chacune des trois premières années, un bénéfice de..................	2,914,011

C'est la moitié de cette somme, montant à 1,457,005 livres 10 sols, que le Conseil a reconnu juste d'accorder aux cautions de Salzard, à titre d'indemnité, pour chacune des trois années de la jouissance dont elles avaient été privées.

Aujourd'hui cette indemnité est présentée comme abusive, attendu, dit-on, que le bail de Salzard n'en stipule aucune, dans le cas de distraction, suppression ou changements de droits; mais on n'a pas fait attention que tous les résultats portant bail des fermes se réfèrent au bail de Forceville, qui, plus détaillé que ceux qui l'ont suivi, a toujours fait loi pour les objets non prévus; que l'article 9 du résultat portant bail à Salzard contient la clause expresse que cet adjudicataire jouira comme Forceville a joui ou dû jouir; or, le bail de Forceville, art. 594, s'exprime en ces termes : «En cas qu'il nous plût d'ordonner la distraction de la ferme du tabac et de quelques autres parties des fermes comprises au présent bail, ou d'ordonner des suppressions, changements ou diminutions d'aucuns des droits en dépendant, il en sera fait indemnité audit Forceville, sur le pied du produit de l'année qui aura précédé celle où les distractions, changements ou diminutions auront été faits, suivant les états qui en seront remis au Conseil par ledit Forceville ou ses cautions».

En conformité de cet article, les cautions de Salzard ont remis au Conseil les états de produit des droits distraits de leur bail, non seulement pour l'année 1783, dernière de leur jouissance, mais encore pour les années 1781 et 1782. Le résultat des produits présentés par ces états s'élevait :

	livres.	sous.	deniers.
Pour l'année 1781, à	19,597,683	15	11
Pour l'année 1782, à	20,560,599	2	2
Pour l'année 1783, à	20,897,597	19	8
TOTAL des trois années	61,055,880	17	9
Dont le tiers pour l'année commune est de	20,351,960	5	11

On voit donc que si les fermiers généraux s'en fussent tenus strictement aux dispositions de l'article 594 du bail de Forceville, l'indemnité qu'ils auraient eu à réclamer aurait dû être alignée sur les produits de l'année 1783, dernière de leur jouissance et la plus forte des trois premières du bail; alors elle aurait été de 1,848,702 livres, au lieu de 1,457,005 livres 10 sols, à laquelle elle a été réglée. Mais les fermiers généraux n'ont jamais su calculer d'une manière rigoureuse dans ces sortes d'occasions, et, dans celle-ci comme dans beaucoup d'autres, ils s'en sont entièrement rapportés à ce que le Conseil a jugé à propos de déterminer. Si cette indemnité n'a été définitivement réglée qu'au commencement de 1786, ce n'est pas qu'il existât aucune incertitude sur le droit de la réclamer (les ci-devant fermiers généraux en ont énoncé le titre incontestable), mais elle ne pouvait être régulièrement liquidée que d'après des états dressés sur le relevé des comptes, pour les trois premières années du bail, et on ne doit point être surpris si ce travail n'a pu être terminé qu'à la fin de 1785.

L'événement, au surplus, a fait voir que la distraction qui avait été faite de la partie des traites, loin d'avoir été onéreuse au Gouvernement, lui a été au contraire très profitable.

Cette partie, qui était entrée dans le prix du bail pour une somme de	17,200,193 livres.
Qui avait produit pendant l'année commune des trois premières du bail	20,351,960
A rendu en 1784, première de la régie	22,349,948
En 1785	22,443,601
En 1786	22,193,974

Si donc la distraction n'avait pas eu lieu, le bénéfice, qui, liquidé sur le produit de l'année commune des trois premières années du bail, a été de 1,457,005 livres 10 sols, se serait élevé à plus de 2,500,000 livres.

Ces nouveaux progrès de la partie des traites, depuis l'époque où elle a commencé à être régie pour le compte du Gouvernement, font au surplus assez connaître que, si les ci-devant fermiers généraux ont été dispensés de la responsabilité du prix du bail, ils ont été bien éloignés de se dispenser de la surveillance qu'ils devaient à une branche aussi importante des revenus publics; ils y ont donné les soins les plus

IMPRIMERIE NATIONALE.

actifs, et, s'il pouvait rester quelque incertitude à cet égard, ils invoqueraient avec confiance l'expérience que le Gouvernement a faite, dans tous les temps, de leur zèle pour la suite des régies dont ils ont été chargés.

Ces régies ont toujours été gratuites de leur part; ce n'est qu'au bail de Mager que, par un arrangement qui fut proposé au Gouvernement par le ministre, il y a été, pour la première fois, attaché des remises; mais, dès le commencement de la seconde année de ce bail, ils ont renoncé à la moitié environ de celles qui leur avaient été accordées, par le sacrifice volontaire qu'ils ont fait de 500,000 livres sur leur traitement.

On objectera peut-être que l'arrêt du Conseil, du 3 février 1786, qui liquide les indemnités dues aux ci-devant fermiers généraux, pour la partie des traites, n'est point une loi revêtue de lettres patentes : mais l'arrêt du 9 novembre 1783, qui a ordonné la distraction, n'était de même qu'un arrêt du Conseil, non revêtu de lettres patentes. On ne peut pas admettre l'un et rejeter l'autre; il faut que la loi soit commune; or, si ces deux arrêts étaient anéantis, s'ils étaient considérés comme non avenus, le fermier rentrerait dans le droit de jouir de tous les bénéfices à lui attribués par son bail, pendant les trois dernières années, et on a vu que ces bénéfices étaient presque doubles de l'indemnité qui lui avait été accordée.

DIXIÈME INCULPATION.

GRATIFICATIONS ABUSIVES, DÉPENSES NON MOTIVÉES OU EXAGÉRÉES.

La partie la plus considérable des gratifications sur lesquelles paraît porter ce reproche ont été accordées aux directeurs et autres préposés supérieurs de la ci-devant ferme générale. Le ministre, au renouvellement du bail de Salzard, avait jugé à propos de partager entre eux l'intérêt d'une quarante et unième place, à titre d'encouragement et de récompense. Mais rien n'annonce qu'en leur accordant cet avantage, il fût dans son intention de diminuer leur traitement ordinaire; les fermiers généraux pouvaient-ils prendre sur eux un retranchement que le ministre n'avait pas ordonné, et leur appartenait-il de rendre inutile un bienfait qu'il avait accordé?

La somme payée à Darlincourt, sur laquelle une réquisition des reviseurs annonce qu'on a élevé des difficultés, n'est pas une gratification : c'est le remboursement de la dépense que lui avait occasionnée une mission particulière dont il avait été chargé par le ministre, pour l'intérêt du Gouvernement et du commerce. Les traites étaient au surplus en régie à l'époque où cette dépense a été faite; le ministre avait droit de l'ordonner, et il n'aurait pas été au pouvoir des ci-devant fermiers généraux de s'y refuser; comment pourrait-on leur en faire un crime, et les forcer en recette d'une somme qu'ils n'ont pas reçue, qui n'est pas tournée à leur profit, et qu'il n'était pas en leur pouvoir de ne pas acquitter?

ONZIÈME INCULPATION.

ÉTRENNES ABUSIVEMENT PRÉLEVÉES AVANT PARTAGE DES BÉNÉFICES.

Les étrennes, ainsi que quelques menues rétributions que les ci-devant fermiers généraux se distribuaient au commencement de chaque année, étaient comprises, avec celles dont jouissaient les cours et les ministres, dans un état annexé à celui des dépenses de la Caisse de Paris et qui en faisait partie. (Voir Pièces justificatives, n° 4.) Ces attributions étaient donc au nombre des frais de régie dont le résultat du Conseil avait autorisé la déduction sur le prix du bail, et les ci-devant fermiers généraux en jouissaient en vertu du même titre, qui leur accordait des droits de présence, des frais de bureau et autres objets dont la légitimité n'est pas contestée.

Ces dépenses, comme charge du bail, et à l'instar des frais de régie de toute espèce, se prélevaient avant partage de bénéfices, parce qu'en effet les bénéfices ne commencent qu'après les dépenses prélevées. Les étrennes devaient-elles faire une exception? Devaient-elles seules être assujetties au partage des bénéfices, tandis qu'aucune des dépenses comprises dans l'état des dépenses de la Caisse de Paris n'en avait été regardée comme susceptible? Aucun motif ne porte à le croire, puisque, au contraire, le Conseil des finances avait jugé qu'elles ne devaient pas même être assujetties au dixième d'amortissement; l'article 3 des rôles qui s'arrêtaient chaque année au Conseil (voir Pièces justificatives, n° 7) porte en effet : «Ne sera fait aucune retenue sur la somme de 2,000 livres à eux attribuée, chaque année, pour étrennes et menues répartitions, attendu sa destination». Or un partage est une retenue; si donc les étrennes n'étaient assujetties à aucune retenue, elles devaient être exemptes de partage; elles devaient être prélevées avant partage. Cet objet est au surplus trop peu important pour mériter une discussion plus étendue.

PIÈCES JUSTIFICATIVES[1].

Extrait des principaux décrets rendus par la Représentation nationale, pour la suppression et la liquidation des ci-devant Compagnies de finance.

La plus grande partie des droits que régissaient les ci-devant fermiers et régisseurs généraux ayant été successivement anéantis par les circonstances de la Révolution, et la suppression totale de ceux à l'entrée des villes ayant été fixée au 1er mai 1791, l'Assemblée constituante jugea que les Compagnies de finance, auxquelles la perception de ces droits avait été confiée, ne devaient plus subsister.

Elle fit connaître ses intentions par son décret du 20 mars 1791, qui résilie le bail des fermes, pour la partie du tabac et pour les entrées de Paris, à compter du 1er juillet 1789, c'est-à-dire avec effet rétroactif de près de deux ans, qui autorise l'adjudicataire à compter de clerc à maître de ses recettes et dépenses depuis cette époque, et qui supprime, à compter du 1er avril suivant, la Ferme et la régie générale.

Il fallait pourvoir à la régie des droits d'entrée des villes, qui devaient subsister jusqu'au 1er mai suivant; il fallait statuer sur les moyens de faire rentrer les droits et les débets arriérés sur la reddition des comptes généraux et particuliers : la Représentation nationale pourvut à tous ces objets, en ordonnant qu'il serait nommé par le pouvoir exécutif un commissaire auquel cinq autres ont été joints par les décrets des 21 et 22 juillet suivant, et qui ont été chargés de toutes les opérations relatives à la comptabilité et à la liquidation de la Ferme générale.

Le titre III de cette dernière loi a déterminé le mode de liquidation et de remboursement des fonds d'avance des ci-devant fermiers généraux, et ce remboursement a été effectué, soit en assignats, soit en acquisitions de domaines nationaux, soit en inscriptions sur le grand livre, en sorte que la Représentation nationale a

[1] Brochure in-8° de 94 pages, de l'imprimerie de Ballard. — L'exemplaire qui nous a servi est une réimpression faite par les soins de l'avocat Antoine Roy, conseil des créanciers de la Ferme générale. Cette réimpression renferme de nombreuses erreurs dans les chiffres, surtout dans ceux de la pièce n° II; néanmoins elles sont peu importantes et amènent à un total qui ne diffère du chiffre de 152 millions que de quelques centaines de livres.

(*Note de l'Éditeur.*)

rempli complètement l'objet qu'elle s'était proposé, celui de détruire entièrement les associations financières.

Déjà, depuis plus de deux ans, la Ferme générale n'existait plus, et les membres qui la composaient étaient devenus en quelque sorte étrangers à son administration; de son côté, la Commission de liquidation, partagée entre les opérations de la comptabilité et des travaux extraordinaires d'un grand nombre d'espèces dont elle avait été chargée par le Ministre des contributions publiques, se portait aux plus grands efforts pour remplir les tâches multipliées qui lui avaient été imposées, lorsque, le 5 juin 1793, époque remarquable par le discrédit qu'on avait cherché à répandre sur toutes les Compagnies financières, Osselin, qui n'était point membre du Comité des finances, sollicita et obtint un décret qui supprime la Commission nommée pour l'achèvement et la reddition des comptes de la ci-devant Ferme générale; qui ordonne que les scellés seront mis sur ses bureaux et papiers; que les fonds qui se trouveront dans sa caisse seront versés à la Trésorerie nationale, et qui a ainsi suspendu toutes les opérations relatives à la comptabilité et à la rentrée des débets et sommes arriérées.

Ce décret, en donnant un libre cours à des prétentions de toute espèce, a laissé la ci-devant Ferme générale, ou plutôt la nation elle-même, pour le compte de laquelle elle avait régi pendant les dernières années, sans aucun moyen de défense contre une foule de demandes et de condamnations, dont une grande partie devait retomber en dernier résultat sur le Trésor public, et ce fut pour arrêter ces dilapidations que le Comité de l'examen des comptes obtint, le 24 septembre, un décret qui ordonne que les scellés apposés sur les bureaux et papiers de la ci-devant maison des Fermes seront levés; qui, sans parler de la Commission de liquidation qui est demeurée définitivement supprimée, rappelle les ci-devant fermiers généraux aux opérations relatives à leur comptabilité, et leur accorde jusqu'au 1er avril 1794 pour la reddition définitive de leurs comptes.

Des articles additionnels ajoutés, le 27 septembre, à ce décret, ont nommé cinq citoyens pour assister à la levée des scellés apposés sur les papiers et effets de la ci-devant Ferme, en présence de deux commissaires de la Convention. Ces citoyens, qui se *prétendaient* en état de procurer des connaissances sur les abus commis par les trois ci-devant Compagnies de finance, devaient, aux termes de l'article 3, soumettre aux Commissaires du bureau de la comptabilité leur travail sur les abus qu'ils *dénonceraient* ou *découvriraient*, pour y être statué par le Corps législatif après la vérification du bureau de comptabilité, et sur le rapport du Comité de l'examen des comptes.

Les scellés apposés, le 5 juin, sur les bureaux et effets de la ci-devant Ferme, n'ont pu être levés que le 11 octobre (vieux style) après une interruption de travail de plus de quatre mois. Les ci-devant fermiers généraux, dont l'association n'existait plus, dont un grand nombre s'étaient livrés à la retraite et s'étaient établis dans les différents départements de la République, n'ont pu se réunir à Paris que vers la fin du même mois; ils étaient à peine en activité que, le 24 novembre, vieux style (4 frimaire), un nouveau décret a ordonné qu'ils seraient réunis avec leurs papiers dans une maison d'arrêt, pour y rendre leurs comptes dans le délai d'un mois. Ces dispositions rigoureuses ont encore été aggravées par un décret qui leur défend de vendre, hypothéquer et aliéner leurs immeubles, et par celui du 23 nivôse, qui ordonne le séquestre de leurs biens et revenus.

Le décret du 4 frimaire n'a eu son exécution complète que le 5 nivôse, puisque ce n'est qu'alors que, réunis à la maison des Fermes avec leurs papiers, les ci-devant fermiers généraux ont pu s'occuper du compte général qu'ils avaient à rendre à la nation. On sait que, malgré l'insuffisance du délai, malgré l'immensité du travail, malgré l'état de détention auquel ils étaient réduits, le dernier de leurs comptes a été terminé avant même l'époque qui leur avait été fixée; que ce compte présente en définitif plus de 8 millions d'avances, indépendamment du sacrifice volontaire de plus de 22,500,000 livres qu'ils ont fait sur le prix des tabacs, sels, bâtiments et autres objets qu'ils ont remis à la nation. Si ces comptes ont été formés par bref état, c'est que les décrets de la Convention en portaient l'autorisation, c'est que la brièveté du délai ne permettait pas de leur donner plus d'étendue; s'il s'y est introduit quelques erreurs, la précipitation et l'empressement de satisfaire aux dispositions des décrets en est encore la cause; elles ont été d'ailleurs très promptement corrigées par un compte de rectification.

Il n'appartient point aux ci-devant fermiers généraux de lever le voile qui couvre les motifs particuliers qui ont pu déterminer ces différents décrets de la Convention nationale; mais ils se sont souvent demandé à eux-mêmes comment il était possible que, deux ans et demi après que la suppression de la Ferme générale avait été prononcée, après surtout que ses fonds d'avance avaient été liquidés, et que le remboursement en avait été ordonné, on les eût rappelés pour les rendre responsables de retards dépendant de circonstances qui leur étaient entièrement étrangères; comment, un mois après leur retour à leurs fonctions, en novembre (vieux style), on avait pu les supposer en retard de rendre leurs comptes, tandis que le décret du 24 septembre précédent avait fixé au 1er avril suivant le délai qui leur était accordé; comment on les avait regardés comme reliquataires de deniers publics, avant même que leurs comptes eussent été présentés, lorsqu'il était notoire qu'ils étaient considérablement en avance, lorsque la nation avait encore entre ses mains, en inscriptions à faire sur le grand livre, un gage de plus de 30 millions; comment ils avaient été traités en coupables, privés de leur liberté et de la jouissance de leurs revenus, avant qu'aucune inculpation leur eût été communiquée; comment enfin, même depuis leur détention, toute conférence leur avait été refusée?

Le respect a étouffé toutes plaintes, et les ci-devant fermiers généraux se sont renfermés dans une respectueuse obéissance. Les cinq citoyens reviseurs, nommés par la Convention nationale, ont pu examiner tous les papiers, journaux, registres et comptes de la Ferme : tout ce qu'ils ont demandé leur a été remis sans réserve, et s'ils avaient voulu, s'ils avaient cru pouvoir établir une communication aussi directe, aussi entière qu'elle leur a souvent été offerte, elle leur aurait sans doute épargné bien des recherches inutiles, bien de fausses lueurs, et surtout le regret tardif d'avoir hasardé ou accueilli des inculpations qu'un moment d'entretien, un mot d'explication aurait fait évanouir. Les détails dans lesquels on est entré dans les réponses aux inculpations en fournissent des preuves multipliées.

N° I.

Extrait de la lettre du ministre Terray aux fermiers généraux, du 9 septembre 1773, qui prescrit la forme dans laquelle devront être fournis les états qui serviront à établir le prix du bail de David.

Après avoir, Messieurs, examiné avec la plus grande attention les différents états que vous m'avez adressés sur les produits bruts et deniers clairs, à la Caisse de Paris, de différents objets compris dans le bail d'Alaterre, j'ai pensé devoir vous faire connaître avec précision quel est le prix auquel doivent être portés les deniers clairs, à la Caisse de Paris, des mêmes objets pour le bail prochain; auxquels deniers clairs, lorsque vous en serez convenus, il faudra, après les additions et compensations pour les parties nouvelles, ajouter la recette de la Caisse de Paris, et sur le tout déduire la dépense de ladite Caisse : le restant formera le prix du bail.

Je vais donc traiter successivement chacun des huit objets, en vous indiquant les bases que j'ai jugé devoir prendre relativement à la nature de chaque partie, et aux principes qui lui sont propres, et vous expliquer sommairement les motifs qui me dirigent et qui doivent vous déterminer.

Le Ministre traite ensuite, dans la même lettre, des huit divisions principales qui devaient former la consistance du nouveau bail; puis il termine en ces termes :

Ainsi, pour me résumer, voici les bases du bail à faire :

Grandes gabelles		31,653,850 livres.
Petites gabelles		10,541,925
Tabacs		25,183,997
Aides		36,006,714
Traites		15,449,607
Domaine d'Occident		2,092,554
Lorraine		3,952,211
Domaine et contrôle		20,196,709
		145,647,567
Lors de l'arrangement du dernier bail, le montant des différents articles n'allait qu'à	131,377,734[l]	
Il fut ajouté	622,266	
Pour faire	132,000,000	
Je demande qu'il soit également ajouté		352,433
Pour faire en deniers clairs		146,000,000

Je suis entré avec vous dans ce détail raisonné, dont la vérité et la justice doivent vous satisfaire : le temps avance, et je ne doute pas que vous ne me donniez une réponse prompte et satisfaisante, et telle que je puisse la faire connaître à Sa Majesté.

Je suis, Messieurs, très parfaitement à vous.

Signé TERRAY.

Nota. Le 24 du même mois, il a été convenu avec le Ministre, que le prix des parties qui formaient la consistance du bail d'Alaterre serait fixé, compensation faite des recettes et dépenses de la Caisse de Paris, à 135 millions.

IMPRIMERIE NATIONALE.

N° II.

Composition du prix du bail de David, en conformité des bases portées par la lettre du ministre Terray, et de la fixation à 135 millions, des parties qui formaient la consistance du bail d'Alaterre.

Deniers clairs des bases demandées par le ministre......		145,677,571 livres.
Recette de la Caisse de Paris........................		4,182,391
		149,859,962
Dépense de la Caisse de Paris [1].....................		15,555,672
		134,304,290
Déficit pour atteindre aux 135 millions convenus.......		695,710
Prix convenu pour la consistance du bail d'Alaterre......		135,000,000

DISTRACTIONS.

1° Montant de l'état apostillé par le ministre........................	7,934,838^l	
2° Les 2 sols pour livre de l'abonnement de M. le Duc d'Orléans...........	2,933	
		7,937,771
Restant.................		127,062,229

PARTIES ADDITIONNELLES.

Première subdivision................	12,117,683^l
A laquelle il a été ajouté :	
Sur le domaine d'Occident............	41,027
Sur les aides des provinces............	124,368
Sur les entrées de Paris..............	89,143
Sur les droits des rivières............	151
Sur la formule de la ville et plat pays de Paris..........................	8,542

[1] Dans la somme ci-contre est compris l'intérêt à 10 et à 6 p. 100 des fonds d'avance des cautions du bail. (Voir l'état n° IV.)

Sur les aides du plat pays	21,536[l]	
En diminution sur les remises	150,000	
	12,552,450	
Sur quoi à déduire 12,294 livres employées de trop dans l'article des abonnements des courtiers-jaugeurs, inspecteurs aux boissons	12,924	
Reste pour cette première subdivision	12,539,526	12,539,526 livres.
Deuxième subdivision		1,554,080
Troisième subdivision	1,696,465[l]	
A laquelle a été ajouté pour le tabac de Lorraine	62,356	
		1,758,821
Quatrième subdivision	7,359,147[l]	
A laquelle il a été ajouté :		
Sur le contrôle des actes, etc., de Bretagne	150,670	
Pour les 2 sols pour livre du canal des Losnes en Rouergue non perçus	3,000	
Pour la partie de l'abonnement du contrôle des actes de Flandre, etc., dont Alaterre compte	29,700	
Pour augmentation de la ferme du Vicomté de l'Eau	7,000	
Pour l'abonnement des sols pour livre du Languedoc	360,000	
Pour *idem* de la Bretagne	550,000	
Au n° 47 de la subdivision, d'après une année commune de 110,000 muids	61,666	
	8,521,183	
Sur quoi à déduire 30,857 livres portées dans les sols pour livre des droits de la gare	30,857	
Reste pour cette quatrième subdivision	8,490,326	8,490,326
Bénéfice devant résulter du sel d'impôt		300,000

Augmentation de deniers clairs, devant résulter du retranchement de 280,000 livres sur les dépenses de la Caisse de Paris	280,000 livres.
Addition définitive	15,070
Prix convenu pour le bail de Laurent David	152,000,000

N° III.

Détail de la recette de la Caisse de Paris, employée dans l'état de composition ci-dessus du bail de David.

Francs-salés des grandes, des petites gabelles et gabelles des évêchés, année commune des quatre premières d'Alaterre, ci	527,057 livres.
Vins des privilégiés, *idem*	274,333
Indemnités employées annuellement dans l'état du Roi, d'après le bail de Forceville	231,419
Passeports de France et Lorraine, évalués, année commune, à	397,000
Compagnie des Indes, prohibé, et remboursement des frais, *idem*	45,130
Supplément du prix du sel aux Suisses et à la République de Valais	73,923
Octrois de Mézières	3,000
Remboursement des réparations faites aux salines, évaluées, année commune, à	64,362
* *Intérêts payés par le Roi, à 4 p. 100, de 52 millions*	2,080,000
* *Autres graduels de 20 millions, une année dans l'autre*	466,667
Autres de la partie des cautionnements restés à la charge de la Ferme	19,500
	4,182,391

Dont à imputer :

Sur la division des grandes gabelles	420,393 livres.
Sur celle des petites gabelles	388,881
Sur celle des traites	422,130
Sur celle des aides	361,320
Sur celle de Lorraine	20,000
	1,613,224
Et les 2,569,167 livres d'intérêts à répartir sur les neuf premières divisions	2,569,167
	4,182,391

N° IV.

Détail des dépenses de la Caisse de Paris, telles qu'elles ont été employées dans les opérations qui ont servi à régler le prix du bail de David. (Voir ci-dessus, pièce n° II.)

NATURE DES DÉPENSES.	
Payements à la charge du bail ordonnés par arrêts	58,200 livres.
Charges ordinaires en sus du prix du bail	143,680
Frais de résultat et enregistrement du bail, pour le sixième, à supporter par année	237,331
A Messieurs du Conseil, annuellement	124,300
A Messieurs les intendants des finances, une fois payées, 63,000 livres, dont le sixième est de	10,500
A M. le comte d'Eu, gouverneur du Languedoc, et aux gouverneurs de Pecais, Aiguemortes et Collioure	23,100
Au Conseil de Roussillon	4,500
Étrennes et autres distributions	334,270
Loyers de maisons, greniers et dépôts	41,635
Loyers payés aux directeurs qui n'ont pu être logés à l'hôtel des Fermes	7,650
Frais de tournées de MM. les fermiers généraux	91,813
Frais de procédure au Conseil et autres juridictions	21,395
Commissions extraordinaires du Conseil dans les provinces	205,800
Conseil de la Ferme à Paris et autres dépenses relatives au contentieux	44,066
Appointements des bureaux de l'hôtel des Fermes	946,050
A reporter	2,294,290

Report......	2.294,290 livres.
Gratifications annuelles et ordinaires aux employés........	459,662
Appointements des commis aux descentes de sels.........	62,200
Impressions, papiers, reliures et fournitures de bureau....	198,163
Dépenses à la Cour................................	4,915
Messes et aumônes................................	4,596
Voitures et escorte d'argent.........................	5,046
Ports de lettres, caisses et paquets..................	235,614
Frais de conduite et nourriture des contrebandiers........	16,991
Meubles et ustensiles de bureau.....................	3,969
Ouvrages et réparations dans les hôtels des Fermes de Paris, Versailles et Fontainebleau.......................	13,793
Buvettes, bois, bougies et chandelles..................	64,068
Gratifications et dépenses extraordinaires..............	149,321
Gratifications de fin de bail, pour le sixième à supporter par année.......................................	〃
Gratifications annuelles accordées aux anciens employés, à leurs veuves, enfants, et autres personnes attachées à la Ferme..	251,045
Droits des officiers du grenier à sel de Paris............	〃
Droits des contrôleurs des gabelles...................	11,125
* *Honoraires et frais de bureau des fermiers généraux*......	1.692,000
* *Intérêts de leurs fonds d'avance*......................	8,016,000
* *Capitation des fermiers généraux et adjoints*...........	190,400
Gravure des timbres et filigranes pour les aides. et des cachets pour le tabac, estimée par bail 120,000 livres, dont le sixième est de..........................	20,000
Achats de papiers et parchemins pour timbrer, dont les livraisons ont été faites par les fournisseurs...............	132,105
Honoraires et frais de procureur à la Chambre des comptes, y compris ses clercs...........................	26,000
Intérêts des emprunts à 4,50 p. 100	1,698,075
Frais ou tirage de la loterie des billets d'emprunt........	6,294
Total..................	15,555,672

N° V.

Article 16 *du résultat du Conseil, portant bail des Fermes générales unies à Laurent David, du 2 janvier 1774, qui porte qu'il sera payé aux cautions, des deniers du Trésor public, un intérêt de 4 p. 100 de leurs avances.*

« Le preneur et les fermiers généraux, ses cautions, seront tenus, suivant leurs offres, de payer et remettre au Trésor public, dans le courant du mois de septembre 1774, par forme d'avance, la somme de 52 *millions de livres*, dont il leur sera tenu compte sur le prix des six derniers mois du bail, et dont les intérêts leur seront payés de trois mois en trois mois, ainsi que ceux de la somme de 20 *millions de livres*, qui, suivant l'article 19 du présent résultat, doit être payée aussi dans le courant du mois de septembre 1774, en déduction du prix des six années, lesquels intérêts de ces deux sommes leur seront payés à raison de 4 p. 100 par année, à compter du 1er octobre 1774; savoir : de la première, pendant la durée du bail, et jusqu'au remboursement qui doit avoir lieu par la retenue sur le prix des six derniers mois; et des 20 millions de livres, pendant la première année du bail et pendant chacune des suivantes, à proportion de ce qui en subsistera, après la déduction des 3,333,333 livres à imputer annuellement sur le prix du bail. »

OBSERVATIONS.

Le montant des intérêts à 4 p. 100, accordés par cet article, a été porté en augmentation du prix du bail, comme il suit :

Intérêts à 4 p. 100 de 52 millions, pendant la durée du bail, ci	2,080,000 livres.
Intérêts à 4 p. 100, décroissants à mesure des remboursements	466,667
Total par an	2,546,667

Ces intérêts n'ont donc point tourné au profit des cautions du bail; c'était une recette et une dépense qui se compensaient.

(Voir l'état de recette de la Caisse de Paris, ci-dessus sous le n° III, et l'article 1er des rôles arrêtés au Conseil, en exécution de l'édit de 1764, pour la retenue du dixième d'amortissement, ci-joint sous le n° VII.)

N° VI.

Extrait de l'édit de décembre 1764.

ART. 94.

Qui ordonne qu'il sera dressé et arrêté, chaque année, des rôles pour la retenue du dixième d'amortissement, sur les attributions et bénéfices des places de finances.

Il sera payé, au profit de la Caisse d'amortissement, à compter du 1er janvier 1765, *suivant les états qui auront été par nous arrêtés tous les ans, le dixième des intérêts que nous payons à nos fermiers, soit généraux, soit particuliers*, trésoriers généraux ou particuliers, receveurs généraux de nos finances, administrateurs des postes, et autres nos fermiers et régisseurs de partie de nos revenus, pour raison des prêts ou fonds d'avance par eux faits, ainsi que de tous bénéfices, taxations, attributions et émoluments de tous nos fermiers, receveurs, trésoriers et autres, sans exception, chargés, à quelque titre que ce soit, du maniement de nos finances.

N° VII.

DIXIÈME D'AMORTISSEMENT.

6 mai 1769.

Rôle des sommes que le Roi, en son Conseil, a ordonné être payées par les fermiers généraux, cautions de Julien Alaterre, adjudicataire, pendant l'année 1769, sur les intérêts à eux payés pour raison de prêts et fonds d'avance par eux faits, et sur les bénéfices, taxations, attributions et émoluments desdits fermiers généraux, pour le dixième d'amortissement, ordonné être levé par édit du mois de décembre 1764.

ARTICLE PREMIER.

* Ne sera fait aucune retenue sur les intérêts à 4 p. 100 qui leur sont payés de ce qui restera dû, pendant ladite année 1769, de 75 millions dont, suivant l'une des conditions du résultat portant bail, ils ont fait l'avance; attendu que lesdits intérêts ne tournent point à leur profit directement; que, quoique versés dans la caisse des produits, ils ne servent que de remplacement des fonds entrés dans le prix du bail, conséquemment payés d'avance par ce prix; et attendu, d'ailleurs, qu'il sera compté de la totalité des produits dont ces intérêts font

partie, pour asseoir les bénéfices, déduction faite des charges. Partant.. Néant.

ART. 2.

Sur la somme de 252,000 livres, attribuées auxdits fermiers généraux pendant ladite année 1769, à raison de 4,200 livres pour chacun, pour frais de bureau, sera retenue la somme de 25,200 livres, ci........................ 25,200 livres.

ART. 3.

Ne sera fait aucune retenue sur la somme de 2,000 livres à eux attribuées chaque année pour étrennes et menues répartitions, attendu sa destination. Partant.................. Néant.

ART. 4.

* Sur la somme de 6 millions, à laquelle se montent, pendant ladite année 1769, les intérêts à 10 p. 100 de 60 millions de fonds d'avance faits par lesdits fermiers généraux, sera retenue la somme de 600,000 livres, ci................ 600,000

ART. 5.

* Sur la somme de 2,016,000 livres, à laquelle se montent, pendant ledit temps, les intérêts à 6 p. 100 de celle de 33,600,000 livres de prêt, fait par les mêmes, sera retenue la somme de 201,600 livres, ci...................... 201,600

ART. 6.

Sur la somme de 1,440,000 livres, à laquelle se montent, pendant ledit temps, les droits de présence et honoraires de soixante fermiers généraux, à raison de 24,000 livres pour chacun, sera retenue la somme de 144,000 livres, ci...... 144,000

ART. 7.

A l'égard des bénéfices que feront lesdits fermiers généraux, sur lesquels la retenue du dixième doit se faire, aux termes de l'édit, à compter du 1er janvier 1765; l'objet de ce dixième sera réglé par des rôles qui en seront arrêtés au Conseil, à mesure de chaque répartition desdits bénéfices, et sur les états qui en seront remis à M. le Contrôleur général. Partant..... Mémoire.

TOTAL du présent rôle, neuf cent soixante-dix mille huit cents livres.. 970,800

IMPRIMERIE NATIONALE.

Laquelle somme de 970,800 livres, les fermiers généraux, cautions d'Alaterre, seront tenus de remettre ès mains de M. Pierre-Michel Dubu de Longchamps, trésorier de la Caisse générale des amortissements; à quoi faire ils seront contraints, comme pour les propres deniers et affaires de Sa Majesté.

Fait et arrêté au Conseil royal des finances, tenu à Versailles, le sixième jour de mai 1769. Collationné.

Signé DE VOUGNY.

N° VIII.

DIXIÈME D'AMORTISSEMENT.

Pour l'année 1775.

Rôle de la somme que le Roi, en son Conseil, a ordonné et ordonne être retenue par Laurent David, adjudicataire des Fermes générales réunies, tant sur les intérêts payés aux fermiers généraux, ses cautions, pour raison du prêt et des fonds d'avance par eux faits, que sur leurs taxations, attributions et émoluments pendant l'année 1775, et ce, pour le dixième d'amortissement établi par l'édit de décembre 1764.

ARTICLE UNIQUE.

Sur la somme de 9,703,000 livres, à laquelle montent, pendant l'année 1775, les intérêts payés aux fermiers généraux, et leurs taxations, attributions et émoluments, sera retenue, pour le dixième d'amortissement, celle de neuf cent soixante-dix mille huit cents livres, ci........................ 970,800 livres.

Laquelle somme de 970,800 livres, ledit Laurent David sera tenu de remettre et payer ès mains de M. Pierre-Michel Dubu Longchamps, trésorier de la Caisse générale des amortissements, en exécution de l'édit de décembre 1764; à quoi faire il sera contraint, comme pour les propres deniers et affaires de Sa Majesté.

Fait et arrêté au Conseil royal des finances, tenu à Versailles, le 20 janvier 1778. Collationné.

Signé HUGUET DE MONTARAN.

N° IX.

Arrêt du Conseil, qui assujettit les bénéfices éventuels du bail de David à un partage avec le Gouvernement.

(Extrait des registres du Conseil d'État.)

Du 21 janvier 1774.

Nota. *Le bail de David était fait dès le 2 janvier.*

Le Roi s'étant fait représenter en son Conseil l'arrêt rendu en icelui, le 24 novembre 1772[1], par lequel il est ordonné qu'il sera réservé, au profit de Sa Majesté, deux dixièmes en sus de celui d'amortissement, imposés sur tous les bénéfices à répartir résultant du bail actuel de sa Ferme générale, sous le nom de Julien Alaterre, *déduction faite des intérêts des fonds d'avance et des droits de présence attribués aux places de fermiers généraux;* et Sa Majesté, se proposant de faire connaître ses intentions sur le même objet, pour le bail qui doit, à compter du 1er octobre 1774, succéder à celui d'Alaterre, a considéré que la détermination des dixièmes sur cet objet, d'après une fixation graduelle, pourrait être, pour les fermiers généraux, un motif d'émulation; et étant d'ailleurs informée, par le compte qui lui en a été rendu, que les fermiers généraux, en suivant le mouvement de leur zèle pour le service de Sa Majesté, se soumettaient à ce qu'il lui plairait d'ordonner pour la réserve qu'elle se proposait de faire sur les bénéfices de leur bail : ouï le rapport du sieur abbé Terray, contrôleur général des finances; le Roi, étant en son Conseil, a ordonné et ordonne qu'il sera réservé au profit de Sa Majesté, sur *tous les bénéfices résultant du bail des Fermes,* qui commencera le 1er octobre 1774, *déduction faite des intérêts des fonds d'avance et des droits de présence attribués aux places de fermiers généraux, qui seront seulement assujettis au dixième d'amortissement*[2], savoir : sur les premières répartitions jusqu'à concurrence de 4 millions, 5 dixièmes; depuis 4 millions jusqu'à 8 millions, 4 dixièmes; depuis 8 millions jusqu'à 12 millions, 3 dixièmes; et sur les répartitions qui excéderont, à quelques sommes qu'elles puissent monter, 2 dixièmes; *le tout en y comprenant le dixième d'amortissement.* Veut Sa Majesté que sur le montant dont la répartition devra être faite, les dixièmes réservés à Sa Majesté soient déduits, et que la répartition de ce qui devra appartenir aux fermiers généraux soit seulement de la somme qui devra leur appartenir, après la déduction des dixièmes réservés.

[1] La vraie date de cet arrêt est du 4 février 1770.

[2] Voir les rôles arrêtés au Conseil, qui portent exemption du dixième d'amortissement sur les intérêts à 4 p. 100, et assujettissement de ceux à 6 et de ceux à 10 p. 100.

Veut aussi Sa Majesté que le montant de ces dixièmes soit payé par le receveur général des Fermes, à qui il lui sera ordonné, à mesure que les états de répartition seront arrêtés, en fournissant l'extrait desdits états, par lui certifié et visé des fermiers généraux du comité des caisses; quoi faisant, veut encore Sa Majesté que les fermiers généraux ne puissent être tenus de rendre aucun compte dont l'objet serait d'établir les bénéfices résultant de leur bail, desquels comptes Sa Majesté, en tant que besoin serait, les a dispensés et dispense.

Fait au Conseil d'État du Roi, Sa Majesté y étant, tenu à Versailles, le 21 janvier 1774.

Signé PHELIPPEAUX.

N° X.

Extrait du résultat du Conseil, du 2 janvier 1774, portant bail à David.

ART. 21.

Qui accorde à l'adjudicataire une indemnité de 7,75 p. 100 en cas de distraction de quelques-unes des parties affermées.

« S'il arrivait que, pendant le cours du présent bail et même avant, il plût à Sa Majesté d'ordonner la distraction de l'une ou de plusieurs des parties auxquelles il est affecté des prix distincts, ou qu'il y fût substitué des droits perceptibles dans d'autres circonstances qui, eu égard à ce que le produit n'en pourrait être connu, exigeraient que la régie en fût faite pour le compte de Sa Majesté, le prix total du présent bail sera et demeurera diminué de la somme pour laquelle la partie distraite s'y trouve comprise, et en outre de 7,75 p. 100 de la partie distraite; pour indemniser le preneur *des frais de régie, intérêts des fonds d'avance et autres charges relatives à la manutention générale de la Ferme, à la déduction desquels le prix total du bail a été fixé*, et qui, devant nécessairement subsister, seraient supportés par les parties qui, après les distractions faites, formeront la consistance du bail. »

Au-dessous du résultat portant bail, est écrit de la main du ci-devant Roi :

LE PRÉSENT RÉSULTAT EST MA VOLONTÉ DANS TOUT SON CONTENU. CE 2 JANVIER 1774.

Signé LOUIS.

N° XI.

Extrait de l'acte de société des intéressés au bail de David, du 29 janvier 1774.

ARTICLE PREMIER.

Composition de la Société.

La Société sera composée au total de 30 sols, lesquels seront partagés également entre les sieurs susnommés, autres que ceux adjoints, à raison de 6 deniers chacun; pour, par les soixante associés, partager pour chacun un soixantième les profits, et supporter, dans la même proportion, les pertes qu'il pourrait y avoir.

ART. 2.

Fonds à faire par les intéressés.

Pour satisfaire au payement de la somme de 52 millions de livres, que les comparants, cautions dudit David, doivent, suivant leurs offres énoncées et acceptées par l'article 16 du résultat portant bail, ci-devant daté, payer et remettre au Trésor public, dans le courant du mois de septembre 1774, pour leur en être tenu compte sur le prix des six derniers mois de la dernière année de leur bail; pour pareillement satisfaire au payement de la somme de 20 millions de livres, qui, suivant l'article 19 du résultat, doit être aussi payée et remise au Trésor public, dans le courant du mois de septembre 1774, en déduction du prix du bail, desquelles deux sommes l'intérêt leur sera payé à raison de 4 p. 100, dans les termes et comme il est dit audit article 16 du résultat; pour satisfaire également au payement de la somme de 300,000 livres d'une part, et de celle de 650,000 livres d'autre part, à remettre au Trésor public, en exécution dudit article 19; pour aussi satisfaire à ce qui devra être payé pour les frais d'expédition, sceau, contrôle et enregistrement des lettres patentes qui seront expédiées sur le résultat, pour être enregistrées partout où besoin sera; pour pourvoir au remboursement du prix des effets restants, achats de sel et de tabac, et autres dépenses nécessaires à la régie et administration de la Ferme; et enfin, pour se mettre en état de subvenir, dans le temps, aux fonds destinés à l'acquittement des rentes sur l'Hôtel de Ville de Paris, de la partie du Trésor royal, et des charges privilégiées et assignées, pour être payées en déduction du prix du bail; en sorte que le service ne puisse, dans aucun temps, souffrir du retard inévitable et toujours subsistant dans la rentrée successive des produits à la recette générale de Paris, il a été convenu qu'il serait fait entre les mains du sieur Colin de Saint-

Marc, receveur général des Fermes à Paris, pour le bail d'Alaterre, et qu'ils nomment par ces présentes receveur général de celui dudit David, et sur les récépissés contrôlés de l'un desdits sieurs associés, un fonds de la somme de 93,600,000 livres;

Savoir :

Dans le courant du mois d'avril prochain, 46,800,000 livres, ci	46,800,000 livres.
Dans le courant du mois de juillet aussi prochain, 25,200,000 livres, ci	25,200,000
Et dans le courant du mois de septembre aussi prochain, 21,600,000 livres, ci	21,600,000
TOTAL	93,600,000

Pour être lesdits fonds faits dans les temps fixés ci-dessus, à raison de un soixantième par chacun desdits sieurs associés, sans que les adjoints puissent être tenus d'y contribuer : avec la faculté d'anticiper pour lesdits fonds, sans que, dans le cas de cette anticipation pour une ou pour plusieurs parties, lesdits associés puissent, sous quelque prétexte que ce soit, se dispenser de les parfaire dans les termes qui viennent d'être fixés.

ART. 6.

Intérêts à 10 p. 100 sur 60 millions et à 6 sur 33,600,000 livres.

Les intérêts du fonds de 93,600,000 livres, convenus par l'article 2, seront payés à compter du 1er octobre 1774, jusqu'au remboursement d'icelui, savoir : de 60 millions, à raison de *10 p. 100*, suivant *l'usage;* et pour le surplus dudit fonds, montant à 33,600,000 livres, à raison de *6 p. 100 seulement*, le tout par année; le payement desquels intérêts se fera sur les états qui en seront arrêtés par la Compagnie, et les émargements des y dénommés.

ART. 8.

Suppléments de fonds que les circonstances pourraient rendre nécessaires.

Outre les fonds ci-dessus, il sera pourvu, par délibération de la Compagnie, à ceux qu'il sera nécessaire d'y ajouter, soit pour satisfaire au payement du prix et des charges du bail, ou pour être employés à la manutention de la Ferme.

ART. 16.

Droits de présence et frais de bureau.

Il sera payé à chacun desdits associés, pour droit de *présence*, sur les états arrêtés par la Compagnie, 24,000 livres, et 4,200 livres pour frais et *fournitures de leurs bureaux*, le tout par année; sur lesquels honoraires et frais de bureau, ainsi que sur les intérêts, sur le pied fixé par l'article 6, sera faite la *retenue* du dixième d'amortissement, établi par l'édit du mois de décembre 1764, pour être employée par le receveur général à l'acquittement de cette imposition, aux exceptions portées par l'article 6 pour ceux des associés qui n'auront pas complété leurs fonds.

ART. 19.

Dispositions pour les profits et pertes de la Société.

Il a été convenu entre lesdits sieurs associés que le profit ou la perte qui pourront se trouver sur lesdites Fermes générales unies, et autres fermes qui auront été prises par la Compagnie, pendant les six années qu'elles doivent durer, seront partagés par égales portions dans chaque année, sans avoir égard au plus fort produit d'une année sur l'autre; en sorte que si, par le produit et la dépense des six années réunies en un seul total, il se trouve 600,000 livres de bénéfice ou de perte, ce sera pour chacune année 100,000 livres, et ainsi à proportion du plus ou du moins.

N° XII.

Extrait du règlement du Conseil, du 9 janvier 1780, rendu à l'occasion du renouvellement des baux et des traités de la Ferme et de la régie générale.

Un règlement du Conseil, du 9 janvier 1780, rendu sur le rapport du ministre Necker, à l'occasion du renouvellement des baux et des traités de la Ferme générale, porte ce qui suit :

«Les 1,560,000 livres de fonds actuels des ci-devant fermiers généraux seront divisées en deux parts : l'une de 1,200,000 livres, qui ne sera remboursable que sur les produits de la dernière année du bail; et l'autre de 360,000 livres, qu'il sera libre de leur rembourser dès l'époque de la paix, en avertissant six mois à l'avance. Il sera payé jusque-là, sur ce dernier capital de 360,000 livres, 5 p. 100 d'intérêt par an, et 2 p. 100 par forme de dividende; sacrifice passager fait aux circonstances.»

Le même règlement ajoute à la page suivante :

«L'intention du Roi est d'assurer aux fermiers généraux (pendant le bail qui doit être renouvelé), sur le produit de leurs recouvrements, l'intérêt à 5 p. 100 du capital de 1,200,000 livres qui ne sera remboursable qu'à la fin du bail, et 30,000 livres de rétributions fixes et franches de retenues, ainsi que de tous frais généraux et particuliers. Ce traitement a paru aussi modéré que les circonstances pouvaient le permettre, vu surtout l'étendue du capital exigé, *le souvenir récent de conditions bien différentes*, et l'augmentation de travail nécessaire à mesure que le nombre des agents diminue.»

N° XIII.

Rapport fait au Conseil des finances, le 9 avril 1780, par le ministre Necker, sur le renouvellement du bail des Fermes.

Le résultat que je propose contient l'énonciation et le détail de tous les droits qui doivent former la consistance de la Ferme générale; et il a essentiellement pour objet de fixer le prix du bail dont les fermiers généraux se rendent garants, et le prix au delà duquel doivent commencer leurs bénéfices.

Le prix du bail rigoureux est de 122 millions de livres, mais ce n'est qu'au delà de 126 millions qu'ils commenceront à avoir des bénéfices.

L'intérêt de leurs fonds, le dividende de 2 p. 100 sur la portion de ces mêmes fonds, conservée à titre de prêt, et le traitement assigné pour le travail, demeureront fixés conformément à l'arrêt de règlement.

Le Conseil, en leur assignant *un sort bien différent* de celui dont ils jouissaient, ayant annoncé qu'il les affranchirait de tous frais généraux et particuliers, je proposerai d'arrêter leurs frais de la manière suivante :

5,000 livres aux présidents des départements;

3,500 livres à ceux qui seront chargés des correspondances en chef;

Et 2,400 livres à ceux qui n'auront de correspondance qu'en second, ou qui n'en auront point encore.

Il sera juste de les couvrir, comme par le passé, de leur capitation.

Je crois devoir encore proposer de les autoriser à se répartir annuellement une somme de 200,000 livres, à titre d'anticipation sur leurs bénéfices, parce que cette répartition les excitera d'autant plus à arriver au terme où doivent commencer ces bénéfices, afin de conserver définitivement ce qu'ils auront reçu d'avance.

Enfin, je propose d'autoriser l'établissement d'une quarante et unième place, qui sera partagée entre les principaux sujets attachés à l'administration de la

Ferme générale à Paris, afin de les intéresser au succès de la chose, et d'exciter par là leur émulation et leur zèle : cette place jouira du même traitement et des mêmes émoluments que les quarante autres, à l'exception des frais de bureau, et elle jouira aussi des 5,000 livres, à titre de répartition anticipée sur les bénéfices.

J'observe que pour plus de simplicité, et pour aligner les produits de la Ferme générale et des régies avec les autres branches des revenus de l'État, l'année de bail, ainsi que celle de la régie générale et de l'administration générale des domaines, sera désormais de janvier en janvier, au lieu qu'elle était d'octobre en octobre pour un grand nombre de parties.

Au-dessous est écrit de la main du Roi :

Bon pour ampliation. Signé NECKER.

N° XIV.

Extrait de l'ouvrage du ministre Necker. sur l'administration des finances de France, p. 135.

Note insérée à la page 138 du même ouvrage.

«Le Conseil, dans le précédent bail, fait cependant avec attention et au milieu de la paix, avait cédé aux fermiers généraux tous les bénéfices au-dessus du prix du bail, en se réservant seulement moitié sur les quatre premiers millions d'augmentation dans le cours des six années, deux cinquièmes sur les quatre suivants, trois dixièmes sur les quatre autres, et un cinquième sur le surplus.

«On leur avait accordé, de plus, 25,000 livres de droits de présence, *10 p. 100 d'intérêt sur 1 million de fonds, 6 sur 560,000 livres;* ils étaient au nombre de soixante.»

RÈGLEMENTS

QUI FIXENT LE PRIX DU TABAC RÂPÉ.

N° XV.

Extrait du résultat du Conseil, du 19 mars 1786, portant bail des fermes à Jean-Baptiste Mager.

ART. 4.

Le preneur jouira de la vente exclusive des tabacs de toute nature dans les

IMPRIMERIE NATIONALE.

provinces qui y sont sujettes, et dans le Clermontois, au même prix, tant en principal que sols pour livre, que ledit privilège a été affermé à Nicolas Salzard; ensemble des 4 sols imposés sur chaque livre de tabac par l'édit d'août 1781.

ART. 6.

La durée du présent bail sera de six années, qui commenceront le 1er janvier 1787 et finiront le 31 décembre 1792, et, pendant chacune de ces six années, ledit preneur jouira de l'universalité des droits exprimés ci-dessus, tant en principaux que sols pour livre, dans leur consistance actuelle, et de ceux qui y sont joints, quoique non exprimés, suivant qu'ils sont énumérativement compris dans le *bail de Forceville (fait en 1738)*, ou dans les résultats, soit des baux subséquents, soit des traités ou régies; le tout conformément aux ordonnances, édits, déclarations, arrêts, règlements et résultats du Conseil, constitutifs de la perception desdits droits, tant principaux qu'accessoires, et ainsi qu'en ont joui ou dû jouir ledit Forceville et les autres prédécesseurs dudit preneur, à titre de fermier-régisseur, ou officier aliénataire.

Nota. Ces dispositions avaient été répétées à peu près dans les mêmes termes, dans le résultat portant bail à Salzard (art. 9) et dans celui portant bail à David (art. 14).

N° XVI.

Extrait du résultat du Conseil, du 19 mars 1780, portant bail de la Ferme générale à Nicolas Salzard.

ART. 4.

Le preneur jouira du privilège exclusif de la vente des tabacs de toute nature, dans les provinces où il doit avoir lieu, au même prix, en principal, et 4 sols pour livre, avec la même étendue et aux mêmes conditions qu'en a joui ou dû jouir Laurent David, adjudicataire actuel.

N° XVII.

Extrait du résultat du Conseil, du 2 janvier 1774, portant bail des Fermes générales à Laurent David.

ART. 6.

Le preneur jouira du privilège de la vente exclusive du tabac dans les provinces où il doit avoir lieu, y compris la principauté d'Enrichemont et de Boisbelle, et des 4 sols pour livre établis par la déclaration du 24 août 1758 en sus des prix auxquels les tabacs doivent être vendus dans les différents bureaux de la vente exclusive; laquelle vente, conformément à la déclaration du 24 août 1758, continuera d'être faite au poids de marc.

N° XVIII.

Extrait du bail des Fermes générales, passé à Forceville, le 16 septembre 1738.

ART. 473.

L'adjudicataire jouira, pendant le temps du présent bail de la Ferme générale, du privilège exclusif de faire entrer par mer et par terre, dans l'étendue de notre royaume, à l'exception de la Flandre, Hainaut, Cambrésis, Artois, Franche-Comté et Alsace, fabriquer, vendre et débiter, en gros et en détail, le tabac de tous crus et espèces, en feuilles, en corde et en poudre, ou autrement, fabriqué ou non fabriqué, conformément à l'ordonnance du mois de juillet 1681, déclarations, arrêts et règlements depuis intervenus, notamment à la déclaration du 1er août 1721.

ART. 474.

Ledit Forceville ne pourra vendre les tabacs en corde ou filés de toutes qualités au delà des prix portés par la déclaration du 1er août 1721 et l'arrêt de notre Conseil du 28 novembre 1730, *et les tabacs en poudre de toutes espèces, qu'aux prix portés par l'article 7 de l'ordonnance du mois de juillet 1681;* le tout au poids de marc ou de table, suivant les différents usages des provinces.

N° XIX.

Extrait de la déclaration du 1er août 1721, portant règlement général pour le tabac.

ART. 7.

Le fermier pourra vendre et faire vendre les tabacs aux prix ci-après, au lieu de ceux portés par l'ordonnance de juillet 1681; savoir, les tabacs supérieurs en corde, etc.

(Suit le détail des différentes espèces et qualités de tabacs.)

Et les tabacs en poudre, aux prix fixés par l'article 7 de ladite ordonnance de juillet 1681.

N° XX.

Extrait de l'ordonnance du mois de juillet 1681, sur le commerce du tabac en France.

ART. 7.

Le tabac en poudre sera vendu, savoir : *le commun à raison de 10 sous l'once;* le moyen parfumé, 20 sous, et celui de Malte, Pongibou et autres pays étrangers, 35 sous, soit qu'il soit vendu dans nos magasins ou revendu par les particuliers.

ART. 8.

Défendons au fermier de nos droits, ses procureurs, commis et préposés, *de le vendre ou revendre à plus haut prix que celui porté par les articles précédents*, à peine de concussion.

OBSERVATIONS.

Il résulte des articles ci-dessus que les titres auxquels se reportent les baux des fermes pour la fixation du prix des tabacs sont :

1° La déclaration du 24 août 1721, pour le tabac en corde;

2° L'ordonnance du mois de juillet 1681, pour le tabac en poudre;

Que les prix portés par ces règlements ont été successivement augmentés par des sous pour livre, et définitivement fixés ainsi qu'il suit :

	TABAC FICELÉ.		TABAC EN CORDE OU EN RÔLE.		TABAC COMMUN EN POUDRE.	
	La livre.	L'once.	La livre.	L'once.	La livre.	L'once.
	liv. s.	s. d.	liv. s.	s. d.	liv. s.	s. d.
Prix porté par l'ordonnance du mois de juillet 1681	" "	" "	" "	" "	8 0	10 0
Prix porté par la déclaration du 1er août 1721	2 10	" "	2 10	" "		
Augmentation portée par l'arrêt du Conseil, du 28 novembre 1730, pour le ficelage	0 2	" "	" "	" "	" "	" "
4 sols pour livre du prix du tabac, portés par la déclaration du 24 août 1758	0 10	" "	0 10	" "	1 12	0 7 1/2
4 sols par livre de tabac, ordonnés par l'édit d'août 1781	0 4	" "	0 4	" "	0 4	0 3
TOTAL du prix fixé par les règlements.	3 6	" "	3 4	" "	9 16	10 10 1/2

L'adjudicataire des Fermes avait donc le droit, en vertu de son bail et des règlements sur lesquels il était appuyé, de vendre le tabac râpé commun au prix de 9 livres 16 sous la livre, ou de 10 sous 10 deniers 1/2 l'once. Loin d'avoir profité de cette faculté et d'avoir atteint ce *maximum*, il s'est toujours tenu de beaucoup au-dessous, puisqu'il avait fixé le prix du tabac râpé à 3 livres 12 sous la livre dans ses bureaux et à 4 livres chez les débitants, et puisqu'il livrait de plus, gratuitement, la dix-septième once aux entreposeurs et aux débitants.

L'adjudicataire des fermes attachait une telle importance à maintenir le tabac à un prix modéré, à un prix qui fût à la portée des consommateurs indigents, qui pût rivaliser avec le tabac de contrebande, et surtout qui fût susceptible de se diviser, sans fraction, par soixante-quatrième, c'est-à-dire par quart d'once, qu'à l'époque de l'établissement des 4 sous par livre de tabac imposés en août 1781, il a préféré de prendre sur lui cette augmentation, et d'en compter au Trésor public sans le percevoir, plutôt que de se prêter à une augmentation de prix, qui, dans les divisions de l'once, aurait grevé les consommateurs d'un renchérissement considérable, en raison des forts deniers auxquels elle aurait donné lieu.

N° XXI.

DÉCHETS ET MOUILLADES DES TABACS PENDANT L'ANNÉE COMMUNE DU BAIL DE SALZARD.

Poids auquel se trouvait successivement réduit un quintal de tabac en feuilles, aux différentes époques de la fabrication, et jusqu'au moment où, converti en tabac râpé, il passait à la consommation; le tout déterminé par une moyenne proportionnelle, prise entre toutes les manufactures de la Ferme, et pour l'année commune des six du bail de Salzard.

		livres	onces	gros
Poids du tabac en feuilles sortant du magasin des matières premières		100	0	0
Perte à l'époulardage par la séparation des parties avariées		2	5	5
Poids du tabac sortant de l'époulardage pour passer à l'écotage		97	10	3
Quantité d'eau ajoutée pour assouplir la feuille et la rendre propre à être écotée : 4 livres 7 onces 3 gros par quintal. Revenant, pour 97 livres 10 onces 3 gros, à		4	7	5 1/6
Poids du tabac humecté et prêt à être écoté		102	2	0 1/6
Perte résultant de l'écotage		24	8	2
Poids du tabac après l'écotage		77	9	6 1/6
Déchet au hachage et à la garde des feuilles hachées et non hachées		2	15	5 1/6
Poids du tabac entrant à la manufacture du tabac râpé		74	10	1
Déchet au moulinage		3	11	2
Poids du tabac râpé sec au sortir du moulin		70	14	7
A cette quantité de tabac sec il était ajouté une mouillade de		9	10	4
Il en résultait, en tabac humecté, un poids de		80	9	3
Ce tabac était conservé dans la manufacture où il éprouvait un léger mouvement de fermentation qui le perfectionnait, et pendant lequel il perdait	1l 4o 6g			
Perdait ensuite en route, dans le transport de la manufacture aux bureaux généraux	0 6 0			
Perdait à la garde dans les bureaux généraux	0 6 0			
		2	0	6
Enfin il restait, en dernier résultat, en tabac livré à la consommation		78	8	5

Il est facile, d'après ces données, de calculer avec précision la quantité moyenne d'eau qui restait définitivement dans le tabac.

En voici le calcul réduit à ses éléments les plus simples :

Sur une quantité de tabac en feuilles sortant du magasin des matières premières, pesant		100l 0o 0g
On retranchait :		
A l'époulardage	2l 5o 5g	
A l'écotage	24 8 2	
		26 13 7
Il restait donc de matière réelle		73 2 1
Cette quantité de matière première ou de feuilles, passée au moulin et convenablement humectée, rendait en tabac râpé, prêt à être livré à la consommation		78 8 5
Ainsi, en définitif, et toute compensation faite des pertes, il restait, dans 78 livres 8 onces 5 gros de tabac râpé, une quantité d'eau de 5 livres 6 onces 4 gros, ci		5 6 4
Ce qui revenait, pour un quintal de tabac râpé, à 6 livres 8 onces 11 gros 1/4 d'eau, ci		6 8 1 $\frac{1}{4}$

Il est donc prouvé que la ci-devant Ferme générale, en livrant gratuitement la dix-septième once aux entreposeurs et aux débitants, les couvrait à peu près de la portion d'eau qui pouvait rester dans le tabac râpé.

La dix-septième once formait en effet une remise de 6 livres 4 onces p. 100, en sorte que les entreposeurs et débitants ne payaient que la quantité de matière réelle contenue dans un quintal de tabac râpé.

N° XXII.

DÉCHET ET MOUILLADES DU TABAC PENDANT LA PREMIÈRE ANNÉE DU BAIL DE MAGER.

Poids auquel se trouvait successivement réduit un quintal de tabac en feuilles, aux différentes époques de la fabrication, et jusqu'au moment où, converti en tabac râpé, il passait à la consommation, le tout déterminé par une moyenne proportionnelle prise entre toutes les manufactures de la Ferme.

Poids du tabac en feuilles sortant du magasin des matières premières	100l 0o 0g

Report		100ˡ 0° 0ᵍ
Perte à l'époulardage par la séparation des parties avariées, ainsi que des poussières et balayures		2 11 6 1/2
Poids du tabac sortant de l'époulardage pour passer à l'écotage ..		97 4 2
Quantité d'eau ajoutée pour assouplir la feuille et la rendre propre à être écotée, 3 livres 4 onces 4 gros par quintal, revenant, pour 97 livres 4 onces 2 gros, à		3 8 3 1/2
Poids du tabac humecté prêt à être écoté		100 8 3 1/3
Perte résultant de la séparation des côtes		22 14 0
Poids du tabac après l'écotage		77 14 5 1/3
Déchet au hachage, à la garde des feuilles hachées ou non hachées.		4 6 6
Poids du tabac entrant à la manufacture du tabac râpé		73 7 7 1/3
Déchet au moulinage		3 2 3 1/12
Poids du tabac râpé sec au sortir du moulin		70 5 4 1/4
A ce tabac sec était ajoutée une mouillade de 10 livres 11 onces 7 gros par quintal, ce qui revient, pour 70 livres 5 onces 4 gros 1/4, à		7 9 0
Il en résultait, en tabac humecté, un poids de		77 14 4 1/4
Ce tabac était conservé dans la manufacture où il éprouvait encore un léger mouvement de fermentation qui le perfectionnait, et pendant lequel il perdait	14° 0ᵍ 1/2	
Il perdait ensuite dans le transport de la manufacture aux bureaux généraux	5 5 1/3	
Il perdait à la garde dans les bureaux généraux	5 4 1/12	
		1 8 1 3/4
Enfin il restait, en dernier résultat, en tabac livré à la consommation		76 6 2 1/2

Il est facile, d'après ces données, de calculer avec précision la quantité moyenne d'eau qui restait, en définitif, dans le tabac râpé, tel qu'il a été fabriqué pendant la première année du bail de Mager.

Voici ce calcul réduit à ses éléments les plus simples :

Sur une quantité de tabac en feuilles sortant du magasin des matières premières, pesant		100ˡ 0ᵒ 0ᵍ
On retranchait :		
A l'époulardage, pour tabac avarié, poussières et balayures	2ˡ 11ᵒ 6ᵍ	
A l'écotage	22 14 0	
		25 9 6
Il restait donc en matière réelle		74 6 2
Cette quantité de matières premières ou en feuilles, passée au moulin et convenablement humectée, rendait en tabac râpé, prêt à être livré à la consommation		76 6 2 ½
Il ne restait donc en définitif, sur 76 livres 6 onces 2 gros 1/2 de tabac râpé, qu'une quantité d'eau de		2 0 0 ½

Ce qui donnait, pour la quantité d'eau restante dans un quintal de tabac râpé, 2 livres 10 onces.

(Les pièces XXIII et XXIV manquent dans la brochure.)

Nᵒ XXV.

Copie de la lettre écrite par le ministre Tarbé au citoyen Saint-Amand, l'un des commissaires chargés de la liquidation de la Ferme générale, relativement aux droits de timbre.

1ᵉʳ novembre 1791.

Je me suis fait rendre compte, Monsieur, du mémoire que vous m'avez adressé au sujet de la répétition qui a été faite, par le Directeur de la régie de l'enregistrement à Angers, du droit de timbre des quittances d'appointements des employés des fermes en activité, de celle des sommes accordées à titre de secours aux employés supprimés, de celle des sommes dues par la régie à des particuliers pour loyers, fournitures, etc., et enfin des ordres de subvention d'une caisse à une autre.

Vous observez que, d'après la décision par laquelle il a été statué que les quittances des sommes accordées à titre de secours provisoires aux employés supprimés devaient être écrites sur papier timbré, il va être donné des ordres au Directeur des fermes à Angers pour l'exécution de cette décision; mais qu'aucune disposition des lois relatives au timbre n'y ont soumis les quittances d'appointements des employés encore en activité; que ceux qui sont comptables portent ces appointements dans leurs comptes; que d'autres les donnent par émargements sur des états collectifs, et que les directeurs sont seuls dans le cas d'en donner de particulières; que d'ailleurs l'article 9 de la loi du 17 juin 1791, additionnelle à celle du timbre, porte que le timbre des quittances qui seront données par des particuliers à des particuliers sont à la charge de ceux à qui les quittances seront délivrées; que cette disposition paraît applicable aux quittances des sommes dues par la Ferme générale pour loyers et fournitures, et que si ces quittances étaient soumises au timbre, le droit n'opérerait qu'un produit fictif pour le Trésor public. Vous ajoutez qu'il en serait de même pour les ordres de subvention d'une caisse à une autre; que l'expédition de ces ordres a pour objet des opérations intérieures de régie, et qu'on doit leur appliquer la disposition de l'article 2 de la loi additionnelle du 17 juin, qui dispense du timbre les registres des receveurs des contributions directes et indirectes.

Les ordres de subvention de fonds d'une caisse à une autre étant, Monsieur, des opérations d'administration intérieure de régie, ils ne sont pas assujettis au timbre, et j'ai donné des ordres pour faire cesser toute répétition à ce sujet.

A l'égard des quittances d'appointements des employés en activité, et de celles pour loyers et fournitures, le deuxième paragraphe de l'article 5 de la loi du 18 février 1791, relative au timbre, porte que les papiers destinés aux lettres de change ou aux mandements de payer, aux quittances comptables et autres fournies pour rentes payées par le Trésor public, seront marqués de timbres particuliers, dont les prix seront fixés par le tarif.

On entend par quittances comptables celles des traitements, pensions et autres charges acquittés par le Trésor public ou à sa décharge; or les appointements des employés, les frais pour loyers et fournitures, sont des dépenses à la charge du Trésor public; les quittances de ces payements sont des quittances comptables; elles doivent être sur papier timbré, proportionnel aux sommes; et dans les circonstances où les appointements sont payés sur des états collectifs, simplement émargés du reçu des employés, on peut alors se servir de papier timbré du timbre relatif au montant de la somme totale comprise en l'état de distribution.

On ne peut point appliquer aux quittances de sommes payées pour loyers et fournitures les dispositions de l'article 9 de la loi additionnelle du 17 juin 1791. Ces dispositions ne sont relatives qu'aux quittances données par des particuliers à des particuliers, dont le timbre est à la charge de ceux à qui les quittances sont délivrées : celles dont il s'agit ne sont pas des quittances de particuliers à particuliers, mais des quittances données indirectement au Trésor public, dont le droit de timbre, comme quittances comptables, est à la charge de ceux qui les délivrent.

J'ai lieu de croire, Monsieur, que ces différentes observations ne vous laisseront plus de doute sur l'exécution que doivent avoir les lois relatives au timbre; vous voudrez bien donner en conséquence les ordres nécessaires aux préposés de la Ferme générale.

Le Ministre des Contributions publiques.
Signé : TARBÉ.

N° XXVI.

Lettre circulaire écrite aux préposés de la ci-devant Ferme générale, par les commissaires chargés de la liquidation, le 11 novembre 1791, en conséquence de la lettre du Ministre ci-dessus.

M. le Ministre des contributions publiques nous a fait connaître, Monsieur, par une lettre du 1er de ce mois, que les appointements des employés étant, ainsi que les sommes payées par nous ou nos préposés, pour loyers, fournitures et autres objets de dépenses, acquittés à la décharge du Trésor public, les quittances qui en étaient fournies étaient des quittances comptables qui, aux termes du paragraphe 2 de l'article 5 de la loi du 18 février 1791, devaient être écrites sur des papiers timbrés du timbre proportionnel au montant de ces quittances, et que dans les circonstances où les appointements étaient payés sur des états collectifs simplement émargés du reçu des employés, on devait se servir du papier marqué du timbre relatif au total de la somme portée dans ces états.

M. le Ministre des contributions publiques a bien voulu nous ajouter que l'on ne pouvait appliquer aux sommes payées par nous ou nos préposés, soit à titre d'appointements, soit à titre de loyers et fournitures, les dispositions de l'article 9 de la loi additionnelle du 17 juin 1791; qu'en effet, cet article, qui porte que le timbre est à la charge de ceux à qui les quittances sont délivrées, n'est relatif qu'aux quittances fournies par des particuliers, au lieu que celles dont il s'agit sont des quittances données indirectement au Trésor public, dont le droit de timbre, attendu qu'elles sont des quittances comptables, est à la charge de ceux qui les délivrent.

M. le Ministre des contributions publiques nous ayant prescrit d'informer nos préposés de ce qui était décidé à ces différents égards, en leur prescrivant de s'y conformer, nous vous serons très obligés d'en instruire, sans retard, les différents receveurs de votre direction, et de leur recommander d'être très attentifs à exiger, à l'avenir, que toutes les quittances qui leur seront fournies soient écrites sur des papiers timbrés du timbre proportionnel à l'objet des sommes pour lesquelles elles seront fournies.

Nous vous observerons que, suivant le tarif annexé à la loi du 18 février 1791, les quittances comptables de 400 livres et au-dessous doivent être écrites sur du papier du timbre de 5 sols;

Celles de 400 à 800 livres inclusivement, sur du papier timbré du timbre de 10 sols;

Celles de 800 à 1,200 livres inclusivement, sur du papier timbré du timbre de 15 sols;

Enfin, celles au-dessus de 1,200 livres, à quelques sommes que l'excédent puisse s'élever, sur du papier timbré du timbre de 20 sols.

Nous vous prions de rappeler ces dispositions aux receveurs; vous nous ferez plaisir, au surplus, de ne pas omettre de nous accuser la réception de cette lettre, et nous assurer que vous n'aurez pas différé à transmettre aux receveurs de votre direction les instructions qu'elle contient, en leur recommandant de s'y conformer très exactement.

Les Commissaires du Roi pour la liquidation de la Ferme générale.

N° XXVII.

Arrêt de la Cour de Parlement, aides et finances de Dauphiné, qui décharge Nicolas Salzard, ses commis et préposés, de toutes plaintes et recherches sur le fait du tabac en poudre; lui permet la continuation de la revente dudit tabac, et fait inhibitions et défenses à toutes personnes d'y apporter aucun trouble, sous les peines de droit.

Du 6 septembre 1783.

Extrait des registres du Parlement.

Louis, par la grâce de Dieu, roi de France et de Navarre, dauphin de Viennois, comte de Valentinois et Diois. A tous ceux qui ces présentes lettres verront : salut. Savoir faisons que, sur la requête présentée à notre Cour de Parlement, aides et finances de Dauphiné, par Nicolas Salzard, adjudicataire général de nos fermes, tendant à ce qu'il plaise à notre dite Cour décharger le suppliant, ses commis et préposés, de toutes plaintes et accusations sur le fait du tabac en poudre qui a été débité à Briançon; lui permette la continuation du débit du tabac en poudre; faire inhibitions et défenses à toutes personnes d'y apporter aucun trouble, et de revenir à pareil acte, sous telle peine qu'il appartiendra, et afin que personne n'en ignore, que son arrêt sera imprimé, publié et affiché en la ville de Briançon, et partout où besoin sera. Vu, par notre dite Cour, la requête de notre amé et féal procureur général, et l'arrêt rendu sur icelle, le 3 juillet 1683, qui commet le

Vibailli de Briançon pour se transporter chez tous les débitants de tabac, en la même ville, et le préposé de l'entrepôt, à l'effet de se faire représenter le tabac en poudre, qu'ils sont chargés de distribuer et vendre, de leur faire prêter serment que c'est bien le même qui a été remis, et de prendre chez chacun un échantillon dudit tabac en poudre, du poids de demi-livre, qui serait enveloppé, attaché, cacheté et numéroté, et qu'il interrogerait l'entreposeur sur les différentes espèces de tabac qu'il a remis aux débitants; la procédure faite par ledit Vibailli, le 19 dudit mois de juillet; l'arrêt de notre dite Cour, du 2 du présent mois de septembre, qui ordonne qu'il sera procédé, par experts, à la vérification dudit tabac et aux opérations nécessaires pour en connaître la qualité; les exploits d'assignations aux experts, à Mᵉ Gagnon, médecin, et au sieur Sauvage, directeur des fermes, les 3 et 4 du présent mois; le premier exploit, pour la convention d'experts, et les deux autres, pour la prestation de serment d'iceux et de Mᵉ Gagnon, médecin; la procédure faite par-devant notre amé et féal conseiller, Desausin, commissaire en cette partie député, contenant la nomination desdits experts; leur prestation de serment et l'ouverture de la boîte où étaient renfermés les échantillons de tabac, commencée le 4 et close le 6 du présent mois; le rapport desdits médecin et experts, dudit jour 6 de ce mois, contenant que le tabac des échantillons est de même nature que celui pris à l'entrepôt de Grenoble; le recensement au bas dudit rapport, le même jour; la requête dudit Nicolas Salzard, tendant à être déchargé, lui, ses commis et préposés, de toutes plaintes et recherches sur le fait dont il s'agit; lui permettre en conséquence la continuation du débit du tabac en poudre, et autres fins prises en ladite requête répondue de soit montré à notre amé et féal procureur général, ledit jour sixième du présent mois de septembre. Vu aussi les conclusions de notre dit procureur général, du même jour; le tout examiné, considéré, et ouï le rapport de notre amé et féal Louis Desausin, conseiller en notre dite Cour, commissaire en cette partie député. Notre dite Cour a déchargé ledit Salzard, ses commis et préposés, de toutes plaintes et recherches sur le fait du tabac en poudre dont il s'agit; en conséquence, lui a permis de continuer le débit dudit tabac en poudre; fait inhibitions et défenses à toutes personnes d'y apporter aucun trouble, sous les peines de droit; a permis de faire imprimer, publier et afficher le présent arrêt en la ville de Briançon. Mandons à l'un des huissiers en notre dite Cour, dans la présente ville et son territoire, et hors ladite ville et son territoire, et au premier notre huissier ou sergent requis, à la requête dudit Salzard, faire, pour l'exécution du présent arrêt, tous actes et exploits de justice requis et nécessaires : de ce faire te donnons pouvoir. En témoin de quoi nous avons fait mettre et apposer le scel de notre chancellerie à cesdites présentes.

Donné à Grenoble, en Parlement, le 6 septembre, l'an de grâce 1783, et de notre règne le dixième.

Par la Cour. Signé Morand. Et scellé.

Arrêt de la Cour du Parlement de Navarre, qui autorise l'adjudicataire des fermes à continuer la vente du tabac râpé, et fait défense à toutes personnes de l'y troubler.

Du 7 avril 1786.

Extrait des registres du Parlement.

Vu par la Cour, toutes les Chambres assemblées, les deux arrêts par elle rendus, les 25 juin 1784 et 20 juin 1785, *concernant le débit du tabac en poudre;* ensemble les procédures contenues, les vérifications et ex-partages faits en exécution desdits arrêts; à la requête du procureur général du Roi, tant au bureau général du tabac, à Pau, qu'à l'entrepôt en la même ville, et à ceux d'Orthez, Oléron, Arudy, Accous, Mauléon, Tardets, Saint-Palais et Saint-Jean-Pied-de-Port; l'ordonnance de soit montré au procureur général du Roi les conclusions par lui données, la distribution faite au sieur de Perpigna, conseiller : ouï son rapport, et le tout vu, dit a été que la Cour fait mainlevée à Nicolas Salzard des 10 boucauts de tabac sur lesquels les scellés ont été apposés, et lui permet de continuer le débit de *tabac en poudre;* fait inhibitions et défenses à toutes personnes d'y apporter aucun trouble, sous les peines de droit; lui permet aussi de faire imprimer, publier et afficher, si bon lui semble, le présent arrêt. Prononcé à Pau, en Parlement, toutes les Chambres assemblées, le 7 avril 1786.

Collationné par M. le Procureur général du Roi. Signé Bacarerre.

Arrêt de la Cour du Parlement de Navarre, qui ordonne aux entreposeurs de vendre du tabac en détail, par livres, onces, demi-onces, au prix de l'entrepôt.

Du 18 mai 1786.

Extrait des registres du Parlement.

Sur ce qui a été représenté à la Cour, par le procureur général du Roi, que dans l'examen qui a été fait des vérifications ordonnées sur les tabacs, on s'est aperçu d'un vice dans la régie de la Ferme. Les consommateurs de tabac se divisent naturellement en deux classes : la première, riche, en état de faire des provisions considérables, s'approvisionne directement dans les entrepôts; la seconde, composée du peuple, en est exclue, parce qu'on ne s'y prête pas à la vente en détail qu'exigent les besoins et le peu de facultés de l'indigence : cependant le prix du tabac est moins cher d'un dixième au bureau que chez les débitants, et il est contre l'équité et la raison que cette économie ne subsiste que pour les gens aisés, pour qui elle peut être indifférente, et qu'on en prive le peuple, pour qui elle serait infiniment précieuse. Cette erreur de la Ferme générale est bien contraire à l'intention du Roi. L'article 7 de la déclaration du 1er août 1721, enregistrée en la Cour le 22 octobre suivant, en fixant le prix du tabac, soit aux bureaux du fermier ou entrepôts, soit chez les débitants, annonce l'obligation des entreposeurs de remplir toutes les demandes, quelque modique qu'en soit l'objet : l'exécution de cette partie de la loi, intéressant plus directement la partie la plus faible et la plus nombreuse du peuple, est par là même plus digne d'exciter la sollicitude des magistrats : A CES CAUSES, requérait ordonner que l'article 7 de la déclaration du 1er août 1721 sera exécuté selon sa forme et teneur : ce faisant, que les entreposeurs de tabac du ressort de la Cour débiteront du tabac en détail, par livres, demi-livres, onces, demi-onces, quelque modique que soit la demande, au prix de l'entrepôt, sans qu'ils puissent vendre à plus haut prix, ni exiger d'autres et plus grands droits, à peine de concussion; ordonner que l'arrêt qui interviendra leur sera signifié à ma requête, aux fins qu'ils n'en ignorent, et qu'ils aient à s'y conformer : sur quoi LA COUR, toutes les Chambres assemblées, faisant droit sur la réquisition du procureur général du Roi, ordonne que l'article 7 de la déclaration du 1er août 1721 sera exécuté selon sa forme et teneur : ce faisant, que les entreposeurs de tabac du ressort de la Cour débiteront du tabac en détail, par livres, demi-livres, onces et demi-onces, quelque modique que soit la demande, au prix de l'entrepôt, sans qu'ils puissent vendre à plus haut prix, ni exiger d'autres et plus grands droits, à peine de concussion, ordonne que le présent arrêt leur sera signifié, à la requête dudit procureur général, aux fins qu'ils n'en ignorent, et qu'ils aient à s'y conformer. Fait à Pau, en Parlement, toutes les Chambres assemblées, le 18 mai 1786. Signé BACARRERE.

LOUIS, par la grâce de Dieu, roi de France et de Navarre, au premier notre huissier ou sergent sur ce requis, nous te mandons, à la requête de notre amé et féal le sieur procureur général en la Cour, de signifier et mettre à exécution l'arrêt de notre Cour de Parlement de Pau, du 18 courant, ci-attaché sous le contre-scel de notre chancellerie, contre les entreposeurs du tabac du ressort de la Cour, y dénommés, et autres qu'il appartiendra; faire, pour raison de ce, tous exploits et autres actes requis et nécessaires; de ce faire te donnons pouvoir.

Donné à Pau, en notre chancellerie, le 20 mai, l'an de grâce 1786, et de notre règne le treizième.

Par le Conseil. Signé d'ARRIPE DE CASAUX. Scellé ledit jour.

Dispositif de l'arrêt de la Cour des aides de Montpellier, qui décharge Nicolas Salzard, ses commis et préposés, de toutes plaintes et recherches sur le fait du tabac en poudre; lui permet la continuation et la vente dudit tabac; avec défenses à toutes personnes d'y apporter aucun trouble ni empêchement, et aux débitants, de pulvériser, altérer et dénaturer le tabac, etc.

Du 9 décembre 1786.

LA COUR, les semestres de la Chambre des aides assemblés, ayant aucunement égard à la requête de Salzard, a autorisé et autorise le procès-verbal tenu par Maret, conseiller et commissaire, ensemble le rapport des sieurs Gouan et Joyeuse, seconds experts, et vidant l'interlocutoire porté par ses arrêts des 16 février et 7 novembre derniers, a déchargé et décharge ledit Salzard, ses commis et préposés, de toutes plaintes et recherches faites *sur le tabac en poudre ou mouliné;* a autorisé et autorise ledit adjudicataire de continuer à vendre et débiter au public ledit tabac, avec défenses à toutes personnes de lui donner, à raison de ce, aucuns troubles ni empêchement, sous les peines de droit; a fait et fait défenses à tous les débitants d'entreprendre la pulvérisation dudit tabac, de quelque manière que ce soit, comme aussi d'altérer ou dénaturer celui qu'ils auront levé aux entrepôts, et qui leur auront été remis par les commis et préposés dudit adjudicataire, à peine d'être poursuivis extraordinairement, comme employés infidèles, et ce, pardevant les juges des traites, et sauf l'appel en la Cour. En cas de saisie faite chez lesdits débitants, pour contravention au présent arrêt, ou de plaintes portées contre eux, tant par ledit adjudicataire des fermes que par leurs consommateurs, a ordonné qu'il sera procédé d'autorité desdits juges, et sauf l'appel en la Cour, à la vérification des tabacs saisis ou pris chez lesdits débitants, et ce, par comparaison avec les échantillons qui seront pris et levés par ledit juge aux entrepôts dudit adjudicataire. Et faisant droit aux réquisitions du procureur général du Roi, enjoint ladite Cour aux officiers de la manufacture royale, à Cette, de continuer à veiller, avec la plus grande exactitude, à ce qu'il ne soit admis dans les magasins dudit adjudicataire général des fermes aucuns tabacs avariés; leur ordonne de les faire enfouir et détruire, de manière qu'ils ne puissent être employés à la fabrication; de retrancher des manoques toutes les parties viciées et de ne conserver que les parties saines; de mettre au rebut toutes celles qui se trouveront gâtées, ainsi que les côtes principales et nerveuses, lesquelles continueront d'être incendiées ou exportées; enjoint auxdits officiers de la manufacture de dresser des procès-verbaux de la quantité des tabacs enfouis, ainsi que des côtes et nervures incendiées ou expédiées pour l'étranger, et d'envoyer annuellement, au procureur général du Roi, copies dûment certifiées desdits procès-verbaux; a fait et fait défenses auxdits officiers et ouvriers d'employer lesdites côtes principales ou nervures à la fabrication du tabac mis en carottes ou mouliné; de donner audit tabac d'autres et plus grandes mouillades, et d'y employer une plus grande quantité de sel marin, que celles énoncées dans le procès-verbal dudit sieur commissaire; a ordonné et ordonne audit adjudicataire d'approvisionner les divers entrepôts établis dans le ressort de la Cour des *tabacs pulvérisés ou moulinés* sous deux grains différents, et d'en faire délivrer à ceux qui en requerront de la manufacture de Cette dans les boîtes de plomb, à la vignette dudit adjudicataire, et ce, depuis demi-livre jusqu'à 10 livres, et dans le délai de trois mois pour toute préfixion. A maintenu et maintient les particuliers, autres que les débitants, dans la faculté et jouissance de faire pulvériser à leur gré les tabacs en carottes, que ledit adjudicataire sera tenu de continuer à délivrer à ceux qui en demanderont; enjoint audit adjudicataire d'approvisionner du tabac fabriqué à la manufacture royale de Cette les divers entrepôts établis dans le ressort de la Cour; a ordonné et ordonne aux différents préposés dudit adjudicataire, et chacun en droit soi, de veiller à l'exécution des dispositions ci-dessus mentionnées, à peine d'enquis; sur le surplus des demandes dudit adjudicataire, l'a mis et met hors de cour et de procès; a permis et permet audit adjudicataire de faire imprimer, publier et afficher le présent arrêt partout où il avisera bon être; ordonne qu'il sera affiché dans les ateliers de la manufacture de Cette, bureaux généraux et entrepôts dudit adjudicataire; lui a permis et permet de faire imprimer en cahier, à la suite du présent arrêt, le procès-verbal dudit sieur de Muret, conseiller et commissaire, et le rapport des sieurs Gouan et Joyeuse, experts. Fait à Montpellier, le neuvième jour du mois de décembre 1786.

Conclusion du rapport des experts Gouan et Joyeuse, chimistes, nommés par la Cour des aides de Montpellier pour l'examen des tabacs fabriqués et vendus par la Ferme.

Du 2 décembre 1786.

(Ce rapport est trop volumineux pour qu'il ait été possible de l'imprimer ici en entier.)

Pour nous résumer en peu de mots et satisfaire littéralement aux dispositions de l'arrêt portant notre commission et à l'ordonnance dudit seigneur commissaire, qui amplie notre mandat, nous, experts susdits et soussignés, disons et rapportons que les tabacs en général qui se fabriquent à la manufacture de Cette sont de bonne nature et qualité; qu'on y a la plus scrupuleuse attention à rejeter et à détruire entièrement ceux qui sont avariés, et à purger ceux qui sont en partie défectueux de toutes leurs imperfections, en prenant même sur les parties saines; qu'on en détache les sables et en enlève les côtes et principales nervures; qu'on leur donne ensuite toutes les préparations nécessaires, pour qu'ils puissent être vendus au public, sans autre mélange ni addition que les mouillades que nous avons déjà rapportées, et dont nous avons fait connaître la nécessité et l'utilité; que, dans les *tabacs pulvérisés*, il n'entre absolument aucunes côtes ni autres nervures que les latérales qu'on aperçoit dans le tabac en carottes; qu'il n'y entre non plus aucunes avaries; *que les tabacs qui sont réduits en poudre sont de même nature et qualité que ceux des carottes;* que l'opération du moulinage n'en altère aucunement la qualité; que les préparations subséquentes sont très propres à les améliorer et à les conserver; que par conséquent l'une et l'autre espèce de tabacs sont également saines, agréables et incapables de nuire à la santé des consommateurs; que les tabacs de cantine, qui contiennent les côtes et nervures, tant en rôle qu'en poudre, diffèrent du tabac ordinaire en rôle, carottes et mouliné, en ce qu'ils sont moins chargés de flegme et d'huile; qu'ils donnent, au contraire, plus de résidu; ce qui est une conséquence naturelle du caractère sec et ligneux desdites côtes et nervures; qu'enfin les côtes et nervures isolées n'ont donné que très peu de flegme insipide, une très petite quantité d'huile épaisse et point du tout d'huile colorée, empyreumatique, et au contraire beaucoup de *caput mortuum :* d'où nous nous voyons obligés de conclure qu'on ne peut pas déduire de la plus grande abondance de flegme, dans les tabacs pulvérisés à l'usage du public, qu'elle procède de l'introduction des côtes et nervures.

Tel est notre rapport, que nous avons dressé d'après nos opérations et observations, selon Dieu, nos lumières, conscience et expérience en pareille matière. Fait à Montpellier, le 2 décembre 1786. Signé Gouan et Joyeuse.

Ainsi procédé par-devant nous Muret, conseiller-commissaire, signé. Par mondit seigneur, Vidal, greffier office, signé. Collationné sur l'original. Signé Vidal.

Arrêt du Parlement de Bourgogne, qui ordonne à tous les entreposeurs de tabac de vendre et débiter en détail le tabac râpé par livres, demi-livres, quarterons, onces, demi-onces.

Du 30 avril 1787.

Vu par la Cour le réquisitoire par écrit du procureur général du Roi, contenant que depuis que l'adjudicataire général des fermes s'est chargé de la main-d'œuvre et du soin de faire râper ou moudre le tabac, ci-devant confié aux débitants, il a établi la vente en détail, tant dans les magasins ou bureaux des entreposeurs que chez les débitants; que cette concurrence deviendrait indifférente au public, si le consommateur ne trouvait pas le bénéfice d'un dixième à s'approvisionner à l'entrepôt où le tabac lui est livré, à 3 livres 12 sols la livre, 4 sols 6 deniers l'once, et 2 sols 3 deniers la demi-once, tandis que le débitant est autorisé à le vendre 4 livres la livre, 5 sols l'once et 2 sols 6 deniers la demi-once; que ce bénéfice quelque léger qu'il soit pour les consommateurs aisés et en état de faire une provision considérable, devient intéressant pour la classe nombreuse des citoyens que la modicité de leur fortune nécessite aux achats de petits détails, et qu'ils ne peuvent se procurer cet adoucissement qu'autant que la vente en détail sera ouverte et constamment pratiquée dans tous les magasins d'entrepôts, à l'exemple de ceux de la capitale et de quelques autres villes. Le procureur général du Roi est instruit que dans plusieurs villes et lieux du ressort, les entreposeurs refusent, par pur motif de leur commodité personnelle, de se prêter à la vente en détail, et privent les citoyens pauvres d'un soulagement que la justice et la loi réclament en leur faveur; qu'en effet, l'article 7 de la déclaration du 1er août 1721, vérifié en la Cour le 18 octobre suivant, en fixant le prix du tabac et en laissant à l'adjudicataire la faculté de le vendre, soit dans ses bureaux, soit dans ses magasins ou entrepôts, soit chez les débitants, impose nécessairement aux entreposeurs l'obligation de la vente en détail, depuis surtout que l'adjudicataire leur a confié la vente du tabac en poudre ou râpé, concurremment avec les débitants; d'ailleurs l'exemple de la capitale et d'autres villes a sollicité l'uniformité d'un régime utile et avantageux dans tout le ressort. Dans ces circonstances, le procureur général du Roi requérait qu'il fût ordonné que l'article 7 de la déclaration du 1er août 1721 serait exécuté selon sa forme et teneur; ce faisant, qu'il fût enjoint à tous les entreposeurs de tabac du ressort de la Cour de vendre et débiter le tabac au détail, par livres, demi-livres, quarterons, onces, et quelque modique que soit la demande, au prix de l'entrepôt; que très expresses inhibitions et défenses leur fussent faites de le vendre à un plus haut prix, ni d'exiger d'autres et plus grands droits, à peine de concussion; qu'il fût ordonné que l'arrêt à intervenir serait, à la diligence du procureur général du Roi, imprimé et envoyé dans toutes les juridictions des traites et élections du ressort de la Cour, pour y être, à la diligence de ses substituts, èsdites juridictions, lu, publié, registré et affiché partout où il appartiendrait; desquels lecture, publication, enregistrement et affiche, les substituts du procureur général du Roi seraient tenus de certifier dans le mois. Ledit réquisitoire signé VOISIN, substitut; et ouï le rapport de messire Vivant-Mathias-Léonard-Raphaël Villedieu de Torcy, plus ancien conseiller lai, Commissaire en cette part :

La Cour a ordonné et ordonne que l'article 7 de la déclaration du 1er août 1721 sera exécuté selon sa forme et teneur; en conséquence, enjoint à tous les entreposeurs de tabac du ressort de la Cour de vendre et débiter le tabac en détail, par livres, demi-livres, quarterons, onces, demi-onces, et quelque modique que soit la demande, au prix de l'entrepôt.

Leur fait très expresses inhibitions et défenses de le vendre à un plus haut prix, ni d'exiger d'autres et plus grands droits, à peine de concussion;

Ordonne que le présent arrêt sera, à la diligence du procureur général du Roi, imprimé et envoyé dans toutes les juridictions des traites et les élections du ressort de la Cour, pour y être, à la diligence de ses substituts, èsdites juridictions, lu, publié, registré et affiché partout où il appartiendra; desquels lecture, publication, enregistrement et affiche, les substituts du procureur général du Roi seront tenus de certifier la Cour dans le mois. Fait en Parlement, à Dijon, le 30 avril 1787. Signé CANQUOIN. Collationné, signé SÉROULT.

Arrêté du Comité principal des deux cents électeurs des communes de la sénéchaussée de Guyenne, qui requiert la continuation de la vente du tabac râpé au prix de 3 livres 12 sols la livre, ou de 4 sols 6 deniers l'once, dans les entrepôts, et que défense soit faite aux débitants de s'immiscer de la pulvérisation du tabac.

Du 8 octobre 1789.

Dans l'extrême nécessité de subvenir aux besoins de l'État, qui nous pressent de toutes parts, s'il est des moyens de secourir le fisc en soulageant le peuple, ou de soulager le peuple sans appauvrir le fisc, on doit sans doute les préférer. Tel est l'impôt sur la consommation du tabac en poudre ou râpé.

On sait que les débitants du tabac en détail gagnent 8 sols par livre de tabac sur le prix auquel ils l'obtiennent de l'entreposeur. Si celui-ci le débitait lui-même, cet avantage reviendrait au profit des consommateurs qui le prendraient à l'entrepôt. Quoique l'impôt soit volontaire dans le principe, comme l'usage du tabac, il devient onéreux par l'habitude d'une consommation dont le goût fait un besoin : c'est une raison de l'alléger; de plus, il convient que dans un temps où l'on cherche des secours extraordinaires, on puisse procurer à la classe du peuple la moins aisée une facilité d'y contribuer par le fruit de soulagements inattendus. S'il paye le tabac un peu moins cher, il pourra donner à l'État ce léger profit d'économie sur un objet de sa dépense; le sacrifice sera passager, mais le bénéfice constant; d'ailleurs, le tabac sera plus sain et plus pur au sortir de l'entrepôt que chez le débitant, qui peut l'altérer, malgré la vigilance assidue et sévère de l'inspection des préposés. Alors on n'aura plus l'intérêt de souhaiter, comme on l'a demandé dans des cahiers portés à l'Assemblée nationale, que le tabac ne soit vendu qu'en carottes; ce qui fait une perte de matière et un surplus de dépense pour le consommateur. C'est enfin un nouveau moyen d'empêcher ou de diminuer une partie de la contrebande, dont les effets, si préjudiciables, retombent en dernier résultat sur la nation.

L'exemple de plusieurs provinces, un arrêt de la Cour des comptes, aides et finances de Montpellier, du 9 décembre 1786, et un autre arrêt du Parlement de Dijon, du 30 avril 1787, sont des autorités qu'on peut citer à l'appui d'un régime utile dans la vente du tabac.

Le Comité principal des deux cents électeurs de la sénéchaussée de Guyenne, entraîné par tous ces motifs, a arrêté d'inviter M. le Directeur général des fermes dans la province de Guyenne :

1° A vouloir enjoindre aux entreposeurs de tenir une vente partielle de *tabac râpé*, à raison de *3 livres 12 sols* la livre, revenant à *4 sols 6 deniers* l'once, et de lui donner le plus de faveur qu'il sera possible;

2° A faire défenses à tous les débitants d'entreprendre la pulvérisation du tabac, comme aussi d'altérer et dénaturer celui qu'ils auront levé à l'entrepôt; c'est pourquoi l'on doit leur interdire les moulins et les autres ustensiles de manipulation déjà prohibés;

3° A donner des ordres aux entreposeurs de ne livrer aux débitants que des tabacs dépelotés, ou en état de vente, pour que ces derniers ne puissent leur faire subir aucune préparation;

4° A faire en sorte que les particuliers trouvent toujours à l'entrepôt des tabacs ficelés en carottes et des tabacs râpés, à leur choix.

Arrêté au Comité principal des deux cents électeurs des communes de la sénéchaussée de Guyenne, le 8 octobre 1789.

DELEYRE, *Président du Comité principal.*
Rivière, Hallot *Secrétaires.*

N° XXVIII.

Extrait du Journal de la sixième année du bail de Salzard.

Du 20 novembre 1787.

Remis au Trésor royal dix assignations signées *Baudoin*, ci-dessus registrées les 17 mars, 17 juillet 1786 et 2 mai dernier, montantes ensemble à la somme de 13,550,000 livres, payables, une de 50,000 livres, en avril, et neuf autres de 1,500,000 livres chacune, en août, septembre, octobre, novembre et décembre 1787; et pour valeur il a été fourni;

Savoir :

Une du 9 de ce mois, signée *Garat*, pour remplacement au Roi de la répartition anticipée que Sa Majesté a permis aux cautions de Salzard de toucher, pendant le cours des six années trois mois de leur bail, laquelle, à raison de 200,000 livres par an, monte à 1,250,000 livres, ci...		1,250,000 livres.
Douze autres dudit jour à valoir, sur le prix de Mager, 1,250,000 livres, montant à...	4,920,000	
Et dix-sept autres du 19 de ce mois, signées Maugnen sur ledit bail, montant à......	7,380,000	
		12,300,000
De laquelle somme de 12,300,000 livres est ici fait déduction sur la dépense, et dont M. Foacier se charge, aux effets de la compagnie, pour en faire dépense sur le bail de Mager, au fur et à mesure de leurs échéances, ci déduit..		12,300,000

N° XXIX.

Extrait du Journal des quinze premiers mois de Salzard.

Du 29 janvier 1782.

Est ici fait déduction sur la dépense, de la somme de 30 millions de livres, ci-devant remise au Trésor royal, des deniers de David, les 6, 10, 12, 13, 17, 18, 19, 26, 27 juillet, 12, 13 septembre, 17, 18 octobre et 16 novembre 1781, suivant trente-sept récépissés de MM. Marignier et Duvergier, à la décharge de Salzard, qui en doit faire le remboursement audit David pendant les cinq dernières années de son bail, à compter du mois de mars prochain, ci déduit.............................. 30,000,000 livres.

Voir le détail desdits récépissés, rapporté dans l'état joint à la suite des Pièces justificatives, sous le n° XXXII.

N°

RÉSULTAT DE TOUTES LES OPÉRATIONS DES MANUFACTURES

PENDANT LES SIX ANNÉES DU BAIL DE SALZARD

Cet état présente le poids sous lequel le tabac entrait dans la fabrique; les changements successifs qu'il éprouvait pour passer à la consommation. Il a été calculé d'après une moyenne proportionnelle prise entre les manufactures

BAUX ET ANNÉES.		POIDS AUQUEL SE TROUVAIT SUCCESSIVEMENT RÉDUIT UN QUINTAL DE TABAC EN FEUILLES DANS LES OPÉRATIONS ANTÉRIEURES AU RÂPAGE.												
		POIDS DU TABAC au sortir du boucaut.	PERTE DE POIDS résultant de la séparation des côtes et des parties avariées.			RESTE pour la quantité de matière réelle employée à la fabrique du tabac.			QUANTITÉ D'EAU employée dans une première mouillade, pour assouplir la feuille.			QUANTITÉ D'EAU restant de cette première mouillade, au moment où le tabac passait à l'atelier du râpage.		
		livres.	liv.	onc.	gr.	liv.	onc.	gr.	liv.	onc.	gr.	liv.	onc.	gr.
Salzard...	Première	100	28	2	0	71	14	0	7	3	4	2	13	$4\frac{1}{2}$
	Deuxième	100	27	5	4	72	10	4	5	7	6	2	3	6
	Troisième	100	28	1	2	71	14	6	4	1	7	1	7	1
	Quatrième	100	27	12	2	72	3	6	4	3	1	1	0	$3\frac{1}{2}$
	Cinquième	100	25	7	7	74	8	1	3	7	4	0	12	5
	Sixième	100	25	9	0	74	7	0	3	0	6	1	15	$1\frac{1}{4}$
Mager....	Première	100	25	9	6	74	6	2	3	10	4	0	0	0
	Deuxième	100	27	14	5	72	1	3	3	7	5	1	6	$4\frac{1}{2}$
	Troisième	100	29	13	4	70	2	4	3	1	1	1	5	7
Année commune des neuf....		100	27	4	7	72	11	1	4	3	$0\frac{2}{3}$	1	7	0

On voit, par le résultat définitif de cet état, qu'un quintal de tabac en feuilles perdait à l'époulardage et à l'écotage 27 livres 11 onces 1 gros; qu'avec cette quantité de matière on formait 77 livres 10 onces 2 gros $\frac{1}{2}$ de tabac en poudre prêt à passer à 6 livres 5 onces 5 gros pour quintal.

XXXI.

DE LA FERME POUR LA FABRICATION DU TABAC RÂPÉ,

ET LES TROIS PREMIÈRES DE MAGER.

l'époulardage, à l'écotage, au râpage, à la mouillade, à la garde dans les magasins, et le poids sous lequel il sortait de Valenciennes, le Havre, Dieppe, Nancy, Paris, Tonneins, Morlaix, Cette et Toulouse.

POIDS DU MÊME QUINTAL DE TABAC EN FEUILLES DEPUIS SON ENTRÉE À LA FABRIQUE DU RÂPAGE jusqu'à sa sortie pour passer à la consommation.												RÉSULTAT DE LA QUANTITÉ DE MATIÈRE RÉELLE ET D'EAU entrant dans la composition du tabac râpé.								
POIDS DU TABAC en entrant à la fabrique du râpage et avant de passer au moulin.			POIDS du tabac râpé au sortir du moulin.			POIDS du tabac râpé après qu'il avait été humecté.			POIDS DU TABAC au sortir des bureaux de la ferme, pour passer à la consommation.			POIDS de la quantité de matière réelle employée dans la fabrication du tabac conformément à la 3e colonne.			DIFFÉRENCE de poids due à l'eau restée dans la quantité ci-contre de tabac.			MÊME DIFFÉRENCE de poids ou quantité d'eau restante dans chaque quintal de tabac râpé.		
liv.	onc.	gr.	liv.	onc.	gr.	liv.	onc.	gr.	liv.	onc.	gr.	liv.	onc.	gr.	liv.	onc.	gr.	liv.	onc.	gr.
74	11	4 3/5	69	14	1	80	8	3 1/2	78	12	4 1/2	71	14	0	6	14	4 1/2	8	12	3
74	14	2	71	0	1 1/4	81	14	0	79	11	3	72	10	4	7	0	7	8	13	5
73	5	7	69	12	1 1/2	79	15	2	77	3	3	71	14	6	5	4	5	6	13	5
73	4	1 3/5	69	12	1	79	13	1	77	11	6	72	3	6	5	8	0	7	2	1
75	2	6	71	15	1	80	1	2 4/5	78	0	4	74	8	1	3	8	3	4	8	0 1/2
76	6	1 1/4	73	3	4	81	3	6	79	12	1 1/2	74	7	0	5	5	1 1/2	6	10	6 1/2
73	7	7 1/2	70	5	4 1/4	77	14	4 1/2	76	6	2 1/2	74	6	2	2	0	0 1/2	2	10	0
73	7	7 1/3	70	5	4 1/4	77	14	4 1/2	76	6	2 1/2	72	1	3	4	4	7 1/2	5	10	2
71	8	3	68	12	2 1/2	76	3	0 1/2	74	12	2 4/5	70	2	4	4	9	6 1/3	6	2	5 1/2
74	0	4 1/2	70	8	7 1/2	79	8	0	77	10	2 1/2	72	11	1 1/5	4	15	1 3/5	6	5	5

onces 7 gros de son poids; qu'on ne livrait par conséquent à la fabrication qu'une quantité de matière réelle de 72 livres à la consommation; qu'ainsi il restait 4 livres 15 onces 1 gros 3/5 dans 72 livres 11 onces 1 gros de tabac râpé, ce qui revenait

IMPRIMERIE NATIONALE.

N°

ÉTAT DES RÉCÉPISSÉS DÉLIVRÉS AUX CI-DEVANT INTÉRESSÉS

DONT LA DÉPENSE EST PORTÉE SUR LE JOURNAL

Exercice du citoyen Savalette. — *Récépissés signés par le citoyen* Marignier.

DATES DE L'ENREGISTREMENT.	DATES DES RÉCÉPISSÉS.	ANNÉES.	MOIS.				MONTANT des RÉCÉPISSÉS.
			MARS.	JUIN.	SEPTEMBRE.	DÉCEMBRE.	
			livres.	livres.	livres.	livres.	livres.
6 juillet 1781.......	4 juillet 1781.......	1782.	900,000	″	″	″	900,000
			″	600,000	″	″	600,000
			″	300,000	″	″	300,000
			″	″	600,000	″	600,000
			″	″	300,000	″	300,000
			″	″	″	900,000	900,000
13 juillet 1781......	11 juillet 1781......	1784.	1,200,000	″	″	″	1,200,000
Idem..............	*Idem*..............		300,000	″	″	″	300,000
Idem..............	*Idem*..............		″	900,000		″	900,000
Idem..............	*Idem*..............		″	600,000	″	″	600,000
17 juillet 1781......	*Idem*..............		″	″	600,000	″	600,000
18.................	*Idem*..............		″	″	900,000	″	900,000
Idem..............	*Idem*..............		″	″	″	300,000	300,000
19 juillet 1781......	*Idem*..............		″	″	″	1,200,000	1,200,000
			2,400,000	2,400,000	2,400,000	2,400,000	9,600,000

Les récépissés signés par le citoyen Marignier, au nombre de 14, montent à..............................

Les récépissés signés par le citoyen Duvergier, au nombre de 23, montent à..............................

37 récépissés.

XXXII.

AU BAIL DE DAVID, POUR LEUR PRÊT DE 30 MILLIONS,

DES QUINZE PREMIERS MOIS DE SALZARD.

*Exercice du citoyen d'*HARVELAY. — *Récépissés signés par le citoyen* DUVERGIER.

DATES DE L'ENREGISTREMENT.	DATES DES RÉCÉPISSÉS.	ANNÉES.	MOIS. MARS.	JUIN.	SEPTEMBRE.	DÉCEMBRE.	MONTANT des RÉCÉPISSÉS.
			livres.	livres.	livres.	livres.	livres.
10 juillet 1781......	9 juillet 1781.......	1783.	900,000	"	"	"	900,000
12...............	*Idem*.............		"	"	600,000	"	600,000
13...............	*Idem*.............		"	600,000	"	"	600,000
Idem.............	*Idem*.............		"	300,000	"	"	300,000
Idem.............	*Idem*.............		"	"	300.000	"	300,000
Idem.............	*Idem*.............		"	"	"	900,000	900,000
26 juillet 1781......	26 juillet 1781......	1785.	600,000	"	"	"	600,000
Idem.............	*Idem*.............		600,000	"	"	"	600,000
27 juillet 1781......	*Idem*		600,000	"	"	"	600,000
12 septembre 1781...	*Idem*.............		300,000	"	"	"	300,000
Idem.............	11 septembre 1781...		"	600,000	"	"	600,000
Idem.............	*Idem*.............		"	200,000	"	"	200,000
Idem.............	*Idem*.............		"	200,000	"	"	200,000
Idem.............	*Idem*.............		"	300,000	"	"	300,000
13 septembre 1781...	*Idem*.............		"	800,000	"	"	800,000
17 octobre 1781.....	16 octobre 1781.....		"	"	1,100,000	"	1,100,000
8...............	*Idem*.............		"	"	500,000	"	500,000
Idem.............	*Idem*.............		"	"	500,000	"	500,000
8 septembre 1781....	14 septembre 1781...		"	"	"	2,100,000	2,100,000
Idem.............	*Idem*.............	1786.	2,100,000	"	"	"	2,100,000
Idem.............	*Idem*.............		"	2,100,000	"	"	2,100,000
Idem.............	*Idem*.............		"	"	2,100,000	"	2,100,000
Idem.............	*Idem*.............		"	"	"	2.100,000	2,100,000
			5,100,000	5,100,000	5,100,000	5,100,000	20,400,000

.... 9,600,000 livres.
.... 20,400,000

30,000,000

COMMISSION

DES POIDS ET MESURES.

OBSERVATIONS

SUR

LA CONTENANCE DE LA PINTE,

MESURE DE PARIS[1].

Il y a eu longtemps de l'incertitude sur la vraie contenance de la pinte et du setier, mesure de Paris. D'après des expériences faites par M. Mariotte dans son *Traité des eaux courantes*, la pinte de Paris, mesurée comble, peut contenir jusqu'à 2 livres d'eau, et sa capacité alors, y compris la protubérance de l'eau, est de 49 pouces cubes $\frac{13}{36}$. Cette même pinte au contraire, mesurée rase, ne contient que 31 onces 1 gros, c'est-à-dire 2 livres moins 7 gros, et sa capacité n'est alors que de 48 pouces cubes.

M. le Prévôt des marchands, s'étant aperçu de quelques inexactitudes dans les mesures des liquides déposées à l'Hôtel de Ville, consulta l'Académie des sciences en 1739. M. d'Ons-en-Bray fut chargé d'un travail particulier sur cet objet, et le résultat de ses recherches

[1] Manuscrit autographe.

et de ses expériences fut de confirmer que la pinte de Paris était en effet un solide de 48 pouces cubiques de capacité, que le setier était de 384 pouces, enfin le muid de 8 pieds cubes ou de 288 pintes de 48 pouces cubes chacune.

Le pied cube d'eau de rivière pèse 70 livres juste; ainsi le muid, qui est de 8 pieds cubes, doit contenir 560 livres d'eau. En divisant ce nombre par 288, nombre de pintes contenues dans un muid, on aura pour le poids de la quantité d'eau de rivière que peut contenir la pinte de Paris : 31 onces 1 gros moins quelques grains.

Vers le même temps, M. Camus, membre de l'Académie des sciences, fut consulté sur le moyen de simplifier les opérations de la jauge des futailles. Il imagina alors le bâton qui est aujourd'hui en usage dans les départements de Paris et de Rouen. Le principe de la construction de cet instrument se trouve exposé dans les *Mémoires de l'Académie*, année 1741, page 385. On y voit que M. Camus y suppose toujours le muid de 8 pieds cubes, le setier de 384 pouces et la pinte de 48.

Un particulier proposa, en 1742, un moyen de jauger très simple et très commode pour l'usage ordinaire des employés des aides des provinces : ce moyen est le ruban de Normandie. Il y joignait un tarif de jauge calculé pour toutes les grandeurs de futailles, exprimé en pouces et fractions de pouce. Ce tarif ayant été renvoyé à l'Académie des sciences, elle en rendit un compte avantageux, et ce fut en conséquence que l'usage en fut autorisé par lettres patentes du 8 mai 1742, enregistrées à la Cour des aides de Rouen le 23 juillet de la même année.

Depuis cet exposé, la contenance de la pinte de Paris se trouve irrévocablement fixée à 48 pouces cubes : 1° par des recherches authentiques et imprimées; 2° par un règlement enregistré qui les a consacrées. Ainsi il n'y a plus lieu à aucune incertitude à cet égard.

Il ne s'agit donc plus aujourd'hui que d'exécuter fidèlement ce qui a été ordonné par lettres patentes du 12 septembre 1778 pour les mesures des liquides et des grains de la ville de Versailles, c'est-à-dire de veiller à ce que les matrices qui doivent être déposées au greffe de

Versailles soient exactement conformes à celles déposées à l'Hôtel de Ville de Paris, et, ce qui est la même chose, à celles déposées à l'Académie des sciences. Il est étonnant qu'un simple ouvrier ait été chargé de cette opération, et la marche naturelle à suivre aurait été de renvoyer l'exécution des lettres patentes du 12 septembre 1778 par-devant l'Académie des sciences, qui a toujours été consultée en ces sortes d'occasions.

Quant à la différence qu'on prétend exister entre la velte de Paris et celle d'Orléans, c'est un objet qui demande une discussion plus étendue et des informations puisées à Orléans. On espère pouvoir se les procurer incessamment.

SUR LA DÉTERMINATION DES MESURES ANCIENNES[1].

(Décembre 1790.)

Le Conseil du département de la Nièvre, dans une lettre adressée à l'Académie, annonce qu'il s'est occupé de l'exécution du décret de l'Assemblée nationale du 8 mai dernier, concernant les poids et mesures, mais qu'en envisageant cette tâche de plus près, elle lui a paru effrayante, que chaque fief a des mesures particulières pour les grains, et que s'il fallait faire l'envoi d'un modèle de tous, la dépense serait immense, et que les mesures seraient d'ailleurs exposées à se déformer en route; il propose, pour simplifier les opérations, d'envoyer pour les mesures de grains et de liquides le diamètre et la profondeur de chacune pris avec exactitude avec un pied de roi.

Pour assurer d'autant plus l'exactitude de ces mesures, il demande s'il ne conviendrait pas que l'Académie des sciences envoyât à chacun des départements un pied de roi exact et bien dressé.

L'Académie a senti, comme le Conseil du département de la Nièvre, les difficultés que présentait l'exécution littérale du décret de l'Assemblée nationale du 8 mai. Les représentations qu'elle a faites ont été accueillies, et elle attend une décision sur le projet d'instruction qu'elle a présenté. Si elle est adoptée, ce ne sera que d'une seule mesure par district que l'envoi devra être fait, et le rapport de cette mesure principale avec toutes les autres en usage dans l'arrondisse-

[1] Manuscrit autographe.

ment du district sera abandonné aux directoires de département et de district. Ainsi toutes les difficultés prévues par le directoire du département de la Nièvre seront levées.

Dans les discussions, au surplus, qui ont eu lieu dans les séances de l'Académie et dans celles de ses commissions, on a jugé que ce n'était pas en déterminant géométriquement les dimensions des différentes mesures qu'on pourrait arriver à une connaissance exacte de leurs rapports entre elles; que deux mesures, quoique géométriquement d'un même nombre de pouces cubes, ne sont pas toujours absolument égales entre elles quant à la quantité de grains qu'elles peuvent contenir; que le grain se tassait davantage dans une mesure haute et étroite, qu'il se tassait moins dans une mesure d'un grand diamètre; que, d'après les mêmes motifs, une mesure qui serait géométriquement double d'une autre en capacité contiendrait une quantité de grains plus que double; enfin il est reconnu que les étalons des mesures de grains sont presque toujours irréguliers, qu'ils sont presque toujours plus ou moins ovales, en sorte qu'il est très difficile d'en déterminer exactement le diamètre.

Ces causes d'erreur et d'incertitude ont fait penser à l'Académie que la détermination géométrique des mesures n'était pas suffisante et qu'elle ne pourrait pas être employée comme moyen unique. Cependant, comme elle est recommandée dans l'instruction, qu'elle est projetée comme un moyen accessoire, il ne pourrait qu'être utile de faire exécuter un pied de roi exact et bien divisé pour être adressé à chacun des quatre-vingt-trois départements. Il pourrait d'ailleurs servir de terme de comparaison pour les mesures linéaires, telles que l'aune, la toise, etc.

RAPPORT

ET PROJET DE DÉCRET

SUR

LA RÉQUISITION DES OUVRIERS

EMPLOYÉS AU TRAVAIL DES POIDS ET MESURES[1].

(1793.)

BUREAU DES ARMES.

MÉMOIRE.

La Convention nationale a, par un décret du 1er août dernier, adopté le système des poids et mesures fondé sur la grandeur du méridien terrestre, et elle a ordonné que ce système serait uniformément établi dans toute l'étendue de la République.

Ces mesures sont de trois espèces :

Mesures de longueur, qui doivent être exécutées par des ouvriers en instruments de mathématiques;

Mesures de capacité, qui doivent être exécutées principalement par des ouvriers en instruments de physique;

Mesures de poids, qui doivent être exécutées par des fondeurs, fondeurs en cuivre, ajusteurs et balanciers.

Les modèles d'étalons sont faits et seront incessamment remis au Comité d'instruction publique; mais il est question d'en exécuter un

[1] Manuscrit autographe.

nombre suffisant pour que l'envoi puisse se faire dans tous les départements et districts de la République, conformément au décret du 1er août. Or cette grande opération ne peut s'exécuter qu'autant que la Commission des poids et mesures aura à sa disposition les ouvriers qui lui sont nécessaires. Cependant, d'après le décret qui met en réquisition pour la fabrication des armes tous les ouvriers qui travaillent les métaux, non seulement la Commission ne peut plus trouver les ouvriers dont elle a besoin, mais elle se voit encore menacée de perdre le petit nombre de ceux qu'elle a employés jusqu'ici pour des opérations de recherches.

Il est à observer que les ouvrages relatifs aux poids et mesures exigent plus d'adresse, de patience et de précision que de force de corps, en sorte que les ouvriers qui y seront occupés sont peu propres au travail des armes. Il est donc possible de concilier ce qu'exigent les deux services sans que la chose publique en souffre.

Les astronomes qui s'occupent de la mesure du méridien et ceux qui sont chargés de calculer les tables astronomiques dans le nouveau système décimal emploient de jeunes calculateurs qui les secondent et qui se trouvent également dans le cas de la réquisition pour porter les armes. Les réclamations du citoyen Delambre ont déjà été portées au Comité de salut public, qui a pu se convaincre de la nécessité d'y faire droit.

Dans ces circonstances, et d'après l'intention que la Convention nationale a manifestée plus d'une fois de presser l'envoi des nouveaux poids et des nouvelles mesures, le Comité d'instruction publique propose à celui de salut public l'arrêté suivant :

PROJET DE DÉCRET.

Le Comité de salut public, d'après la demande qui lui a été faite par le Comité d'instruction publique, autorise le Ministre de l'intérieur à mettre en réquisition, au nom de la République, le nombre d'ouvriers fondeurs et tourneurs en cuivre, constructeurs d'instruments de mathématiques et de physique, balanciers, ajusteurs et autres, nécessaires pour la construction des mesures de longueur, de poids et de capacité, ordonnée par décret du 1er août dernier, ensemble les calculateurs et vérificateurs nécessaires pour la construction des tables et tenue des registres, et seront lesdits calculateurs, vérificateurs et ouvriers, tenus d'obéir à ladite réquisition de préférence à toute autre qui aurait pu leur être faite antérieurement au présent arrêté, ou qui leur serait faite postérieurement.

Il sera à cet effet remis au Ministre de l'intérieur, par la Commission des poids et mesures établie par le décret du 11 septembre dernier, un état nominatif desdits ouvriers, calculateurs et vérificateurs, en vertu duquel état le Ministre de l'intérieur expédiera les ordres de réquisition nécessaires.

ÉTAT DES OUVRIERS ET COOPÉRATEURS

ATTACHÉS AU TRAVAIL DES POIDS ET MESURES,

ET QUI SONT NÉCESSAIRES POUR LEUR CONTINUATION.

Atelier du citoyen Le Noir, ingénieur-constructeur d'instruments de mathématiques, demeurant rue Basse-des-Ursins, n° 2.

C. Le Noir, âgé de... .
C. Couchte, âgé de 32 ans, }
C. Wachelez, âgé de 30 ans, } domiciliés chez le citoyen Le Noir;
C. Le Noir fils, âgé de 17 ans, }
C. de Cavet, âgé de 49 ans, demeurant rue de la Tixeranderie;
C. Menas, âgé de 52 ans, demeurant cours de Lamoignon;
C. Bazars, âgé de 42 ans, demeurant rue Saint-Louis, près le Palais;
C. Noël, âgé de 42 ans, demeurant rue Lachaise.

Atelier du citoyen Fortin, constructeur d'instruments de physique, demeurant rue et place Sorbonne.

Nicolas Fortin, chef d'atelier, âgé de 40 ans, père de famille de quatre enfants;

Jean-Louis Chéron, natif de Grisi, département de l'Oise, âgé de 36 ans, attaché depuis huit ans à l'atelier de Fortin. Taille de 5 pieds 6 pouces, demeurant à Paris, cours de Lamoignon, section Révolutionnaire; cheveux et sourcils châtain clair, front dégagé, nez gros, yeux bleus, bouche grande, menton rond, visage ordinaire, marié, trois enfants;

Louis-Marie-Frédéric PINSON, natif de Paris, âgé de 30 ans, attaché depuis huit ans à l'atelier de Fortin. Taille de 5 pieds, demeurant rue Saint-Victor, section du Panthéon français, n° 157; cheveux et sourcils chatains, front ordinaire, nez pointu, yeux bleus, bouche moyenne, menton rond, visage ovale, une cicatrice au-dessus du sourcil gauche, garçon.

Atelier du citoyen Fourché, balancier, demeurant rue de la Ferronnerie.

C. FOURCHÉ, âgé de....., demeurant rue de la Ferronnerie;

DENIS, âgé de 27 ans, }
CHEMIN, âgé de 17 ans, } compagnons balanciers, demeurant chez le citoyen Fourché, rue de la Ferronnerie;

Jean-François PANSERON, tourneur, natif de Paris, âgé de 41 ans. Taille de 5 pieds 1/2 pouce, demeurant enclos Saint-Jean-de-Latran; cheveux et sourcils noirs, front rond, nez moyen, yeux gris, bouche petite, menton carré, visage allongé;

Jean-Baptiste VIARD, compagnon balancier, âgé de 26 ans. Taille de 5 pieds 1 pouce, natif de Bouqueteau, département du Calvados, demeurant à Paris, rue Saint-Denis, n° 275, section des Lombards, à Paris depuis 1791. Cheveux et sourcils châtain brun, front moyen, nez long, yeux gris, bouche épaisse, menton rond, visage ovale. A servi dans l'armée du Nord comme chasseur de la seconde compagnie de l'Observatoire;

BOILLY, âgé de 27 ans, travaillant chez lui, rue Saint-Denis;

FOURCHÉ, âgé de 27 ans, travaillant chez lui, rue des Arcis;

RABY, âgé de 35 ans, travaillant chez lui, rue Greneta;

RENARD, âgé de 23 ans, travaillant chez lui, rue Saint-Denis;

GAUFFE, âgé de 23 ans, compagnon tourneur, travaillant chez le citoyen Tallon, rue Saint-Honoré, n° 1364.

Noms des opérateurs attachés au citoyen Delambre, occupé de la mesure du méridien dans le nord de la France.

C. DU PRAT, âgé de 24 ans, professeur de mathématiques à Clermont, département du Puy-de-Dôme;

C. BELLET, âgé de....., chargé de l'entretien et des réparations à faire aux instruments d'astronomie et d'horlogerie;

C. MICHEL, âgé de.....

Noms des opérateurs attachés au citoyen Méchain, occupé de la mesure du méridien dans les Pyrénées.

C. Tranchot, ingénieur au service de la République;
C. Esteveni, chargé de l'entretien et des réparations à faire aux instruments;
C. Le Brun.

Citoyen François-Louis Bardoux, âgé de 24 ans 1/2, demeurant à Paris, section des Piques, chargé de la tenue des registres de la Commission et de tous les détails de la comptabilité.

RAPPORT

AU COMITÉ D'INSTRUCTION PUBLIQUE

SUR

LES TRAVAUX DE LA COMMISSION

DES POIDS ET MESURES[1].

RÉPONSES

AUX DEMANDES FAITES PAR LE COMITÉ D'INSTRUCTION PUBLIQUE ET COMMUNIQUÉES PAR LE C. FOURCROY.

PREMIÈRE DEMANDE.

Le nom et la demeure des commissaires chargés de chaque section du travail.

Les commissions nommées par l'Académie pour l'opération des poids et mesures sont au nombre de sept :

1° Une Commission centrale établie pour diriger toutes les opérations. Elle est composée des citoyens Borda, Caritat Condorcet, Lagrange, Lavoisier. Cette Commission doit subsister jusqu'à ce que toutes les opérations particulières soient complètement terminées;

2° Une Commission chargée de déterminer, par des observations astronomiques et géodésiques, l'étendue du méridien terrestre qui traverse toute la France depuis Dunkerque jusqu'aux Pyrénées, et une petite partie de l'Espagne des Pyrénées jusqu'à la mer. Elle est

[1] Manuscrit autographe.

composée des citoyens Méchain et Delambre, astronomes de l'Académie; leurs opérations ne seront terminées au plus tôt qu'à la fin de 1794;

3° Une Commission chargée de mesurer les bases sur lesquelles doivent s'appuyer les observations géodésiques. Elle était composée des citoyens Monge et Meusnier. La perte que la République a faite de ce dernier réduit cette Commission au seul citoyen Monge, auquel il paraît que l'Académie avait l'intention d'adjoindre le citoyen Cassini. Le travail de cette Commission n'est point encore commencé, mais les règles sont prêtes, leur longueur et leur dilatabilité sont scrupuleusement déterminées, et la mesure des bases en supposant même qu'on en mesure deux, ne peut pas exiger plus de trois mois;

4° Une Commission chargée d'observer la longueur du pendule à secondes, prise au 45e degré de latitude et au bord de la mer, pour trouver ensuite le nombre d'oscillations que fait en un jour un pendule simple de 1 mètre de longueur.

Cette Commission se compose des citoyens Borda et Coulomb. Les opérations de cette Commission sont terminées à Paris, mais elle n'en a point encore rendu compte. Il reste d'ailleurs à savoir si elle les répétera sous le 45e degré, au bord de la mer, comme on l'avait arrêté dans le premier plan qui avait été conçu. Dans le fait, il est facile de déduire avec une très grande précision la longueur moyenne du pendule sous le 45e degré des expériences qui ont été faites à Paris, et l'incertitude que laissera le calcul est si petite qu'on pourra peut-être se dispenser de cette partie de l'opération;

5° Une Commission chargée de déterminer le poids d'un volume connu d'eau distillée pour en conclure l'étalon général des poids. Elle est composée du citoyen Lavoisier et du citoyen Haüy. Les opérations de cette Commission sont presque achevées; il lui reste cependant à déterminer les variations de volume et de pesanteur qu'éprouve l'eau suivant les différents degrés de température;

6° Une Commission chargée de comparer d'abord à la toise et à la livre de Paris toutes les mesures de longueur et de capacité, ainsi que les poids usités en France, et de déterminer ensuite leurs rapports avec les nouvelles unités de poids et de mesures;

7° Une Commission nommée en exécution de l'article 4 du décret de la Convention nationale du .. juillet dernier. Elle est composée de quatre commissaires qui sont chargés, conjointement avec deux commissaires de la Convention nationale, de surveiller la construction des étalons, d'en contrôler l'exactitude et de signer les instructions destinées à accompagner les envois qui seront faits par le Ministre de l'intérieur.

L'Académie est de plus chargée par ce même décret de la composition d'un livre à l'usage de tous les citoyens. Il devra contenir des instructions simples sur la manière de se servir des nouveaux poids et des nouvelles mesures, et sur la pratique des opérations arithmétiques relatives à la division décimale. Le citoyen Bossut s'est offert pour sa rédaction.

Pour réunir sous un même point de vue tous les membres de la ci-devant Académie qui concourent au travail relatif à l'établissement des poids et mesures, on trouvera ici leur nom et leur demeure dans l'ordre de leur ancienneté :

Borda, rue de la Sourdière, n° 12;
Brisson, rue de Tournon, n° 17;
Lavoisier, boulevard de la Madeleine, n° 243;
Condorcet, rue de Lille, au coin de la rue de Bellechasse, n° 515;
Cassini, à l'Observatoire national;
Vandermonde, rue de Charonne, n° 22;
Lagrange, rue Froimanteau, n° 33;
Laplace, rue des Piques, au coin du boulevard, maison du citoyen Arthur;
Monge, rue des Petits-Augustins, n° 28;
Coulomb, rue Favart, n° 4;
Méchain, à l'Observatoire, et maintenant à Barcelone;
Haüy, au collège Cardinal-Lemoine, rue Saint-Victor;
Delambre, rue de Paradis.

SECONDE DEMANDE.

Quel est l'état de chaque portion du travail?

Le rapport précédent et les détails dans lesquels on est entré dans l'article précédent donnent une idée de l'état où est dans ce moment le travail de chacune des parties de l'opération générale; elle ne sera portée à sa perfection que lorsque le degré de méridien aura été mesuré, et on a déjà fait observer qu'on ne pourrait pas espérer qu'il le fût avant la fin de 1794. Mais en attendant, les nouvelles mesures sont déterminées avec un degré d'exactitude suffisant pour les besoins du commerce, puisque l'erreur sur le mètre ne peut pas excéder 1 dixième de ligne et sur le grave 8 ou 10 décigravets. Ces premiers étalons sont en cours de fabrication, conformément aux intentions de la Convention et du Comité d'instruction publique; on espère qu'ils seront prêts dans quinze jours au plus tard.

TROISIÈME DEMANDE.

Quels sont les frais de cette opération? Que reste-t-il à dépenser pour la terminer?

La dépense faite jusqu'à ce jour en construction d'instruments, de machines, achat de platine, travail pour le rendre malléable, frais de voyage, etc., s'élève environ à 150,000 livres; ainsi il reste encore 150,000 livres sur les 300,000 livres que l'Assemblée constituante a décrétées pour cet objet; on présume que cette somme suffira pour terminer ce qui reste à faire pour la mesure du degré du méridien, pour celle de la base, pour la rédaction et l'impression des tables de sinus de la division décimale, pour la refonte et la réimpression de toutes les tables astronomiques et pour tout ce qui reste à faire par les différentes commissions.

A l'égard de la construction des étalons de longueur et de capacité et de poids, et de leur envoi dans les départements et dans les districts, il est impossible d'en calculer la dépense jusqu'à ce que la Convention ait statué sur l'espèce et le nombre des mesures qui seront envoyées. La Commission fera un rapport sur cet objet et y joindra des devis estimatifs dès qu'elle sera en activité.

QUATRIÈME DEMANDE

L'état des artistes et ouvriers occupés par les commissaires.

Les commissaires ont employé le citoyen Lenoir :

1° Pour la construction des instruments d'astronomie, que les astronomes chargés de la mesure du méridien ont emportés avec eux;

2° Pour la construction et division des règles de platine destinées à mesurer la base et pour tous les appareils qui ont été employés, tant à déterminer leur longueur et leur dilatabilité que pour les comparer d'une manière rigoureuse aux étalons dans le dépôt de l'Académie.

C'est le citoyen Lenoir qui sera vraisemblablement chargé de la fabrication de la plus grande partie des étalons de longueur. Les commissaires pensent cependant qu'on pourrait confier la fabrication des décimètres de poche en bois et en cuivre au citoyen Menier.

Les commissaires ont employé le citoyen Laroche, célèbre opticien, pour la construction des lunettes achromatiques, dont les citoyens Méchain et Delambre font usage.

Le citoyen Fortin a construit :

1° Trois cylindres creux très réguliers qui ont servi à déterminer le poids du décimètre cube d'eau distillée; il a employé pour les travailler des procédés particuliers de son invention;

2° Une machine de son invention qui mesure la dimension des corps solides à 1 millième de ligne près. C'est avec elle que le citoyen Haüy a mesuré les dimensions du cylindre creux dont on vient de parler;

3° Différents appareils de physique, des poids adoptés ou nouvelles divisions décimales.

Il sera vraisemblablement chargé de la construction et fourniture des centicades en cuivre qui doivent être envoyés aux départements de la République, et de l'ajustement des parties de verre et de cuivre qui seront envoyées tant aux départements qu'aux districts.

Le citoyen . . . . . , ébéniste, fait des modèles de centicades en bois; il y a lieu de croire qu'il méritera, par la perfection de l'exécution, la préférence pour les fournitures de ce genre qui seront faites aux districts.

Le citoyen Fourché, balancier-ajusteur de la Monnaie, a fabriqué et fourni presque tout ce qui concerne son art, et il a secondé les citoyens Borda et Lavoisier avec beaucoup de zèle et de patience pour l'ajustement des nouveaux poids; il paraît de toute justice de le charger de la fourniture et de l'ajustement des poids qui seront fournis aux départements et aux districts.

Le citoyen Mony a fourni des baromètres portatifs et des thermomètres divisés en 100 parties, de la glace à l'eau bouillante, tant pour les astronomes qui voyagent que pour les expériences des autres commissaires à Paris.

Liste et demeure des artistes employés pour les poids et mesures.

Lenoir, constructeur d'instruments de mathématiques et d'astronomie, rue Basse-des-Ursins, n° 1;
Fortin, constructeur d'instruments de physique, rue et place de la Sorbonne;
Fourché, balancier, rue de la Ferronnerie;
Mony, constructeur d'instruments de physique, quai Pelletier;
. . . . . , ébéniste, rue des Capucines.

CINQUIÈME DEMANDE.

L'état des machines construites pour les différentes opérations faites jusqu'ici.

Une partie de ces instruments étant entre les mains des astronomes chargés de la mesure du degré du méridien, il n'est pas aisé d'en donner un état exact. Ils consistent en cercles astronomiques, quarts de cercle, lunettes achromatiques, baromètres portatifs, thermomètres et deux voitures construites pour le transport des instruments et deux voitures de voyage. Il y a de plus à Paris :

Un appareil de Fortin, propre à mesurer les dimensions des corps solides;

Une grande règle de cuivre de 13 pieds, garnie de 8 nonius, à laquelle doivent se rapporter tous les instruments de longueur employés soit à la mesure du degré du méridien, soit à l'établissement des mesures universelles en général;

Un appareil pour mesurer la longueur du pendule à secondes à Paris et sous le 45ᵉ degré de latitude. La règle à laquelle se rapportent les expériences et les mesures est de platine. Elle a 12 pieds 2 pouces de longueur. La boule qui sert de lentille est également de platine massif; elle pèse 17 onces;

Quatre règles de platine de 12 pieds de longueur, destinées à mesurer les bases, garnies chacune d'un thermomètre métallique, de languettes divisées, de nonius, de microscopes; 4 madriers de bois qui leur servent de support; 8 pieds triangulaires, et tout ce qui peut contribuer à la facilité et à l'exactitude des mesures;

Des suites de poids étalonnés sur le marc de Charlemagne;

Des étalons de graves, de pintes, etc.

SIXIÈME DEMANDE.

Quel temps présume-t-on nécessaire pour terminer cette grande besogne?

On a déjà observé que les opérations provisoires pour l'établissement des mesures peuvent être regardées comme faites et portées au degré de précision qu'exigent les besoins du commerce.

Dans quinze jours, les modèles d'étalons de longueur, de capacité et de poids seront faits.

Dans quatre mois au plus tard, ils pourront être adressés aux départements et aux districts.

Quant à l'opération définitive qui déterminera d'une manière invariable et avec une précision mathématique les dimensions des nouvelles mesures, elle dépend de la mesure du degré du méridien, et on ne peut pas espérer qu'elle puisse être complètement terminée avant deux ans.

PROJET DE DÉCRET.

La Convention nationale, voulant accélérer par tous les moyens possibles l'exécution des décrets qu'elle a précédemment rendus pour l'établissement de mesures uniformes dans toute l'étendue de la République; désirant faire jouir le plus tôt possible la nation française de ce bienfait de la Révolution, et effacer jusqu'à la trace des divisions territoriales et féodales, dont la diversité des anciennes mesures était une suite, a décrété et décrète ce qui suit :

Les différentes commissions qui avaient été nommées par la ci-devant Académie des sciences, pour concourir à l'établissement des nouvelles mesures et pour faire toutes les expériences et observations relatives à cette opération, continueront, chacune pour ce qui la concerne, les travaux dont elles ont été chargées; il leur sera, à cet effet, désigné par le Ministre de l'intérieur un local où elles pourront s'assembler séparément ou réunies, et où elles pourront même appeler les savants et artistes qu'elles jugeront à propos pour concourir à leurs opérations et leur donner toute l'authenticité nécessaire.

Les membres qui composeront lesdites commissions seront revêtus de commissions du pouvoir exécutif.

Ils pourront nommer celui d'entre eux qu'ils jugeront à propos pour recevoir sous sa responsabilité, et à charge d'en rendre compte, les fonds qui leur ont été ou seront accordés pour la suite des opérations relatives à l'établissement des nouvelles mesures.

La Commission composée de deux membres du Comité d'instruction publique et de quatre membres de la ci-devant Académie des sciences, et qui a été nommée en exécution de l'article 4 du décret du . . juillet dernier, pour surveiller la construction des étalons et signer les instructions destinées à accompagner les envois qui seront faits par le Ministre de l'intérieur, continuera ses fonctions; elle tiendra ses assemblées dans une des salles du Comité d'instruction publique.

FRAGMENTS
DES PROCÈS-VERBAUX DE LA COMMISSION
DES POIDS ET MESURES[1].

Du samedi 7 janvier 1792.

Le Comité des poids et mesures s'étant assemblé à la suite de la séance de l'Académie, M. de Borda a proposé d'acheter de M. Bréguet 28 marcs de platine au prix de 9 livres l'once, ce qui monte au total à une somme de 2,016 livres. Le Comité a adopté la proposition de M. de Borda, et M. le Trésorier a été autorisé à recevoir lesdits 28 marcs de platine, à les remettre à M. Janetti et à payer à M. Bréguet la somme de 2,016 livres.

M. Lavoisier a rendu compte de l'avance qu'il avait été obligé de faire à M. Fortin d'une somme de 1,800 livres, à compte des ouvrages qu'il a entrepris par ordre du Comité pour l'établissement de trois cylindres en cuivre et d'une machine destinée à en mesurer les dimensions. Cette avance a été approuvée.

M. le Trésorier a également été autorisé à payer à M. Le Noir, à compte de ses ouvrages, une somme de 4,800 livres, sur l'assurance que donna M. de Borda que les ouvrages qu'il a faits jusqu'à ce jour excèdent le montant de cette somme.

Du 21 septembre.

M. Lavoisier a remis à M. de Borda la somme de 4,380 livres, dont il a donné la quittance, au pied d'un extrait de sa délibération.

[1] Manuscrits autographes.

M. de Cassini a rendu compte des expériences qu'il a faites avec l'esprit-de-vin et l'éther, employés dans les niveaux à bulle d'air; il a obtenu le plus grand succès avec l'éther et plus de mobilité qu'avec aucune autre liqueur.

M. Méchain a annoncé que la Commission anglaise s'était déterminée à mesurer une seconde fois les bases relatives à la mesure du degré du méridien, et qu'elle y emploierait une chaîne au lieu de règles, et qu'à l'imitation de ce qui s'est fait en France, elle allait lier toutes les parties de l'Angleterre par une suite de triangles.

M. Meusnier a rendu compte des expériences faites chez M. Séguin sur le platine. Il paraît en résulter que le métal a besoin d'être forgé ou du moins parfaitement fondu pour acquérir la ténacité dont il est susceptible. M. Séguin donnera le détail de ces expériences, lorsqu'elles seront plus complètes.

EXTRAIT DES REGISTRES DE LA COMMISSION DES POIDS ET MESURES ÉTABLIE PAR DÉCRET DU 11 SEPTEMBRE 1793, AN II DE LA RÉPUBLIQUE FRANÇAISE.

Le citoyen Lavoisier a exposé que, depuis l'intention annoncée par les commissaires nommés par la ci-devant Académie, pour les opérations relatives à l'établissement des nouvelles mesures, de faire exécuter en platine les principaux étalons des mesures de longueur et de poids, il a cru ne devoir laisser échapper aucune occasion d'acheter tout ce qu'il a pu se procurer de platine, mais qu'à l'exception des premiers 60 marcs achetés de M. Arezula, pour lesquels il y a une autorisation écrite et signée de la Commission, les autres parties n'ont été achetées que d'après des autorisations verbales. Les quantités ainsi successivement achetées sont :

Le 23 septembre 1791, du citoyen Gengembre 7 marcs 6 onces 6 gros, au prix de 64 livres le marc, et qui ont coûté en tout	502ˡ	0ˢ
Le 5 janvier 1792, du citoyen Bréguet 28 marcs, à raison de 9 livres l'once, prix convenu avec le citoyen Borda	2,016	0

Du citoyen Janetty, suivant une première fourniture, 13 marcs, à 52 livres le marc..............	676^l	0^s
Du citoyen Janetty, suivant une seconde fourniture, 31 marcs 6 gros, à 96 livres le marc.........	2,985	0
Le 25 mai 1793, une partie de 226 marcs 3 onces. au prix de 12 livres le marc................	2,716	10
A la vente de l'abbé Belliardi, plusieurs parties montant ensemble à ... marcs, qui ont coûté ensemble..............................	2,700	0

On observe qu'il n'a pas été possible de se procurer de quittance de cette dernière somme, attendu que l'achat a été fait en vente publique.

Enfin le..
... marcs, au prix de 64 livres le marc, ce qui forme une dépense de.....

Ces dépenses, ainsi qu'on l'a déjà observé, n'ont pu être autorisées d'avance parce que le temps de rassembler les commissaires pour avoir leur approbation aurait fait manquer les occasions favorables.

Les citoyens Borda et Lavoisier ont prié la Commission de statuer sur cet exposé et d'autoriser le citoyen Lavoisier à porter en dépense dans son compte le montant desdits achats, si elle les approuve.

IMPRIMERIE NATIONALE.

NOTE
RELATIVE AUX TRAVAUX DE MÉCHAIN[1].

Je soussigné Antoine-Laurent Lavoisier, trésorier de l'Académie des sciences, ancien commissaire de la Trésorerie nationale, demeurant à Paris, boulevard de la Madeleine, n° 243, certifie à tous ceux qu'il appartiendra que les fonds nécessaires pour les opérations dont est chargé le citoyen Méchain, astronome de l'Académie des sciences, pour la mesure du degré du méridien terrestre et pour l'établissement des mesures universelles, ont été faits entre mes mains par la Trésorerie nationale, en vertu des décrets des représentants de la nation; qu'indépendamment des fonds remis à Barcelone à M. Uteyra pour les dépenses desdites opérations, et aux citoyens Lecoulteux et Cie, à Paris, il est autorisé à tirer sur moi toutes les sommes dont il peut avoir besoin, jusqu'à concurrence de 30,000 livres et plus, s'il est nécessaire; invitons tous trésoriers, caissiers, banquiers ou négociants, soit en France, soit à l'étranger, à fournir au citoyen Méchain tout ce dont il pourra avoir besoin, me rendant personnellement responsable de tout ce qui lui aura été avancé, et m'obligeant à rembourser, outre lesdites avances, tous les frais et droits de commission.

Fait à Paris, le 15 juin 1793, l'an II de la République française.

[1] Manuscrit autographe.

EXPÉRIENCES
DE LAVOISIER ET HAÜY[1].

Du 4 janvier 1793.

Le cylindre de cuivre ayant été mesuré par M. Haüy dans toutes ses dimensions avec la machine de Fortin a été apporté chez M. Lavoisier le 3 janvier; il y a été placé dans une grande pièce où le thermomètre, divisé en 100 parties, était entre 6 et 7 degrés; il y est resté toute la nuit, ainsi qu'un grand vase plein d'eau de rivière filtrée dans une fontaine sablée.

Le 4, à 8 heures du matin, on a mis le cylindre dans l'eau, et on a eu soin de détacher les bulles qui s'étaient attachées soit par-dessous, soit sur les côtés, au moyen d'un ruban de fil préalablement bien lavé qu'on a promené dessous le cylindre.

Pour faire enfoncer le cylindre jusqu'à une marque faite sur celui-ci, on a été obligé d'ajouter sur le bassin 2 gros 62 grains, le thermomètre étant à 6 degrés 1/2. Comme la marque était un peu au-dessous de la surface de l'eau, on a lieu de croire que cette quantité est un peu trop forte, et qu'elle doit être réduite à 2 gros 61 grains 1/2 ou 61 grains 3/4.

Ayant retiré le cylindre de l'eau et l'ayant pesé, il y a été replongé l'après-midi avec la même précaution de dégager les bulles d'air au moyen du ruban de fil, et le thermomètre étant à 6 degrés 2/10. J'ai été obligé, pour le faire entrer jusqu'à la marque, de le charger de 2 gros 61 grains 3/4 fort exactement.

[1] Manuscrit autographe.

OPÉRATIONS FAITES POUR DÉTERMINER LE POIDS DU CYLINDRE.

La balance ayant annoncé dans des expériences préliminaires quelques irrégularités, on a pris le parti d'adopter la méthode proposée par M. de Borda. Elle consiste à mettre le corps que l'on veut peser en équilibre avec un poids arbitraire quelconque, à retirer le même corps et à y substituer dans le même bassin des poids connus. Il est clair que cette méthode doit donner le poids du corps qu'on veut peser, indépendamment de la différence de longueur des bras de la balance.

On a donc mis le cylindre en équilibre avec des fragments de cuivre, et on est arrivé à cet équilibre avec la précision de 1 grain, c'est-à-dire que 1 grain de plus d'un côté ou de l'autre faisait trébucher sensiblement la balance. Ayant substitué des poids au cylindre, on a employé 23 livres 0 once 6 gros 26 grains 1/2.

Ayant de nouveau mis le cylindre en équilibre avec le même corps, on s'est aperçu que ce corps était trop léger de 12 grains pour faire équilibre avec le cylindre et on a été obligé d'y ajouter 12 grains; ayant de nouveau substitué des poids au cylindre, on a employé 23 livres 0 once 6 gros 29 grains.

On a répété la même opération un grand nombre de fois dans la journée et on a trouvé les pesanteurs suivantes; on les transcrit toutes telles qu'elles ont été trouvées. On en a seulement retranché une du commencement qui avait donné 23 livres 0 once 6 gros 20 grains, et qui avait été faite avec moins de précautions que les autres.

Résultats des expériences.

1re pesée	23l	0o	6g	26 1/2
2e pesée	23	0	6	29
3e pesée	23	0	6	35
4e pesée	23	0	6	39
5e pesée	23	0	6	41
6e pesée	23	0	6	39

Comme on a pris dans les dernières expériences beaucoup de précautions pour conserver la balance rigoureusement dans le même état, on a lieu de les croire plus exactes. On voit, d'ailleurs, qu'elles ont peu varié; on voit donc qu'on peut prendre un milieu entre les trois dernières, et fixer la pesanteur du cylindre à 23 livres 0 once 6 gros 39 grains 2/3.

Si on prenait la moyenne entre les quatre dernières pesées, on aurait 23 livres 0 once 6 gros 38 grains 1/2.

Ayant mis en équilibre les mêmes poids que nous avons employés, M. Haüy et moi, c'est-à-dire les mêmes 23 livres 0 once 6 gros 39 grains 2/3 contre un poids quelconque, et ayant substitué aux 23 livres 0 once 6 gros 39 grains 2/3 des poids étalonnés avec le marc creux de Charlemagne, nous avons eu 23 livres 0 once 7 gros 50 grains 5/8; le résultat est exact à 1/4 de grain près, sauf les incertitudes de la balance; sur quoi il y a à retrancher 1/8 de grain, dont les 7 gros 14 grains 5/8[1] sont trop forts; c'est définitivement 23 livres 0 once 7 gros 50 grains 1/2.

VALEUR DU GRAVE, DÉCRÉTÉE PAR LA CONVENTION NATIONALE.

Le grave est composé de 18,848 grains 1/4, ou de	2^l	0°	5^g	56 $\frac{1}{4}$
2 graves font............................	4	1	3	40 $\frac{1}{2}$
3 graves font............................	6	2	1	24 $\frac{3}{4}$
4 graves font............................	8	2	7	9
5 graves font............................	10	3	4	65 $\frac{1}{4}$
10 graves font............................	20	7	1	58 $\frac{1}{2}$
100 graves font............................	204	8	2	9

Le grave se divise en 10 décigraves, qui valent chacun 3 onces 2 gros 12 grains 1/2.

Le décigrave se divise en 10 centigraves, dont chacun pèse 2 gros 44 grains 1/2.

Le centigrave se divise en 10 gravets, chacun pesant 18 grains 27/32.

[1] Lavoisier avait écrit partout *14 grains*, qu'il a corrigés en mettant *50 grains*, sauf à ce passage où il faut lire *50 grains*. (*Note de l'Éditeur.*)

RAPPORT SUR LE LOCAL
DESTINÉ
À L'ÉTABLISSEMENT DES COMMISSIONS
RÉUNIES POUR LES POIDS ET MESURES[1].

(Septembre 1793.)

La Commission des six, composée de deux membres de la Convention nationale et de quatre membres nommés par la ci-devant Académie des sciences, en exécution du décret du 1er août dernier, s'est réunie le 14 de ce mois, dans une des salles du Comité d'instruction publique, conformément à l'invitation que lesdits membres en avaient reçue pour conférer entre eux sur les moyens d'accélérer l'exécution du décret du 11 septembre, relatif à la réunion des différentes commissions pour les poids et mesures.

Par suite de cette conférence et d'après la réponse faite par le Ministre de l'intérieur au Comité d'instruction publique, les citoyens Arbogast, Fourcroy, Borda et Lavoisier se sont transportés dans les différents bâtiments nationaux qui avaient été indiqués par le citoyen Heurtin, inspecteur des bâtiments du Palais national et du Muséum. Les maisons qui avaient d'abord été indiquées s'étant trouvées occupées par des comités, ou trop petites, ou trop sombres, les maisons des ci-devant feuillants et capucins s'étant trouvées absolument remplies par des établissements faits par le Ministre de la guerre pour la

[1] Manuscrit autographe.

fabrication des armes, les commissaires ont été obligés de s'éloigner de la Convention plus qu'ils ne l'auraient désiré, et ce n'est que dans la partie du Muséum national, précédemment désignée sous le nom de *vieux Louvre*, qu'ils ont enfin trouvé un local convenable. Ce local est celui qu'occupaient précédemment les Académies d'architecture, des inscriptions et belles-lettres et française.

Avant de rien proposer pour la distribution de ces emplacements, il est nécessaire de donner une idée de ce qu'exige indispensablement l'ensemble des établissements qu'il est question de former.

La Commission des poids et mesures a besoin, pour l'exécution du décret de la Convention nationale du 1er août, de celui du 11 septembre et autres précédemment rendus :

1° D'une petite antichambre où puisse se tenir un garçon de bureau ou gardien, chargé d'entretenir la propreté dans les pièces dépendant de l'établissement;

2° D'une salle d'assemblée où 12 ou 15 personnes puissent se réunir;

3° D'une grande pièce où seront déposées les différentes mesures de poids, de longueur et de capacité, envoyées par les départements, et qui forment déjà un encombrement considérable, quoique 14 départements seulement se soient conformés aux décrets de l'Assemblée nationale;

4° D'une autre pièce non moins grande et bien éclairée où seront rassemblées les nouvelles mesures également de poids, de longueur et de capacité qui doivent être envoyées dans tous les départements et districts de la République;

5° Une pièce pour la vérification des mesures de longueur;

6° Une pièce pour la vérification des poids;

7° Une pièce pour y établir les menuisiers et ébénistes chargés de la fabrication des centicades en bois;

8° Une pièce pour étalonner les pintes en verre et en cuivre;

9° Une pièce pour le dépôt et la vérification des centicades en cuivre fondu;

10° Un logement de concierge;

11° Enfin, s'il est possible, une chambre à feu où puisse loger un des commissaires pour surveiller le travail des ouvriers.

Il ne serait pas impossible de réunir deux de ces objets dans une même pièce, surtout si elles étaient suffisamment grandes. Cependant on conçoit que les opérations relatives à la vérification des poids exigeant beaucoup de temps, de patience et de tranquillité, il y aurait beaucoup d'inconvénients à ce que cette vérification fût troublée par des ouvriers attachés à un autre travail. On a besoin pour cette vérification de balances très exactes, qu'il est facile d'altérer et de déranger, et il faut que l'artiste qui s'en sert puisse en répondre.

De même la vérification des mesures de longueur exige des instruments garnis de microscopes, de micromètres, dont il faut conserver la régularité et l'identité.

On en pourrait dire autant de l'étalonnage des pintes et surtout des expériences délicates qu'exigera la détermination de la pesanteur du mètre cube d'eau distillée, à différents degrés de température. C'est d'après ces considérations que les commissaires ont pensé qu'il était indispensable que chaque nature de travail, chaque espèce d'ouvrier fussent classés dans un local particulier et indépendant.

Cet objet se trouverait parfaitement rempli en destinant aux travaux de la Commission :

1° Les trois salles au rez-de-chaussée où s'assemblaient les Académies française et des inscriptions et belles-lettres;

2° Le local qu'occupait l'Académie d'architecture;

3° Deux pièces dépendant de l'appartement du citoyen Sedaine, secrétaire de la ci-devant Académie d'architecture, pièces qu'il n'occupe pas et qui feraient un petit logement pour l'un des commissaires;

4° Six des loges pratiquées dans les combles, où les élèves travaillaient pour le concours et dans chacune desquelles on pourrait loger quelques ouvriers, s'il était nécessaire. Ces loges ne seront plus occupées à ce qu'on assure, et ce n'est que dans cette supposition qu'on en a fait la demande.

On joint ici un plan de ces différents emplacements avec une distribution provisoire des pièces affectées à chaque partie du travail, distribution, cependant, que les circonstances pourront obliger de modifier à mesure que les opérations avanceront.

Ce local étant parfaitement libre, sauf quelques modèles et dessins faciles à transporter, on ne prévoit pas que rien puisse s'opposer à ce que le Ministre de l'intérieur donne au citoyen Heurtin les ordres nécessaires pour la prompte installation de la Commission des mesures dans les emplacements qu'on vient d'indiquer.

La bibliothèque de l'Académie d'architecture et celles des Académies française et des inscriptions pourraient être placées provisoirement dans une des pièces sur lesquelles on apposerait les scellés, jusqu'à ce qu'on pût donner une destination aux livres qui composent ces bibliothèques.

Les citoyens Borda et Lavoisier ont rendu compte d'une lettre du Ministre de l'intérieur, du 29 septembre, adressée à la Commission des six, nommée par décret du 1er août dernier, concernant le local destiné aux travaux de la Commission. Ce local est celui qu'occupaient précédemment les Académies française, des inscriptions et belles-lettres, et d'architecture. Ils ont ajouté qu'en conformité de la lettre du Ministre ils se sont transportés hier, à 9 heures du matin, au Louvre, où ils ont trouvé les commissaires du Département qui ont procédé en leur présence à la levée des scellés apposés sur les salles de l'Académie d'architecture; qu'ils en ont été mis en possession ainsi que des tables et des chaises qui s'y sont trouvées et dont il a été fait inventaire; qu'à l'égard des modèles, dessins et papiers qui ne pouvaient être d'aucun usage à la Commission, ils ont été renfermés dans la pièce qui formait la bibliothèque de l'Académie et dans une pièce attenante sur laquelle les scellés ont été apposés; que les clefs des différentes armoires n'ayant pas été retrouvées, elles sont demeurées fermées et les scellés ont été également apposés dessus; que cette opération ayant été finie à

IMPRIMERIE NATIONALE.

4 heures après midi, ils sont demeurés en possession du local dont les clefs ont été remises au citoyen Mangelle, qui remplissait les fonctions de concierge dans la salle de la maison ci-devant de Saint-Germain, et qui continuera, si la Commission l'approuve, à les remplir dans le nouveau local;

Que la même opération a été faite ce matin dans les salles de l'Académie française et des inscriptions et belles-lettres, dont la Commission a été mise en possession par les commissaires du Département.

Les citoyens Borda et Lavoisier ont proposé de faire de ce local la distribution qui suit :

La pièce dite *l'école*, cotée A sur le plan comme la moins éclairée, servira de dépôt pour les poids et mesures qui ont été envoyés des départements, et qui sont actuellement à Sainte-Geneviève, ainsi que pour tous ceux qui pourront être envoyés.

La grande salle d'assemblée, cotée B, servira de dépôt pour l'exposition des nouvelles mesures qui seront successivement fabriquées.

La galerie CC' sera partagée en deux par une cloison à claire-voie : la partie C' formera l'atelier pour la vérification et l'établissement des mesures de longueur, la partie C pour l'établissement et la vérification des mesures et des poids.

Les deux grandes salles d'en bas serviront pour l'établissement et la vérification des centicades et des pintes.

Le citoyen Lavoisier a exposé que jusqu'à présent on s'est servi, pour toutes les opérations relatives à l'établissement des étalons de poids, de balances qui lui appartiennent et dont il offre encore l'usage à la Commission; elles seront, en conséquence, transportées dans le nouveau local pour la continuation des opérations commencées, d'autant plus qu'il faudrait plusieurs mois pour en construire de nouvelles qui pussent remplir le même objet avec autant d'exactitude. Il a annoncé qu'il ne faisait cette observation que pour constater que les balances lui appartiennent et afin qu'elles lui soient rendues. Ces balances sont au nombre de trois : une pesant jusqu'à 30 livres, une pesant jusqu'à 1 livre, une pesant jusqu'à 4 gros.

Les citoyens Borda et Lavoisier ont ajouté qu'ils avaient commandé trois autres balances : une, que construit Fortin, qui pèsera jusqu'à 60 livres au moins et qui est destinée à peser les solides qui doivent servir à établir définitivement le poids du mètre cube d'eau distillée, et deux autres pour l'étalonnage des poids qui sont exécutés par le citoyen Fourché.

COMPTE

QUE REND LE CITOYEN ANTOINE-LAURENT LAVOISIER

À LA COMMISSION

DES POIDS ET MESURES,

ÉTABLIE PAR DÉCRET DU 11 SEPTEMBRE 1793.

DES RECETTES ET DÉPENSES PAR LUI FAITES DEPUIS LE 7 SEPTEMBRE 1791, QU'IL A ÉTÉ NOMMÉ TRÉSORIER DE LA COMMISSION, JUSQU'AU 21 SEPTEMBRE 1793, DERNIER JOUR DE LA PREMIÈRE ANNÉE DE LA RÉPUBLIQUE FRANÇAISE, UNE ET INDIVISIBLE[1].

RECETTES.

Chapitre Ier. — Sommes reçues, tant du citoyen Tillet que de la Trésorerie nationale, pour le compte des poids et mesures :

Fait recette comptable de la somme de cent mille livres qui lui ont été remises le 7 septembre 1791, par le citoyen Tillet, lequel l'avait reçue la veille de la Trésorerie nationale, ci......................	100,000 livres.
Plus la somme de soixante mille livres qu'il a reçue de la Trésorerie nationale le 16 octobre 1792, pour le montant des ordonnances expédiées pour la continuation des travaux relatifs aux poids et mesures, ci..	60,000

Chapitre II. — Recettes en platine :

Fait recette comptable, etc.

[1] Manuscrit autographe.

DÉPENSES.

Chapitre Ier. — Sommes remises directement au citoyen Méchain avant son départ.

Chapitre II. — Sommes remises aux citoyens Le Coulteux et Cie, pour tenir, à Perpignan et en Espagne, à la disposition du citoyen Méchain, sauf le compte desdites sommes qui sera rendu par le citoyen Le Coulteux.

Chapitre III. — Sommes remises au citoyen Delambre ou payées sur lettres de change ou mandats tirés par lui.

Chapitre IV. — Sommes payées au citoyen Lenoir, ingénieur-constructeur d'instruments de mathématiques, à compte des fournitures d'instruments de sa part.

Chapitre V. — Sommes payées au citoyen Fortin, ingénieur-constructeur d'instruments de physique, à compte des fournitures d'instruments et machines de son art.

Chapitre VI. — Sommes payées au citoyen Fourché, balancier-ajusteur.

Chapitre VII. — Sommes payées au citoyen Louis Berthoud, pour ouvrages d'horlogerie.

Chapitre VIII. — Sommes payées au citoyen Laroches, opticien, pour fourniture d'instruments d'optique et travail de deux cubes de cuivre.

Chapitre IX. — Sommes payées au citoyen Mony, constructeur de thermomètres; à Richer, ingénieur; à Naudin, ferblantier.

Chapitre X. — Sommes payées aux citoyens André Choppart et Louneux, pour fournitures de voitures.

Chapitre XI. — Sommes payées au citoyen Mongella, concierge de la Commission des poids et mesures, à Sainte-Geneviève.

Chapitre XII. — Sommes payées à la citoyenne Esteveny, pour les appointements accordés à son mari, coopérateur du citoyen Méchain, à raison de 7 livres par jour.

Chapitre XIII. — Sommes payées à l'acquit du citoyen Tranchot, coopérateur du citoyen Méchain.

Chapitre XIV. — Dépenses de la Commission des poids et mesures à Sainte-Geneviève.

Chapitre XV. — Sommes payées pour achat de platine.

Chapitre XVI. — Sommes payées aux citoyens Janetty et Gas, pour le travail du platine.

Chapitre XVII. — Sommes payées pour expériences de recherches faites sur la fusion et le travail du platine.

Chapitre XVIII. — Dépenses diverses.

Le compte doit être rendu en décimes et centimes, au lieu de sols et de deniers, ou plutôt en centimes, mais, pour faire cadrer les quittances avec le compte, on portera la somme dans chaque article en livres, sols et deniers en toutes lettres, et l'émargement sera fait en centimes.

Chapitre pour la dépense du platine en nature.

Exemple :

Payé à la citoyenne Vasset, suivant sa quittance du 10 septembre, pour platine fourni et travaillé, cinq mille quatre cent quatre-vingt-trois livres huit sols neuf deniers, ci........ 5,483ˡ 43ᶜ $\frac{75}{100}$

Les pièces à l'appui du compte seront rangées dans l'ordre des chapitres.

Deux récapitulations à la fin qui établiront la situation du comptable.

RÉFLEXIONS

SUR LE PARTI QU'IL CONVIENT DE PRENDRE

POUR LA CONTINUATION

DE «LA CONNAISSANCE DES TEMPS»[1].

Depuis que les marins ont reconnu la nécessité d'employer les observations astronomiques dans les voyages de long cours, différentes méthodes ont été employées pour déterminer les longitudes. Les éclipses des satellites de Jupiter avaient d'abord été regardées comme le moyen le plus simple qu'on pût employer pour remplir cet objet, et en effet les satellites disparaissent au même instant de quelque endroit qu'ils soient observés; cette disparition peut être regardée comme un signal donné pour toute la terre et il ne s'agit que de connaître l'instant, calculé pour un méridien connu, pour convertir sur-le-champ et presque sans calcul le méridien sous lequel le vaisseau se trouve à l'instant de l'observation.

Cependant une foule de difficultés insurmontables ont obligé de renoncer à ce moyen : les satellites de Jupiter sont si petits et si éloignés qu'on ne peut les voir qu'avec de fortes lunettes; le mouvement du vaisseau, quelque petit qu'il soit, permet rarement de les conserver dans le champ de la lunette et l'observateur trompé croit observer le moment de l'éclipse, tandis qu'il n'observe réellement que la sortie de l'astre du champ de l'instrument; on a donc été obligé de renoncer à

[1] Manuscrit autographe.

l'observation des satellites de Jupiter, et on a réservé l'observation de leurs éclipses pour les cas de relâche et pour déterminer la position des côtes et des îles sur les cartes géographiques.

L'abbé de la Caille, à son retour du cap de Bonne-Espérance, proposa un nouveau moyen qu'il avait employé dans son voyage pour déterminer la longitude : c'est l'observation de la distance de la lune au soleil et aux étoiles. Ce genre d'observation, qui d'abord avait paru presque impraticable à la mer, est devenu successivement de plus en plus facile, depuis que les marins se sont familiarisés avec les observations et les calculs astronomiques, et depuis surtout que l'usage des cercles de réflexion de Borda est devenu d'un usage général dans la marine.

Cependant un grand obstacle s'opposait encore à ce que la pratique de ces observations devînt générale; le calcul des longitudes déterminées par l'observation de la distance de la lune au soleil et aux étoiles est tellement compliqué, il exige tant d'attention, de soins et de patience qu'il aurait été impossible aux marins de se livrer habituellement à ce travail, au milieu surtout des distractions inséparables du service qui leur est confié. Le Gouvernement anglais parvint à lever cette difficulté, en faisant faire à l'avance, par des astronomes exercés, les principaux calculs que cette méthode de déterminer les longitudes peut exiger. Des tables de la distance de la lune au soleil et aux principales étoiles furent calculées de trois heures en trois heures, pour le méridien de Londres et pour tous les jours de l'année, et il fut ordonné que les résultats de ces longs et pénibles calculs seraient imprimés dans l'ouvrage périodique qui paraît chaque année sous le nom d'*Almanach nautique*.

La marine française ne tarda pas à sentir combien il était important que les mêmes calculs fussent insérés dans l'almanach français connu sous le nom de *Connaissance des temps*. La rédaction de cet almanach, que Le Febvre, astronome, publiait chaque année dans le dernier siècle, avait été confiée en 1702 à l'Académie des sciences; il avait été perfectionné d'année en année depuis cette époque, mais l'Académie, à laquelle il n'avait été accordé aucun fonds pour la rédaction de la *Connaissance des temps*, et qui jusqu'alors en avait supporté tous les frais, se trouva hors d'état de subvenir aux dépenses que doivent exiger les nouveaux calculs; elle se trouva donc forcée de se borner, pendant les premières années, à copier l'*Almanach nautique*, en faisant seulement les changements relatifs à la différence des longitudes entre l'observatoire de Paris et celui de Greenwich en Angleterre.

Il était humiliant[1].....

[1] Lavoisier n'a pas terminé ce travail, qui est interrompu au milieu de la phrase.

IMPRIMERIE NATIONALE.

ÉCLAIRCISSEMENTS HISTORIQUES SUR LES MESURES DES ANCIENS[1].

Les mesures forment une des bases principales de toutes les conventions sociales. On ne peut faire ni vente, ni échange, ni transaction, sans l'accompagner de la désignation de la chose vendue ou échangée, c'est-à-dire sans une énonciation de sa grandeur, de sa dimension ou de son poids. Avoir des mesures est un des premiers besoins de la société, avoir des mesures constantes, uniformes, d'une division commode et facile, qu'il soit toujours possible de rétablir et de ramener à un prototype invariable, est un besoin secondaire presque aussi impérieux que le premier.

Aussi les peuples anciens traitaient-ils avec un respect religieux tout ce qui était relatif aux poids et aux mesures. L'uniformité des poids et mesures était pour les Hébreux un précepte divin; chez eux, les étalons originaux étaient conservés dans le temple; de seconds étalons conformes aux premiers étaient conservés dans les greffes des juges; on les appelait *messurah haddin*, *mensura judicis*. Les Grecs nommaient les premiers étalons : *archétype*, *prototype*, *metretes;* les Athéniens avaient établi une commission composée de quinze citoyens, qui étaient chargés de la conservation des mesures de la République et de la garde des étalons.

Les anciens Romains conservaient le prototype de leurs mesures

[1] Manuscrit autographe.

dans le temple de Jupiter au Capitole, et les mesures se nommaient *mesures capitoliennes.*

Depuis, sous les empereurs, le dépôt des mesures se fit dans les églises; l'étalon original fut déposé dans la principale église de Constantinople, et il fut ordonné d'en établir de conformes en cuivre, en airain ou en pierre dans toutes les églises de l'empire romain.

Quelle était l'origine de ces mesures que les anciens conservaient avec tant de respect et de soin, c'est sur quoi les recherches de quelques savants modernes ont jeté de grandes lumières.

Un ouvrage grec qui nous a été conservé nous apprend d'abord que, du temps d'Aristide, tous les États et toutes les provinces de l'Asie, de la Palestine et de l'Égypte avaient les mêmes mesures sans inégalité ni différence; il n'y avait en Grèce à cette époque que deux prototypes des mesures : l'une des mesures attiques en usage dans le Péloponèse; l'autre, des mesures pythiques dont on se servait dans toute la partie septentrionale de la Grèce, dans la Macédoine et dans la Thrace.

Cette uniformité dans les mesures d'une grande partie du globe, chez des peuples différents par les mœurs, différents par le gouvernement, placés à plusieurs milliers de lieues de distance les uns des autres, ne pouvait être l'effet du hasard, et on a commencé à soupçonner dans les derniers temps que toutes les mesures des anciens avaient été assujetties dans l'origine à un système général. Les conjectures formées d'abord par Bailly et par Paucton se sont confirmées de plus en plus, à mesure qu'ils ont percé plus avant dans l'histoire de l'antiquité.

Il résulte de leurs recherches qu'antérieurement à tout ce que l'histoire ancienne nous a transmis, il existait un peuple d'une antiquité très reculée, qui avait imaginé et exécuté un système métrique déduit des dimensions de la terre, et que les mesures transmises par ce peuple, et conservées en Asie, en Égypte, en Grèce, en Europe, dont il existe encore des étalons authentiques, comme on le verra bientôt, faisaient partie de ce système métrique.

Il y a lieu de croire que la mesure de la terre sur laquelle était fondé tout ce système de mesures avait été faite avec beaucoup de précision, et que les modernes n'ont rien fait jusqu'ici de plus exact. Cette mesure donnait 57,066 de nos toises pour la longueur du degré moyen du méridien terrestre, ou 20,543,760 de nos toises pour la circonférence de la terre. C'est à peu près ce qu'ont trouvé dans ces derniers temps les astronomes français, dans la mesure du degré terrestre qui a été faite de 1737 à 1740.

Cette grandeur de la circonférence de la terre a été ensuite divisée différemment par différents peuples.

En Égypte, la circonférence de la terre se divisait en 180,000 stades de 114 toises 9 pouces 7 lignes. Chaque stade contenait 400 coudées sacrées. Ainsi il y avait 500 stades juste au degré ou 200,000 coudées sacrées. La grande pyramide d'Égypte fournit encore un étalon de ce stade : le côté de la base qui a été mesuré par M. de Chazelles, de l'Académie des sciences, par Monconis, par le père Fulgence, de Tunis, par Thévenot, s'est trouvé de 684 pieds 1/2 ou de 114 toises 33/1000; il y avait 500 de ces stades au degré, ce qui donne pour le degré terrestre mesuré par les anciens.......[1] de nos toises.

Le nilomètre, mesure de toute antiquité et qui existe encore en Égypte, où elle est soigneusement conservée, est exactement la deux-cent millième partie de ce stade. Cette mesure, qui existait du temps d'Hérodote, a été mesurée avec beaucoup d'exactitude par M. Greaver, voyageur anglais, qui a publié un ouvrage sur le pied romain; elle a été trouvée de 20 pouces 27/50 ou de 1 pied 712, mesure de France. Cette mesure répétée 400 fois donne 114 toises 13/100 pour la longueur du stade, c'est encore très exactement la cinq-centième partie du degré terrestre.

Il existe encore à Laodicée, dans l'Asie Mineure, un stade dont les deux extrémités sont bien déterminées, ce qui fournit un troisième étalon de cette mesure. Smith, auteur anglais, a mesuré ce stade ainsi qu'on peut le voir dans l'ouvrage qu'il a publié, et il l'a trouvé de

[1] Le chiffre est en blanc, il est de 57,016 toises 1/2. (*Note de l'Éditeur.*)

114 4/100 de nos toises, ce qui revient encore très exactement à la cinq-centième partie du degré du méridien terrestre.

Indépendamment de ce stade sur la grandeur duquel il ne peut rester aucun doute, les anciens employaient le stade olympique qui était la deux-cent-seize millième partie de la circonférence de la terre;

Le stade nautique ou . . . . qui était la deux-cent-quarante millième partie;

Le stade de Cléomène qui était la trois-cent millième partie;

Le stade d'Aristote qui était la quatre-cent millième partie.

Ce rapport entre toutes les mesures anciennes ne peut être l'effet du hasard; il serait impossible que la circonférence de la terre contînt ainsi un nombre rond de stades et de coudées, si ces mesures itinéraires n'eussent pas été réglées dans l'origine sur l'étendue même de cette circonférence. Les anciens, dans des temps reculés, antérieurs à tout ce que l'histoire, à tout ce que la tradition même nous a conservé, ont donc eu l'idée de rendre leurs mesures invariables, en les prenant dans la nature. Ils ont exécuté cette idée et si les travaux qu'ils ont été obligés de faire pour atteindre le but qu'ils s'étaient proposé se perdent dans l'antiquité la plus reculée et se sont ainsi effacés de la mémoire des hommes, des monuments que le temps a respectés ne nous permettent pas de douter de l'existence de ces travaux.

Si, au lieu de diviser ainsi la circonférence de la terre ou le degré terrestre par des nombres arbitraires, tantôt par des multiples de 12, tantôt par des multiples de 2 ou des multiples de 10, les anciens avaient pris un système de division constamment d'accord avec leur système de numération, si le stade et ses parties élémentaires eussent été divisés dans le même principe, ils ne nous auraient laissé presque rien à faire et nous n'aurions à nous occuper aujourd'hui que de rétablir les mêmes mesures que le temps nous a conservées.

Mais les peuples anciens, à en juger par ce qui nous reste, n'ont résolu qu'une partie du problème; il ne paraît pas qu'ils aient cherché à lier leur système de mesure avec leur système de numération; rien n'annonce qu'ils aient eu l'idée d'étendre le même système aux mesures de capacité, encore moins qu'ils aient pensé à en déduire l'unité de poids.

C'est chez les Romains qu'on trouve pour la première fois une relation établie entre les mesures de longueur et celles de capacité; leur amphore était la cubature de leur pied cube; mais à cela près leur système métrique était défectueux sous tous les rapports. Le pied romain ne s'accordait avec aucune des mesures anciennes. C'était, ce qu'il paraît, le pied olympique altéré par le temps et qui avait successivement reçu un accroissement de quelques lignes.

Les Chinois et quelques peuples de l'Europe ont adopté le système décimal dans la division de leurs poids, et ont ainsi rapproché quelques parties de leur système métrique du système de numération, mais cette division ne s'étend pas à toutes les parties de l'échelle des poids, et le système des Chinois pèche en ce que leur unité de poids n'a été établie dans aucun rapport donné avec les mesures linéaires et de capacité.

Ainsi parmi les peuples qui se sont occupés avec le plus de succès de l'établissement d'un système de mesures, plusieurs ont fait une partie de ce qu'il y avait à faire, plusieurs ont exécuté quelques parties du plan général, mais il était réservé à la nation française et à la ci-devant Académie des sciences, à la Commission qui lui a succédé, d'embrasser l'ensemble de cette vaste opération.

A l'exemple du peuple ancien dont l'existence se perd dans l'antiquité la plus reculée, l'unité de mesure a été déduite des dimensions de la terre, mais de plus un rapport donné entre cette mesure et la longueur du pendule fournira le moyen de la retrouver avec facilité et de la rétablir si elle était altérée. La dix-millionième partie de la distance du pôle à l'équateur fournira l'unité de mesure. Cette unité multipliée successivement par 10 donnera les mesures de l'arpentage, les mesures géodésiques, les mesures géographiques.

Le cube de cette mesure formera le cade.

Le poids de l'eau distillée que ce cube pourra contenir formera le bar.

Le cube de la dixième partie de cette unité formera la pinte; le poids de l'eau distillée qu'elle pourra contenir formera le grave ou l'unité de poids.

Toutes les divisions de ces mesures seront décimales et s'accorderont avec le système numérique adopté par toutes les nations policées.

Les monnaies d'or, d'argent et de cuivre seront mêmement des fractions décimales de grave.

L'alliage qui sera ajouté à l'or et à l'argent pour constituer le titre des monnaies sera également dans une proportion décimale.

Tel est le système que la Convention nationale a adopté et décrété. Jamais rien de plus grand et de plus simple, de plus cohérent dans toutes ses parties, n'est sorti de la main des hommes.

Mais il reste encore à la Convention un dernier pas à faire pour mettre le complément à son ouvrage; en vain aurait-elle adopté un système métrique aussi parfait qu'il le peut être, en vain aurait-elle relié les divisions monétaires à ce système général; ce travail perdrait la plus grande partie de son utilité si la livre de compte continuait d'être divisée en 240 parties, c'est-à-dire en 20 sols et le sol en 12 deniers. Il ne faut pas perdre de vue que presque tous les résultats des conventions sociales se réduisant à des recettes ou à des dépenses, l'embarras de l'ancien système métrique renaîtrait à chaque instant, si on était obligé de tout multiplier ou de tout diviser par les fractions actuelles de la livre de compte, c'est-à-dire par des deux-cent-quarantièmes parties de l'unité.

Dès le 19 janvier dernier, les commissaires des poids et mesures s'exprimaient ainsi dans un rapport qui leur avait été demandé par la Convention (nous rapporterons leurs propres expressions)[1]: . . . .

C'est l'exécution de ce vœu formé depuis longtemps par la Commission des poids et mesures et renouvelé bien des fois que votre Comité des assignats et monnaies vous présente aujourd'hui après s'être concerté avec votre Comité des finances; l'instruction indiquée par l'Académie

[1] La citation est en blanc dans le manuscrit de Lavoisier. (*Note de l'Éditeur.*)

sur la manière de convertir les sols et les deniers en parties décimales, c'est-à-dire en décimes et en centimes, est faite, ainsi que la table qui contient les réductions, et nous les joignons au rapport. Il ne nous reste donc plus qu'à vous présenter un projet de décret.

PROJET DE DÉCRET.

La Convention nationale, après avoir entendu le rapport de ses Comités des finances et des assignats et monnaies, et d'instruction publique, considérant que la division en parties décimales des poids, des mesures et des monnaies, ne remplira encore qu'incomplètement son objet, si la livre nominale ou livre de compte n'était divisée de la même manière, et qu'il ne manque plus que ce complément pour donner au système métrique adopté par la Convention le degré de perfection et d'utilité dont il est susceptible, décrète ce qui suit :

ARTICLE PREMIER.

A compter du jour de la publication du présent décret, la livre de compte ou livre nominale, au lieu d'être divisée en 20 sols et chaque sol en 12 deniers, le sera en 10 décimes et chaque décime en 10 centimes.

ART. 2.

Les comptes des dépenses publiques de toute espèce de la présente année, seconde de la République française, au lieu d'être rendus, comme par le passé, en livres, sols et deniers tournois, le seront en livres, décimes et centimes.

ART. 3.

Tous les marchés qui seront passés à compter du 1er du sixième mois de la présente année, par les fournisseurs et entrepreneurs de la République, seront pareillement stipulés en livres, décimes et centimes.

ART. 4.

Les ordonnateurs des dépenses publiques et la Commission de la Trésorerie nationale adresseront dans le délai d'un mois à tous leurs agents une instruction sur la manière d'employer cette nouvelle division de l'unité monétaire. Cette instruction sera, par eux, concertée avec la Commission des poids et mesures. Il y sera joint un tarif pour réduire en deniers et en centimes les sols et les deniers.

IMPRIMERIE NATIONALE.

RAPPORT

À LA COMMISSION DES ASSIGNATS[1].

OBSERVATIONS SUR LES PROPOSITIONS DES CITOYENS WALLIER ET STRAUBHARTH, SUR LE POLYTYPAGE DES PLANCHES DESTINÉES À L'IMPRESSION DES ASSIGNATS.

Les commissaires de l'Académie des sciences et du Bureau de consultation, dans leur premier rapport et dans la lettre qu'ils ont adressée au Comité des assignats, le 21 mars dernier, ont établi pour principe que tous les assignats d'une même somme devaient être parfaitement identiques, de manière que chaque assignat pût devenir un moyen de vérification, et qu'en appliquant un assignat sur un autre, toutes les parties correspondantes se couvrissent d'une manière exacte et rigoureuse.

C'est dans cet esprit qu'ils ont conseillé d'adopter les filigranes montés, tels qu'ils ont été proposés par les artistes Tugot et Bouvier. Les premiers essais qu'ils ont présentés au Comité ont déjà répondu à ce qu'on avait lieu d'en attendre.

Le Comité des assignats paraît avoir reconnu l'évidence de ces principes, puisque, dans le projet de décret imprimé, lu à la Convention nationale, et dont elle a ordonné l'impression, il a proposé, art. 8 : « de charger les commissaires de la Trésorerie nationale et les commis-

[1] Manuscrit autographe.

saires à la fabrication des assignats de traiter avec le citoyen Merklin, ingénieur mécanicien, pour la fabrication d'un nombre suffisant de machines à vérifier les assignats, pour en pourvoir incessamment toutes les caisses des receveurs de la Trésorerie nationale dans toute l'étendue de la République, et en remettre aux vérificateurs ».

On sait que le principe sur lequel la machine du citoyen Merklin est établie suppose une identité parfaite entre les assignats d'une même somme. Cette identité n'existe pas dans la plupart de ceux qui ont été fabriqués jusqu'ici; le projet de décret qu'on vient de citer suppose donc que l'intention du Comité est de l'établir pour l'avenir.

Il ne suffit pas, pour que la machine du C. Merklin soit employée avec succès aux vérifications, que l'assignat soit identique dans chacune de ses parties séparément, il faut encore que cette identité existe dans la réunion de toutes les parties qui forment l'ensemble, et c'est à quoi on n'est pas encore parvenu jusqu'ici. Quelques détails succincts suffiront pour le faire sentir.

Le principal moyen qu'on a employé jusqu'à présent pour établir l'identité des assignats est la gravure à cachets. On sait que cette gravure se fait sur des poinçons d'acier que l'on trempe après qu'ils ont été gravés, qu'on s'en sert ensuite pour frapper des matrices en cuivre dans lesquelles on fond les ornements et caractères dont la réunion est destinée à former une planche.

Mais ce procédé a un grand inconvénient : on ne peut frapper ainsi des matrices en cuivre que d'une très petite étendue, autrement il faudrait employer une force trop grande à laquelle les poinçons eux-mêmes ne résisteraient pas. On est donc obligé de former l'assignat de plusieurs pièces qu'on réunit ensuite pour former la planche; or il est extrêmement difficile de disposer toutes ces pièces de manière qu'elles soient toutes, dans chaque planche, à des distances rigoureusement égales.

Les caractères d'imprimerie sont des gravures absolument du même genre. Ils dérivent également d'un poinçon d'acier qu'on grave, qu'on trempe, avec lequel on frappe des matrices dans lesquelles on fond l'alliage destiné à former les caractères d'imprimerie. On a bien, par ce moyen, des caractères identiques, mais il est impossible, par les procédés qu'on a employés jusqu'ici, d'assembler cette multitude de pièces rapportées, de manière que toutes les distances soient rigoureusement les mêmes dans différentes planches.

C'est dans la vue de diminuer le nombre de ces pièces de support et d'établir au moins cette identité si désirable dans quelques parties de l'assignat, puisqu'on n'a pas encore pu l'établir dans toutes, que le Comité de la Convention a fait exécuter, d'abord par Droz, dans l'assignat de 25 sols, ensuite par Galteau, dans celui de 50 sols, des parties d'une seule pièce, beaucoup plus étendues qu'on ne l'avait fait jusqu'alors; qu'il a fait graver également d'une seule pièce, par Henri Didot, des caractères liés pour les assignats de 400 livres, de 25 livres, de 10 livres et de 10 sols, et qu'on a introduit le même genre de perfection, à l'aide du burin de Girard, dans ceux de 15 sols et de 40 livres, qui vont être mis en émission.

Pendant qu'on s'occupait ainsi d'étendre et de perfectionner l'art de la gravure en poinçons ou en cachets, d'autres artistes travaillaient sur la gravure en taille-douce. Elle n'a pas les inconvénients qu'on vient de reprocher à celle à cachets, puisqu'on peut graver sans difficultés des pièces de telle grandeur qu'on le juge à propos; mais, premièrement, elle est plus facile à imiter, et le nombre d'artistes habiles en ce genre est incomparablement plus considérable que ceux qui gravent en cachets. Secondement, une planche en taille-douce ne peut tirer qu'un nombre d'exemplaires très limité; il faut retoucher la planche, et dès lors il n'y a plus d'identité entre les assignats livrés avec la première planche et avec la planche retouchée. C'est principalement pour procurer à la gravure en taille-douce les avantages de la gravure en cachets, et pour parvenir à obtenir un grand nombre de planches de taille-douce parfaitement identiques, que desa rtistes habiles ont exercé leur industrie. Ils ont imaginé de graver en taille-douce des planches d'acier, de manière qu'on pût s'en servir comme d'un poinçon pour imprimer des planches de cuivre, soit en les frappant par les procédés du monnayage, soit en les passant au laminoir; mais ces procédés n'ont eu qu'un succès médiocre. Ils présentent de grandes difficultés dans l'exécution, ils sont presque impraticables sur de grandes planches: enfin on n'arrive pas toujours à la netteté désirable. On est souvent obligé de retoucher et de réparer les cuivres, et dès lors le but est manqué et les planches ne sont plus identiques.

Le moyen que proposent les citoyens Wallier et Straubharth n'a aucun des inconvénients qu'on vient d'exposer. Il permet de former l'assignat d'autant de pièces rapportées qu'on le jugera à propos, sans nuire à l'identité de l'ensemble; ce moyen est le polytypage. S'il était adopté, on commencerait par graver en acier et en relief les ornements de l'assignat et les caractères de l'imprimerie, primitivement arrêtés, conformément au modèle, en y impliquant tous les genres de difficultés possibles, pour frapper des matrices. On les rassemblerait toutes ensuite, on les polytyperait et on obtiendrait ainsi le nombre de planches qu'on jugerait à propos, qui seraient parfaitement semblables entre elles puisqu'elles seraient toutes coulées dans le même moule.

Le citoyen Straubharth prétend que l'alliage qu'il emploierait pour polytyper serait assez dur pour que les planches pussent tirer vingt mille exemplaires. Au reste, peu importe, puisqu'on pourrait les renouveler à peu de frais aussi souvent qu'il serait jugé nécessaire.

Ce procédé, proposé par les citoyens Wallier et Straubharth, paraît remplir complètement les vues du Comité. Il peut se concilier avec tous les genres de difficultés qu'on peut désirer de compliquer dans la fabrication des assignats. Il est le plus simple, le plus expéditif et le moins dispendieux de tous ceux qu'on peut employer pour procurer aux assignats d'une même somme cette identité rigoureuse qui fera le désespoir des contrefacteurs et qui facilitera les moyens de vérification. Les commissaires de l'Académie et du Bureau de consultation croient donc qu'il doit être adopté. Ils termineront en représentant de nouveau au Comité, comme ils ont fait dans plusieurs de leurs rapports, qu'il est instant de réunir le plus promptement possible tous les artistes qui doivent concourir à la fabrication des assignats, d'arrêter des dessins pour les assignats de chaque somme, d'arrêter enfin un plan général dont l'exécution sera confiée à chacun des artistes pour la partie qui le concerne.

APPENDICE.

APPAREIL DE LAVOISIER ET LAPLACE
POUR LA MESURE
DE LA DILATATION LINÉAIRE DES SOLIDES[1].

NOTE DE L'ÉDITEUR.

Les recherches de Lavoisier et Laplace sur la mesure de la dilatation linéaire des solides ont été exécutées en 1782, mais elles ne furent publiées qu'en 1803, dans le recueil des mémoires que Lavoisier avait fait imprimer pendant sa captivité.

Les auteurs décrivent leur appareil avec des lettres de renvoi, indiquant ainsi que le mémoire devait être accompagné de figures. Biot, en rapportant les expériences de Lavoisier et Laplace dans son *Traité de physique* (1817), imagina un dessin d'après la description du manuscrit et d'après les souvenirs personnels de Laplace et de Mme Lavoisier; c'est cette figure qui a été reproduite dans tous les traités de physique et dans le tome II des *Œuvres*, p. 753.

J'ai constaté récemment que Lavoisier, en même temps qu'il s'occupait de l'impression du recueil de ses mémoires, avait commencé à faire graver sur cuivre les planches qui devaient les accompagner. Parmi les objets provenant de Lavoisier, se trouve un lot de planches gravées ayant servi pour le *Traité de chimie* ou pour les mémoires parus dans la collection de l'Académie des sciences. C'est en examinant avec soin ces planches que j'y ai trouvé, entre autres planches

[1] Voir *Œuvres*, t. II, p. 739 et suivantes.

inédites, deux cuivres qui représentent l'appareil employé pour la mesure de la dilatation linéaire; ils sont avant la lettre; l'un d'eux n'est pas terminé.

Il m'a semblé intéressant de publier ces deux planches à la fin de ce sixième volume; elles permettront enfin de connaître exactement l'appareil dont se sont servis Lavoisier et Laplace.

FIN DU TOME SIXIÈME ET DERNIER.

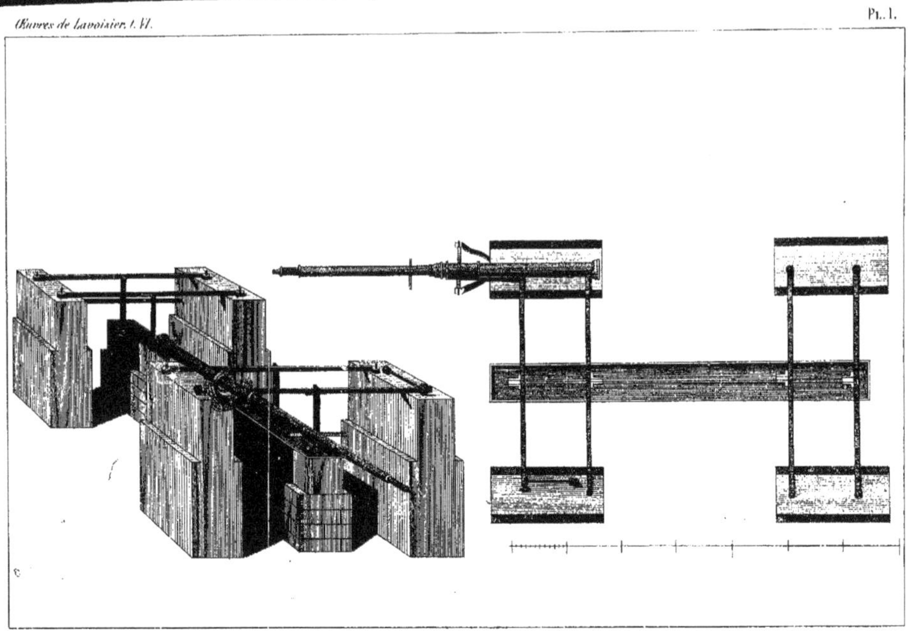

APPAREIL DE LAVOISIER ET LAPLACE.

(Voir Tome II, p. 739.)

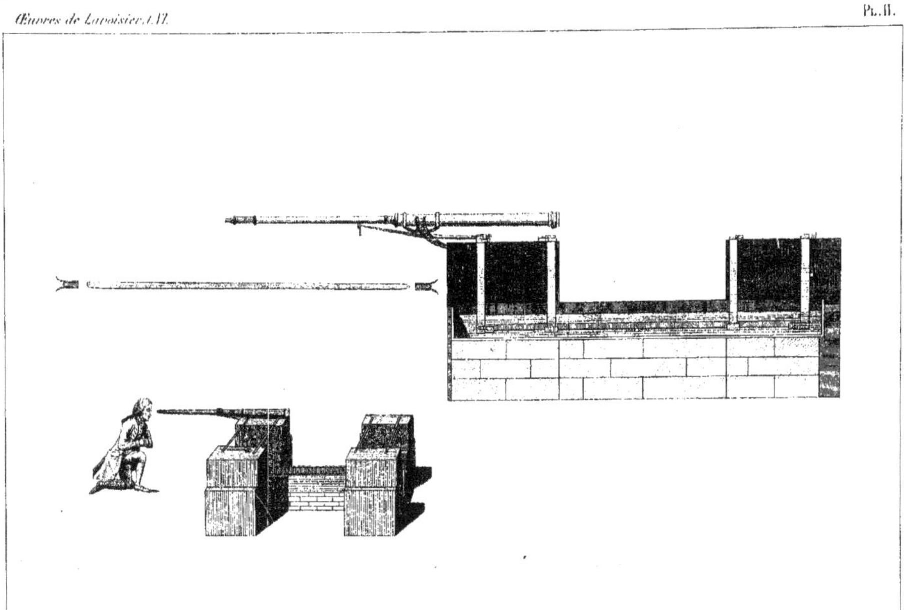

APPAREIL DE LAVOISIER ET LAPLACE.

(Voir Tome II, p. 739.)

TABLE
DES
MATIÈRES CONTENUES DANS CE VOLUME.

ÉCONOMIE POLITIQUE, AGRICULTURE ET FINANCES.

COMMISSION DES POIDS ET MESURES.

Défauts constatés sur le document original

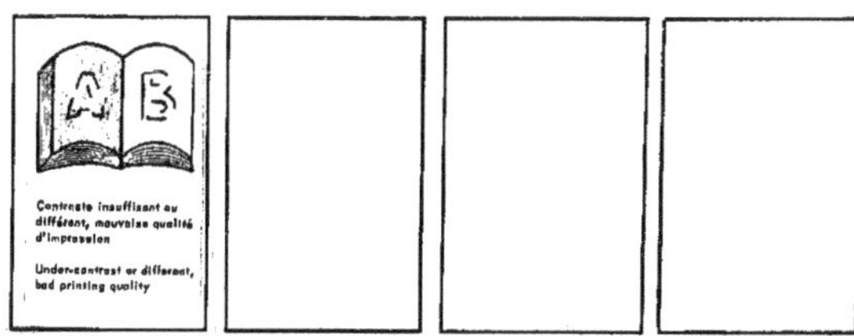

www.ingramcontent.com/pod-product-compliance
Ingram Content Group UK Ltd.
Pitfield, Milton Keynes, MK11 3LW, UK
UKHW012139240726
13966UKWH00001B/55